JN295907

流域環境評価と安定同位体

水循環から生態系まで

永田 俊　宮島 利宏　編
Toshi Nagata　Toshihiro Miyajima

京都大学学術出版会

Stable Isotopes in Environmental Assessment of Watersheds
- Progress Towards an Integrated Approach -
*
Toshi NAGATA and Toshihiro MIYAJIMA (eds.)
Kyoto University Press, 2008
ISBN978-4-87698-739-9

口絵1：桐生水文試験地の量水堰堤。森林集水域の流出水量を連続観測している。(p. 45, 50)

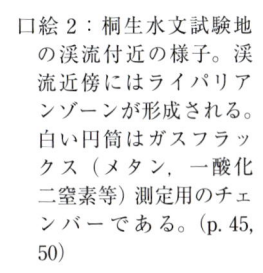

口絵2：桐生水文試験地の渓流付近の様子。渓流近傍にはライパリアンゾーンが形成される。白い円筒はガスフラックス（メタン，一酸化二窒素等）測定用のチェンバーである。(p. 45, 50)

口絵3：野洲川上流部における調査風景。栄養塩および生物の安定同位体比の測定のための様々な試料を採集している。(p. 67, 68)

口絵4：日本の温帯〜亜熱帯域において，ほぼ1年を通して観察することのできる褐藻の *Padina* sp.（アミジグサ科）。環境把握の試料として用いることに適した藻類の一つである（撮影場所：沖縄県石垣島）。(p. 101, 274)

口絵5：アオサンゴ群落で有名な石垣島・白保サンゴ礁に接する浜辺から流出する地下水。地下水は硝酸イオンやケイ酸を豊富に含み，サンゴ礁生態系にとっての重要な栄養源となっているが，栄養供給が過剰になると藻類の異常繁殖が起こり，サンゴ礁の衰退を招くことにもなる。(p. 98, 103)

口絵 iii

口絵 6：マングローブの林床を毛細血管のように流れる潮汐クリーク（石垣島・吹通ヒルギ林）。満潮時に林床を覆った海水は，引潮に伴いこうしたクリークを通って流出する。マングローブのような河口域の潮汐湿地は，海水と河川水との混合の場を提供するとともに，クリークを通して多量の有機炭素・無機炭素を河口域に供給している。（p. 129, 163）

口絵 7：典型的な都市河川（東京都・隅田川下流部）。河岸湿地は埋め立てられ，両岸は完全に護岸されて，水域と陸域との自然な交流の場は消失している。都市河川では下水処理場から供給される処理廃水が河川水の相当部分を占め，きわめて富栄養な水質となっている。（p. 94, 163）

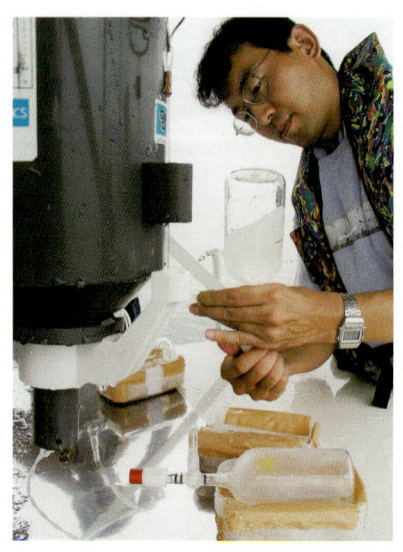

口絵8：溶存酸素のサンプリング風景。京都大学生態学研究センターの琵琶湖調査船「はす」の船上で，あらかじめ真空にした容器（赤いキャップの瓶）に，試水を採集している様子。(p. 154)

口絵9：琵琶湖の堆積物（2007年10月撮影）。北湖沖合の水深90mの地点において，不攪乱柱状採泥器を用いて採取された堆積物試料。堆積物の各種安定同位体比を用いて，琵琶湖における物質循環や，過去環境の復元を探る試みがなされている。(p. 85)

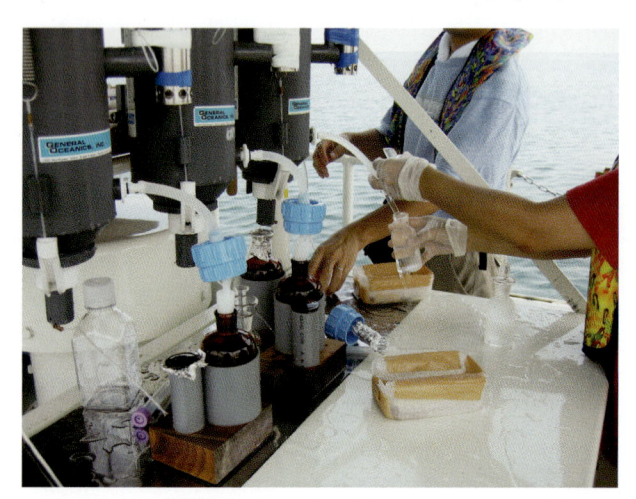

口絵10：琵琶湖調査船「はす」の船上における各種化学成分の分析試料の採水風景。(p. 196, 398)

口絵　v

口絵11：琵琶湖北湖に浮かぶ竹生島のカワウ繁殖地。魚食性のカワウは、魚という形で物質を水域から取り出し、排泄物という形で陸域へと運ぶ。(p.343〜346)

口絵12：大迫ダムの下流景観。建設31年を経て顕著な粗粒化が生じている。(p.353)

口絵13：大迫ダムの下流の底質。石の表面に厚い有機物の層が付着しているため、ヒラタカゲロウなどが棲めなくなる。(p.354)

口絵 14a，b，c：貯水ダム直下流で減少する水生昆虫。いずれも瀬の滑らかな石の表面を棲み場所とする種群である。（p. 355）

口絵 15：琵琶湖の内湖（西の湖）で採集されたコイ，オオクチバス，ワタカ。魚の筋肉の炭素，窒素同位体比は食物網の構造解析に用いられる。（p. 286）

口絵 vii

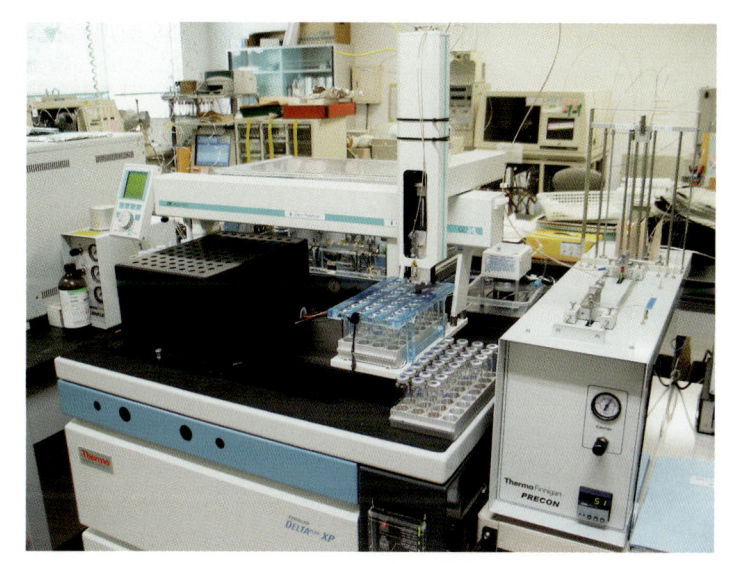

口絵16：硝酸イオンの窒素・酸素安定同位体比を測定するための質量分析システム：Precon/GasBench/IRMS system（Delta plus XP, Thermo Electron Co., Germany）。このシステムでは脱窒菌法を用いている。（p. 64, 215, 385）

口絵17：硝酸イオンの窒素・酸素安定同位体比の測定に用いるサンプルの前処理装置。（p. 384）

口絵18：モンゴルの流域環境。首都ウランバートルへの人口集中などのため、水資源の不足や河川の汚濁が顕在化している。(p. 398)

口絵19：マレーシア・サバ州（ボルネオ島）の流域環境。下流域ではアブラヤシのプランテーションが広がっている。土地利用の変化とともに水環境や流域生態系も大きく変化している。(p. 398)

はじめに

　本書では，安定同位体比の精密分析法を用いて，流域における水・物質循環と生態系の状態や，それらに対する人為影響を診断し，指標化するという，新しい流域環境評価法を紹介する．執筆にあたっては，流域環境の管理や保全にかかわる研究者，学生，実務者，NGO関係者を想定したが，安定同位体の基本概念やさまざまな分野における適用例を紹介しているので，水文学，地球化学，陸水学，海洋学，生態学などの参考書としても広く活用していただけるのではないかと思う．
　近年，環境の保全上「健全な水循環」を確保することが，環境政策の基本の1つとして謳われ，その実現にむけてのさまざまなとりくみがなされている．いうまでもなく，その背後には，高度経済成長期以来の水環境に対する人為影響の拡大とそれに伴い生じた深刻な諸問題がある（水質汚濁，生態系への悪影響，湧水の枯渇，河川流量の減少，地盤沈下，都市水害，水文化の喪失など）．その多くは，依然として十分に解決されていない，あるいは悪化している，というのが現実である．問題は多岐に及ぶが，どのような問題の解決においても，水循環や流域環境の状態を正確に評価するということは，もっとも基本的な課題の1つであろう．これらの客観的な情報は，行政，住民，NGO，事業者といった主体間での合意形成や，対策の立案，また，施策効果の評価のうえでの，重要な判断材料となるからである．
　流域環境の評価においては，従来から，全リン，全窒素，BOD，CODといった水質指標や各種の生物指標などが用いられてきた．これらの指標群は流域環境管理の現場で有効に活用されているが，一方で，新しい状況への対応や，複雑な流域システムの把握といった面において，手詰まりになってきているのも事実である．先端的な技術を利用した，より詳細かつ効果的な流域環境評価手法の開拓が期待されている所以である．このような背景を踏まえ，本書では，流域のさまざまな構成要素がもつ安定同位体比を体系的に調べ，そこに刻み込まれた情報の解析と総合化をすることで，流域環境の評価

をおこなうという新しいアプローチを提案する。

　安定同位体に関しては，近年，個別領域（水文学，地球化学，生態学）における優れた教科書がいくつか出版されている．しかし，これらの知見を分野横断的に総合化し，流域環境評価という枠組みのもとに整理をした書物は，編者らの知る限りまだ国内外に見あたらない．それだけユニークな試みであるといえよう．本書の執筆陣は，（独）科学技術振興機構・戦略的創造研究推進事業（CREST）─水の循環系モデリングと利用システム─領域の中の「各種安定同位体比に基づく流域生態系の健全性／持続可能性指標の構築」のプロジェクトメンバーや関係者を中心としており，その多くは若手・中堅の気鋭の研究者である．新しい学際的な研究領域においては，同じ観察結果に対して異なる見方や解釈が現れ，そこに論争が発生することがしばしばある．逆に，健全な論争が産まれることは，その分野が伸び盛りであることの証であるともいえよう．本書が扱ったのはまさにそのような分野である．これを編むにあたっては，執筆者相互で原稿を査読するとともに，執筆者以外の専門家にも査読をお願いし，入念な改訂作業を繰り返した．その過程で「論争的な部分」を調整・統一化することはあえておこなわなかった．また，試論に類する考え方も，そのように断ったうえで提案することにした．適正かつ迅速な流域診断にむけての先端技術の開発に対するニーズの高まりのなかで，一石を投ずる気持ちで，成長点的な内容をも含めて上梓することとした次第である．全体を眺めると，編集者の力不足のために，ふぞろいな部分や十分にカバーできなかった内容が残されたという感が否めないが，これを「出発点」とご理解いただき，読者の御海容と建設的なご批判を賜れることを祈るばかりである．

　本書の執筆の軸となったCREST研究の推進にあたっては，研究総括の虫明功臣博士（福島大学）をはじめ，同研究プロジェクトの領域アドバイザーの諸先生方のご指導を賜わるとともに，研究事務所には多大なるご支援をいただいた．小池勲夫博士（東京大学名誉教授）と坂本充博士（名古屋大学名誉教授）には出版に関する貴重なご助言を賜った．吉田尚弘博士（東京工業大学），吉岡崇仁博士（京都大学），楊宗興博士（東京農工大学），伊藤雅之博士（京都大学），半場祐子博士（京都工芸繊維大学），柴田淳也博士（京都大学），眞壁明子

氏（東京工業大学），石川尚人氏（京都大学）には，原稿の査読をしていただいた。出版にあたっては，京都大学学術出版会の鈴木哲也さん，高垣重和さん，また，CRESTチーム事務員の生駒優佳さんにたいへんお世話になった。以上の方々に厚く御礼申し上げたい。なお，本書の出版にあたっては，日本学術振興会科学研究費補助金の助成を受けた。

2008年2月
永田　俊
宮島利宏

目　次

口　絵　i
はじめに　ix
序　論　次世代の環境科学と安定同位体精密測定法（和田英太郎）　1
　1　生態系・生物資源の視座としての安定同位体比　2
　2　同位体比（δ^{13}C と δ^{15}N）の分布に関する知見と経験則　5
　3　これから　8

第Ⅰ部　安定同位体と流域環境　11

第1章　なぜ安定同位体比なのか
　　　　── 同位体比の基礎知識とその読み方 ──（宮島利宏）　13
　1. 安定同位体とは　13
　2. 安定同位体比の基礎知識　15
　3. 安定同位体比指標の利用とその注意点　25

第2章　水の同位体比を利用した水循環の評価（大手信人）　33
　1. 流域の水循環　33
　2. 流域の水循環診断への水の安定同位体比利用
　　── 降水の同位体比変動 ──　37
　3. 流域でさまざまな水の起源推定をおこなう　43
　4. 地下水の滞留時間の推定手法　46

第Ⅱ部　環境負荷と除去プロセス　57

第3章　窒素負荷　59
　1　大気降下物としての窒素が水源域に与える負荷（大手信人）　59

1. 降下物としての窒素負荷　59
　　　2. NO_3^- の窒素・酸素安定同位体比の同時測定　62
　　　3. 測定の時空間分解能の向上　64
　　　4. 河川流程における NO_3^- 安定同位体比の変動　67
　2　人為起源窒素の面源負荷
　　　―― 窒素同位体指標の利用 ――（高津文人）　70
　　　1. 河川や湖沼への窒素負荷とその評価方法の問題点　70
　　　2. 窒素安定同位体比による人為的窒素負荷の診断　71
　　　3. 窒素安定同位体比と土地利用，人口密度との関係　73
　　　4. 窒素安定同位体比と水質との関係　73
　　　5. 河川における窒素安定同位体比の変動パターンのモデル化　75
　　　6. 窒素同位体比による水域への窒素負荷のより良い
　　　　評価方法の開発　80
　3　湖沼の富栄養化の史的復元
　　　―― 長期保存生物標本の利用 ――（小川奈々子・大河内直彦）　83
　4　陸域由来窒素が沿岸海域に与える負荷
　　　―― 大型藻類の窒素同位体比から ――（梅澤　有）　94
　　　1. 陸域からの窒素負荷と沿岸海域汚染　94
　　　2. 大型藻類とは　95
　　　3. 藻類の採取と前処理　99
　　　4. 海藻の窒素成分を用いた窒素負荷の評価　100

第4章　有機物負荷　111
　1　化学風化と河川内炭素循環プロセス
　　　―― 溶存無機炭素安定同位体比の利用 ――（宮島利宏）　111
　　　1. 河川水中の溶存無機炭素とその起源　111
　　　2. 流下過程での同位体比の変動　115
　　　3. 河川水中 $\delta^{13}C_{DIC}$ の測定方法　117
　　　4. 実際の河川における $\delta^{13}C_{DIC}$ の変動パターン　119
　　　5. $\delta^{13}C_{DIC}$ は何の指標になるのか？　131
　2　有機物の生産と分解（I）
　　　―― 溶存無機炭素安定同位体比による評価 ――
　　　（金　喆九・宮島利宏・永田　俊）　133
　　　1. 湖沼における有機物の生産と分解　133

  2. 湖沼水中の溶存無機炭素の炭素安定同位体比の決定要因　135
  3. 湖沼内・湖沼間の $\delta^{13}C_{DIC}$ の分布パターン　144
  4. 湖沼内で代謝される陸起源有機物と湖内生産有機物との相対的寄与率の評価　148
 3　有機物の生産と分解 (II)
  ── 溶存酸素安定同位体比による評価 ──（陀安一郎）　153
  1. 溶存酸素の動態と環境診断　153
  2. 溶存酸素の安定同位体比とは　153
  3. 溶存酸素の安定同位体比の分析方法　154
  4. $\delta^{18}O$ を用いた解析　155
  5. $\Delta^{17}O$ を用いた解析　161
  6. まとめと応用ついて　161
 4　河口域における懸濁態有機炭素負荷の起源推定（宮島利宏）　163
  1. 河口域生態系における懸濁態有機物の重要性　163
  2. POM の採集法と同位体比分析　165
  3. 河口域生態系に関する一般的な注意点　166
  4. 塩分勾配に沿った $\delta^{13}C_{POM}$ の変化と端成分モデル　168
  5. 保存的混合モデルと河口域の $\delta^{13}C_{POC}$　173
  6. 現地性 POM の $\delta^{13}C$ の変動性　175
  7. 変動端成分モデル　179
  8. ほかの化学指標との併用による展開　182
  9. 分離分画法との併用による展開　185
 5　湖沼における溶存態有機物の起源と動態（槙 洸・永田 俊）　187
  1. 湖水中の有機物　187
  2. 混合モデルによる起源の推定方法　190
  3. 細菌の炭素安定同位体比を用いた易分解性溶存態有機物の起源の推定　192
  4. 溶存態有機炭素の安定同位体比を用いた準易分解性および難分解性溶存態有機物の起源の推定　196
  5. まとめ　197

第 5 章　酸化還元プロセス　199

 1　土壌と河川における微生物学的窒素除去プロセスの評価
  （木庭啓介）　199

1. 窒素循環概説　199
　　　2. 窒素循環における同位体分別について　204
　　　3. 土壌・河川における脱窒過程について　207
　　　4. 窒素安定同位体比（$\delta^{15}N$）を用いた脱窒過程に関する研究　209
　　　5. 酸素同位体比（$\delta^{18}O$）を用いた脱窒過程に関する研究　214
　　2　淡水性堆積物における嫌気的微生物生態系の解析（宮島利宏）　217
　　　1. 嫌気的微生物生態系の構造　217
　　　2. 酸化還元プロセスに伴う硫黄同位体分別　219
　　　3. 硫酸還元が湖沼の硫黄同位体比分布に及ぼす影響　223
　　　4. 河川水中の硫酸イオンの硫黄・酸素安定同位体比　226
　　　5. メタンの炭素・水素安定同位体比を利用したメタン生成経路の判別　233
　　3　流域環境におけるメタン酸化とメタン食物連鎖の評価
　　　　（木庭啓介・高津文人）　240
　　　1. メタンの生成と消費　240
　　　2. メタン酸化とは　240
　　　3. メタン食物連鎖の評価　242
　　　4. 炭素安定同位体比によるメタン食物連鎖の評価例　245
　　　5. メタン食物連鎖の指標性について　246

第III部　流域生態系　249

第6章　生態系の健全性の評価　251

　　1　一次生産者の安定同位体比の特徴とその変動要因
　　　　（高津文人・梅澤有・田中義幸）　251
　　　1. 水生植物の炭素安定同位体比の決定機構　252
　　　2. 各種水生植物に見られる安定同位体比の決定機構　261
　　　3. 流域診断に資する水生植物の炭素安定同位体比　278
　　2　安定同位体比による生態系構造解析（陀安一郎）　284
　　　1. 動物の体の安定同位体比が意味するもの　284
　　　2. 炭素安定同位体比に関する詳細　288
　　　3. 窒素安定同位体比に関する詳細　291

4. イオウ,ストロンチウムなどその他の元素について　293
    5. 複雑な生態系構造解析について　294
  3 バイオマーカーを利用した微生物生態系構造解析
    （大河内直彦・高津文人）　298
  4 食物網解析にもとづく沿岸生態系の健全性評価（奥田　昇）　309
    1. 生態系の健全性とは　309
    2. 食物網とは何か？　309
    3. 安定同位体を用いた食物網解析　311
    4. 沿岸生態系における基礎生産構造の推定　312
    5. 人為攪乱による基礎生産構造の変化　315
    6. 沿岸生態系における高次消費者の役割　317
    7. 高次消費者によるトップダウン効果　319
    8. 食物網の安定化装置としての高次消費者　320
    9. 食物連鎖長の決定要因　324
    10. 食物連鎖長と人為攪乱　327
    11. 高次消費者から見た生態系の健全性　328
    12. おわりに　330
  5 生態系間を移動する動物による物質輸送（亀田佳代子）　331
    1. はじめに　331
    2. 動物による水域から陸域への物質輸送の意義　331
    3. 生態系間を移動する動物とその物質輸送の特性　333
    4. 物質輸送研究における安定同位体比分析の有効性　336
    5. 安定同位体比分析を用いた鳥類による物質輸送研究例　338
    6. おわりに　347
  6 貯水ダムの下流域生態系への影響と伝播距離推定（竹門康弘）　348
    1. はじめに　348
    2. 流域環境の健全性評価指標　348
    3. 貯水ダムの下流域生態系への影響　351
    4. 貯水ダムの立地条件による影響の違い　356
    5. 貯水ダム下流域における環境指標の課題　357
    6. 貯水ダム下流域の安定同位体比構造　359
    7. 伝播距離推定における安定同位体比の意義　362
    8. 洪水律動説における安定同位体比の意義　363

9. 河川生態系の健全化ベクトルと公共事業　364

第IV部　安定同位体の可能性　367

第7章　安定同位体比測定のフロンティア　369

1　水の第三のマーカー $\Delta^{17}O$ の可能性（伊藤雅史・大河内直彦）　369
2　分析の自動化・高速化
　　── 硝酸イオン分析を例に ──（由水千景・大手信人）　376
　　1. はじめに　376
　　2. 硝酸イオンの窒素・酸素安定同位体比測定の歴史　376
　　3. 硝酸イオンの窒素・酸素安定同位体比測定の自動化・高速化　383
3　アイソトポマー・分子内同位体分布（木庭啓介）　388
　　1. 一酸化二窒素のアイソトポマー比　388
　　2. 硝化と脱窒過程における一酸化二窒素の発生　389

第8章　流域環境評価と安定同位体指標（永田　俊）　395

1. 流域管理と環境指標　395
2. 各種の安定同位体比を体系的に利用して環境指標を構築する
　試みの必然性　397
3. 安定同位体指標の限界と課題　401
4. 本書が提案した主な安定同位体指標のまとめ　402
5. 安定同位体指標の総合化にむけて　409

引用文献　413
索　引　461

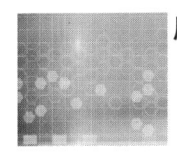

序論

次世代の環境科学と安定同位体精密測定法

　地球表層における熱・物質輸送の媒体は主として水と大気である。1992年のリオサミット以後，計算機科学と衛星画像の分野は急速な発展を遂げ，全球レベルで熱・水・物質循環のモデルが作られ気候変動予測などへの応用がはじまっている。21世紀のフィールドサイエンスは観測から記述モデル，予測モデルへと連続し，さらにはシナリオ作成によって社会システムで使われる順応的管理にまで貢献できる視座をもちはじめている。昨今のシミュレーションやリモートセンシングにおける時空間分解能は1日ステップ，1 km以下に近づいている。これまでの歩き回る調査に加えて時空間分解能に優れた俯瞰的調査観測法が一般的となってきたのである。このことは自然環境の調査研究が大きな転換期に入りつつあることを示している。ここ10年で既存の研究法は大幅な見直しを迫られることになる。逆にいえば，昨今行き詰まっていた野外の調査に大きな革新が起ころうとしている。すなわち観測・モデル・シミュレーションが一体化した流れが中心となり，そのなかで高度に機能化した測定法や極単純な観測法が生き残るであろう。前者は物質循環のプロセスの機能や構造を解明する手段として，後者は自然観察を広く社会に浸透させる役割を担うであろう。ここにとりあげた安定同位体精密測定法は前者の高度に機能化した測定法の1つである。

1　生態系・生物資源の視座としての安定同位体比

　われわれが住む地球は92の元素で作られている。この中で，生物体を構成する主な生元素は水素・炭素・窒素・酸素・イオウなどである。地球生態学の主役となるこれらの元素は大きなサイクルや小さなサイクルを通して，生物圏，地圏，水圏，気圏を循環して，生命活動を支えている。

　これらの元素には安定同位体（stable isotope）が存在する。92の元素は良く知られたメンデレエフの周期律表（periodic table）の中に規則正しく並んでいる。同位体は核の中の陽子の数は同じでも中性子の数が異なり重さは異なるが，化学的性質は良く似ており，周期律表の中で同じ位置に置かれるので，この名称がつけられている。たとえば ^{14}N と ^{15}N を比べると，核の中に ^{14}N は7個の，^{15}N は8個の中性子（neutron）をもっている。このため両者の重さの比率は約14：15となる。化学式が同じで同位体の異なる分子を同位体分子（仮称）とよぶ。たとえば $^{12}CO_2$ と $^{13}CO_2$ がその例となる。重さが異なる2つの同位体分子は何が違ってくるのであろうか。いま温度が常温に近い系を考えてみる。空気中の大気成分はこの温度に対応するエネルギーをもっていて，空気中を毎秒数百mのスピードで飛んでいる。この場合，質量数の小さい（軽い）分子ほど，そのスピードは速くなる。これは人間が砲丸を投げるより野球のボールの方が早く投げられるということを思い浮かべると理解できる。したがって，$^{12}CO_2$ は $^{13}CO_2$ よりも0.4％ほど速く植物の中に入ってゆき，さらに酵素反応では3％ほど速くなる。

　分子は原子間で振動している。同じ温度条件下では軽い原子間の振動は重い原子間の振動より速くなる。お琴の弦を思い浮かべてほしい。同じ強さで弾くと細い弦は高い音を出し，太い弦は低い音を出す。さらに細い弦は切れやすい。少々乱暴なアナロジーではあるが，このことは重い分子間よりも軽い分子間は切れやすく反応が速くなることを意味している。事実，炭素や窒素の反応速度は重い同位体分子よりも軽い同位体分子の反応速度が1.01〜1.03倍ぐらい大きくなっている。これを同位体効果（isotope effect）とよぶ。同位体効果は化学・生化学反応，蒸発などの相変化，拡散などの物理的なプ

ロセスで起る．したがって，自然生態系において同位体比の変動を詳細に比べることによって，あたかも自然界がおこなっているトレーサー実験すなわち，自然界のいろいろな物質や生物を重い同位体で標識してその動きを解析するように，生元素の循環に関するいろいろな知見が得られる．

安定同位体（SI：Stable Isotope）は沈黙の同位体（Silent Isotope）あるいはSafety Isotopeともよばれ，核実験などの放射能で知られている放射性同位体に比べて目立たない存在である．しかし，主要生元素は生体の主な構成元素であるため，生体内のD(^{2}H)，^{13}C，^{15}N，^{17}O，^{18}Oなどの量は無視できないものとなっている．たとえば，体重50 kgの人はこれら重い同位体を約225 gもっている．^{13}Cを例にとるとその存在比は^{12}Cの1％程度であり，われわれは通常1日に3 g程度の^{13}Cを食べていることになる．これら重い同位体の，体の中の存在比は，普段ヒトが何を食べているかによって決まってくる．このため，厳密に見るとすべてのヒトは異なる同位体比をもっていることになる．したがって，自然界の生元素循環系にくみこまれているすべての生物や関連する化合物の同位体比は異なっており，その値は物質循環内での位置づけ，関与する化学反応の機構の差によって決定される．別のことばでいうと，自然界の生元素物質循環系は安定同位体のトレーサー実験をおこなっており，この同位体比の分布を精密に測定することによって，生態系における炭素・窒素循環の特徴，食物網の構造，食物関係を通しての生物間相互作用系や動物の行動に関する知見を得ることが可能となる．また，プロセスに注目すると反応の機構やその動態，生成物の経路や起源に関する知見も得られる．まだそれほど研究例は多くないが，分子内のレベルで見ると同位体比はその分子の履歴を反映して，同じ原子間で不均一に分布しており，分子の指紋（フィンガープリント）ともいえる情報をもっている．

いま，わかりやすくするため高等動物を例にとって，生体がもっている3つの情報について考えてみる．その第一はDNAによって親から子に伝えられる遺伝情報である．1953年ワトソン・クリックによって，DNAの二重らせん構造に関する，たった900語からなる論文がNatureという科学雑誌に報告されて以来，分子生物学という分野が確立し，生命科学は急速に進展している．この遺伝情報の親から子への伝わり方は，簡単にDNA → DNAと

書き表すことができる。第二は記憶の情報である。ヒトは誕生後，個々人は異なる体験をし，それが脳の中に記憶として残されている。現在のところ，記憶のメカニズムに関する研究は，急速に進んでいるが，いまだ完全には解明されていない。しかし，この情報はまちがいなくヒトの脳内に神経細胞のオン－オフの可塑性として残されている。第三は DNA → RNA →タンパク質の反応が主となる生合成系である。生物体はその恒常性 (homeostasis) を維持するために，絶えず外界から栄養物を摂取し，タンパク質の合成，代謝，排泄をおこなっている。餌として取り込んだ食物はその生育環境によって異なった同位体比をもっている。このため，生体物質は分子から臓器，そして個体全体のレベルでその個体固有の安定同位体比をもっている。この比を指紋になぞらえて，安定同位体のフィンガープリント (fingerprint) とよぶことにする。この安定同位体のフィンガープリントは食生活が変ると変化する動的な性質をもっていることになる。

　自然生態系では，安定同位体のフィンガープリントの出発点は，有機物生産の役割を担う植物の同位体組成となる。植物は水と二酸化炭素を利用して光合成をおこなう。二酸化炭素の同位体組成は，海水中の HCO_3^- (0‰) と大気中の CO_2 (-7‰) との同位体交換平衡 (isotope exchange equilibrium) によって規定されている。また，窒素については，山岳森林部では他の場所で蒸発したアンモニアや大気中の NO_x，生物による窒素固定などによって $\delta^{15}N$ 値がマイナスの値をもつ窒素源が供給される。さらに，水の流れに沿って硝化・脱窒が起り，下流域や海洋で $\delta^{15}N$ が上昇する傾向が一般的に認められている。このため，地球全体の生物地球化学的物質循環系の中で，各生態系内の植物はその地域固有のC，Nの同位体組成を示すようになる。

　まとめると，天然に存在するすべての生体物質は，物理化学的・生物学的変化の履歴によって定まる安定同位体のフィンガープリントをもっている。たとえば，H，C，N，O の同位体比は「呼吸する」「水を飲む」「食事をとる」などの生命活動の営みの中で，物質代謝の反応動態やその時間経過を反映した分子ごと，個体ごとに固有の値となる。

　さらに分子内でも原子の位置によって同位体比が異なる。分子内同位体分布 (intra-molecular isotope distribution) である。すなわち，同一の化合物で

も異なる同位体比をもつことによって区別することが可能となる。メタン (CH$_4$) を例にとると，^{14}C の有無 (^{14}C は放射性同位体である)，^{13}C/^{12}C の比と D/H 比の高い，低いによって少なくとも 8 種のメタン ($2^3 = 8$) を考えることができる。化石燃料起原のメタンには ^{14}C は存在しない。半減期 (half life) が 5568 年のため，^{14}C がなくなっているためである。また微生物の発酵や代謝による生物学的なメタンは有機物の燃焼で生成するメタンに比べて ^{13}C/^{12}C が低くなっている。生態系のようなよりマクロなシステムでも，地球上の物質循環系の中での位置づけによって，システム全体の同位体組成は特徴をもつことが知られている。これら生元素の同位体のゆらぎを精密に測定することによって，個々の物質の生成過程，個体や各生態系がどのような物質循環系内に位置づけられているかなどのマクロからミクロに及ぶ統一的な情報が得られることになる。

2 同位体比 (δ^{13}C と δ^{15}N) の分布に関する知見と経験則

以下にはこの 40 年間に蓄積された炭素と窒素安定同位体比 (δ^{13}C と δ^{15}N) の自然界における変動 (ゆらぎ) について経験則としてまとめることにしたい。

〈経験則 1〉

安定同位体の基本的な違いは原子核内の中性子 (n) の数の差異である。たとえば ^{14}N は n = 7, ^{15}N は n = 8 である。中性子の数が異なることは，原子が生成される宇宙空間で異なる核反応によって生成することを意味する。したがって宇宙空間は δ^{13}C や δ^{15}N の分布の変動が激しい。Our Galaxy の中心は太陽系に比べて ^{15}N が少なく ^{13}C が多くなっている。^{15}N は超新星の爆発のような激しい条件下での核反応が凍結されたときに生成すると考えられている。月の石の中には宇宙空間のいろいろな場所で生成した原子が混合しているため，一個の石の中でも δ^{15}N は場所によって大きく異なっていることが

知られている[1]。

〈経験則 2〉

地球ではマントル対流をエネルギーとする地質学的な物質循環と植物の光合成にはじまる生物地球化学的な物質循環によって，マクロには $\delta^{15}N$ や $\delta^{13}C$ の分布は決定される。生物界の酵素反応は速度論的な同位体効果によって規定されている。速度論的なその分布は，海洋と大気の ^{13}C に関する同位体交換平衡や高層大気中の N_2 の解離反応によって統計熱力的な分布になる。このため生物界は植物の生育に使われる炭素，窒素の同位体比は地域によって一定の値を示すようになり，統一的な規則性が生態系に渡って維持されることになる[2]。

〈経験則 3〉

速度論的同位体効果では軽い同位体分子が速く反応する。酵素系の活性部位が似ていれば生物の種類にかかわらず，ほぼ同じような同位体効果を示す。同位体効果は反応の動態によって幅を示すことになる。すなわち基質律速の場合見かけ上の同位体効果は小さくなり，酵素のターンオーバーが律速する場合には最大となる。酵素系が異なると異なる同位体効果を示す。

〈経験則 4〉

植物の同位体比は地球上の各種生態系の物質循環を反映した値を示すようになる。高等植物は大きく C_3，C_4 植物に分けられる。他方水界の微生物は生育生理によって異なるようになる。植物の $\delta^{15}N$ は大気からの降下物＜ N_2 固定＜土壌中の N の順に高くなる。NH_3 の蒸発や脱窒が起こる系では $\delta^{15}N$ は特異的に高くなる。人間活動によって攪乱が起こると一般に $\delta^{15}N$ は高くなる（脱窒による）。また，水質汚濁も $\delta^{15}N$ を高めることになる[3]。

〈経験則 5〉

^{15}N は食物連鎖によって濃縮される。植物の栄養段階：(Trophic Level：TL) を 1 とすると，

$$\delta^{15}\mathrm{N}(動物) = 3.3\,(\mathrm{TL}-1) + \delta^{15}\mathrm{N}(植物)$$

の関係式が成立する。これに対して δ^{13}C は餌と捕食者の間に 0.n‰ の差が見られる。したがって δ^{15}N – δ^{13}C マップ上に食物網の構造を描くことができる[3]。

〈経験則 6〉

安定同位体精密測定法は生態系の変化を感度よく (10^{-4} のレベルで) 検出する。近過去の人間活動による変化を定量的に評価する指標を提供する[4]。一例としてバイカル湖の例をあげる[5]。保存された魚 (オームル) の鱗には大気中の炭酸ガスの δ^{13}C 値の変化が記録されている。生態系が安定し，食物網の構造が安定に維持されている場合には栄養段階が上位に位置する魚にまで正しくこのような応答が起こっていることを示している。

〈経験則 7〉

生体内同位体分布はメタボリックマップの分岐点 (branch point) における同位体分別によって決定される。各臓器の同位体組成は餌の化学組成，食性の変化，各器官のターンオーバータイムとアミノ酸組成の差によって，相対的に一定の差を示すようになる。たとえばタンパク質の δ^{15}N は共存する核酸のそれよりも高くなる。これは，

アミノ酸プール ―――→ タンパク
　　　　　　　　 ―――→ 核酸
　δ^{15}N ±

の分岐反応の枠組みの中で説明される。動物の臓器は餌に対して再現性のある $\delta^{15}N - \delta^{13}C$ 値を示す。鳥類以外は脳に $\delta^{15}N$ が濃縮される。この分野は今後の興味ある研究対象となる[6]。

〈経験則8〉

すべての生体成分は分子内に安定同位体の化学的フィンガープリントを内在している。これを解読することによって、その物質の履歴にもかかわる知見が得られる[3]。これは食の安全を求める traceability（履歴管理）の有力な指標となり、今後の展開が重要となる。

3 これから

筆者は40年以上に渡って自然界、とくにいろいろな生態系内での窒素、炭素同位体比の分布則を解明する研究を進めてきた。主な対象は海洋、湖、耕地など代表的な生態サブシステムである。それらの成果を一般則、経験則としてまとめた。そのデータの多くはある期間安定し変化が比較的ゆっくりと起こっているシステムで得られたものである。

今回、序論を書くにあたってこれまで論文にはしていないが、まだまだ未知の領域であると考えているものに触れておく。主なものをあげると、

① 人間の活動によって急速に変化する人口集中域の水界における物質動態の研究。
② 動物の体内における窒素・炭素の同位体比の分布を決定するプロセス。
③ 生体物質の分子内同位体分布。

項目①は CH_4, N_2O などの温室効果ガスの放出と近未来の市街地システムのあり方に大きく影響されると思われる。②③は Traceability（物質履歴学）を展望したこれからの研究であり、迅速な測定法が求められる発展性のある分野である。

〈人口密度の集中した小河川・内湾内湖に見られる問題点〉

　人口密度の高い市街地の河川や，その下流域の内湖，湖の沿岸などでは，往時の白砂にとってかわって有機物の腐臭に満ちたヘドロがいたるところに見られる。河床には草が生育し，ゴミはたまり，不快感を与える場所となっている。このような場所では酸化還元境界層は攪乱され，これまで自然界に見られる底層と堆積物表層の重層構造は破壊され，好気部位と嫌気部位が複雑に共存する境界を形成している。このような系で起こる脱窒や硫酸還元，メタン発酵の基礎研究はまったくないが，作業仮説として不完全還元層が駆動することが考えられる。たとえば脱窒系では大気に放出される N_2O/N_2 比が高くなっている可能性も指摘できる。通常河川の下流域では途中の硝化系の駆動によって $NO_3^- - N$ が高くなっている。この高 NO_3^- 河川水が有機汚濁の進んだ場所を通過することによって $\delta^{15}N$ は異常に高くなり，かつ N_2O の生成を加速する可能性を指摘しておきたい。

　筆者はいま，異常に $\delta^{15}N$ 値の高い琵琶湖は小河川の下流域と内湖での有機汚濁に主たる原因があると考えている。

　以上，今われわれは次世代の環境科学の入り口にいると想定して，これまでの成果の概要をまとめ，若干の例をあげた。

　本書ではこれをさらに発展させた内容がたくさん盛り込まれている。ようやく社会に貢献できるまでに，この分野が進んだことをたいへん喜んでいる次第である。

I

安定同位体と流域環境

　第Ⅰ部では，まず本書を読み通すために必要になる予備知識を1章において解説した後，2章では，本書全体の基礎となる水循環の問題を取り上げる。すでに安定同位体比の基礎的な取扱を学んでいる読者は，1章を省略して2章から読み始めても差し支えない。水循環は，流域生態系を形づくる営力であり，物質循環の駆動力であり，また人間生活の死命を制する自然のインフラである。水循環の研究はまた，同位体比指標の持つ偉力が最も具体的な形で実証されてきた分野でもある。

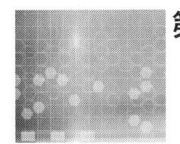

第1章

なぜ安定同位体比なのか
—— 同位体比の基礎知識とその読み方 ——

1. 安定同位体とは

　地球上には人工的なものも含めると100を越える種類の元素が知られていて,生物・無生物を問わずあらゆる物体はこれらの元素から構成されている。元素の中には,元素としては1種類であるが,実際には何種類かの質量の異なる原子(核種)が存在するものもある。このような,同じ元素であるけれども質量の異なる原子のことを同位体(isotope)とよんでいる。同位体の中には,有限の寿命があって,次第に放射線を出して別の種類の原子に変わってしまう同位体もあり,放射性同位体(radioisotope)とよばれているが,本書で扱うのは変化することのない安定同位体(stable isotope)である。

　同一の元素の異なる安定同位体では,原子核に含まれる陽子の数は同一であるが,中性子の数が異なる。原子核内の陽子と中性子の合計数を質量数とよぶ。原子の間の質量の比は,質量数の比にほぼ一致している。たとえば炭素という元素には,質量数が12と13の二種類の安定同位体が存在する。陽子数はいずれも6個であり,中性子数がそれぞれ6個と7個という違いがある。2つの安定同位体の質量の比はほぼ12:13である。酸素の場合は,質量数16, 17, 18の3種類がある。スズにいたっては10種類もの安定同位体がある。それに対してリンやマンガンのように安定同位体が1種類しかない元素もあり,またテクネチウムのように安定同位体が1つも存在しない元素もある。安定同位体を記号で区別するために,元素記号の左肩に質量数を記

して表現する。たとえば炭素安定同位体は ^{12}C と ^{13}C の2種類である。

複数の異なる安定同位体をもつ元素の場合，それぞれの同位体の原子数の比を安定同位体比という。炭素の場合は，$^{13}C/^{12}C$ という安定同位体比がある。3種類以上の安定同位体がある場合は，〔安定同位体の種類数 − 1〕個の独立な安定同位体比が定義できることになる。

安定同位体比は，地球上では大雑把に見るとあまり変化しない。たとえば炭素安定同位体比については，人間の髪に含まれる炭素の安定同位体比，イチョウの葉に含まれる炭素の安定同位体比，アワビの殻に含まれる炭素の安定同位体比，空気中の二酸化炭素の炭素安定同位体比など，いずれも ^{12}C がほぼ99％で，約1％が ^{13}C となる。このように％の桁で見るとほとんど何でも同じになってしまうが，同じ炭素安定同位体比を0.001％の桁まで精確に測定して比較してみると，ものによって明らかな，かつ再現性のある差が存在する。この微細な違いには，法則性があることがわかっている。

地球上のさまざまな元素の安定同位体比を精密に測定し，このような微細な変化の法則性を発見して，その原因を究明している科学の一分野を安定同位体地球化学という。20世紀半ば以降，今日にいたるまで着実な発展を重ね，なお豊かな将来性を予想させる研究分野となっている。本書において安定同位体比という場合は，このような微細な変化を含めた比のことを指している。

一方，近年になって大きな広がりを見せているのは，水・物質循環論，環境科学，群集生態学，微生物生態学，古環境学などにおける安定同位体比の利用である。これらの分野ではいずれも，安定同位体比の分布・変動やその原因の解明が研究の最終目的なのではなく，それぞれの分野において中心的な関心の対象となっている現象やプロセスを計測するための尺度，ないしは指標の1つとして安定同位体比が利用されている。そのようなことが可能となるのは，安定同位体比がそうした現象やプロセスの影響を受けて変化するためであり，またその結果，それらの現象やプロセスの痕跡がある物質に安定同位体比のシグナルとして残るためである。すなわち本書の各章において説明されるように，地球上のさまざまな物質の安定同位体比に残された記録を読み取ることによって，たとえば川を流れている水の起源，食物連鎖にお

ける生物どうしの関係，過去のある時期における気温といった情報を引き出すことが可能になるのである。現象やプロセスから安定同位体比への影響は実質上，一方通行である。すなわち安定同位体どうしは化学的性質が同一であるため，安定同位体比の違いが現象やプロセスに影響を与えることはない。この事実は，安定同位体比を尺度・指標として利用する際の有用性の1つの根拠となっている。

2. 安定同位体比の基礎知識

2-1. 安定同位体比の表し方

本書のほとんどの章において扱われる安定同位体比は，生元素（bioelement）とよばれる以下の5種類だけに限られる。

(1) 炭素安定同位体比（^{12}Cと^{13}Cの存在比）
(2) 窒素安定同位体比（^{14}Nと^{15}Nの存在比）
(3) 水素安定同位体比（^{1}Hと^{2}Hの存在比。^{2}HはDとも記す）
(4) 酸素安定同位体比（^{16}Oと^{18}Oの存在比）
(5) 硫黄安定同位体比（^{32}Sと^{34}Sの存在比）

酸素と硫黄については実際にはそれぞれ3種類（^{16}O，^{17}O，^{18}O）および4種類（^{32}S，^{33}S，^{34}S，^{36}S）の安定同位体が存在する。このうち，^{17}Oに関する同位体比については7章1節において紹介する。

すでに述べたように自然界での安定同位体比の変動は0.001％というような細かい桁での変化にすぎず，％単位で表記していては煩わしいので，ある特定の基準物質の安定同位体比に対する千分率偏差（‰：パーミル）で表す。これをδ（デルタ）記法といい，質量数の大きい方の同位体の記号にδを付けて表す。たとえば炭素であればδ^{13}Cとなる。この定義を式で書くと，

$$\delta^{m}X = (R_{sample}/R_{ref} - 1) \cdot 1000\,[‰] \tag{1}$$

R_{sample}：試料中の$^{m}X/^{n}X$比（モル比）
R_{ref}：基準物質の$^{m}X/^{n}X$比（モル比）
$^{m}X, ^{n}X$：元素Xの安定同位体（$m > n$）

表 1-1　国際基準物質とその安定同位体比[1]

元素	国際基準物質	安定同位体	存在比（モル分率）
水素（H）	VSMOW	^{1}H	0.99984426
		^{2}H	0.00015574
炭素（C）	VPDB	^{12}C	0.988944
		^{13}C	0.011056
窒素（N）	大気	^{14}N	0.996337
		^{15}N	0.003663
酸素（O）	VSMOW	^{16}O	0.9976206
		^{17}O	0.0003790
		^{18}O	0.0020004
硫黄（S）	VCDT	^{32}S	0.9503957
		^{33}S	0.0074865
		^{34}S	0.0419719
		^{36}S	0.0001459

となる．本書の中で「安定同位体比」という用語が用いられるほとんどの場合，それは R ではなく δ-値のことを意味している．

　現在，世界共通の基準物質として用いられているのは，炭素が Vienna Pee-Dee Belemnite（VPDB）という化石炭酸塩鉱物，窒素が大気中の N_2 ガス，水素と酸素は Vienna Standard Mean Ocean Water（VSMOW）とよばれる標準海水，硫黄が Vienna Canyon Diablo Troilite（VCDT）という隕石起源硫化鉄鉱物である．これらの基準物質の同位体組成を表 1-1 に示した．酸素に関しては，目的によっては大気中の O_2 ガスが基準物質として使用されることもある（4 章 3 節）．

　実際の同位体比分析にあたっては，これらの基準物質に対する正確な千分率偏差（δ-値）が測定されている二次標準物質が市販されており，それを参照物質として分析をおこなうことになる．

　書物や論文によっては，①何を基準物質とした場合の千分率偏差なのかを明記するために，δ-記法の右下に基準物質名を記してあることがある．たとえば VSMOW に対する酸素安定同位体比の千分率偏差であれば $\delta^{18}O_{VSMOW}$ と表記される．しかし本書では一部の例外を除いてこれを採用しない．また②どのような物質の安定同位体比なのかを明記するために，同様に δ-記法

の右下に測定対象物質名を略記することがよくおこなわれる。たとえば水に含まれる酸素原子の安定同位体比であれば$\delta^{18}O_{water}$のように記される。これはさまざまな異なる物質の安定同位体比を比較しなければならない場合に便利な記法であり，本書においてもしばしば利用される。

2-2. 安定同位体比の測定方法

　本書で紹介される安定同位体比の測定には，すべてマルチコレクタ式とよばれる特殊な磁場型質量分析計が使用されている。研究目的によっては，安定同位体比の測定に四重極型質量分析計や核磁気共鳴分析装置なども使用されることがあるが，ここでは説明しない。なお同位体比分析やそれに関連する機器分析技術について，より行き届いた解説を望まれる読者は，章末にあげた参考文献(3)に収録された関連する章をご参照いただきたい。

　たとえば炭素安定同位体比を測定する場合には，目的のサンプルに含まれている炭素をあらかじめ純粋に近いCO_2の形に変えておいてから質量分析計に導入する。質量数12と13の炭素原子はそれぞれ分子量44と45のCO_2になる。高真空に保ったイオンソース部にCO_2が導入されると，電子線により一部が+1価の陽イオンにイオン化され，さらに電場によって加速されたのち，一定の磁場の中に導入される。荷電粒子が高速で磁場の中に入ると，その質量に応じて異なる軌道上を移動することを利用して，質量数44と45の荷電粒子の軌道に当たる位置にコレクタとよばれる検出器をそれぞれ置いておき，イオンソース部から来る分子量44と45のCO_2の数をそれぞれ定量する。両者の比率を，サンプルと安定同位体比既知の参照物質との間で比較することにより，サンプルの安定同位体比（$\delta^{13}C$）を計算することになる。実際には分子量45のCO_2の中には，炭素原子は質量数12だが，酸素原子の1つが^{17}Oである分子も少量含まれているので，それを補正する必要がある。最近の装置では，イオンソース部にCO_2を導入してから，補正された$\delta^{13}C$の値が出て来るまでの一連の作業は，すべて質量分析計に附属したワークステーションが自動的におこなってくれる。

　イオンソース部に導入するに先立って，サンプルの炭素をCO_2に変えておかなくてはならないが，そのためにはいくつかの異なる手法がある。現在，

もっとも普及しているのは，生物試料などの有機物の炭素を CO_2 に変えるために CHN コーダーとよばれる元素分析計を使用し，ヘリウムをキャリアとする元素分析計からの排出ガスを，オープンスプリットとよばれるしくみを経由して直接に質量分析計のイオンソース部に流す方法である．この手法が普及する以前には，有機物試料を酸化剤とともに高真空下で石英管に封入し，高熱をかけて CO_2 を発生させる方法が用いられていた．発生した CO_2 は真空ラインを用いて分離精製されたのち，デュアルインレットと称される導入部から質量分析計に導入される．この方法は手間がかかるが，測定段階で予想される誤差要因を可能な限り消去するように設計されているため測定精度が非常に高く，現在でも用いられることがある．

炭酸塩に含まれる炭素の安定同位体比分析では，あらかじめ炭酸塩をリン酸か塩酸で溶解して CO_2 を発生させる必要があるが，このプロセスもオフラインでおこなわれる場合と，質量分析計に接続されたガスクロマトグラフを利用してオンラインでおこなわれる場合* がある．

ガスクロマトグラフから燃焼炉を介して質量分析計に導入する GC-C-IRMS という装置を用いると，揮発性の有機化合物（炭化水素ガスなど）を分子種ごとに簡便に同位体比分析することができる．揮発性でない物質も，あらかじめ適当な方法で揮発性誘導体に変換しておけば，同様の方法で分子種ごとに炭素安定同位体比を求めることができる．こうした手法は化合物別同位体比分析とよばれる．

いずれの方法を用いる場合でも，サンプルに含まれる炭素原子のすべてが CO_2 に変換されるように厳密に反応条件を制御する必要がある．そうしないと後に述べる同位体分別という現象が影響して，CO_2 の $\delta^{13}C$ ともとのサンプルのそれとがずれてしまい，重大な測定誤差を生ずるので注意を要する．これはもちろん，炭素以外の元素の同位体分析の場合も同じである．同位体分別による誤差は，反応過程以外でもさまざまなプロセスで発生する可能性がある．現在普及している分析方法では，いずれもそうした誤差をできるだ

---

*ヘリウムをキャリア・ガスとして，キャピラリーカラムによって気体成分を分離させた後，排出ガスに含まれる測定対象成分をヘリウムとともにオープンスプリットを介して質量分析計のイオンソース部に導入する．

け小さく抑える工夫がなされているのと同時に，不可避的に発生する偏差を補正する方策が組まれている。

　窒素同位体比分析の場合は，サンプルに含まれる窒素をあらかじめN_2ガスに変えてからイオンソース部に導入することになる。この際の導入方法にも，炭素同位体比の場合と同様に目的に応じて各種の手法がある。目的によっては，N_2ではなくN_2Oの形で導入されることもある。水素同位体比の測定の場合は，H_2ガスの形に変換して質量分析計に導入される。酸素同位体比の場合はCOの形で導入して分析されることが多いが，O_2やN_2Oの形で導入することもある。窒素・水素・酸素同位体比の分析では，炭素の場合のように化合物別同位体比分析の手法も実用化されている。硫黄同位体比の測定では，サンプル中の硫黄はSO_2ガス，もしくはSF_6というガスの形で質量分析計に導入されることになる。

　本書の多くの章では，元素分析計と接続されたタイプの同位体比質量分析計を使って炭素・窒素安定同位体比を測定する，もっとも一般的な手法を前提として執筆されている。ただし以下の章は例外である。バイオマーカーの同位体比分析（6章3節）には主としてGC-C-IRMSが使用される。分取型の高速液体クロマトグラフを用いた前処理が併用されることもある。GC-C-IRMSは二酸化炭素や溶存無機炭素（4章1, 2節）やメタン（5章2, 3節）の同位体比分析にもしばしば利用されている。一方，水の酸素・水素同位体比分析（2章），溶存酸素の同位体比分析（4章3節），硝酸イオンや一酸化二窒素の窒素・酸素安定同位体比分析（3章1節，5章1節，7章2, 3節），^{17}Oを含む酸素同位体比分析（7章1節）にはそれぞれ目的に特化した高度な測定システムが使用される。こうした特殊な手法についてはそれぞれの章の中で簡単に解説され，参照すべき文献も紹介されている。

2-3. 同位体分別

　地球上のさまざまな物質の安定同位体比にわずかながら差があり，その差を指標として，その物質の生成あるいは分解に関与した地球化学的または生化学的プロセスを判別できるのは，それぞれのプロセスに特徴的な大きさの同位体効果（isotope effect），または同位体分別（isotope fractionation）が伴うた

めである。たとえばある地球化学的または生化学的反応プロセスによって，炭素を含む化合物Aから別の化合物Bが生成しているとき，たとえB以外には炭素を含む生成物がなく，またA以外からBに入ってくる炭素原子がないとしても，Bの炭素同位体比はAの炭素同位体比と正確に同じにはならず，わずかな差が生じ，しかもその差の大きさが反応の種類によってだいたい決まっている。安定同位体比をδ-値で表現したとき，反応物Aと生成物Bとの間のδ-値の差$\delta^{13}C_A - \delta^{13}C_B$を$\varepsilon(A-B)$という記号で表す*。以下の説明は炭素同位体比の場合を例に進めるが，他の元素の同位体分別についても事情は同じである。

　AとBとが相平衡や化学平衡の関係にある場合にも同位体分別が起こる。この場合は一般にAとBのうちで炭素原子と隣接する他の原子との間の結合力が強い化合物の方に質量の大きい同位体が濃縮するという法則があるため，その安定同位体比（$\delta^{13}C$）が高くなり，また両者の同位体比の差$\varepsilon(A-B)$の絶対値は温度が低いほど大きくなる。この現象は平衡同位体分別とよばれる。AとBとの間の平衡反応が同位体比に関しても平衡に達しているとき，両者は同位体交換平衡にあるといわれる。

　化学反応によってAからBが生成しつつあるときにも同位体分別が起こり，一般に生成物Bの方が反応物Aに比べて同位体比が低くなる。残っている未反応のAのほうは少しだけ同位体比が高くなることになる。これは速度論的同位体分別とよばれる。Aの同位体比を$R_A (= [^{13}C/^{12}C]_A)$とし，ごく短い時間にAから生成したBの同位体比を$R_B (= [^{13}C/^{12}C]_B)$とするとき，$\alpha_{A/B} = R_A/R_B$をこの反応の同位体分別係数（isotope fractionation factor；厳密には微分同位体分別係数）とよぶ**。同位体分別係数は，^{13}Cを含むAと^{12}Cを含むAとの間の反応速度の比と解釈することもでき，その値は反応ごとに決まっており，本書で取り扱われるような地球表層環境でのプロセスの場合はほぼ温度のみに依存して変化すると考えてよい。また自然界で実際に観察

＊ $\varepsilon \equiv \delta^{13}C_{生成物} - \delta^{13}C_{反応物}$と定義されることもある。なお文献では$\varepsilon(A-B)$を$\varepsilon_{A-B}$のように小さな添え字を使って表現している事例も多いが，本章では見易さに配慮して$\varepsilon(A-B)$という表記を用いている。

＊＊ $\alpha \equiv R_{生成物}/R_{反応物}$と定義されることもある。

されるような同位体比の微細な変化だけが問題になっている場合は，

$$\varepsilon(A-B) \approx (1 - 1/a_{A/B}) \cdot 1000 \quad [‰] \tag{2}$$

という近似式が成り立つ。ε を用いると，同位体比に関する議論が δ-記法による‰の単位だけを用いておこなうことができ，直観的に理解しやすいため，本書では厳密性を幾分犠牲にして，同位体分別を表す場合はできる限り a ではなく ε を用いるようにしている。

　自然界で観察される同位体比のパターンに対して同位体分別係数にもとづく定量的な議論をおこなおうとするとき，いくつか問題になることがある。

2-4. レイリー・モデル

　第一の問題は，(2)式は微分同位体分別係数にもとづいていることである。すなわち反応の進展に伴う反応物Aのプールの $\delta^{13}C_A$ の変化が無視できる程度の短期間に生成したBの $\delta^{13}C_B$ を $\delta^{13}C_A$ から引いた差であるが，自然界において得られるAやBの試料はふつうそのような瞬間的な反応物・生成物ではない。試料Aの同位体比は長期間での反応を経てすでに初期の同位体比から変化している可能性が高く，また試料Bの同位体比も，そのように少しずつ同位体比が変化しているAから生成した生成物の積分値を反映している場合が多い。このような場合にも観察されたAとBとの $\delta^{13}C$ の差を便宜上 $\varepsilon(A-B)$ と表すことがあるが，それはもはやかならずしも(2)式の $\varepsilon(A-B)$ とは一致しなくなる。

　観察された $\delta^{13}C_A$，$\delta^{13}C_B$ の値と(2)式の $a_{A/B}$ または $\varepsilon(A-B)$ とを関係づけるには，反応条件についてのなんらかの仮定が必要になる。その中でよく用いられるのはレイリー (Rayleigh) モデルとよばれるもので，①反応が開始してから観察の時点まで，反応物Aと生成物Bに関しては外部との出入りがなく（閉鎖系），②Aはよく混合されて同位体比的に一様であり，③生成物Bは再びAに戻ることがない（不可逆反応）と見なすことができる場合に適用される。この場合には，反応開始時点でのA，観察時点でのAとBの δ-値をそれぞれ $\delta^{13}C_0$，$\delta^{13}C_A$，$\delta^{13}C_B$ とおくと，近似的に以下の関係式が成り立つことが知られている。

$$\delta^{13}C_A = \delta^{13}C_0 + 1000 \cdot \left(\frac{1}{a} - 1\right) \cdot \ln f$$

$$\delta^{13}C_B = \delta^{13}C_0 + 1000 \cdot \ln\left(\frac{1-f^{\frac{1}{a}}}{1-f}\right)$$

a は同位体分別係数 $a_{A/B}$ であり，f は反応開始時点で存在した A のうちで観察時点において残存している割合を表す。これはレイリーの蒸留モデルとよばれるものである。a の代わりに ε を用いて表すと次のようにも書ける。

$$\delta^{13}C_A = \delta^{13}C_0 - \varepsilon \cdot \ln f \tag{3}$$

$$\delta^{13}C_B = \delta^{13}C_0 + \varepsilon \cdot \frac{f \ln f}{1-f} \tag{4}$$

ただしこれらの式では $a_{A/B}$ や $\varepsilon(A-B)$ を単に a，ε と表している。

図1-1は f を横軸にとって $\delta^{13}C_A$ と $\delta^{13}C_B$ の変化を表したもので，左端が反応開始時点，右端が反応の完了した時点に対応する。生成物 B は反応開始時点では反応物 A に比べて δ-値が $\varepsilon(A-B)$ だけ低いが，反応の進行とともに次第に上昇し，A がすべて B になった時点では当然ながら反応開始時点の A と同じ δ-値になっている。一方，反応物 A の δ-値も反応の進行とともに上昇し，反応末期には非常に高い値となっている。

A に関しては閉鎖系だが生成物 B に関してはそうでないという場合でも，$\delta^{13}C_A$ に関する上記の近似式 (3) は当てはまる。また A と B との間に平衡同位体分別が成立している場合についても，A から B が生成しつつ，生成した B が絶えず系から除去されていると見なされる場合には，式 (3) と同様の取扱をすることができる (2章参照)。

2-5. 複合的な反応系

もう1つの問題は，自然界で実際に起きている反応，とくに生物が媒介している反応は，化学反応式で書くと一段階の反応として書き表すことができても，実際には何段階もの素反応の連鎖である場合が多いことである。たとえば光合成によって空気中の二酸化炭素 (CO_2) からグルコースができる反応，硫酸還元バクテリアによって海水中の硫酸イオン (SO_4^{2-}) から硫化水素 (H_2S) ができる反応などは，みな実際にはたいへん複雑な反応プロセスで

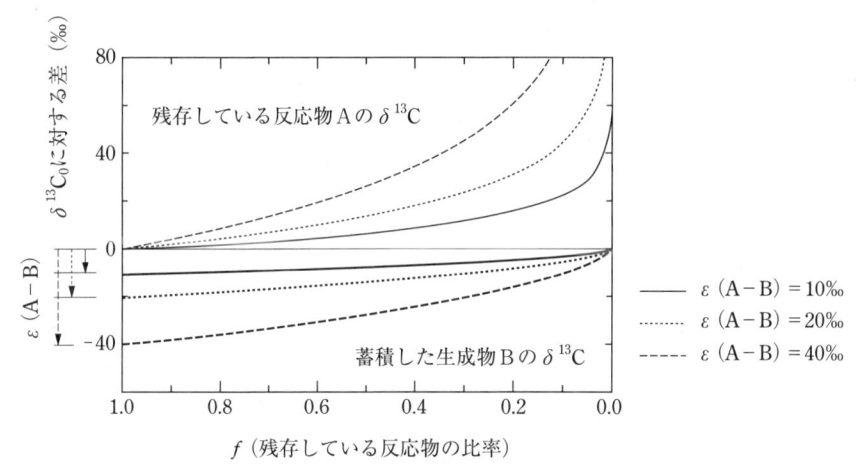

図 1-1　閉鎖系における速度論的同位体分別に関するレイリーの蒸留モデル。横軸は反応の進展度に対応し，反応が進むにつれて反応物 A と生成物 B の安定同位体比がグラフに沿って図の左から右へ移行する。図の上半分が残存している A の同位体比，下半分が生成して蓄積している B の同位体比のグラフである。両者の差は反応が進むにつれて $\varepsilon(A-B)$ よりも大きくなっていく。

ある。しかし同位体比を測定する場合，容易に測定できるのは，それらの最初の反応物である CO_2 や SO_4^{2-}，または最終生産物である植物体の有機物や H_2S だけであり，反応の途中に現れる中間代謝産物の同位体比をすべて測定することは非常に困難である。したがって，速度論的同位体分別を議論する場合にも，個々の素反応の同位体分別に注目するよりも，光合成や硫酸還元のプロセスを全体として 1 つの反応と見なし，「光合成による炭素同位体分別」「硫酸還元に伴う硫黄同位体分別」のような扱い方をする方が現実的で，有意義である場合が多い。

しかし，すでに述べたように素反応の同位体分別係数は，温度には依存するものの反応ごとにほぼ決まっているが，いくつもの素反応から構成される複合的な反応系の全体としての見かけ上の同位体分別係数は，反応系全体の速度論的バランスに依存して変化することになる。

たとえば A⇄B→C という 3 つの素反応からなる比較的単純な反応系の場合，反応系全体が A→B のステップで強く律速されていて，いったん B が

できればそれは直ちにすべて C に変えられるという状況にあるならば，反応系全体の見かけ上の同位体分別は素反応 A→B の同位体分別にほぼ一致する．一方，B→C のステップが律速段階になっている状況ならば，A→B，B→A，B→C という3つの素反応の同位体分別がいずれも反応系全体の見かけ上の同位体分別に影響する．とくに A→B，B→A に比べて B→C の反応に伴う同位体分別が際立って大きい場合には，律速段階の位置が変わることによって反応系全体の見かけ上の同位体分別も大きく変化する結果になる．

このように複合的な反応系の速度論的同位体分別は本来的に変化するものなので，本書を含めて文献等に報告されている α や ε の値は，あくまでもその研究対象となっている特定の環境，あるいは特定の実験条件下における値と考えるべきであり，反応系のどの段階が律速になっていたのかに注意を払いながら解釈する必要がある．

2-6. 分岐反応系

複合的な反応系で見られるもう1つ重要な同位体分別現象は，単一の反応物から，同じ元素を含む複数の異なる生成物ができる分岐反応経路である．生物の代謝経路には非常に多くの複雑な分岐反応経路の例を見ることができる．分岐反応によって反応物 A から B と C の2種類の生成物が同時にできる場合，代謝系ではふつう A→B の反応と A→C の反応は別個の酵素によって触媒され，生成物の同位体比はそれぞれの反応の速度論的同位体分別の複合的な影響を受ける．そのため B と C の同位体比は一般には一致しない．また B と C での同位体比の差もかならずしも一定せず，速度論的なバランスに依存して変化する．こうして生成するさまざまな同位体比をもつ中間代謝産物が，生合成経路を通して組み合わされて，生体分子を構成することになる．この結果，同じ個体の生物でも，それを構成する生体分子は分子種ごとに異なった同位体比を示すことになり，また一種類の分子の内部でも，同位体比の分布は均一にならず，あるパターンが生じる（分子内同位体分布）．この事実は，特定の生物に含まれるある化学成分をバイオマーカーとして，バイオマーカーの安定同位体比からもとの生物の安定同位体比を推定する場合に大きな問題となる（4章4節，6章3節）．

過酸化水素や元素状硫黄などの生化学的不均化反応は，分岐反応の別な例である。硝酸イオン（NO_3^-）がバクテリアによって還元されて亜硝酸イオン（NO_2^-）ができる際には3個の酸素原子のうちの2個がNO_2^-に，残りの1個は水（H_2O）にそれぞれくみこまれるので，これも酸素原子に着目すれば分岐反応の例となる。このような場合は生成物間の量比は一定しており，同位体比の差もほぼ決まっていることが多いが，生成物どうしで同位体交換反応が起こることがあり，同位体交換反応に伴う同位体分別が生成物間の同位体比の差を決定している場合もある。

3. 安定同位体比指標の利用とその注意点

　生態学や環境科学の研究の場において安定同位体比が指標あるいは尺度として用いられる状況には，いくつかの典型的なパターンがある。

　第一は，生態系や環境を流通している物質の起源を推定する目的で利用される場合であり，同位体比は起源物質推定のための指標として用いられる。本書の中では，たとえば2章において河川水の酸素・水素安定同位体比を用いて河川水の起源を推定する方法が紹介されている。また4章4節や4章5節では河口域や湖沼の有機物の炭素安定同位体比を用いて，それが内生的なものか外部に由来するものなのかを推定する方法が紹介されている。これらは起源物質解析のために同位体比が用いられる典型的な場合である。

　第二は，ある化学反応や生物学的反応の種類や，進行の程度を評価するプロセス解析の目的で利用される場合で，同位体分別による同位体比の変動幅が指標として用いられる。4章3節では湖水に溶けている酸素の安定同位体比から，湖水中で光合成や呼吸がどのように進行しているのかを評価する方法について紹介されている。また5章1節では，河川水に溶けている硝酸イオンの窒素・酸素安定同位体比を用いて，河川内の脱窒によって硝酸イオンがどの程度浄化されているのかを評価する試みが紹介されている。

　第三に，同じカテゴリーに属する数多くの対象をなんらかの基準で格付けするために同位体比が使用される場合がある。ある生態系内に生活する動物が，植物から出発する食物連鎖の何段階目にいるのかを，その動物の窒素安

定同位体比を使って評価する方法はよく知られている（6章2節など）。また3章2節では，河川の堆積物や付着藻類の窒素同位体比を手がかりに，その河川が生活排水などによってどの程度汚染されているかを格付けする試みが紹介されている。

　個々の手法に関する原理，利用されるモデル，効用，問題点についてはそれぞれの章をお読みいただきたい。ここでは全般に共通する注意点を簡単にあげておく。

3-1．同位体比指標の定量性

　安定同位体比を何かの指標として用いる場合には，指標対象と同位体比との量的関係についてある仮定が置かれるが，その妥当性，厳密性が問題になる。たとえば起源解析のために同位体比を用いる場合は，それぞれの起源に対応する典型的な同位体比が仮定されるが，実際には同一の起源に由来する対象物質でもその同位体比にはある程度の変動幅があるのが普通である。これは起源解析における定量的な推定値に対して無視できない誤差要因となる。また指標対象に比較して，同位体比を実測したサンプルは多くの場合ごく少量であったり，少数であったり，まばらであったりするため，サンプルの代表性に関する疑問はかならずつきまとう。そのサンプルが代表する時間・空間スケールが指標対象とかならずしも一致しないこともある。同位体比そのものは定量的な量で，数値軸の上に連続変数として表示されるので，指標としても定量的であるかのように幻惑されることがある。しかし実際は指標対象との関係の不確定性のために，定性的な指標としてしか解釈できなかったり，せいぜい相対的な順位付けができる程度の意味しかもたないことも少なくない。

　一方，その指標を利用してなんらかの判断や評価をする場合には，その利用目的によっては指標はかならずしも厳密な定量性を要求されない場合もある。相対的な順位関係がだいたいわかれば目的が達せられるという場合も少なくない。同位体比と指標対象との関係に関する仮定の妥当性，考えられる誤差要因やその大きさ，サンプルの代表性が，その指標の利用目的から要求される程度の厳密性を満足できるものなのかどうかが問題である。自分で同

位体比を使って研究する場合も，他人のデータを評価する場合も，この点を状況に応じて的確に判断する感覚が必要になる．

3-2. 変動要因の多重性

　上にあげた3つの利用パターンのうちいずれか1つを採用している場合でも，観測された同位体比データにはかならず多かれ少なかれ他の要因の影響が含まれているものである．たとえば岩石の風化，植物プランクトンの一次生産，水と大気との間のガス交換という3つのテーマは，ふつうは別々の研究領域に属する研究者によって互いに連絡なしに研究が進められている．しかし4章1,2節で説明されるように，水中の溶存無機炭素の安定同位体比には，これら3つのプロセスが対等の変動要因として効いてくる．そのため，たとえば溶存無機炭素の安定同位体比を，植物プランクトンの一次生産に対する指標として利用しようとする場合（4章2節2-2）でも，同じ同位体比が集水域における化学風化やガス交換の影響を受けて変動している可能性もあることをつねに頭に置かなくてはならない．同じような多重性が，硝酸イオンの窒素・酸素同位体比（5章1節），硫酸イオンの硫黄・酸素同位体比（5章2節）などの場合にも当てはまる．6章1節には水生植物の炭素安定同位体比に影響する数多くの要因が列挙されている．これを読んだ読者は，植物の同位体比を測定することによっていったい何を明らかにできるのか少々不安になるかもしれない．

　このように同位体比をある1つの要因のみに対する指標として解釈すると，その指標性には大きな不確定性が伴う場合でも，同位体比の変動に関与する他の要因を適切に考慮して補正するならば，指標としての妥当性，定量性を必要な水準にまで高めることができる場合がある．同位体比が指標として使い物になるかどうかは使い手の側の努力次第という面がある．

3-3. 安定同位体比が使えない場合

　安定同位体比を利用した手法は，当然ながら複数の安定同位体をもつ元素にしか適用できない．リンは重要な生元素であって，とくに陸水域ではしばしば生態系全体の生産を律速する制限栄養素となっているが，リンには1種

類しか安定同位体がなく，安定同位体研究の直接の対象にはならない。マンガンは水圏生態系における重要な酸化還元性元素であり，もし複数の安定同位体比があれば顕著な同位体分別現象が観察されるのかもしれないが，安定同位体は1つしかない。もう1つのきわめて重要な生元素であるケイ素には3種類の安定同位体が存在する。しかしながら，ケイ素は生物圏ではほとんど常に4つの酸素原子で取り囲まれた状態で動くことから，生物地球化学的プロセスに伴うケイ素に対する同位体分別は通常とても小さく，ケイ素安定同位体比の変動幅は狭い。このため他の生元素についておこなうような同位体比の精密な取り扱いが非常にむずかしく，本書でもケイ素の安定同位体比は対象としていない。

注意すべきは，安定同位体比を中心とした研究をしていると，こうした対象外の元素に対する関心が疎かになりがちなことである。しかしいうまでもなく，生態系における各元素の重要性は，同位体がいくつあるかとは無関係である。現実の生態系のトータルな理解のためにはこれらの元素の動態についても相応の注意を払う必要があるし，その分布や存在形態に関する情報が同位体比の解釈の助けとなることも多い。当然ながら，同位体比の測定対象となる元素も含め，元素・化合物レベルの分析値は同位体比の解析の際のベースとして重要である。

なお，本書の範囲を外れるが，上記のリンやケイ素は酸化物として存在することが多いので，結合している酸素の同位体比が指標として研究されることがある。また最近では，軽金属，遷移金属，希土類元素などの同位体比分析が普及しはじめており，これらもまた指標として用いられるようになりつつあることを付記しておく。

補足：窒素循環研究において使用される用語について

本書でその同位体比が取り扱われている5種類の元素はいずれも酸化還元性元素とよばれ，生物地球化学的プロセスの中で酸化数が特徴的に変動する。中でもC，N，Sの3元素はそれぞれ-4〜$+4$，-3〜$+5$，-2〜$+6$にわたる9段階もの酸化数を渡り歩き，酸化還元の化学から見るともっとも色彩豊

かな元素ということができる。酸化数の変化を伴ういわゆる酸化還元反応はしばしば大きな同位体分別を示す。この事実は，これらの元素の生物地球化学的循環を研究するうえで，安定同位体比が有力なツールとして利用できることの根拠となっている。

　これらの元素の中で，窒素（N）はその供給量が陸上，海洋を問わず生態系の一次生産の制御要因としてきわめて重要であることが認められている。窒素同位体比（$\delta^{15}N$）の生態学的・環境科学的利用はさかんであり，本書でも3章を中心として全体の半数以上の節がなんらかの形で窒素同位体比を取り扱っている。酸化還元的にきわめて複雑な挙動をする窒素化合物を，その生物地球化学的機能にもとづいていくつかのグループに分類することがおこなわれている。こうした分類に用いられる用語は独特のものであり，窒素サイクルになじみの薄い読者には理解の困難な面があると思われることから，ここで簡単に整理して説明を加えておく。

　表1-2に窒素の9個の酸化数に対応する代表的な物質名を例示した。

　全窒素（TN：total nitrogen）は水質指標としてしばしば用いられる項目であり（3章2節），アルカリ湿式酸化法による分解を経て硝酸イオン（NO_3^-）として検出される形態，もしくは乾式酸化法（CHNコーダーや同位体比質量分析計にも用いられている燃焼法）により一酸化窒素（NO）に変換される形態のすべての窒素を意味する分析操作上の概念である。水圏では濃度上は，単体である溶存窒素ガス（N_2）を除いたすべての窒素の合計にほぼ対応することから，結合態窒素（combined nitrogen）とよばれることもある。反応性窒素（reactive nitrogen）という用語は，全窒素の中で比較的生物に利用されやすく，生物地球化学的に意味のある速さでそのプールが回転しているような窒素化合物を総称する概念である（3章1節）。それに対して可給態窒素（available nitrogen）は主として土壌学で用いられる概念であり，一次生産者が吸収・利用することのできる形態で土壌中に蓄積されている窒素化合物を意味する（5章1節）。栄養塩（mineral nutrients）とは可給態窒素のうちで無機態のものを意味し，具体的にはアンモニウム（NH_4^+），亜硝酸イオン（NO_2^-），硝酸イオン（NO_3^-）の3種である。窒素のみに注目する場合は，それぞれアンモニウム態窒素，亜硝酸態窒素，硝酸態窒素という用語も使われる（「態」を

表 1-2 窒素の酸化数とそれに対応する代表的な物質

酸化数	代表的な物質	用語 全窒素(結合態窒素)	反応性窒素	可給態窒素	栄養塩(DIN)[※3]
-3	アンモニア (NH_3), アンモニウム (NH_4^+)	○	○	○	○
	尿素 (($NH_2)_2CO$)	○	○	○	
	遊離アミノ酸	○	○	○	
	その他の有機態窒素(易分解性)[※1]	○	○	(○)	
	その他の有機態窒素(難分解性)[※1]	○	(○)		
-2	ヒドラジン (N_2H_4)	○	○		
-1	ヒドロキシルアミン (NH_2OH)	○	○		
0	窒素ガス (N_2)				
$+1$	一酸化二窒素(亜酸化窒素, N_2O)[※2]	○	○		
	ニトロソ化合物 (R-NO)	○	○		
$+2$	一酸化窒素 (NO)	○	○		
$+3$	亜硝酸イオン (NO_2^-)	○	○	○	○
	ニトロ化合物 ($R-NO_2$)	○	○		
$+4$	二酸化窒素 (NO_2)	○	○		
$+5$	硝酸イオン (NO_3^-)	○	○	○	○

※1 有機態窒素とは有機化合物の中に共有結合として含まれている窒素原子を指す。-3 以外の酸化数を持つ有機態窒素も存在する。
※2 一酸化二窒素の酸化数は正確には一方の窒素原子が 0, 他方が $+2$ で, 平均として $+1$ となる (7 章 3 節)。
※3 栄養塩には DIN のほかに, リン酸イオン (PO_4^{3-}) やケイ酸 ($Si(OH)_4$) も含まれる。

「性」に置き換えた用例もある)。これらはまた溶存態無機窒素 (DIN: dissolved inorganic nitrogen) とも称される。生物圏の $\delta^{15}N$ を解釈する場合には, とくに栄養塩としての窒素を植物や細菌が外界から取り込む際に起こる同位体分別について考慮することがきわめて大切である (3 章 4 節)。

定義から推察されるように, 窒素化合物を化学形だけによって厳密にこれらのグループに分類することは困難である。たとえばアンモニウムの中でも, 不溶性の鉱物の結晶格子に閉じこめられた形態のものは, 栄養塩や可給態窒素に含めることができない。また有機態窒素のうちのどこまでが反応性窒素に該当するかはあいまいである。表 1-2 に示した有機態窒素における易分解性 (labile) と難分解性 (refractory) との区別は化学的な分類ではなく, 微生物分解に対する耐性を基準とした格付けであり, 化学構造と厳密に対応を付

けることは困難である（4章5節）．易分解性有機化合物のうち短期間で分解されて栄養塩となるような画分を可給態窒素に含めることがあるが，実際にどの範囲の有機態窒素がそれに該当するかは，土壌や植物種，生育条件に依存する．一方，一次生産者の中にはある種のシアノバクテリアのように N_2 を直接利用できる窒素固定生物もあるが（5章1節），たといま扱っている生態系に窒素固定生物が存在することが明白な場合でも，可給態窒素の中に N_2 を含めることはない．

このように厳密な区分がむずかしく，多分に慣習的な性格を含む概念であるが，とりあえず水中に存在する成分に関していえば，表1-2の右半分の各カラムにおいて○で示した物質がそれぞれの概念に含まれると考えれば多くの場合は問題ないと思われる．

最後に，安定同位体地球化学・生態学の基礎的方面をいっそう深く学ぶことを望まれる方のために適当な教科書をあげておく．
(1) 南川雅男・吉岡崇仁（2006）『生物地球化学』（地球化学講座・5）培風館　ISBN：978-4-563-04905-8
(2) 酒井均・松久幸敬（1996）『安定同位体地球化学』東京大学出版会　ISBN：978-4-13-060713-1
(3) 日本化学会編（2007）『第5版　実験化学講座　20-2　環境化学』丸善株式会社　ISBN：978-4-621-07806-8
(4) J. ヘフス著，和田秀樹・服部陽子訳（2007）『同位体地球化学の基礎』シュプリンガー・ジャパン　ISBN 978-4-431-71245-9
(5) Sharp, Z. (2007) *Principles of Stable Isotope Geochemistry*. Pearson Prentice Hall. ISBN: 978-0-13-009139-0
(6) Fry, B. (2006) *Stable Isotope Ecology*. Springer. ISBN: 978-0-387-30513-4
(7) Criss, R. E. (1999) *Principles of Stable Isotope Distribution*. Oxford University Press. ISBN: 978-0-19-511775-2

途中の脚注でも注意したが，書物によっては同位体分別係数 α や ε の定義が本章と異なることがある．たとえば(1)の書物では本章と同じ定義を採用

しているが，(2) の書物では $α$ の定義は本章における $α$ の逆数となっており，また $ε$ は本章における $ε$ の負数となっている．これは研究分野ごとの慣習による面もあるため，本書でも章によっては後者の定義を採用していることがある．定義式に注意してお読みいただきたい．

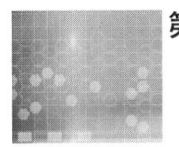

第2章

水の同位体比を利用した水循環の評価

1. 流域の水循環

　海洋から蒸発した水は雲を作りやがて降水になる。陸域で，ある分水嶺で囲まれた範囲に降った降水は，地表や地下を流れた後に最終的にはそこを流れる河川に集まり，海に向かって流下する（図2-1）。また一部は地下水のまま湖や海洋に流入することもある。このような地形的に定義される集水の範囲は流域あるいは集水域とよばれる。流域は陸域の水の流れと貯留を定量的に記述するうえで不可欠な空間単位で，この範囲内で水の収支を把握することによって，その地域の気候学的，水文学的な特徴を表現することができる。河川は，その端緒（湧水点）から，1本目の合流河川が合流するまでの区間を1次河川とよび，そこまでの流域を1次谷あるいは1次流域とよぶ。合流を重ねて次数が増加するに従い流域面積は次第に大きくなっていく。わが国のような森林が成立する気候条件下で人間活動のある流域の場合，上流の山岳地帯で低次の流域は森林で覆われ，高次の中下流域で比較的平坦な地形になるに従い農耕地，居住地域，都市域が含まれてくることが多い。

　たとえば図2-2は，琵琶湖流域の土地利用の概略を示すが，琵琶湖に流入する河川のほぼすべての源流部は森林地であることがわかる。南東部に流入する野洲川は，全流域の約58%が森林であるが，これは上流部に集中し，残りの中下流域は農耕地，居住地，都市域などになっている。これに対し，北西部に流入する安曇川は，下流域に近いところまで森林に覆われている。こ

34　I　安定同位体と流域環境

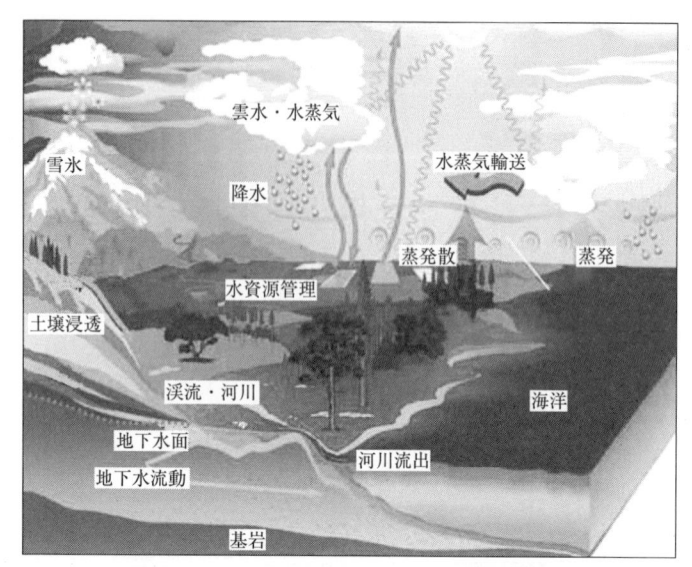

図2-1　水循環の概念図（文献1を一部を改変）。

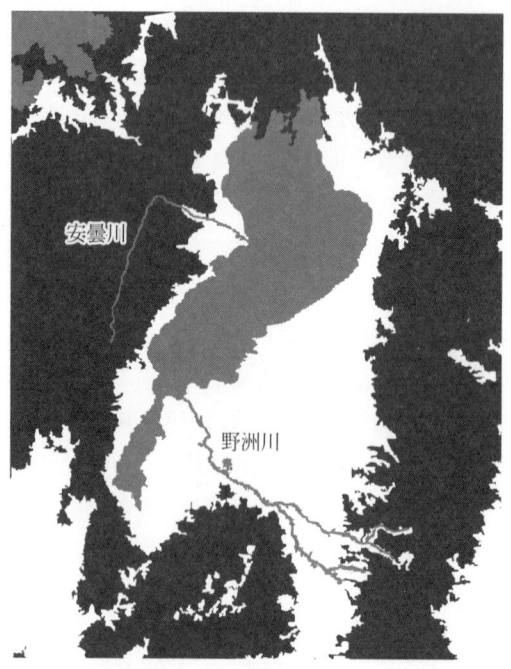

図2-2　琵琶湖流域。黒の地域は森林，白の地域は主に農耕地と住宅地を表す。

のように，1つの流域にはいくつかの土地利用の形態が混在し，それぞれの面積比は地理的な条件によってさまざまに異なる。また，それぞれの土地利用形態によって水文過程（流入，流出や貯留の形態や量）もさまざまに異なる。

　温帯湿潤気候のもとでは，まったく人為の加わらない条件での流域は森林で覆われる。まず，この条件を想定して，流域の水文過程を説明する。このプロセスは，現在でも山地源流域に存在し，ほとんどの河川流域の水源地域の水環境を形成している。まず，降水で森林流域にもたらされた水のうち何割かは蒸発して大気に帰っていく。森林での蒸発には，1) 樹冠に着いた降水が蒸発する遮断蒸発，2) 土壌面に到達した降水がそこから蒸発する地表面蒸発，3) 土壌中に浸透した降水が植物に吸収され，その葉から蒸発していく蒸散の3つの経路がある。これらの要素を合計したものを蒸発散量とよぶ。蒸発を免れた水は地中や地表を流下し，渓流に流入する。

　森林が成立するような温帯における年降水量は地域的に大きな違いがあり，1000～4000 mmであるが，年間蒸発散量は700～900 mmであり，降水量に比べて変動が小さい。しかしながら，降水量の数10％にあたる量の水は蒸発散によって損失となるということは，わが国のような森林国*において，水資源の量的評価や，それに及ぼす森林の機能を考えるうえで非常に重要な留意事項である。

　森林土壌の表層は一般に有機物に富み，植物の根系の発達・更新，土壌動物，微生物の活動の影響で非常にポーラスな構造をもっている。土壌表層が大きな孔隙に富み，透水性が高いことは，降水の浸透に好条件を与えることになり，良好な森林では降雨時に地表を雨水が流下することは少ない。つまり，このプロセスが，降水を地中に導く機能を果たし，土壌中，岩盤中での水の貯留機能にインプットを与えることになる。

　森林植生が土壌と植生の間で養分の循環**を形作り，長い年月を経るうちに土壌は深部まで有機物の侵入が進み，土壌母材や基岩の風化が進む。基

---

* 我が国の国土面積の68％は森林で覆われ，その40％は人工林である[2]。
** 生態系の内部循環という[3]。

岩の化学的風化に伴って地中には粘土鉱物の生成が進み，土粒子の細粒化が進む．表層に比べて大孔隙の割合が小さい土壌深部や風化途上の基岩は保水性が高く，緩やかな浸透，地下水の流動をもたらす．こうした森林土壌の表層，深層の構造的特徴が，森林流域における水の貯留機能を発揮する基盤となっている．

　農耕地や居住地，都市などには，人工的な用水・排水の経路が構築され，さまざまな用途で自然の水循環が改変されている．農地の蒸発散量は，水田か畑地かによって，また灌漑の強度によっても変わる．畑地の水収支は，伝統的な畑作では，季節性に多少の差はあるが，自然植生のそれと大きな違いはない．水田の灌漑用水は日本の場合，ほとんどの場合河川から取水され，平均的には年間約 2000 mm の水が利用されている．しかし，これらの水の多くが蒸発散で失われるわけではなく，地下水を涵養したり河川に還流したりする．水田にせよ畑地にせよ，作物を育てる比較的表層の土壌水分環境をある範囲で一定に保つために，貯水施設の利用と排水の管理はきわめて周到におこなわれる．このため，降雨時の排水による河川への流出量の増大は，一般には森林などのような土壌や地下水帯を経由する自然な水文過程よりは大きい．また，渇水時の流量減少は著しい．

　都市の水循環はさらに複雑で，人口密度，人間生活の形態，鉱工業の活動形態などに，水資源の消費が左右され，インプットとしての水資源も雨水，河川水ばかりでなく，地下水の利用が増大する．用水の安定化のために，農耕地と同様に人工的な貯水，排水施設の整備は都市，工業地帯の必須条件である．それゆえ，こうした地域からの降水時の排水流量の増減は，自然な土地利用の地域からのそれより著しい．

　流域の水循環はその地域の生態系の特徴を規定する．気候条件が潜在的な生態系の構造を規定するという意味ばかりではなく，生態系の内部に眼を向けると，生命活動の根幹である養分の循環の多くが水の循環と密接にかかわっていることがわかる．流域水循環のメカニズムをさまざまなスケールで明らかにすることは，流域の物質循環を記述し，さまざまなレベルで水環境の評価をするための基礎となる作業であるといえる．

2. 流域の水循環診断への水の安定同位体比利用 ── 降水の同位体比変動 ──

自然界では，水素原子 H と酸素原子 O でできている水分子には，それぞれの安定同位体 ^{2}H, ^{17}O, ^{18}O を含むものがわずかに存在している。存在比率は表 2-1 のとおりである。安定同位体の存在比のことを安定同位体比とよび，15～16 ページで説明したように特定の標準物質の R からの千分偏差，δ 値 (‰) で表す。つまり，

$$\delta = (R_{試料}/R_{標準物質} - 1) \times 1000 \tag{1}$$

ここで，R は水素の場合 ^{2}H/^{1}H，酸素の場合 ^{18}O/^{16}O である。現在広く使われている標準物質 VSMOW (Vienna Standard Mean Ocean Water) は，IAEA (International Atomic Energy Agency：国際原子力機関) が定めたものである。

相変化を起こす際に水のもつ酸素と水素の安定同位体比は変化する。水が蒸発するときには，軽い安定同位体を含む水分子 (H_2O) が選択的に蒸発し，重い安定同位体を含む分子 (H^2HO, $H_2^{18}O$) が液相中に濃縮される。水蒸気が凝結を起こす場合は，逆に重い安定同位体を含む水分子から凝結し，軽い同位体を含む水分子は気相に留まる。水に限らず，このような同位体分別が生じる相変化はレイリー過程 (Rayleigh process) に従う。レイリー過程とはある同位体組成をもつ物質から，異なる同位体組成をもった物質が分離していくときの同位体比変化の特徴を表し，以下のような式でモデル化されている*。

$$R = R_0 \cdot f^{(a-1)} \quad \text{または} \quad \ln(R/R_0) = (a-1)\ln f \tag{2}$$

δ 値で表示すると，

$$\delta - \delta_0 = 10^3 (a-1)\ln f \tag{3}$$

---

* 1 章 2-4 参照。ただし本章の a は 1 章の定義とは逆数の関係になっている。すなわち $a = R_{生成物}/R_{反応物}$ という式で定義される。

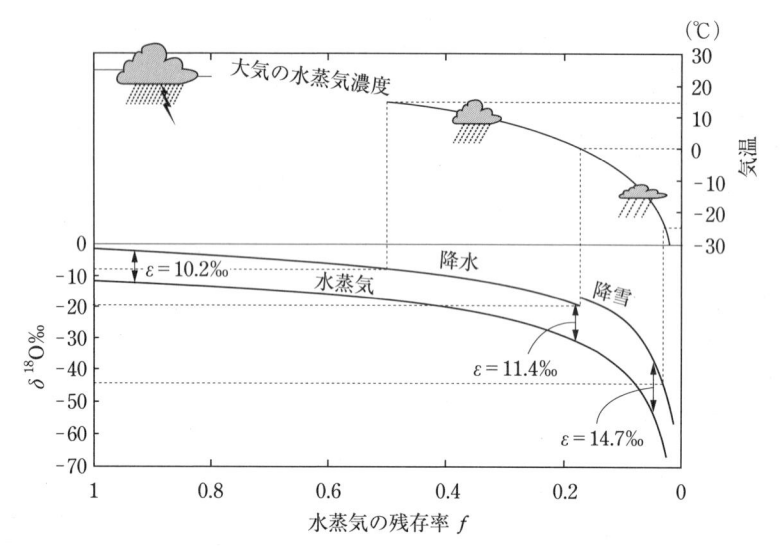

図 2-3 レイリー過程に従って水蒸気塊から降水が生じるときの残存する水蒸気と雨水の $\delta^{18}O$ の変化[4]。残存する気塊の水蒸気中の酸素の同位体比 $\delta^{18}O_v$ は水の残存率の関数として，次のように表される。

$$\delta^{18}O_{v(f)} \approx \delta_0^{18}O_v + \varepsilon^{18}O_{l-v} \cdot \ln f$$

ここで，$\delta_0^{18}O_v$ は初期の水蒸気の安定同位体比，$\varepsilon^{18}O_{l-v}$ ($\equiv \delta^{18}O_{liquid} - \delta^{18}O_{vapor}$) は水蒸気から降水になるときの同位体濃縮係数 (isotopic enrichment factor) で，気温が低下するにしたがって増加する。最初，気温25℃において，水蒸気の $\delta^{18}O$ が-11‰とし，最後に気塊が到達するところの気温が-30℃とする。0℃付近では，雨水—水蒸気間の代わりに雪—水蒸気間の相変化に伴う同位体分別が示されている。点線は雨水の $\delta^{18}O$ と露点温度の関係を示している。

ここで，R_0 の添字の0は，蒸発や凝結が生じる初期の状態を表し，f は残った相（液体の水や水蒸気）の残存率を表す。a は同位体分別係数とよばれ温度に左右される。たとえば，大気中の水蒸気塊から連続的に凝結が生じて雨滴が形成される現象では，雨滴の同位体比，残った水蒸気の同位体比ともにその変化を (2) 式のようなモデルで表現することができる。図2-3にはレイリー過程に従って水蒸気塊から降水が連続的に生じていく時に，$\delta^{18}O$ がどのように変化するかが模式的に描かれている。水蒸気は気温の低下によって凝結を起こし，雨滴となって気塊から除去されていく。このとき，雨滴となった水よりも気塊に残存する水蒸気の方が軽くなる。これが連続して生じると，

気塊に残った水蒸気の $\delta^{18}O$ は次第に低下していき,結果的に降る雨や雪の $\delta^{18}O$ も低下していく。

このように水の安定同位体比は相変化の過程で左右されるので,ある自然水の安定同位体比を知ることによって,その水が受けてきた気象学的な過程や水文学的な過程の履歴をうかがい知ることができるのである。δ^2H を横軸に,$\delta^{18}O$ を縦軸にして安定同位体比を散布図にしたものを水の δ ダイヤグラムとよぶが,Craig[5] は,世界各地で採取された淡水の安定同位体比の δ^2H と $\delta^{18}O$ の関係が,おおむね以下のような関係にあることを見出した。

$$\delta^2H = 8\delta^{18}O + 10 \text{ (‰, SMOW に対して*)} \tag{4}$$

この関係を示す直線は天水線(Meteoric Water Line)とよばれており,降水にそうした関係があることに由来している。図2-4は,IAEA が組織している全地球スケールの降水観測ネットワーク(IAEA Global Network for Isotope in Precipitation)によって収集された安定同位体比データを基に描かれた δ ダイヤグラムである[6]。降水の安定同位体比が,なぜこの天水線上の値をとるかについては,以下のような説明がされている(図2-5参照[7])。まず,降水となる水が,地表面や海面から蒸発し,大気中で凝結するが,この過程での水素と酸素の同位体分別係数は異なる(酸素の同位体分別<水素の同位体分別)。(4)式で使われる8という傾きは,拡散を伴う動的な相変化が生じない,平衡状態での蒸発・凝結の場合における,両者の同位体分別係数(a_H と a_O)の比に由来している。傾きは,水素と酸素についての(3)式の値の比であり,f が酸素でも水素でも同じであることから,

$$\frac{\delta_H - \delta_{H0}}{\delta_O - \delta_{O0}} = \frac{a_H - 1}{a_O - 1} \tag{5}$$

となる。この値は,283 K,293 K でそれぞれ 8.4,8.1 となる[8]。

δ^2H の切片の値は,主として海面上での起源となる水蒸気の蒸発過程で

---

* Craig[5] がこれを見いだしたときの標準物質は Standard Mean Ocean Water で,ポトマック川から採取された水サンプルで測定された同位体比をもとに Craig が決めたものである。後年 IAEA によって決定された VSMOW とは区別される。

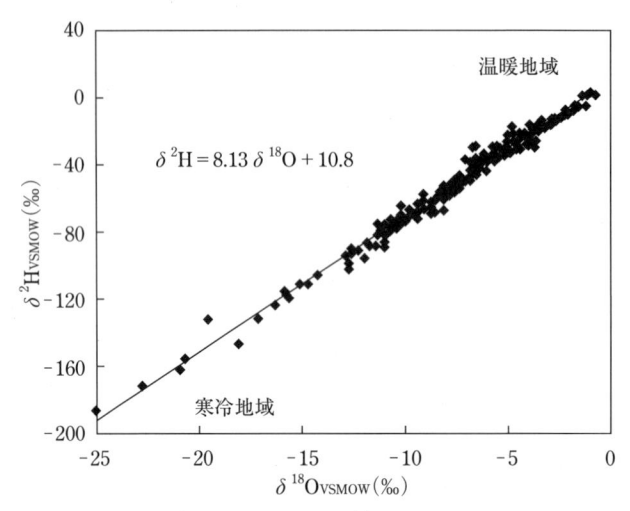

図 2-4　世界の降水のδダイヤグラム[4,6]。IAEA, Global Network for Isotopes in Precipitation によって収集されたデータをもとに描かれている。

の水蒸気拡散の強度に左右される（図2-5）。現実には，海面上での蒸発過程では大気拡散の影響が強く，平衡状態での蒸発の場合の比である8よりも緩い傾きの関係をもった同位体分別が生じる（A→B）。その結果生じたBにおける同位体比をもった水蒸気は，大気中では平衡状態の凝結を起こして水滴になる。このときの同位体の濃縮は傾き8に近い関係をもって生じる。結果として，海面蒸発に起源をもつ大気中の水蒸気，降水の安定同位体比に切片が生じることになる。陸面からの蒸発の場合，起源となる陸面上の水がすでにδ^2Hに切片をもち，蒸発によってさらに大きな切片をもった水蒸気を生じさせることが考えられる。

　このことは，δ^2H軸における切片の大きさに，もともとその雨水となった水蒸気が，どのような状況下で海面，あるいは陸面から蒸発したかについての情報が残されていることを物語っている。Dansgaard[9]がこの特徴を示す指標として，以下のような値を調べることを提案した

$$d = \delta^2H - 8\delta^{18}O \tag{6}$$

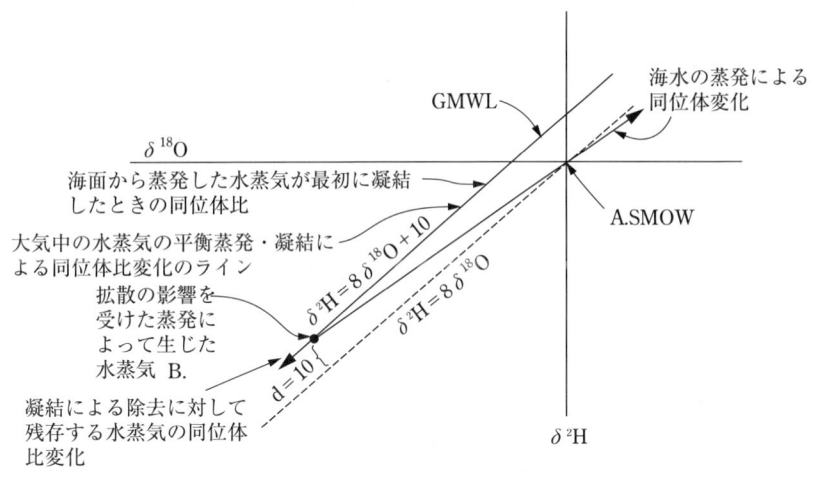

図 2-5 世界の降水の安定同位体比が天水線上にプロットされるメカニズム。グローバルな天水線（GMWL）の傾きは，水蒸気が平衡状態で凝結する過程における ^{2}H と ^{18}O の同位体分別係数の比に由来する。しかし，海面から水蒸気が生じるときには拡散を伴う動的な蒸発であり，傾きが 8 より緩くなる。結果，＋10 程度の切片が生じる[7]。

d は deuterium excess parameter とよばれる。Craig[5] が示した δ^{18}O と δ^2H の関係は，グローバルなデータを用いて得られたもので，地域ごとにはこの直線からいくらかずれた関係が得られることが多い。これは，今述べたように，それぞれの地域にもたらされる降水の起源となる水蒸気の蒸発が，どこで，どのような環境下で生じたかによって d が変動するからである。つまり，ある場所の降水の d 値の時空間変動を解析することで，降水の起源が推定できる可能性がある。

Craig[5] が示したもう 1 つの重要なことは，δ^2H と δ^{18}O の値が小さい水は寒冷地でみられ，大きな値の水が温暖な地域でみられるという事実であった。図 2-6 は，図 2-4 と同じデータにもとづいて描かれたグローバルな降水の δ^{18}O の分布図である。赤道付近で −2 〜 −4‰ であるのに対して，極域では，−20 〜 −50‰ に達する。Dansgaard[9] は，こうした δ^{18}O のグローバルな偏在性が年平均気温の一次関数で表せることを示した（図 2-7）。この寒冷地に行くほど δ^{18}O が低下していくという地理的な分布の特徴は，おおむね

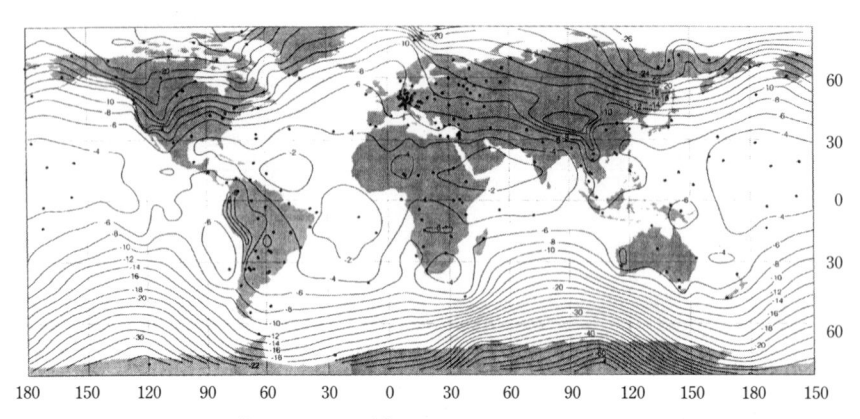

図 2-6　世界の降水の $\delta^{18}O$ の空間分布[4,6]。IAEA, Global Network for Isotopes in Precipitation によって収集されたデータをもとに描かれている。文献 4 より許可を得て掲載。

図 2-3 で示されるレイリー過程の考え方で説明される。つまり，海面からの蒸発のさかんな低緯度域で生じた水蒸気が大陸上を高緯度地域に運ばれる間に生じる降水に，図 2-3 のような現象が当てはまるという説明である。また，地域的に見ると，降水の安定同位体比が内陸に行くほど低下したり（内陸効果），低地から山岳部に行くにほど低下したりする現象（高度効果）も，海洋で生産された水蒸気が陸面上を輸送されながら，降水を降らせていくときにレイリー過程に従う水蒸気の凝結が生じ，初期に「重い」降水を降らせ，次第に「軽い雨」しか降らなくなっていくという説明が可能である。

近年では，AGCM（Atmospheric General Circulation Model: 大気大循環モデル）を利用し，レイリー過程にもとづいた，グローバルな降水の同位体比の時間的，空間的な分布を予測するモデルも考案されている[10]。これを用いると，どこから蒸発した水がどこに，どれだけ降っているか，気候変動に対してそれがどのように変化するかという予測をすることができる。

以上のように，降水の安定同位体比は，気象条件，水文条件に左右されながら，時間的，空間的に大きな変動が生じる。陸域で，水の安定同位体比がトレーサーとして利用できるのは，まず，降水にこうした変動があるからである。加えて，陸面でも蒸発・凝結といった微気象学的な相変化も生じる。これらによる同位体の変化もシグナルとして陸を循環する水に残される。

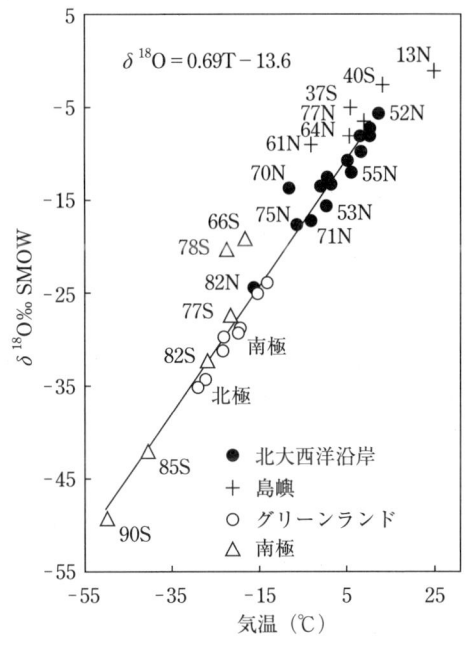

図2-7 世界の年平均気温と降水の$\delta^{18}O$の関係[6]。文献6より許可を得て翻訳・掲載。

3. 流域でさまざまな水の起源推定をおこなう

　流域という地理的な空間が定義できるのは，陸域に水循環が存在しているからである。降水として陸域の地表にもたらされた水は，地上や地下にあるさまざまな水文学的素過程を経て渓流・河川に達し，最終的には海洋に流れ着く。前項で述べたように水の安定同位体比は，どこからやってきた水か（起源），途中でどのような気象学的・水文学的な環境を経てきたか（経路）を推定する便利なツールとなりうる。陸域の水文過程ではこれまで述べてきたような相変化に伴う同位体比の変化に加えて，同位体比の異なる水同士が混合することが同位体比の変動に大きく影響する。混合する前の水同士を区別するために水の安定同位体比がよく利用されるが，こうした特性値をトレーサー（追跡子）とよぶ。いつ，どこで，どのような割合で混合が生じるのかを調べる便利なツールである。

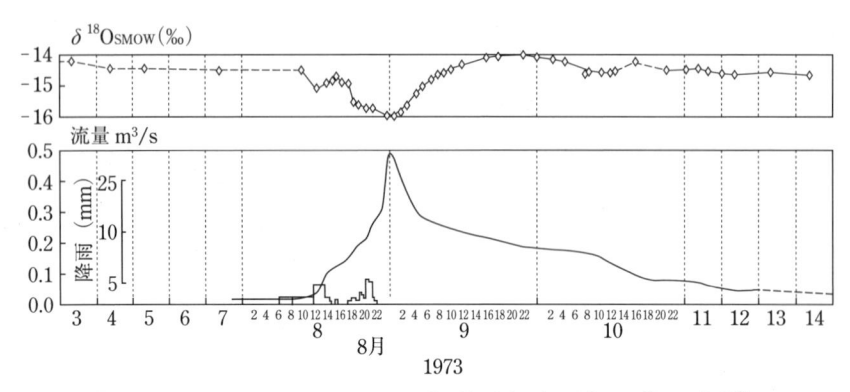

図2-8 カナダ，ウィルソン川における降雨時の河川水の$\delta^{18}O$の変動[11]。

　たとえば，ある時点に渓流や河川のある場所を流れている水がどこから来たのかということは，非常に伝統的な水文学的問題である．地下水帯からどれだけの水が流入するのか，周辺の土壌水がどの程度混合しているのか，降雨時には河川水に占める降水の割合はどれだけなのかといったことが，これまでにさまざまなトレーサーの利用によって調べられてきた．そうした調査への水の安定同位体比の利用は1960年代からはじまっている．たとえばFritzら[11]はカナダのウィルソン川において，降雨があって河川流量が増加したときに流れている水のうち，どれだけが雨水であるかという割合を，$\delta^{18}O$を測定することによって求めている（図2-8）．この場合，河川に流入すると考えられる周辺の地下水の$\delta^{18}O$は$-15‰$，降水が$-18‰$で，河川水はその間の値をとるので，つぎのような単純な2成分の混合を仮定すると，混合比を求めることができる．

$$\delta_t Q_t = \delta_g Q_g + \delta_r Q_r \tag{7}$$

ここで，δ_tは河川水の$\delta^{18}O$，Q_tは河川流量，δ_gは周辺の地下水の$\delta^{18}O$，Q_gは地下水流入量，δ_rは降水の$\delta^{18}O$，Q_rは直接河川に降って流れている降水の量である．図2-9は(7)式に従って求められた降水と地下水の比率の変動を示しているが，総流量がピークに達する時でも地下水流出の割合が卓越していることがわかる．同じような考え方で，もともとその場の周辺に

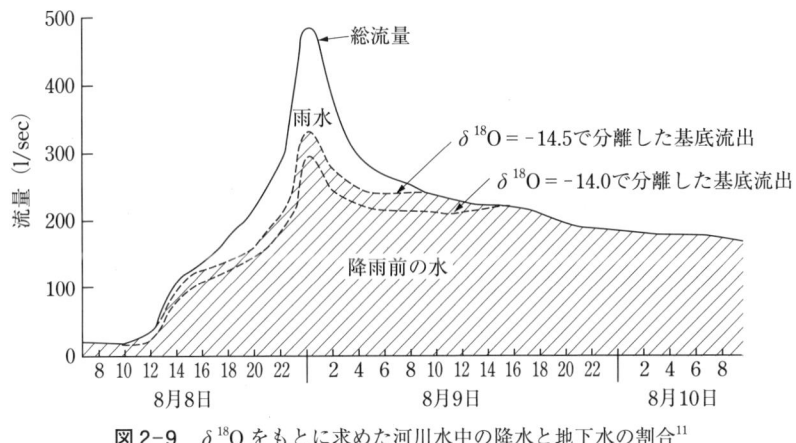

図2-9 $\delta^{18}O$ をもとに求めた河川水中の降水と地下水の割合[11]

あった水と雨が降ったときにそこにもたらされた水の割合を求めるという観測は，山地の小流域や斜面のなかの水の動態を調べる研究のなかでさかんにおこなわれてきており[12]，水文学的な研究にとっては欠かせないツールとなっている。

ここまでの水の同位体比の使い方は，ある地点の水の時間的な変動についての利用方法であるが，河川水の安定同位体比の空間的な分布を見ることで，その流域の水文学的な特徴を知ることもできる。たとえば，図2-10は，滋賀県南部に位置するある山地流域（4.3 km^2; 口絵1, 2）において，源頭部の湧水点からその最下流部までの渓流水の $\delta^{18}O$ の空間分布を示している。その範囲の河川主線の総延長は 3.5 km で，標高差は 299 m である。標高が高いところの渓流水ほど $\delta^{18}O$ が低く，下流に下るにしたがって高くなっている。降水の空間分布に高度効果が見られ，高標高のところほど $\delta^{18}O$ が低くなることは前述したが，この事例のように渓流水にもその傾向が現れていることから，降水が渓流にいたるまでに土壌中や基岩中を含む地下を通過するが，地下部で長距離を輸送されているわけではなく，地表に到達した降水の大部分は近い標高の渓流に流れ出ていると考えることができる。

さらに小さなスケールで，水の安定同位体比をトレーサーに使うこともできる。たとえば，樹木が地下のどの部位から水を吸収しているかを調べたい

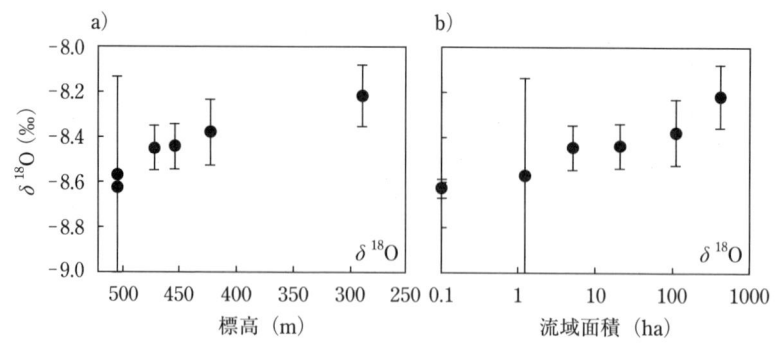

図2-10 滋賀県南部の山地渓流におけるδ^{18}Oの空間分布。a) 標高とδ^{18}Oの関係，b) 流域面積とδ^{18}Oの関係（浅野，未発表）

ときに，土壌水と植物体中の水の安定同位体比を照合することが有効な手法となることがある。Dawsonら[13]は，合衆国ユタ州にある渓流に沿う立地に生育している樹木（*Acer negundo, Acer grandidentatum*）のうち成熟した個体の維管束中の水と渓流水，地下水などの安定同位体比を測定したところ，それらの木は渓流水を吸収しておらず，深部の地下水を利用していることが示された（図2-11）。こうした方法はOhteら[14]の半乾燥地植物の水利用に関する調査や，Sugimotoら[15]による，東シベリアのタイガ林の水分吸収様式の調査などに利用されている。

4. 地下水の滞留時間の推定手法

　降水として流域にもたらされた水は，ある割合ですぐに渓流や河川に流出していくが，多くの水は地表面から地中に浸透し地下水帯に到達する。渓流へは，降雨がない時には地下水帯から水が流出し，降雨中には地下水，渓流周辺の土壌水，降水の三者が混合した水が渓流を流れ下る。流域という土地は，降水をいったん貯留して連続的に渓流・河川に水を流出させつづける役割を果たしている。この流域の中で水がどれだけの時間滞留し，そして流出していくのかという問題は，流域がどれほどの水を貯留しているのか，という問題とともに，やはり古典的な水文学上の問題であった。ある流域の見か

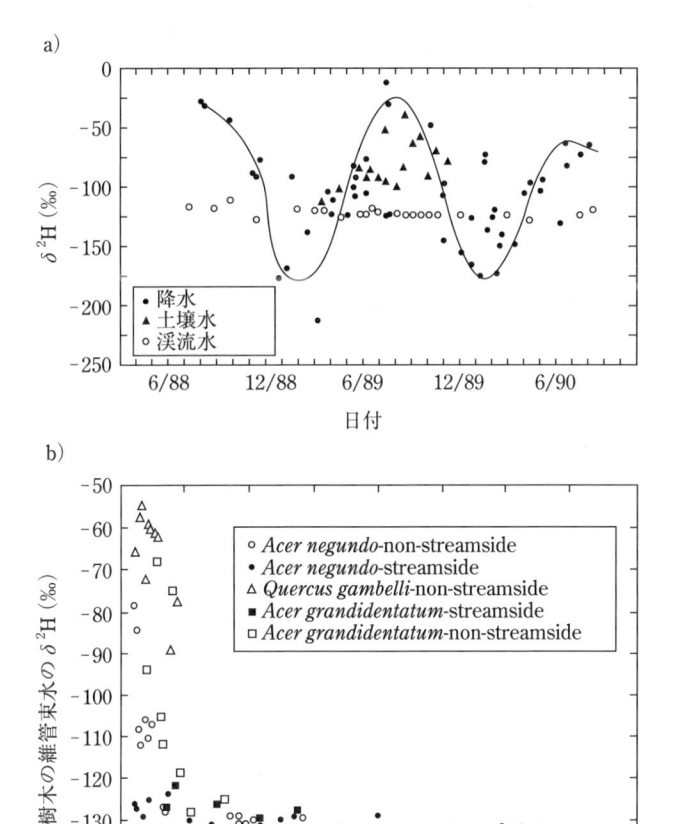

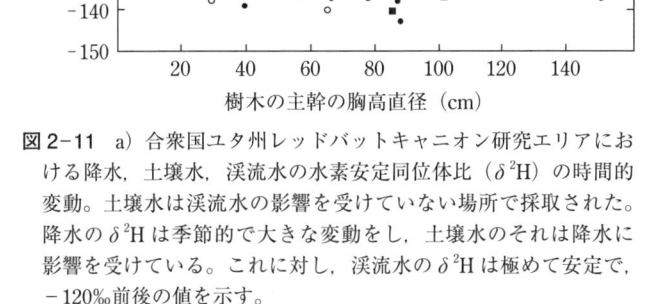

図 2-11 a) 合衆国ユタ州レッドバットキャニオン研究エリアにおける降水，土壌水，渓流水の水素安定同位体比（δ^2H）の時間的変動。土壌水は渓流水の影響を受けていない場所で採取された。降水のδ^2H は季節的で大きな変動をし，土壌水のそれは降水に影響を受けている。これに対し，渓流水のδ^2H は極めて安定で，-120‰前後の値を示す。
b) 渓流沿いとそうでない場所に生育する3種の樹木の幹の胸高直径と維管束から採取した水のδ^2H の関係。渓流沿いに生育する樹木で，成熟した個体の維管束水は渓流水のδ^2H よりも低く，渓流水を利用していないことがわかる[13]。文献13より許可を得て翻訳・掲載。

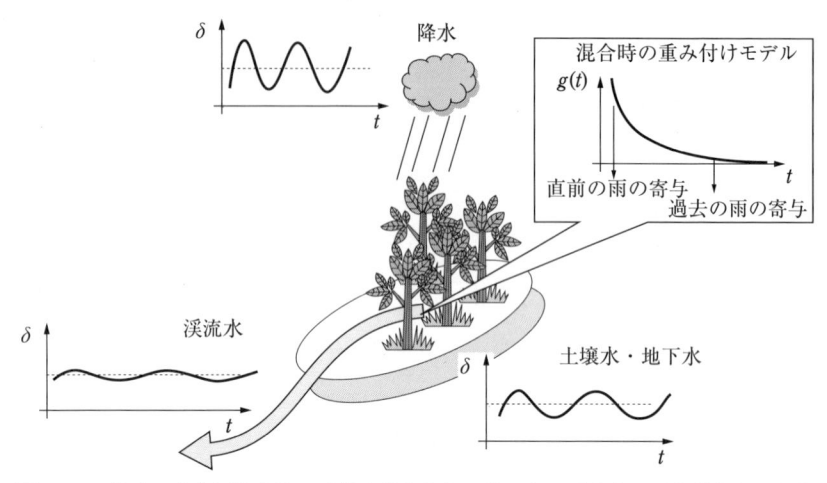

図 2-12 降水の安定同位体比の季節変動をもとに地下水や渓流水の平均滞留時間を求める方法の概念図。ここで，δ は安定同位体比，t は時間，$g(t)$ は，システム反応関数，あるいは重み付け関数と呼ばれ，過去のいつ降った雨がどの程度そこの水の同位体比の決定に寄与しているかを表現する関数である。

けの水の滞留時間は，その流域の水の貯留量と，ある期間の降水量やその流域への水の流入量，流出量がデータとして手に入れば求めることができる。しかしながら，地下水の貯留量を観測によって求めることは実際には非常に困難であるし，地下水帯の中にも流動に不均質さがあることは想像に難くない。実際の滞留時間を求めるには，トレーサーを用いた手法が威力を発揮する。

1990 年代のはじめ頃から，水の同位体比情報を用いて流域内での水の滞留時間を算定するテクニックが使われはじめた（たとえば文献 16, 17）。降水の安定同位体比の時間的な変動に含まれるシグナルの形が，渓流などの知りたい場所に到達するまでの間に，流域というメディアの通過によってどれだけ平滑化されるかを評価することによって通過に必要だった時間を算定するという方法である（図 2-12）。降水にみられた同位体比の時間的な変動のパターンは，水がゆっくり浸透していく土壌中や基岩中でもある程度保存されて伝わっていく。しかし，ある時点ある地点の水は，その時より過去にあった何回かの降雨でもたらされた水が，種々の条件で決まる割合で混合したも

のとなる．この混合によって，降水にみられたはっきりとした時間変動は徐々に平滑化されていく．算定手法では，この時間変動のパターンの伝わり方を，浸透によるパターンの移動と，過去の降雨がどのような割合で混合するかをモデル化することによって表現する．このモデルによって，地下水や渓流水等，滞留時間を求めたい水についての観測データの変動パターンをシミュレートし，そのモデル中の滞留時間を表現するパラメータを決定する．降水として入力される同位体比の値を δ_{in} とし，対象とする水の同位体比を δ_{out} とすると，その間，浸透過程における同位体比の変換は，次式のような積分で表現される．

$$\delta_{out}(t) = \int_0^\infty g(t')\, \delta_{in}(t-t')\, \mathrm{d}t' \tag{8}$$

ここで，t は実時刻で，t' は降水として降った水が対象とする場に到達するまでに要した時間である．$g(t)$ はシステム反応関数，あるいは重み付け関数とよばれ，上述したように過去のいつ降った雨がどの程度そこの水の同位体比の決定に寄与しているかを表現する関数である．この関数が表現すべきことは，そこの土壌や基岩，それらを含んだ総体としての流域の水文学的特徴そのもので，流域によって自ずと異なるものである．既往の研究では，いくつかの式形が提案されていて，Asano ら[18]や Kabeya ら[19]に詳説されているので，それらを参照されたい．たとえば，そのうちの1つである EM (Exponential Model) は，次のようなことを想定している．雨（水分子）が地表に到達してから，ある流線を経て観測点まで到達するまでの到達時間の長さの分布が指数関数的である．つまり，もっとも短い流線をたどると，到達時間は 0 である．もっとも長い距離を経なければならない水分子は無限大の時間がかかる．いずれの流線間でも水の交換はないため同位体比はそれによって変動しない．この関数は，次式によって表される．

$$g(t) = \frac{1}{\tau} \exp\left(-\frac{t}{\tau}\right) \tag{9}$$

τ が平均滞留時間である．連続した δ_{in} のデータに対して，(8)，(9) 式からなるモデルで δ_{out} を計算し，その値が観測された地下水や渓流水の安定同位体比の変動をできるだけ再現するような τ を決定するのである．τ の変化に

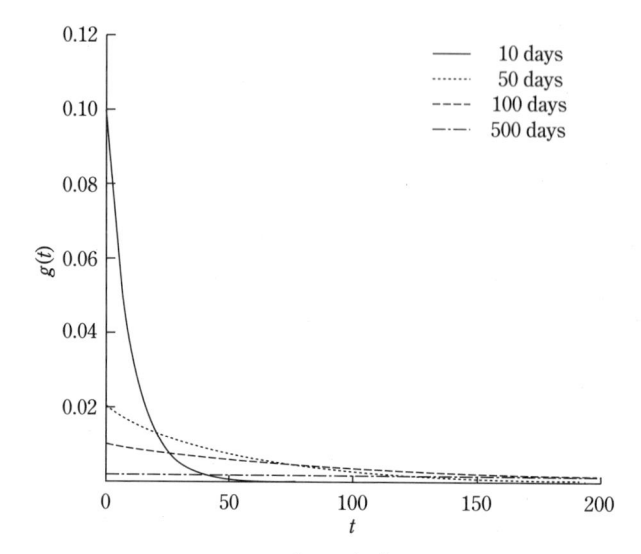

図 2-13 重み付け関数 $g(t) = \dfrac{1}{\tau} \exp\left(-\dfrac{t}{\tau}\right)$ の τ の違いに対する変化。$\tau = 10, 50, 100, 500$ days の 4 通りの場合についてプロットした。

従って $g(t)$ の分布形がどのように変化するかを図 2-13 に示す。

　δ_{in} として利用できるデータとしては，次のような観測例をあげることができる。図 2-14 は，前出の滋賀県南部に位置するある森林流域で観測された降水の $\delta^{18}O$，$\delta^{2}H$，d の季節的な変動を示している。$\delta^{18}O$ と $\delta^{2}H$ の値そのものは，図 2-15 の δ ダイヤグラムが示すように，おおむね傾きが 8 の直線上（地域的な天水線，Local Meteoric Water Line）にプロットされ，両者には常に一定の関係があるように見える。しかし，詳細にみると夏期（4～9 月）と冬期（10～3 月）で点の分布が明らかに異なり，両者で回帰できる直線の傾きは共通であるが，冬期の切片（19.6‰）が夏期のそれ（12.2‰）に比べて大きい。このことは図 2-14 において d に明瞭な季節変動が現れていることの結果である。$\delta^{18}O$ は $-14 \sim -3$‰，$\delta^{2}H$ は $-82 \sim 0$‰の範囲で，降水ごとに大きな変動があるが，d には 1 年周期の季節変動が見られる。

　前述したように，d は降水の起源としての水蒸気が蒸発したときの，大気の微気象学的な条件に左右される。このデータが示す d の季節変動は，降水の起源が夏と冬で大きく異なることを物語っている。早稲田ら[20] は，同様の

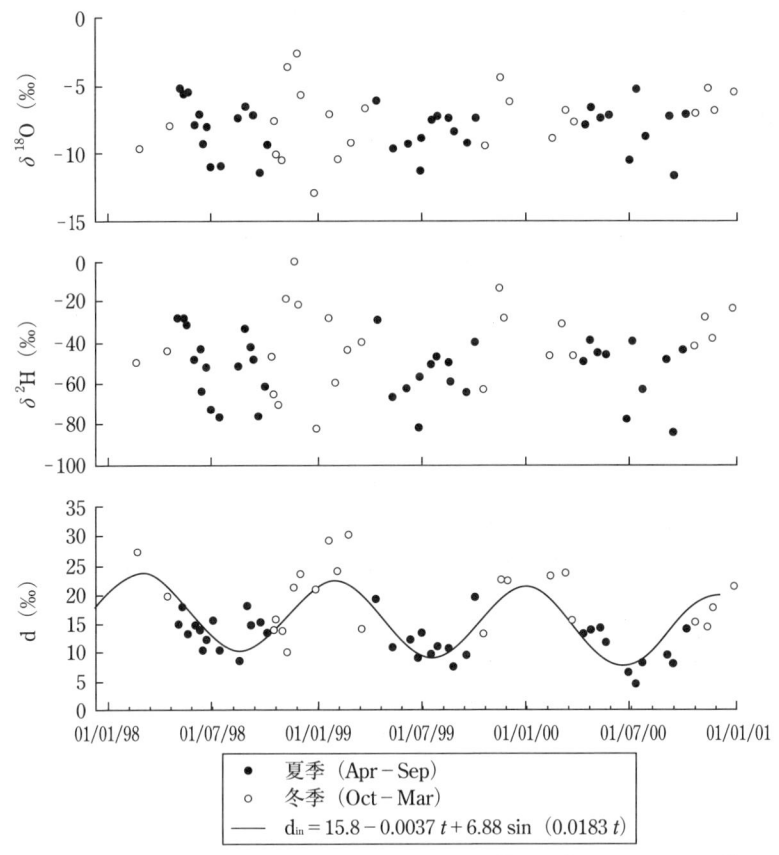

図 2-14 滋賀県南部の森林流域における降水の $\delta^{18}O$, δ^2H, d の季節変動[19]

観測をおこないこの変動のメカニズムを次のように説明している。夏期の降水となる水蒸気塊は湿潤な海洋性の小笠原気団によってもたらされる。この水蒸気は夏期の湿潤な太平洋上で蒸発するため,蒸発速度は遅く,その結果 d は低くなる(< 10‰)。これに対し,冬期はシベリアから来る乾燥した大陸性の気団が,比較的暖かい日本海を通過する際に海水を急激に蒸発させて水蒸気を運んでくる。このため d は高くなる(> 20‰)。同様の観測はわが国の広い範囲で報告されている[21~23]。

こうした場合,$\delta^{18}O$ や δ^2H を用いて,前述のモデルの適用をするよりも,

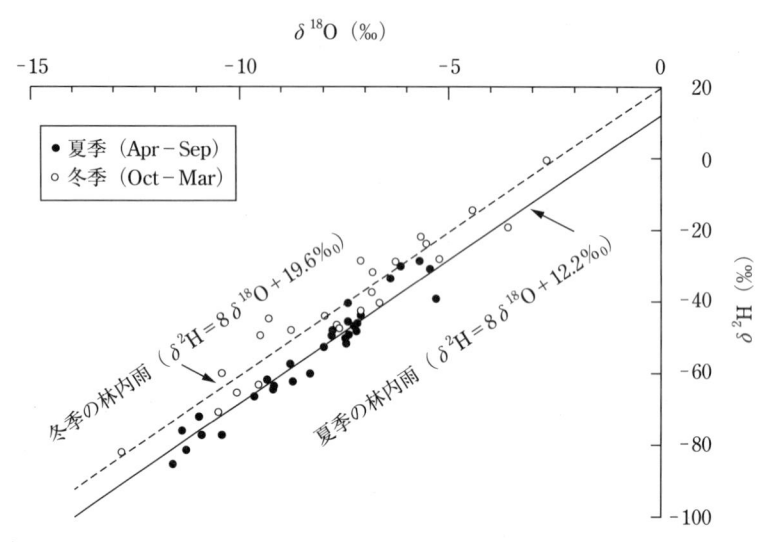

図2-15 滋賀県南部の森林流域における降水のδダイヤグラム[19]

dの変動を利用する方が正確な再現計算が可能となる．これは，降水の$\delta^{18}O$やδ^2Hの変動が実際には気象環境の諸条件によって季節的に見ると不規則に変動するのに対し，dは1年の周期をもった規則正しい変動なので，シグナルの追跡がしやすいためである．実際の平均滞留時間の推定作業の中では，モデルによるδ_{out}の再現計算を連続的にするために，δ_{in}としての値も，sin関数による曲線で近似し，連続的な値として入力する．

図2-16は，前出の滋賀県南部のある森林流域における土壌水，地下水，渓流水のdの変動をこれまで述べてきたようなモデルによって再現した結果を示している＊．観測が実施された場所は，渓流がはじまる源頭の森林流域で集水面積は0.6 haである．この流域については，地下部の水文過程に関する既往の研究は多くなされていて，地下水の存在深度，空間分布等はすでに明らかになっている（図2-17）[24, 25]．

土壌水でのdの変動はまだ降水の季節変化のパターンを色濃く残してい

＊この計算では，$g(t)$ に Diffusion model と Exponential-Piston Flow model が使われている．これらのモデルの詳細は Kabeya ら[19] に詳述されている．

第 2 章　水の同位体比を利用した水循環の評価　53

図 2-16　滋賀県南部のある森林流域における a) 土壌水，b) 地下水，c) 渓流水の d の変動とモデルによる再現結果[19]

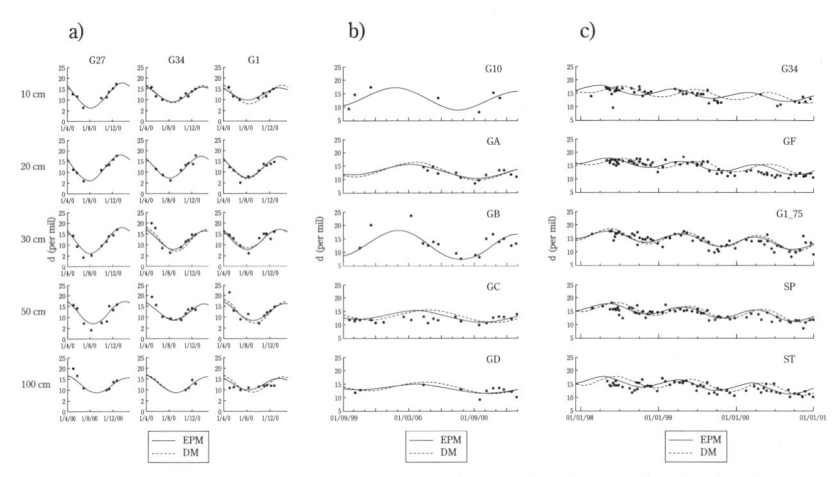

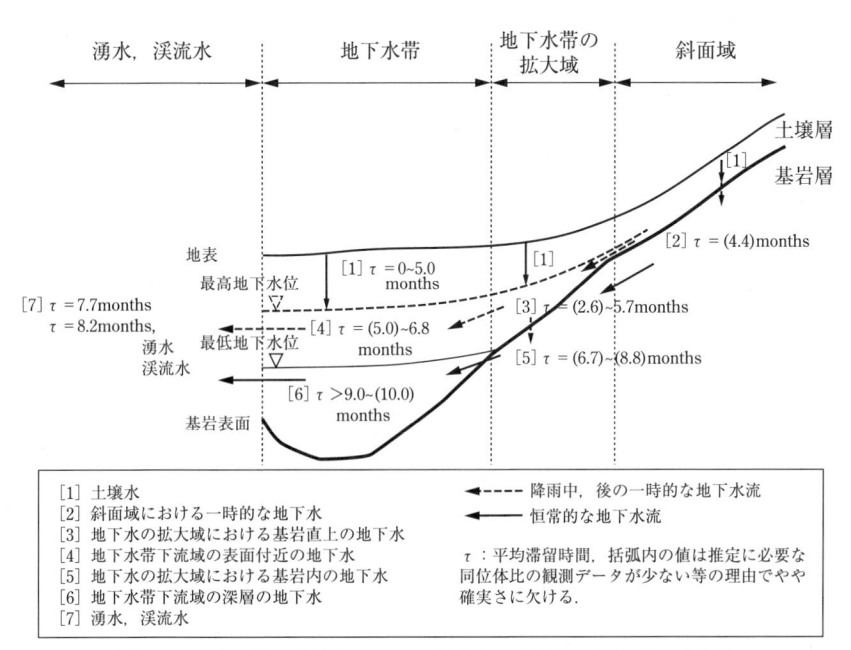

[1] 土壌水
[2] 斜面域における一時的な地下水
[3] 地下水の拡大域における基岩直上の地下水
[4] 地下水帯下流域の表面付近の地下水
[5] 地下水の拡大域における基岩内の地下水
[6] 地下水帯下流域の深層の地下水
[7] 湧水，渓流水

------ 降雨中，後の一時的な地下水流
——— 恒常的な地下水流

τ：平均滞留時間，括弧内の値は推定に必要な同位体比の観測データが少ない等の理由でやや確実さに欠ける．

図 2-17　地下水・土壌水について求められた平均滞留時間の分布[19]

54　I　安定同位体と流域環境

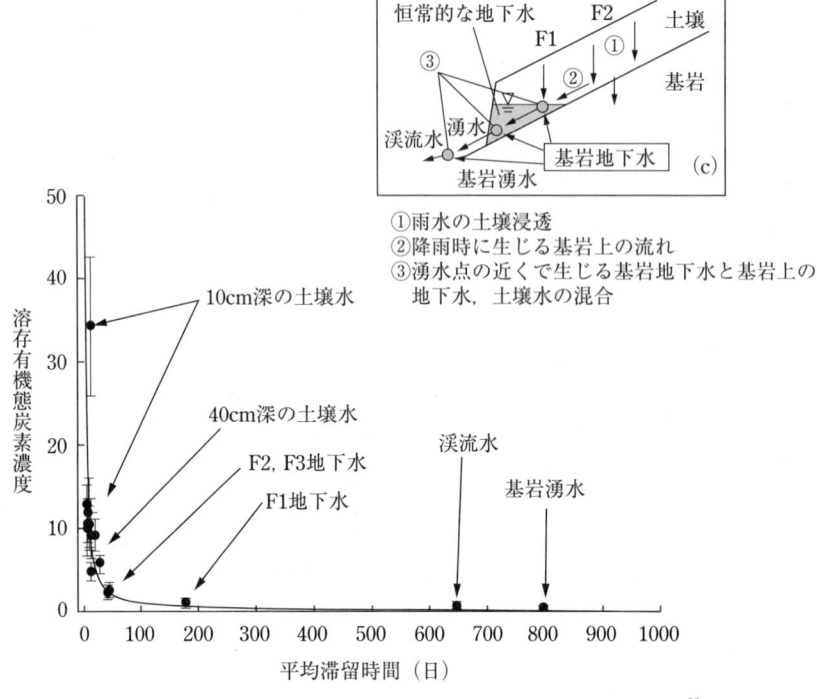

図 2-18　土壌水の平均滞留時間と溶存有機態炭素濃度の関係[26]

る。また，深部の水ほど変動パターンの平滑化が進んでいることがわかる。地下水ではさらに平滑化が進み，下流端の地下水のパターンは渓流水のそれとほとんど変わらない。土壌水や地下水について計算された平均滞留時間の空間的な分布を図 2-17 に示す。降水は地表に到達してから土壌中で 0～5 か月の滞留を経て地下水帯に入る。地下水帯を通過して渓流に到達するまでの平均滞留時間は約 8 か月と推定された。地下水帯の中でも部位によって滞留時間に違いが見られ，流動速度に違いがあることがわかる。また，最深部では渓流水について推定された値よりも大きい。このことは，渓流に流出する水が深部の地下水と，浅い地下水あるいは土壌水などの混合したものであることを示している。

　こうした滞留時間の推定方法は上述のように，地下水ばかりでなく，土壌水を含めていろいろな水文素過程で滞留時間の推定が可能である。これに

よって得られる情報は，土壌中や基岩中の生物地球化学的な反応の影響を検討するうえで，有用な情報になる。たとえば図2-18はある森林における土壌水の平均滞留時間と土壌溶液中の溶存態有機炭素（DOC）濃度の関係を示している[26]。DOCは落葉落枝の供給される土壌表層で主として形成され，土壌中を雨水の浸透に従って下層に輸送されていく。この間にDOCは土壌粒子の表面に吸着されたり，微生物に分解されたりしながら溶液から除去されていく。図2-18は，滞留時間が長くなるほどDOCの除去が進むことを示しており，森林土壌中で，どのくらいの時間でどれだけDOCが除去されるかについての定量的な情報を与えるものである。このような知見は生態系の物質循環について，より小さな時間スケールでの現象把握に役に立つ情報であるといえよう。

II
環境負荷と除去プロセス

　環境に負荷を与えるのは人類の原罪とも言えるが，その規模は，産業革命以降，飛躍的な拡大を続けている。大気中の二酸化炭素濃度の増加に起因する地球温暖化問題は，その顕著な現れの一つである。環境負荷は流域圏にどのような影響を及ぼしてきたのか，また，それに対して流域圏はどのような応答を示しているのか。第II部では，安定同位体比による体系的な流域環境解析が，こうした問いに総合的に答えるための有効な手段となりうることを示したい。

第3章

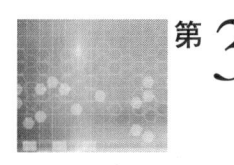

窒素負荷

1 大気降下物としての窒素が水源域に与える負荷

1. 降下物としての窒素負荷

窒素（N）循環は陸域生態系における養分循環の根幹の1つであり，生態系の成立・維持に大きな役割を果たしている。しかしながら，大気の78%が窒素（N_2）であるにもかかわらず，生理学的な時間スケールではたいていの生態系の生物にとって窒素が不足気味であるのは，ほとんどの生物がN_2を直接使うことができないからである[1,2]。ところが，産業革命以降の人間活動は，化石燃料の消費や，化学肥料の生産や使用を通して，多量の反応性窒素（reactive nitrogen の訳語として。種々の窒素酸化物，アンモニア（NH_3），エアロゾル中のアンモニウム（NH_4^+），各種の有機態窒素など，生物がなんらかの経路で直接取り込みやすい形態の窒素）を大気圏，生物圏，土壌圏に過剰に供給することになった（図3-1-1）。Galloway ら[4]は，鉱工業的な産業が発達する以前（1890年）と現代（1990年）における地球規模の窒素循環量を推定し比較をおこなっている。その試算によると，鉱工業的な産業活動がない場合，微生物による窒素固定が第一次的な反応性窒素の生物圏，土壌圏へのインプットとなるが，これは年間 115 Tg （$Tg = 10^{12}g$）と推定されている。これに対し，産業革命以降の肥料の製造や散布，化石燃料の強度の利用などの人間活動は

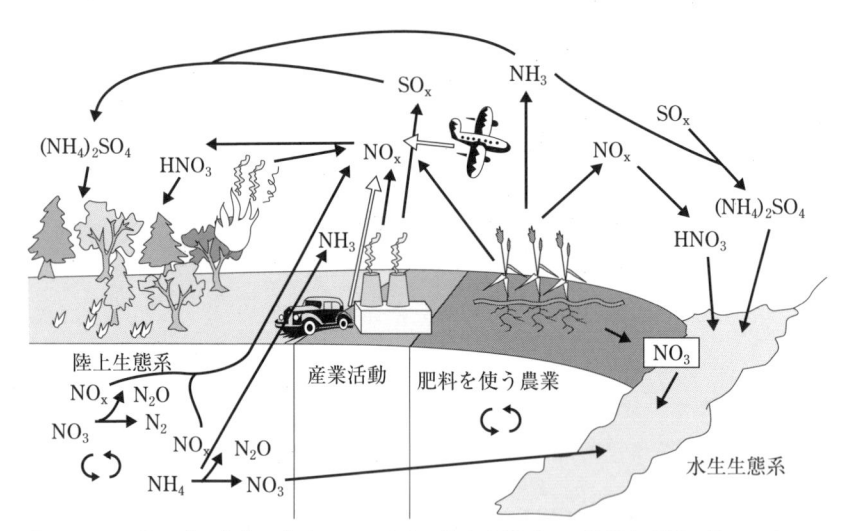

図 3-1-1 鉱工業や農業で放出される窒素の陸上生態系への輸送と形態変化。バイオマスや化石燃料の燃焼，土壌微生物の活動が NO_x の主要なソースである。肥料を使った農業活動や家畜の飼育が NH_3 の主要なソースである。環状の矢印は，土壌中や水中での，微生物による無機化，窒素固定，硝化，脱窒などの窒素の形態変化を示している[3]。

年間およそ 140 Tg の反応性窒素を余分に作り出し，大気圏に放出していると推定されている（図 3-1-2）。地表から脱窒によって大気中に N_2 として戻る量も相当量であるが，こうした人為的に供給された，過剰な反応性窒素は地表に降下し，生態系に蓄積していることはまちがいないと考えられる。

降下物として大気から地表に供給される降下物は，一般に降水や霧とともに降下する湿性降下物と，エアロゾルやガス態で降下する乾性降下物に大別される。反応性窒素としては，湿性降下物やエアロゾル中に硝酸イオン（NO_3^-），NH_4^+，溶存有機態窒素が含まれ，ガス態として NH_3，一酸化窒素（NO），二酸化窒素（NO_2）等が含まれる。これらの窒素化合物の地表への沈着について，個々のプロセスの供給量はまだまだ未解明であり，個々の生態系において植生や土壌がそうした攪乱に対してどのように応答しているかを調べることは，今日的に重要な課題となっている。たとえば，森林生態系では植物は土壌中から無機態窒素（NH_4^+，NO_3^-）を吸収し，落葉落枝として有機態窒素を土壌に供給する。有機態窒素は土壌中で分解・無機化され，植物

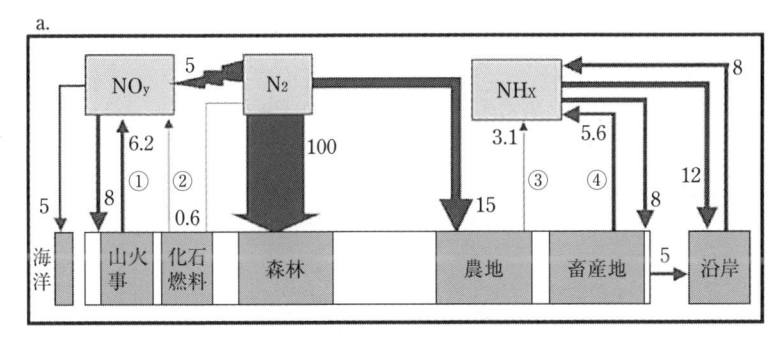

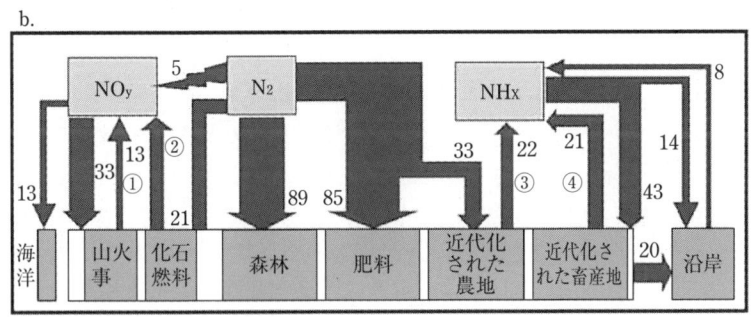

図 3-1-2 1890 年（a）と 1990 年（b）における地球規模の窒素の収支の比較（単位：Tg N yr^{-1}）。NO$_y$ とは NO$_x$（NO＋NO$_2$）とその他の窒素酸化物を含む呼称，NH$_x$ とは NH$_3$ とエアロゾル中の NH$_4^+$ を足したものの呼称である。①「燃焼する石炭」から「NO$_y$」への窒素の放出は化石燃料の燃焼によるものを表している。②「植生」から「NO$_y$」への窒素放出には農地と自然生態系の土壌から放出，バイオマス，生物燃料の燃焼，農作物の廃棄物からの放出が含まれる。③農地からの「NH$_x$」への窒素放出には農地そのものからの放出，バイオマス，生物燃料の燃焼，農作物の廃棄物からの放出が含まれる。④「乳牛」，「飼育場」からの放出は，家畜糞尿からの放出を表している（Galloway ら[4] を一部改変）。

に再利用される。こうしたサイクルは窒素の内部循環とよばれるが，今日の陸域生態系では，無機態窒素が系外である大気からの降下物として相当量供給されている事実も無視することはできない（図 3-1-3）。

　流域の水環境における窒素のフローは，常に上で述べたような陸域生態系における窒素循環がどのような状態であるかに左右され，水質は大気降下物としての窒素負荷や，流域における種々の人間活動の結果もたらされる窒素負荷の影響を受ける。この影響の大きさやメカニズムを明らかにするためには，陸域，水域を連続的にとらえて窒素のフローや蓄積の動態を把握してい

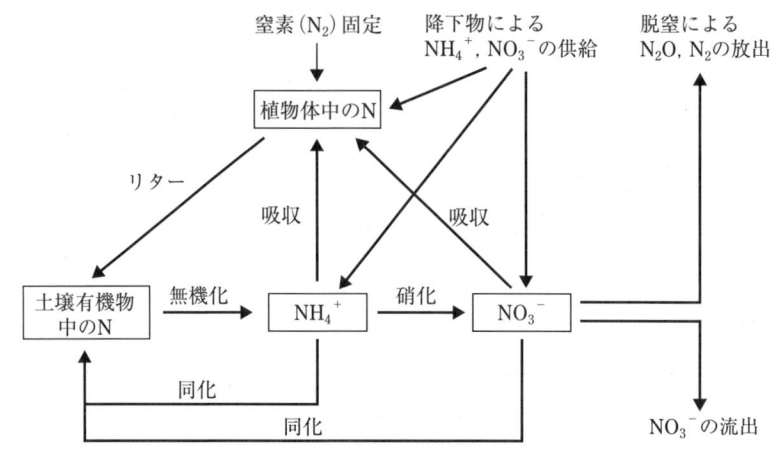

図3-1-3 森林における窒素の循環と形態変化[5]

く必要がある。

水系におけるさまざまな形態の窒素の安定同位体比は1950年代から測定がはじまっている。図3-1-4は，水系に流出する窒素の主な起源物質の窒素安定同位体比（$\delta^{15}N$）のレンジを示したものである。たとえば，人間を含む動物屎尿の$\delta^{15}N$は，土壌に含まれる窒素や降水中のNO_3^-やNH_4^+の窒素よりも明らかに高い値を示している。また，降水中のNH_4^+の$\delta^{15}N$が，アンモニア肥料の$\delta^{15}N$に近いレンジであることがわかる。こうした特徴を利用して，水系や地下水中の窒素の起源を推定していく研究が進められている。近年，大気降下物や陸域での人間活動による窒素負荷の水系での影響を明らかにする必要性が高まるなかで，同位体分析技術も年を追うごとに進歩を遂げている。

2. NO_3^-の窒素・酸素安定同位体比の同時測定

水に容易に溶け，水の流動とともに輸送されやすいNO_3^-は湿潤温暖気候下の渓流・河川では流下する窒素の主要な形態であるため[7]，この動態を，安定同位体比を用いてトレースすることによって得られる情報はさまざまな局面で利用価値がある。ただし，図3-1-4に示されているように，NO_3^-の

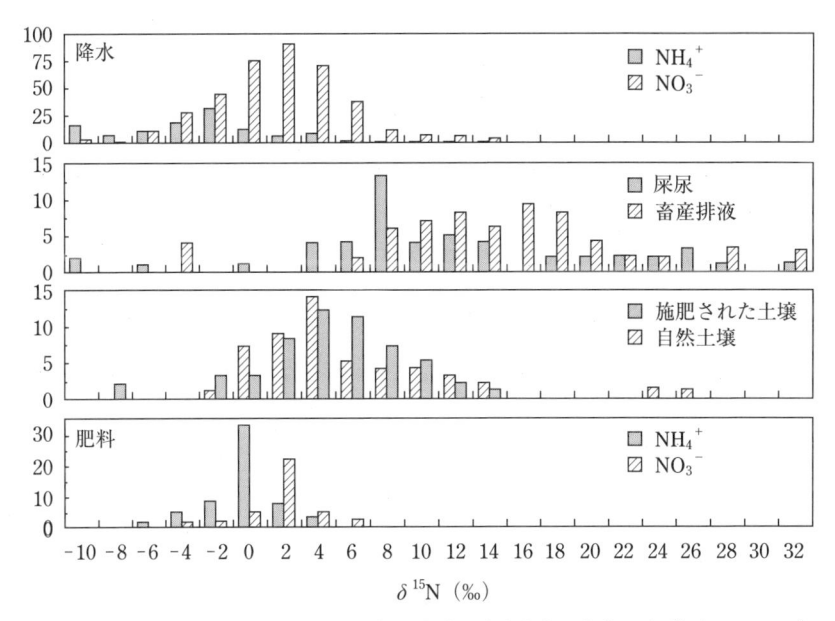

図 3-1-4 水系に流出する窒素の主な起源物質の窒素安定同位体比（$\delta^{15}N$）のレンジ[6]。縦軸はサンプル数を示す。

$\delta^{15}N$ については，降水中のものと肥料に含まれるものとの間に大きな差が見られない。また，土壌水中の NO_3^- の $\delta^{15}N$ についても類似の値になることが知られている（たとえば文献 8）。

しかしながら，1980年代後半ごろから，NO_3^- に含まれる酸素の安定同位体比（$\delta^{18}O$）を測定する方法が開発され，環境中の NO_3^- に関して新たな特徴が明らかになってきた（たとえば文献 9, 10, 11）。図 3-1-5 は，これらの文献からの降水，土壌水，河川・湖水，地下水の NO_3^- の $\delta^{15}N$ と $\delta^{18}O$ を示している[6]。特徴的なことは，降水中の NO_3^- の $\delta^{18}O$ が他の起源のものに比べて著しく高い値を示していることである。これは，降下物中の NO_3^- 起源となる酸化窒素（NO_x）の大気中での生成過程で，著しく $\delta^{18}O$ が高いオゾン（O_3）と種々の酸化窒素や酸化炭素との光化学反応が介在しているからであると考えられている[6]。この特徴を利用すると，図 3-1-4 に示されたように，$\delta^{15}N$ では区別が困難である降水起源の NO_3^- と土壌中で微生物によって生成された NO_3^- や，肥料中の NO_3^- との区別が可能となる。Kendall[6] は，こ

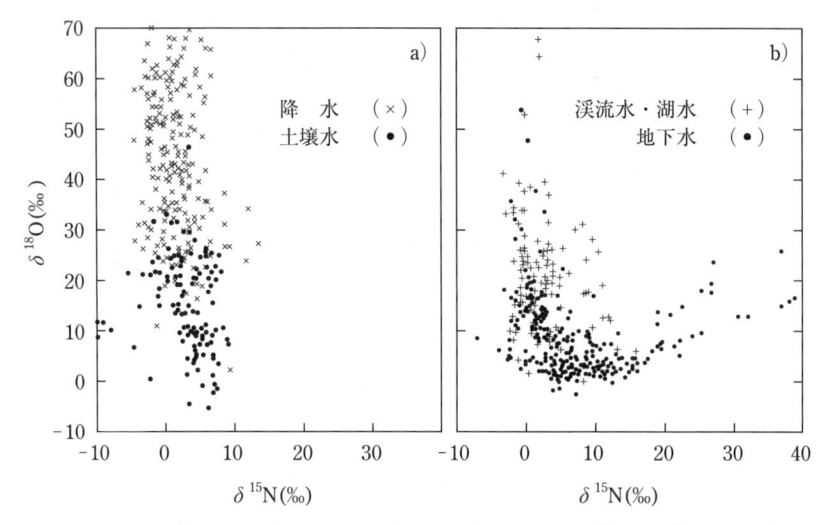

図 3-1-5 降水，土壌水，河川・湖水，地下水の NO_3^- の $\delta^{15}N$ と $\delta^{18}O$ の関係[6]

うしたデータを整理し，起源物質ごとにレンジを示すことによって図3-1-6のような $\delta^{15}N$-$\delta^{18}O$ ダイヤグラムを提示している。NO_3^- の起源物質による区別以外にも，NO_3^- が微生物による脱窒を受けた場合，窒素と酸素の安定同位体比がある割合で上昇することが知られており，脱窒の強度や起源となる NO_3^- についての情報などもこのダイヤグラム上で吟味することができる。とくに，NO_3^- の $\delta^{18}O$ を用いて，渓流や河川水中における大気降下物由来の NO_3^- の寄与を評価する研究がいくつか発表されている[12〜14]。

3. 測定の時空間分解能の向上

2000年代に入って，微量の NO_3^- の窒素と酸素の安定同位体比を同時に測定する新たな分析手法の開発が進み（イオン交換樹脂法[15]，脱窒菌法[16,17]），時間的にも空間的にも高頻度で同位体比情報が得られるようになって来ている。とくに，Sigmanら[16]やCasciottiら[17]が開発した脱窒菌法では分析に必要なサンプルの量を飛躍的に少量化することができた（7章2節；口絵16）。

たとえば，Ohteら[18]は，脱窒菌法を用いて，アメリカ合衆国北東部の森

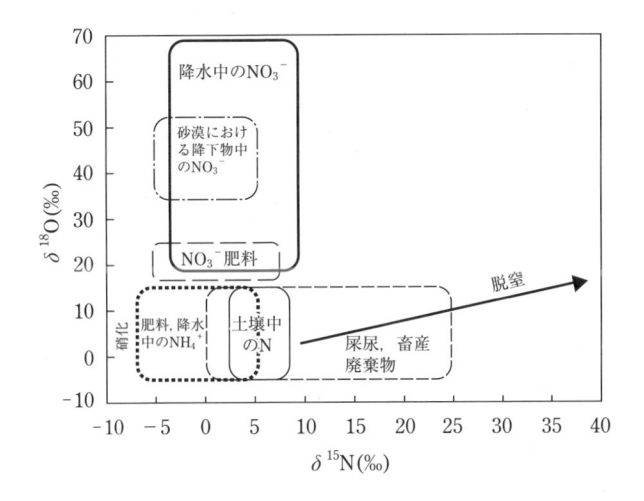

図 3-1-6 種々の起源から生じた NO_3^- の $\delta^{15}N$ と $\delta^{18}O$ の代表的なレンジ。肥料の中の NH_4^+ や有機態窒素の硝化，有機態の廃棄物中の窒素の硝化，降水中の NO_3^- など，起源物質によって NO_3^- の同位体比に大きな違いがある。降水の $\delta^{18}O$ が広いレンジをもっていること，非常に高い値を取り得ることが特徴的である[6]。

　林流域における渓流水中の NO_3^- の酸素と窒素の同位体比を測定した。同時におこなわれていた流出量や NO_3^- 濃度等の観測結果などを検討し，融雪出水が生じている時に積雪中に含まれていた NO_3^- が集中的に流出することを明らかにした[18]（図 3-1-7）。

　他方，こうした微量サンプルでの窒素と酸素の安定同位体比の同時測定は，空間的にも密に NO_3^- の存在形態を明らかにすることができる。たとえば，近畿地方のある森林小流域における観測では，NO_3^- 濃度は降水，土壌水で高く，土壌中で徐々に減少し，さらに地下水中ではわずかに低下していく現象が見られた（図 3-1-8）。このことは降下物による NO_3^- の供給が非常に顕著であること，土壌中ではリターが分解・無機化されて生成された窒素（NH_4^+）が，硝化されて NO_3^- が生成されていることを示している。また，その NO_3^- は表層土壌中で主として微生物と植物による根系をとおした吸収によって消費されていくことが示唆される。

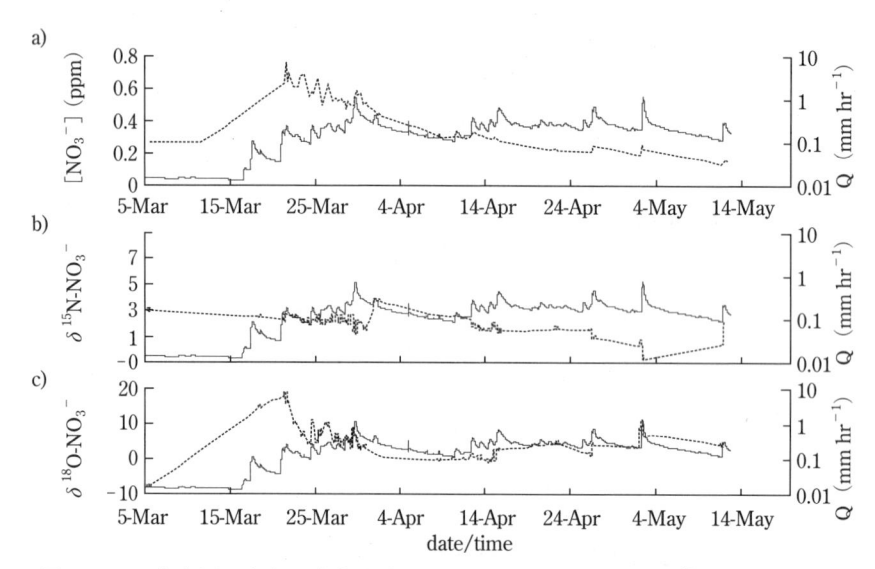

図3-1-7 合衆国北東部の森林流域における融雪期のNO_3^-流出[18]。a) NO_3^-濃度，b) NO_3^-の$\delta^{15}N$，c) NO_3^-の$\delta^{18}O$。各グラフの実線（Q）は渓流の流量を示す。

NO_3^-の窒素安定同位体比は，土壌水でもっとも低く，地下水中で徐々に上昇する。窒素の安定同位体比が上昇する機構としては脱窒が考えられ，NO_3^-濃度の減少と対応している。

一般に，降水中におけるNO_3^-の$\delta^{18}O$の変動は大きく，高い値をとることが多い（20～70‰）。これに対し，土壌中での，微生物による硝化反応によって生成されるNO_3^-の$\delta^{18}O$は，その過程で使われる水や酸素ガス中のO同位体比が反映して低くなる（-5～+15‰：図3-1-6参照）。図3-1-8で示されたデータは，降水でもたらされたNO_3^-が表層土壌中で微生物や植物によって吸収され，速やかに土壌と植物の間で生じている窒素の内部循環に取り込まれていることを示唆している。一方で，地下水から流出にいたる過程では$\delta^{18}O$は大きく変動しない。つまり，流出していくNO_3^-のほとんどは表層土壌中で硝化によって生成されたものであることがわかる。

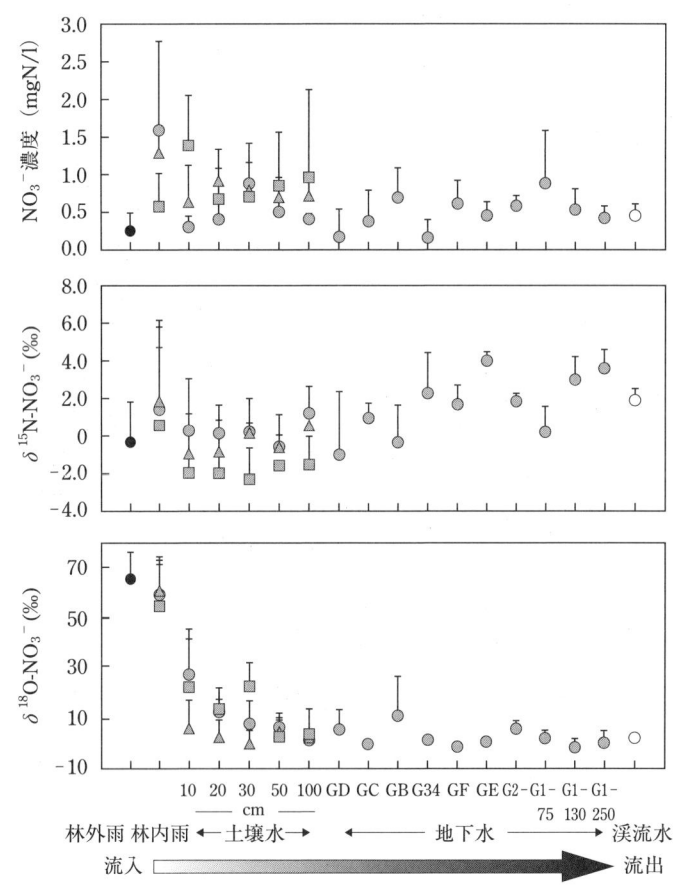

図3-1-8　森林流域内の各水文素過程における NO_3^- 濃度，窒素・酸素の安定同位体比（尾坂，未発表）

4. 河川流程における NO_3^- 安定同位体比の変動

　上記のような NO_3^- の $\delta^{15}N$，$\delta^{18}O$ の変動は，流域の中では最上流の森林生態系における現象である。これに対し，図3-1-9は，河川における流程に沿った NO_3^- 濃度と $\delta^{15}N$，$\delta^{18}O$ の変動を示している。NO_3^- の濃度は，上流の森林集水域からの負荷に加えて，農地からの流入が加わり，さらに生活排水の流入が加わる中下流に向かって濃度が上昇している。$\delta^{15}N$ はこれ

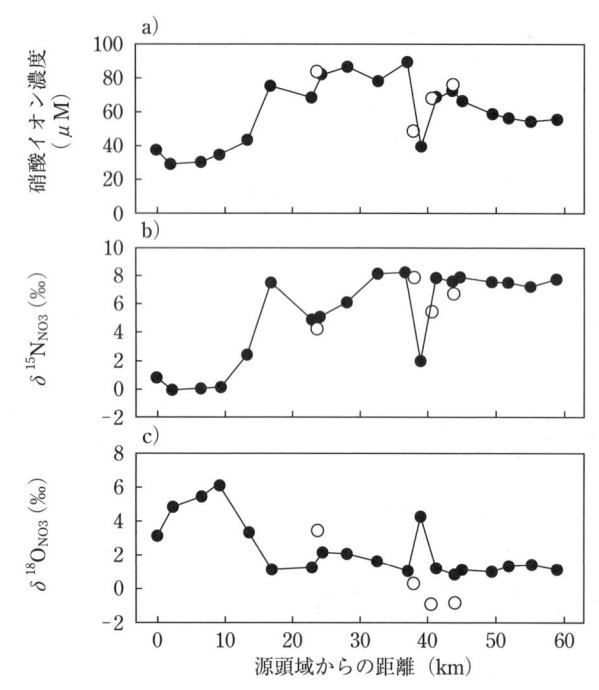

図 3-1-9 野洲川の流程における NO_3^- 濃度と窒素，酸素安定同位体比（$\delta^{15}N$，$\delta^{18}O$）の変動（永田，未発表）。白抜きの点は合流河川の値を示す。（口絵3）

にともなって人為的な起源をもつ NO_3^- の負荷が増えるにしたがって上昇する。これに対して $\delta^{18}O$ は上流の森林流域でやや高く，下流に向かって低下していく傾向が見える。このことは，上流において降水（大気降下物）起源の NO_3^- を含んだ水の寄与が大きく，下流に下るにしたがって，その寄与が減少していくことを示している。図 3-1-10 は，上述の小流域における水文素過程と河川流程における NO_3^- の $\delta^{15}N$，$\delta^{18}O$ を示している。2つの同位体指標を組み合わせて用いることによって，降水，土壌水，地下水は区分することができ，渓流，河川を流下している NO_3^- の起源と各ファクターの寄与度を大まかに知ることができる。

河川流程の諸過程を安定同位体比によって評価する方法に関しては，より詳細な考察が5章1節に紹介されているので，そちらを参照されたい。

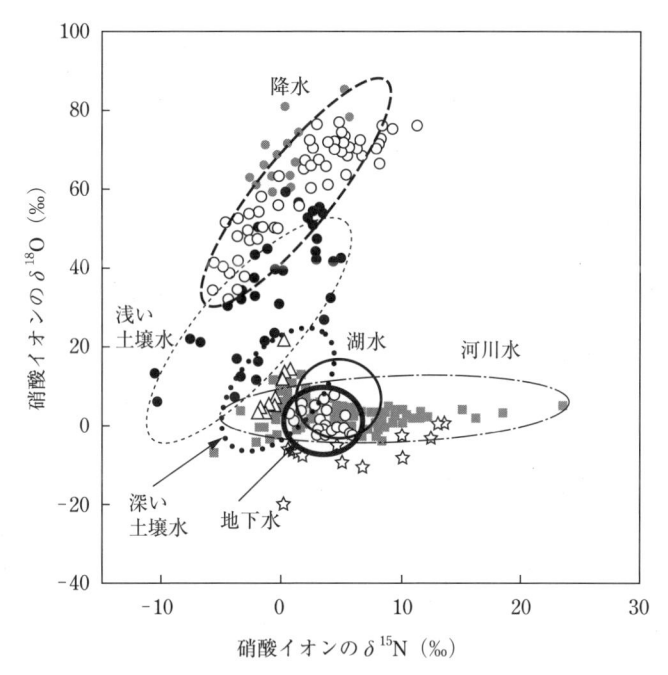

図 3-1-10 森林源流域の水文素過程と河川・湖の NO_3^- の窒素, 酸素安定同位体比（尾坂・永田, 未発表）

2 人為起源窒素の面源負荷 ── 窒素同位体指標の利用 ──

1. 河川や湖沼への窒素負荷とその評価方法の問題点

　水域への窒素負荷には，さまざまなプロセスが関与するが，このうち，農業活動（施肥）に伴う排出や，市街地からの排出といった，いわゆる面源負荷（ノンポイントソース型の負荷）については，負荷の程度の推定や負荷地域の特定にかかわる検討課題が多く残されている[19]。面源負荷の評価においては，①原単位法（load-factor method：単位面積・単位時間あたりの汚濁発生負荷量を土地利用形態ごとに積算する方法）によって見積もられた発生負荷量うち，実際にどの程度が河川に排出されるのかを推定すること，②排出された窒素が，流下過程において，沈澱，揮散，生物作用等によって除去される程度を正確に見積もること，などが重要な案件となっている[20, 21]。なお，河川水中に負荷された物質が一定区間を流下する間に，除去・変質プロセスを免れて下流側まで到達する比率を流達率（run-off ratio）とよぶ。

　これまで，流域レベルでの窒素の負荷量の推定や流達過程を解析するために，河川水や湖沼水中に含まれる全窒素（total nitrogen：p. 29）のデータを用いた物質収支の研究がおこなわれてきた[22~25]。全窒素を用いて集水域全体の環境を評価する際には，時間的にも空間的にも高解像度の濃度データを取得し，それを詳細な流量観測データと合わせて解釈する必要がある。全国の主要な1級河川やダムサイトでは，流量，水質，降水量のデータセットが多時点で集められている。こうしたデータにもとづき，これまでに，河川や湖沼の汚濁・富栄養化モデルが数多く作られてきた。流域の土地利用，降水データから河川水の水質の変化を予測するモデルの中には，水質変動のかなりの部分を再現できたものもある[20, 26, 27]。しかしながら，こうした経験的モデルの多くは排出過程から流出過程にいたるまでのすべてのパラメータを実データへのあてはめから導出（calibration）している。したがって，ある流域で得られたパラメータ・セットを使って，別の流域の水質動態を再現できるという保証はない。このため降水，流量，水質データが詳細にとられていない河

川においても適用可能な，できるだけ簡便な方法による，河川の流程に沿った窒素負荷評価法の開発が望まれている．本節では，このような要請に応えられる可能性を秘めた1つのアプローチとして，窒素安定同位体比（$δ^{15}N$）を利用した窒素負荷の評価方法を紹介する．

2. 窒素安定同位体比による人為的窒素負荷の診断

　硝酸イオン（NO_3^-）やアンモニウム（NH_4^+）などの窒素化合物は水域の富栄養化を引き起こす主要な原因物質の1つである．窒素化合物の$δ^{15}N$は汚染物質の起源や生態系におけるさまざまな物理・化学変化や生物代謝（脱窒などの浄化プロセス，生物による取込み，食物連鎖）を反映することから，生態系環境を診断するうえでの有益な情報を与えてくれる．$δ^{15}N$が窒素汚染の指標となりうることは1970年代はじめから報告されてきた[28,29]．その主な理由は以下のとおりである．①人為負荷される窒素のうち，畜産排水，生活排水由来の無機態窒素，有機態窒素の$δ^{15}N$が，雨水や窒素固定により負荷される非人為起源窒素に比べて有意に高くなる[11,29,30]．②高濃度の無機態窒素が存在する富栄養な環境下では，アンモニアの揮散や脱窒といった窒素除去プロセスが進行しやすい．これらはいずれも顕著な速度論的同位体効果（p. 20）を有するため，生態系に残留する窒素の平均的な$δ^{15}N$が上昇する結果になる[31,32]．実際，湖沼や河口から内湾にかけての生態系では，富栄養化の進行とともに，無機態窒素，各種有機物および生物体の$δ^{15}N$が顕著に上昇するという事例が数多く報告されている[32〜38]．

　水系の生物には一次生産者（藻類，維管束植物）から高次捕食者までのさまざまな機能群が含まれる．また，有機物も懸濁粒子，堆積泥，礫上付着物など，その存在する場所によって多様なものが存在する．これまでの研究から，各種生物や各態有機物の$δ^{15}N$の変動には，以下のような特徴があることが明らかになっている．

①一次生産者

　大型藻類や水草に関しては，その$δ^{15}N$と土地利用や人為起源由来の窒素

の割合との関係についての知見が得られている[38,39]。Coleら[40]は沈水性水草のδ^{15}Nが，集水域に負荷された全窒素に対する下水起源の窒素の割合と正の相関を示し，長期間の人為影響を評価するのに適しているとしている。一次生産者のδ^{15}Nは，窒素の起源の違いだけでなく，生息場所の微環境や取込みの際の同位体分別にも強く影響されるため，同じ採集地点でとった個体間のδ^{15}Nのばらつきが大きくなることもある[38,40,41]。水深や流速，付着基質の違いが一次生産者のδ^{15}Nに影響する可能性もある。

②一次消費者

湖沼におけるδ^{15}Nの分布の研究では，二枚貝もしくは巻貝といった貝類を用いる場合が多い。貝類を環境診断に用いるメリットとしては，①採集が容易である，②貧栄養から富栄養環境まで比較的広域的に分布する，③移動能力が乏しくその場の同位体比の特徴を保持している，といった点があげられている[42]。また，付着藻類や植物プランクトンに比べると，一次消費者の増殖は遅いので(したがって生物体窒素プールの回転時間が長い)，一次消費者のδ^{15}Nに着目することで，一次生産者のδ^{15}N値の時間積分値を推定することが可能になる[33,43,44]。なお，水生昆虫のδ^{15}Nも環境指標としての潜在的な利用価値は高いが，その利用にあたっては，摂食行動や餌選択性の多様性[45]を考慮する必要がある。

③各態の有機物プール

堆積物や礫上付着物，懸濁物等といった有機物プールは水系内で生産された藻類やその植物遺体，陸上生態系から流入した有機物，さらにはそうした有機物を栄養基質とする微生物群集のバイオマスを含む。堆積物や懸濁物は容易に採集できることから，富栄養化に伴って生態系の基盤のδ^{15}Nがどの程度上昇したかを把握するために利用される場合がある[34,36,38,46]。琵琶湖の堆積物の窒素安定同位体比から富栄養化の履歴の復元を試みた例は3章3節に紹介されているので参照されたい。ただし，河川の場合，増水後の堆積物や増水時の懸濁物のδ^{15}Nは平水時のそれとはまったく違ったものとなる可能性もあるため，注意が必要である。

3. 窒素安定同位体比と土地利用，人口密度との関係

　河川や湖沼の富栄養化は集水域からの栄養塩や有機物負荷によって引き起こされる。したがって，集水域の人口密度の増大にともない河川や湖沼の富栄養化が促進される傾向にある。ただし土地利用の変化や，下水道整備率や各種排水のリサイクル率，また集水域間での物資の移入や移出といった経済・社会的な要因も考慮する必要がある。ここでは集水域の土地利用形態や人口密度と湖沼の窒素安定同位体比との関係についての研究例を紹介する。Cabanaら[33]は湖沼や河川の集水域の人口密度と一次消費者の$\delta^{15}N$の間に正の相関があることを示した（図3-2-1）。また，集水域内での宅地や農地の増加が，湖沼の一次生産者や一次消費者（二枚貝，巻貝，大型藻類など）の$\delta^{15}N$を上昇させる現象も北米の湖沼で報告されている[36,40,42,47]。Mayerら[48]は北米の16河川を対象に，集水域の土地利用とNO_3^-の$\delta^{15}N$の関係を調査した。その結果，農地および宅地割合が増えるのに従い，NO_3^-の$\delta^{15}N$が上昇する傾向を見出した。汽水域（p. 167）を調査対象にした研究では，河川からの有機物や栄養塩の負荷が汽水域生態系に与える影響を$\delta^{15}N$値の空間変化（河口からの距離と$\delta^{15}N$値との関係）から解析した研究が多い[32,34,35]。これらの研究では，河川由来の窒素化合物の安定同位体比が，海洋由来の窒素化合物の安定同位体比と異なることを利用して，汽水域生態系に対する窒素の負荷源を特定することが試みられている。ただし，河川と海洋の$\delta^{15}N$値の差が小さくなる場合には，$\delta^{15}N$のみでは影響評価が困難となる。

4. 窒素安定同位体比と水質との関係

　一般に人為影響を強く受けた水域では，Na^+やCl^-の濃度が高くなり，電気伝導度が上昇する[24,25]。琵琶湖集水域における河川の調査結果では，水生植物や動物の$\delta^{15}N$が，電気伝導度や主要イオン濃度と正の相関を示すことが示されている（高津ら，未発表）。北米の湖沼では溶存態無機窒素濃度と各態の$\delta^{15}N$の間に正の相関が見られたという報告がある[36,44,48,49]。これらの研究報告によれば，一般にNO_3^-やNH_4^+の濃度の低い水系では，有機物や植

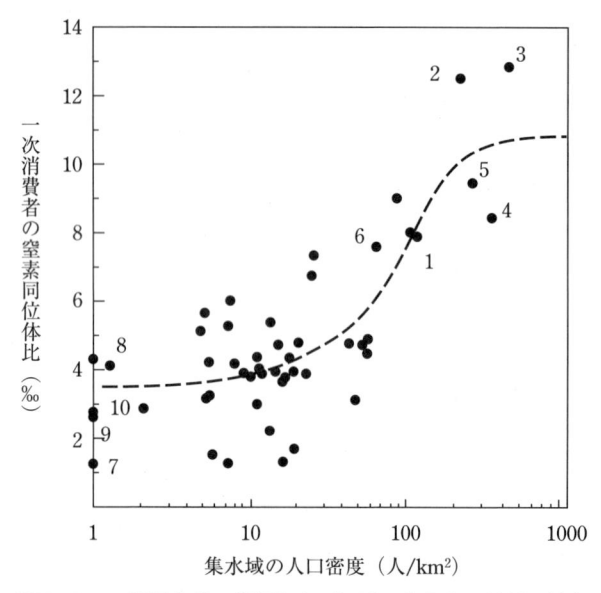

図 3-2-1 世界各地の湖沼および河川に生息する貝類や植食性魚類，節足動物の窒素同位体比を，採取水系の集水域の人口密度に対してプロットした図[33]。図中の番号の付いていない黒丸は文献 33 で報告された北米のイシガイ科（二枚貝）の同位体データ。それに対し，黒丸に振られた番号は他の文献の同位体データに基づいてプロットされたもので，多様な植食性魚類や節足動物からなる。点線は黒丸のデータをもとに非線形回帰した曲線（$\delta^{15}N = 10.96/[1 + \exp(-0.84 - 0.0171 \times 人口密度)]$）であり，汚染されていない水系に生息する一次消費者の窒素同位体比は 3.3‰で，人為的な窒素汚濁の著しい水系では 10.96‰となることを示している。

物の $\delta^{15}N$ が $-5 \sim +5$‰と低いのに対し，これらの濃度の高い湖沼では $\delta^{15}N$ は $+2 \sim +16$‰と高くなる。Valiela ら[49] や Carmichael ら[50] は，集水域の土地利用，人口，また，各種経済変数を用いて，人為起源の窒素負荷率（全窒素負荷に対する人為負荷の割合）を算出し，これと，集水域内の有機物や生物の $\delta^{15}N$ がどのように関係するのかを解析した。その結果，人為起源窒素負荷の増大とともに，$\delta^{15}N$ が上昇することを見出した。しかし，富栄養化の進行とともに，有機物や生物の $\delta^{15}N$ がいつでも上昇するとは限らない。富栄養化が極端に進行し，アンモニア態窒素の濃度が高くなると，植物による窒

素取込の際の同位体分別の影響で，有機物や生物の $\delta^{15}N$ が低下する場合もある[38, 46, 51]。

5. 河川における窒素安定同位体比の変動パターンのモデル化

　河川の上流から下流にかけての窒素安定同位体比の変化パターンに関しては知見が限られており[52]，負荷源下流の窒素同位体比の変動パターンを一般化できる段階にはいたっていない。ここでは，GISデータ等を利用して評価される集水域の土地利用と，窒素安定同位体比の変動パターンを関連づけるために筆者らが開発中のモデルを紹介する。

　窒素化合物が，その流入点から下流へ距離Xだけ移動したときの濃度の変化は，一般に以下の式で表される。

$$C_x = C_0 \times e^{-kx} \tag{1}$$

　C_x，C_0 はそれぞれ流入点からの距離 x の地点および流入点における汚濁物質濃度，k は減衰係数である[20]。ここで，減衰過程における同位体分別がない場合，窒素化合物の $\delta^{15}N$ は流下方向に変化しない。つまり，流入点における同位体情報は，下流のいずれの地点でサンプリングしても完全に保存される（図3-2-2）。一方，濃度を減少させるプロセスが同位体分別を伴う場合，同位体比は流下軸に沿って変化することが予想される。この変化の要因は大きく以下の2つに整理することができる。

①生物による取込み過程での同位体分別が影響する場合（図3-2-3）

　生物の栄養塩取込や微生物による代謝過程では，大きな同位体分別を伴う場合がある。とくに，栄養塩濃度が非常に高い場合には，先述した通り低い $\delta^{15}N$ をもった有機態窒素が生成されることがある。汚濁の激しい下水処理場排出口のすぐ下流などで人為的窒素負荷の割合が非常に高いにもかかわらずそこに生息する生物の $\delta^{15}N$ が著しく低くなるのはそのためである。この場合，ある程度浄化が進行するといったん下がった同位体比が再び上昇する。

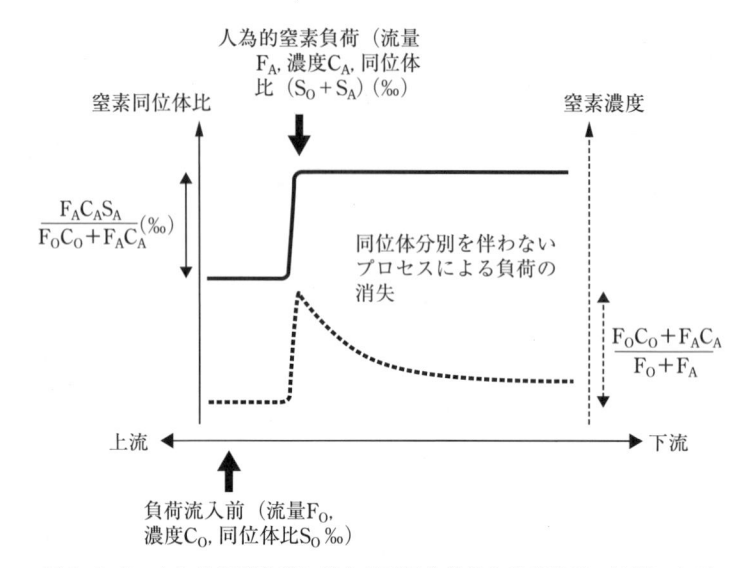

図 3-2-2 人為的窒素負荷に伴う窒素同位体比と窒素濃度の流程における変化の模式図。同位体比の変化を実線で、濃度の変化は点線で示した。単純化するため、人為負荷は1か所で流入するのみとし、負荷された窒素は流下に伴い同位体分別を伴わないプロセスによって消失していくものとする。左軸および右軸の両方向矢印はそれぞれ窒素負荷に伴う窒素同位体比および窒素濃度の上昇幅を示す。流入負荷および負荷前の流量、窒素濃度、窒素同位体比に関しては図中に示す通り。

②ガス化過程での同位体分別が影響する場合（図 3-2-4）

NO_3^-の脱窒による消失や、アンモニア（NH_3）の揮散による消失などの場合がこれに相当する。この場合、これらの濃度の低下とともに、その$δ^{15}N$は上昇する。この関係からレイリーの式（1章2-4）を用いて同位体分別係数を求めることで、消失プロセスの特定ができる場合もある。

琵琶湖には400あまりの大小の河川が流入するが、このうち、集水域の土地利用が異なる32河川において、集水域の土地利用と、礫上付着物の窒素安定同位体比の関係を解析した研究例を紹介する（高津ら，未発表）。集水域のうち水田の占める百分率（水田百分率）と、河口付近で採集された礫上付着物の$δ^{15}N$の関係を調べたところ、水田百分率が0%から約20%の範囲では、$δ^{15}N$が単調に増加したが、この範囲を超えると頭打ちになるというパター

第3章　窒素負荷　77

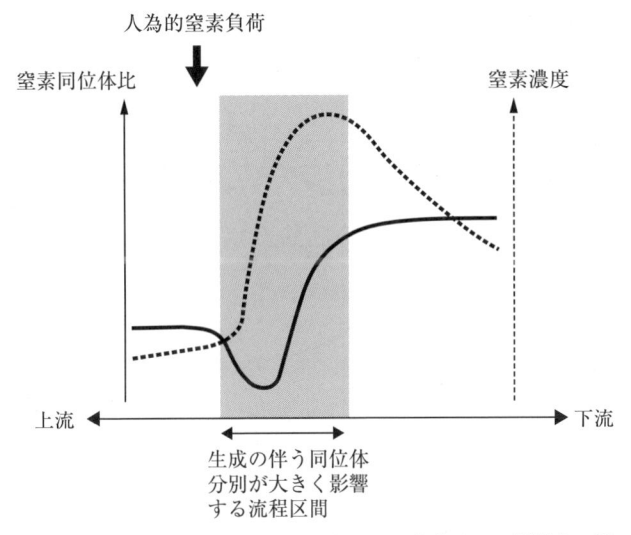

```
         人為的窒素負荷
窒素同位体比   ↓              窒素濃度

上流 ←─────────────────────→ 下流
       生成の伴う同位体
       分別が大きく影響
       する流程区間
```

図3-2-3 生物による取り込み過程での同位体分別が影響する場合の人為的窒素負荷前後での窒素同位体比と窒素濃度の変化の模式図。同位体比の変化を実線で，濃度の変化は点線で示した。単純化するため，人為負荷は1か所で流入するのみとし，負荷された窒素の一部が流下するにともない無機化されたり吸収されたりして，対象とする窒素分画が生成される場合を想定している。具体例としては，有機態窒素による負荷の下流で硝酸態窒素が生成されたり，無機態窒素による負荷の下流で藻類が増殖し，懸濁態窒素が生成されたりする場合である。同位体比は生成過程の初期に大きく低下するが，その低下の度合いは窒素負荷のインパクトが大きいほど大きくなり，生成過程での同位体分別係数（1章2-3を参照）が大きいほど大きくなる。

ンが得られた。同様な解析を宅地百分率でおこなうと，やはり飽和型の曲線が得られ，この場合は，宅地百分率が5〜10%程度で，窒素安定同位体比の上昇は頭打ちになった。こうした変動パターンは，窒素化合物の窒素安定同位体比を保存量と見なし（つまり，消失にともなう同位体分別はまったくないと仮定し），単純な混合モデルを用いることで再現することができた（図3-2-5）。この混合モデルでは，単純化のために，集水域が「森林」と「農地＋宅地」の2種の土地利用のみからなり，このうち，「農地＋宅地」が窒素の汚濁負荷源（ノンポイントソース）であると仮定した。今，「森林」が「農地＋宅地」

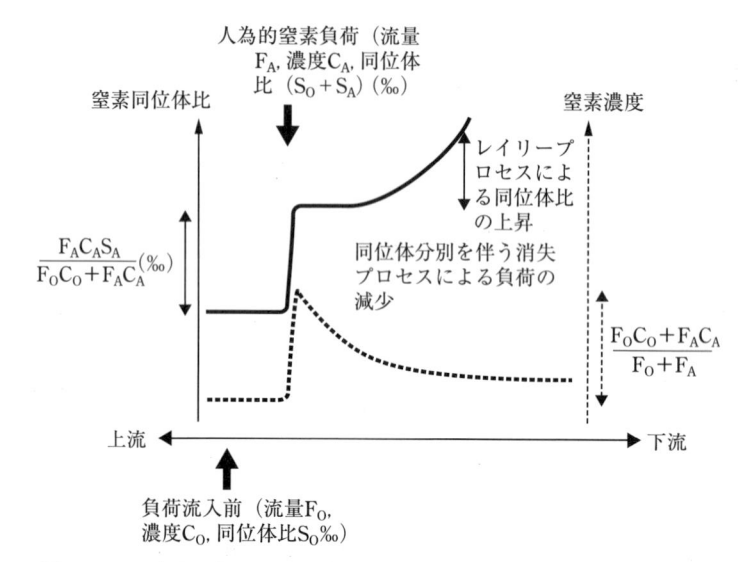

78　II　環境負荷と除去プロセス

図3-2-4　消失過程での同位体分別が影響する場合の人為的窒素負荷前後での窒素同位体比と窒素濃度の変化の模式図。同位体比の変化を実線で，濃度の変化は点線で示した。単純化するため，人為負荷は1か所で流入するのみとし，負荷された窒素は流下するにともないガス化過程での同位体分別を伴う分解を経て減少する場合を想定している。具体例としては，硝酸態窒素による負荷の下流で脱窒反応が活性化され硝酸態窒素濃度が低下する場合などがある。同位体比が消失過程で上昇する程度は消失プロセスが進行するほど大きくなり，消失過程での同位体分別係数（1章2-3を参照）が大きいほど大きくなる。

に変化した場合に，河川への単位面積あたりの窒素排出量はt倍になり，さらに，汚濁源から排出される窒素のδ^{15}N値は，森林から排出される窒素のδ^{15}N値よりもA‰高いとする。そうすると，「農地＋宅地」面積が集水域面積の中で占める百分率（x％）と，河口（本研究では琵琶湖への流入口付近で試料を採取した）の礫上付着物のδ^{15}Nの上昇幅（y‰）は，以下の式で関係づけることができる。

$$y = Atx/\{(t-1)x + 100\} \tag{2}$$

この式において，$x=0$の時の傾きは$At/100$となることから，「宅地＋農地」からの窒素負荷量が森林からの負荷量に比べて大きいほど，また「宅地

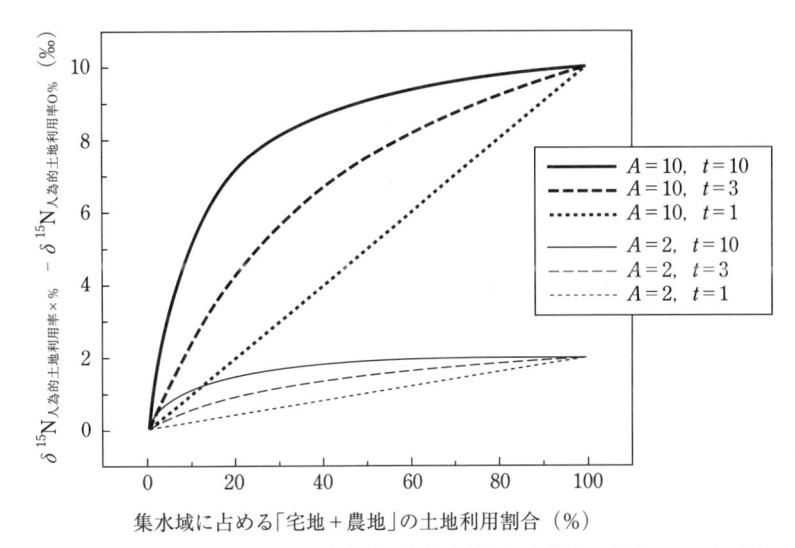

図3-2-5 解析対象としている窒素分画を保存量とした場合，混合モデルにもとづいて予測された，窒素同位体比の上昇幅（‰）の集水域に占める「宅地＋農地」の土地利用割合（％）に対する変動パターン。解析を単純化するため，集水域をメッシュに分け，各メッシュの土地利用は森林もしくは「宅地＋農地」の2種類のいずれかとし，各メッシュが森林から「宅地＋農地」へと変化した場合に単位メッシュから本川へと排出される窒素量がt倍になるとした。また，「宅地＋農地」が全メッシュのx％を占め，「宅地＋農地」から排出される窒素の窒素同位体比は森林の場合に比べてA‰高いとし，すべてのメッシュからサンプリング地点までの流達率を一定とした。以上の場合，予測される窒素同位体比の上昇幅（y‰）は集水域に占める「宅地＋農地」の土地利用割合（x％）に対して，

$$y = Atx/\{(t-1)x + 100\}$$

で記述される。A値とt値が大きいほど，「宅地＋農地」の土地利用割合が小さくても窒素同位体比は大きく上昇する。

＋農地」から排出される窒素のδ^{15}Nが高いほど，$x = 0$近傍での礫上付着物のδ^{15}Nの上昇率は大きくなることが明らかである。さらに，「宅地＋農地」百分率が100％に近い河川の礫上付着物のδ^{15}Nと，森林百分率が100％に近い河川におけるそれとの差からA‰を推定することで，単位面積あたりの窒素排出量が，「宅地＋農地」では「森林」の何倍になるか（t値）を評価することができる。

なお，以上のモデルでは，集水域のすべての地点と，サンプリング地点（河

口）の間の窒素の流達率（run-off ratio of N load）は一定と仮定したが，現実には，サンプリング地点からの距離が長くなるほど流達率は小さくなるであろう．流達率を考慮した場合には，調査地点近くの上流に「宅地＋農地」が集中している時には，流達率一定時の曲線より斜め左上に膨らみ，逆にサンプリング地点から離れた中上流に「宅地＋農地」が集中している場合には，流達率一定時の曲線より斜め右下にくると考えられる（図 3-2-6）．このことから，上記の方法で t 値を算出した場合，サンプリング地点近くに「宅地＋農地」が集中分布している場合には t 値を過大評価してしまい，逆の場合には過小評価する危険性がある．

6. 窒素同位体比による水域への窒素負荷のより良い評価方法の開発

　窒素化合物の窒素安定同位体比を保存量として扱った混合モデルにもとづく窒素面源負荷の評価方法を紹介したが，これは，まだ萌芽的な試みであり，今後の改良が必要とされている．もっとも大きな問題点は，はたして窒素安定同位体比が保存量として扱えるのかという点であるが，現実のデータセットが，式 (2) によってある程度記述できるということは，この仮定の妥当性をある程度裏づけていると筆者は考えている．しかし，流達率を考慮すればこの曲線は真の t 値にもとづいた曲線より左上もしくは右下に歪みうることも明らかである．それを補正するには，

① GISによって単純に求められた土地利用率ではなく，それに流達率による重み付けを施した土地利用率を使用して解析する
② 調査地点から離れた上流に「宅地＋農地」のある調査地点のセットおよび調査地点の近くの上流に「宅地＋農地」のある調査地点のセットのそれぞれの場合で図 3-2-5 のようなプロットを描かせ，t 値を求めることで真の t 値のとりうる範囲を示す

といった方法があると思われる．また，多様な土地利用ごとの A 値や t 値を求めることができれば，流達率によって重み付けした後の土地利用率を用い

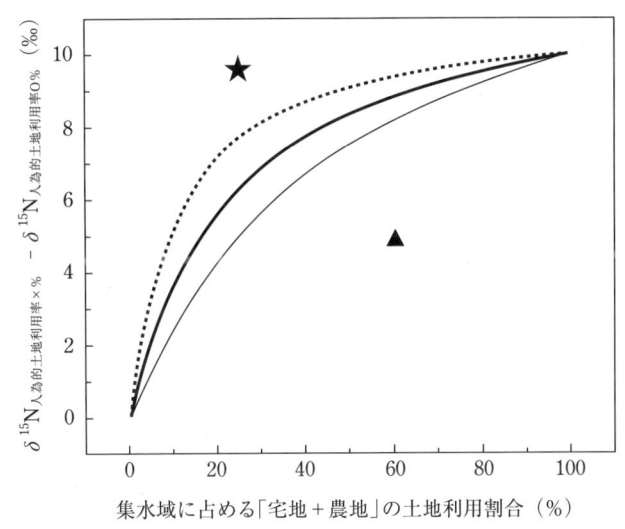

図3-2-6 流達率を考慮した場合に，混合モデルにもとづいて予測された，窒素同位体比の上昇幅（‰）の「宅地＋農地」の土地利用割合（％）に対する変動パターン。調査地点近くの上流に「宅地＋農地」の土地利用が集中している時には，流達率一定時の曲線（太い実線）より斜め左上（点線）に膨らみ，逆に調査地点から離れた中上流に「宅地＋農地」の土地利用が集中している場合には，流達率一定時の曲線より斜め右下（細い実線）に来ると考えられる。また，流下過程での同位体分別を伴う生物による取り込み過程の影響を強く受ける場所や同位体比の低い地下水流入の地点では，こうした混合モデルによって予測される値を大きく下回る（▲）。一方，脱窒のように同位体分別を伴うガス化過程が働いている場合には，混合モデルによって予測される値を大きく上回る（★）。

て，各調査地点の指標試料（礫上付着物など）の窒素同位体比を混合モデルから予測できる。実際の窒素同位体比がそれから大きくプラスへ外れる場合には，脱窒やアンモニア揮散といった消失過程での同位体分別の影響している可能性が高い。逆にマイナスへ大きく外れる場合には，地下水の流入や集水域に考慮されていない別の人為影響の少ない集水域からの水の移入が考えられる（図3-2-6）。現時点では，窒素同位体比を使っての窒素負荷の評価は，土地利用によるものとこうした同位体分別や流入によるものを混同して議論

することが多く，両要因を正しく分離して議論できた例は少ないと思われる。混合モデルからの予測値と実測値の差分をとることができれば，ノンポイントソースの窒素負荷源の評価が可能になるばかりか，そうした窒素負荷が引き起こす脱窒活性など河川の窒素代謝の変化を検出することもできると考えている。

3 湖沼の富栄養化の史的復元 —— 長期保存生物標本の利用 ——

　20世紀後半は，化学肥料の使用や下水の流入などにより，世界中の多くの湖沼や河川，閉鎖性海域において富栄養化が著しく進んだ時代である。こういった水域の富栄養化は，アオコや赤潮に代表される生態系の急激な変化，それにともなう魚介類の大量斃死などの漁業被害，さらには水質悪化にともなう青潮や異臭の発生など数多くの環境問題を引き起こしている。この富栄養化の原因を探り，改善するためには，いったい何が原因で，いつごろから，どのようなプロセスでこの富栄養化が起きたのかについて理解しなければならない。そしてそのためには，その水域における水質環境の変化をモニターしておく必要がある。しかし残念ながら，現在富栄養化している水域において，水質が継続的にモニターされはじめたのは，事が明らかになってからの場合が多い。したがって，このような水域でその原因や時間的経過について詳しく調べるためには，過去の水質環境を復元することが必要になり，そのための手法の確立が必要となる。この節で紹介するのは，そのような目的に資する1つの方法論である。

　日本における富栄養化は多くの場合，過去数十年程度の比較的近い過去（近過去）に起きた環境変動である。この時間スケールでは，各地の水域において生態系の記録保持や水産資源研究などを目的として，さまざまな生物が採取され「標本試料」として保管されているケースが多々ある。したがって，もし目的とする水域で，生物標本などの試料を見つけることができれば，それは生息環境情報と生態系構造の情報を記録している「環境の時間変動」を解析する格好の材料となる。ここでは，水質の変動が富栄養化以前からモニターされていた数少ない水域である琵琶湖の場合を例にして，このような標本試料を用いた研究法が有用であることを示そう。

　琵琶湖では1960年代以降の経済成長にともなう集水域の人口増加によって，急激に富栄養化が進行した（図3-3-1）。琵琶湖水中，とくに深層水における硝酸イオン（NO_3^-）の濃度が大きく増加するとともに，溶存酸素濃度は減少した（図3-3-1）。これにともなって，植物プランクトンの種組成も大き

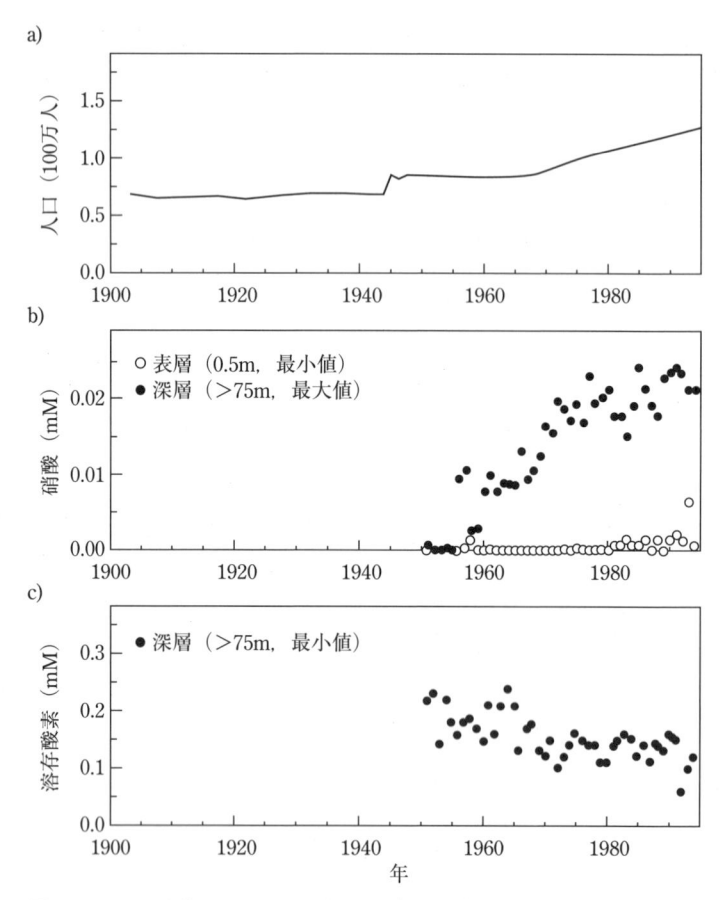

図 3-3-1 20世紀における琵琶湖の，a) 集水域の人口，b) 硝酸濃度，c) 溶存酸素濃度の変化．硝酸および溶存酸素濃度は滋賀県による毎月1回の調査結果から，各年の最大値・最小値を抽出した（文献53より改変）．

く変化した[54]．そこでOgawaら[53]は，浮遊性生物食の魚「イサザ」(*Gymnogobius isaza*, 旧 *Chaenogobius isaza isaza*) のホルマリン固定標本の窒素同位体比 (δ^{15}N) を測定し，富栄養化による琵琶湖内の窒素循環系の変動を再現し，その影響を評価した．

イサザは琵琶湖に固有のハゼ科の魚類であり，琵琶湖における重要な水産資源の1つでもある．湖沖帯（p. 133）の中層域を浮遊する動物プランクトン

やヨコエビなどの生物を主な餌とし「沖帯食物網」に属するため，湖水を中心とした環境情報を得るのに適している．1960 年から現在までのほぼ毎年毎月，生態学および水産資源研究を目的として琵琶湖北岸に近い定点で標本として採取され，保管されてきた．また 1900 年代前半にも数回試料の採取がおこなわれ標本が残されている．Ogawa ら[53]は，毎年同時期に採取されたイサザ標本試料群から，同じ魚齢の数個体を選択し，その筋肉部の窒素安定同位体比を測定した．ちなみに魚試料をホルマリン中に長期間保存しておくと，炭素同位体比はホルムアルデヒドの結合により大きく変質してしまうが，窒素同位体比はほとんど変質しない（0.5‰以下）ことが，実験的に確かめられている[53]．

イサザの窒素同位体比の測定結果を図 3-3-2 に示した．イサザの窒素同位体比は，1916 年および 1953 年にはそれぞれ 12.6‰および 13.3‰であるが，1967 年以降急激に上昇し，1980 年代には 16‰以上に達していることが読み取れる．すなわち，イサザの筋肉に記録された窒素同位体比の上昇はその 80 年間で 4‰にも及んでいる．窒素同位体比が上昇した 1960 年代後半から 1970 年代前半は，琵琶湖が富栄養化し，湖水中の窒素などの栄養塩環境が急速に変化した時期にちょうど一致しており（図 3-3-1），両者の間に何か関係があることを暗示している．このイサザの窒素同位体比の上昇の原因として，①イサザ自身の食性が変化し，より高次捕食者となったのか，あるいは②琵琶湖生態系全体の窒素同位体比が変化したのか，2 つの可能性が考えられる．しかし両者のいずれが正しいのかについて，イサザの安定同位体比のみから解答を導き出すことは困難で，胃内容物の検査などオーソドックスな生態学的要素との対比・検証など他の方法が必要である．

Ogawa ら[53]は堆積物試料を用いて補足的な証拠を得ることで，イサザの窒素で見られた同位体比変動について，①，②のいずれの可能性が正しいのか検証をおこなっている．イサザが採取された琵琶湖北湖の中央部分で堆積物を採取し（口絵 9），その窒素同位体比を測定した．採取した堆積物の窒素同位体比を図 3-3-2 に示した．堆積物の年代は，^{210}Pb 法によって決定している．これまでの研究から，堆積物中に含まれる有機窒素の安定同位体比は，一次生産者の窒素同位体比を強く反映していることが経験的に知られて

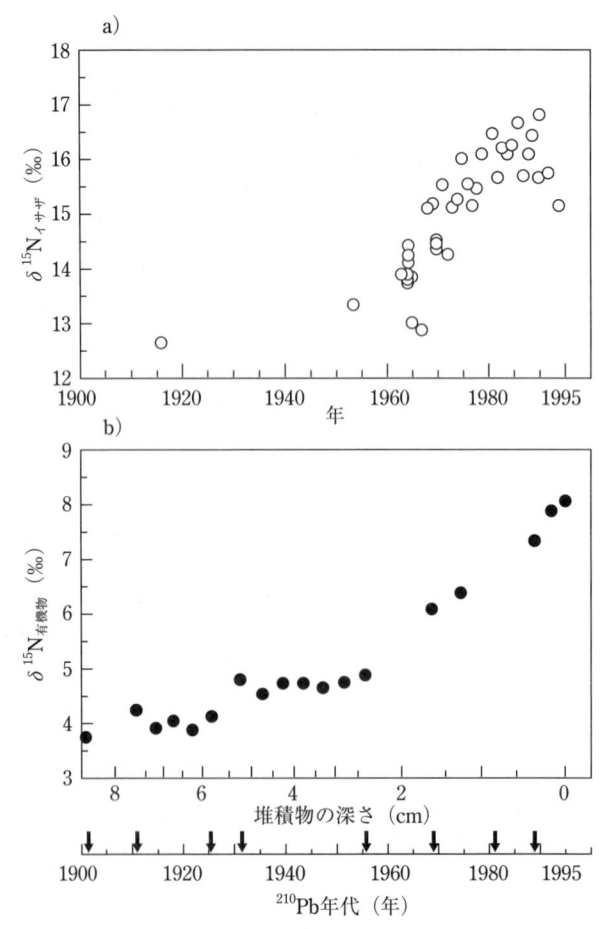

図 3-3-2 a) 20世紀に採取されたイサザ標本試料の窒素同位体比。b) 琵琶湖堆積物の窒素同位体比。下段の矢印は ^{210}Pb 法により年代を決定した試料の位置を示す（文献53より改変）。

いる[55]。琵琶湖においても懸濁態有機物（POM）として採取された一次生産者と，湖底の堆積物の最表層部分との窒素同位体比は，ほぼ同じ値を示すことが確認されている[56]。この経験則にもとづくと，一次生産者とイサザの窒素同位体比の差は，20世紀を通して 8.7±0.6‰ でほぼ一定であり，イサザの栄養段階がほとんど変化してこなかったことがわかる。イサザの餌となる動

物プランクトンおよびヨコエビについては，イサザの胃内容物中に占める割合が1970年を境にほぼ逆転した（動物プランクトン：59.3→13.0％，ヨコエビ：22.1→64.3％）ことも知られている[57]。しかしながら両者はともに植物プランクトンやその屍骸であるデトリタスを餌とし，類似の窒素同位体比をもつ（それぞれ11.4‰と10.3‰）ため[58]，イサザの窒素同位体比上昇の主な原因とはなり難い。こうしたことから，この期間の琵琶湖生態系においては一次生産者である植物プランクトンの窒素同位体比が変化していた，つまり②が主要因であったと考えることができる。

では植物プランクトンの窒素同位体比は，いったいどのような原因で上昇したのであろうか？ 植物プランクトンは，表層水中に溶存している NO_3^- やアンモニウム（NH_4^+）を同化している。琵琶湖の場合は，これまで報告されている無機態窒素濃度に関する調査結果から，そのほとんどが NO_3^- であろうと考えられる。したがって植物プランクトンの窒素同位体比は，NO_3^- の窒素同位体比 $\delta^{15}N_{NO3}$ と，それが同化される時の同位体分別 ε（1章2-3）の関数として表すことができる。すなわち，

$$\delta^{15}N_{植物プランクトン} = \delta^{15}N_{NO3} + \varepsilon \tag{1}$$

である。窒素同位体比分別 ε の変動を規定する要因は多様であり，植物プランクトンの利用する基質窒素の種類，プランクトンの種類などの要素が関連すると考えられている。

まず基質の窒素に関しては，琵琶湖の主たる無機態窒素が常に硝酸態窒素であることは前述のとおりであり，ここに大きな変動は見られない。植物プランクトンの個々の種類については，1957年，1965年，1987年ごろを境にした段階的な組成変化が見られるものの，夏季に緑藻が，冬季に珪藻が卓越し，それらにシアノバクテリアや鞭毛藻の出現が混ざるという大きな傾向は維持されている[54,59,60]。したがって，種組成変化が窒素同位体比変動の直接要因とは考えにくい。実際に1993年から94年にかけて毎月植物プランクトンを採取し測定した研究では，琵琶湖の緑藻，シアノバクテリア，珪藻は

＊ただし本章では $\varepsilon \equiv \delta^{15}N_{生成物質} - \delta^{15}N_{反応物質}$（‰）と定義して用いている。

ほぼ同じ窒素同位体比を示すことも報告されている[58]。また Yamada ら[58] は，琵琶湖水中の溶存態窒素と植物プランクトンの窒素同位体比が，ほとんど同じ値であることも示している。一般に貧栄養な水域では，ほとんどすべての無機態窒素が消費されるため，植物プランクトンの同位体比は基質の同位体比とほぼ等しい値となる。これらの断片的な証拠は，イサザと堆積物の窒素同位体比の4‰に及ぶ経年的上昇の究極的な原因は，種組成など植物プランクトン自体の変化ではなく，湖水中の NO_3^- の窒素同位体比の上昇であることを示唆している。

では次に，琵琶湖の NO_3^- の窒素同位体比が，どのようにして4‰も上昇したのか定量的に考えてみよう。ここで窒素同位体比の変動をより定量的に理解するために，1960年代以降に起きた琵琶湖水中の窒素循環の変動を考慮した上で，1ボックスモデルを用いて考えてみる（図3-3-3）。このモデルでは，河川からの NO_3^- の供給が基本的に唯一の流入プロセスであり，降水や地下水による湖水への窒素の供給はそれに比べ非常に小さいと仮定した。これに対して，流出プロセスとして考えられるのが，琵琶湖内でおきる脱窒と，唯一の流出河川である瀬田川からの流出である。琵琶湖水は冬季に表層から底層まで鉛直循環し混合されており，溶存物質の分布はほぼ一様となる。このため琵琶湖と流出河川水の窒素同位体比の値は同じ値となる。また堆積物中に蓄積される窒素量は全体の窒素量のおよそ5％と推定されていることから[61]，ここでは無視することにする。

このような考察から，湖水の窒素同位体比を動かす要因として最初に考えられるものは，排水など人為起源の窒素の流入である。琵琶湖集水域から，河川などを経由して琵琶湖に流入する窒素量は，流域の人口の増加とともに増加してきた。下水排水の流入と，田畑における肥料の使用が増加したためである。実際に，琵琶湖内の硝酸態窒素の濃度が，人口増加に伴って増えていることからも，その影響があることがうかがえる（図3-3-1）。肥料の窒素同位体比をみると，日本の農地に利用される肥料の大半を占める人工肥料は，その製造工程から大気（0‰）に比較的近い値をもち，鶏糞などの有機肥料では8-15‰前後と高いことが知られている[6,62]。また人為起源の生活廃水や下水，その処理水ついては，0〜25‰まで幅広い値が報告されてい

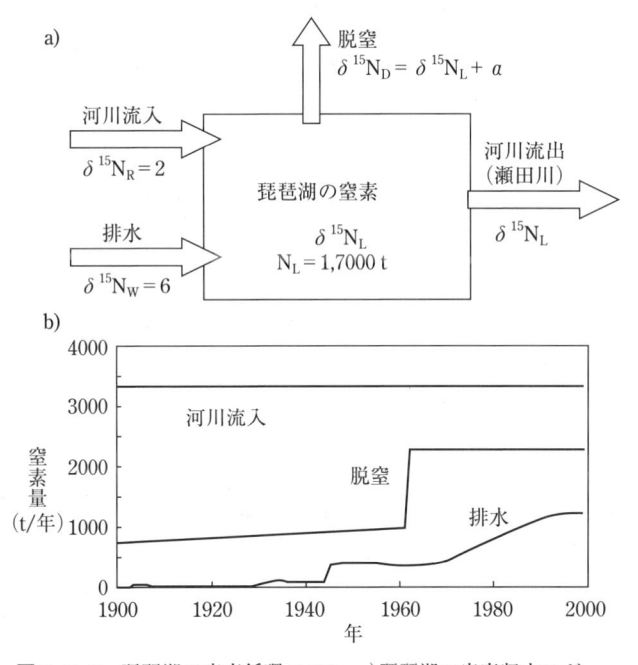

図 3-3-3 琵琶湖の窒素循環モデル。a) 琵琶湖の窒素収支のボックスモデル，b) 湖に流入する窒素（河川水，排水）と脱窒により除去される窒素の量の推移。

る[6]。これらの値について琵琶湖周辺での直接の報告例はないが，山田ら[63]は1994年に琵琶湖周辺の貧栄養な河川の1つで硝酸態窒素の同位体比を2‰と報告している。これは同時期の琵琶湖北部の湖水の値（6.8‰）より著しく低い。一方，近年の観測（由水ら，未発表）から，集水域の農地化・宅地化の進んだ河川では，河川水中の硝酸態窒素の同位体比が自然河川に比べて最大10‰前後も上昇する場合があることがわかって来た（3章1節4参照）。このことから，人為起源排水の流入量の増加が，琵琶湖水中の硝酸態窒素の同位体比の上昇の主な原因の1つとなっていることが考えられる。

もう1つの可能性としてあげられるのが，湖内における脱窒である。脱窒とは，堆積物などに含まれる NO_3^- が還元され，窒素ガス（N_2）や亜酸化窒素（一酸化二窒素：N_2O）として湖水から大気に放出されるプロセスである。このプロセスは，一般に貧酸素あるいは無酸素の環境下で起こる[61,64]。この脱

窒の一部は堆積物の酸化還元境界より下部で起こる。ここでは酸化層から拡散する NO_3^- の量が非常に限られていることから，すべての NO_3^- が完全に消費されてしまう。こうした過程では同位体分別は起こらない (p. 212)。もう1つは，琵琶湖の中深層の酸素が比較的少ない水域で起こる脱窒である。こういう水塊の下部では常に NO_3^- が豊富に存在するため，脱窒に利用された残りの NO_3^- の窒素同位体比は著しく上昇する。たとえば海洋では，酸素濃度が極度に低く NO_3^- 濃度が高い中深層をもつ海域で，20‰近い同位体比をもつ硝酸態窒素が報告されている[65]。こうした事象は，表層域での生物生産の大きな水域で見られ，①表層から供給された有機物が沈降し酸素を消費して NO_3^- に分解され，②生成した NO_3^- の一部がその貧酸素水塊内で脱窒され，その結果として③残った NO_3^- の同位体比が上昇するというメカニズムで説明されている。実際に，琵琶湖では富栄養化が顕在化するのと同時に「表層域での植物プランクトン量の増加」とこれに伴う「底層域の貧酸素化」が見られるなど[66]，これに類似した脱窒メカニズムが発生するに足る環境を作っている。

　Yoshioka[67] は琵琶湖とその集水域における窒素の収支についての詳細な推定をおこない，琵琶湖から前出の瀬田川河川水による流出，堆積，地下水経由の流出などの経路で失われていく窒素の量は，全流入窒素量の 40～47% にすぎないと報告している。Miyajima[61] も 1991 年から 1992 年にかけて堆積物中の窒素化合物の挙動の通年観測結果とこれをもとにした詳細な窒素マスバランス計算から，琵琶湖内の脱窒による窒素除去量は全流入窒素量の約 50% と推定している。つまり琵琶湖では脱窒というプロセスで失われる窒素量が，河川を経由して流入する窒素量のおよそ半分にも達しているということである。この結果は，安定同位体比マスバランスの概念を用いて計算された，他の研究結果とも一致していた[63]。こうしたことから，近過去の琵琶湖では，富栄養化に伴う生物量の増加と平行して，深層域が徐々に還元的な環境に近づき，その結果，脱窒が起こりやすい環境に変化してきたことが浮かび上がってきた。

　琵琶湖における NO_3^- の窒素同位体比の経年変化が人為起源廃水の流入量増大と脱窒量の増大とのどちらによっておもにもたらされたのかは，今のと

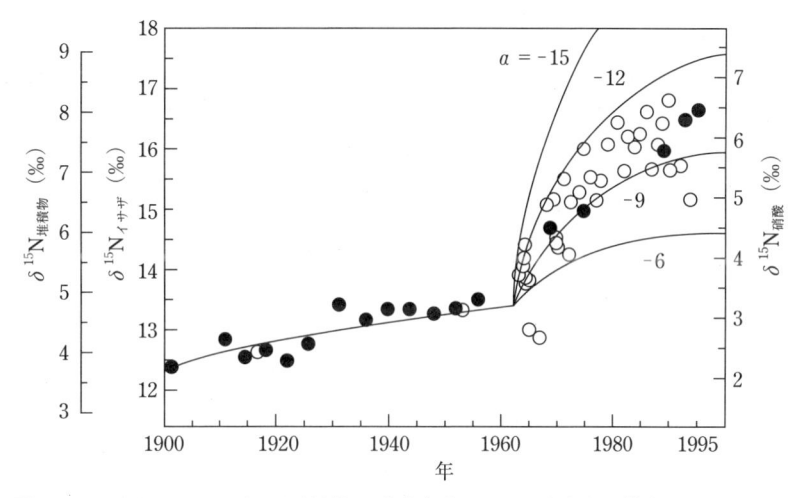

図3-3-4 図3-3-3で示した琵琶湖の窒素収支のモデルをもとに算出された，琵琶湖水中の硝酸の窒素同位体比（実線）と，イサザ標本試料（○）と堆積物（●）で実測された窒素同位体比の比較。図中の数値（−15，−12，−9，−6）は湖内の脱窒による窒素同位体比分別（a）の値を示し，それぞれの実線はこのaの値に沿って計算されている。

ころ明らかになっていない。ここでは一例として，図3-3-3のボックスモデルを用いて，琵琶湖硝酸態窒素の安定同位体比変化が主として湖内での脱窒量によって規定されているという仮定にもとづいておこなったシミュレーションについて解説しよう[68]。このモデルでは，流入する河川水の窒素量は常に一定とし，人為起源の窒素はその起源が生活排水とほぼ一致することからその流入負荷量は人口に比例すると仮定した。また脱窒により除去される窒素の量は，琵琶湖の深層水の溶存酸素量が十分で，脱窒される量が非常に小さい時期（1962年以前）と，琵琶湖の深層部で脱窒が急激に増えたと考えられる時期（1962年以降）とに分けて考えた。この境界年（1962年）は，完全成層している時期の琵琶湖底層水中で，硝酸態窒素濃度に増加傾向が出はじめた時期を基準にしている（図3-3-1）。1962年以降に脱窒される窒素の量は，Yoshioka[67]やMiyajima[61]によって推定された脱窒量（1990年時点での流入量の5割）に設定してある。図3-3-4に示したものが，このモデルによって計算された琵琶湖のNO_3^-の窒素同位体比と，琵琶湖のイサザと堆積物から実際

に測定された窒素同位体比である。この結果は，1962年ごろから脱窒量が急激に増加した場合に，湖水中の硝酸態窒素とイサザの窒素同位体比の変化が一致することを意味する。すなわち，過去の研究から推定された1990年代の琵琶湖にみられる大きな脱窒は，1960年代の湖水の富栄養化に起因しており，琵琶湖内における脱窒量はこの時期を境に大きくなったことが示唆された。また，イサザや堆積物の窒素同位体比と推定されたNO_3^-の同位体比を比較することで，脱窒による窒素同位体比分別の大きさは−9から−12‰の間であることも推定された。

本節では魚類標本試料の筋肉の窒素同位体比を用いて，近過去の湖沼の環境の時系列変化を復元した研究例について解説した。魚類では，筋肉以外にも，ウロコや骨に含まれるコラーゲンなども有用な材料である。さらに最近では，同位体測定に関する技術的な進歩も著しい。化合物レベルの安定同位体比測定技術を応用した研究，たとえば生体中のアミノ酸の窒素安定同位体比を化合物レベルで測定すると，消費者と一次生産者との間の窒素同位体比分布の関係を，生物による窒素同化メカニズムの情報も含めてさらに明瞭にみることができる[69,70,71]。いずれにせよ，長期間保存されている魚類などの標本試料を用いれば，生物の関与する生物学的窒素循環の寄与やそのプロセスの変遷だけではなく，湖沼の汚染や富栄養化などの環境変化や物質循環変化を復元することが可能であり，今後さらなる研究の展開が期待される。

● 琵琶湖の窒素収支

　琵琶湖における窒素収支と循環プロセスについては，不明の点が多く残されている。降雨や乾性降下物，あるいは地下水に由来する窒素の負荷については，まだ十分に精度の高い推定がなされていないというのが現状である。また，本章で紹介したモデルでは，湖水中における脱窒を仮定してモデル化が行われているが，すでに述べたように，湖内における脱窒は主として堆積物中で進行しているという証拠も得られている[61]。この場合，見かけ上の同位体分別が，本章のモデルで推定されたほど大きいとは考えにくい面がある。また脱窒活性の経年変化についても様々な影響因子を考慮に入れなければならない。今後はこうした問題点に配慮し，また脱窒だけでなく集水域から負荷される各態の窒素の安定同位体比の経年変化をも取り入れた，より一般的なモデルを開発していく必要がある。

4 陸域由来窒素が沿岸海域に与える負荷
—— 大型藻類の窒素同位体比から ——

1. 陸域からの窒素負荷と沿岸海域汚染

　農業技術や交通網の発達は産業革命以降の爆発的な人口増加をもたらし，近年の医療技術の進歩も手伝い，地球上の人口は66億人にも達している（2007年7月現在）[72]。人間活動の増加に伴い，排泄物の流下，施肥された化学肥料からの溶脱，化石燃料の燃焼に伴う窒素酸化物の排出というさまざまな形で，大量の窒素成分が自然へと排出されてきている[4]。「水に流す」ということばがあるように，水資源に恵まれた地域に住む人びとにとって，河川は，汚染物質を速やかに目の前から取り除いてくれる格好のシステムであった。しかしながら，海に面した平野地域は，船舶等を利用した交通が至便で，開発が容易であるために人口が集中し[73]，人為起源の窒素排出物は河川や地下水を通じて隣接する海域へと速やかに流入することになる。

　日本の食料自給率の低下が問題となって久しいが，沿岸海域で採取した海産物を食し，排泄物を有機肥料として利用する閉じた循環型の社会構造は失われた。系外から食糧を移入し，人工的な化学肥料合成がさかんになるにつれ，生物に利用されやすい窒素の収支は地理的に大きな不均衡を起こすこととなり，そのシワ寄せは大都市の沿岸海域に及ぶ。さらに，沿岸地域の都市化や急速な埋め立ては，植物による溶存態窒素成分の取込や，微生物による脱窒等の場として機能していた河岸植生や海岸湿地・干潟の消失を招き（口絵7），相乗的に沿岸海域への窒素負荷を高めることになってきた[22]。

　陸域からの過剰な窒素・リンの負荷は，大都市周辺の沿岸海域の生態系構造を大きく変遷させている。稚魚をはじめとした海洋生物の生育場としての生態系機能を有している海草・海藻といった大型植物は，流入する栄養塩類の増加に伴ってその現存量を増加させてきた。しかしながら，過剰な栄養塩類の負荷により増加した植物プランクトンや付着藻類は，海草藻類の体表面に到達する光を大きく減少させる。したがって，浅場の消失という物理的攪乱に加えて，過剰な栄養塩負荷は，逆に大型海生植物の生息域を大きく減

少させることになる[74,75]。また一方で，有明海での海苔不作問題や，各地で報告されている磯焼けのメカニズムについて研究が進むにつれて，単純に陸域からの窒素やリンの供給のみが藻類の現存量を左右するものではないことも徐々に明らかになっている[76,77]。同様に，熱帯・亜熱帯のサンゴ礁域でも，1990年代後半に世界中の広範囲でサンゴの白化現象が起き，サンゴ群落から大型藻類群落へと大規模な生態系の変遷が報告されている。この現象について，海藻を食する魚介類の減少によるトップダウンの効果と，栄養塩負荷の増大に伴う海藻成長量の増加というボトムアップの両方の効果から因果関係を明らかにする研究がおこなわれている。しかしながら，両者の効果を現場海域で正しく定量的に評価することがむずかしく，また生物同士の相互作用も大きく関係してくるため，因果関係を断定することは困難であった[78]。

このような背景のなか，人間活動に伴う沿岸環境の変化の当事者の1つともいえる大型藻類を用いて，陸域由来の窒素が，沿岸生態系の窒素循環にどのようにくみこまれて生態系に影響を与えているのか，明らかにしていく試みがさかんになってきている。固着性の大型藻類を使うメリットとしては，①浮遊性の植物プランクトンと異なり，その生育場の環境を知ることができる点，②系内に供給された栄養塩の質や量に対する議論に終始せず，実際に海藻に利用されている窒素について議論をできる点，③一度の試料採取でも，海藻の生育期間である長期間の時間平均的な環境を代表するものと考えられる点，があげられる。本節では，海藻の化学成分の中から，とくに窒素安定同位体比（$\delta^{15}N$）が環境指標としてどのように利用されているか，最近の研究を含めて述べていく。

2. 大型藻類とは

藻類の定義にあてはまる生物は，陸上から淡水・海水中に幅広く分布するが，本節で沿岸海域環境の生物指標として扱う大型藻類とは，生活史の中で，岩石や海草藻類の葉上等の基盤に固着して生育する期間があり，成長後には採取に容易な数cm以上の大きさとなるものを指すことにする。ここでは，特徴的な英語表現とともに，大型藻類を試料として用いるための基礎を述べ

る。

2-1. 分布と出現時期

　海産大型藻類の種数は日本近海だけでも1000種以上にもなり，水温に応じて出現する海藻種は地域によって大きく異なる様相を見せる。北海道や東北地方の太平洋沿岸には亜寒帯性のコンブ (*Laminaria*) やヒバマタ (*Fucus*) などの褐藻類が，本州の沿岸部には，カジメ (*Ecklonia*)，ヒジキ (*Hizikia*)，ホンダワラ (*Sargassum*)，マクサ (*Gelidium*) などの褐藻・紅藻類が，南西諸島や小笠原諸島では，サボテングサ (*Halimeda*) やイワヅタ類 (*Caulerpa*) の小型の緑藻類やホンダワラなどの褐藻類が多く分布している。冬季の一定以下の海水温においてのみ配偶体形成をおこなうコンブは北部のみに限られているが，アナアオサ (*Ulva pertusa*) のように全国的に観察されるものもある。生理特性が種ごとに異なる海藻の化学成分を用いて広域での比較研究をおこなう場合は，同一種を用いておこなうのが理想である。そのため，調査地域の藻類の分布と出現時期に注意して対象とする藻類種を選ぶ必要がある。

　カジメなどの多年生の藻類 (perennial algae) が1年通して観察されるのに対して，ヒトエグサ (*Monostroma*) やアオサ (*Ulva*) などの緑藻類は水温の低い冬季から初夏にかけて見られる (ephemeral algae)。この出現時期も日本国内でもズレが見られ，北海道から沖縄まで広く見られるアオサ類は，本州においては春から初夏にかけて繁茂するが，南西諸島においては冬から春にかけて繁茂し，日差しが強くなる夏季にはほとんど見られなくなる。一方，通常の岩礁帯のように水平距離数mの規模で深度が大きく変化し，潮汐に合わせて干出する場所では，海藻種は干出耐性や強光耐性の特性の違いによって，垂直方向に明確な帯状分布を作る[79]。一方で数百mにわたって0.5〜3.0mの浅場がつづくサンゴ礁の礁池内においてもやはり，汀線付近や礁嶺上などに特定の種類の海藻が帯状分布をもって生息している。しかし，同一種の海藻を比較的に広範囲（汀線から数百m〜数km）で確認することができるため，海藻を指標としての面的な調査がおこないやすい。

　また，アオサやアオノリ (*Enteromorpha*) などの緑藻類が広塩性 (euryhaline：幅広い塩分の海水に生息できる) である点[80]は，水質と海藻種の

関係で着目されるべき点であろう。とくにアオノリは栄養塩が十分に供給されている条件では低塩分で高い成長量を見せるので，これらの緑藻類の出現と現存量自体が，陸起源窒素負荷の指標となるともいえる。

2-2. 形態的特徴

海藻は葉状体や株全体の形状などのさまざまな形態的特長で分類ができ (functional group)，形状に応じて藻体が記録している環境情報や，化学分析をおこなうための前処理方法に違いがある。まず，藻体の形状に着目した分け方として，アオサやコンブなどのように柔らかく平たい藻体をもつ葉状体藻類 (foliose, frondose algae)，シオグサ (*Cladophora*) のように繊維状の藻体をもつ糸状藻類 (filamentous algae)，サボテングサのように石灰質成分を含む石灰藻類 (calcareous algae)，サンゴモ科 (Corallinaceae) に見られるような岩盤上に硬くへばりつくように生息する殻状藻類 (crustose algae) が見られる。また，藻体の皮質の特徴として，一部のイバラノリ (*Hypnea*) のように硬い皮質 (corticated foliose) をもつものや，コンブやヒバマタのように弾力性のなめらかな皮質 (leathery foliose) をもつものある。皮質の特徴は栄養塩の取込速度と関連しているともいわれており，海藻の窒素成分を扱う上では重要な形態的特徴である。

次に，株全体の形状に着目したものとして，イバラノリやトゲノリ (*Acanthophora*) のように直立した株 (upright thalli) をもち枝葉を広げたもの (open branches)，アミジグサ (*Dictyota*) のように絡み合って密なマットを形成するもの (mat-like algae)，サボテングサのように地下部に根状の組織をもっているもの (rhizophytic thalli) 等に大別される。直立した枝状の海藻は水柱の栄養塩環境を反映しやすいが，地下部をもった海藻は堆積物と水柱の両方の影響を受けるために，陸域に近い地点では陸起源の影響が相乗される可能性がある[81]。また，マット状の海藻は一定以上の強さの流れがないとマット内部に浸透する海水が少ないため海水の影響は反映しにくく，逆に，堆積物や藻体自身からの栄養塩フラックスをマット内に保つ働きももつ[82]。したがって，海藻のもつ化学成分は形態の違いにもとづく栄養塩供給過程の違いを反映しており，目的にあった海藻を対象種として選択する必要がある。

最後に，アオサやウミウチワ (*Padina*) のように比較的に分化の少ない藻類と，ホンダワラのように葉や気胞，枝部などの機能的分化が進んだものがあり，藻体における細胞分裂のさかんな組織 (meristem) の配置も海藻種によって大きく異なっている。また，海藻種の成長速度の違いや生育期間も藻類種によって大きく異なる。これらの違いによって生じると考えられる安定同位体比の違いについては，海藻の化学成分を環境指標として利用する際の諸刃の剣になりうるので，今後の研究の進行が注目される (p.275 以下)。

2-3. 窒素の取込

海水中には，非生物の窒素形態として，窒素分子の他に，アンモニウムイオン (NH_4^+) や硝酸イオン (NO_3^-) といった溶存無機態窒素，尿素やアミノ酸などに代表される溶存有機態窒素，さらに，粒子状の懸濁態有機物としての窒素が存在している。懸濁態有機物以外の窒素はいずれかの海藻類によって利用されているが，沿岸域の海水中に存在量の多い NH_4^+ と NO_3^- が大型藻類の主な窒素源である。ただし，植物プランクトンと同様に，一般には NH_4^+ 濃度が一定以上になると硝酸還元酵素活性が抑制され，少ないエネルギーで同化できる NH_4^+ を窒素源として利用する[83,84]。逆に地下水などを通して NO_3^- が多く供給される場所 (口絵 5) では，海草や海藻表面の付着藻類における硝酸還元活性が高まっていることが報告されている[85,86]。また大型の海藻類の場合，窒素固定 (窒素分子をアンモニアにして同化する反応) をおこなわないが，藻体表面に付着している窒素固定をおこなうシアノバクテリアの分解で生じる無機態窒素は境界層内に存在し利用しやすいため，藻体の $\delta^{15}N$ 値は窒素固定由来の窒素の影響を受けることになる[87,88]。無機態窒素の同化速度はある一定濃度までは基質濃度に従って増加するが，成長量の異なる海藻種によって窒素取込量は 10 倍以上も異なる[89,90]。さらに，栄養塩が枯渇した条件におかれた後では，栄養塩取込能力が顕著に高まることもよく知られている[83]。したがって，形態的特徴だけでなく個々の海藻種の生理特性の把握も大型藻類の化学成分を環境指標とするうえで重要である (後述)。

3. 藻類の採取と前処理

　海藻の採取にあたっては，表面に付着物が少なく，かつ，傷や破れの少ない藻体を選び，ビニル袋に小分けにして，氷や保冷剤を入れたクーラーボックスを利用して実験室に持ち帰るのが望ましい。近年の分析機器の性能の向上に伴い，通常の元素分析計／質量分析計（EA/IRMS）を用いた窒素安定同位体比分析の場合，1回の測定につき窒素量にして数十μgの試料でも信頼できる値を得ることができるようになってきている。しかしながら，①部位間でバラツキのある藻体から平均した値を得ること，②粉砕時のロス，③複数回分析用の試料の確保等を考慮し，藻体の湿重量で1g程度あると余裕をもった分析ができる（海藻の含水量や窒素含量にもよる）。

　実験室では，栄養塩濃度の低い濾過海水中にて，表面についている微細藻類，甲殻類や有孔虫などの微小動物や卵などを丁寧に取り除く。微細藻類の混入は成分に大きな影響を与えない場合が多いが，動物や粘液等の排泄物の混入は成分に大きな影響を与える。濾過海水で軽くすすぎ，最後にイオン交換水等の栄養塩フリーの純水を用いて，藻体表面についた重炭酸イオンや海水のミネラル成分を洗い落とす。その後，余分な水分を落とし，事前に400〜500℃での加熱処理で有機物成分を取り除いたアルミホイルにて包む。遠隔地のフィールドなどで乾燥機の使用までに時間がかかる場合には，冷凍にて保存する。

　試料は真空凍結乾燥機，もしくは温熱乾燥機（50〜60℃に調整）を用いて乾燥させる。アンモニアや揮発性の低分子有機物などを体内に多く蓄えている可能性のある場合，前者を用いるのが望ましい。いずれの場合も，藻体が湿気を帯びていると粉砕しにくくなるため，とくに湿度の高い雨季には乾燥機から出した試料を速やかに処理する。石灰藻類を含め粉砕しにくい藻類を用いる場合，液体窒素を用いて藻体を凍らせると粉砕しやすくなるといわれている。

　一般に，海藻の炭素安定同位体比（$\delta^{13}C$）の測定時には，高い$\delta^{13}C$をもつ無機炭素を取り除くための酸処理が必要である。とくに，炭酸カルシウムは元素分析計での有機物の燃焼を阻害し，$\delta^{15}N$の分析値にも影響を与えるこ

とが多いため，石灰藻類などでは必要に応じて粉砕前の石灰質部分の除去と，分析前の酸処理をおこなう．しかしながら，酸の添加に伴って，①揮発性の窒素成分が消失する可能性，②大気中のアンモニアの混入，③酸として塩酸（HCl）を用いた場合に生じる吸湿性の塩化カルシウム（$CaCl_2$）による吸湿など，$δ^{15}N$ の値を変動させる要素が大きいため，試料の種類や研究目的を考慮し，酸処理の必要性の有無を十分検討することが望ましい．

4. 海藻の窒素成分を用いた窒素負荷の評価

4-1. 藻類の窒素含量

一般に海藻の生育環境が窒素律速*でない場合，供給された窒素は藻体内に貯蔵されて蓄積していくため，海藻の窒素含量は水柱の栄養塩環境の指標として広く用いられている[91〜93]．しかしながら，短期間のパルス的な栄養塩流入に対する海藻による急速な取込によっても増加する窒素含量[91,94]は，かならずしも平均的な栄養塩環境を示すものではなく，また，窒素含量の多少自体からは，窒素の起源を特定することも直接的にはできない．また，一方で海藻の種類によっても値が大きく左右されるという欠点がある．たとえば，石垣島のサンゴ礁の 5m×5m の区画から採取されたアミジグサ科のウスバウミウチワ（*Padina australis*）とウスユキウチワ（*Padina minor*）は，窒素安定同位体比は 1.2±0.1‰ と 1.1±0.2‰ でほぼ同じ値であったにもかかわらず，窒素含量は 1.9±0.1% と 0.8±0.2% と大きく異なった（梅澤，未発表）．そこで，窒素含量とともに，窒素安定同位体比を用いることが，人為排水由来の窒素の生態系内の窒素循環への影響を読み取るのに不可欠である．

4-2. 藻類の窒素安定同位体比（$δ^{15}N$）

河川や地下水等の陸水や降雨を通して海域に流入する無機態窒素の $δ^{15}N$ は，多くの場合 −10〜＋20‰ の幅をもってばらついているが，その起源によって有意に異なる値をもっている（3章1，2節参照）．そのため，1970年

---

*窒素が不足して成長が抑えられ，窒素を添加すると有意な成長量の増加を見せる状態．

代後半より，これらの無機態窒素の窒素起源を推定する試みがおこなわれてきた[95~97]。大型藻類の $\delta^{15}N$ の分析も系内の食物連鎖の解析のための一次生産者の値としてしばしば分析されてきていたが[98,99]，1990年代後半になって，生態系への陸域由来の窒素負荷の指標としての評価が高まり多く利用されるようになってきた。

1) 現場に生育する海藻の $\delta^{15}N$ が明らかにするもの

McClelland[100] らは，各窒素源の寄与率や全窒素負荷量が異なる複数の集水域が集まるマサチューセッツ州のウェイカイット湾(Waquoit Bay)[101] において，海草藻類の $\delta^{15}N$ 変動が，大気由来窒素や肥料由来窒素の寄与の大きさや全窒素負荷量よりむしろ，高い $\delta^{15}N$ 値をもつ人為排水由来の窒素の負荷量ときれいな相関をもっていることを見出した(図3-4-1)。つまり，海藻の $\delta^{15}N$ 値は窒素源を反映するもので，人為排水由来の窒素の寄与率と全窒素負荷量が相関している場合のみ，全窒素負荷量の大きさも示すといえる。陸水中の溶存態無機窒素(DIN)のもつ $\delta^{15}N$ 値は，途中のさまざまなプロセス(脱窒，硝化，取込等)に伴う同位体分別を受けて値が変わるはずであるので，比較対象地域間でこれらの影響が大きく異なる可能性がある場合には考慮していく必要はあるだろう(3章2, 3節参照)。

海藻の $\delta^{15}N$ 値から人為排水由来窒素の影響を検出できるというこの成果を利用し，Umezawa[37] らは，サンゴ礁生態系で一次生産者が利用する窒素源として陸起源窒素に依存している様子を空間的に明らかにすることを試みている。沖縄県石垣島の窒素負荷量が異なる集水域に隣接した複数のサンゴ礁において，広く分布しているウミウチワ類(口絵4)を汀線から沖側に伸ばした複数の測線上にて採取し窒素成分の分析をおこなった。その結果，どの海域でも地下水・河川水由来の陸起源の窒素($\delta^{15}N$ = +5.2～+7.8‰)の寄与率の高い汀線付近では，藻体中の高い $\delta^{15}N$ を確認できる(図3-4-2)。しかし，岸から離れるにつれて，低い $\delta^{15}N$ を生じる窒素固定等に由来する窒素の寄与率が高まるためか， $\delta^{15}N$ が低下する様子が描かれた。さらに，その低下勾配は，陸域からの窒素負荷量のみならず，流入形態(河川水・地下水)と海域地形で決まる海水交換での希釈効果，海水流動方向などの複合的要因によって支配されていることが示唆されている。サンゴ礁内では数mから数

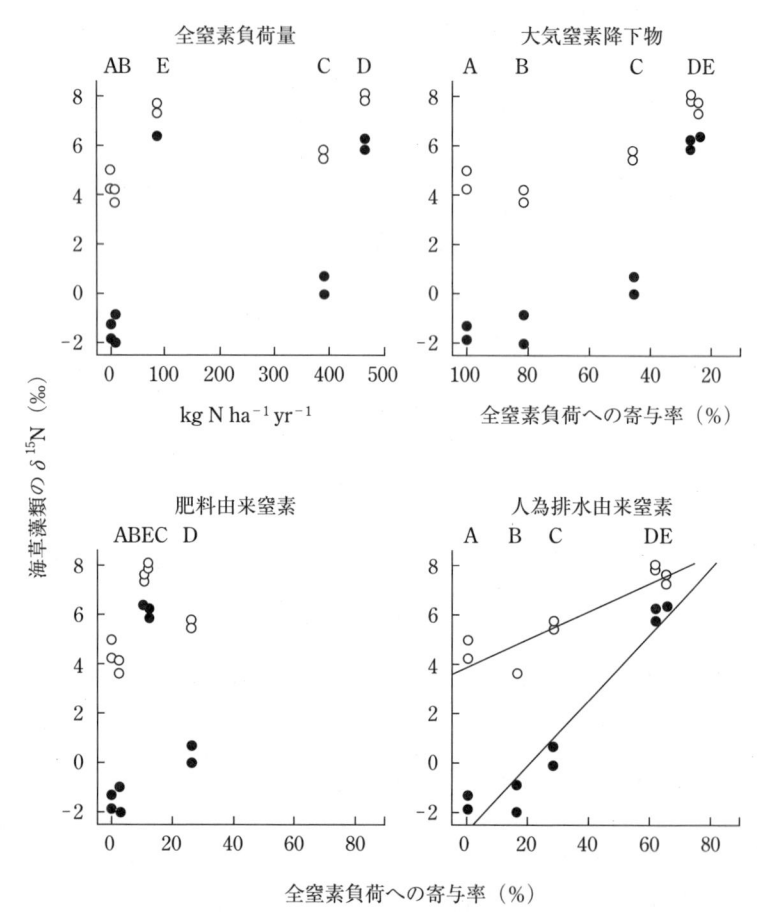

図 3-4-1 ウェイカイット湾に面した,窒素起源や負荷量の異なる集水域（A, B, C, D, E）において,海藻の $\delta^{15}N$ 値と,それぞれの要素（窒素負荷量,大気由来窒素の寄与率,肥料由来窒素の寄与率,人為排水由来窒素の寄与率）の関係性[100]。人為排水由来窒素の寄与率と良い相関を見せる。

十mのスケールで海草藻類や各サンゴ群集が帯状構造をもっているが,海藻の $\delta^{15}N$ の詳細な面的分布を描くことは,海藻の繁茂やサンゴ群集の劣化と陸起源窒素流入の因果関係を明らかにするための有効な手がかりを与えてくれるものである。

このようにして求めた海藻の $\delta^{15}N$ を利用し,汚染源に一番近い箇所に生

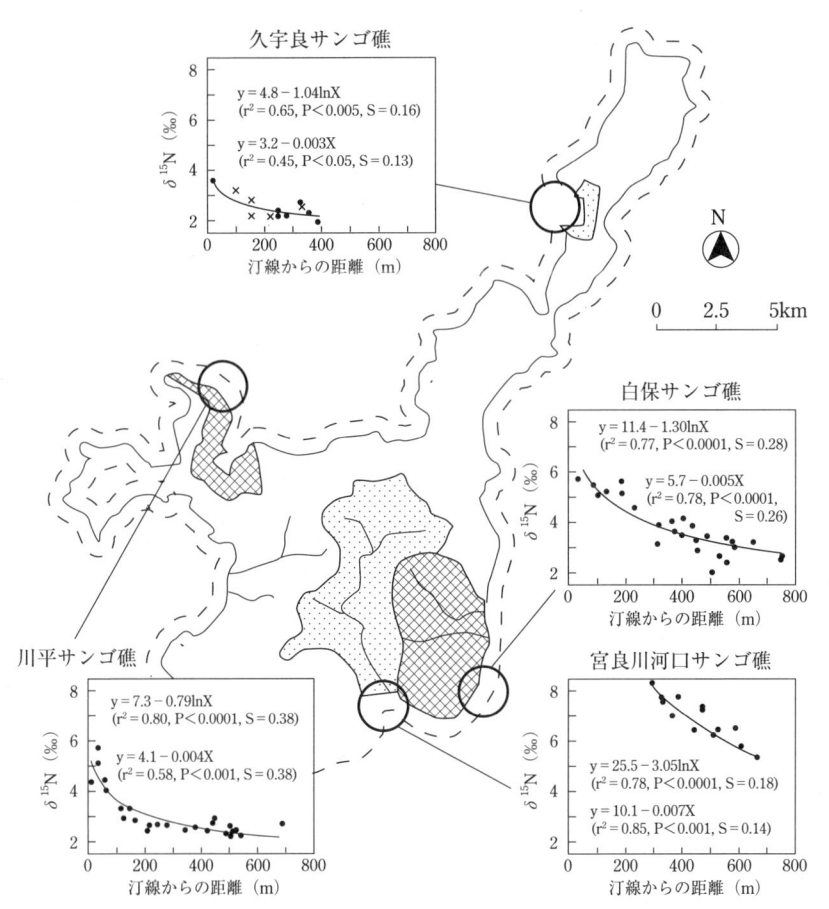

図 3-4-2 沖縄県石垣島の異なるサンゴ礁に生息するウミウチワ（*Padina* spp.）の $\delta^{15}N$ 値と海岸線からの距離の関係[37]。同じ地下水流出でも，負荷量が大きく海域での滞留時間が長い白保サンゴ礁（口絵 5）では，川平サンゴ礁に比べて $\delta^{15}N$ 値の減衰が緩やかで遠くまで人為排水由来の窒素が利用されている。負荷量が大きく河川の移流により運ばれる宮良川河口サンゴ礁では遠くまで影響域が広がる。

息する海藻の高い $\delta^{15}N$ と，汚染源から遠く離れたバックグラウンドの $\delta^{15}N$ をエンドメンバーとした 2 点の混合モデル（p. 77）によって，人為排水由来の窒素の窒素源としての寄与率を求めることができる[102]。しかしながら，時空間的にバラツキがあるはずであるエンドメンバーの不確かさに加え，指標として用いた海藻種がその生態系の一次生産者の生産量を代表するものでな

い場合が多く，また，一次生産者間の栄養塩の取込形式もまったく異なる。したがって，求められた寄与率は生態系の一次生産者への一般的な寄与率ではなく，あくまでも，用いた海藻種を軸にしての寄与率であることに注意が必要である。

　さらに，Savageら[102]は，多年生藻類であるヒバマタ（*Fucus vesiculosus*）の藻体内の$δ^{15}N$変動に着目し，叉状分枝の位置と年間の平均的な成長量などから，海藻の部位別の生育年代を類推し，年代別の試料に供した（図3-4-3）。その結果，各年代に合成されたと考えられる部位の$δ^{15}N$値の違いから，河川上流域での下水処理場の建設に伴って，下水排水由来のNの寄与率が大幅に減少していることをきれいに示すことができている。取込時のDIN濃度の違いに伴う同位体分別や，同化後の藻体内での転流がないことが確認されれば（p. 277～278），海藻藻体内の$δ^{15}N$値の変動の利用法として興味深い。

　一方で，海藻の$δ^{15}N$によって検出される窒素源のシグナルは人為排水由来の窒素だけには限らない。Leichterら[103]は，サンゴ礁地域である米国のフロリダ諸島（Florida Keys）の10～35mの深度において採取した緑藻類，*Codium isthmocladum*（ミルの一種）の$δ^{15}N$が，深度が増すにつれて2.5‰から5.0‰近くまで段階的に上昇することを示した。水中の栄養塩レベルが低いこの海域では，栄養塩に富んだ冷たい深層水が，潮汐に伴う湧昇流によって間欠的に浅海域へ貫入することが確認されている。海藻の$δ^{15}N$の変動が，それぞれの生息場所が低水温に晒された積算時間とよく相関している（図3-4-4）ことから，深層水中の栄養塩が浅海域の大型藻類の現存量維持に大きな役割を果たしていることが明らかになった。一般に海洋の底層水には10μMを越えるNO_3^-が含まれている。このNO_3^-の$δ^{15}N$は通常4～6‰であるが，脱窒がさかんに起こる海域では同位体分別を受けて10‰を越えることもある。これは人為排水由来の窒素と同等の値である。前述の石垣島白保サンゴ礁においても，近辺を台風が多く通過して底層水が表層まで多く供給されたと考えられる年には，沖側に生息する海藻に高い$δ^{15}N$値が観測されている[104]。同様に，オーストラリアのグレートバリアリーフ（GBR）のハマサンゴ群集の$δ^{15}N$値分布も，岸からの距離に応じた窒素源の変化を反映

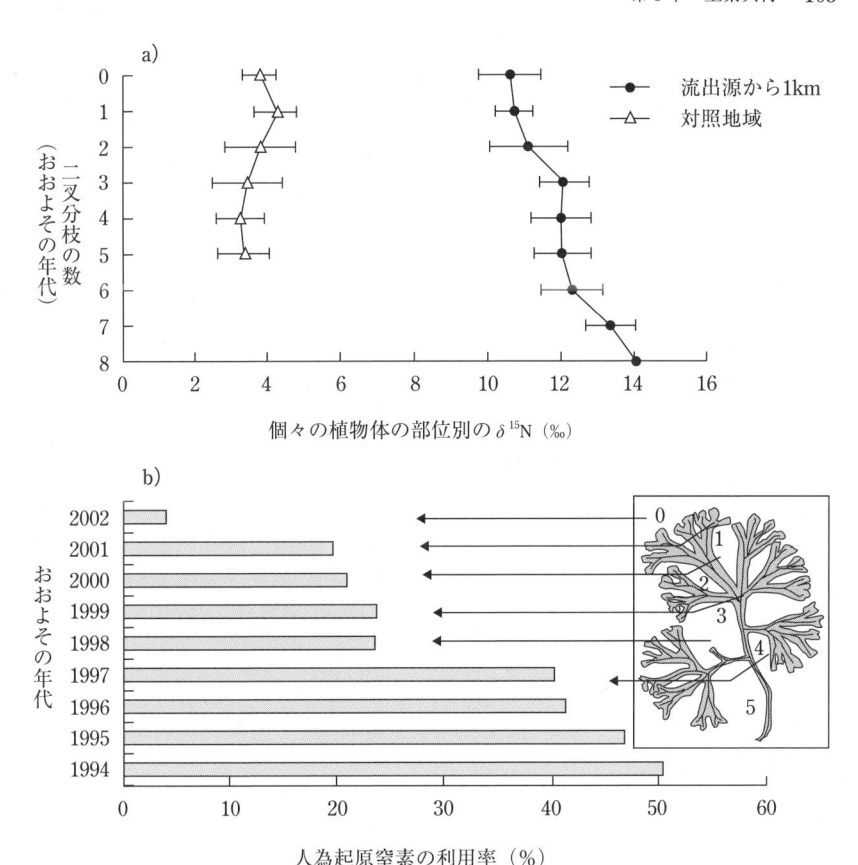

図 3-4-3　多年生藻類であるヒバマタの部位別の $\delta^{15}N$ 値（●排水口から 1km 地点，△汚染の影響のない地点）と，$\delta^{15}N$ 値の混合モデル復元した，人為排水起源窒素の N源としての利用率の過去 9 年間の変動[102]。

した放物線をきれいに描いている[105]（図 3-4-5）。しかしながら，サンゴ礁とは異なり，陸域と外洋の間に海水交換がされにくい浅場の緩衝地帯がない地域では，海藻の $\delta^{15}N$ 値からだけでは人為排水と底層湧昇流の起源を区別できないこともあり，水塊構造を合わせて把握する必要が生じるであろう。

2) 海藻の $\delta^{15}N$ を用いた詳細な応用研究へ

海藻の $\delta^{15}N$ 値を用いた研究としては，単純に，海藻の高い $\delta^{15}N$ 値から人為排水起源の窒素の関与を示唆するにとどめている報告が多い。しかし季

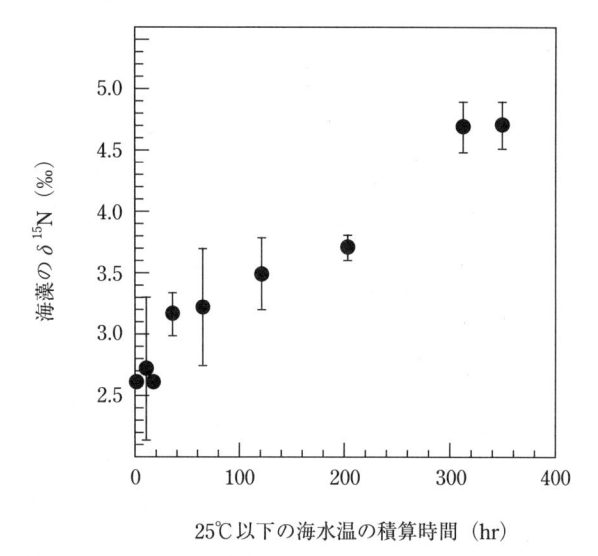

図 3-4-4 フロリダ諸島沖の 5〜35 m の深度に生育する Codium の $\delta^{15}N$ 値と，採取日から遡った 36 日間にその生育場が，低温の底層湧昇流にさらされて水温が 25℃以下になった積算時間数との関係[103]。間欠的に湧昇する底層水中に含まれる高い $\delta^{15}N$ を持つ NO_3^- を窒素源として利用していることが，$\delta^{15}N$ 値から推測される。

節変化や年次変化を面的にとらえるなどデータセットが充実した研究例が増えるにつれて，海域システム内において生物に利用できる窒素の循環をコントロールするメカニズムについても示唆されるようになってきている。海域に流入した陸起源窒素でも，海水表面をすべるように流れるプリューム (plume) として運ばれたり[106]，海水流動によって速やかに外洋へと運ばれる[37,107]ため，海底に生育する一次生産者に利用されにくいことは，フラックス計算によるボックスモデルでは把握できなかった点である。また，窒素に富んだ表層土壌やため池などが大雨に伴う表層水流出によって海域に流出した場合，瞬間的な栄養塩供給に対して取込能力を示す大型藻類にとっては，重要な N 源として利用できるとも示唆されている[108]。また，NH_4^+ の存在下では NO_3^- の取込が阻害されるが（前述），NH_4^+ と NO_3^- のそれぞれの $\delta^{15}N$ 値と濃度変動とともに分析することで，流入した陸起源窒素が実際にどのよう

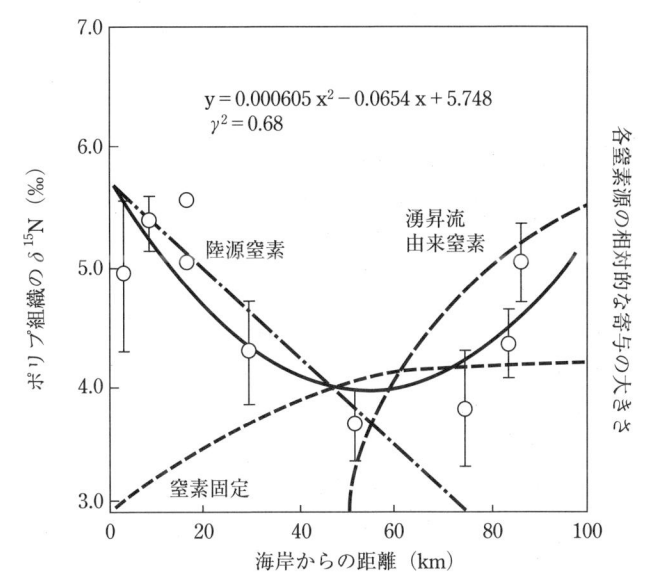

図 3-4-5　グレートバリアリーフにおけるハマサンゴ *Porites lobata* の組織の $\delta^{15}N$ と陸からの距離の関係（実線）[105]。高い $\delta^{15}N$ を持つ人為排水由来の窒素と底層湧昇水中に含まれる窒素の寄与が，陸側と沖側でそれぞれ高く，礁池内の中央部分で，両者の影響が最小になるエリアでは，低い $\delta^{15}N$ に帰着される窒素固定由来の窒素の寄与率が高まる。その結果，海藻の $\delta^{15}N$ と陸域からの距離の関係は放物線を描く。

グラフ中の式: $y = 0.000605 x^2 - 0.0654 x + 5.748$, $\gamma^2 = 0.68$

縦軸（左）: ポリプ組織の $\delta^{15}N$ (‰)
縦軸（右）: 各窒素源の相対的な寄与の大きさ
横軸: 海岸からの距離 (km)
凡例: 陸源窒素，湧昇流由来窒素，窒素固定

に生態系で利用されているかわかるであろう。陸起源窒素の生物利用性については，受け手である一次生産者の生理特性に左右される点も多いため，野外での藻類の $\delta^{15}N$ 値の正確な評価をおこなうためには，指標対象とする海藻種の $\delta^{15}N$ 値が生育環境に応じてどのように応答するか培養実験で確認することも場合によっては必要である[109, 110]。

一方で，海藻の $\delta^{15}N$ 値を利用するうえでの問題点として，①岩礁帯や礫帯でないと海藻が生育していないこと，②地点によって海藻の年齢や健全度が異なること，③海水中で似た種類の海藻群落の中から特定種の海藻を選び出すことは熟練者にとってもむずかしいこと，があり，地点間や季節間で自由自在に比較することができないことがあげられる。この問題に対処すべく，Costanzo[111] らはオーストラリア東海岸のモートン湾（Moreton Bay）のブ

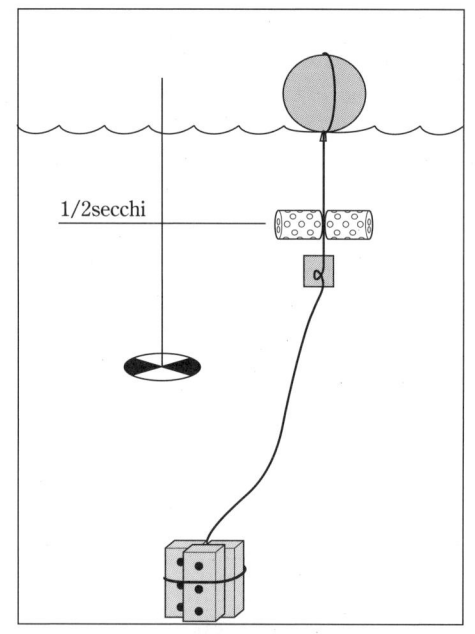

図 3-4-6 水質環境のプローブとしての海藻を入れる，透明の穴あき容器・重り・ブイで構成された装置[111]。海藻の持つ同位体比は同じ起源を持つ窒素を利用していてもその成長量に応じて異なることがあるため（p. 275 〜 278），透明度板（Secchi disk）を用いて同一光量の深度（透明度の半分）に設置し成長量を調整している。文献 111 より許可を得て掲載．

リスベーン川（Brisbane R.）河口域において，栄養塩負荷量が低い地点で採取した低い $\delta^{15}N$ 値をもつ *Catenella nipae* という紅藻を，穴を開けた透明容器に収め（図3-4-6），対象海域をメッシュ状に区切って規則的に配置した．4日後に回収してその $\delta^{15}N$ 値を分析して変化量の大きさを比較することで，河川水に含まれる高い $\delta^{15}N$ 値をもった人為排水由来の窒素が一次生産者に取り込まれていく様子を空間的に把握することに成功した．この手法は，同等の品質をもつ海藻を時空間的制約なく用いることができるため，得られた値を起源窒素の違いのみに帰着させることができる．装置の設置や回収の手間は，特定地点に生育している海藻を探す手間に比べると小さいであろう．

Costanzoら[112]は，この手法を用いて対象海域での一次生産者の窒素源の経年変化を比較し，河川流域での下水処理施設の建設が沿岸域の窒素循環に与えた影響を考察している。

この方法をおこなう上で配慮する点としては，対象としたい調査期間に合わせて用いる海藻を選ぶ必要がある。1週間程度の調査期間で有意な変化量を出すためには，比較的柔らかい藻体をもち，間欠的な栄養塩流入に対しても取込能力のある成長の速い藻類 (fast-growing algae や opportunistic algae)[83,88]を用いることが望ましく，大きな藻体をもつものや取込速度の遅いもの (たとえばカジメ：*Ecklonia*) などは向かないようである[106]。

●環境調査と研究者倫理

環境モニタリングの「プローブ」として各種の生物を利用することを検討する際には，その水域に自生する生物群集や生態系に対する影響を十分に考慮しなくてはならない。現地あるいは国際的な法を調べ，それに従うことは当然であるが，慣習や文化に対する配慮，あるいは，環境倫理面での検討も必要である。例えば，ポリネシアの島々では，「なわばり」である海域に立ち入るために隣接した部落の長から許可を厳格に必要とされることがある。また，国内でも，調査研究や教育実習などの目的であっても，保護水産物を採捕する場合は「特別採捕許可」の取得を義務づける地方自治体も多い。更に，本文最後で紹介した 人為的に設置した海藻によるモニタリング の場合，現地に生息する (あるいは隣接する海域に生息する) 海藻種を用い，海藻の自然な地理的分布を乱さないように配慮すべきである。沿岸の生態系保全については，旧統治領を含め欧米諸国の海域では，コミュニティでの監視体制がとられていることが多いが，アジア諸国では，住民あるいは行政による対応の整備の遅れが目立つ。後者のような場合には，なお一層，研究者の倫理観が問われることになる。

第4章

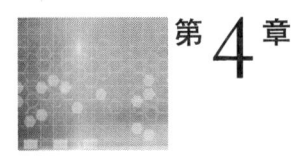

有機物負荷

1 化学風化と河川内炭素循環プロセス
── 溶存無機炭素安定同位体比の利用 ──

1. 河川水中の溶存無機炭素とその起源

　水中に溶存する無機炭素 (dissolved inorganic carbon：DIC) は溶存二酸化炭素 (CO_2 (aq))，炭酸 (H_2CO_3)，炭酸水素イオン (HCO_3^-)，炭酸イオン (CO_3^{2-}) の 4 種類の化学種から成るが，通常は CO_2 (aq) と H_2CO_3 をまとめて $H_2CO_3^*$ のような記号で表す*。解離平衡は以下の式に従い，与えられた水温と塩分のもとでは 3 成分の濃度比は水中の水素イオン濃度 (pH) と一意的に対応している[1]。

$$H_2CO_3^* \rightleftarrows H^+ + HCO_3^- ; pK_1 = 6.3 \text{ at } 25°C \tag{1}$$
$$HCO_3^- \rightleftarrows H^+ + CO_3^{2-} ; pK_2 = 10.3 \text{ at } 25°C \tag{2}$$

　DIC のことを溶存全炭酸ともよび，ΣCO_2 と表すこともある。河川水では DIC の濃度は多くの場合 100 〜 5000 μM の範囲に入るが，環境によっては 10 μM 以下の場合から 100,000 μM を越える例まで幅広い変域がある。ちなみに表層海水では 2000 μM 程度でほぼ一定している。海水やほとんどの

＊ $H_2CO_3^*$ は $CO_2(aq)^*$ と記されることもある。

淡水ではこれらの炭酸系化学種の間の平衡が水の pH の変動に対する主要な緩衝効果をもたらしている。pH が 7.0 前後の河川水の場合，DIC の大半は HCO_3^- で，数%が $H_2CO_3^*$ であり，CO_3^{2-} はごく微量である。このため，酸に対する河川水の緩衝能を表すアルカリ度 (alkalinity) をもって近似的に HCO_3^- の濃度と見なすこともよくおこなわれる。

水中の DIC と気相中の $CO_2(g)$ が同位体交換平衡にある場合，溶存する $H_2CO_3^*$，HCO_3^-，CO_3^{2-} と気相の $CO_2(g)$ との間で炭素安定同位体比 ($\delta^{13}C$) は相互に異なっており，その差 ε は Zhang ら[2]の研究によれば次の近似式で表される (単位は‰)。

$$\varepsilon(H_2CO_3^* - CO_2(g)) = -1.31 + 0.0049 \cdot t \qquad (3)$$
$$\varepsilon(HCO_3^- - CO_2(g)) = 10.78 - 0.141 \cdot t \qquad (4)$$
$$\varepsilon(CO_3^{2-} - CO_2(g)) = 7.22 - 0.052 \cdot t \qquad (5)$$

t は摂氏温度 (°C) で，5〜25°C の範囲での実験結果から係数が算出されている。式 (3) によれば液相中の $H_2CO_3^*$ は気相中の CO_2 よりも $\delta^{13}C$ が約 1‰ 低い。とくに，液相中の成分どうしでは，同位体交換平衡下では HCO_3^- は $H_2CO_3^*$ よりも 9〜12‰ 程度 $\delta^{13}C$ が高いという事実は重要である。また $\delta^{13}C$ の差は温度が低いほど大きくなる。水溶液中における HCO_3^- と $H_2CO_3^*$ との間の同位体交換は数分以内に平衡に達する速い反応である[3]。DIC 全体としての $\delta^{13}C$ (以下 $\delta^{13}C_{DIC}$ と表す) は，ほぼ両者の加重平均値となる。なお硬水河川や海水のように Mg^{2+} や Ca^{2+} の濃度が高い水溶液中では，CO_3^{2-} の大部分が錯体として存在するため[1]，見かけ上の $\varepsilon(CO_3^{2-} - CO_2(g))$ は式 (5) で与えられる値より 2〜3‰ 大きくなるとされている[2]。

河川水中の DIC の第一の主要な供給源は化学風化である。化学風化は塩基性成分を含む岩石 (火成岩や堆積岩に含まれる珪酸塩鉱物と炭酸塩鉱物) と酸性物質 (大気中 CO_2，呼吸由来 CO_2，土壌中の有機酸，酸性降下物に含まれる硫酸と硝酸，硫化物鉱物の微生物酸化に由来する硫酸など) を溶かし込んだ水溶液との酸塩基反応であり，各種陽イオン (Ca^{2+}，Mg^{2+}，Na^+，K^+ など)，溶存態ケイ酸 (DSi)，HCO_3^-，および安定な二次鉱物 (粘土鉱物，水酸化アルミニウム，水和酸化鉄など) を生成する[4]。一例として曹長石が CO_2 による風化を

受けて，二次鉱物としてカオリナイトが生成する場合の反応式を示すと：

$$2\,NaAlSi_3O_8 + 2\,CO_2 + 11\,H_2O \rightarrow$$
$$Al_2Si_2O_5(OH)_4 + 2\,Na^+ + 4\,Si(OH)_4 + 2\,HCO_3^- \quad (6)$$

風化の際に生成する HCO_3^- の量と起源は反応物質の種類により異なる。すなわち①珪酸塩鉱物と CO_2 が反応する場合は，反応物の CO_2 が HCO_3^- の起源であり，②炭酸塩鉱物が CO_2 と反応する場合は，生成する HCO_3^- の半分ずつがそれぞれ炭酸塩鉱物と CO_2 とに由来している。また③珪酸塩鉱物が CO_2 以外の酸性物質と反応する場合は HCO_3^- は生成せず，④炭酸塩鉱物が CO_2 以外の酸性物質と反応する場合は，生成する HCO_3^- の起源は炭酸塩鉱物である。

化学風化によって生成する HCO_3^- の $\delta^{13}C$ はその起源によって異なる。堆積岩に含まれる海洋生物由来の炭酸塩鉱物の $\delta^{13}C$ は通常，海水の DIC（0～2‰）に近い値となる。したがって上記の④のプロセスで生成した HCO_3^- の $\delta^{13}C$ はやはり 0～2‰ 程度になるはずである。CO_2 の $\delta^{13}C$ はその CO_2 が純粋に大気由来である場合は -8～-7‰ であるが，土壌呼吸によって生成した CO_2 である場合はその $\delta^{13}C$ は呼吸基質である有機物の $\delta^{13}C$（通常 -30～-25‰ 程度）に近い，低い値となる。実際に化学風化が進行している土壌深部の環境では，呼吸に由来する CO_2 の寄与が大きく，CO_2 の $\delta^{13}C$ は -20‰ 以下になっていることが多い。仮に CO_2 の $\delta^{13}C$ が -20‰ であるとすると，①のプロセスによって生成する HCO_3^- の $\delta^{13}C$ も -20‰ 程度になり，②のプロセスによって生成する HCO_3^- の場合は CO_2 と炭酸塩との平均値となるので -10‰ 程度になるはずである。しかし $\delta^{13}C = -8$‰ の大気中 CO_2 が風化を起こしているならば，①による HCO_3^- の $\delta^{13}C$ は -8‰，②による HCO_3^- の $\delta^{13}C$ は -4‰ 前後になると期待される（図4-1-1）。

ここで注意すべき点として，第一に土壌中の有機酸（シュウ酸 $H_2C_2O_4$ など）が化学風化に寄与している場合がある。有機酸のうちのあるものは CO_2 よりも溶解力が強く，CO_2 によっては風化されない鉱物でも溶解できる場合があることが知られている。反応後の有機酸はやがて分解されて DIC のプールに加わることになるため，正味の反応としては有機酸がまず好気的に分

$\delta^{13}C$ (‰)

```
-35        -25         -15         -5         +5
```

土壌有機物

土壌CO_2

大気CO_2

炭酸塩鉱物

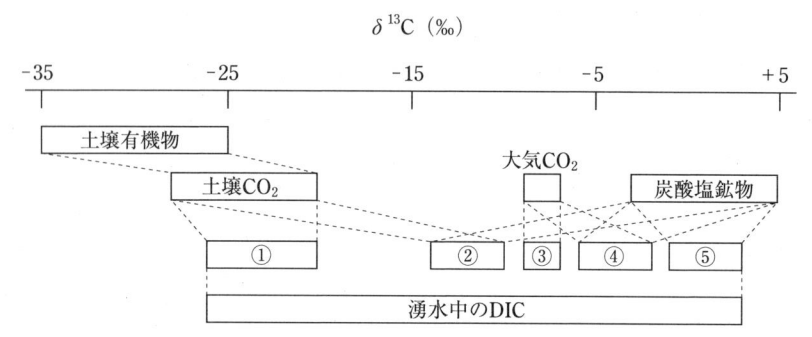

① ② ③ ④ ⑤

湧水中のDIC

図4-1-1 化学風化のメカニズムとそれにより生成するHCO_3^-の$\delta^{13}C$との関係の概念図.土壌空気中のCO_2により①珪酸塩鉱物または②炭酸塩鉱物が風化される場合,大気中のCO_2により③珪酸塩鉱物または④炭酸塩鉱物が風化される場合,および⑤CO_2以外の酸性物質により炭酸塩鉱物が風化される場合に予想される$\delta^{13}C_{DIC}$の範囲を示した(詳しくは本文を参照).

解されてCO_2($\delta^{13}C \approx -25$‰)となってから,このCO_2の一部が化学風化に使われたのと同じことになる.この際のHCO_3^-と$H_2CO_3^*$との生成比は有機酸の種類によって異なる.第二に,海底堆積物での嫌気的メタン酸化に由来する炭酸塩鉱物が化学風化に関与する場合がある.このような炭酸塩鉱物は$\delta^{13}C$が-60‰前後と低いため,その風化に由来するHCO_3^-も$\delta^{13}C$が著しく低くなると期待される.このような炭酸塩鉱物は世界的にはまれであるが,国内では付加体堆積岩を含む地質中でしばしば見られるという.しかし実際の河川において$\delta^{13}C$が極端に低くなっているDICが観測された例は現在のところないようである.

化学風化以外のDICの起源としては,大気降下物(3章1節参照)に含まれる海塩由来のHCO_3^-や黄砂に代表される風送塵に含まれる炭酸塩($CaCO_3$が主成分)があげられるが,その寄与は通常はごく小さい.これらの$\delta^{13}C$はいずれも0‰程度と予想される.海塩が再溶解する場合は同位体比は変わらないが,炭酸塩が溶解してDICが生成する場合には上に述べたのと同様のメカニズムで$\delta^{13}C_{DIC}$が決まることになる.

河川水中のHCO_3^-の濃度は,化学風化や大気沈着物等を通して供給される主要陽イオン(Ca^{2+}, Na^+, Mg^{2+}, K^+)と主要陰イオン(Cl^-, SO_4^{2-}, HCO_3^-)とのイオンバランスによって規定されるが,全体としては風化由来陽イオン

に相関した保存性の高い挙動を示す場合が多い。したがって未風化の火山岩などが豊富な集水域では河川水中の HCO_3^- 濃度は高く，堆積岩やすでに風化の進んだ岩盤から成る集水域では低くなる傾向がある。一方，$H_2CO_3^*$ の濃度は，大気との平衡化が進めば大気二酸化炭素分圧（pCO_2）と釣り合う溶解平衡に向かうはずであり，多くの河川水ではその平衡濃度は HCO_3^- の濃度よりも大幅に低い。このため河川水中の $\delta^{13}C_{DIC}$ は化学風化に由来する HCO_3^- の $\delta^{13}C$ の影響を色濃く反映すると考えられる。

しかし実際には，CO_2 分圧の高い土壌空気の影響を受けた湧水の供給や帯水層内での有機物分解による CO_2 の発生のため，とくに森林を集水域とする上流部における $H_2CO_3^*$ は大気平衡濃度より顕著に高まる傾向がある。$H_2CO_3^*$ の濃度が HCO_3^- よりも高くなっている場合は，そのような河川水の $\delta^{13}C_{DIC}$ は，化学風化による HCO_3^- の $\delta^{13}C$ よりも，むしろ呼吸由来 CO_2 の直接的な溶解によって生成した $H_2CO_3^*$ の $\delta^{13}C$ によって決定されていると解釈する方が妥当である。

2. 流下過程での同位体比の変動

河川水は流下に伴って一部が蒸発するが，HCO_3^- は全体としては保存的に輸送される。しかし微視的に見ると，河川水中の溶存 CO_2（$H_2CO_3^*$）は，大気中の CO_2 とのガス交換，および河川中の生物による光合成と呼吸を通して絶えず入れ替わっている（p. 134）。$H_2CO_3^*$ は DIC 全体のごく一部であるが，DIC の大半を占める HCO_3^- との同位体交換速度は速いため，これらのプロセスによって $H_2CO_3^*$ の $\delta^{13}C$ が変化すると，$\delta^{13}C_{DIC}$ にもその影響が次第に強く表れるようになる。

①過飽和な CO_2 の脱ガス

土壌空気中の高い CO_2 分圧を反映して，湧水中の $H_2CO_3^*$ は大気平衡に対して過飽和になっていることが多く，このような場合は湧出直後の流下過程において CO_2 の脱ガスが起こる。前述のように同位体交換平衡において $H_2CO_3^*$ の $\delta^{13}C$ は共存する HCO_3^- に比べて 8‰ 以上低いため，それが選択的

に脱ガスすることによって，残存するDICの$\delta^{13}C$は上昇することになる。実際，河川最上流部での$\delta^{13}C_{DIC}$の急激な上昇はしばしば観察される現象である。

② CO_2 の溶け込みに伴う速度論的同位体効果

河川内での光合成の活性化によりCO_2(aq)が消費され，河川水のpHが9.5以上に高まると，大気中のCO_2が急速に吸収されるようになる。この際，速度論的同位体効果のため，河川水に吸収されるCO_2の$\delta^{13}C$は著しく低くなるとされており，この結果，DIC全体としての$\delta^{13}C$も低下する[5]。しかし過栄養なダム湖の場合などを除くと，通常の河川ではpHが9以上に高まることはほとんどなく，この速度論的同位体効果の影響は小さいと考えられる。

③ 大気 CO_2 との同位体交換平衡

河川水と大気がCO_2交換に関して同位体交換平衡に近い状態にある場合は，河川水中の$H_2CO_3^*$の$\delta^{13}C$は，大気CO_2の$\delta^{13}C$（$-8 \sim -7$‰）より1‰程度低い値になる。さらに河川水中のHCO_3^-がこの値に対して同位体交換平衡に達すると，$\delta^{13}C$は0‰程度の値になる[2]。河川水のDICの大半はHCO_3^-なので，もし河川のDICが大気と完全な同位体交換平衡に達すれば，$\delta^{13}C_{DIC}$は0‰前後になるはずである。

④ 光合成による CO_2 の消費

光合成による炭酸同化は大きな同位体分別を伴うため，水中のDICが光合成によって消費されるにつれて，残存するDICの$\delta^{13}C$は上昇する。同位体分別の程度は植物の種類によって異なる。また水温，流速や植物の生理状態にも依存し，一般に低温で，流速が速く，植物の成長速度が遅い場合ほど見かけ上の同位体分別が大きくなる傾向がある（p.253以下）。

⑤ 呼吸による CO_2 の生成

呼吸によって生成するCO_2の$\delta^{13}C$は，呼吸する生物あるいはその餌となる有機物を構成する炭素のそれとほぼ同じで，通常は$-25 \sim -30$‰である。

前項で述べたように,化学風化によって一次的に生成するDICのδ^{13}Cは,(前述の海底堆積物のメタン酸化由来炭酸塩鉱物に由来する場合のみを例外として)もっとも低い場合でも土壌有機物のそれと等しい$-25‰$前後であると予想される。またすでに説明した流下過程での変動要因のうち,$\delta^{13}C_{DIC}$を下げる方向に作用するのは②のみであるが,これはごく限られた場合以外は無視して差し支えない。このため実際の河川では$\delta^{13}C_{DIC}$は$-25‰$よりもかなり高い値となっているのが普通である。したがって呼吸によるCO_2の付加は$\delta^{13}C_{DIC}$を下げる方向に作用する。

なお,河床堆積物や帯水層の無酸素領域において硝酸呼吸(脱窒:p. 200)や硫酸呼吸(異化的硫酸還元:p. 219)による有機分解が起こっている場合は,CO_2が生成されると同時にアルカリ度も上昇する。このため,無酸素領域で生成するCO_2の大半は実際にはHCO_3^-として河川水に負荷されていると考えられる。

⑥その他の河川内プロセス

富栄養な河川において河床底泥が無酸素化してCO_2を基質とするメタン生成(炭酸還元型メタン生成:p. 234)が起こる場合,大きな速度論的同位体分別が生じるため,残されるDICのδ^{13}Cは次第に高くなる。一方,すでに生成されて蓄積しているメタンがメタン酸化細菌によって酸化されてCO_2が生成する場合,メタンのδ^{13}Cは非常に低いため,DICのδ^{13}Cも次第に低下する。これらのプロセスは5章2,3節で解説されるが,河川のDIC全体に及ぼす影響は通常は小さく無視できる。また,DICやカルシウムの濃度が高い硬水河川の場合,まれに河川内で炭酸カルシウムの無機化学的沈殿が起こることがある。しかしこの沈殿反応に伴う速度論的同位体分別ε(HCO_3^- $-$ precipitates)は$-3\sim-1‰$程度と比較的小さいため[6],$\delta^{13}C_{DIC}$に対しては顕著な影響を及ぼさないようである。

3. 河川水中$\delta^{13}C_{DIC}$の測定方法

河川水中の$\delta^{13}C_{DIC}$を測定する方法は,大別して①DICを炭酸バリウムと

して沈殿させて測定する方法，②塩酸（またはリン酸）酸性にして CO_2 としていったん脱気させ，液体窒素トラップ等に捕集して測定する方法，③塩酸酸性で CO_2 とした後，気相溶解平衡の状態で気相部分を分析する方法の3つがある[7]。精度・確度は大差ないが，③では平衡同位体分別に関する補正が必要となる。ここでは筆者らが日常使用している，③の原理による簡便な測定法[8]を手短に説明する。

(1) 容量30 ml程度のガスクロバイアル（ブチルゴム栓で蓋をし，中央にニードルを刺せる穴の空いたスクリューキャップで固定するしくみのガラス容器）に，河川水を，孔径0.45 μmのセルロースアセテート製シリンジフィルターを装着したディスポーザブルシリンジを使って濾過しながら，口いっぱいまで注入する。

(2) 飽和塩化水銀（II）溶液を，$HgCl_2$ 最終濃度がおよそ0.01％になるように注入し，直ちに気泡がなるべく残らないようにブチルゴム栓をし，キャップで留める。この状態で室温（20°C前後）で暗所に保管する。

(3) 純度99.999％以上のヘリウムをガスタイトシリンジに5.0 ml取り，ブチルゴム栓に短い注射針を挿して内部の水が抜ける状態にして，次にガスタイトシリンジを刺してヘリウムをすべてガスクロバイアル内に注入する。注入後，内圧がほぼ大気圧に戻ったら針を抜き，蓋が下になるようにして立てておく。

(4) 洗気瓶に6N塩酸を入れ，同じボンベのヘリウムを30分間程度通気して溶存 CO_2 を除去する。この塩酸をニードル付きのシリンジで0.3 ml取り，先ほどのバイアルに注入する（このときは内部の水を抜く必要はない）。

(5) バイアルを往復50回以上激しく手で振り，その後，蓋が下になるように立てて3時間以上静置し，液相と気相とが CO_2 に関して溶解平衡になるのを待つ。

(6) 気相の一部（DIC濃度に応じて20〜500 μl）をガスタイトシリンジで採取してGC-IRMSシステムに注入する。GC-IRMSシステムは市販の同位体比分析用GC-C-IRMSシステム（p. 18）においてGCに無機ガス分

析用キャピラリーカラム（Poraplot-Q 等）を装着し，燃焼・還元炉は室温のままでマニュアル注入モードで測定をおこなう。

(7) 得られた気相中の CO_2 の $\delta^{13}C$ から，測定時の室温における CO_2 の溶解度定数，および $CO_2(g)$ と $H_2CO_3^*$ の間の平衡同位体分別[2] を考慮して，バイアル中の全 CO_2 の $\delta^{13}C$ を求め，これをもとのサンプルの $\delta^{13}C_{DIC}$ とする。

なお，この方法では DIC の濃度を正確に定量することが困難なので，DIC の濃度は TOC メーターを無機炭素測定モードで使用して別途測定している。

4. 実際の河川における $\delta^{13}C_{DIC}$ の変動パターン

河川水中の $\delta^{13}C_{DIC}$ は水源地付近では1項で説明したように風化・溶解過程によって決定されるが，川を流れ下る間に次第に2項で説明した生物反応や大気とのガス交換の支配を強く受けるようになると考えられる。本項では主として河川内で進行する生物地球化学的プロセスを $\delta^{13}C_{DIC}$ の変動によって評価することを目的としていることから，降水が地下水等を経て河川水となるまでの間に作用する，化学風化や土壌呼吸由来 CO_2 の溶解等の要因を $\delta^{13}C_{DIC}$ を規定する「一次因子」とよび，それに対して流下過程で作用する，$\delta^{13}C_{DIC}$ に影響を与えるプロセスのことを「二次因子」と総称して区別することにする。

一次因子の支配がどの程度下流まで及び，どこから二次因子の影響の方が強くなるかについては一概にいうことができない。一次因子の影響が下流部まで強く影響し，ガス交換による影響は相対的に少ないという立場に立って $\delta^{13}C_{DIC}$ の流程変化を説明している研究例がある一方，河川水が地表に湧出すると脱ガスが進行して程なく一次因子の影響は薄れ，中流部ではすでに二次因子の影響が支配的になっていると主張している研究例もある。このような違いの理由として，以下に紹介するように地質的・水文学的・生物地理的要因の違いや季節性の問題があげられる。

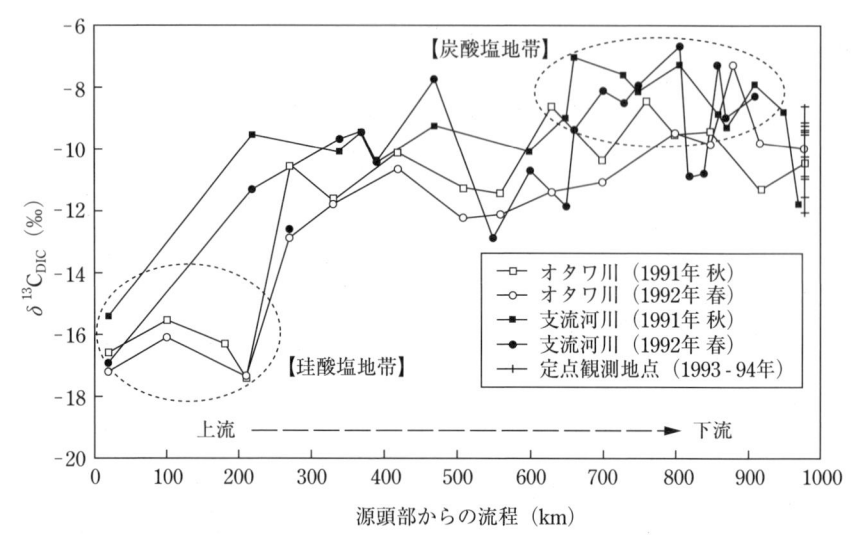

図4-1-2　カナダ南東部のオタワ川およびその支流における$\delta^{13}C_{DIC}$の流程変化[9]

4-1. 一次因子の影響

これまでの多くの研究例を比較すると，最上流部における$\delta^{13}C_{DIC}$は集水域の地質や水文学的条件の違いを反映して地域によって明瞭な違いが見られることから，少なくともこうした場所では一次因子の影響が支配的に現れていると見ることができるように思われる。また中・下流部においても，たとえば石灰岩地帯を集水域とする地下水が河川に大量に供給されているような場合には，$\delta^{13}C_{DIC}$にその影響が明らかに現れ，このようなケースも一次因子が支配的である場合ということができる。

カナダ南東部を流れるオタワ川とその支流における$\delta^{13}C_{DIC}$を流程に沿って調べたTelmerら[9]は$\delta^{13}C_{DIC}$が上流の−16‰前後の値から徐々に上昇して，河口部では−8‰前後になることを報告し，この変動を主として地質条件の違いによって説明している（図4-1-2）。すなわち上流部では珪酸塩鉱物の風化によって土壌呼吸のCO_2に由来するDICがおもに供給されるために$\delta^{13}C$の低いDICが河川水中に蓄積するが，下流部では，石灰岩地帯を流域とする，炭酸塩鉱物の風化に由来するDIC（$\delta^{13}C \approx -8$‰）を多量に含む支流が合流することにより，徐々に本流の$\delta^{13}C_{DIC}$も上昇したと解釈されている。

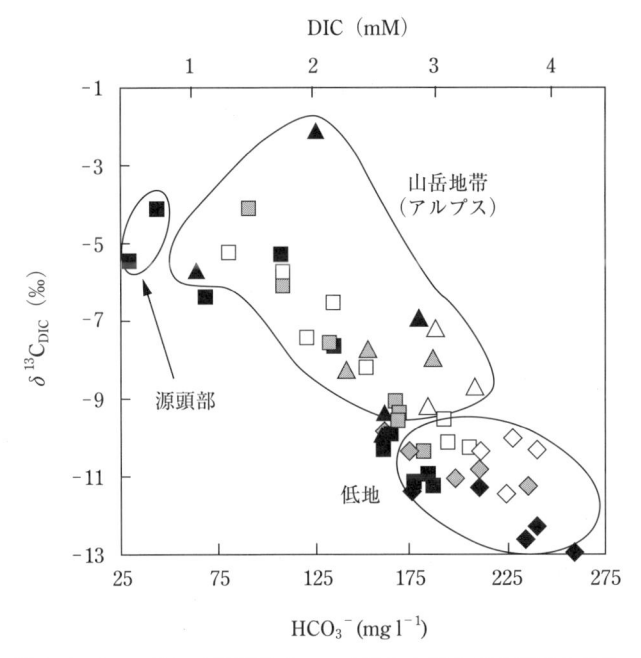

図 4-1-3 フランス南東部のローヌ川およびその支流における DIC（HCO_3^-）濃度と $\delta^{13}C_{DIC}$ の関係[10]。白：3月，黒：7月，灰：9月。□：本流，△：山岳部の支流，◇：低地の支流。

一方，フランス南東部を流れるローヌ川とその支流における $\delta^{13}C_{DIC}$ を調査した Aucour ら[10] は，$\delta^{13}C_{DIC}$ が上流部における -5‰ 前後の値から徐々に低下して，河口付近では -10‰ 前後となることを示し，この変動を炭酸塩鉱物の風化機構の相違にもとづいて説明している（図 4-1-3）。すなわち源頭部付近では炭酸塩鉱物が大気中 CO_2，もしくは変成岩中の硫化物鉱物の微生物酸化に由来する硫酸によって風化されるために，炭酸塩鉱物自身の $\delta^{13}C$ に近い値をもつ DIC が河川に供給されるのに対して，下流部の低地では土壌呼吸に由来する CO_2 と石灰岩との反応により風化が進むため，両者の中間的な値である -11‰ 程度の $\delta^{13}C$ をもつ DIC が支流を通じて大量に流入し，本流の $\delta^{13}C_{DIC}$ も次第にそれに近づいていくと解釈している。

筆者らが国内外のいくつかの河川でおこなった調査の結果においては，珪酸塩鉱物を主体とする集水域では少なくとも源頭部における $\delta^{13}C_{DIC}$ は -20

〜 $-15‰$ の値になることが多いのに対し,石灰岩・堆積岩地帯を流れる河川の $\delta^{13}C_{DIC}$ は $-10 \sim -5‰$ 前後で安定している。これらはいずれも一次因子による $\delta^{13}C_{DIC}$ の支配を示すものと解釈される。

源頭部における $\delta^{13}C_{DIC}$ が $-20‰$ 前後の低い値であった場合,それが珪酸塩鉱物の化学風化によって生成した HCO_3^- によるものなのか,あるいは土壌呼吸に由来する CO_2 が直接水中に溶け込んだものなのかは,その後の流下過程における $\delta^{13}C_{DIC}$ の変動を解釈するうえで1つの重要な要因となりうる。単に土壌空気中の CO_2 が溶け込んでいるだけであれば,湧出後速やかに脱ガスおよび大気 CO_2 とのガス交換が進み, $\delta^{13}C_{DIC}$ に対する一次因子の影響は急速に弱まると予想されるのに対して,化学風化によって生成した HCO_3^- が高濃度に含まれている場合は,ガス交換や脱ガスの影響が相対的に小さく,一次因子の影響が比較的下流まで存続する可能性があるからである。一般に,溶存 CO_2 の濃度は土壌呼吸の影響で土壌深部ほど高まるが,湧水として河川に供給されるのに先立つ地下水としての滞留時間が長くなるにつれて,溶存 CO_2 と岩石との中和反応が進むために HCO_3^- の濃度が相対的に上昇する。

DIC 中の HCO_3^- と $H_2CO_3^*$ の比率は,DIC 濃度とアルカリ度あるいは pCO_2 から求めることができる。フランス北東部の花崗岩から成る 80 ha の集水域をもつ小河川の DIC を調査した Amiotte-Suchet ら[11]によると,湧水中の DIC の大半が $H_2CO_3^*$ であり, HCO_3^- は 100 µM 以下しかなく,ここでは風化由来の HCO_3^- に比べて土壌呼吸由来の CO_2 の寄与が高いことがわかる。 $\delta^{13}C_{DIC}$ は源頭部では $-20‰$ 以下であるが,わずか数百 m 下流の河川水ではすでに $-10‰$ 前後まで上昇していた(図4-1-4)。このことは大気とのガス交換のために一次因子の影響が急速に失われたことを示している。このように土壌呼吸の活発な森林土壌からの湧出水の場合,湧出直後の地下水は非常に高い pCO_2 を示すものの急速に脱ガスが進んで大気平衡に向かう現象は,わが国の森林においても当てはまることが知られている[12]。

一方,化学風化によって HCO_3^- が供給されている場合,その母岩の組成によって決まる比率で溶存ケイ酸(DSi)が共に溶出するため,河川水中の DSi/HCO_3^- 比は化学風化に対する母岩ごとの寄与率を評価する指標として

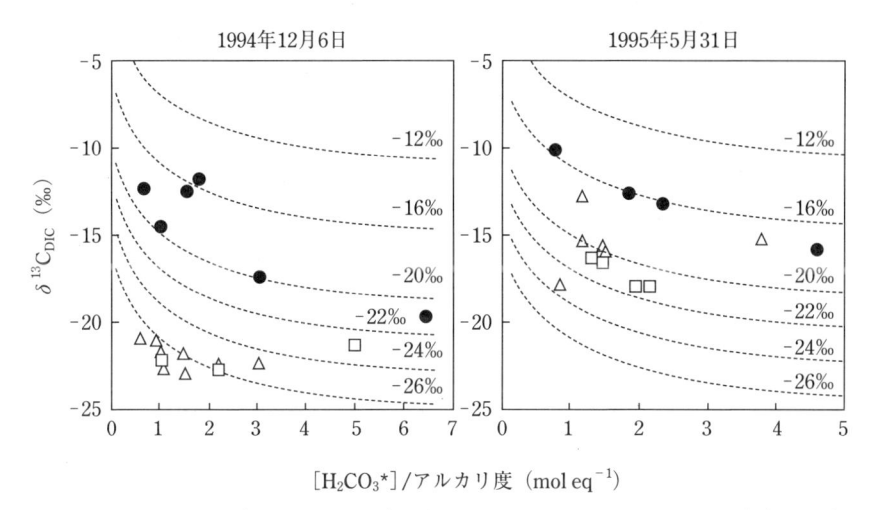

図4-1-4 フランス北東部アルザス地方の小河川における $H_2CO_3^*$ とアルカリ度(HCO_3^-)の比と $\delta^{13}C_{DIC}$ との関係[11]。●:河川水,△:湧水,□:土壌水。図中の曲線は,指定された $\delta^{13}C$ を持つ土壌空気 CO_2 と同位体交換平衡にあると仮定した場合に,与えられた $H_2CO_3^*$ /アルカリ度比に対して期待される $\delta^{13}C_{DIC}$ の値を示す。

用いられる。玄武岩と石灰岩を母岩とするデカン高原の集水域を流れるいくつかの河川を調査した Das ら[13] によると,河川水中の DSi/HCO_3^- 比は玄武岩風化産物と石灰岩風化産物の相対的寄与に依存して変化するが,$\delta^{13}C_{DIC}$ も連動して変化し,河川水の DSi/HCO_3^- 比に対して $\delta^{13}C_{DIC}$ をプロットすると,玄武岩風化産物と石灰岩風化産物に対してそれぞれ予想される点を端成分とする直線上にほぼ並ぶ(図4-1-5)。このことは,調査した河川が100km以上の流程に及ぶにもかかわらず,$\delta^{13}C_{DIC}$ に対する一次因子(化学風化)の支配がその区間を通して存続していることを示唆している。これらの河川における HCO_3^- 濃度が 200～4000 μM と高いために,大気とのガス交換の影響が現れにくかった可能性がある。いずれにしても,これらの例は,一次因子の影響範囲が集水域の地質条件などに依存して大きく変わりうることを示している。

4-2. 二次因子の影響

主として堆積岩の集水域をもつ米国西海岸のサウス・フォーク・イール

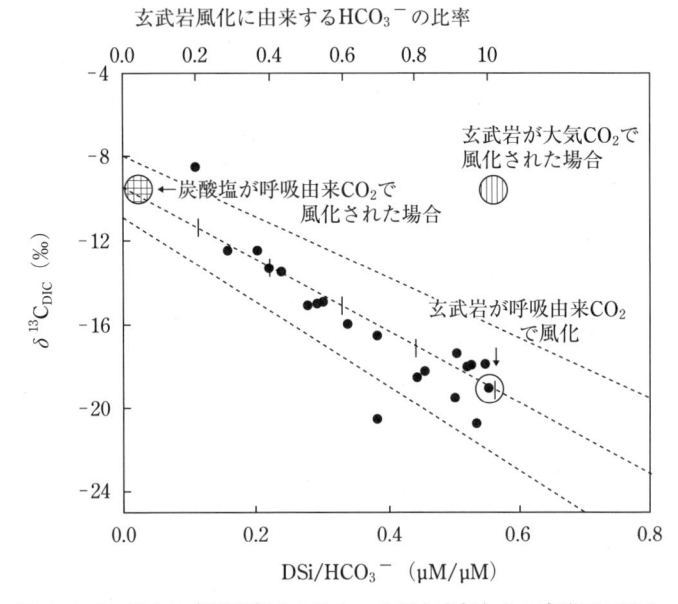

図4-1-5 デカン高原西部のクリシュナ川上流部とその支流における溶存態ケイ酸とHCO_3^-との比に対する$\delta^{13}C_{DIC}$の関係。C_3植物起源有機物の分解に由来するCO_2によって炭酸塩鉱物が風化された場合（左上）と珪酸塩鉱物が風化された場合（右下），および大気CO_2によって珪酸塩鉱物が風化された場合（右上）に予想される端成分の範囲をそれぞれ円形の領域で示してある。Dasら[13]の図を一部改変。

川とその支流におけるDICの流程変化と季節変化を調査したFinlayの研究[14]は，上流部において溶存CO_2が流程に沿って急速に脱ガスし，$\delta^{13}C_{DIC}$の変動はこれによって支配されていたことを示している。脱ガスは河川の勾配が急で，流量が多いほど，急速に進むという。河川の集水域面積が広がるほど脱ガスが進行することから，DICに占める$H_2CO_3^*$の比率は集水域面積に反比例して低下するとともに，$\delta^{13}C_{DIC}$は逆に－18‰から－6‰前後まで上昇した（図4-1-6）。河川の規模に相関した$\delta^{13}C_{DIC}$の変動は，しかしながら脱ガスだけでは十分に説明できず，川幅が広がるに伴う日射量の増大によって河川内一次生産が促進され，光合成の際の同位体分別の影響が現れること，またCO_2濃度の低下によって大気からのCO_2のフラックスが増え，大気との同位体交換平衡が促進されることなどが副次的な要因として作用して

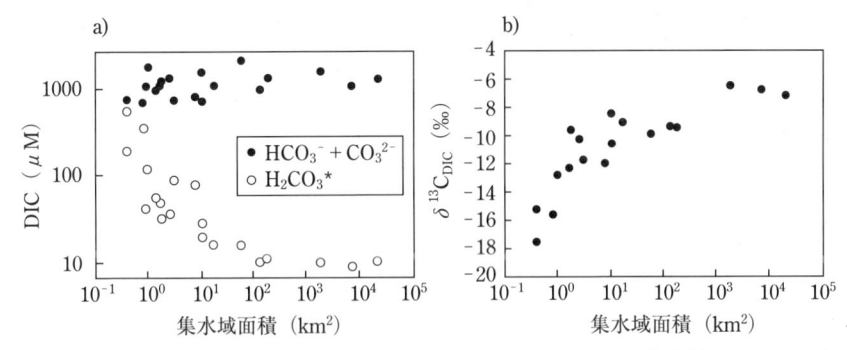

図 4-1-6 アメリカ合衆国西部のサウス・フォーク・イール川（夏季）における a) [$HCO_3^- + CO_3^{2-}$]濃度（●）と $H_2CO_3^*$ 濃度（○）および b) $\delta^{13}C_{DIC}$（●）の流程変化を採集点までの流域面積に対してプロットしたもの[14]。

いると考えられている。こうした二次因子の影響は $\delta^{13}C_{DIC}$ の日周変動や季節変化にも明瞭に表れている。米国北部のカラマズー川とその支流における $\delta^{13}C_{DIC}$ の季節変動を調査した Atekwana らの研究[15]においても，とくに春から秋にかけての $\delta^{13}C_{DIC}$ の変動は一次生産と分解とのバランスが支配的な要因となっていると解釈されている。

しかしながら $\delta^{13}C_{DIC}$ の季節変化がいつでも二次因子の影響によって解釈されているわけではない。米国北東部の2つの小河川を調査した Kendall ら[16]は $\delta^{13}C_{DIC}$ に明瞭な季節変化が見られることを報告しているが，その原因を，降水量に対応した地下水位の季節変動によって風化の進行する部位が変化し，そのために風化に関与する鉱物の種類や CO_2 の由来が季節ごとに異なってくることに帰している。

一方，ドナウ川とその支流における $\delta^{13}C_{DIC}$ を調査した Pawellek らの研究[17]によると，冬季における $\delta^{13}C_{DIC}$ はすでに紹介したローヌ川の場合のように主として炭酸塩鉱物の風化機構の違いによって決定されている。しかしドナウ川中流部には多くの停滞水域があり，夏季になるとこのような場所における生物生産の影響が強まるため，大気 CO_2 との平衡化が進み，結果的に $\delta^{13}C_{DIC}$ が流程に沿って上昇する傾向を示すようになるという。

停滞水域の存在が $\delta^{13}C_{DIC}$ に及ぼす影響は，上流部にダムを有する石垣島の河川で筆者らがおこなった調査においても明瞭に見られた（図4-1-7）。

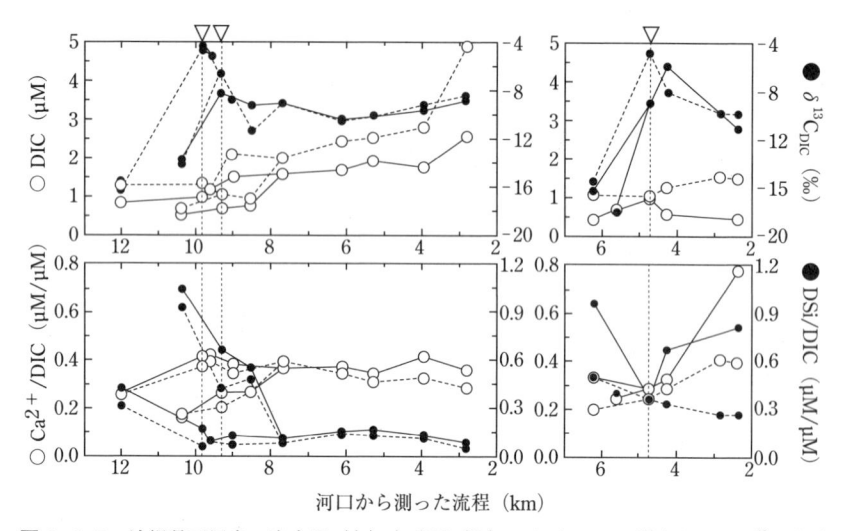

図 4-1-7 沖縄県石垣島の宮良川（左），名蔵川（右）における DIC 濃度とその $\delta^{13}C$（上）および Ca^{2+}/DIC 比と DSi/DIC 比（下）の流程変化．左から右に上流から下流の採水点を示し，晴天時（破線）と降雨直後（実線）のデータを表示した（宮良川は支流を含む）．両川とも上流域は花崗岩を主体とし，下流域は隆起サンゴ礁による石灰岩地質の影響を受けている．▽の位置にダム湖があり，$\delta^{13}C_{DIC}$ が急激に上昇していることがわかる（坪井ら，未発表）．

$\delta^{13}C_{DIC}$ は上流部における $-15‰$ 前後の値からダム表層水では $-5‰$ 前後まで急激に上昇していた．この際，DIC 濃度は若干増加し，DSi/DIC 比は急激に低下していたが，Ca^{2+}/DIC 比には大きな変動は見られなかったことから，この $\delta^{13}C_{DIC}$ の上昇は DIC の起源（一次因子）の変化によるものではなく，ダム湖におけるガス交換と珪藻を中心とした植物プランクトンの光合成の影響によるものと解釈された．

これらの研究はいずれも $\delta^{13}C_{DIC}$ の決定要因としての二次因子の重要性を例証している．また二次因子の影響の現れ方が，河川の形態や規模，気候条件に依存し，また冬季よりも夏季に強まる傾向があることに注意すべきである．上流部では一次因子の影響を反映して，河川ごとに $\delta^{13}C_{DIC}$ が大きく異なっていても，流下に伴ってなんらかの二次因子の影響が支配的になってくることは，多くの場合で真実であるように思われる．また上流部でも，湖沼やダムのような滞留時間の長い停滞水域があると，一次因子の影響はいった

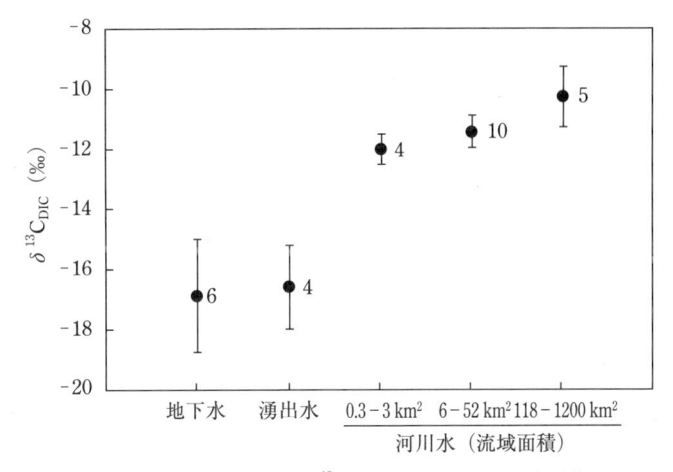

図4-1-8 河川水や地下水の $\delta^{13}C_{DIC}$ の範囲と河川流域面積との関係。Finlay[14] による過去の調査結果のレビュー。プロットの右の数字は調査対象地域または河川の数を示す。ただし石灰岩地域の河川や，農業廃水・都市廃水の負荷の高い河川は除外されている。またFinlay自身のイール川における研究例もこの図には含まれていない。

んそこでリセットされ，二次因子の影響が強く表れてしまう。滝や激流部においても，大気との活発なガス交換が進行するために一次因子の影響は急速に薄れ，$\delta^{13}C_{DIC}$ が上昇して大気平衡値に近づくことが知られている。

Finlay[14] は河川水中の $\delta^{13}C_{DIC}$ に関する過去の研究例をレビューして，流域面積による階級ごとに平均値を求めたところ，流域面積の増加に伴って平均的な $\delta^{13}C_{DIC}$ は徐々に上昇して $-10‰$ 前後の値に収斂する傾向があることを紹介している（図4-1-8）。筆者らが国内外の河川でおこなった調査の結果においても，下流部の $\delta^{13}C_{DIC}$ はどの河川でもおおむね $-10‰$ 付近の値に落ち着いている。これは，これまでに調査されている河川の多くは，陸上からの有機物の供給が比較的豊かであるために，全体としては一次生産より分解（呼吸）が卓越する従属栄養的な水系となっている事実に関係していると考えられる。すなわち，河川水は流程に沿って次第に大気とのガス交換が進み，$\delta^{13}C_{DIC}$ は大気平衡値である $0‰$ 付近に向かおうとするけれども，同時に有機物分解によって $\delta^{13}C$ が $-25‰$ 前後の CO_2 が絶えず供給されているために $\delta^{13}C_{DIC}$ を下げる作用が働き，下流部では両方の傾向が釣り合う中間的

な $\delta^{13}C_{DIC}$ に落ち着くものと推察される。

4-3. 河口域における変動パターン

河口域においては，このように最終的に $-10‰$ 前後の $\delta^{13}C_{DIC}$ を示すにいたった河川水が，$0‰$ 前後の $\delta^{13}C_{DIC}$ をもつ海水と混合することになる。河川水中の塩分 (salinity) は海水の塩分に比べると通常は無視できるので，塩分は河川水と海水との混合比を示す優れた指標となる。河口域の DIC が河川水と海水との混合において保存的に輸送されているならば，その濃度 (C) と塩分 (S) の関係は保存的混合モデル＊による次式で与えられる：

$$C = \frac{C_r \cdot (S_m - S) + C_m \cdot S}{S_m} \quad (7)$$

右下の添え字 r, m はそれぞれ河口域で混合する直前の河川水と海水における値（端成分とよばれる）を表す。同様に $\delta^{13}C_{DIC}$ については次の式で与えられることになる：

$$\delta^{13}C_{DIC} = \frac{\delta^{13}C_{DIC,r} \cdot C_r \cdot (S_m - S) + \delta^{13}C_{DIC,m} \cdot C_m \cdot S}{C_r \cdot (S_m - S) + C_m \cdot S} \quad (8)$$

これらの式によると，河口域の DIC 濃度 C と $\delta^{13}C_{DIC}$ を塩分 S に対してプロットするとそれぞれ直線と双曲線を描くことになる[18]。

しかしながら，実際には河口域の $\delta^{13}C_{DIC}$ の分布にも河口域内部での二次因子の影響が特徴的に現れ，保存的混合モデルから逸れてくることがある。都市廃水による富栄養化が著しいヨーロッパ北部のスケルデ川の河口域における DIC とその同位体比の分布を調査した Hellings ら[19] は，保存的混合モデルから予想される変動に比べて河口域の $\delta^{13}C_{DIC}$ が $1‰$ 程度上方に偏移していることを報告し（図 4-1-9），これを大気とのガス交換の影響として解釈している。すなわちこの川では有機汚濁物質の分解により供給される

＊保存的混合モデルや端成分の概念については p. 173 参照。また本節で述べた事は 4 章 4 節において河口域の懸濁態有機物の $\delta^{13}C$ の変動を考察する際に重要になる。

第 4 章　有機物負荷　129

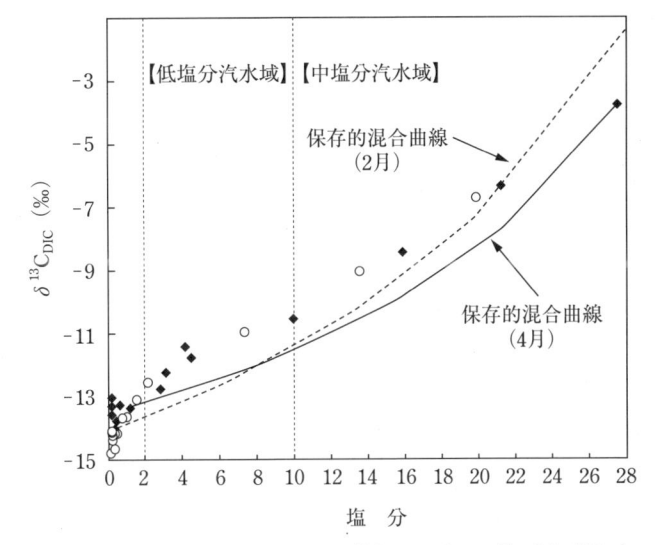

図4-1-9　ベルギーからオランダに流れるスケルデ川の河口域における $\delta^{13}C_{DIC}$ を塩分に対してプロットした図[19]。○は1999年2月，◆は同4月における観測結果で，点線と実線はそれぞれの場合の河川水と海水との保存的混合モデルから予想される変化。

CO_2 のために河川水中の $\delta^{13}C_{DIC}$ が −14‰ 前後と低くなっているため，大気とのわずかなガス交換によっても $\delta^{13}C_{DIC}$ が有意に上昇するのである。同様に $\delta^{13}C_{DIC}$ が保存的混合モデルの予測値よりも上方に偏移する例は，米国東部のチェサピーク湾[20]やインド中部のゴダヴァリ川[21]の場合にも報告されている。これらの場合は，大気とのガス交換に加えて河口域における植物プランクトンによる光合成や炭酸塩の溶解も $\delta^{13}C_{DIC}$ の上方偏移の原因となっていると解釈されている。

　河口域の DIC には周辺の河岸植生からの影響が現れることもある（口絵6）。河岸にマングローブ湿地を擁するマレー半島の河口域を調査した筆者らのデータによると，河口域における河川水中の $\delta^{13}C_{DIC}$ は保存的混合モデルから予想される値に比べて 5‰ 以上も下方に偏移していた（図4-1-10）。これはマングローブ林床における呼吸や硫酸還元（p.217）に由来する $\delta^{13}C$ の低い DIC を多量に含む海水が河口域に流入しているためと考えられる。マングローブ湿地に由来する DIC の $\delta^{13}C$ をマングローブ植物を代表する −28‰ で

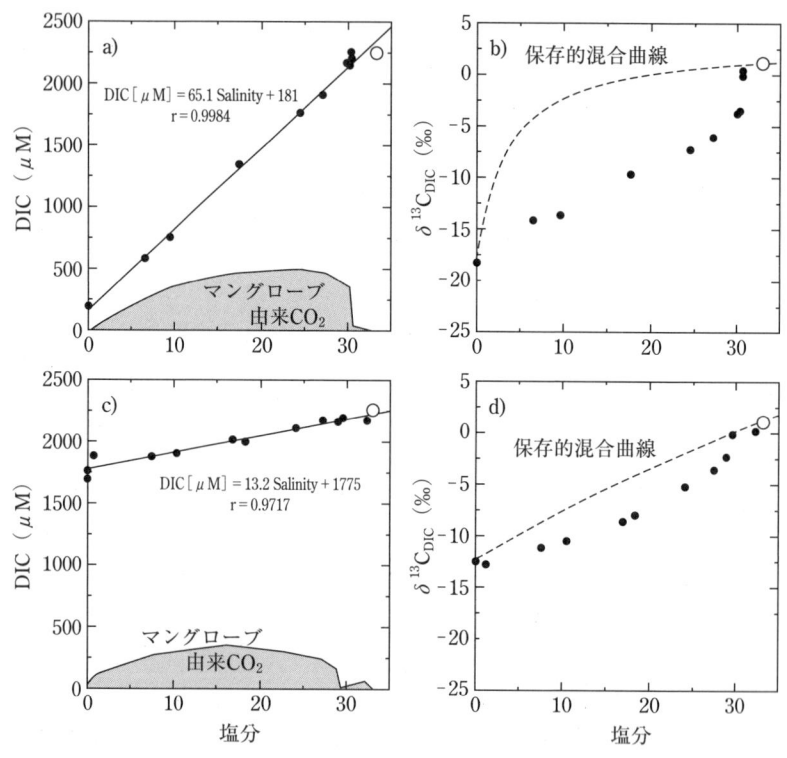

図 4-1-10 マレー半島からアンダマン海に注ぐクラ川（a, b）とトラン川（c, d）の河口における DIC 濃度（a, c）および $\delta^{13}C_{DIC}$（b, d）と塩分との関係（2006 年 3 月）。●は実測値，○は仮定された海水端成分の値。a, c の実線は回帰直線で，DIC 濃度だけからは一見保存的に混合しているように見える。しかし b, d の曲線は保存的混合モデルから予測される $\delta^{13}C_{DIC}$ の変化を表し，実測値は予測値よりも明瞭に下方偏移していることが分かる。a, c におけるグレーの部分はこの $\delta^{13}C_{DIC}$ の下方偏移からマスバランス・モデルに基づく計算によって推定した，マングローブにおける呼吸に由来する DIC（$\delta^{13}C_{DIC} = -28‰$）の濃度を示す（坪井ら，未発表）。

あると仮定して同位体マス・バランス計算を適用すると，この結果より，マングローブに由来する同位体比の低い DIC が最大で 500 μM 以上もこれらの河口域の水中に混入しているものと推定された。これに対して，先述のゴダヴァリ川の河口にも広大なマングローブ湿地が存在し，湿地内の水の $\delta^{13}C_{DIC}$ は著しく低くなっていたが，ゴダヴァリ川本流の DIC にはマングローブからの流出水の影響と見られる同位体比の下方偏移はほとんど検出されな

かった[21]。この原因として，少なくともこの調査が実施された乾季の末期においては，河川本流とマングローブ湿地との間の水交換が弱くなっていたことがあげられている。

このように河口域における DIC とその同位体比の挙動はそれぞれの河川の水文学的・生態学的特徴を重層的に反映している。とくに保存的混合モデルからの同位体比の偏移は生物地球化学的に有用な情報を内包している。

5. $\delta^{13}C_{DIC}$ は何の指標になるのか？

河川水中の $\delta^{13}C_{DIC}$ にはきわめて複雑な要因が反映しており，単独でこの値だけを何かに対する指標として用いることはむずかしい。$\delta^{13}C_{DIC}$ の解釈のためには，観測された $\delta^{13}C_{DIC}$ の値が主として一次因子によって決まっているのか，それとも二次因子の影響が支配的であるのかが，別のなんらかの情報にもとづいて正確に決定できるか，少なくとも蓋然性のある仮説を立てられることが必要である。

たとえば最上流部における場合のように $\delta^{13}C_{DIC}$ が主として一次因子に依存していると仮定できる場合は，そのデータをもとに風化過程とその寄与率を推定することが可能である（図 4-1-1）。しかしその場合でも，想定される端成分が 5 つもあるため，集水域の地質情報などを使って可能性をあらかじめ絞り込まなければ，$\delta^{13}C_{DIC}$ だけからは結論を導けないことになる。

反対に，上流部に停滞水域を有する河川や，河口域の場合などのように，一次因子の寄与が除外できることが明らかであるならば，$\delta^{13}C_{DIC}$ を用いて二次因子の影響評価をおこなうことが期待される。たとえば琵琶湖に流入する河川のように，他の条件が互いに似通っている複数の河川どうしで下流部における $\delta^{13}C_{DIC}$ を測定して比較した場合，流域の人口密度が高く，生活排水起源の有機汚濁負荷の高い河川ほど $\delta^{13}C_{DIC}$ が低くなる傾向があり，$\delta^{13}C_{DIC}$ が汚濁負荷指標として利用できる可能性がある（高津・永田, 未発表）。

このように $\delta^{13}C_{DIC}$ を環境指標として有効に利用するためには集水域の地質や土地利用などについてある程度の情報が得られていることが望ましい。またそれに加えて，$\delta^{13}C_{DIC}$ と同時に，同一の試料において関連する水質項

目を測定してデータを揃えておくことが大切である。とくに DIC を構成する HCO_3^- と $H_2CO_3^*$ の濃度を区別して求めることは有益であり，このためには河川水の DIC 濃度，アルカリ度，pCO_2，pH のうち少なくとも 2 項目を正確に測定しておかなければならない。また主要陽イオン（Na^+，Mg^{2+}，K^+，Ca^{2+}）および溶存態ケイ酸（DSi）の濃度を得ておくことは，とくに一次因子の評価のために重要である。一方，主要栄養塩（NO_3^-，NH_4^+，PO_4^{3-}）や溶存態有機炭素（DOC：p. 192）の濃度は，河川の富栄養化とそれが二次因子の相対的寄与に及ぼす影響を推測するうえで重要な付帯情報となる。特殊な場合として，大気降下物や硫化物鉱物に由来する硫酸が化学風化の主因子と想定される河川では，河川水中の硫酸イオン濃度やその同位体比（$\delta^{34}S_{SO_4}$，$\delta^{18}O_{SO_4}$）のデータが風化メカニズムの特定のために有力な手がかりとなる可能性がある（p. 226 以下）。

2 有機物の生産と分解（I）
── 溶存無機炭素安定同位体比による評価 ──

1. 湖沼における有機物の生産と分解

　湖沼における物質循環の中心的な過程は，有機物の生産と分解である。有機物の生産と分解はおもに太陽エネルギーにより生じる湖沼の物理的鉛直構造により支配される。湖沼は光量の到達深度によって有光層（euphotic zone）と無光層（aphotic zone）にわけることができる。有光層とは湖水面から光合成有効放射量（photosynthetically available radiation：PAR）が1%に減衰する深度までの層を指し，これはプランクトンの光合成による酸素生成が呼吸による酸素消費を上回るのに必要な光が到達する水深にほぼ対応することが知られている。無光層はこれより下の深層部で，ここでは光量の制約により光合成よりも呼吸の方が上回るようになる。このため，有光層は生産層（trophogenic layer），無光層は分解層（tropholytic layer）ともよばれる。

　水深の深い湖沼では，温暖な季節には日射による加熱によって水温が高く比重の小さい上層の表水層（epilimnion）と水温が低く比重の高い下層の深水層（hypolimnion）とに成層する。両者の中間の移行帯は水温躍層（thermocline）または変水層（metalimnion）とよばれる。かならずしも表水層と有光層，深水層と無光層が一致するわけではないため，用語の使い分けに注意を払う必要がある。高緯度地方の湖沼では，冬季にも水面が凍結するために成層する。このように夏季と冬季とに成層する湖沼を二回循環湖（dimictic lake）とよぶのに対して，琵琶湖のように夏季にだけ成層する湖沼を一回循環湖（monomictic lake）とよぶ。湖水が成層している期間を停滞期（stagnant period），成層していない期間を全循環期（holomictic period）という。なんらかの原因で鉛直的密度勾配が恒久的に固定化して成層している湖沼がある。このような湖沼は部分循環湖（meromictic lake）とよばれ，その深水層はとくに monimolimnion と称される。

　湖沼の沖帯（pelagic zone）における有機物の生産はおもに植物プランクトンによりおこなわれるが，沿岸帯（littoral zone）では付着藻類，水生高等植

物(抽水植物,沈水植物等)などによっても有機物が生産される。植物による光合成反応は単純化すると次の式 (1) で表される。

$$CO_2 + H_2O \rightarrow (CH_2O) + O_2 \tag{1}$$

すなわち,光合成は二酸化炭素 (CO_2) を炭水化物(組成式 CH_2O)に変換する CO_2 消費過程である。

有光層で生産された有機物の少なくとも一部は粒子態なので重力沈降し,無光層へ輸送され,さらにその一部は湖底にまで到達する。この過程で有機物の大半が分解される。分解されなかった一部の有機物は堆積し,続成過程 (diagenesis) に入る。湖沼の水深が深いほど無光層も厚いため,湖底まで到達する有機物の比率は減少する。このような有機物の好気的な分解過程は次の式 (2) で表される。

$$(CH_2O) + O_2 \rightarrow CO_2 + H_2O \tag{2}$$

すなわち,有機物の分解過程は酸素を消費しながら CO_2 を生成する過程である。無酸素あるいは低酸素条件においては,硝酸イオン,酸化マンガン,水酸化鉄,硫酸イオンなどが呼吸における酸素にあたる役割をになう嫌気的分解やメタン生成反応が起こり,それらによっても CO_2 が生成される(5章1,2節参照)。

このように湖沼での有機物の生産と分解の過程では CO_2 の出入りが伴うため,水中の CO_2 濃度やその同位体比は湖沼の物質代謝の全般的な特性を把握するために有力な手段を提供する。湖沼に存在する有機物は湖沼内部で生産された有機物だけではなく,流域の陸上植物に由来する有機物も含まれている。溶存無機炭素,陸上植物,植物プランクトン,メタンなどの炭素安定同位体比はそれぞれ特徴的な値を取ることから,水中での二酸化炭素の炭素安定同位体比を用いることにより,湖沼での有機物の生産と分解を量的にのみならず質的にも理解することが可能である。

2. 湖沼水中の溶存無機炭素の炭素安定同位体比の決定要因

　湖沼は完全な閉鎖系ではないため，有機物の生産による溶存無機炭素（DIC：p. 111）の消費と有機物の分解による DIC の生成以外に水中の DIC 濃度を増減させるいくつかのメカニズムが存在する。まず DIC の供給源としては，有機物の分解に加え，大気からの溶解，河川水または地下水としての流域からの流入，湖底からの溶出，メタン酸化などがあげられる。DIC の消費には光合成による炭酸固定に加え，大気への放出，炭酸カルシウムの生成沈殿，炭酸還元によるメタン生成などがあげられる。これらのプロセスの各段階では同位体分別が生じる。以下で詳しく説明しよう。

2-1. 大気との交換

　水面では大気とのガス交換が起こるため，活発な光合成により有光層で DIC が消費されて二酸化炭素分圧（pCO_2）が大気より低くなると大気から湖水に CO_2 が溶け込む。逆に光合成による有機物の生産を上回る呼吸がおこなわれ，表層水中の pCO_2 が大気より高くなると湖水から大気へ CO_2 が放出される。

　湖水と大気の間での CO_2 の交換速度は表層水の水素イオン濃度（pH），水温，大気中の pCO_2 のほか，風速や風による波浪の大きさなどにも依存する。CO_2 は湖沼水中で図 4-2-1 のような 2 段階の解離をする。この各種の炭素化学種間の存在比は pH に依存する。たとえば 25°C の場合，pH 6.35 では $H_2CO_3^*$ と HCO_3^- が 50％ずつ存在し，pH 10.33 では HCO_3^- と CO_3^{2-} が 50％ずつ存在する（図 4-2-2）。図 4-2-1 の解離平衡定数は温度条件により異なり，Drever[22] によれば次の近似式で表される。

$$pK_{CO2} = -\log([H_2CO_3]/pCO_2) = -7\cdot10^{-5}t^2 + 0.016t + 1.11$$
$$pK_1 = -\log([H^+][HCO_3^-]/[H_2CO_3]) = 1.1\cdot10^{-4}t^2 - 0.012t + 6.58$$
$$pK_2 = -\log([H^+][CO_3^{2-}]/[HCO_3^-]) = 9\cdot10^{-5}t^2 - 0.0137t + 10.62$$

t は摂氏温度（°C）で，0°〜50°C に適用できる。

　表 4-2-1 で示したように，炭酸系化学種の間には平衡同位体分別が起

$$\text{大気} \quad CO_2(g) \updownarrow$$

$$\text{湖水} \quad CO_2(aq) + H_2O \underset{K_{CO_2}}{\overset{\text{水和}}{\rightleftarrows}} H_2CO_3 \underset{K_1}{\overset{\text{一次解離}}{\rightleftarrows}} H^+ + HCO_3^- \underset{K_2}{\overset{\text{二次解離}}{\rightleftarrows}} 2H^+ + CO_3^{2-}$$

図 4-2-1 湖沼における三つの形態の無機炭素と化学平衡反応

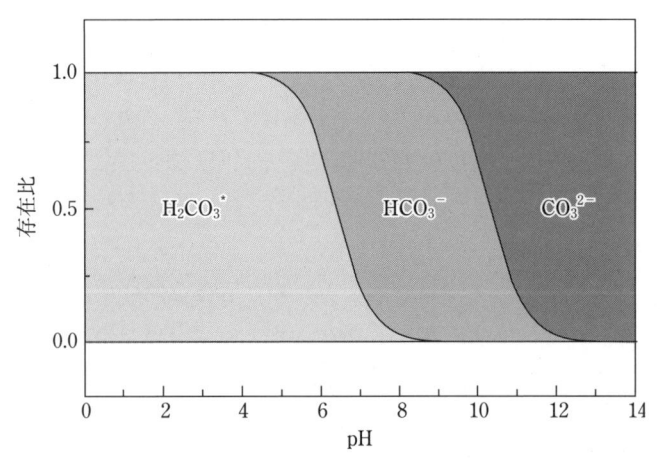

図 4-2-2 三つの形態の溶存無機炭素の存在比と溶液の pH との関係（25℃）

きる´(p. 111)．このため pH の変化で 8 ～ 9‰ の DIC の炭素安定同位体比（$\delta^{13}C_{DIC}$）の変化が説明できる（図 4-2-3）．大気中の CO_2 の $\delta^{13}C$ は緯度や季節によって若干変動するがほぼ−8‰であることから，たとえば DIC の 95%が $H_2CO_3^*$ で存在する pH 5 の酸性湖の場合では，大気平衡にあれば $\delta^{13}C_{DIC}$ 値はほぼ−8.6‰になる．一般的な湖沼での pH 範囲である 7 ～ 9 の間では HCO_3^- が 83 ～ 95%を占めるため，大気平衡での $\delta^{13}C_{DIC}$ 値は HCO_3^- の $\delta^{13}C$ 値（水温範囲 15 ～ 25℃で±0.5‰）に近くなるはずである（図 4-2-3）．

Cole ら[25]は世界各地の 1,835 の湖沼から得られた 4,665 の試水の pCO_2 の値を整理した結果，表層水中の CO_2 の大気に対する飽和度が 100±20%の範囲に入る湖沼は全体の 10%程度にすぎず，大部分の湖沼（87%）では CO_2 が顕著に過飽和となっていたことを報告している．また Striegl ら[26]がアメリ

表 4-2-1 湖沼における溶存無機炭素がかかわる諸反応の炭素同位体分別 [23]

		分別係数（‰） ε (reactant − product)	
ガス交換	$CO_2(aq) \rightleftarrows CO_2(g)$	+ 1.1	
1次解離	$CO_2(aq) \rightleftarrows HCO_3^-$	− 12 〜 − 9（0 〜 25℃）	
2次解離	$HCO_3^- \rightleftarrows CO_3^{2-}$	− 0.4	
光合成	$CO_2(aq) \rightarrow CH_2O$	0 〜 + 20	※1
呼吸	$CH_2O \rightarrow CO_2(aq)$	〜 0	※2
メタン生成	$2CH_2O \rightarrow CH_4 + CO_2$	+ 15 〜 + 100	※3
	$CO_2 + 4H_2 \rightarrow CH_4 + 2H_2O$		
メタン酸化	$CH_4 + O_2 \rightarrow CO_2$	+ 5 〜 + 35	※3

※1　6章1節参照。※2　表4-2-2参照。※3　5章3節参照。

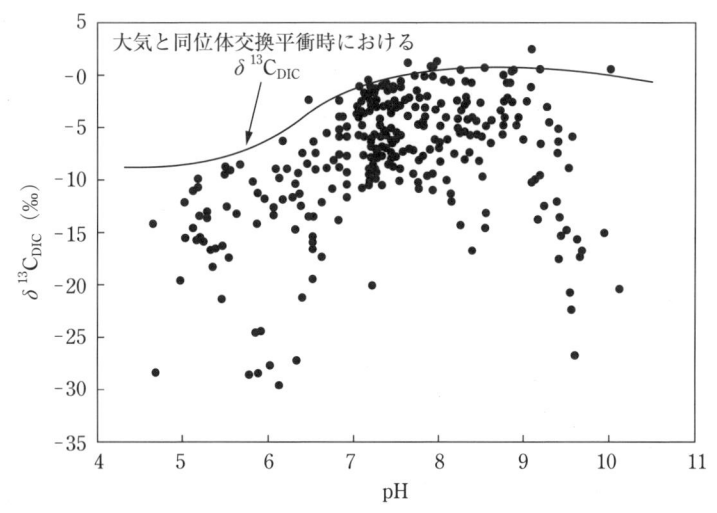

図 4-2-3　アメリカ合衆国のウィスコンシン州北部とミシガン州の32の湖沼における $\delta^{13}C_{DIC}$ と，文献から収集した4大陸の72の湖沼での $\delta^{13}C_{DIC}$ をpH値に対してプロットしたもの[24]。実線はZhangら[2]の式に基づいて計算した大気との同位体交換平衡時の値を示す。

カとフィンランドの合わせて142の湖沼から得た pCO_2 は8.6 Pa 〜 4,290 Paの範囲を示し，中には大気の37 Pa（365 µatm）より116倍も高い湖もあった。これらの結果から，大部分の湖沼においては，湖沼から大気へ CO_2 が放出されていると考えられる。

先ほどのStriegl ら[26]の研究では，$\delta^{13}C_{DIC}$の範囲は全体としては−26.28‰〜+0.95‰であり，pCO_2の高い湖沼ほど$\delta^{13}C_{DIC}$は低くなる傾向があった。Bade ら[24]は米国ウィスコンシン州北部とミシガン州の32の湖沼において$\delta^{13}C_{DIC}$値が−31.1〜−2.1‰の範囲で分布することを報告している。さらに，彼らが文献から収集した4大陸の72の湖沼からの$\delta^{13}C_{DIC}$値を加えるとその範囲は−31.1〜+2.6‰と若干広がる。これらの$\delta^{13}C_{DIC}$値をpHに対してプロットすると，ほとんどの湖沼が大気平衡を仮定した場合に計算される$\delta^{13}C_{DIC}$値より低い値を示す（図4-2-3）。このように大部分の湖沼において，$\delta^{13}C_{DIC}$値が高い場合でも0‰以下を示し，大気平衡値から下方へずれていることがわかる。

それでは大気からのCO_2の溶け込みは水中の$\delta^{13}C_{DIC}$値にどれくらいの影響を及ぼすことができるのだろうか。Quayら[27]はワシントン湖での大気とのCO_2の交換をCO_2と$\delta^{13}C_{DIC}$のマス・バランス式（後述の式(3)と(4)）を用いて推定した結果，夏季には大気から溶け込んだCO_2が表水層での光合成を支え，冬季には水中から大気へCO_2が放出されることによって，年を通して炭素のバランスが取れていると報告している。同様にHerczeg[28]によると，米国ニューヨーク州のモホンク湖でも，夏季の植物プランクトンのブルームを維持する主なDICの供給源は大気からの流入するCO_2であると報告している。Stillerら[29]はイスラエルのキネレト湖で，光合成が活発な時期である5〜6月の1か月間に大気から表水層へ0.3 mol m^{-2}のCO_2が流入したと見積もっている。このCO_2の流入速度はモホンク湖でも大きくは違わない。キネレト湖では表層水中のDIC濃度は1,500〜2,500 μMでプールサイズはおよそ19.8 mol C m^{-2}となる。この場合，大気から上記の流入速度でCO_2が流入したとしても湖水の$\delta^{13}C_{DIC}$を0.05‰だけしか上昇させられないことになる。しかしワシントン湖とモホンク湖でのDIC濃度はそれぞれ660 μMと130 μMと低いため，同じCO_2フラックスがあれば湖水の$\delta^{13}C_{DIC}$の変化幅は数倍から十数倍になる。このように大気からのCO_2の流入の影響は表層水中のDICのプールサイズに依存する。

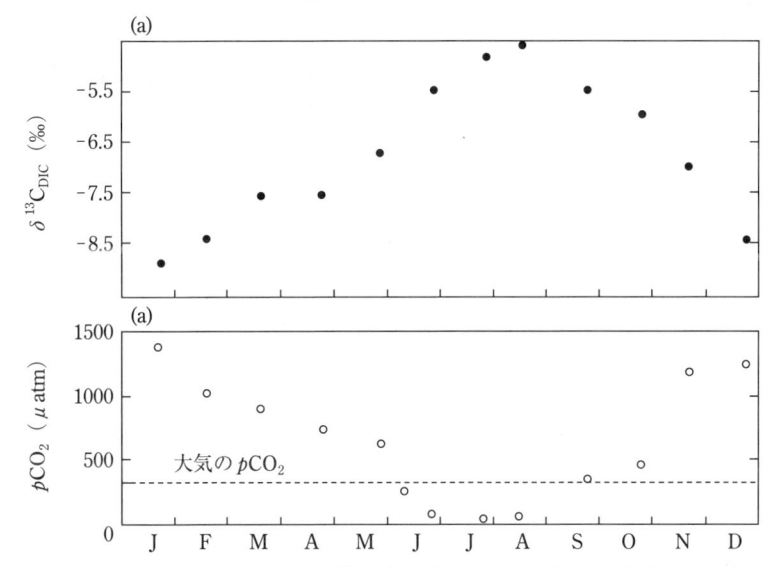

図 4-2-4 アメリカのワシントン湖の表水層における $\delta^{13}C_{DIC}$ (a) と pCO_2 (b) の季節変化[27]。pCO_2 は水温，pH，アルカリ度から計算で求めたもの。点線は大気の CO_2 分圧 $pCO_2 = 340$ μatm を示す。

2-2. 光合成と溶存無機炭素の安定同位体比

植物が光合成によって CO_2 を有機物に変換する際に大きな同位体効果が伴う（p. 253 以下）。したがって，湖沼の有光層において光合成が進行するとDIC 濃度が徐々に減少し，水中に残った DIC の $\delta^{13}C$ は上昇するのと同時に，DIC より通常 10‰ 以上低い $\delta^{13}C$ をもつ粒子態有機炭素（懸濁態有機炭素：particulate organic carbon：POC）が生産される。

実際，数多くの研究者がさまざまな湖において夏の成層期の間，表水層での DIC 濃度の減少と $\delta^{13}C_{DIC}$ の上昇を報告している[27~31]。たとえば，Quayら[27]はアメリカのワシントン湖でおこなった研究から，表水層での pCO_2 と $\delta^{13}C_{DIC}$ の季節変化が互いに逆相関してミラーイメージとなることを報告している（図 4-2-4）。筆者らが近年，琵琶湖で実施した調査においてもこのようなパターンが明瞭に見られた（図 4-2-5）。4 月には水温の分布から湖水は全循環（holomixis）の状態にあることがわかり，そのため POC，DIC 濃度，$\delta^{13}C_{DIC}$ とも全層で均一に分布していた。8 月になると表面水温の上昇によ

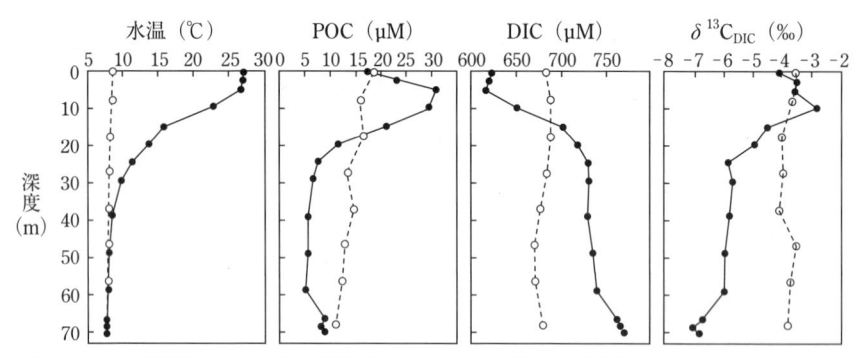

図4-2-5 琵琶湖における全循環期（○, 2005年4月）と成層期（●, 同8月）の水温, 懸濁態有機炭素濃度（POC）, 溶存無機炭素濃度（DIC）, $\delta^{13}C_{DIC}$の鉛直分布（金ら, 未発表）。

り水温成層が発達しており, 光合成が活発におこなわれる表水層ではPOC濃度が高くなり, DIC濃度が年間最低値である615 μMまで低下するとともに, $\delta^{13}C_{DIC}$値は年間最高値である-2.86‰まで高くなった。

この関係を利用すると, 表水層を均一なボックスと仮定するボックス・モデルによって, 湖沼での植物プランクトンによる光合成によるDIC濃度の減少と$\delta^{13}C_{DIC}$の上昇から積分的な純一次生産量（net primary production）を推定することができる。Quayら[27]は, DICの河川からの流入と河川への流出, 大気とのCO$_2$の交換, 表層水における純生産を考慮したDICの濃度 (3) と$\delta^{13}C_{DIC}$ (4) のマス・バランス式を以下のように与えている。

$$V \cdot \left[\frac{d(DIC_{lake})}{dt}\right] = I \cdot DIC_i - O \cdot DIC_o + E - P \quad (3)$$

$$V \cdot \left[\frac{d(DIC_{lake} \cdot \delta^{13}C_{lake})}{dt}\right] = I \cdot DIC_i \cdot \delta^{13}C_i - O \cdot DIC_o \cdot \delta^{13}C_o$$
$$+ E \cdot \delta^{13}C_g - P \cdot \delta^{13}C_p \quad (4)$$

Vは表水層の容積, Iは河川流入量, Oは河川流出量, Eは大気とのCO$_2$ガス交換（湖水への溶解を正に取る）, Pは純生産, tは時刻を示す。またDIC_{lake}, DIC_i, DIC_oはそれぞれ表水層, 流入河川, 流出河川水中のDIC濃度であり, $\delta^{13}C_{lake}$, $\delta^{13}C_i$, $\delta^{13}C_o$はそれぞれ表水層, 流入河川, 流出河川

表 4-2-2 有機物の分解に伴う炭素安定同位体分別

		$\delta^{13}C$ (‰)			文献
		分解前 (a)	分解後 (b)	差分 ε(a − b)	
高等植物	*Spartina alterniflora*	−12.5	−12.4	−0.1	32
	Salicornia virginica	−26.2	−26.2	±0.0	32
	Juncus roemerianus	−23.0	−22.7	−0.3	32
海草	*Heterozostera tasmanica*	−13.1	−11.9	−1.2	33
大型藻類	*Acrocarpia paniculata*	−21.0	−21.1	+0.1	33
	Hormosira banksii	−14.8	−14.6	−0.2	33
	Ecklonia radiata	−15.7	−16.5	+0.8	33
	Ulva taeniata	−17.8	−16.7	−1.1	33
	Ulva spathulata	−19.5	−18.9	−0.6	33
	Gigartina sp.	−20.6	−19.9	−0.7	33
珪藻	*Skeletonema costatum*	−22.5±0.3	−22.4±0.2	−0.1	34
懸濁態有機物		−24.2±0.15	−26	+1.8	35

水中の $\delta^{13}C_{DIC}$,また $\delta^{13}C_g$ は大気の CO_2 ガスの $\delta^{13}C$, $\delta^{13}C_p$ は植物プランクトンの $\delta^{13}C$ である。この2つの式を用いることにより,表水層の DIC 濃度と $\delta^{13}C_{DIC}$ との季節変化のデータから大気との交換量 E と植物プランクトンの光合成による純生産量 P を求めることができる。

2-3. 有機物の分解

光合成過程で起きる炭素同位体分別によって,有機物は DIC より低い $\delta^{13}C$ 値をもつことになる。一方,有機物が分解される際の同位体分別はごく小さいとされている。水生植物,藻類,海草などを用いておこなわれたさまざまな分解実験から,分解前後の有機物の $\delta^{13}C$ の変化は1‰前後と小さいことがわかる(表4-2-2)。したがって低い $\delta^{13}C$ をもつ有機物が分解されると,低い $\delta^{13}C$ をもつ CO_2 が生成される。このため,深層水中に有機物の分解によって CO_2 が供給されている場合,DIC 濃度の増加に伴い $\delta^{13}C_{DIC}$ は低くなることになる。

深水層において DIC 濃度の増加に伴い $\delta^{13}C_{DIC}$ が低くなる例は数多く報告されている[27〜31,36,37]。Weiler ら[36] はエリー湖において,その成層期間中の深

水層における DIC 濃度の増加と $\delta^{13}C_{DIC}$ の低下を観測した。彼らは深水層を大気とのガス交換がない閉鎖系と仮定し，DIC 濃度と $\delta^{13}C_{DIC}$ の変化から粒子態有機物の沈降フラックスの 75％が沈降過程で分解されたと見積もっている。一方，ワシントン湖における同様のデータを調べた Quay ら[27] は，成層期間中に表水層における純生産の 2 倍にあたる DIC が深水層で生成されていることを観察し，湖内で生産される有機炭素だけではかならずしも深水層での DIC の生産が説明できないことを指摘している。Miyajima ら[37] は琵琶湖での全水深で 1 年にわたって得られたデータを用いて，深水層での溶存酸素濃度の変化と DIC 濃度の変化および $\delta^{13}C_{DIC}$ の変化が相関していること（それぞれ $r=0.874, 0.938$）を示している。これらの結果は DIC 濃度と $\delta^{13}C_{DIC}$ の変化が主として湖内の生産と好気的分解によって引き起こされていることを示唆する。筆者らによる琵琶湖での最近の研究においても深水層での DIC 濃度の増加と $\delta^{13}C_{DIC}$ の低下が相関していることが明らかである（図 4-2-5）。

2-4. 河川からの DIC の流入

河川水中に含まれる DIC の流入は湖沼の DIC の濃度と $\delta^{13}C_{DIC}$ に影響を及ぼすはずである。とくに 4 章 1 節で述べたように①流域の地質学的特性（母岩の組成）や②土地利用により影響のあり方が異なる。また，③湖沼の水の滞留時間が短いほど，また④湖沼の純生産が 0 に近いほど，河川からの流入の影響が湖沼内プロセスの影響に比べて相対的に大きくなる。河川による影響を評価するためには，これらの 4 つの条件を総合的に考慮する必要がある。

2-5. メタンの生成と酸化

湖沼の炭素化合物の中でメタン（CH_4）は極端に低い $\delta^{13}C$ を示す。メタンの生成・酸化にかかわる詳しいプロセスについては 5 章 2, 3 節を参照していただきたい。ここでは，実例を紹介しよう。嫌気的堆積物における CO_2 からのメタン生成に伴う炭素同位体分別は非常に大きいため，メタン生成の後に堆積物中に残される DIC の $\delta^{13}C$ は非常に高くなることがある。実際，海底と湖底の堆積物間隙水から著しく高い $\delta^{13}C_{DIC}$ が報告されている（それぞれ +17‰[38] および +14‰[29]）。湖底堆積物中のメタン生成の結果として残存す

る高い $\delta^{13}C$ をもつ CO_2 が水中に溶出すると，水中での DIC 濃度の増加に伴い $\delta^{13}C_{DIC}$ も上昇することになる．

Gu ら[39]はアメリカのフロリダ州の過栄養湖（hypertrophic lake）であるアポプカ湖で得られた $+5 \sim +13$‰という非常に高い $\delta^{13}C_{DIC}$ の値を，嫌気的な湖底でのメタン生成に起因する高い $\delta^{13}C$ をもつ CO_2 の水中への溶出で説明している．逆に非常に低い $\delta^{13}C$ をもつ CH_4 が好気的な湖水中へ溶出し，そこで微生物酸化を受けると，非常に低い $\delta^{13}C$ をもつ CO_2 が生成される．この場合は，DIC 濃度の増加とともに $\delta^{13}C_{DIC}$ が低くなることになる[40]．嫌気的な湖底からの高い $\delta^{13}C$ 値をもつ CO_2 と低い $\delta^{13}C$ 値をもつ CH_4 が同時に水中に溶出すると，両者の影響は相殺されるかもしれない．水深，成層条件，酸化還元条件などさまざまな湖沼環境条件の違いに依存して湖底からの CO_2 や CH_4 の溶出とその $\delta^{13}C_{DIC}$ への影響は異なる．$\delta^{13}C_{DIC}$ と CH_4 の $\delta^{13}C$ を併用することによって，個々の湖の嫌気的分解系の特徴を推測することも可能になる（5章2, 3節）．

2-6. 炭酸カルシウムの沈澱と溶解

湖沼の有光層において CO_2 を消費するプロセスとしては，光合成以外に炭酸カルシウム（$CaCO_3$）の無機化学的沈澱があげられる．いくつかの湖沼では光合成が活発な時期に $CaCO_3$ の沈澱が進み，白色の沈澱物の層が湖水の水際の水面下に形成されているのを見ることができる．このような湖沼は泥灰土湖（marl lake）とよばれる．またこのような現象を白色化（lake whitening）という．その反応式を式 (5) に示す．

$$Ca^{2+} + 2 HCO_3^- \rightleftarrows Ca(HCO_3)_2 \rightarrow CaCO_3 + H_2O + CO_2 \tag{5}$$

カルシウム（Ca^{2+}）が豊富な硬水地帯にある湖沼では流入河川を通じて Ca^{2+} が供給され，式 (5) の反応によって不溶性の $CaCO_3$ の沈澱が生成する．有光層では $CaCO_3$ と同時に生成される CO_2 が光合成により利用されるため，式 (5) の平衡が右に寄って順反応が促進される．しかし，表水層で生成した $CaCO_3$ が深水層へ沈降すると，深水層は pH が低く $CaCO_3$ について不飽和であるために溶解がはじまる．大きい同位体分別をもつ光合成により生成さ

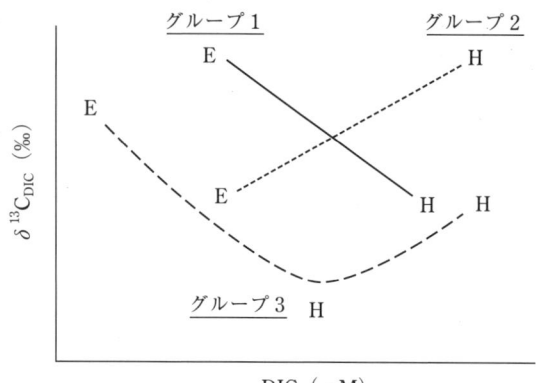

図 4-2-6 湖沼における $\delta^{13}C_{DIC}$ と DIC 濃度の関係[42]（詳しくは本文を参照）。
E：表水層（Epilimnion），H：深水層（Hypolimnion）

れた有機物とは異なり，$CaCO_3$ の $\delta^{13}C$ は HCO_3^- の $\delta^{13}C$ とほぼ等しく高い。したがって深水層で $CaCO_3$ が溶解されると DIC 濃度が増加するとともに，$\delta^{13}C_{DIC}$ も上昇することになる。

しかし日本では隆起サンゴ礁や石灰岩からなる沖縄などの一部を除けば，地下水といえども軟水であるため[41]，$CaCO_3$ の無機化学的沈澱は起きにくいと考えられる。

3. 湖沼内・湖沼間の $\delta^{13}C_{DIC}$ の分布パターン

3-1. 湖沼内 DIC 濃度と $\delta^{13}C_{DIC}$ の鉛直分布に見られるパターン

以上で述べた $\delta^{13}C_{DIC}$ に影響を及ぼすさまざまな要因の相対的重要度は湖沼ごとに異なる。たとえば，Myrbo ら[42] は湖沼内部における DIC 濃度と $\delta^{13}C_{DIC}$ 値の鉛直分布の特性にもとづいて湖沼を 3 つのグループに分類している（図 4-2-6）。

①表水層より深水層において DIC 濃度が高いが，$\delta^{13}C_{DIC}$ は低い湖沼群（図 4-2-6 の実線）。これは湖水中の炭素循環が主として有機物の生産と好気性分解により決められている場合で，もっとも多くの湖沼に見られるもの

②表水層より深水層において DIC 濃度，$\delta^{13}C_{DIC}$ ともに高い湖沼群（図4-2-6の点線）。この成因としては２つの可能性があり，１つは，上で述べた表水層における $CaCO_3$ の沈澱と深水層におけるその再溶解である。第二の可能性は，湖底堆積物中でのメタン生成が進行した後に残された高い $\delta^{13}C$ をもつ CO_2 の湖底からの溶出である。

③ DIC 濃度は深度とともに上昇するが，$\delta^{13}C_{DIC}$ は中層までいったん低下した後，湖底に向かって再び上昇するような湖沼群（図4-2-6の破線）。これは上記２つのケースの複合的な場合と考えることができる。表層から中層にかけては有機物の生産と分解が DIC と $\delta^{13}C_{DIC}$ を支配するが，湖底堆積物表層部では有機物分解が炭酸塩の溶解やメタン生成と並行して進むために $\delta^{13}C_{DIC}$ が再び上昇する。別の可能性として，化学躍層による永久的な密度勾配ができている部分循環湖や汽水湖で，深層部には海塩に由来する $\delta^{13}C_{DIC}$ の高い DIC が供給されて主成分となっている場合もこのようなパターンを示す。

3-2. 湖沼間での $\delta^{13}C_{DIC}$ のパターン

アメリカとフィンランドの 142 の湖沼群（二回循環湖）における $\delta^{13}C_{DIC}$ が $-26.28‰ \sim +0.95‰$ まで幅広く変動することを報告した Striegl ら[26]は，湖沼間の違いをもたらす要因として地質学的要因と生物学的要因とをあげている。たとえば，もっとも低い pCO_2 ともっとも高い $\delta^{13}C_{DIC}$ 値が非炭酸系岩盤地域に分布する湖沼から得られたのに対して，逆にもっとも高い pCO_2 ともっとも低い $\delta^{13}C_{DIC}$ が得られた湖沼は泥炭地帯に分布する湖沼であったことから，後者の湖沼群に見られる高い pCO_2 と低い $\delta^{13}C_{DIC}$ の原因を泥炭地帯から流入する溶存有機炭素（DOC：p. 192）の分解無機化に帰している。pCO_2 が増えつづけても $\delta^{13}C_{DIC}$ 値が $-26.3‰$ より低くはならない理由として，陸起源有機物（$\delta^{13}C$ は約 $-28‰$）の分解のという生物学的要因が $\delta^{13}C_{DIC}$ の主要な規定要因となっているためと説明している（図4-2-7）。

これに対して Bade ら[24]は，ウィスコンシン州北部とミシガン州に分布する 32 の湖沼を調査し，Striegl ら[26]の結果とほぼ重なる範囲である $-31.1 \sim$

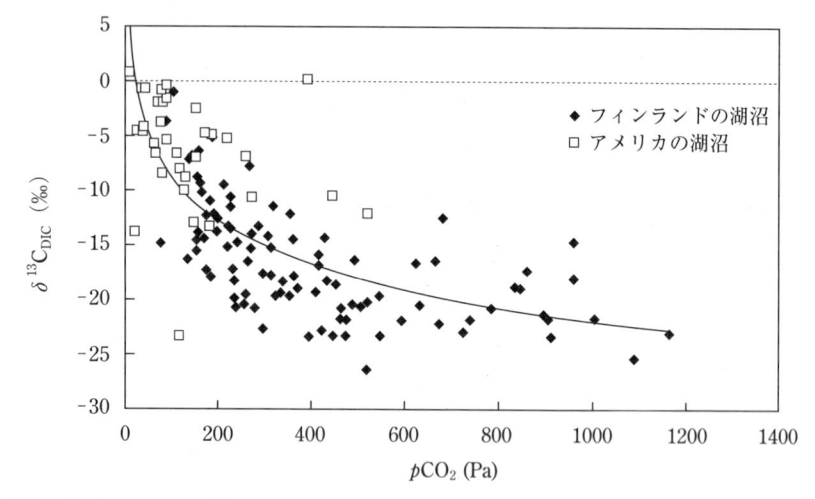

図4-2-7 アメリカとフィンランドの142の湖沼で結氷期直前に得られた $p\mathrm{CO}_2$ と $\delta^{13}\mathrm{C}_{\mathrm{DIC}}$（回帰曲線： $\delta^{13}\mathrm{C}_{\mathrm{DIC}} = -5.76 \times \ln p\mathrm{CO}_2 + 17.8$; $r^2 = 0.54$; $\mathrm{p} = 10^{-6}$）[26]

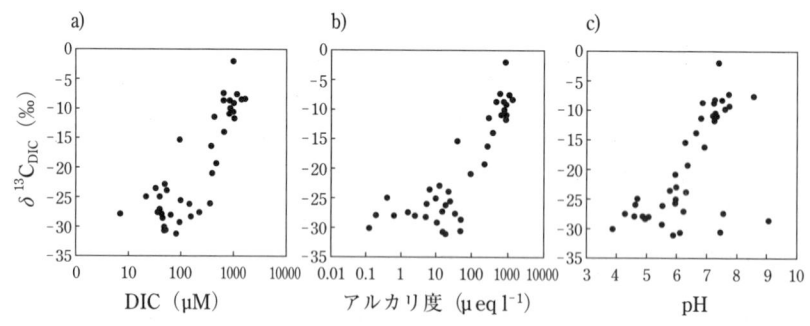

図4-2-8 アメリカ合衆国のウィスコンシン州北部とミシガン州の32の湖沼から得られた a) DIC濃度，b) アルカリ度，c) pH と $\delta^{13}\mathrm{C}_{\mathrm{DIC}}$ との関係[24]

$-2.1‰$ の $\delta^{13}\mathrm{C}_{\mathrm{DIC}}$ の分布を得たが，$\delta^{13}\mathrm{C}_{\mathrm{DIC}}$ が DIC 濃度，アルカリ度，pH などの地球化学的要因と有意な相関を示した（図4-2-8）のに対し，一次生産や呼吸とは有意な相関関係が認められなかった。$\delta^{13}\mathrm{C}_{\mathrm{DIC}}$ と DIC 濃度との正の相関関係（図4-2-8a）は，一見，Striegl ら[26] の結果（図4-2-7）とは逆のように見える。また $\delta^{13}\mathrm{C}_{\mathrm{DIC}}$ は pH とも正の相関関係を示していた（図4-2-8b）が，これは次のように説明できる。pH が高い湖沼では，DIC 濃度が高くても DIC のほとんどが HCO_3^- として存在し，$p\mathrm{CO}_2$ は低いため，$\delta^{13}\mathrm{C}_{\mathrm{DIC}}$ は

第 4 章　有機物負荷　147

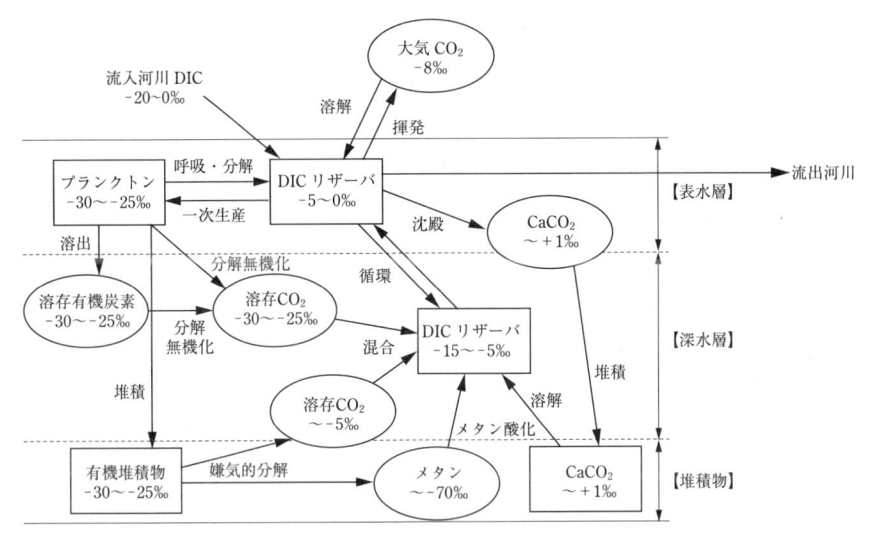

図 4-2-9　成層期の湖沼における炭素循環と同位体効果[36]

HCO_3^- のそれを反映するために高くなる。逆に pH が低い湖沼では，pCO_2 が高く，DIC の大部分が $H_2CO_3^*$ の形で存在するため，$\delta^{13}C_{DIC}$ はそれを反映して低くなる。しかしすでに述べたように，pH による無機炭素化学種の存在比の変化だけでは，$\delta^{13}C_{DIC}$ の約 8.6‰ の違いしか説明がつかない。pH が低い湖沼は有機酸が湖水中に高濃度で存在している腐植湖であり，有機酸の分解により低い $\delta^{13}C$ をもつ CO_2 が生成されることで $\delta^{13}C_{DIC}$ がさらに低下していることが考えられる。実際，彼らは $\delta^{13}C_{DIC}$ を pCO_2, pH, DIC 濃度，アルカリ度，湖沼面積，全リン濃度，DOC，クロロフィル濃度などに対して重回帰分析をおこなった結果，$\delta^{13}C_{DIC}$ に対する正の影響因子としては DIC 濃度が，負の影響因子としては pCO_2 と DOC 濃度が有意に効いていることを示した。彼らは，地球化学的要因と生物学的要因の影響（図 4-2-9）は湖沼の滞留時間と純生産の様相で異なると指摘している。たとえば，滞留時間は 4.6 年で，純生産が -0.1 mmol m^{-3} d^{-1} と生産・分解が拮抗している湖では $\delta^{13}C_{DIC}$ が -2.1‰ で，地球化学的要因（この場合は大気とのガス交換）が主要支配要因と考えられたが，滞留時間は 0.5 年と短いものの純生産が -5.4 mmol m^{-3} d^{-1} と顕著に従属栄養的な湖では $\delta^{13}C_{DIC}$ が -8.9‰ であり，地球化学的

要因と生物学的要因（分解無機化）がともに効いていることが示唆された。これに対して滞留時間が 8 年と長く，純生産が -8.2 mmol m^{-3} d^{-1} と従属栄養的である湖では $\delta^{13}C_{DIC}$ は -11.55‰を示し，地球化学的要因より生物学的要因が主要支配要因となっていると評価されている。

このように，炭素循環の指標として $\delta^{13}C_{DIC}$ を用いる場合，生物学的要因だけではなく，とくに湖沼間の比較に用いる場合では，以上に述べたさまざまな物理的・地球化学的要因も考慮することが必要である。

4. 湖沼内で代謝される陸起源有機物と湖内生産有機物との相対的寄与率の評価

小型腐植湖でおこなわれた数多くの研究により，流域から流入する陸起源有機物が以前に考えられていたほど難分解性ではなく，バクテリアにより利用可能であることが明らかにされている[43,44]。湖内でのバクテリアによる有機物分解が一次生産による炭酸固定を越えることはしばしば報告されている[45]。このような研究結果は多くの湖沼が純従属栄養系 (net heterotrophic system) であることを示唆している[46]。このことは前述したように大部分の湖沼の表水層における CO_2 が大気に対して過飽和であるという報告[25]とも符合する。Del Giorgio ら[46]は，多くの湖沼において一次生産速度を上回る分解速度が観察されていることについて，それを外部から流入した有機物の湖内における分解に帰している。しかし単にある時点において分解が生産を上回っていたという観察結果だけでは，外部起源有機物が湖沼の代謝に使われていることの直接の証拠にはならないし，観察された分解速度のうちのどの程度が外部起源有機物に依存しているのかも明らかではない。

植物プランクトンに由来する水域内で生成された現地性の有機物と，主として陸上の C_3 植物に由来する異地性の有機物の間で $\delta^{13}C$ が異なるという特徴を利用すると，湖沼内に存在する有機物の起源を探ることができる*。ま

---

* 現地性 (autochthonous) は自生性とも，また異地性 (allochthonous) は他生性とも訳される。4 章 4, 5 節参照。

た各生物の $\delta^{13}C$ と $\delta^{15}N$ を同時測定することにより，内部生産有機物と陸上植物由来有機物が生物にどのように利用されているのかを評価することができる。

一方，分解過程で生成された CO_2 の $\delta^{13}C$ 値を利用すると，湖沼全体のスケールで従属栄養代謝に利用されている有機物の起源を簡単に推定することができる。有機物が完全に分解される場合には炭素同位体比は変化しないはずである。しかし，ある特定有機分子が選択的に分解または残存される場合は結果として，分解産物の CO_2 と残存する有機物の間に $\delta^{13}C$ の差が生じる。たとえば表 4-2-2 で示した例のうち Lehmann ら[35]がおこなった研究を見ると，スイスのルガノ湖の表水層から採集した 20 µm 以上のサイズの懸濁態有機物の分解実験の結果，分解前の懸濁態有機物の $\delta^{13}C$ 値は $-24.2‰$ であったが 111 日間の実験期間中に 86.2% が分解され，残りの懸濁態有機物の $\delta^{13}C$ の値が $-26‰$ まで低くなった。マス・バランス計算によると，分解により生成された CO_2 の $\delta^{13}C$ 値は $-23.9‰$ となる。すなわち，Lehmann ら[35]が採集した懸濁態有機物は $-23.9‰$ の $\delta^{13}C$ 値を示す易分解性有機物と $-26‰$ の $\delta^{13}C$ 値を示す難分解性有機物の混合物であったと推定される。

実際の湖沼中の有機物は，相対的に低い $\delta^{13}C$（約 $-28‰$）をもつ陸上植物由来有機物と相対的に高い $\delta^{13}C$（多くの場合 $-20‰$ 前後）をもつ湖沼内部で生産された植物プランクトン由来の有機物の混合物である。もし湖沼内部の呼吸・分解によって発生している DIC の $\delta^{13}C$ を求めることができれば，それによっておもに湖沼外の陸上植物由来の有機物が湖沼内でエネルギー代謝に利用されているのか，それとも湖沼内部で生産されたプランクトン由来の有機物が使われているのかが推定できることになる。

成層湖の深水層は表水層や大気に対して実質的に閉じているため，深水層中の DIC は停滞期開始時点で存在していた DIC と，停滞期開始以降に深水層や堆積物中で呼吸により発生した DIC との混合物と見なすことができる。停滞期初期における深層水の DIC 濃度とその同位体比を $[DIC]_i$ および $\delta^{13}C_i$，停滞期のある時点における DIC のそれらを $[DIC]$ および $\delta^{13}C$，停滞期開始後に呼吸によって負荷された DIC のそれらを $[DIC]_r$ および $\delta^{13}C_r$ とおくと，

$$[DIC] = [DIC]_i + [DIC]_r \tag{6}$$

$$\delta^{13}C = \frac{[DIC]_i \cdot \delta^{13}C_i + [DIC]_r \cdot \delta^{13}C_r}{[DIC]_i + [DIC]_r} \tag{7}$$

と表すことができる。いま $\delta^{13}C_r$ が一定と仮定すると，これらより $[DIC]_r$ を消去して

$$\delta^{13}C = \delta^{13}C_r + \frac{[DIC]_i \cdot (\delta^{13}C_i - \delta^{13}C_r)}{[DIC]} \tag{8}$$

となる。すなわち深水層の $\delta^{13}C_{DIC}$ を DIC 濃度の逆数に対してプロットすると直線で回帰できるはずであり，回帰直線を x = 0 まで補外した時の y 切片の値として呼吸により発生した DIC の $\delta^{13}C$ が求められることになる。$\delta^{13}C_r$ が一定でない場合は，近似的に一定と見なすことができる時間範囲，深度範囲のデータに限定して回帰を適用することになる。この手法はキーリング・プロット (Keeling plot) とよばれ，DIC と同様に湖沼内で生成する一酸化二窒素 (N_2O : p.202, 388) やメタン (p.233 以下) の安定同位体比を推定する際にもしばしば用いられている。

　Miyajima ら[37] はこの方法により琵琶湖の深水層における DIC 濃度と $\delta^{13}C_{DIC}$ の鉛直・季節変化から実際に分解された有機物の起源の推定を試みた (図4-2-10)。その結果，深水層における平均的な $\delta^{13}C_r$ は $-21 \sim -15$‰ と見積もられた。一方，琵琶湖の懸濁物のうち主としてデトリタスや土壌由来粒子に対応する 2.7 〜 20 μm のサイズ画分における $\delta^{13}C$ は $-24.2 \sim -23.9$‰ であるのに対して，植物プランクトンに対応する 40〜150 μm のサイズ画分では $-19.8 \sim -17.7$‰ と高くなる。これらの比較から，琵琶湖の深水層での従属栄養代謝に利用されている有機物の主成分は，湖沼内部で生産された植物プランクトンに由来する有機物であることが示唆された。しかし $\delta^{13}C_r$ を層別に計算してみると深水層の中でも深い部分ほど推定値が低くなる傾向があり，底泥付近における従属栄養代謝には陸上植物由来の有機物も有意に寄与している可能性が認められた。筆者らが同様の方法で最近得たデータ (未発表) からも，琵琶湖の深層水中で分解無機化されている有機炭素のうち最

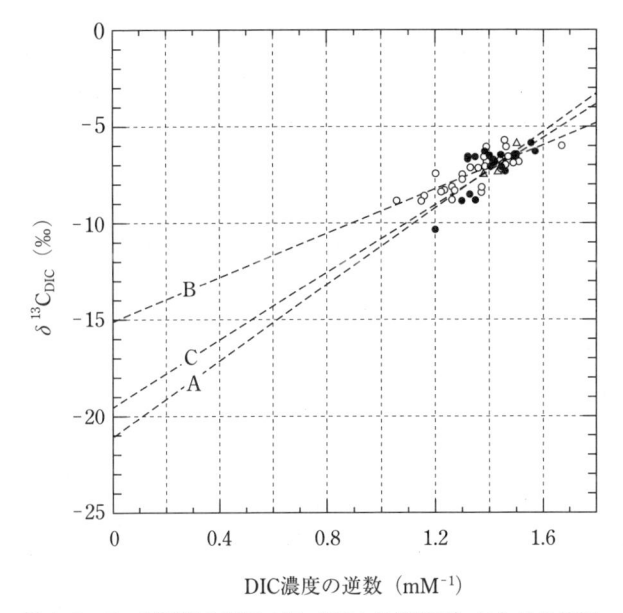

図 4-2-10 琵琶湖北湖深水層（1994 年停滞期）における DIC 濃度とその $\delta^{13}C$ との関係[37]。キーリング・プロット（本文参照）によって深水層に負荷された CO_2 の同位体比を見積もるために，DIC 濃度は逆数を取ってある。●：水深約 90 m の定点 A（$r^2=0.595$），○：水深約 75 m の定点 B（$r^2=0.633$），△：水深約 40m の定点 C（$r^2=0.522$）。それぞれに定点のデータに対して引いた回帰直線を破線で表示した。

大見積として 47％が異地性の高等植物由来有機炭素である可能性が示唆されている。

近年アメリカのスペリオル湖でおこなわれた研究[47]では，深水層における CO_2 の生成が表水層からの粒子態有機物の沈降フラックスを大幅に上回ることが報告された。また筆者ら[48]は琵琶湖の深水層における溶存酸素の消費には，全循環期に深水層へ混合輸送されたのち残存している溶存態有機物が有意に寄与していることを報告した。

一般に，湖沼の深水層における従属栄養代謝により生成される CO_2 の起源を評価するためには，成層期に表水層で生産され深水層へ沈降輸送された粒子態有機物，冬の全循環期に深水層へ混合輸送された溶存態有機物，陸起

源有機物などの異なる起源,異なる供給経路をもつ有機物を考慮しなければならない。陸起源有機物の $\delta^{13}C$ の代表値としては-28‰を用いることが一般的である。これに加えて表水層中の懸濁態有機物,沈降有機物,溶存態有機物の濃度と $\delta^{13}C$ 値のデータが得られるならば, $\delta^{13}C_{DIC}$ の時空間分布から湖内での代謝に実際に使われている有機物の起源やその供給経路を推定することが可能になる。

3 有機物の生産と分解（Ⅱ）
── 溶存酸素安定同位体比による評価 ──

1. 溶存酸素の動態と環境診断

　湖沼や河川水中の溶存酸素濃度は，おもに，光合成による生成と，酸素呼吸に伴う消費，および，大気からの供給という3つのフラックスのバランスによって決まる。湖沼や内湾では，有機物負荷に伴う酸素消費の増大や，水体の停滞による物理的な酸素供給の低下によって，貧酸素水塊や無酸素水塊が形成されることがある。溶存酸素濃度の低下は，直接的に魚類など水棲動物の生存にかかわるほか，硫化水素の発生などによる環境悪化を招くこともある。したがって，水域において溶存酸素の動態を把握することは環境診断の重要な要素になる。本節では，酸素の安定同位体比を用いた，溶存酸素の動態の研究を紹介する。地球化学の分野において，酸素同位体比の測定がはじまったのは1930年代に遡るが[49]，手法が煩雑であったこともあり，環境科学においてこの手法が適用されはじめたのは比較的最近である。本節では，酸素安定同位体を用いた生産と分解の評価法の基本的な概念を解説するとともに，湖沼，河川，海洋における研究例を紹介する。

2. 溶存酸素の安定同位体比とは

　酸素原子には3つの安定同位体（^{16}O, ^{17}O, ^{18}O）がある（p.15）。標準海水（VSMOW）の酸素（H_2OのO）には，^{16}O, ^{17}O, ^{18}Oのそれぞれが，99.76206%，0.03790%，0.20004%の百分率で含まれている[50]。安定同位体比としては，$\delta^{17}O$, $\delta^{18}O$の2種類を用いることができるが（δ-表記法についてはp.15〜16を参照），生産と分解に関する研究では，$\delta^{18}O$を使う場合が多い。一方，総酸素生成速度（GOP：gross oxygen production）の推定には$\delta^{17}O$, $\delta^{18}O$のずれ（アノマリー）を表す$\Delta^{17}O = (\delta^{17}O - 0.52 \cdot \delta^{18}O) \times 1000$ (per meg)を利用することもできる。通常の同位体分別は質量の比に依存して起こる（質量依存的同位体分別：mass-dependent fractionation）のに対し，成層圏の高

エネルギー反応では質量非依存的に同位体分別が起こる（mass-independent fractionation）。そこで，このときに生ずるアノマリー（$\Delta^{17}O$）をトレーサーとして利用しようという試みである（詳しくは7章1節を参照）。

溶存酸素の安定同位体比は，一般の酸素化合物（水，二酸化炭素など）中の酸素同位体比と同様に，VSMOW を標準物質にして表記する場合と，大気中の酸素（標準大気：HLA：Holy Land Air）を標準物質にして表記する場合がある。後者は溶存酸素の研究において使用される特別な表記方法である。HLA を標準物質とした場合の $\delta^{18}O$（$\delta^{18}O_{HLA}$）と，VSMOW を標準物質とした場合の $\delta^{18}O$（$\delta^{18}O_{VSMOW}$）の関係は，下式で表される[51]。

$$\delta^{18}O_{HLA} = [(1+\delta^{18}O_{VSMOW}/1000)\times 1000/1023.5 - 1]\times 1000$$

同様に，$\delta^{17}O$ の場合は下式のようになる[52]。

$$\delta^{17}O_{HLA} = [(1+\delta^{17}O_{VSMOW}/1000)\times 1000/1012.2 - 1]\times 1000$$

なお，大気中の $\delta^{18}O$ の変動は小さいことが示されている（3か月間にわたる測定結果の標準偏差 0.065‰，n=23）[53]。本節では，大気を標準物質にした表記方法を用いる。

3. 溶存酸素の安定同位体比の分析方法

溶存酸素のサンプリングには次の2つの方法がある。すなわち，①内部を真空状態にしたストップコック付きの専用ガラス瓶に試水を半分取り，気相に拡散させた酸素ガスを分析する方法[54, 55]（口絵8）と，②血清瓶に試水を取り，測定前にヘリウムで試水を置換し，気相の酸素ガスを分析するという方法[56] である。いずれの場合も，大気中に大量に含まれる酸素の汚染をさけるために細心の注意を払う必要がある。$\delta^{18}O$ 分析に際しては，ガスクロマトグラフ等を用いてサンプルガスを分離して測定することが標準的になっている。この手法の利点は，手間のかかるガスの分離をオンラインでおこなえるため，分析が迅速におこなえることにある。近年ではオートサンプラーを用いた分析も提案されている[57]。一方，$\Delta^{17}O$ アノマリーを求めるためには，

$\delta^{18}O$ と $\delta^{17}O$ の高精度分析が必要になので，サンプルガスを精製した後，オフライン分析（デュアルインレット）で測定する必要がある[55,58]。

4. $\delta^{18}O$ を用いた解析

$\delta^{18}O$ を用いた酸素生産（光合成）と酸素消費（呼吸）の見積もりについて解説する。まず，植物の光合成（酸素発生型光合成）による酸素の生産について考える。光合成では，水と同じ $\delta^{18}O$ をもった分子状酸素（O_2）が発生する[59]。これを 1 章 2-3 で定義した分別係数 α を使うと $\alpha_p = 1.000$ となり，濃縮係数 ε を用いて表すと，$\varepsilon_p = 0$(‰) となる*。ここで，添字の p は光合成を指す。

一方，呼吸では，質量数の大きい酸素ほど反応速度が遅い。したがって，質量数の大きい ^{18}O が溶存酸素中に多く残り，溶存酸素の $\delta^{18}O$ が高くなる。この際の同位体分別係数については数々の見積もりがあるが，平均的には $\alpha_r = 0.980$ 程度（0.977～0.982），濃縮係数では $\varepsilon_r = 20$‰程度（18～23）であると報告されている[60]。ここで，添字の r は呼吸を指す。

大気中の酸素は拡散によって水に溶け込むが，この気相—液相間の平衡同位体分別係数 α_s は 1.00073 である[61]。したがって，生物活動（光合成や呼吸）がないと仮定した時の溶存酸素の同位体比は $\delta^{18}O = 0.7$‰程度になると期待される。

以上のプロセスを考慮して，水中の溶存酸素の $\delta^{18}O$ の変動機構についてまとめる（図 4-3-1）。まず，気相—液相間で酸素が平衡にある状態では，溶存酸素の $\delta^{18}O$ は 0.7‰になる。ここで，植物の光合成が起きたらどうなるであろうか。上記のように光合成で発生する酸素の $\delta^{18}O$ は，水の $\delta^{18}O$ と同じである。海水（VSMOW）の $\delta^{18}O$ は，-23.0‰であり，湖水 $\delta^{18}O$ はそれ以下である。したがって，光合成の進行とともに，溶存酸素の $\delta^{18}O$ は低下することになる。一方，呼吸によって酸素が消費されるときには同位体分別によって重い酸素が残る。したがって，呼吸の進行とともに，溶存酸素の $\delta^{18}O$ は上昇する。このように，光合成と呼吸が溶存酸素の $\delta^{18}O$ を変化させ

---

* 本章では $\alpha \equiv R_{生成物} / R_{反応物}$，$\varepsilon \equiv \delta_{反応物} - \delta_{生成物}$ という定義を用いる。

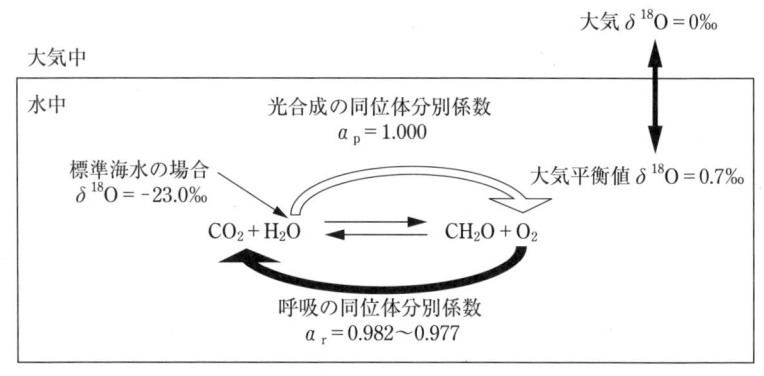

図4-3-1 溶存酸素同位体比の動態。溶存酸素同位体比は，光合成・呼吸・大気中の酸素との交換によって規定される。同位体分別係数（a）の説明については本文を参照。

る方向が逆であることを利用して，水域の光合成と呼吸の関係を評価することができるのである。さらに，大気からの酸素の拡散があれば，平衡状態の$\delta^{18}O$値（0.7‰）へと引き戻されるということを利用すると，大気から水中への酸素供給の状態についての情報を得ることもできる。

以上のことを具体的に数式で記述する方法を説明する（文献31, 62, 63, 64などを参照）。

まず，気相と水相のガス交換について，Emersonら[65]は以下の式を用いた。

$$F = -G/Z \cdot ([O_2] - [O_2]_{sat}) \tag{1}$$

ここで，Fは気相と液相のガス交換速度，Gはガス輸送係数，Zは水深，$[O_2]$は溶存酸素濃度，$[O_2]_{sat}$は飽和溶存酸素濃度である。

一方，水塊の酸素収支は，微分方程式を用いると，

$$d[O_2]/dt = P - R + F \tag{2}$$

と表される。ここで，Pは光合成速度，Rは呼吸速度をあらわす。

酸素同位体の存在比である$^{18/16}O$のマスバランス式は，以下のように表される[63]。

$$d[^{18/16}O]/dt = P \cdot {^{18/16}}O_w \cdot a_p - R \cdot {^{18/16}}O \cdot a_r$$
$$+ G/Z \cdot a_g([O_2]_{sat} \cdot {^{18/16}}O_a \cdot a_s - [O_2] \cdot {^{18/16}}O) \qquad (3)$$

ここで，$^{18/16}O_w$ は水の酸素同位体存在比，a_p は光合成の同位体分別係数 (1.0000 [文献 59])，a_r は呼吸の同位体分別係数（おもにバクテリアの呼吸と考えられた値として 0.982 [文献 63]，キネレト湖において植物プランクトンとバクテリアの総和と考えられる値として 0.977 [文献 66] などが報告されている），a_g はガス輸送に関する同位体分別係数 (0.9972 [文献 67])，$^{18/16}O_a$ は大気中の酸素同位体存在比，a_s は気相—液相間の同位体平衡分別係数 (1.00073 [文献 61]) である。

今，平衡状態を仮定すると，酸素濃度・酸素同位体比とも時間変動がないと考えられるので，各方程式を 0 と置く。さらに光合成と呼吸の差だけ大気と交換がおこなわれると仮定すると $G/Z=1$ と置くことができる[63]。したがって，(2)・(3) 式は以下の通りとなる。

$$d[O_2]/dt = P - R + ([O_2]_{sat} - [O_2]) = 0$$
$$d[^{18/16}O]/dt = P \cdot {^{18/16}}O_w \cdot a_p - R \cdot {^{18/16}}O \cdot a_r + a_g \cdot ([O_2]_{sat} \cdot {^{18/16}}O_a \cdot a_s - [O_2] \cdot {^{18/16}}O) = 0$$

これを解くと，

$$R/P = (^{18/16}O_w \cdot a_p - {^{18/16}}O_g) / (^{18/16}O \cdot a_r - {^{18/16}}O_g) \qquad (4)$$

となる。ここで

$$^{18/16}O_g = a_g \cdot \{^{18/16}O_a \cdot a_s - ([O_2]/[O_2]_{sat}) \cdot {^{18/16}}O\} / \{1 - ([O_2]/[O_2]_{sat})\}$$

である。以上より，式 (4) を用いて，溶存酸素同位体比・溶存酸素飽和度・水の酸素同位体比の測定値をもとに，呼吸速度と光合成速度の比 (R/P 比) が計算できることになる。

ここで，いくつかの研究例を紹介し，溶存酸素同位体比を用いて，どのように生産と分解の評価がおこなえるのかを見ていこう。Quay ら[63] は，アマゾン川の本流・支流・氾濫原の湖に関して溶存酸素の飽和度と同位体比を測

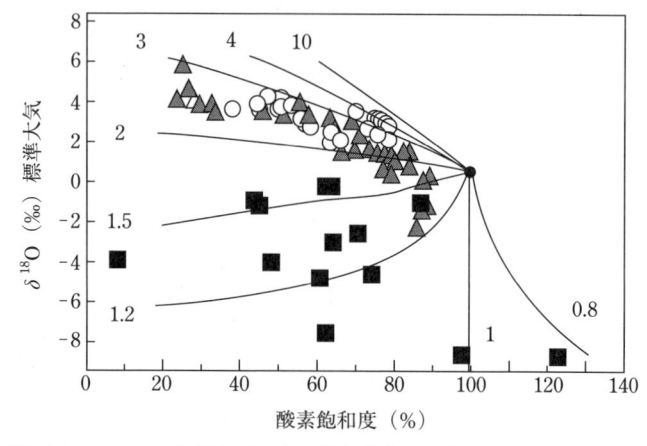

図 4-3-2 アマゾン川における溶存酸素の飽和度および同位体比（$\delta^{18}O$）の関係図（文献 63 の図を改変）。本流（○），支流（▲），氾濫原の湖（■）を表す。黒丸（・）が大気平衡値を示す。平衡状態を仮定した式（4）で計算された，呼吸（R）／光合成（P）比の等高線を R/P＝0.8 から 10 の範囲で示す。同じ等高線上では大気平衡値から離れるほど呼吸（R）および光合成（P）の総量が大きいことを示す。

定した。その結果を図 4-3-2 に示す。図中の呼吸（R）／光合成（P）比に関する等高線は，平衡状態を仮定したモデルを元にした式（4）で計算されている。この解析によると，アマゾン川の本・支流ではほとんどの場所で R/P 比が 1.2 から 3 にかけての値であり，全体としては呼吸が光合成を上回っていたが，河川においても光合成がかなりの酸素を供給していることがわかった。また，Wang ら[31]は，カナダのオタワ川とその支流およびミーチ湖において R/P 比を継続的に調査した。平衡状態を仮定した式（4）で計算された結果を図 4-3-3 に示す。溶存酸素の同位体比から推定した R/P 比の結果からみると，ミーチ湖は年間を通して光合成に対して呼吸量が高く，CO_2 の排出源になっていることがわかった。夏場の光合成は活発におこなわれるが，それ以上に呼吸による酸素消費が大きいことを意味している。

さて，以上の解析例では，酸素動態が平衡状態であると仮定されていた。大域的あるいは長期平均としては，これらの推定値を一次近似的に用いることができる。しかし，局所的な水塊に着目した場合には，昼間は光合成

図4-3-3 a）カナダのミーチ湖，b）オタワ川およびグリーン川における，平衡状態を仮定した式（4）で計算された呼吸（R）／光合成（P）比の年間変動[31]。ミーチ湖およびオタワ川では水深2 mと5 mの2深度のデータが記載されている。

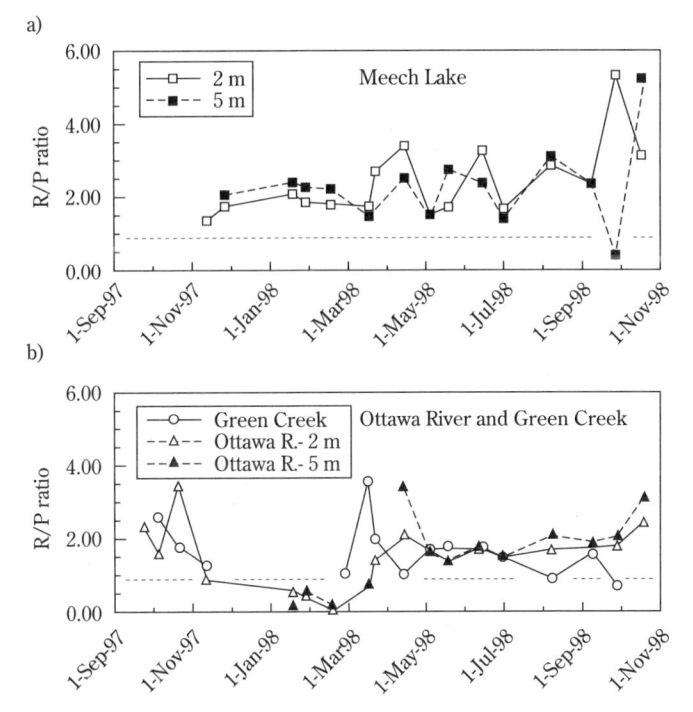

によって溶存酸素濃度が上昇し，一方，夜間には呼吸による酸素消費のために溶存酸素濃度が低下するといった，顕著な日変動が見られる場合が多い。Parkerら[68]は，アメリカのビッグホール川における溶存酸素同位体比（$\delta^{18}O\text{-}O_2$）および溶存無機炭素の同位体比（$\delta^{13}C\text{-DIC}$）の日周変化を研究した。4章1，2節において検討されているように，溶存無機炭素の同位体比も呼吸や光合成によって変化するので，本節で扱う溶存酸素同位体比と相補的な情報を与えてくれる。これを用いた日周変化の測定結果を図4-3-4に示す。これによると，夜間（図の斜線の部分）には溶存酸素同位体比（$\delta^{18}O$）が呼吸による同位体効果によって大気平衡よりも高くなり，昼間は光合成の寄与（この河川水の酸素同位体比（HLAを基準物質とする）は$\delta^{18}O = -38.7‰$（8月），

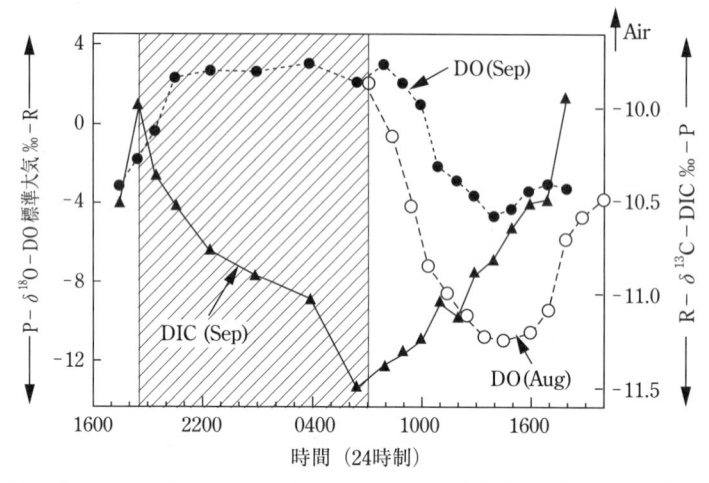

図 4-3-4 アメリカのビッグホール川における溶存酸素同位体比（$\delta^{18}O$）および溶存無機炭素同位体比（$\delta^{13}C$-DIC）の日周変化（文献 68 を改変）

$-39.6‰$（9月）であった）により，大気平衡より低くなった。これと対照的に，溶存無機炭素同位体比（$\delta^{13}C$-DIC）は，夜間に呼吸によってできた低い同位体比をもった CO_2 の影響により低くなり，昼間には光合成によっておこる CO_2 固定の同位体効果により高くなった。以上のようなデータに関して，Parker ら[68]は，平衡近似をするのではなく，酸素動態をそのまま解析した。まず夜間には光合成がないため，式 (1)・(2) より $d[O_2]/dt = -R - G/Z$ $([O_2] - [O_2]_{sat})$ となり，溶存酸素量の変化量は係数 G/Z に比例する。この関係を用いて $[O_2]$-$[O_2]_{sat}$ と $d[O_2]/dt$ の日周変化をプロットすることにより係数 G/Z が求まる。一方，式 (1)・(2) を変形すると

$$P - R = d[O_2]/dt - G/Z \cdot ([O_2]_{sat} - [O_2]) \tag{5}$$

となり，求めた係数 G/Z を用いて純光合成速度 ($P-R$) が計算できる。このようにして求めた溶存酸素の動態は，溶存無機炭素の動態と相補的な関係にあるため，$\delta^{18}O$-O_2 と，$\delta^{13}C$-DIC という 2 つの安定同位体比を同時に測定することにより，水域における生産と分解に関してのより詳細な解析が可能になる[68]。

5. $\Delta^{17}O$ を用いた解析

本項では Luz らによる $\Delta^{17}O$ を用いた総酸素生成速度 (GOP) を推定する方法について簡単に紹介する[58]。溶存酸素が大気と完全に交換している場合は，大気平衡の $\Delta^{17}O_{eq}$ を示す（実験的に 16 per meg）。一方，光合成が起こる時には図 4-3-1 のように溶存酸素は水から作られる。この時にできる酸素の $\Delta^{17}O$ 値は水の $\Delta^{17}O$ 値を示し，海水の場合は約 250 per meg である。この，光合成により新たに付加される $\Delta^{17}O$ 値を $\Delta^{17}O_{max}$ としよう。実際に溶存酸素として存在する酸素のアノマリーを $\Delta^{17}O_{diss}$ とすると，

$$GOP = K \cdot [O_2]_{sat} \cdot (\Delta^{17}O_{diss} - \Delta^{17}O_{eq}) / (\Delta^{17}O_{max} - \Delta^{17}O_{diss}) \qquad (6)$$

と計算できる（詳しくは文献 58 を参照）。ここで K はガス交換定数，$[O_2]_{sat}$ は飽和溶存酸素濃度を示す。

この手法に関しては，まだメカニズムについて議論がおこなわれているところである[69]。現在のところ，研究されている系は主として海域であるが，陸水でも $\Delta^{17}O$ 値 ($\Delta^{17}O_{max}$) が $\Delta^{17}O_{eq}$ と有意に異なる系では原理的に適用可能である。海域での研究としては，相模湾において総酸素生成速度の季節変化や[70]，混合過程[71]を調べた例がある。

6. まとめと応用ついて

図 4-3-5 を用いて，以上のプロセスを整理すると以下のようになる[72]。$\delta^{18}O$ 値（図 4-3-5a）においては，光合成は水の同位体由来の $\delta^{18}O$ 値の低い溶存酸素を生産し，その $\delta^{18}O$ 値は低くなる。一方，呼吸はその逆で同位体効果により $\delta^{18}O$ 値を高くする。大気との交換はどの場合でも大気平衡値へと向かうように進む。$\Delta^{17}O$ 値（図 4-3-5b）においては，光合成は水の同位体由来のアノマリーをもった溶存酸素を生産し，その $\Delta^{17}O$ 値は $\Delta^{17}O_{max}$ 方向へ高くなる。一方，呼吸は質量依存的におこるため，$\Delta^{17}O$ 値は変えない。この場合も，大気との交換はどの場合でも大気平衡値へと向かうように進む。

溶存酸素同位体比測定値（$\delta^{18}O$ もしくは $\Delta^{17}O$）は，現場の生物活性（呼吸量

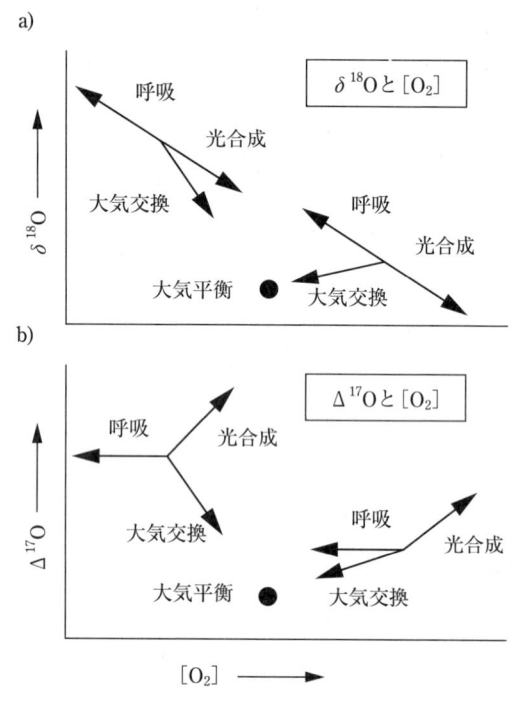

図4-3-5 a) 溶存酸素濃度 $[O_2]$ と $\delta^{18}O$ の関係および b) $\Delta^{17}O$ の関係の概念図[72]。図中における矢印は，光合成，呼吸，大気との交換が起こったときの同位体比の動く方向を概念的に表したものである。図中の●は大気平衡を示す。

および光合成量) を全体として反映して変化する。研究自体がまだ発展途上であるが，今後，流域環境の診断指標の1つとして利用されていく可能性は高い。広範な水域での測定を迅速におこなうためには，簡便な分析技術の開発も重要な課題であろう。

4 河口域における懸濁態有機炭素負荷の起源推定

1. 河口域生態系における懸濁態有機物の重要性

　河口域生態系は，河川が海洋に流入する場に形成される塩分勾配に沿って発達する，変化に富む豊かな生態系であり，河口干潟，塩性沼沢地，マングローブ（口絵6），海草藻場のような特徴的な生物群集を伴うことも多い。さまざまな生態系の総合的な経済的価値を試算したCostanzaら[73]は，河口域を単位面積あたりの価値がもっとも高い生態系と評価している。またラムサール条約に2006年までに登録されている全世界の湿地の中で，狭義の河口湿地だけで約6分の1，他の汽水域生態系を含めると約3分の1を占めている事実は，河口域生態系の生物学的価値の高さを象徴している[74]。

　河口域生態系の全体的な特性は，気候的・地形的条件，流入河川の流量と水質，潮汐の規模，沿岸流の強度などの物理化学的諸条件によって規定されている。しかし河口域生態系の特徴を記述するためには，これらの自然的諸条件とともに，周辺の人間活動の影響を考慮する必要がある。河口域の豊富な水産資源を利用する人間の漁業活動と養殖場開発は生物種の分布や食物網構造に無視できない影響を与える。河川上〜中流部におけるダムの構築や中〜下流部における農工業廃水・生活排水の負荷は河川水中の溶存・懸濁物質濃度と元素組成を変化させ，河口域における物質循環のあり方に大きな影響を及ぼす。またとくに都市部に近い河口域は埋立地や港湾の造成に好んで利用されるため，河口地形自体が本来の生態系の面影をほとんど留めないまでに壊滅的な改変を受けている例も少なくない（口絵7）。

　河口域生態系の物質循環構造を理解するためには，水中に懸濁する粒子状有機物（懸濁態有機物：POM：particulate organic matter）の動態を解明することがきわめて重要である。POMは河口域食物網の主要な栄養的基盤であるばかりでなく，水域の透明度を規定するため，海草類のような底生植物の分布可能範囲を制約する。またPOMの微生物分解に伴って底層水中の溶存酸素が消費され，貧酸素水塊や青潮を発生させる原因ともなる。底層部の貧酸

素化は底生動物群集に壊滅的な被害を与えるのみならず，底泥からのリン酸イオンやアンモニアなどの溶出（内部負荷）を引き起こし，河口域の富栄養化を促進する。

　ほかの陸水生態系の場合と同様に，河口域においても，外部の生態系で生産された物質が河川によって運ばれて供給される異地性物質と，当該生態系内部で生成した現地性物質との共存ないし相互作用が，生態系のダイナミクスを支配する根幹的なファクターとなっている*。河口域では，集水域の陸上植生や土壌有機物等に由来する異地性POMが絶えず供給されているのと同時に，河川や河口域内部での植物プランクトンや底生微細藻類による現地性POMの生産が起こっている。異地性・現地性POMは河口域で混合し，動物による摂食や微生物による分解を受けつつ沈降・堆積し，相対的に難分解性の成分が堆積物中に残存する。一般的にはプランクトン性POMの方が動物の餌資源としての価値が高く，微生物分解も受けやすいが，高等植物由来のPOMに特異的に依存している底生動物もいる。

　異地性・現地性POMはいずれも周辺の人間活動の影響を強く反映する。河口域周辺や流入河川の集水域における土地開発が進むと，一般に降雨時の表面流去によるシルト性懸濁物の流入が強まり，異地性POMの濃度とフラックスが上昇する。また農業廃水や家庭排水の流入増に伴って河川水中の溶存栄養塩類（とくに硝酸態窒素）の濃度が上昇し，富栄養化が進む。これは河口域における植物プランクトンの増殖とそれに伴う現地性POMの生産を促進し，時には赤潮のような病理的な増殖現象を引き起こす。こうした人為的影響による河口域におけるPOM濃度の上昇と，それに伴う透明度や溶存酸素濃度の低下を問題にする場合，河川によって運ばれて来る異地性POMを一次汚濁（primary pollution），河口域での植物プランクトンの増殖の結果として発生する現地性POMを二次汚濁（secondary pollution）として区別することもある。二次汚濁物質はPOMとしては現地性であるが，植物プランクトンの増殖の原因となった栄養塩は河川によって供給された異地性物質であることに注意する必要がある。

---

　*「現地性」「異地性」という用語については p. 148 も参照。

異地性 POM と現地性 POM とはその発生源や輸送特性だけでなく，生態学的意義（分解特性，餌資源としての価値など）も大きく異なることから，両者を区別してその動態を把握することは環境管理上の要所となる．本節では，おもに河口域における POM の起源解析，とくに異地性 POM と現地性POM との存在比率の評価のために POM の炭素安定同位体比（$\delta^{13}C_{POM}$）を利用する方法論とその問題点について述べる．

2. POM の採集法と同位体比分析

粒子状有機物には，水中に浮遊している狭義の POM と，すでに底泥に堆積している堆積物中の粒子状有機物（sediment organic matter; SOM ともよばれる）とがあるが，ここでは狭義の POM の調査法のみを紹介する．浮遊性POM の定義は操作的なもので，通常は孔径 0.45～1.0 μm のグラスファイバー濾紙またはメンブレン濾紙で漉し取られる浮遊粒子画分に含まれる有機物を指す．直径がこれ以下の小型のバクテリア細胞やウイルス粒子，非生物コロイド（いわゆるサブミクロン粒子）は含まれないことになる．また，粒径 1 mm以上の粗粒懸濁態有機物（coarse POM, CPOM）と 1 mm 以下の細粒懸濁態有機物（fine POM, FPOM）を区別することがあるが，本節では原則として細粒懸濁態有機物のみを対象として扱う．

現場においては採水器（表層水だけを対象とする場合はバケツでもよい）を用いて採水し，1 mm メッシュのステンレス製ふるいを通して大型の浮遊物を除きながら試水をポリ瓶に詰める．必要な試水の量は水質によって異なり，肉眼に明らかなほど濁っている河川水の場合は 1 l あれば十分であるが，清澄な試水の場合は 5～10 l 必要になる場合もある．試水はできる限り冷暗条件に保って実験室に運搬する．

実験室に搬入後，試水をよく攪拌し，あらかじめ 450℃で 3 時間加熱処理したグラスファイバー濾紙（Whatman 社製 GF/F フィルターが一般的に使用されている）を用いて減圧濾過する．試水の濾過が終了したら，さらに 20 ml 程度の蒸留水を同じ濾紙で濾過して濾紙にしみ込んでいる試水を洗い落とした後，濾紙をとりだして適当な容器（シャーレ等）に 1 枚ずつ入れ，ラベルを付

して−20℃以下で凍結保管する。

　測定に先立ち，サンプル（濾紙）をとりだし，容器の蓋を開けた状態で50℃の温風乾燥機（または真空凍結乾燥器）に数時間入れて完全に乾燥させる。乾燥したサンプルは蓋を開けた状態の容器ごと，密封可能な容器（大型タッパーなど）に並べ，さらに濃塩酸20 ml程度を入れたガラスビーカーを同じタッパーに入れて直ちに密封する。この状態で3時間以上おくことにより，サンプルを塩化水素蒸気に曝し，サンプルに含まれる無機炭素（炭酸塩）を気化させて除去する。その後，サンプルを蓋を開けた状態の容器ごととりだしてガラス製真空デシケーターに入れ，水流アスピレーターを用いて1時間ほど減圧処理して塩酸の蒸気を除去する。さらにサンプルを50℃の温風乾燥機に移して乾燥させる。

　乾燥した濾紙は小さく折りたたんでスズ箔に包み，錠剤成型器に入れて20 kgf cm^{-2}程度の圧力をかけて成型する。これによりフィルターの孔隙に残留する大気窒素の影響を無視できるレベルまで低減することができる。元素分析計と接続された同位体比質量分析計で成型したサンプルの炭素・窒素含有率および同位体比を分析する。測定手順は基本的に生物試料や土壌試料の分析の場合と同じである。

3. 河口域生態系に関する一般的な注意点

　河口域は上流から海側に向かって徐々に淡水と海水との混合が進み，水中の塩分（salinity）が高くなっていく特徴的な環境傾度をもつ生態系である。塩分は混合における保存量と見なすことができ，他の溶存態・懸濁態成分の濃度変化や同位体比の変化を塩分の変化と比較することによって，その成分の河口域における動態を定量的に考察することができる。この手法は5項で解説する保存的混合モデルの応用であり，河口域の化学における常套的なアプローチとなっている。

　流程に沿った塩分の変化にもとづき，河口域生態系を淡水域（limnetic section, 塩分<0.5），低塩分域（oligohaline section, 0.5〜5.0），中塩分域（mesohaline section, 5.0〜18.0），高塩分域（polyhaline section, 18.0〜30.0），海

水域 (euhaline section, ＞ 30.0) に区分することがある．このうち低塩分域から高塩分域までを汽水域 (brackish zone) という．もちろん水中の塩分は同じ場所でも潮汐や水深によって細かく変化するので，この区分はそれほど厳密なものではなく，また同じ用語を用いていても上記とは若干異なる基準値で区分されている場合もある．しかしながらこれは生物や化学成分の分布を概括的に記述する場合に便利な区分であり，学術論文中でしばしば利用されている．なお，塩分は伝統的に千分率 (‰, ppt) や実用塩分単位 (practical salinity unit; psu) を単位として表記されてきたが，現在では無単位で表記することが公式の用法となっている．

地形学的な観点からは河口域は潮汐や河川水による浸食作用が支配的なエスチュアリ (estuary) と，河川が運搬する土砂の堆積作用が卓越するデルタ (delta) とに分類され，さらに地形形成の主要な営力にもとづいて河川卓越型 (river- または fluvial-dominated)，潮汐卓越型 (tide-dominated)，波浪卓越型 (wave-dominated) などに分類される．生態学的には，河川卓越型と潮汐卓越型の区別は汽水域生物の分布可能範囲を規定する要因を考察するうえで重要である．とくに潮汐卓越型の河口域ではしばしば大規模な干潟が発達し，多様な動物に生活の場を提供している．

水塊の物理構造の観点からは，河口域では比重の低い河川水が，比重の高い海水の上に広がって成層構造を形成する傾向があるという特徴をもつ．成層構造のできやすさは河口地形や河川流量などに依存し，成層しやすい河口域から順に弱混合型 (weak mixing)，緩混合型 (moderate mixing)，強混合型 (strong mixing) と分類されることがある．生態学的に重要なのは弱混合型河口域において特徴的に見られる塩水くさび (saline wedge) とよばれる成層現象である．このような成層水中では，底質付近にできる海水の層が大気から隔離されるために，しばしば有機物の分解による酸素消費に対して酸素の供給が追いつかなくなり，貧酸素水塊 (hypoxia, ＜ 2 mg $O_2 \, l^{-1}$) や無酸素水塊 (anoxia, 0mg $O_2 \, l^{-1}$) の発生を引き起こすことがある．これはすでに述べたように底生動物の死滅を招くばかりでなく，本節 8 項で紹介するように懸濁物の同位体比分布を解釈するうえでも重要なポイントになる．

水深がある程度以上深く，外洋に対して閉鎖性の高い河口域では，表層の

低塩分水が海側に流されつつ底層部の高塩分水が河口側に遡上するエスチュアリ循環（estuarine circulation）とよばれる鉛直循環流が発生することが知られている。この流れは底層の栄養塩に富む海水を河口域表層に湧昇させて植物プランクトンの増殖を促進することがあり，現地性 POM の動態を理解するうえで非常に重要な現象である。

河口域の一般的特性についてより詳しい解説を望まれる読者は，英文の文献であるが Wolanski の著書[75]を参照していただきたい。

4. 塩分勾配に沿った $\delta^{13}C_{POM}$ の変化と端成分モデル*

すでに述べたように，大局的に見ると河口域の有機物（狭義の POM だけでなく堆積物中の有機物や溶存態有機物も含む）は，主として陸域に起源をもつ異地性有機物と，水域内部での生産に由来する現地性有機物という2つの端成分（end-members）の混合により成り立っていると考えられる。有機物に付随するある化学指標が，もし異地性有機物と現地性有機物でそれぞれに特徴的な数値をとり，しかもその数値の季節変動や分解・続成過程による変化が顕著でないならば，この指標を用いて以下の式により河口域の有機物の起源解析が可能になる。

$$r \cdot X = f \cdot r_t \cdot X_t + (1-f) \cdot r_a \cdot X_a; \quad 0 \leq f \leq 1 \tag{1}$$

X は分析した試料におけるその化学指標の数値であり，X_t，X_a はそれぞれ異地性有機物，現地性有機物を代表する既知の指標値，f は求めようとしている異地性有機物の混合比率である。r，r_t，r_a はそれぞれ分析した試料，異地性有機物，現地性有機物に含まれる，指標 X を担う化学成分の含有率を表す。

炭素同位体比を指標として異地性有機炭素と現地性有機炭素の混合比を推定する場合は，$X = \delta^{13}C$ で，$r = r_t = r_a = 1$ となるので，(1) 式は簡単に

---

* 端成分モデル（end-member model）は混合モデル（mixing model）と呼ばれることが多いが（p. 77, 190 等），本節では次項で説明する保存的混合モデルとの混同を避けるために端成分モデルという用語を使用した。

第4章 有機物負荷　169

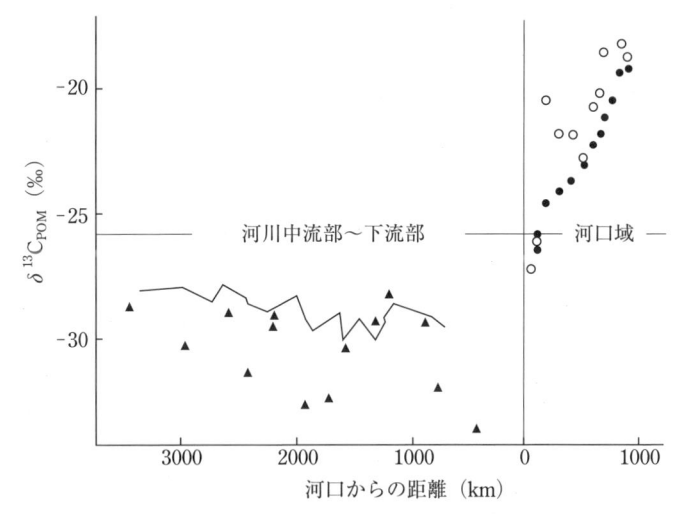

図4-4-1　アマゾン川中流から河口域にかけての河川水中の懸濁態有機物（POM）の炭素安定同位体比（$\delta^{13}C_{POM}$）の流程変化[76]。実線：アマゾン川本流；▲：支流；○：河口域表層水；●：河口域底層水

$$\delta^{13}C = f \cdot \delta^{13}C_t + (1-f) \cdot \delta^{13}C_a \qquad (2)$$

と書くことができる。このような考え方を端成分モデルまたは混合モデルとよぶ。

　河口域における$\delta^{13}C_{POM}$が塩分の勾配に沿って系統的に変化することは，これまで多くの研究によって認められてきた。いくつか事例をあげると，アマゾン川の場合（図4-4-1）河川の淡水域（左半分）では$\delta^{13}C_{POM}$は陸上高等植物の$\delta^{13}C$（およそ-28‰）に近い範囲を変動しているが，河口域に入って海水との混合が進むとともに明瞭に上昇し，植物プランクトンを主体とする海洋のPOMの$\delta^{13}C$（およそ-18‰）に近づいていく[76]。カナダのセント・ローレンス川（図4-4-2）や東京湾の流入河川（図4-4-3）等の研究例からも$\delta^{13}C_{POM}$が塩分に対しておおむね単調に上昇していく関係があることが示されている[77,78]。河口域のPOMが河川水によって輸送されてきた陸起源の異地性POMと河口域の水中で植物プランクトンによって生産された現地性POMとの混合によって構成されているとする端成分モデルは，このような

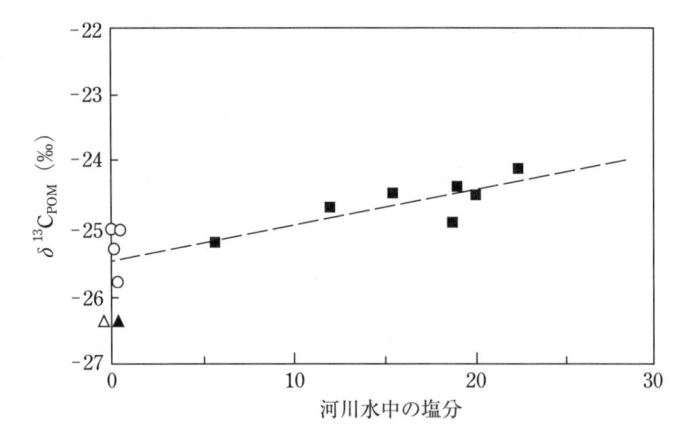

図 4-4-2 カナダのセント・ローレンス川下流部〜河口域における $\delta^{13}C_{POM}$ と塩分の関係[77]。1984 年 6 月。△, ▲：河川下流部, ○：塩性湿地, ■：河口域。

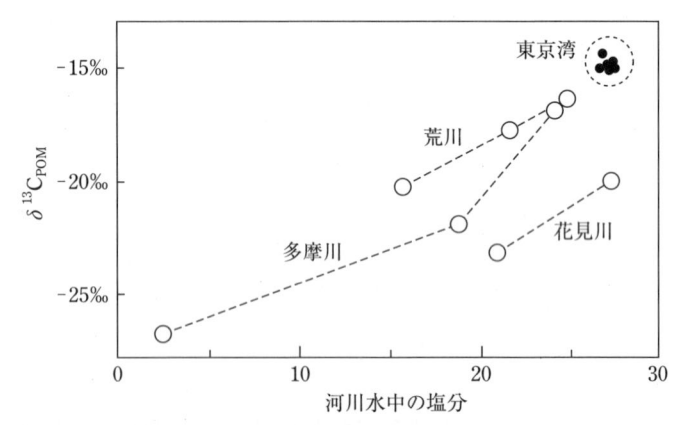

図 4-4-3 東京湾とその流入河川（多摩川, 荒川, 花見川）河口域の $\delta^{13}C_{POM}$ と塩分の関係[78]。塩分に対して正の相関がある。

$\delta^{13}C_{POM}$ の流程分布を解釈するモデルとして広く受け入れられている。

異地性 POM は，文字通り別の場所に生息する生産者（本節では主として陸上高等植物）によって生産されたのち，生産者を離れて運ばれてきたデトリタス（落葉，遺体，破断片，排出物等とそれを分解する微生物，および微生物の分泌物の集合体）を主成分とする。異地性 POM の端成分 $\delta^{13}C$ 値は，その起

源となった，C_3経路（p.264）により炭酸固定をおこなう陸上高等植物の$\delta^{13}C$（$-25 \sim -30‰$）に一致するという仮定が多くの場合において妥当する[79]。

一方，現地性POMの$\delta^{13}C$は，河川水中および河口域において生育した植物プランクトンの$\delta^{13}C$にほぼ対応していると考えられる．海洋植物プランクトンの$\delta^{13}C$は広域的には緯度と負の相関を示すことが知られているが[80]，中・低緯度地方の場合はおよそ$-20 \sim -15‰$の範囲に入ることから，この範囲の値をもって現地性POMの端成分$\delta^{13}C$と仮定することが広くおこなわれている．

実際，河口域で採集されるPOMの$\delta^{13}C$は多くの場合，陸上植物に代表される$\delta^{13}C$と海洋植物プランクトンに代表される$\delta^{13}C$との間に入る値（$-30 \sim -15‰$）を示し（表4-4-1），また塩分の勾配にしたがって$\delta^{13}C$が上昇する流程変化を示す．このことは，河川の規模や気候条件の違いにかかわらず，河口域の$\delta^{13}C_{POM}$の分布が端成分モデルによって整合的に説明できることを示している．それぞれの河口域において現実的な異地性POM，現地性POMの端成分$\delta^{13}C$の値を仮定することができれば，(2)式を用いて河口域の任意の場所・時刻におけるPOM中の異地性有機炭素の比率を推定することが可能になる．

端成分モデルにもとづく$\delta^{13}C$の解釈は，河口域の堆積物中有機物（SOM）の起源解析にも効果的に適用されている．一例として，Usuiら[81]による十勝川河口域堆積物の研究結果を図4-4-4に示した．POMと異なり，SOMの$\delta^{13}C$は一般にかなり長い期間に沈積した沈降粒子の$\delta^{13}C$の平均値を表している．また，堆積物中には実際に沈降した有機物のうちでも相対的に難分解性の成分が選択的に保存されている．この結果，SOMの$\delta^{13}C$は短期間の時間変動や成分間・生物種間の違いをならされた均一化された値になっており，POMよりもむしろ端成分モデルによる解釈に適合しやすい平面分布を示す．

172　II　環境負荷と除去プロセス

表 4-4-1　河口域における POM の炭素安定同位体比の分布に関する代表的な研究例

調査地	調査年	サイズ範囲[1]	$\delta^{13}C$ の範囲 (‰)	同時に測定された項目	出典[2]
(アジア)					
長江 (中国)	1980, 81	$> 1\mu m$	$-26.4 \sim -19.7$	POC, PN	ECSS 32: 395
大槌川 (岩手県)	1980, 81	$> GF/C, > 100\mu m$	$-26.5 \sim -19.8$	POC, PN, $\delta^{15}N_{PN}$, $\delta^{13}C_{sediment}$, $\delta^{15}N_{sediment}$	ECSS 25: 321
多摩川, 荒川, 花見川, 東京湾	1990	$> GF/C$	$-26.9 \sim -14.5$	POC, PN, PP, Chl, $\delta^{13}C_{sediment}$	地球化学 28: 21
双台子河 (中国・遼寧省)	1993	$> GF/F$	$-26.4 \sim -23.5$	POC, SS	CG 138: 211
多摩川, 東京湾	1993, 94	$> GF/C$	$-33.4 \sim -15.0$	POC, Chl, SS, $\delta^{13}C_{DIC}$	ECSS 44: 263
クン・クラベン湾 (タイ)	1998	$> GF/C$	$-25.8 \sim -21.5$	POC, PN, Chl	Wetlands 23: 729
木曽川, 長良川, 揖斐川, 伊勢湾	2000	$> GF/F$	$-30.9 \sim -14.3$	POC, PN, Chl	ECSS 66: 267
ゴダヴァリ川 (インド)	2001	$> GF/F$	$-30 \sim -19$	POC, PN, Chl, アルカリ度, $\delta^{13}C_{DIC}$	GBC 17: 1114
ブランタス川 (インドネシア)	2001	$> GF/F$	$-28.9 \sim -19.2$	POC, PN, BSi, $\delta^{15}N_{PN}$, amino acids	ECSS 60: 503
隅田川, 荒川	2003, 04	$> GF/F$, 3-20 μm, 20-53 μm, 53-250 μm, 250-1000 μm	$-31.3 \sim -16.2$	POC, PN, Chl, SS, $\delta^{15}N_{PN}$, $\delta^{13}C_{DIC}$, $\delta^{13}C_{Chl}$	ECSS 68: 245
(アメリカ)					
アマゾン川 (ブラジル)	1976, 77	$> 1\mu m$	$-28.4 \sim -17.5$	POC, PN, PP	ECSS 26: 1
パムリコ川, ヌース川 (米国東海岸)	1981, 82	A/E	$-29.4 \sim -20.0$	POC, PN, $\delta^{13}C_{DIC}$, $\delta^{13}C_{sediment}$	LO 35: 1290
セントローレンス川 (カナダ東海岸)	1983-85	連続遠心法による分画	$-26.9 \sim -23.2$	POC, PN, $\delta^{13}C_{sediment}$	ECSS 29: 293
デラウェア湾 (米国東海岸)	1984, 85	$> 1\mu m$	$-25.8 \sim -16.6$	POC, PN, Chl, $\delta^{13}C_{DIC}$	LO 33: 1102
チェサピーク湾 (米国東海岸)	1984-86	$> 0.4\mu m$, 5 kDa $\sim 0.4\mu m$	$-27.8 \sim -17.4$	POC, PN, Chl, $\delta^{15}N_{PN}$, $\delta^{15}N_{nitrate}$, $\delta^{15}N_{ammonium}$	ECSS 54: 701
コンセプション湾 (カナダ東海岸)	1990	$> GF/C$	$-26 \sim -22$	POC, PN, lipids, Chl, $\delta^{13}C_{lipids}$	GCA 61: 2929
メキシコ湾沿岸の複数の河口域 (米国)	1992, 93	A/E	$-27 \sim -18$	POC, PN, DOC, Chl, $\delta^{15}N_{PN}$, $\delta^{13}C_{Chl}$	OG 24: 875
アルタマハ川, サティーラ川 (米国東海岸)	1995, 96	$> GF/F$	$-28 \sim -20$	POC	LO 45: 1753
ウィニーヤ湾 (米国東海岸)	1996	$> GF/F$	$-28.4 \sim -19.5$	POC, PN, DOC, $\delta^{13}C_{DOC}$	WASP 127: 227
ミシシッピ川 (米国メキシコ湾岸)	2000, 01	$> GF/F$	$-26.8 \sim -17.5$	POC, PN, Chl, $\delta^{15}N_{PN}$	MC 89: 241
(ヨーロッパ)					
グレートウーズ川 (英国)	1990, 91	$> GF/F$	$-33 \sim -19$	POC, carbohydrates, proteins, lipids	MC 43: 263
スケルデ川 (ベルギー, オランダ)	1994	密度で分画	$-31 \sim -17$	POC, PN, $\delta^{15}N_{PN}$	MC 60: 217
スケルデ川 (ベルギー, オランダ)	1996	$> GF/F$	$-31.9 \sim -26.3$	POC, Chl, $\delta^{13}C_{DIC}$	Biogeochemistry 47: 167
セーヌ川 (フランス)	1997	$> GF/F$	$-26.9 \sim -23.7$	POC, PN, Chl, $\delta^{15}N_{PN}$	MEPS 255: 27

※1 GF/C, GF/F は Whatman 社, A/E は Gelman 社のグラスファイバーフィルター. 孔径はそれぞれおよそ 1.2 μm, 0.7 μm, 1.0 μm.
※2 出典は雑誌名と巻数. 先頭ページの頁のみを示す. 略称: CG - Chemical Geology; ECSS - Estuarine, Coastal and Shelf Science; GBC - Global Biogeochemical Cycles; GCA - Geochimica et Cosmochimica Acta; LO - Limnology and Oceanography; MC - Marine Chemistry; MEPS - Marine Ecology Progress Series; OG - Organic Geochemistry; WASP - Water, Air, and Soil Pollution

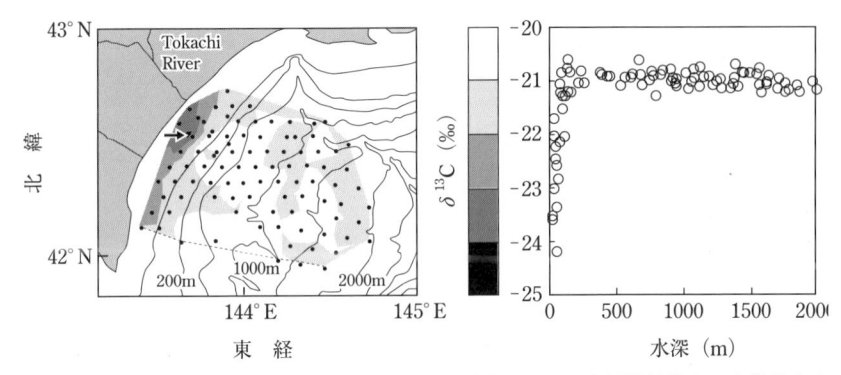

図4-4-4　十勝川（北海道）河口域およびその沖合における表層堆積物中の有機炭素安定同位体比の平面分布（左）と水深に対する散布図（右）[81]。陸起源と想定されるδ^{13}Cの低い有機物の広がりが見て取れる。

5. 保存的混合モデルと河口域の δ^{13}C$_{POC}$

河口域において，河川水と海水とが混合した汽水中に含まれる溶存成分や懸濁成分の濃度や安定同位体比が，混合する前の河川水や海水にもともと含まれていたそれらの成分の濃度や安定同位体比と水どうしの混合比だけで決まっていると仮定するモデルを，保存的混合モデル（conservative mixing model）という。分析した試料を採集した場所における塩分を S，河川水の塩分を 0，海水の塩分を S_a とすると採集場所における海水の混合比率は S/S_a で与えられる。したがって河川水と海水の有機炭素濃度をそれぞれ $[OM]_t$，$[OM]_a$ とすると，保存的混合モデルによる採集地点での有機炭素濃度 $[OM]$ とその中に占める異地性有機炭素の比率 f は，

$$[OM] = (1 - S/S_a) \cdot [OM]_t + (S/S_a) \cdot [OM]_a \tag{3}$$

$$f = \frac{(S_a - S) \cdot [OM]_t}{(S_a - S) \cdot [OM]_t + S \cdot [OM]_a} \tag{4}$$

でそれぞれ与えられることになる。

この (4) 式を (2) 式に代入して f を消去すると，保存的混合モデルにおける δ^{13}C と塩分 S との関係式が得られる。

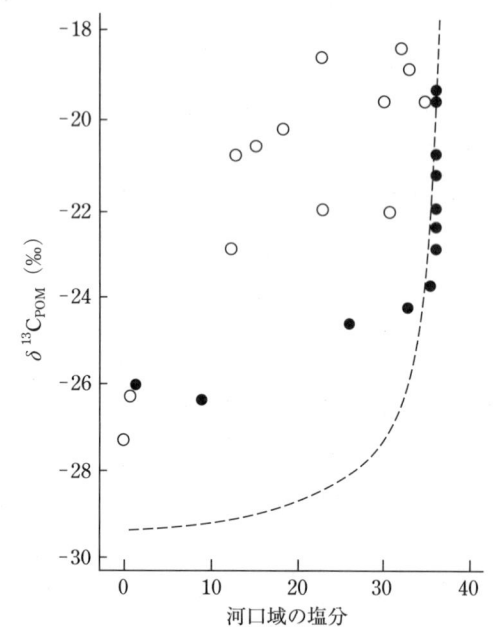

図 4-4-5 アマゾン川河口域における $\delta^{13}C_{POC}$ と塩分の関係[76]。破線は保存的混合モデルの予測値を表す。図 4-4-1 の河口域部分と同じデータで，○は表層水，●は底層水を示す。

$$\delta^{13}C = \frac{(S_a - S) \cdot [OM]_t \cdot \delta^{13}C_t + S \cdot [OM]_a \cdot \delta^{13}C_a}{(S_a - S) \cdot [OM]_t + S \cdot [OM]_a} \tag{5}$$

これは S の関数として双曲線の式であるが，すでに述べたように河口域では多くの場合 $\delta^{13}C_t < \delta^{13}C_a$ であるので，河口域の塩分範囲では $\delta^{13}C$ は S に対する増加関数となる。また $[OM]_t < [OM]_a$ であれば上に凸の曲線，$[OM]_t > [OM]_a$ であれば下に凸の曲線，特別の場合として $[OM]_t = [OM]_a$ の時は直線となる。

図 4-4-5 に破線で示されている曲線は，アマゾン川における河川水と海水に含まれる POM の濃度と同位体比のデータにもとづく $\delta^{13}C_{POM}$ に関する保存的混合曲線である[76]。アマゾン川では河川によって輸送される POM の濃度が非常に高いため，曲線が下に凸になっている。同じ図にプロットさ

れている汽水域で実測された $\delta^{13}C_{POM}$ のデータを見ると，塩分の高い底層水に対応するいくつかの試料では保存的混合モデルに合致する $\delta^{13}C_{POM}$ が得られている。しかしそれ以外の大多数の試料ではモデルよりも明らかに高い $\delta^{13}C$ を示していることがわかる。この例のように，$\delta^{13}C_{POM}$ の流程分布（図4-4-1）が異地性・現地性有機炭素の端成分モデルによって説明できる場合でも，水塊混合にもとづく保存的混合モデルの予測値からは大きく外れることが普通である。この理由は以下のように説明できる。

　第一に，異地性 POM が河口域に流入すると，流速の低下と塩分による凝集作用とのために一部が底泥に沈澱する。このため，塩分から計算した海水・河川水混合比から予測される異地性 POM の存在比よりも実際の存在比の方が低くなる。第二に，河口域ではすでに述べたように，河川からの栄養塩供給や鉛直循環流による湧昇の影響を受けて局所的に植物プランクトンのブルーム（異常増殖）がしばしば起こり，そのような場合には保存的混合モデルから予測されるよりも多くの植物プランクトン由来の POM が存在することになる。また，ブルーム状態では植物プランクトンの光合成における炭素同位体分別が通常より小さくなり，そのために現地性 POM の $\delta^{13}C$ が高くなる傾向がある。これらの要因はいずれも，保存的混合モデルで予測される $\delta^{13}C_{POM}$ に比べて河口域の実際の $\delta^{13}C_{POM}$ が高くなる方向に作用する。逆に，鉛直混合の強い条件にある河口域においていったん底泥に沈澱した陸起源の POM が水中に巻き上げられると，$\delta^{13}C_{POM}$ がそれに引かれて低くなる可能性もある。

　しかし以上の要因は，河口域の POM が異地性・現地性 POM の混合によって成り立っているという仮定には影響を与えない。したがって端成分の $\delta^{13}C$ 値についての仮定が妥当である限りは，式(2)の端成分モデルを用いた有機炭素の起源解析はなお適用可能である。

6. 現地性 POM の $\delta^{13}C$ の変動性

　$\delta^{13}C$ を指標として端成分モデルによって河口域の有機物の起源を推定する場合にもっとも大きな問題となるのは，現地性有機物に対応する端成分

$\delta^{13}C$ がかならずしも常に海洋植物プランクトンのそれによって代表されるわけではないという事実である。

現地性有機物の生産者である植物プランクトンの $\delta^{13}C$ は,植物プランクトンが光合成に使用する水中の溶存無機炭素 (DIC) の $\delta^{13}C$ ($\delta^{13}C_{DIC}$) に直接的に依存している。河川水中の DIC は海水の DIC に比べて $\delta^{13}C$ が通常 5～15‰低く,河口域の $\delta^{13}C_{DIC}$ は河川水と海水との混合比に依存して変化する(4章1節4-3参照)。したがって現地性 POM の $\delta^{13}C$ も,それが生産された場における海水と河川水との混合比に依存することになる。たとえば極端な場合として,海水より −15‰低い $\delta^{13}C$ をもつ河川水中の DIC だけを利用して植物プランクトンが光合成をおこなった場合,それに由来する現地性 POM の $\delta^{13}C$ は陸上高等植物のそれと同じ範囲か,もしくはそれよりさらに低い値となる可能性がある。

デラウェア川の河口域で POM の安定同位体比を調査した Cifuentes ら[82] は,POM の $\delta^{13}C$ や $\delta^{15}N$ の多数のデータを懸濁物中の有機炭素：クロロフィル比 (C：Chl) や有機炭素：全窒素比 (C：N) に対してプロットしたところ,C：Chl や C：N が低い領域では $\delta^{13}C$, $\delta^{15}N$ とも広い変動幅を示すのに対して,C：Chl や C：N が高い領域では両者ともほぼ一定の値に収斂していくことを見出している。同様の現象は隅田川の河口域で調査をおこなった Sato ら[83] のデータにも明瞭に表れている(図4-4-6)。後で述べるように,C：Chl や C：N は,陸上高等植物由来の有機物では植物プランクトンなどの藻類由来の有機物に比べて著しく高いことが知られている。この特徴にもとづいて,図4-4-6 には主として高等植物に由来する異地性 POM に対応すると考えられる領域 A と,主として微細藻類に由来する現地性 POM に対応すると考えられる領域 B を枠で示してある。現地性 POM に対応する $\delta^{13}C$ は −32 ～ −16‰の範囲に及び,陸起源有機物に従来割り振られてきた $\delta^{13}C$ の範囲をもカバーしていることがわかる。これらの事例が示唆するのは,異地性 POM に対しては従来おこなわれて来たように一定の $\delta^{13}C$ を端成分として仮定することが許されるけれども,現地性 POM の端成分 $\delta^{13}C$ は一定したものではなく,ある範囲を変化していると仮定する方が適切であるということである。このように現地性 POM の端成分 $\delta^{13}C$ が変動している場合は,

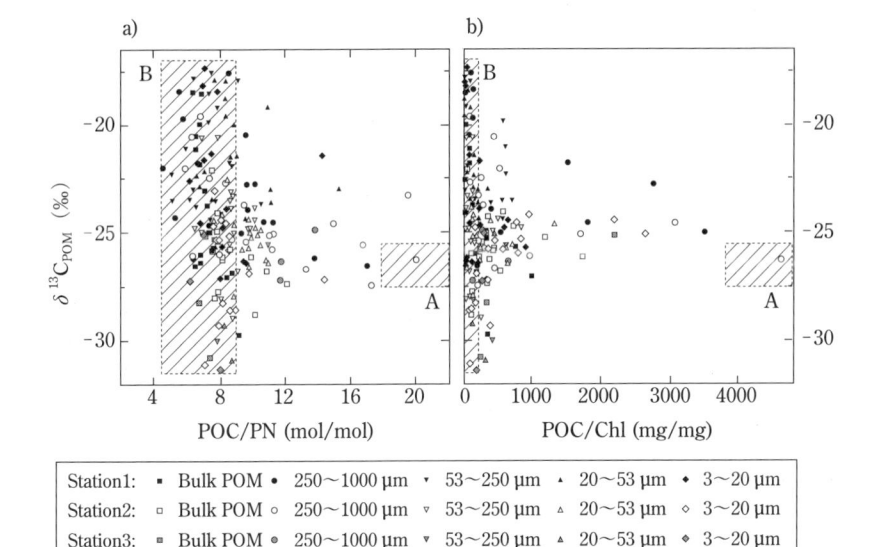

図4-4-6 隅田川河口域におけるサイズ別POMのδ^{13}Cとa) C/N比およびb) C/Chl比との関係[83]。AとBはそれぞれ異地性有機物、現地性有機物に対応すると想定される領域。Station 1, 2, 3はそれぞれ河口域の高塩分域、中塩分域、海水の及ばない河川淡水域（埼玉県内）の定点。

当然ながら端成分モデルによる起源解析では誤った推定値を与えることになる。

このような場合の$\delta^{13}C_{POM}$の変動を解釈するためによく使われる方法の1つは、$\delta^{13}C$の低い河川水のDICを利用して生育した植物プランクトンに由来する有機物を第三の端成分として仮定することである。多摩川河口における$\delta^{13}C_{POM}$を調査したOgawaら[84]は、夏季の河口域において通常の陸起源有機物よりもさらに低い$\delta^{13}C$をもつPOMが存在することを示し、これを富栄養な淡水が豊富に滞留している河口域の環境で生産された植物プランクトンを第三の端成分として仮定することによって説明している（図4-4-7）。多摩川の河川水は海水に比べてDICの$\delta^{13}C$が12‰ほど低いため、淡水の影響の強い河口域で増殖した植物プランクトンは−30‰前後の低い$\delta^{13}C$を示すのである。また河川水は海水に比べて一般にpHが低く、CO_2濃度が高くなりがちであることもまた植物プランクトンの$\delta^{13}C$を下げる方向に働く。さ

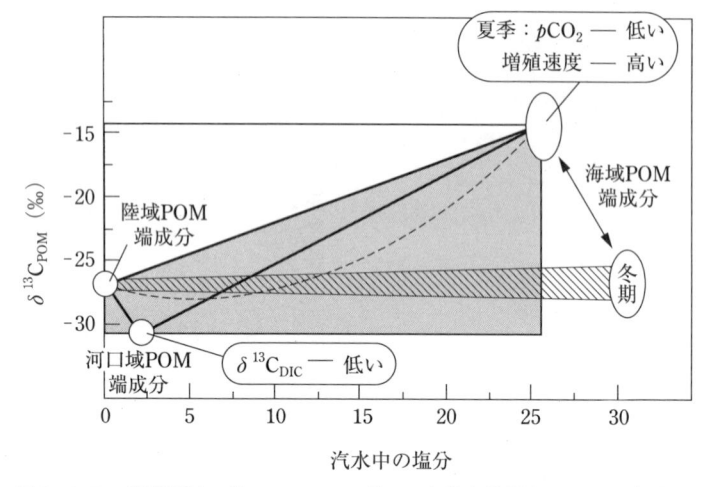

図 4-4-7 多摩川河口域の POM の $\delta^{13}C$ の変動を説明するために仮定されるエンドメンバー[84]。陸域起源 POM と海域起源 POM に加えて，夏季の変動幅を説明するために河口域起源 POM が仮定されている。グレーの範囲と斜線の範囲は，それぞれ夏季と冬季における $\delta^{13}C_{POM}$ の分布可能範囲を示す。

らにベルギー・オランダから北海に注ぐスケルデ川河口域で調査をおこなった Middelburg ら[85] は，POM の $\delta^{13}C$ だけでなく $\delta^{15}N$ の分布をも同時に説明するために，上記の河口域で生産される植物プランクトンとは別に，より上流の河川部分で藻類により生産される POM を第四の端成分として導入する必要があった（図 4-4-8）。

このように，河口域の $\delta^{13}C_{POM}$ は，有機物自体における陸上植物由来／植物プランクトン由来という起源の違いと，植物プランクトンが利用する DIC における河川水由来／海水由来という起源の違いとの，2 つの軸にわたる変動要因をもっているというのが実状に即した解釈である。古典的な端成分モデルでは，有機物粒子には実体としては 2 種類しかなく，中間的な同位体比をもつ POM は 2 種類の粒子の混合として説明されるけれども，河口域で生産される現地性 POM は，実際にははじめから中間的な同位体比をもつ粒子として生産されたものが含まれていることになる。

この事実は，とくに河口域の底生動物の餌資源としての POM を考えるう

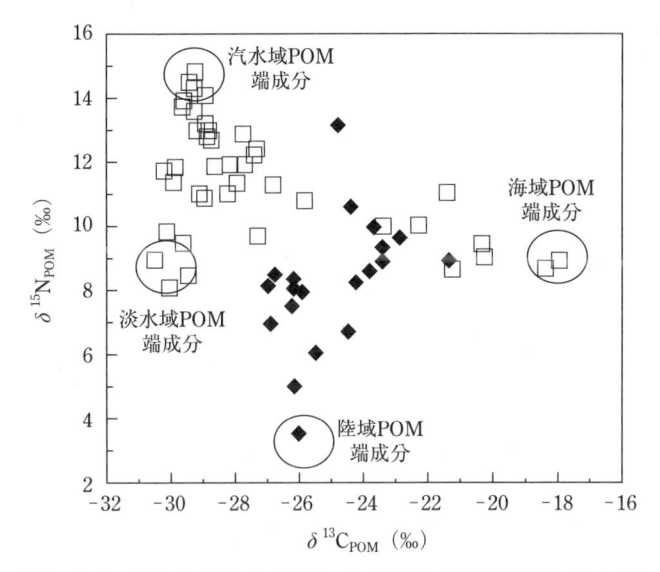

図 4-4-8 スケルデ川（ベルギー）河口域の POM（□）および SOM（◆）の $\delta^{13}C - \delta^{15}N$ プロット[85]。4 種類の端成分が仮定されている。

えで重要である。たとえば POM を利用する濾過摂食性二枚貝の軟組織の $\delta^{13}C$ は河口域の塩分勾配に沿って次第に高くなることが知られている（図 4-4-9）。これは一見，塩分の低い場所に住む二枚貝ほど，摂食した POM 中に占める陸上植物由来の有機物の比率が高いことを示唆する事実であるように見える。しかし実際には，二枚貝はどこでもプランクトンを主食としているのであって，プランクトンの $\delta^{13}C$ が塩分勾配とともに上昇するために二枚貝の $\delta^{13}C$ も平行的に変化していると解釈するのが妥当であると考えられる[86]。

7. 変動端成分モデル

現地性 POM の $\delta^{13}C$ が変動しているような場合に対処するためのより直截的なモデルは，現地性 POM に対応する端成分 $\delta^{13}C$ を固定したものと仮定せずに絶えず変動しているものと考え，観測のたびに端成分 $\delta^{13}C$ を実測

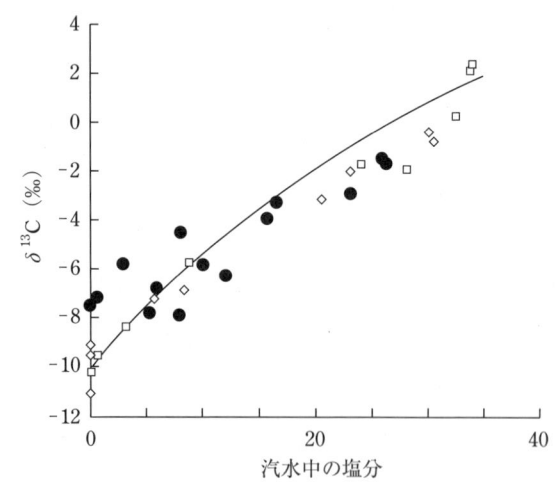

図 4-4-9 米国サンフランシスコ湾の堆積物中に棲む二枚貝（*Potamocorbula amurensis*）の軟組織の炭素安定同位体比，汽水中の溶存無機炭素（DIC）の安定同位体比と採集場所の塩分との関係[86]。● : 二枚貝の $\delta^{13}C$ に 20‰ を加えたもの；□ : 1976 年における $\delta^{13}C_{DIC}$；◇ : 1990～91 年における $\delta^{13}C_{DIC}$；実線は 1976 年のデータに基づく $\delta^{13}C_{DIC}$ の保存的混合曲線（p. 128）。

するというアプローチである。

現地性 POM の $\delta^{13}C$ を毎回直接測定することは技術的に困難であるが，POM から抽出された植物色素のクロロフィル a を現地性 POM の代理値（proxy）として利用することは，現地性 POM の $\delta^{13}C$ の変動をも考慮に入れた端成分モデルを作る 1 つの道となる。クロロフィル a は当然ながら，植物プランクトンのような微細藻類だけでなく異地性 POM の起源となる陸上高等植物にも含まれている。しかし河口域に到達する異地性 POM は分解が進行しているためにクロロフィル a の含有量が通常きわめて低くなっている。このため，ある程度富栄養で植物プランクトンの生育が活発な河口域では，POM 試料から抽出されたクロロフィル a は現地性 POM に含まれていたものであると仮定することができる。植物のクロロフィル a の $\delta^{13}C$（$\delta^{13}C_{chl}$）についてはこれまでにいくつかの研究例がある。その成果を総合すると，培養条件下などで非常に非定常的な増殖を経た試料を例外とすれば，高等植物

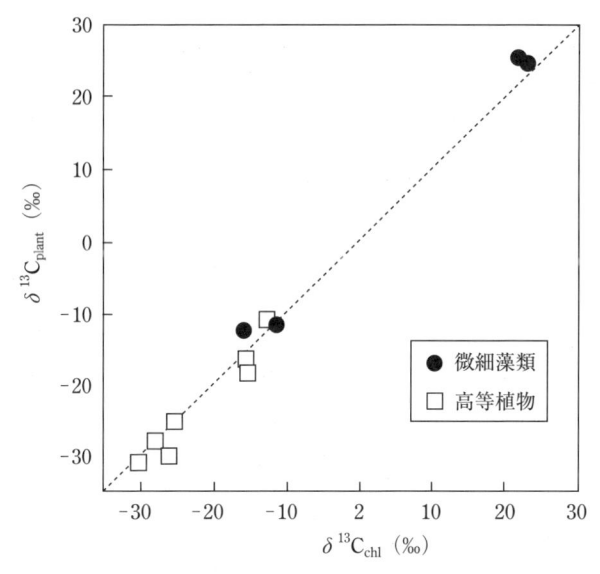

図4-4-10 さまざまな植物から抽出したクロロフィル a の炭素安定同位体比（$\delta^{13}C_{chl}$）と元の植物体の炭素安定同位体比（$\delta^{13}C_{plant}$）との関係[87]

でも微細藻類でも $\delta^{13}C_{chl}$ は植物体全体の $\delta^{13}C$ にほぼ一致する値を取ることが知られている（図4-4-10）[87]。同位体比分析のために POM からクロロフィルを抽出精製するためには分取用高速液体クロマトグラフが必要であるが，サンプルの量が十分にあれば，技術的に大きな困難はない。

　Sato ら[83] は過栄養条件下にある隅田川河口域において $\delta^{13}C_{chl}$ と $\delta^{13}C_{POM}$ の季節変化を報告している。$\delta^{13}C_{chl}$ は季節によって -24 〜 -17‰の間を変動し，$\delta^{13}C_{POM}$ に比べて常に高い値を示した。$\delta^{13}C_{chl}$ をその採集時点での現地性 POM に対応する $\delta^{13}C$ 端成分と見なして POM の起源推定を試みると同時に，典型的な海洋植物プランクトンの平均的な $\delta^{13}C$ を現地性 POM に対する固定値端成分として用いる従来の端成分モデルにもとづく計算法[88] でも起源推定をおこなって，両者の結果を比較している（表4-4-2）。これによると，推定値の変動傾向は両者で一致しているものの，従来の計算法では夏季の鞭毛藻ブルーム時における異地性 POM の存在割合が高く評価されている。これは，この季節の現地性 POM の中には陸起源有機物に近い $\delta^{13}C$ をもつ

表 4-4-2 隅田川河口域におけるサイズ別 POM の $\delta^{13}C$ から推定した異地性 POM の存在比率（%）[83]。

観測期間		サイズ画分				
		>GF/F	250〜1000 μm	53〜250 μm	20〜53 μm	3〜20 μm
2003年8〜9月	Model 1	67.4	52.8	23.7	36.4	59.5
（鞭毛藻ブルーム期）	Model 2	81.1	75.0	52.6	59.1	75.7
2003年10月〜	Model 1	73.3	31.2	18.3	10.5	73.2
2004年1月	Model 2	73.4	46.2	24.7	17.8	75.3
（非ブルーム期）						
2004年2〜4月	Model 1	31.3	20.9	13.6	20.0	35.9
（珪藻ブルーム期）	Model 2	6.7	5.0	3.8	3.0	18.0

Model 1 はクロロフィル a を現地性 POM の代理値として利用した変動端成分モデルからの推定値．Model 2 は和田ら[88]の固定端成分モデル（$\delta^{13}C_a = -20.3‰$, $\delta^{13}C_t = -26.5‰$）による推定値．

POM が多く含まれているにもかかわらず，従来のモデルを使うとそれが誤って異地性 POM と認識されてしまうためである．逆に春季の珪藻ブルーム時は，珪藻の $\delta^{13}C$ が従来のモデルで仮定される現地性 POM の端成分 $\delta^{13}C$ よりも高いため，従来のモデルでは実際以上に異地性 POM の寄与が低く評価されてしまう．

　現地性 POM の $\delta^{13}C$ は変動するものである以上，時期によっては異地性 POM の $\delta^{13}C$ に非常に近い値を取ることもある．そのような場合には $\delta^{13}C$ による起源解析の精度が悪くなることは避けがたい．また，河川が貧栄養であるために河口域での一次生産が貧弱で，河口域 POM のほとんどが陸上由来であるような場所では，POM からクロロフィルを抽出してもそれがかならずしも現地性 POM を代表するとはもはやいいがたいであろう．河口域の規模が小さく，河口域で植物プランクトンが増殖する前に潮汐によって水が交換してしまうような場合も同じ理由で問題が生ずる．こうした場合には，クロロフィル a よりもいっそう厳密に現地性 POM のみに対応するバイオマーカー（6章3節）を代理値として用いる必要があるかもしれない．

8. ほかの化学指標との併用による展開

　端成分モデルによって POM の起源を推定したり陸域起源有機物の流入量

を評価する場合に問題となるもう１つの場合は，通常の陸域起源および植物プランクトン起源 POM 以外にも POM の供給源があって，無視できない寄与をしている場合である．

すでに述べたように河口域では塩水くさびのような成層構造ができやすく，地形によっては底層の海水が長時間にわたって大気から隔離されて無酸素化することがある．密度成層のために底層部が無酸素化するフィヨルドを調査した Velinsky ら[89] は，こうした環境に特異的に出現する光合成硫黄細菌がきわめて特殊な $\delta^{13}C$ を示す事実に注目している．すなわち酸化還元境界層付近に出現する紅色硫黄細菌が通常の陸起源 POM よりさらに低い $\delta^{13}C$ 示すことがある一方，その直下の層に出現する緑色硫黄細菌は通常の海洋植物プランクトンよりもさらに高い $\delta^{13}C$ を示す．これは光合成暗反応系の代謝経路の特殊性によるものである．同様の観察結果は汽水湖である網走湖においても報告されている[90]．

河口湿地にしばしば大群落を形成する塩性 C_4 植物の *Spartina* や，潮間帯・潮下帯に分布するアマモなどの海草類は，通常の海洋植物プランクトンよりもさらに高い $\delta^{13}C$ を示すことがある (p. 264 ～ 269)．沖積平野で大規模にサトウキビ (C_4 植物) が栽培されている熱帯河川の河口域では大降雨時にサトウキビに由来する $\delta^{13}C$ の高い POM が流入する場合のあることも知られている．こうした特殊な $\delta^{13}C$ 値をもつデトリタス性 POM が存在する可能性がある場合は，これを別の端成分として仮定する必要が出て来ることになる．

このように，起源解析のための端成分として何を仮定し，それぞれにどのような $\delta^{13}C$ を割り当てるべきかは，河口域の形態や環境，周辺植生に依存して決まる．とくに３つ以上の端成分を仮定しなければならない場合は，それらの間の比率として２つ以上の未知数が存在するため，$\delta^{13}C_{POM}$ 以外のなんらかの指標を併用しなければ未知数を求めるために必要な方程式の数がそろわないことになる．

$\delta^{13}C_{POM}$ としばしばセットとして POM のキャラクタリゼーションに用いられるのは POM の窒素安定同位体比 ($\delta^{15}N_{POM}$) である (表 4-4-1)．広域平均的に見ると，陸域から河川を通して供給される POM や窒素栄養塩の $\delta^{15}N$

は，海洋の栄養塩（とくにNO_3^-）の平均的な$\delta^{15}N$に比べて低いという法則性がある。またとくに河口域のような閉鎖性の高い海域では底泥における脱窒活性の影響が大きく，脱窒に伴う窒素同位体効果（表5-1-1）のためにしばしばNO_3^-の$\delta^{15}N$がさらに上昇している。このような栄養塩を利用して生産される現地性POMの$\delta^{15}N$は，陸域に由来する異地性POMのそれに比べて系統的に高くなっていることが多く，そのような場合には$\delta^{13}C$と同様の考え方によって$\delta^{15}N$もPOMの起源解析に利用できることになる[88,91]。しかしながら$\delta^{15}N$はいつでも異地性POMよりも現地性POMの方が高くなると決まっているわけではなく，陸域側における後背地の土地利用と海域側における栄養条件に依存して変動する（3章2，4節）。また現地性POMの$\delta^{15}N$は，プランクトンの増殖速度や利用する栄養塩の種類など，有機物の起源の違い以外の要因による影響も$\delta^{13}C$に比較して大きい。このため$\delta^{15}N_{POM}$は$\delta^{13}C_{POM}$とはある程度独立した変数として起源解析に用いることができる。

すでに述べたようにPOM中のC：N比（モル比）[92]やC：Chl比（重量比）[82]も起源解析のために用いられることがある（表4-4-1）。これらの比は，現地性POMでは植物プランクトンの組成に近い値（それぞれ7前後と50前後）を取ることが多いのに対して，高等植物に由来するデトリタスを主成分とする異地性POMではそれよりも格段に高い値となることが多いためである。同様の目的に用いられる指標として，懸濁物を熱分解質量分析に供して得られるマス・スペクトルにもとづくD1 scoreとよばれるものがある[93]。いずれも本来的には有機物の生産場所の指標というよりも素材や熟成度の指標であり，$\delta^{13}C_{POM}$と相補的に使用することができる。

陸上高等植物，とくに樹木に多量に含まれるリグニンのような難分解性の化学成分（バイオマーカー）もまた異地性POMの寄与率を推定するための指標として用いられることがある[94]。これらは難分解性であるために保存性が良く，指標として優れており，また特定の植物群のみに多く含まれるものであるため，$\delta^{13}C_{POM}$とは指標対象が完全には重ならない。

近年，放射性炭素同位体^{14}Cを用いた年代決定法が比較的少量のサンプルでも容易に実施できるようになったことを受けて，POMの^{14}C年代と$\delta^{13}C$とを併用して起源解析を試みる例も増えてきている[95]。この方法はとくに生

成年代の古い土壌有機物が陸起源有機物として供給されていることを立証する場合にきわめて有力であり，将来性の高い技術といえる．

9. 分離分画法との併用による展開

　多数の異なる起源をもつ有機物が混在するような複雑な生態系において，有機物の起源解析をおこなうための別の有力なアプローチは，対象とする有機物試料に分画操作を施し，分画ごとの同位体比分析をおこなって比較することである．POM 全体としては多数の起源に由来していても，個々の画分ごとに見ると，その起源となる可能性のある端成分の数を少数に絞り込める可能性があるからである．

　たとえば，POM をいくつかの粒径クラスに分画する試みはすでにおこなわれている（表 4-4-1, 4-4-2）．POM の主要な起源の 1 つがプランクトンである場合，プランクトンは種類に応じて特徴的なサイズ分布を示すことから，POM の各サイズ画分に入る可能性のあるプランクトンの種類は限定されるため，可能性のある POM の起源（端成分）の数を削減できる可能性が出てくる[83]．POM を密度によって分画する方法も有力である．すでに紹介した Middelburg らの研究[85]では連続遠心法を用いた密度分画をおこない，密度画分ごとに顕著な同位体比の違いがあることを見出している．また Hamilton ら[96]は密度勾配遠心分離法を応用して POM を藻類細胞とデトリタス粒子とに分画する試みをおこなっており，これも画分ごとに端成分の数を絞り込むために有望な手法である．同位体比分析技術の微小化も急速な進展を見せており[97]，POM を構成する個々の粒子単位で $\delta^{13}C$ や $\delta^{15}N$ を測定することも現実に可能になりつつある．

　有機物試料を分子種ごとに分画して同位体比分析をおこなうことはもう 1 つの選択肢である．ガスクロマトグラフとオンラインで接続された質量分析計を用いた化合物別安定同位体比分析が実用化されている（p. 18）．また分取用のクロマトグラフによる前処理を併用した化合物別，あるいは分子量画分別[98]の同位体比分析もおこなわれている．

　バイオマーカーの $\delta^{13}C$ を個別に測定して，それをもとの生物の $\delta^{13}C$ に対

する代理値として用いる利点については，クロロフィル a を用いる場合についてすでに紹介したとおりである．大河内らは紅色硫黄細菌や緑色硫黄細菌に特有の光合成色素を分離精製して，その $\delta^{13}C$ を測定する技術をすでに開発している[99]．光合成色素の同位体比が紅色硫黄細菌や緑色硫黄細菌に由来する POM に対する代理値として使えることが確認できれば，こうした POM を別個の端成分として想定しなければならないような河口域においても $\delta^{13}C$ にもとづく起源解析ができることになる．高等植物に特異的な長鎖飽和脂肪酸やステロール，珪藻や渦鞭毛藻に多く含まれる高度不飽和脂肪酸をバイオマーカーとして，その $\delta^{13}C$ を利用する研究もおこなわれている[100]．

しかしながら現段階ではすべての重要な一次生産者に対してこうした便利なバイオマーカーが知られているというわけではない．また一般には，バイオマーカーとなる特定の化学成分と，それを含んでいる生物体全体とでは，$\delta^{13}C$ がかならずしも一致しないため，代理値として利用するにはなんらかの補正項を用いなければならないこともあり，それに伴う誤差も必然的に発生する．たとえば $\delta^{13}C_{chl}$ を植物プランクトンの $\delta^{13}C$ に対する代理値として用いた Sato ら[83] の例では，両者がかならずしも正確に一致しないことから想定される誤差が，異地性 POM の存在比率の見積に最大 20％程度の不確実性をもたらすことが指摘されている．こうした技術的な問題に対する対処も今後の検討課題となる．

5 湖沼における溶存態有機物の起源と動態

1. 湖水中の有機物

　湖水中に存在する有機物は，通常，ガラス繊維濾紙（公称孔径 0.7〜1.2 μm）に捕集される懸濁態有機物（POM）と，濾紙を通過する溶存態有機物（DOM：dissolved organic matter）に区分される。POM の中にはプランクトンや微生物群集などの生物態有機物（バイオマス）も含まれる。各態の有機物は動物プランクトンや魚類あるいは微生物群集に利用されることにより，食物網や栄養素の循環を支える（図 4-5-1）。その意味では，有機物は健全な湖沼生態系の重要な構成要素であるといえる。しかし，集水域からの過度の汚濁有機物の負荷（一次汚濁）や，湖内での植物プランクトンの大発生に起因する大量の有機物の生産（二次汚濁）は深刻な環境問題となる（図 4-5-2）。大量に負荷された汚濁有機物が微生物によって分解されると，それに伴う溶存酸素の消費が起こる。これにより湖底や深水層（水温躍層よりも深い層：p. 133）の溶存酸素濃度が著しく減少し，場合によっては完全に無酸素化することがある。これは魚類や貝類をはじめとする大型生物の生息環境の劣化や喪失を意味する。また，DOM は浄水処理での除去が困難であるうえに，水道水中の残留塩素と結合し，発ガン性のトリハロメタンを生成することも知られている。

　以上の理由から，湖沼の水質管理のうえでは有機物の量を評価することが重要な課題になる。水域の有機物量を評価する環境指標として，河川においては BOD（biochemical oxygen demand: 生物化学的酸素要求量）が，湖沼や海域においては COD（chemical oxygen demand: 化学的酸素要求量）が用いられている[101]。これらは有機物やその他の還元性物質を，生物化学的（BOD），または化学的（COD）に酸化したときに消費される酸素量を用いて，汚濁有機物の量を間接的に評価する指標であり，かならずしも全有機物量を評価しているわけではない。有機物負荷が溶存酸素を減少させるポテンシャルを評価する指標とみなすことができる。1990 年代に環境水中の全有機炭素の濃

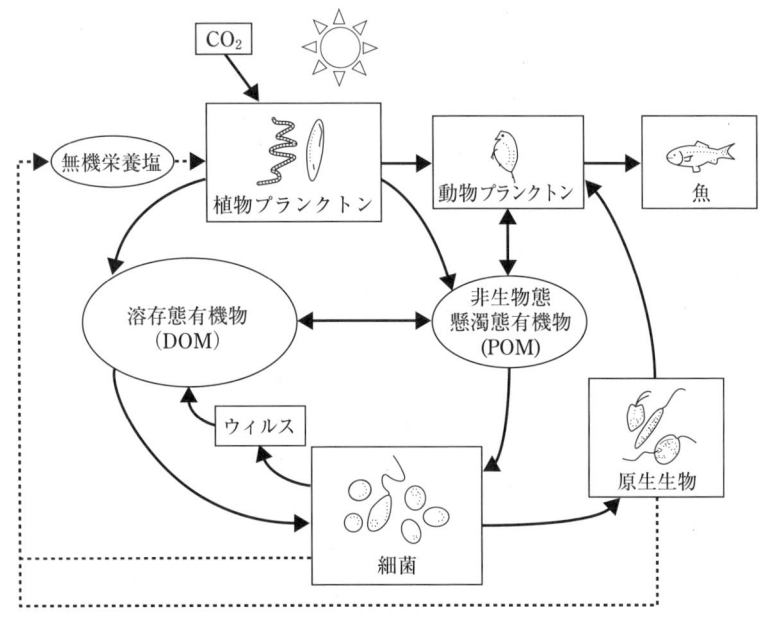

図 4-5-1 湖沼の食物網と栄養素循環の概念図。実線は有機物の流れを，点線は無機栄養塩の流れを示す。

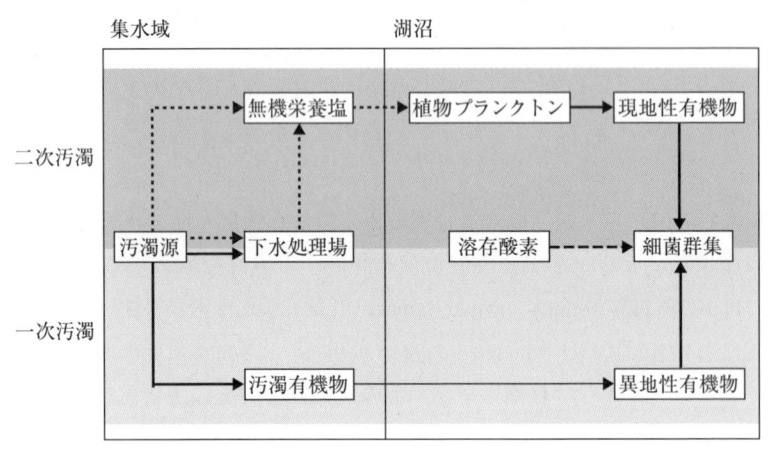

図 4-5-2 一次汚濁と二次汚濁の発生メカニズム。実線は有機物の流れを，点線は無機栄養塩の流れを示す。

表 4-5-1 環境水（淡水）中の各態有機炭素濃度の平均値と，溶存態有機炭素（DOC）と懸濁態有機炭素（POC）の比[103]。

	全有機炭素 TOC (mg^{-1})	溶存態有機炭素 DOC (mg^{-1})	懸濁態有機炭素 POC (mg^{-1})	DOC：POC
地下水	0.7	0.65	0.05	13：1
降水	1.1	1.0	0.1	10：1
貧栄養湖	2.2	2.0	0.2	10：1
河川	7.0	5.0	2.0	3：1
富栄養湖	12.0	10.3	1.7	6：1
湿地－低湿地	17.0	15.3	1.7	9：1
高層湿原	33.0	30.3	2.7	11：1

度を測定する方法が改良されたことにより，有機物量を全有機炭素（TOC：total organic carbon）量で評価することが広くおこなわれはじめた[102]。水道水質基準においては，2005年に有機物量の指標がCODからTOCに切り替わった。今後，環境基準においてもTOCが普及する可能性がある。

湖沼の各態有機物の濃度は湖沼の栄養度や腐植質の含有量によって大きく異なる。一般的に止水域（lentic water）では，溶存態有機炭素（DOC：dissolved organic carbon）の濃度は懸濁態有機炭素（POC）の濃度よりも5倍から10倍以上高いことが知られている（表4-5-1）。図4-5-3には琵琶湖北湖の水深5m層において得られたDOCとPOCの濃度の季節変化を示す。いずれの季節もDOCの濃度がPOCの濃度を大きく上回っていることがわかる。

上述のように，湖沼の有機物はその生成起源の違いにより，①集水域から湖沼へと輸送された有機物（異地性有機物あるいは一次汚濁有機物）と，②湖沼内部で生産された有機物（現地性有機物あるいは二次汚濁有機物）の2つに分類される。湖沼の水質や生態系の管理の観点からは，汚濁有機物の量に加えて，その起源を正確に把握することがたいへん重要である。しかし，COD，BOD，あるいはTOCといった従来から用いられている有機物の量に関する指標のみでは，湖内の有機物の生成起源を知ることは困難である。

本節では，DOCや有機物を消費する細菌群集の炭素安定同位体比（$\delta^{13}C$）を用いて，湖内の汚濁有機物（とくに有機物プールの大部分を占めるDOMに着

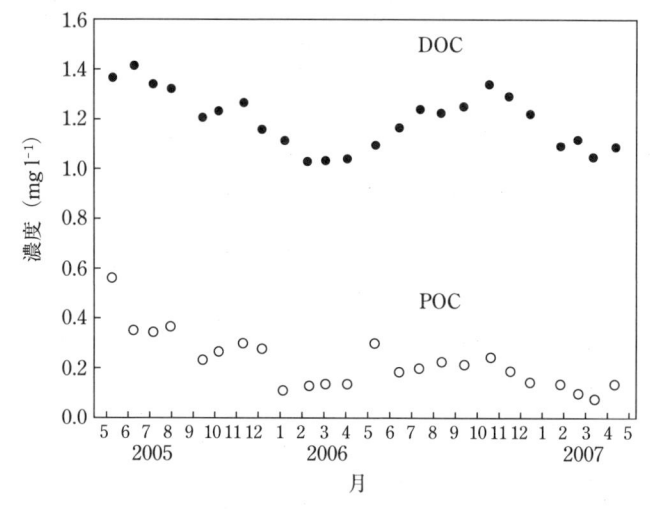

図 4-5-3 琵琶湖北湖水深 5m 層における溶存態有機炭素（DOC：●で示す）と懸濁態有機炭素（POC：○で示す）の濃度の季節変化[104]

目する）の起源を推定する方法を紹介する。紹介する文献の中には汽水域や沿岸海域の研究例が含まれるが，基本的な原理は同一であると考えてよい。

2. 混合モデルによる起源の推定方法

　安定同位体比を用いて有機物の起源を推定する際の前提条件は，2つの端成分（ここでは異地性有機物と現地性有機物）が異なる安定同位体比をもつことである。この条件が満たされれば，混合モデルを用いて有機物の起源を推定できる[105]。混合モデルでは，2つの端成分の混合から成る試料の同位体比は，試料中の2成分の相対的な混合割合を反映すると考える。2つの端成分の安定同位体比を $\delta_{端成分1}$，$\delta_{端成分2}$，試料の安定同位体比を $\delta_{試料}$，試料中の2つの端成分の混合割合をそれぞれ f_1，f_2 とすると，以下の2つの式が成立する（p. 168〜169）。

$$\delta_{試料} = (\delta_{端成分1}) \times f_1 + (\delta_{端成分2}) \times f_2 \tag{1}$$

$$f_1 + f_2 = 1 \tag{2}$$

(1), (2)式を f_1 について解くと

$$f_1 = (\delta_{試料} - \delta_{端成分2})/(\delta_{端成分1} - \delta_{端成分2}) \tag{3}$$

となり，f_1 と f_2 ($=1-f_1$) を推定できる。

混合モデルを導入する際には，以下の3点に留意しなければならない。

① 2つの端成分の安定同位体比に差がない場合，(3)式が成り立たないことは自明である。仮に差があっても，その差が小さければ推定値の誤差は大きくなる。
② 端成分から混合試料への輸送，代謝過程での同位体分別がある場合，(1)式に同位体分別による影響を補正する項を付け加える必要がある。
③ 端成分が3つ以上存在する場合，上記の混合モデルでの起源推定は不可能であり，2種類以上の同位体比を組み合わせた混合モデルを構築する必要がある。

湖沼の有機物の生成起源の推定を目的とする場合は，現地性有機物の端成分として植物プランクトンを，異地性有機物の端成分として陸上 C_3 植物を想定する (p. 264)。植物プランクトンの炭素安定同位体比は $-18‰$ から $-30‰$ までの大きな変動幅をもち，一般的に夏季に高くなる傾向がある[106]。これは夏季の高い一次生産と水温上昇に伴って，細胞表面近く（境界層）の溶存二酸化炭素が局所的に欠乏するために，炭素固定時の同位体分別が小さくなるためである。一方，異地性有機物の端成分として用いられる陸上 C_3 植物の炭素安定同位体比の変動幅は比較的小さい（$-26‰ \sim -30‰$）。湖沼に異地性有機物を供給している河川水中の DOC の同位体比がこの範囲内に収まることから，異地性有機物の同位体比としてこの範囲の値を用いることができると考えられる。

● DOM とは？

溶存態有機物（DOM）はさまざまな有機化合物の混合物である。その一部はアミノ酸や炭水化物などから構成されていることがわかっている。しかし，残り大部分の構成成分の化学組成は不明であり，複雑な構造の腐植物質や微生物残渣などが主構成成分であると考えられている。DOM は微生物利用性によって，①易分解性（labile），②準易分解性（semi-labile），③難分解性（refractory）に分類されることもある[107]。

3. 細菌の炭素安定同位体比を用いた易分解性溶存態有機物の起源の推定

湖沼に供給された DOM がたどる運命は，その微生物利用性の違いにより以下の4つにわかれる。

① 微生物の同化作用により，生物態有機物に転換される。
② 微生物の異化作用により，二酸化炭素と無機栄養塩に無機化される。
③ 物理化学的作用（紫外線による分解，粒子への吸着，フロック形成など）を受ける。
④ いずれの作用も受けずに水中に蓄積する。

易分解性 DOM は，水中に蓄積する間もなく速やかに，細菌による①同化や②異化を受ける。一方，難分解性 DOM は，③物理化学的作用を受けて，易分解性もしくは準易分解性 DOM に転換されたり DOM プールから除去されるか，④長期間にわたって水中に蓄積しつづける。易分解性と難分解性の中間の性質をもつ準易分解性 DOM は，④水中に蓄積した後，細菌による①同化や②異化を受ける。

以上を考えると，水中に蓄積した DOM とは準易分解性および難分解性の DOM であることがわかる。これらの DOM の起源推定については次項で述べる。一方，易分解性 DOM の水中での濃度は非常に低いが，絶えず供給さ

れ分解されているため，そのフローとしては準易分解性，難分解性 DOM の
フローよりもはるかに大きい。したがって，湖水中に流通している易分解性
DOM の起源を知ることは非常に重要である。そこでまず，ここでは易分解
性 DOM の起源の推定方法について考えよう。易分解性 DOM は，①同化作
用により細菌の菌体に変換される。したがって，細菌の安定同位体比を測定
することで易分解性 DOM の安定同位体比を推定することが可能である。

　細菌の同位体比を測定するうえでは，非生物粒子を含む複雑な有機物の混
合物の中から細菌（あるいは細菌に特徴的な成分）を可能な限り高純度に分離
することが重要な課題となる。環境水中からの細菌の分離方法に関しては，
これまで多くの方法が考案されてきた。以下にこれらの方法をまとめる。

①粒径分画法

　粒子保持能力の異なる 2 種類の濾紙を用いる。筆者らは琵琶湖北湖におい
て，2 種類のガラス繊維濾紙（公称孔径 1.2 μm（GF/C）と公称孔径 0.7 μm（GF/F））
を用いて細菌の回収を試みた。湖水を GF/C ガラス繊維濾紙で濾過するこ
とにより大型粒子を除去し，それより小さい粒子を GF/F ガラス繊維濾紙に
捕集し，これを細菌画分の有機物と考えた[104, 108]。

②培養法

　Coffin ら[109] は河口域において，孔径 0.2 μm のメンブレンフィルターを用
いて粒子を除去した試料水を準備した。ここに少量の細菌を含む試料水を接
種し，暗条件下で室内培養した。培養により生育した細菌を濾過により回収
して，細菌の炭素安定同位体比を測定した。この方法は希釈培地法とよば
れ，比較的簡単におこなえる点，またデトリタスやピコ植物プランクトンと
いった細菌と同サイズの粒子の影響を除くことができる点で優れている。し
かし，室内培養により育った細菌がかならずしも現場環境中と同じ有機物を
利用しているとは限らないという問題もある。このような問題を克服するた
めに，Kritzberg ら[110] は透析膜を使った手法を提案した。彼女らは希釈培地
法と同様に，粒子を除去した試料水と少量の細菌を含む試料水を用意し，そ
れらの混合水を透析膜チューブに入れて現場に数日間設置した。そして透析

膜の中で生育した細菌を濾過により回収し,炭素安定同位体比測定に供した。透析膜を通して溶存物質は交換するので,透析膜チューブ中で生育した細菌群集は現場の易分解性 DOM を利用し,その安定同位体比を反映していると考えた。

③ DNA 法

Coffin ら[111] は細菌の DNA の安定同位体比の測定を試みた。まず,試料水を孔径 1.0 μm のフィルターで濾過して大型粒子をのぞき,次に,1.0 μm 以下の画分 (細菌の画分と仮定) に含まれる DNA を抽出した。この炭素安定同位体比を測定することで,細菌の安定同位体比の推定をおこなった。類似した方法は,Kelley ら[112] や,McCallister ら[113] にも用いられている。本方法は非生物粒子の影響を除去できる点で優れた方法である。しかし,抽出操作が煩雑で,DNA 抽出に有機試薬を用いることから,炭素汚染による安定同位体比の測定誤差が問題点として指摘されている[114]。また,DNA と細胞全体の同位体比がかならずしも一致しない可能性もある。

④バイオマーカー法

細菌に固有の生化学成分を抽出し,その安定同位体比を測定するという試みもなされている。ある生物群に特徴的に含まれる成分のことをバイオマーカーという (6 章 3 節)。細菌のバイオマーカーとして広く用いられているのはリン脂質脂肪酸 (PLFA：phospholipid-derived fatty acids) である。Boschker ら[115] の方法を紹介する。彼らはまず,試料水を GF/F ガラス繊維濾紙で濾過し粒子を捕集した。その捕集粒子中から PLFA を抽出し,脂肪酸メチルエステルへ誘導体化させた。各脂肪酸メチルエステルをガスクロマトグラフィーによって分子種ごとに分離したのち,それぞれの安定同位体比を測定した。この方法により彼らは沿岸域の細菌が利用する有機物の起源推定を行った。PLFA 法を用いる場合は,脂質が細胞全体と比べて低い炭素安定同位体比をもつ傾向にあることに留意し,その影響を補正する必要がある[116]。

細菌の炭素安定同位体比を用いて易分解性 DOM の起源を推定した筆者らの研究を紹介する[104]。この研究は琵琶湖北湖の表水層で粒径分画法により行った。

現地性有機物の寄与（％）

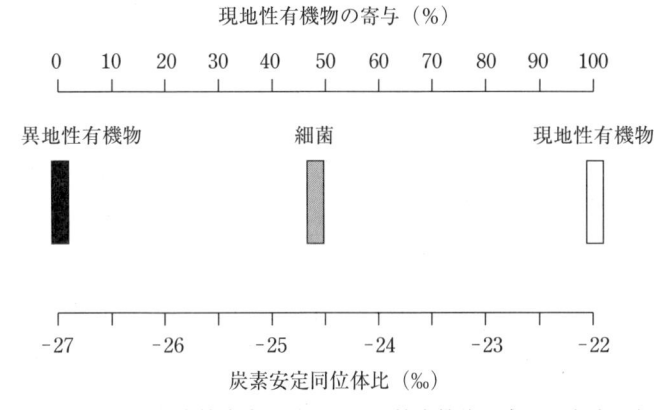

図 4-5-4　菌体有機炭素に対して現地性有機物の占める割合の推定[104]。黒色，白色の縦棒は 2 つの端成分の炭素安定同位体比を示す。粒径分画法により測定された細菌の炭素安定同位体比の平均値を灰色の縦棒で示した。試料は琵琶湖北湖の表水層において 2005 年 6 月〜8 月，2006 年 6 月〜8 月に採取した。

夏季の細菌群集の炭素安定同位体比を測定した結果，平均 −24.6‰ という値が得られた。この値は夏季の植物プランクトン（現地性有機物）の炭素安定同位体比（−22‰）よりも低く，一方，陸上 C_3 植物（異地性有機物）の炭素安定同位体比（−27‰）よりも高かった。混合モデルによる解析の結果，細菌群集の菌体を構成する有機炭素に対する現地性有機炭素と異地性有機炭素の寄与はおよそ 1 : 1 であることが明らかとなった（図 4-5-4）。つまり，易分解性 DOM の約 50％ は湖外から来たものであると推察された。本研究では現地性有機物の同位体比として固定値を用いたが，先述のように植物プランクトンの同位体比は季節的に大きく変動する。よって，より精度の高い推定のためには端成分の変動を考慮する必要がある（4 章 4 節 6 参照）。なお，細菌による有機基質同化時の同位体分別は比較的小さい（± 2‰ 以内[109, 117, 118]）。したがって，本研究ではこの効果は無視した。

4. 溶存態有機炭素の安定同位体比を用いた準易分解性および難分解性溶存態有機物の起源の推定

DOC の安定同位体比を用いて準易分解性および難分解性 DOM の起源推定を行った研究例を紹介する[104]。この研究では琵琶湖北湖において，夏季の DOC の濃度と安定同位体比の鉛直分布を調べた (口絵10)。本研究で用いた DOC の同位体比測定法を簡単に説明する。

まず，濾過試料水をガラスバイアルに分注し，塩酸酸性として 60°C で加熱し，無機炭素を CO_2 として除去すると同時に水を完全に蒸発させる。次に，バイアルの底に析出した有機物を超純水に再溶解させ，元素分析試料用銀カップに注ぐ。銀カップを 60°C で加熱し水を完全に蒸発させた後，同位体比測定に供する。

測定の結果，DOC の濃度は表水層の方が深水層よりも 0.3 mg l^{-1} 高く，夏季の表水層には準易分解性 DOC が蓄積していることが示唆された。さらに，DOC の濃度だけでなく同位体比にも顕著な鉛直勾配のあることが明らかになった。すなわち，DOC の安定同位体比が表水層では −25.1‰ であったのに対して深水層では −26.1‰ であった。つまり，深水層の DOC に比べて表水層の DOC は ^{13}C に富んでいるという特徴がみられた。この安定同位体比の差は，琵琶湖の湖水中に起源の異なる DOM が空間的に不均一に分布している可能性を意味している。

このことを混合モデルを使って考えよう。まず，深水層の DOC の安定同位体比を見ると，この値 (−26.1‰) は異地性有機物 (陸上 C_3 植物起源) の炭素安定同位体比に近い。このことから，深水層 DOM はおもに陸上植物由来であると推察される。一方，表水層の DOM は難分解性と準易分解性 DOM の混合物であると考えられる[48]。そこで，表水層に蓄積する準易分解性 DOC の安定同位体比 ($\delta^{13}C$) を以下の式により求めた。

準易分解性 DOC の $\delta^{13}C$ = [(表水層 DOC の濃度 × 表水層 DOC の $\delta^{13}C$) − (難分解性 DOC の濃度 × 難分解性 DOC の $\delta^{13}C$)] / 準易分解性 DOC の濃度

なお，このモデルでは難分解性 DOC の濃度と同位体比は，それぞれ深水層の DOC の濃度と同位体比によって代表されると仮定した。また，全 DOC 濃度から難分解性 DOC の濃度を減じたものが準易分解性 DOC の濃度であると考えた。計算の結果，夏季の表水層に蓄積した準易分解性 DOC の安定同位体比は $-21.8‰$ と推定された。この値は同湖盆において春季から夏季に増殖する植物プランクトンの炭素安定同位体比（$-22‰$）にほぼ等しい。このことから，準易分解性 DOM はおもに植物プランクトン由来であると推定された。したがって，表水層の DOM 全体としては現地性と異地性の成分がほぼ1:3の割合で構成されていると見積もられた。ただし，琵琶湖においては，秋から冬にかけて植物プランクトンの炭素安定同位体比が $-29 \sim -27‰$ 程度にまで低下する（これは，おそらく光合成活性の低下と関連すると推察される。なお，一次生産者の炭素安定同位体比の変動機構については6章1節を参照）。したがって，もし秋から冬にかけて生産された植物プランクトンに由来する現地性 DOM（低い炭素安定同位体比値をもつと考えられる）が，難分解性 DOM の有意な構成成分になっているとすれば，上記のモデルによって推定された異地性 DOM の寄与率は過大評価になる。これについては今後のより詳細な検討が必要である。

5. まとめ

本節では DOC や細菌の炭素安定同位体比を用いることにより，有機物の起源，蓄積，利用に関する有用な情報が得られることを示した。とくに，湖の有機物の起源推定（現地性と異地性の区別）への適応例を中心に解説をした。この手法を用いるうえでは，端成分の決定，とくに現地性有機物である植物プランクトンの同位体比に留意しなければならない。また3つ以上の端成分が存在する場合，炭素安定同位体比のみでは起源推定が困難であることにも注意しなければならない。

　最後に今後の展望について触れておきたい。近年，安定同位体比と放射性同位体比を組み合わせた研究例が報告されている。DOC または細菌の炭素安定同位体比と，放射性炭素同位体比を同時に測定することにより，3つの

端成分が存在する系での起源推定が可能になる[113]。さらに，放射性炭素同位体比は有機物の年代に関する情報も与えてくれる。また，アミノ酸などの有機化合物成分の安定同位体比を分析する技術の進歩もめざましいものがある。アミノ酸の安定同位体比はDOMの起源に関するさらなる情報を与えてくれる可能性がある。たとえば，バリンやイソロイシンといったアミノ酸は，植物プランクトンと細菌では生成時にはたらく酵素の違いにより，異なった同位体分別を引き起こす。その結果，細菌により生成されたバリンやイソロイシンは非常に低い炭素安定同位体比を示す。これを利用することによりDOMの生成プロセスに関する情報が得られる。今後，このような新たな手法の適用や応用は，湖沼の水質管理はもちろんのこと，湖沼の物質循環プロセスや食物網構造の解明にとっても多大な貢献を果たすことになるだろう。

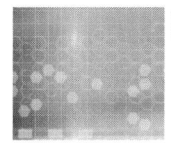

第5章

酸化還元プロセス

1 土壌と河川における微生物学的窒素除去プロセスの評価

1. 窒素循環概説

　窒素は大気中に大量の窒素ガス (N_2) として蓄えられている。しかし，生態系において生物が利用可能な形態の窒素 (可給態窒素：たとえばアンモニウム，硝酸イオン，低分子有機態窒素：p. 29) の存在量は一般に低く，しばしば生物生産の制限要因となる。一方で，人間活動はさまざまな形で窒素を生態系に供給しつづけている。窒素肥料の投入のような直接的な負荷の他，酸性雨などによって大量の窒素が森林生態系に供給される。その供給された窒素がすべて利用されず (窒素飽和状態[1])，河川を経由して流出し，下流の湖沼や沿岸の生態系に悪影響を与える場合がある。その悪影響の例としてたとえばミシシッピ川の河口帯における巨大な無酸素水塊の出現があげられる。これは河川が供給する大量の養分を利用して生産された有機物の分解に伴う酸素消費が主な原因であると考えられている[2]。本節では，生態系から窒素が除去されるプロセスに着目する。窒素除去プロセスとしては，下流への流出，付着藻類などの窒素吸収，ガス態窒素としての大気への放出などが考えられるが，ここでは，ガス態窒素の放出を中心に議論をすすめる。

　図5-1-1に窒素循環の概略を示した。この図では窒素循環における2つ

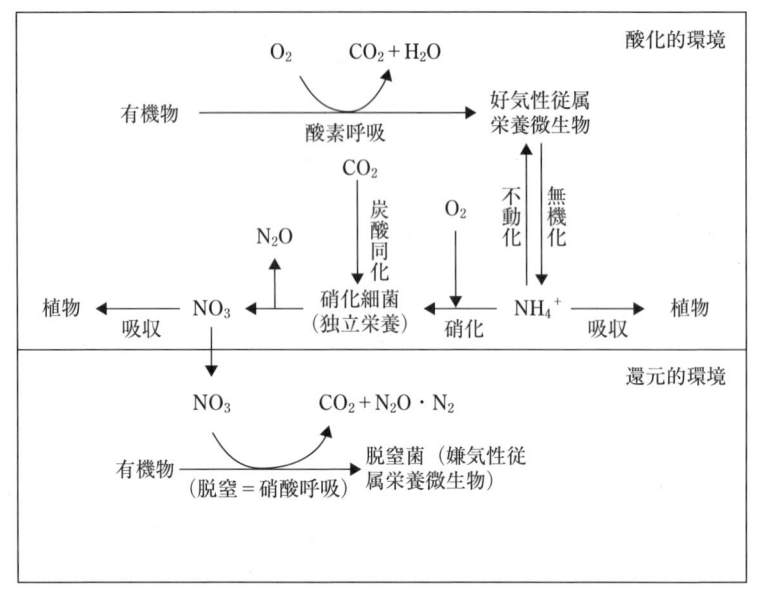

図 5-1-1 本章で扱う窒素循環の概念図。酸化的環境，還元的環境という2つの異なる環境と，独立栄養，従属栄養という2つの栄養様式がふくまれていることに注意してほしい。

の特徴が見て取れる。第一に，窒素循環プロセスには独立栄養的（autotrophic）プロセスと従属栄養的（heterotrophic）プロセスが存在すること，第二に，酸化的（好気的）な環境で進行するプロセスと，還元的（嫌気的）な環境で進行するプロセスが存在することである。

独立栄養とは，炭素源として無機炭素化合物を利用する栄養様式のことであり，一方，従属栄養とは，炭素源として有機物を利用する栄養様式のことである。図5-1-1の中では，硝化（nitrification）をおこなうバクテリア（硝化細菌）と植物が独立栄養である。硝化細菌とは，アンモニウム（NH_4^+）を亜硝酸イオン（NO_2^-）に酸化することでエネルギーを得ているアンモニア酸化細菌と，亜硝酸イオンを硝酸イオン（NO_3^-）に酸化することでエネルギーを獲得する亜硝酸酸化細菌の両者をあわせたものを指している。

一方，有機物の無機化（mineralization：有機態炭素を二酸化炭素（CO_2）に，あるいは有機態窒素を無機態窒素（NH_4^+）に変換すること）や，後述する脱窒

(denitrification; 硝酸呼吸ともいう) は，従属栄養的プロセスである。従属栄養微生物は，無機態窒素 (NH_4^+, NO_3^-) を吸収同化する。可給態窒素が微生物体内に取り込まれて有機物に変化すると，植物にとっては利用しにくい形態の窒素が蓄積することになる。そのため，土壌微生物学の分野では，このプロセスのことを窒素の不動化 (immobilization) とよぶことがある。

このように，従属栄養微生物の役割が大きいことにより，従属栄養微生物のエネルギー源や体を作る材料として用いられる有機態炭素の供給が，窒素循環の制御のうえで重要な役割を果たすことになる。たとえば畜産廃棄物が流入している河川のように有機態炭素が豊富にある環境と，川の上流で流れが速く有機物の供給が低い環境では，窒素循環を形作る従属栄養と独立栄養プロセスのバランスが大きく異なることが予想される。とくに生態系からの窒素除去において重要な役割を果たす脱窒が進行するためには，エネルギー源としての有機態炭素が必要であることに注意していただきたい。

有機態炭素が窒素循環に及ぼす影響について単純な例をあげて説明しよう。土壌の有機態炭素と窒素の比 (C:N比) と，独立栄養 (硝化) と従属栄養 (無機化) のバランスの間には以下のような関係がある。まず，土壌有機物のC:N比 (モル比) が土壌微生物のそれよりも高ければ (たとえば > 25：これに対して微生物体のC:N比は 8～12 程度である)，土壌中の可給態窒素は従属栄養性微生物によって不動化される。その結果，独立栄養の硝化細菌は NH_4^+ を利用することが困難となり，硝化活性は抑制される。そして，NH_4^+ は土壌粒子に吸着しやすいため，窒素は土壌から失われずに系内に保持されやすくなる。一方，土壌有機物のC:N比が低い場合には (たとえば 12)，従属栄養性微生物は NH_4^+ を環境中に放出する。このような環境中では，NH_4^+ を酸化することでエネルギーを得る硝化細菌の活性が相対的に高くなる。硝化の最終生成物である硝酸イオンは負に帯電している土壌と反発するため，土壌からの窒素の流出が促進される。

このように微生物にとって利用可能な有機物のC:N比によって，土壌生態系の窒素循環のパターンに大きな違いが生じる。上記の議論では，微生物が炭素を利用する際の効率を考慮していないため，より正確な議論については囲み記事を参照して頂きたいが，窒素循環を考える際に，有機態炭素の影

● 従属栄養微生物の有機物代謝における化学量論

　従属栄養微生物群集が，有機基質の消費に伴い無機態の窒素（NH_4^+）を排出（無機化）するか，あるいは吸収（不動化）するか，という切り替えは，有機基質のC:N比，微生物体のC:N比，および，微生物の総成長効率（成長収量とも呼ぶ）によって決まる。この関係は以下の式によって表される。

$$E = U_c [Y(N:C_b) - N:C_s]$$

ここで，E は無機態窒素の吸収速度（単位時間・単位体積あたりの窒素のモル数），U_c は微生物群集による炭素の取り込み速度（単位時間・単位体積あたりの炭素のモル数），Y は総成長効率（微生物が取り込んだ総炭素量のうち，微生物体に変換される炭素量の比率），$N:C_b$ は微生物体のN/C比（モル比），$N:C_s$ は有機基質のN/C比（モル比）である。Eが正の場合は無機態窒素が吸収され，Eが負の場合は無機態窒素が排出される。

響を考えることがたいへん重要であるという点を強調しておきたい。

　つぎに，酸化的環境（好気的すなわち O_2 濃度の高い環境）と，還元的な環境（嫌気的すなわち O_2 濃度の低いもしくは存在しない環境）における窒素循環の違いを見てみよう。図3-3-1のさまざまなプロセスのうち，脱窒は還元的環境においてのみ生じると考えられている。脱窒とは，脱窒菌が NO_3^- を使って有機物を酸化する，嫌気呼吸の一種である。一般に，脱窒菌は，O_2 が存在する環境では好気呼吸をおこなうが，嫌気条件になると，電子受容体として NO_3^- を利用するようになる。NO_3^- は，NO_2^-，一酸化二窒素（N_2O），窒素ガス（N_2）へと還元され，最終的には系外に失われる（窒素除去）。つまり，酸化還元状態（O_2 の存在量）は，ある環境における窒素循環のパターンを決定する大きな要因になっているのである。

　以上のことからわかるように，有機態炭素と O_2 の存在量という2つの軸で，ある系内で卓越する窒素循環プロセスをおおまかに予測することができる。有機態炭素が豊富にふくまれる汚濁河川ならば，従属栄養細菌が活発に活動しているのに対し，有機態炭素の濃度が低い清流では，独立栄養細菌である硝化細菌の活動が相対的に活発であると推測できる。一方で，川床勾配

や河道の形状により曝気の起きやすい河川では，大気からO_2が供給されやすいことから，水中にはO_2が豊富に存在し，脱窒は起こりにくいと推察される。それに対して，水の淀んだ淵や，沼地のようなところでは，O_2濃度が低く，脱窒が起きやすいであろう。

　しかし，上述のような「マクロ」な視点からの窒素循環系の把握のみでは，十分に精度の高い窒素循環モデルを作ることは困難である。窒素循環のプロセスが起こる現場である土壌や堆積物の中には，さまざまな要因で形成された多くの微小環境が存在する。たとえばミミズのフン，堆積物に付着するバイオフィルム，様々な構造物など，土壌や堆積物中には，非常に不均一な微小環境が存在する。土壌を考えてみると，ひとたび雨が降れば土壌には水が浸透し，水膜は微小間隙をふさぐ。微小間隙の中で有機物の分解をしていた微生物はO_2を活発に消費する。しかし間隙をふさぐ水によって，O_2の内部への供給は極端に遅くなっている。結果，微小間隙中に還元環境が形成され，酸化的な環境では生じなかったプロセスが卓越するようになる。落ち葉の裏や細根の周辺のような，局所的に有機態炭素供給が大きい環境が土壌には形成されやすい。そのような場所では活発な有機物分解によって還元環境が形成されやすい。

　つまりマクロな視点で眺めた生態系の全体的な状況から，実際の窒素循環の反応場である微小環境の状態や反応の規模を推定することは現時点では困難である。不均一に分布する微小環境におけるO_2や有機態炭素の濃度分布，そしてそれらの変動に関する知見はまだきわめて限られている。ある生態系，たとえば50 m×50 mの生態系での脱窒を考えるとする。5 m×5 mのサブプロットに区分して，サブプロットの中での平均的な脱窒速度を求め積分して行けば良いのか，それとも50 m×50 mの中で，もっとも脱窒の起こりやすそうな場所（ホットスポット）にねらいを定め，そのホットスポットでの脱窒速度に着目するべきなのか，さらには土壌コアの中の数μmレベルで存在する嫌気的環境のことを考慮しなければならないのか，こういった判断をするための基礎情報すら整っていない状態であると筆者は考えている。Parkin[3]では，土壌の質量としてたった1％ほどの部分が，その土壌コアサンプル全体がもつ脱窒能の85％を占めていたという報告をしている。ホッ

トスポットは,土壌コアのレベルから生態系のレベルまで,さまざまな空間スケールにおいて考慮すべきなのだが,それは実際には容易ではない。

河川生態系での窒素循環を考える際の注意点としては以下のようなことある。河川生態系における窒素循環の速度は,河川水そのものの下流への移動速度と比較してかなり遅い。いいかえれば,窒素化合物を分解している間にもどんどんと下流へと流されて行くのである。このため河川において,ある窒素化合物の運命を考える際には,3次元空間の中でプロセスが生じていることを常に念頭に置く必要がある。たとえば,河川水をビーカーに汲んだ時,その水に含まれている窒素化合物の濃度は,どのように決まっているのだろうか。そのビーカーの中にいる微生物などだけを考慮すれば十分,ということではなく,その水質を決定しているのは上流数十~数百 m の平均的な性質であろう。NH_4^+ が生成されて消費されるまでのある一定時間を考えると,その間に土壌粒子中では NH_4^+ はおそらく数 mm 程度を移動するだけであろうが,河川では数百 m も下流へ移動しうる。このことを考えれば,河川生態系での窒素循環が,いかにダイナミックであるかが理解できるだろう[4]。

つまり,河川生態系での窒素循環というものは非常に複雑な性質をもち,そのためにたとえば土壌中の窒素循環のような空間的に「静的」な窒素循環系を包括する,より一般的な循環の姿を示していると考えられよう[5]。よって河川生態系における窒素循環の把握は,さまざまな生態系における窒素循環の把握に大きく役立つことが期待される。

2. 窒素循環における同位体分別について

以上に述べてきたように,生態系においては,微生物や植物の働きによって,吸収,無機化,硝化,脱窒といった窒素化合物の生成や変換が起きている。河川においては,これらのプロセスの進行の場が空間的に複雑に配置されており,したがって,窒素化合物の濃度の変動パターンはきわめて複雑になる[6]。しかも,ある物質の濃度は,ある瞬間に存在した量の情報であり,濃度が低いことはその物質がさかんに利用された結果とも,その物質の生産が小さい結果とも解釈可能である。つまり物質濃度は,その物質のインプットとアウ

トプットのバランスで決まっている[7]。そのため，ある物質がどれだけ生産され，どれだけ消費されているか，というフローについての情報が窒素循環解析に必要であるが，その情報を濃度情報だけから読みとることはむずかしい。

窒素循環におけるフロー情報を読みとるためには，①同位体トレーサーを使う，②選択的代謝阻害剤などを使う，③安定同位体自然存在比をつかう，などといった手法が考えられる。たとえば土壌に^{15}Nでラベルされた有機物を入れ，培養中に^{15}NがどれだけNH_4^+に移動したかを測定することで，有機物の無機化速度を求めることができる（①）。またアセチレンガス（C_2H_2）は，脱窒過程の中でN_2OがN_2に還元される反応を阻害するN_2O還元阻害剤であることから，アセチレンガスを添加した土壌と，無添加対照区の間でN_2Oの放出速度を比較すれば，N_2O還元速度と脱窒速度を求めることができる（②）。しかし①は野外での実施に困難を伴う場合があること，②は対象としているプロセス以外のプロセスへの副作用がしばしば認められること，などの欠点がある。一方③は，このような問題点がないことが特徴である。それぞれの窒素化合物の窒素自然安定同位体存在比は，それぞれの物質の経てきたプロセスの履歴を反映した値をもつと考えられ[8]，河川のような非常に複雑な窒素循環系において，安定同位体比のもつ情報は有効な手がかりを与える可能性がある。その情報は同位体効果という要素を考えることで解析可能である。同位体効果には平衡同位体効果と動的同位体効果の2つがあるが，詳細については1章2-3以下，および南川ら[9]を参照いただきたい。ここでは生態系における物質循環を考える際に考慮すべき，動的同位体効果について簡単に説明する。

窒素を例にとれば，同位体効果とはある化合物中に自然に存在する^{14}Nと^{15}Nの比率を変化させる要因であり，この値（a）とは^{14}Nと^{15}Nの反応速度の比（$a=k_{14N}/k_{15N}$：kは反応速度定数）で表す。aは通常1に非常に近い値をとるため，便宜上同位体分別係数$\varepsilon(=(a-1)\times 1000)$という千分率で表すことが多い[10]。文献によってはaの分母と分子が逆の場合も多く見られるので読者には注意をお願いしたい[11]。

動的同位体効果についての簡単な説明をしてみよう。^{14}Nは^{15}Nと比較し

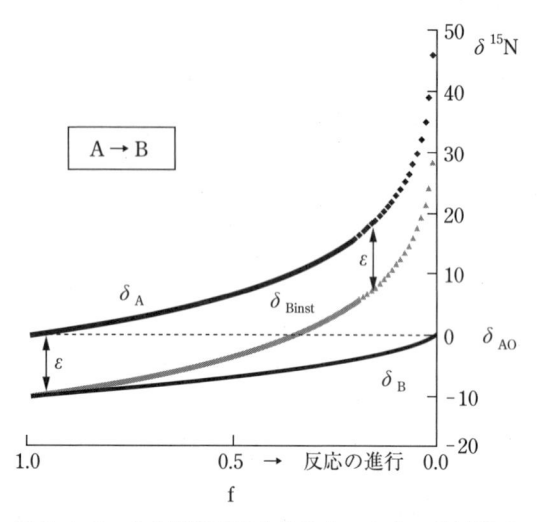

図 5-1-2 ある閉鎖系における A → B という反応での，A の同位体比（δ_A），B の同位体比（δ_B），ある瞬間に生成される B のとる同位体比（δ_{Binst}），および，同位体分別係数（ε）の関係。δ_B は反応が完全に進むと，A がもともと持っていた同位体比（δ_{A0}）と同じになる。

て，中性子 1 つ分だけ軽いが，基本的な化学的性質は同じであると考えられる。そこで，図 5-1-2 に示すように，ある閉鎖系において A から B という（たとえば脱窒で，A は NO_3^-，B は N_2）反応を考えよう。最初に A がもっている同位体比は 0‰ とし，ε を 10‰ とする。A の中の ^{14}N は ^{15}N よりも 1%（10‰）早く反応するために，B に濃縮し，A には ^{15}N が取り残されることになる。結果，B は常に A より軽い同位体比を取る。また，反応の進行に従って A の窒素同位体比は上昇して行く。生成した B 全体の同位体比も，A の同位体比の上昇に伴いゆっくりと上昇して行き，反応が完全に終了した場合，B 全体の同位体比は A がもともともっていた同位体比と同じ値になる。注意すべきは，B 全体ではなく，ある瞬間を考えた時に，A からできた B（「できたて」の B）の同位体比（B_{inst} で表している）は，B 全体の同位体比とは異なり，常に A から ε だけ離れた値をとることである。もちろん「できたて」の B の同位体比も A の同位体比上昇に伴って上昇して行く。この ε が同位体

効果の大きさを表す同位体分別係数である。また，反応のごく初期を見てみると，Bの蓄積がまだ小さいため，B全体の同位体比はできたてのBとほぼ同じであるため，B全体の同位体比とAの同位体比の差が同位体分別係数であると近似計算される。

　細かくなってしまうがもう少し説明を加えたい。今の例では完全な閉鎖系を考えたが，たとえば窒素固定（nitrogen fixation）を例として，少し違う系を考えてみる。窒素固定とは，空気中の窒素（N_2）をシアノバクテリアなどが固定するプロセスである。大気中には大量のN_2があり，窒素固定によってN_2が減少するとは考えなくて良い（いわゆる0次反応：N_2の濃度に窒素固定速度は依存しない）。その場合の反応そしてその際の同位体分別は，図5-1-2における反応初期の状態であると考えることができる。よって，窒素固定で供給されるNH_4^+の同位体（Bの同位体）は常にN_2からεだけ低いものであると予測できる。窒素固定の際のεは小さく0～2‰程度であり，大気の$\delta^{15}N$の値は0‰であるため，生態系には0～-2‰の同位体比をもつ窒素が供給されていると考えることができる。

　このように実際に同位体の変動を解釈しようとする際には，その反応の特徴ならびに反応の基質の同位体比について情報を必要とすることが多いので注意が必要である。代表的な窒素循環プロセスにおける同位体分別係数εの値を表5-1-1に例示した。

3. 土壌・河川における脱窒過程について

　上述のように，脱窒の支配過程を理解するうえでは，どれだけエネルギー源（有機物）があるか，そしてどれだけ環境が還元的であるかを知ることが鍵となる。

　一般的に酸化的な環境から還元的な環境に移行する際には，以下の順序で生物地球化学的プロセスが進行すると考えられる（（Ⅰ）がもっとも酸化的（好気的），（Ⅵ）がもっとも還元的（嫌気的））。

（Ⅰ）酸素の還元（$O_2 \rightarrow H_2O$）

表 5-1-1 窒素循環プロセスにおける同位体分別係数の報告例

プロセス	同位体	分別の大きさ (‰)	環境	文献
窒素固定	$\varepsilon\,^{15}N$	3.9	実験室培養	12
硝化	$\varepsilon\,^{15}N$	34.7	実験室培養	13
		14.2〜38.2	実験室培養	14
脱窒	$\varepsilon\,^{15}N$	29.4, 24.6	実験室培養	13
		23.5	実験室培養	15
		4.7, 5.0	環境データから計算	16
		5.6, 6.0	環境データから計算	17
		20.7	環境データから計算	18
	$\varepsilon\,^{18}O$	22	実験室培養	15
		11	環境データから計算	18
硝酸吸収	$\varepsilon\,^{15}N$	5.2	実験室培養	19
		5.6〜20.4	実験室培養	20
		4〜6	環境データから計算	21
	$\varepsilon\,^{18}O$	5.1〜21.0	実験室培養	20

(Ⅱ) 硝酸イオンの還元 ($NO_3^- \rightarrow N_2$)
(Ⅲ) マンガンの還元 ($MnO_2 \rightarrow Mn^{2+}$)
(Ⅳ) 鉄の還元 ($Fe_2O_3 \rightarrow Fe^{2+}$)
(Ⅴ) 硫酸イオンの還元 ($SO_4^{2-} \rightarrow H_2S$)
(Ⅵ) 二酸化炭素の還元 ($CO_2 \rightarrow CH_4$)

しかし実際には，O_2 がなければ脱窒は進む，というものではない。完全に O_2 がない状態で長期間安定しているような環境では，硝化による NO_3^- の生成が抑えられてしまう（硝化は好気的な環境で起きることを思い出そう）。また脱窒が NO_3^- から N_2 まで完全に進行するかどうかも単純ではない。条件によっては N_2 の代わりに中間生成物である N_2O が生成放出されることもある。N_2O は温室効果ガスであるだけでなく，オゾン層を破壊するガスとも考えられている。そのため脱窒でいくら生態系から窒素を除去できるといえども，好ましくないガスを発生してしまう可能性もある。

脱窒は NO_3^- から NO_2^- （硝酸還元酵素が働く：NaR），NO_2^- から NO（亜硝酸還元酵素：NiR），NO から N_2O （一酸化窒素還元酵素：NOR），そして N_2O から N_2 （一酸化二窒素還元酵素：NOS）の4段階の酵素反応からなると考えら

れる。どうやら，もっとも O_2 に敏感に影響を受け，低酸素濃度環境でも失活してしまうのが，一番最後の NOS であり，O_2 濃度が高くなると NOS が機能しなくなる。これらの酵素活性は，脱窒菌の種によって大きく異なる。NOS の還元能力（$rN_2O = N_2O/(N_2O + N_2)$）をさまざまな土壌で測定してみると大きな違いがあり，rN_2O の O_2 に対する感受性も，脱窒菌の種類で大きく異なることが報告されている[22,23]。

温室効果ガスの発生という観点だけでなく，窒素肥料を用いる農業においては，窒素肥料が脱窒によって大気に戻ってしまうことは大きな問題である。そのため脱窒についてさまざまな研究がおこなわれてきた。とくにアセチレンブロック法[24]の開発により，脱窒の最終生成物を N_2 ではなく N_2O（N_2 に比べてはるかに良い感度で検出できる）として測定できるようになってから数多くの研究がおこなわれてきた。その歴史および測定法の長所短所については近年の総説に譲るが[25]，既述のように，ある生態系で脱窒が起きているのか，また，そうであるとしたらいったいどこがホットスポットなのか，といった情報を簡便かつ定量的に知る方法が必要とされている。次項以下では，このような方法の1つとして，安定同位体を用いたアプローチを紹介する。

4. 窒素安定同位体比（$δ^{15}N$）を用いた脱窒過程に関する研究

同位体効果が脱窒の際にあるとすれば，ある環境中で NO_3^- 濃度が減少し，その減少に伴って窒素同位体比が上昇している場合，脱窒が起きていると判定できる可能性がある。しかしその判定のためには以下の可能性を検討する必要がある。

① 微生物や植物による NO_3^- の吸収・同化
② 高い同位体比をもつ NO_3^- を含んだ水と，低い同位体比をもつ NO_3^- を含んだ水の混合
③ 脱窒

①にかかわる同位体分別は，一般的には小さいと考えられているが，まだ

不明の点も多い。森林生態系のように窒素供給の限られている生態系においては，根や微生物の近傍の微環境中に存在する可給態窒素は，すべて植物や微生物が吸収しつくしてしまうと予想される。それに対して，根や微生物から隔離された微環境中の可給態窒素は，「てつかず」のまま残留する。したがって，ある土壌中から抽出されたNO_3^-は，はじめから隔離された微環境中のプールであるから，その同位体比は，根や微生物による取込の影響は受けていないことになる。つまり窒素制限の厳しい環境においては，微生物や植物の吸収による同位体効果は観測されないと考えられている。しかし植物によるNO_3^-の取込に際して同位体分別が存在しない，というわけではない。高濃度のNO_3^-を与えて植物の吸収における同位体分別を観測すると，たしかに大きな分別が観測されることがあり，低濃度になるに従い分別は小さくなる[26]。また，根に菌根菌が感染している場合では，菌根菌と植物との間で窒素化合物のやりとりがあるため大きな分別が観測されるという報告もある[27,28]。また，海洋での植物プランクトンによる吸収の際には，同位体分別が観測されるので[15,19]，NO_3^-の吸収・同化における同位体分別は，生じるはずであるという前提に立って今後精力的に検証すべきである。考慮すべきは，NO_3^-が細胞に取り込まれる時の拡散による分別，細胞内で同化のために還元される際の分別，そして細胞内に一時的に蓄えられたNO_3^-（一部が同化されているので$\delta^{15}N$が高くなっている）が，完全に同化されてしまう前にどれだけ細胞外へと出て行くか（この割合は還流比とよばれる），という要素が環境中でどのように制御されうるかであろう。

②については，Kendallら[11]やMariottiら[16]で述べられているように，横軸に濃度，縦軸に$\delta^{15}N$をとったグラフを描くと，2つの異なる性質をもつ水の混合の場合とNO_3^-が脱窒で失われていく場合とでは異なる曲線が得られる。混合の場合は，濃度と$\delta^{15}N$の関係は双曲線で表される（図5-1-3）。したがって，横軸にNO_3^-濃度の逆数をとり，縦軸に$\delta^{15}N$をとれば，直線関係が認められる。一方，横軸にNO_3^-濃度の対数をとり，縦軸に$\delta^{15}N$をとった場合に，その関係が一次関数で表されれば，脱窒によってNO_3^-が失われ，$\delta^{15}N$が上昇したものと推察される。しかしFry[29]で詳細に述べられているように，実際の研究においては，たとえば観測点が少ない場合，混合なのか

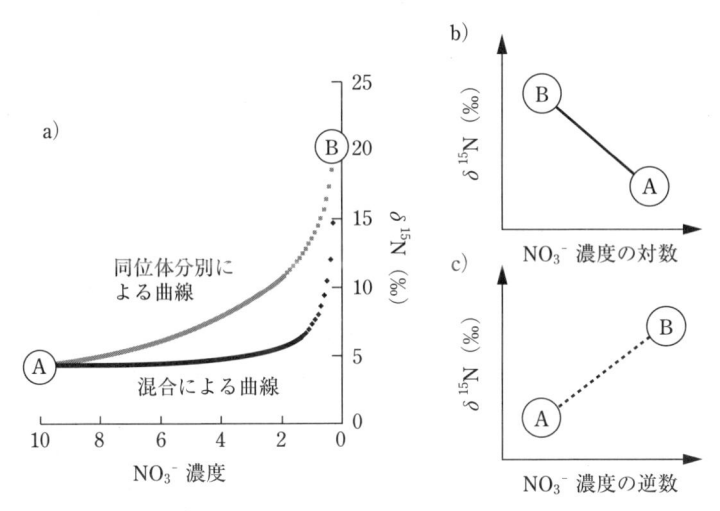

図 5-1-3 NO_3^- 濃度と窒素安定同位体比の関係。ある環境において得られたデータセットについて，a) 両者の関係を解析すると，その環境において濃度と同位体比の変動をもたらした原因が，脱窒（同位体分別を伴う）であったのか，混合（同位体分別を伴わない）であったのかを判別することができる。脱窒が原因で濃度と同位体比の変化が起きた場合は，$\delta^{15}N$ は NO_3^- 濃度の対数に比例する b) レイリーの蒸留モデル：1 章 2-4。混合が原因で濃度と同位体比の変化が起きた場合は，$\delta^{15}N$ は NO_3^- 濃度の逆数に比例する c) キーリングプロット：p.150。

脱窒なのかを数学的（統計的）に判定することはむずかしいことが多い。そのためさまざまな濃度をもった試料について，その $\delta^{15}N$ を測定すること，他の環境情報（水文学的情報，または他の溶存物質の濃度による混合の可能性など）をあわせて総合的に考察することが，正確な脱窒の査定に不可欠である。

さて，では，実際の試料を測定し，NO_3^- の吸収同化でも，異なる水塊の混合でもなさそうだ，と判断できたとしよう。これから吟味すべきは，その同位体分別の大きさである。脱窒はさまざまな生態系で重要であるため，森林，畑地，河川，湖沼，海洋などでの研究例があり，さまざまな同位体分別の大きさ（同位体分別係数）が観測されている（表 5-1-1，また，Ostrom ら[30]に脱窒における同位体分別がまとめられている）。その特徴をまとめると以下のようになる。

① 培養系では大きな同位体分別が観測されるのに対し，野外では小さな同位体分別が観測されることが多い
② NO_3^-の量が多い時には同位体分別が大きく観測される
③ NO_3^-の量に比べてエネルギー源（溶存有機態炭素など）が多くある場合，同位体分別は小さく観測される
④ とくに堆積物での脱窒と水中での脱窒を比べると，堆積物での脱窒は観測される同位体分別が小さい

なぜこのような違いが起きるのだろうか？ 厳密な説明は困難であるが，概して以下のような説明が可能であると考えられる。

（Ⅰ） NO_3^-濃度以外の条件（O_2濃度，エネルギーの供給速度など）がすべて満足されていて，NO_3^-の供給速度が脱窒速度を律速している場合：脱窒菌の周りの利用可能なNO_3^-は活発な脱窒活性によって，ほぼ100％消費されると考えられる。つまり見かけの同位体分別は観測されにくい。
（Ⅱ） NO_3^-の供給速度以外の要因が脱窒速度を律速している場合：NO_3^-が大量にあっても，NO_3^-を利用する速度は他の要因に左右されていて上昇しない。そのため，脱窒菌の周りにあるNO_3^-はその一部のみが利用されることになり，結果としてもともと発揮されるような大きな同位体分別が観測される。

つまり，脱窒速度が，NO_3^-の供給速度によって規定されているのか，それとも他の要因によってなのか，ということで，観測される同位体分別の大小が決まっていると推察できる。

上述の①のような知見を報告している研究では，回分培養系（物質の出入りのない閉鎖系：たとえば，三角フラスコの中で脱窒菌を培養している状態）を用い，高濃度のNO_3^-を与えている場合が多い。そのような実験環境ではNO_3^-の一部だけが利用され，測定に供するNO_3^-は利用されずに残ったものである。結果として，脱窒菌が本来示すような，大きな同位体分別が観

測される．一方野外では，低濃度のNO_3^-がたえず脱窒の起きる嫌気的な微小環境へと供給されている可能性がある．嫌気的微小環境へ供給されたNO_3^-は，NO_3^-の供給速度が制限となっている状態であるから，完全に消費される．結果として測定に供するNO_3^-は，微小環境に入って行かなかったNO_3^-であり，同位体分別の影響はほとんど受けていないか，受けているとしてもその影響は小さい．

②③も同様の観点から解釈することができる．観測される同位体分別は脱窒速度とNO_3^-濃度の相対的なバランスに依存することになりNO_3^-が高濃度の場合は脱窒を受けて残ったNO_3^-を観測できる場合が多い．逆に有機態炭素が非常に高濃度でNO_3^-の供給が小さい場合（O_2が完全になく，硝化が生じるのが困難な環境など）では，NO_3^-はあっという間に消費されてしまうだろう．

④が現場への応用編と考えることができる．堆積物や土壌の中では，O_2のない還元的環境のすぐ隣にO_2がある酸化的環境が形成されているような，高い空間的異質性が予想される．微小還元環境に入っていくNO_3^-は完全に消費される．われわれが観測できる土壌や堆積物中のNO_3^-は，微小還元環境に入っていかなかったまったく別のものであると考えられるために，その同位体比や濃度には，あまり変化がないだろうと予想されるのである．一方，水中では脱窒速度に対してNO_3^-の供給速度が常に比較的大きい状態であるために，同位体分別は大きく表現されると考えられる．この違いを生かして，堆積物での脱窒と湖水・海水中での脱窒を区別して評価した研究例もある[31]．

さて，具体的な研究例を見てみよう．Mariottiら[16]は，フランスの地下水を対象として，NO_3^-の$\delta^{15}N$と，溶存O_2，二価鉄などの濃度を調べ，脱窒の有無について検討した．そこでは，混合であるか脱窒であるか，図5-1-3のような検討も加えている．結果，たしかにNO_3^-の減少に伴って，$\delta^{15}N$の上昇が見られ，混合ではないことが判明したため，地下水中の脱窒が確認されたのだが，その同位体分別係数の大きさ（約-5‰）は，他の培養実験で求められた値（たとえば，$-11\sim-17$‰[32]）と比較して，遙かに小さい．その原因の1つとして，先にあげた④，つまり微小還元環境へのNO_3^-供給が，

環境内での脱窒速度と比較して小さいため，微小環境に入ったNO_3^-は完全に消費されてしまっている，という仮説を提案している。

Clémentら[33]では，河畔林において，NO_3^-が減少して行くプロセスにどれだけ脱窒が貢献しているかを，NO_3^-の$\delta^{15}N$と，それを吸収している可能性のある植物の葉の$\delta^{15}N$から考察した。脱窒のみがNO_3^-を減少させている場合は，NO_3^-の減少に伴い，NO_3^-の$\delta^{15}N$が上昇し，植物の$\delta^{15}N$は変わらない。植物のみがNO_3^-を減少させている場合は，NO_3^-の$\delta^{15}N$も，植物の$\delta^{15}N$も変わらない。両方がNO_3^-減少に貢献している場合は，NO_3^-の$\delta^{15}N$も植物の$\delta^{15}N$も上昇して行く，と考えた。結果は，植物も脱窒もNO_3^-減少に貢献していることが$\delta^{15}N$から明らかになった。

直接NO_3^-を測定することは出来ないが現在の環境だけでなく，昔の海洋での脱窒について調べることもできる。Altabetら[34]では，海洋コア中の堆積物に含まれる有機態窒素の$\delta^{15}N$を測定した。海洋で脱窒により消費されたNO_3^-は，最終的には植物プランクトンなどに取り込まれ，そのごく一部であるが，海底へと沈降し，堆積物を形成する。そのとき，NO_3^-が脱窒を受けていれば，有機物の$\delta^{15}N$は，脱窒の証拠として，高い値を採ることになる。Altabetら[34]では，堆積物の$\delta^{15}N$が上昇している時期が間氷期であり，一方氷期では下降していることから，氷期には脱窒によるNO_3^-の消費が少なく，植物プランクトンが利用できるNO_3^-が増加したこと，さらにはその増加によって大気二酸化炭素の濃度が影響を受けたのではないかと推測している。

5. 酸素同位体比（$\delta^{18}O$）を用いた脱窒過程に関する研究

近年，NO_3^-の酸素の同位体比が，微量でかつ多数の試料について測定できるようになり，脱窒過程の解析のうえでの新しいツールとしての可能性が検討されはじめている（7章2節；口絵16）。まだ研究例は少ないものの，酸素同位体の同位体分別係数も報告されている（表5-1-1）。Böttcherら[35]の先駆的な研究結果と，N-Oの結合が切れる時の理論的な計算から，窒素と酸素の同位体分別係数の比（$\varepsilon^{15}N : \varepsilon^{18}O$）は約2程度であろうと考えられてき

た[11]。つまり $\delta^{15}N$ が 10‰ 上昇すると，$\delta^{18}O$ は 5‰ 上昇すると予想される。もしこの 2 という比がさまざまな生態系においてほぼ一定であれば，NO_3^- の窒素と酸素の同位体比を測定することで脱窒の有無を非常に明確に確認できるはずである。

　しかし，脱窒菌を培養して NO_3^- の窒素と酸素の同位体比を測定した研究では，窒素の同位体分別が -23.5‰，酸素の同位体分別が -22.0‰ と，ほぼ $\varepsilon^{15}N : \varepsilon^{18}O$ が 1：1 の関係を示した[15]。また，脱窒が起きていると思われる環境（湖）での測定例では，$\varepsilon^{15}N : \varepsilon^{18}O$ が 1：0.57（文献 18）一方土壌で 1：0.66 の場合[36] のように 2 に近い場合もある。NO_3^- の酸素と窒素の双方を高精度で測定した例がまだ少ないため，どのような値をこの比がとるかについては不明な点が多い。現在のところもっとも詳細に解析した例は，Sigman ら[37] である。彼らは NO_3^- の酸素と窒素の見かけ上の同位体分別係数の比を利用した。Granger ら[15] の脱窒菌純粋培養実験の結果から，この比は脱窒による場合 1 をとると考え，1 からどれだけ離れているかを，アノマリ（異常）ととらえることとした。その異常は，異なる同位体比をもった NO_3^- の混合によるもの，または，環境中で NO_3^- 還元と NO_2^- 酸化というサイクルが活発に起こった結果，NO_2^- の $\delta^{18}O$ と NO_3^- の $\delta^{18}O$ に影響を及ぼした結果であろうと推測している。培養実験によって，本来生理学的にとるはずである窒素同位体分別と酸素同位体分別の比を求めること，一方で実際の現場での比がどのような環境でどのように変化するかを観測すること，という 2 方向の研究が進むことによって，NO_3^- の混合・生物の吸収同化・脱窒といった複雑なメカニズムにメスを入れることができる可能性が出てきた。

　Panno ら[38] では，ミシシッピ川において NO_3^- の窒素と酸素の同位体比測定をおこない，NO_3^- の濃度低下に伴ってそれぞれの同位体比が上昇していたことから，脱窒が生じていたことを確認した。さらに脱窒を受ける前の NO_3^- がもっていた同位体比と，脱窒における同位体分別係数を仮定することで，もともとあった NO_3^- は脱窒によって 0～55％ 程度消費されていたと計算している。同様に古い地下水について McMahon ら[39] では NO_3^- の窒素酸素同位体比測定をおこない，脱窒とアンモニア揮散の存在を示唆している。また Houlton ら[36] では森林での脱窒について，降水量の異なる森林を対象と

して，土壌溶液，土壌抽出液，渓流水というさまざまな空間スケールにおいて，どのような同位体分別がNO_3^-に認められるかを調べ，24～53％もの窒素がガス態として失われているという試算をしている。Lehmannら[18]は湖でのNO_3^-について測定をおこない，脱窒によって$\varepsilon^{15}N : \varepsilon^{18}O$が2：1に近い傾きで$NO_3^-$の酸素窒素同位体比が変動していることを突き止めた。さらに移流拡散モデルを用い，脱窒速度が大きい際に酸素も窒素も同位体分別が小さいのは，有機物濃度が高いからであること，同位体分別に幅があるのは，分別の小さい堆積物脱窒の重要性が変化しているからであることを示唆している。一方，Mayerら[40]ではミドルステーツおよびニューイングランドに存在する16集水域でのNO_3^-同位体比測定をおこなったところ，脱窒の証拠は得られなかった。河川での脱窒は，堆積物とのコンタクトが激しい浅い小河川で活発であると考えられること，脱窒のシグナルを得たNO_3^-も下流への移動の際に活発にリサイクルされてしまう可能性があることを考えると，広域での脱窒を評価する手法としては，NO_3^-の同位体比は検出力が低いのかもしれない。

2 淡水性堆積物における嫌気的微生物生態系の解析

1. 嫌気的微生物生態系の構造

　湖沼や海洋，河川，湿原，湛水土壌のように，地表面を水が覆っていて，その下に泥や砂から成る土壌や堆積物が溜まっている場合，土壌や堆積物の内部は無酸素状態となっていることが多い。これは，水中に溶けることのできる酸素の濃度に限りがあり，また大気からの酸素の溶解・拡散による供給速度が遅いため，堆積物内の動物や微生物の呼吸による酸素の消費に対して供給が間に合わなくなるためである。場合によっては堆積物だけでなく，その上を覆う水も底層部は無酸素になることがある。5章1節で窒素化合物に関して例示されているように，酸素の欠乏した嫌気的環境では，酸素の存在する好気的環境の場合とは著しく異なる化学反応が進行しており，生元素の同位体比分布にもその特徴が克明に表れる。

　嫌気的環境と好気的環境との界面には，酸化還元境界層（redox boundary layer）とよばれる特徴的な微生物生態系が発達する[41]。ここには，①酸素以外の酸化性物質を電子受容体（electron acceptor）として利用して，俗にいう嫌気呼吸をおこなうタイプの微生物（脱窒細菌，硫酸還元細菌など）と，②嫌気性微生物によって生成される還元的化合物を，上層から供給される酸素などの電子受容体を使って酸化するタイプの微生物（メタン酸化細菌，硫黄酸化細菌など）とが含まれる。嫌気呼吸に使われる電子受容体には「序列」があり，有機物を酸化する際により多くのエネルギーを得ることのできる物質から順に消費されていく（5章1節3）。具体的には，好気的領域との界面に近接した上層部から，まず硝酸イオン（NO_3^-）と酸化態マンガン（Mn (IV)，Mn (III)），ついで酸化態の鉄（Fe (III)），最後に硫酸イオン（SO_4^{2-}）という順で使われていくため，酸化還元性化学種の空間分布に階層構造ができる。これに対応して②のタイプの微生物も空間的に構造化された分布を示す。好気的領域から見て SO_4^{2-} が還元される層よりもさらに遠い下層部には，メタン生成がおこなわれる領域が広がる。メタン生成層の微生物群集は，外部からの

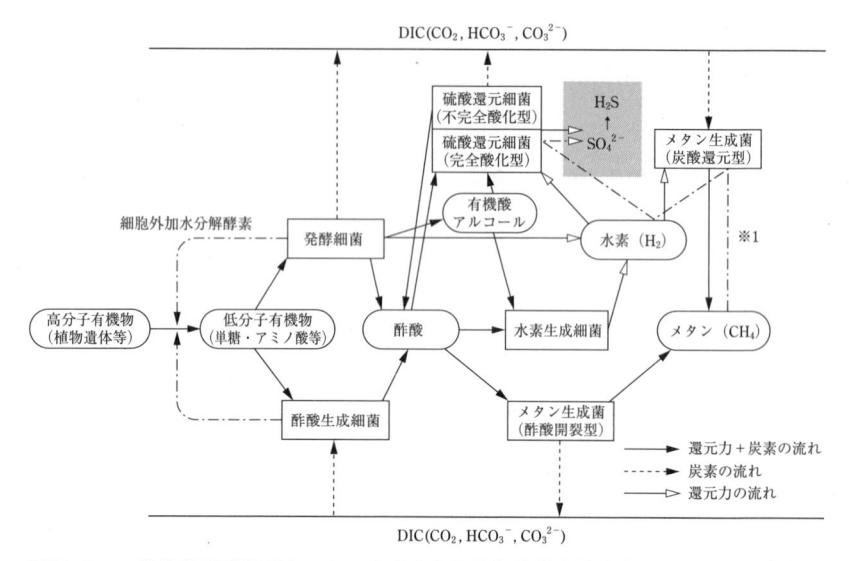

図5-2-1 異化的硫酸還元とメタン生成を含む嫌気的微生物生態系の模式図。多くのバクテリアによる役割分担によって全体の分解系が成り立っていることから「嫌気的食物連鎖（anaerobic food web）」ともよばれる。酢酸開裂型メタン細菌は完全酸化型硫酸還元細菌とは酢酸をめぐる競合関係にあるが，不完全酸化型硫酸還元細菌とは酢酸を介して共生的栄養関係にある（※1の線は，海洋堆積物に典型的に見られる嫌気的メタン酸化における還元力の流れを示す）。

酸化性物質の供給に依存せず，有機物を最終的に二酸化炭素（CO_2）とメタン（CH_4），およびアンモニア（NH_3）などの無機化合物に分解する（図5-2-1）。

　酸化還元境界層とメタン生成層で進行している多様な微生物代謝と非生物的化学反応のネットワークはきわめて複雑であって，本節の範囲内ではとうてい網羅的に述べることができない。また，酸化還元境界層の諸反応のうち，無機窒素化合物にかかわるものについてはすでに5章1節で扱われており，メタン酸化反応については5章3節で紹介される。本節では，硫黄の酸化還元反応とメタン生成系に話題を絞り，主として淡水堆積物環境におけるこれらの反応系のあり方と，生元素（硫黄，酸素，炭素，水素）の同位体分布にこれらの反応が及ぼす影響について概説する。実際の流域生態系における同位体分布の解釈に対して，こうした知見がどのように関連づけられるのかを実例とともに見ていきたい。

2. 酸化還元プロセスに伴う硫黄同位体分別

2-1. 異化的硫酸還元

硫酸還元細菌による異化的硫酸還元 (dissimilatory sulfate reduction) は嫌気呼吸の一種であり，SO_4^{2-} の酸化力を使って有機物を酸化分解し，硫化水素 (H_2S) を生成する。

$$2(CH_2O) + SO_4^{2-} \rightarrow 2\,HCO_3^- + H_2S \quad (CH_2O\,は基質有機物を表す)$$

この反応は非常に大きな同位体分別を示すことで知られており，水系における硫黄同位体比 ($\delta^{34}S$) の分布にもっとも大きな影響を与える反応系である。沿岸海洋堆積物では，海水中の SO_4^{2-} に比べて $\delta^{34}S$ が非常に低い黄鉄鉱 (pyrite; FeS_2) が広く分布しているが，異化的硫酸還元における同位体分別はその主要な成因であるために，古くから注目を浴び，研究が進められている。典型的な海洋表層堆積物の環境では，異化的硫酸還元反応において電子受容体となる SO_4^{2-} の濃度は約 28 mM と高いのに対して，直接の電子供与体 (electron donor) となる有機酸，アルコール，水素 (図 5-2-1) の濃度はきわめて低いことが多く，このような場合には硫酸還元に伴う硫黄同位体分別は理論的な最大値に近い値を示す。Rees の古典的な代謝反応モデルにもとづく計算によるとこの同位体分別 $\varepsilon(SO_4^{2-}-H_2S)$ は最大 50‰ 程度になる[10]。実際には 50‰ もの大きな同位体分別でもなお説明の付かないほど $\delta^{34}S$ の低い硫化物が数多く見つかっていることから，たとえば Brunner ら[42] はこのモデルに改訂を加えることで最大 70‰ 程度の同位体分別を説明できる新しいモデルを提唱している。海水の SO_4^{2-} ($\delta^{34}S = +21$‰) が基質である場合，硫酸還元によって生成する H_2S の硫黄同位体比 ($\delta^{34}S_{H2S}$) が最低で -50‰ にまで下がる計算になる。こうして酸化還元境界層を境に $\delta^{34}S$ の分布が歴然と変化することになる。ちなみに生成した H_2S は水溶液中では一部が HS^- に解離しているが，H_2S と HS^- の間の平衡同位体分別は室温で 3‰ 以内 (H_2S の方が $\delta^{34}S$ が高い) であり，硫酸還元に伴う $\varepsilon(SO_4^{2-}-H_2S)$ に比べてごく小さい[43]。

しかしながら自然界，とくに陸水環境では，このような理論的に最大の同

位体分別は実際には達成されていないと考えられるいくつかの理由がある。

　第一に，陸水では一般に SO_4^{2-} 濃度は数十〜数百 μM のオーダーと低い場合が多いのに対して，周辺の陸域生態系からの新鮮な有機物の供給が多く，SO_4^{2-} の供給が硫酸還元反応を律速して反応の各ステップが実質的に不可逆反応として進行していると考えられる。このような場合，硫酸還元全体としての同位体分別は，最初の取込のプロセスに伴う同位体分別をおもに反映するようになる[10]。取込に伴う同位体分別の大きさは正確にはわかっていないが，経験的に，SO_4^{2-} 濃度が 200 μM 以下になると硫酸還元の見かけ上の同位体分別は 10‰以下になるという[44]。またこのように SO_4^{2-} 濃度が低い場合は，堆積物中の硫酸還元活性が上層水からの SO_4^{2-} の拡散速度によって律速されている可能性がある。その場合は拡散してきた SO_4^{2-} のほぼすべてが H_2S に還元されるので，硫酸還元反応自体の同位体分別がたとえ大きくても，それは残存する SO_4^{2-} や生成する H_2S の $\delta^{34}S$ にはあまり反映されないことになる。

　第二に，硫酸還元に伴う同位体分別の大きさはそれに関与するバクテリアの種類によって大きく異なる[45]。硫酸還元細菌は，電子供与体である有機物を最終的に HCO_3^- にまで酸化する完全酸化型とよばれるグループと，酢酸 (CH_3COO^-) までしか酸化しない不完全酸化型とよばれるグループに大別される。たとえばピルビン酸を基質とする場合のそれぞれの反応式は次のようになる。

完全酸化型：$4\ CH_3COCOO^- + 4\ H_2O + 5\ SO_4^{2-}$
$$\rightarrow 12\ HCO_3^- + 5\ HS^- + 3\ H^+$$

不完全酸化型：$4\ CH_3COCOO^- + 4\ H_2O + SO_4^{2-}$
$$\rightarrow 4\ CH_3COO^- + 4\ HCO_3^- + HS^- + 3H^+$$

　硫酸還元反応によってバクテリアが獲得するエネルギーは，同一の有機物を電子供与体とする場合は，電子供与体1分子あたりでは完全酸化型の方が大きいが，SO_4^{2-} あたりで計算すると不完全酸化型の方が大きい。このため，陸水域のように SO_4^{2-} の供給速度が硫酸還元の制限因子となりがちな環境では不完全酸化型の硫酸還元の方が優占すると考えられている。硫酸還元に伴

う硫黄同位体分別は,一般に完全酸化型(至適に近い条件において $\varepsilon(SO_4^{2-}-H_2S)=15\sim 42‰$)に比べて不完全酸化型(同,$2\sim 19‰$)の方が小さいことが知られている。

2-2. 硫化水素の酸化と酸化的硫黄サイクル

硫酸還元によって生成した H_2S は,その環境に遊離鉄が存在すれば速やかに硫化鉄(FeS)を形成してその場に沈積するが,余剰の H_2S は最終的には再び酸化層に拡散して再酸化されることになる。この酸化反応では,電子受容体(酸化剤)としては分子状酸素(O_2),硝酸イオン(NO_3^-),酸化マンガン(MnO_2, MnOOH 等),酸化鉄(Fe_2O_3, FeOOH 等)が使われ,それぞれ無機化学的にも反応が進行するが,微生物による媒介を受けることもある。また光がある環境では光合成硫黄細菌による CO_2 を最終電子受容体とした酸化もおこなわれる。

これらの反応で生成する硫黄酸化産物の種類と比率は反応の種類と条件によって異なる。たとえば O_2 による H_2S の無機化学的酸化の場合,淡水中では SO_4^{2-} や亜硫酸イオン(SO_3^{2-})にまで酸化される比率が高いとされているが,海水中では H_2S の大半が元素状硫黄(S^0)に酸化される[46]。後者は東京湾で夏季にしばしば見られる青潮の生成メカニズムでもある。MnO_2 による H_2S の無機化学的酸化の場合は SO_4^{2-} まで酸化が進むようである[47]。それに対して FeOOH による無機化学的酸化の場合は,S^0 とチオ硫酸イオン($S_2O_3^{2-}$)が主要な初期酸化産物である[48]。両者の比率は反応条件によって大きく異なるが,湖や海の堆積物環境では $S_2O_3^{2-}$ がおもに生成するようである[49,50]。ただしこうした無機化学反応の進行は共存するほかの化学成分の影響を受けやすく,生成物の予測がむずかしい面もある。

微生物による硫黄酸化反応では酸化産物は SO_4^{2-} である場合が多いが,光合成硫黄細菌による酸化や一部の化学合成硫黄細菌による酸化の場合は S^0 の生成を伴うことがある。微生物による H_2S の酸化反応に関しては培養系では最大 $18‰$ 程度の速度論的硫黄同位体分別が観察されており,また O_2 による無機的酸化で S^0 が生成する場合には最大 $7.5‰$ 程度の速度論的同位体分別が伴う[51]。酸化反応に伴う同位体分別は概して小さいが,異化的硫酸還元

に比べると，微生物的硫黄酸化反応に伴う同位体効果に関する基礎的な研究例が少なく，この方面での情報の蓄積が待たれている。

酸化還元境界層における硫黄同位体比の解釈を複雑にしているもう1つの要因は，H_2S から SO_3^{2-}，$S_2O_3^{2-}$，S^0 のような中間的な酸化産物が生成した場合に現れる酸化的硫黄サイクルとよばれるプロセスである。これらの物質は好気的環境では硫黄細菌によりいずれ SO_4^{2-} まで酸化され，SO_4^{2-} の大きなプールにくみこまれるので，全体的な $\delta^{34}S$ 分布への影響は小さいと考えられる。それに対して嫌気的環境では，微生物による SO_4^{2-} と H_2S との不均化反応が進行する。

$$4\,SO_3^{2-} + 2\,H^+ \rightarrow 3\,SO_4^{2-} + H_2S$$
$$S_2O_3^{2-} + H_2O \rightarrow SO_4^{2-} + H_2S$$
$$4\,S^0 + 4\,H_2O \rightarrow SO_4^{2-} + 3\,H_2S + 2\,H^+$$

このうち S^0 の不均化反応については，それによって生成する H_2S がたとえば鉄との反応により FeS になるなどして絶えず除去されていなければ進行しないが，SO_3^{2-} や $S_2O_3^{2-}$ の不均化反応にはそのような制約はないようである。これらの不均化反応にはいずれも大きな同位体分別が伴い，生成する H_2S の $\delta^{34}S$ は SO_4^{2-} のそれに比べて少なくとも 20‰ 低くなる[44]。この酸化的硫黄サイクルによる H_2S の部分的な再生プロセスは硫酸還元細菌の一種に媒介されているが，通常の硫酸還元反応をになうバクテリアとは別種である可能性がある。海水環境でも淡水環境でも確認されており，海洋堆積物から採集される $\delta^{34}S$ の非常に低い黄鉄鉱の成因の1つとも考えられている。またとくに淡水環境においては，たとえすでに述べた理由のために硫酸還元自体に伴う硫黄同位体分別がごく小さかったとしても，酸化的硫黄サイクルのために，嫌気的環境に存在する H_2S の $\delta^{34}S$ が好気的環境の SO_4^{2-} のそれに比べて有意に低くなっていることがありうることになる。

このように，とくに淡水堆積物の嫌気的部位において異化的硫酸還元が進行している場合には，その生態系における $\delta^{34}S$ の分布にそれがどのように影響しているのかを事前に予想することが非常にむずかしい。硫酸還元による同位体分別とその現れ方には，電子供与体としての有機物の供給速度に対

する水中のSO_4^{2-}濃度の量的関係，硫酸還元細菌の種組成，堆積物中で硫酸還元が進行している深度などが強く影響する。また酸化的硫黄サイクルのあり方には，その水域における硫黄に対する鉄やマンガンの相対的存在量もまた大きな影響を及ぼすと考えられる。

3. 硫酸還元が湖沼の硫黄同位体比分布に及ぼす影響

　閉鎖的な成層湖深水層 (p.133) や地下水帯水層などにおいて硫酸還元が進行している場合，硫酸還元の進行に伴って，残留しているSO_4^{2-}の$\delta^{34}S$は次第に上昇する。この際，硫酸還元における硫黄同位体分別 $\varepsilon(SO_4^{2-}-H_2S)$ が一定であれば，$\delta^{34}S_{SO4}$の変化はレイリーの蒸留モデル (1章2-4参照) によって解釈することができる。SO_4^{2-}濃度の対数に対して$\delta^{34}S_{SO4}$をプロットすると直線で近似でき，その勾配から $\varepsilon(SO_4^{2-}-H_2S)$ を求めることができる。

　ドイツ中央部のフファイゼン湖は水質の異なる地下水で涵養されているために部分循環湖となっており，水深約30 mの水柱の26 m層付近に密度躍層が形成され，底層部が無酸素となって硫酸還元が進行している。黄鉄鉱を含む堆積岩を集水域にもつことから湖水のSO_4^{2-}濃度は10 mM以上と高くなっている。この湖の湖水と，隣接する埋立地の地下水において水質と$\delta^{34}S_{SO4}$の分布を調査したAsmussenら[52]は，硫酸還元が進行している湖水底層と地下水の$\delta^{34}S_{SO4}$とSO_4^{2-}濃度の対数との関係から $\varepsilon(SO_4^{2-}-H_2S)$ を求め，湖水底層の場合で平均8.3‰，埋立地の地下水で平均21.4‰と見積もっている (図5-2-2)。このように同位体分別が大きく異なった原因は，両者の間でのSO_4^{2-}濃度の違いに求められる。すなわち湖水におけるSO_4^{2-}濃度は硫酸還元がはじまる前においておよそ11 mMであるのに対し，地下水では最高で200 mMを越えており，すでに述べたようにSO_4^{2-}濃度が高い場合ほど異化的硫酸還元に伴う $\varepsilon(SO_4^{2-}-H_2S)$ が大きくなる傾向があるからである。しかし地下水のケースでも，前述の硫酸還元に伴う理論的な最大の同位体分別に比較すると半分以下しかない。

　深水層が無酸素化する成層湖では同様のアプローチによって $\varepsilon(SO_4^{2-}-$

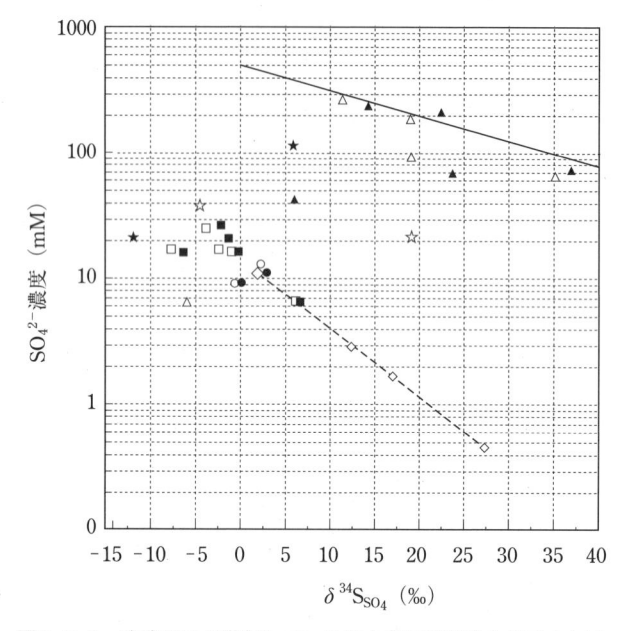

図5-2-2 硫酸還元が進行している湖水底層部（◇）と地下水（▲）における硫酸イオンの$\delta^{34}S$と濃度の対数との関係[52]。閉鎖系において硫酸還元に伴う同位体分別が一定であれば，両者は直線関係になる。

H_2S）を求めることができ，上記の例のように理論的な$\varepsilon(SO_4^{2-}-H_2S)$の最大値よりも小さな同位体分別（通常30‰以下）が観測されることが多い[53]。しかし実際にはこの例のように高い濃度のSO_4^{2-}を含む湖はまれである。また多くの湖沼では底層まで溶存酸素が存在するため，硫酸還元が進行するのは堆積物中の酸化還元境界層以深に限られている。酸化還元境界層が堆積物中に存在している場合は，硫黄の酸化還元サイクルが堆積物内部でほぼ完結してしまうため，湖水中の$\delta^{34}S_{SO_4}$は硫酸還元の影響をほとんど受けずに保存的な挙動を示す。これは多くの河川においても同様である。しかしながら，堆積物中で硫酸還元が活発に起こっている場合には，堆積物間隙水中にSO_4^{2-}の鉛直濃度勾配ができるため，拡散によって上層水から堆積物にSO_4^{2-}が徐々に吸収され，次第に堆積物中に硫黄が蓄積されていく。これは，堆積物中の炭素と硫黄の比率（C：S比）が低下するというシグナルとなって

表れる。

　カナダのオンタリオ州北部にある4つの湖沼において，堆積物中の有機炭素濃度，硫黄の濃度と組成，δ^{34}S を調査した Nriagu ら[54] によると，汚染を受けていない湖沼の堆積物では C：S 比は植物プランクトンのそれに近い 100 前後の値を取り，鉛直的にあまり変化しないのに対して，工業廃水や酸性降下物の影響を受けて SO_4^{2-} 濃度が高まっている湖沼の堆積物では C：S 比が 10 以下まで低下するとともに，δ^{34}S が 10‰前後低下していた。δ^{34}S は酸揮発性硫黄，S^0，黄鉄鉱，有機態硫黄などに分画して別々に測定しているが，中でも炭素に直接結合している有機態硫黄の画分において δ^{34}S がもっとも激しく変化していた。このことは，硫酸還元によって生成した δ^{34}S の低い H_2S が堆積物中の有機物と結合し，有機硫黄として残存していることを示唆している。

　スイスと北米の7つの湖沼において堆積物中の有機炭素と硫黄の関係を詳細に調査した Urban ら[55] も同様に，堆積物中の有機物の C：S 比と δ^{34}S が正の相関をもつことを見出している（図5-2-3）。腐植成分の δ^{34}S は表層付近で +2‰前後であるが，還元層では C：S 比の低下に伴って δ^{34}S も最低で -15‰前後まで低下していた。彼らは有機物分析の結果から，堆積物の続成作用において硫酸還元によって生成した H_2S が腐植性有機物と反応して有機硫化物やチオールを生成したと推定している。また湖沼間での比較にもとづいて，こうした続成作用に伴う有機態硫黄の生成が湖沼の富栄養化に相関することを示した。富栄養湖では堆積物への新鮮な有機物の供給が多く，また供給された有機物が速やかに溶存酸素との接触を遮断されるような条件にあることが有機態硫黄の生成を促進したと考察している。

　硫酸還元によって生成する H_2S が有機物と反応して一時的にせよ有機態硫黄が生成することは，放射性同位体 ^{35}S をトレーサーとして利用した実験によっても証明されている[56]。硫黄と直接結合している有機物は微生物分解に対する耐性が高いことから，この反応は有機物が堆積物中で難分解化して化石有機物となる過程における重要なステップの1つである可能性も示唆されている[57]。

　このように，湖底堆積物の有機態硫黄の δ^{34}S と C：S 比は，湖の富栄養化

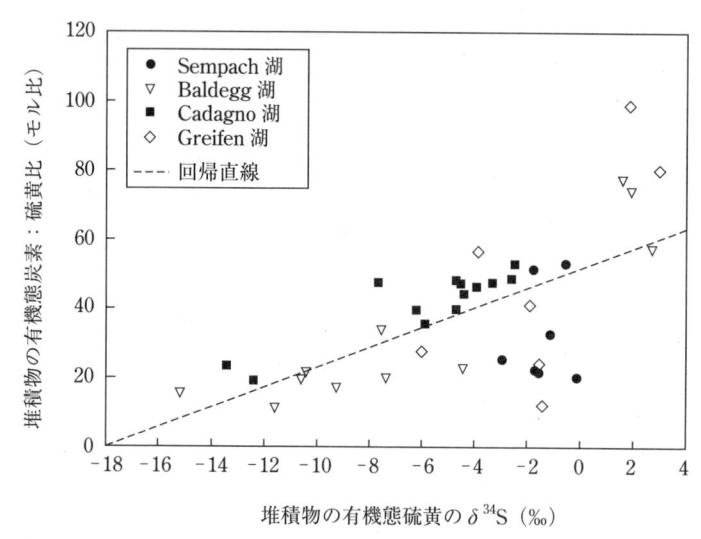

図5-2-3 湖底堆積物に含まれる有機態硫黄の δ^{34}S と有機物の炭素：硫黄（C：S）比[55]。硫酸還元の活発な富栄養な湖沼ほど，同位体分別のために堆積物の δ^{34}S が下がると同時に，硫黄が堆積物中に蓄積されて C：S 比が下がる。

や硫黄汚染に対する指標となる可能性がある。しかし有機態硫黄の δ^{34}S を低下させる原因となった δ^{34}S の低い H_2S が異化的硫酸還元による同位体分別によって生成されるのか，それとも酸化的硫黄サイクルが関与しているのかについては明らかではない。なお Nriagu[58] によると，堆積物粒子の表面に SO_4^{2-} が吸着する際に 10〜23‰ に及ぶ大きな同位体分別があるため（吸着している側が δ^{34}S が低い），堆積物の δ^{34}S を測定する際には吸着している SO_4^{2-} をあらかじめ除去する必要がある。

4. 河川水中の硫酸イオンの硫黄・酸素安定同位体比

集水域から河川水へ供給される SO_4^{2-} の起源は次の3つに大別される。
①降水や乾性降下物として空中から供給されるもの。
②硫黄を含む岩石の風化や熱水の湧出によって地中から供給されるもの。
③肥料や洗剤，工業廃水などに含まれる人為起源のもの。

さらに、①の中には海水中の SO_4^{2-} に由来するものと、海洋植物プランクトンが生産する硫化ジメチル（DMS）や化石燃料の燃焼などに由来する硫黄酸化物（SO_2 等）が大気中で酸化されて SO_4^{2-} となったものが含まれる。また②は蒸発岩のようにはじめから硫酸塩として硫黄を含む岩石が溶解してできた SO_4^{2-} と、堆積岩に含まれる黄鉄鉱や変成岩中の硫化物のような還元態の硫黄から大気酸素による酸化を経て生成した SO_4^{2-} とに区別できる。

SO_4^{2-} の $\delta^{34}S$ と酸素安定同位体比（$\delta^{18}O_{SO4}$：基準物質としては V-SMOW を用いる）が比較的一定しているのは海水起源の SO_4^{2-} で、海水中の SO_4^{2-} は平均値として $\delta^{34}S = +20.9‰$、$\delta^{18}O = +9.7‰$ という値を取る。海洋由来の DMS の $\delta^{34}S$ もこれに近接した値を示す。しかしこれら以外の起源に由来する SO_4^{2-} の $\delta^{34}S$ と $\delta^{18}O$ は一定ではない。肥料など人為起源の SO_4^{2-} の同位体比は当然ながらその原料や製法によって異なる。化石燃料の燃焼に由来する SO_4^{2-} の $\delta^{34}S$ も $-10 \sim +20‰$ と大きく変動する。

4-1. 硫黄安定同位体比（$\delta^{34}S_{SO4}$）

河川水の $\delta^{34}S_{SO4}$ は、硫酸還元細菌による異化的硫酸還元がない限りは比較的保存性の良い指標とされている。またすでに述べたように、硫酸還元が起こっていても堆積物の内部に局限されているならば、それが上層水の $\delta^{34}S_{SO4}$ に与える影響は限定的である。一方、陸上植物や河川内の藻類が SO_4^{2-} を取り込む際の同化的硫酸還元に伴う同位体分別 $\varepsilon(SO_4^{2-} - plant)$ は通常は 5‰ 以内と小さい。また取込と分解による再生とが定常状態にあるならば、この同位体分別は $\delta^{34}S_{SO4}$ には影響を与えない。このため、$\delta^{34}S_{SO4}$ を保存量と見なして、河川水中の SO_4^{2-} の起源を $\delta^{34}S_{SO4}$ から推定しようとする試みが各地でおこなわれてきた。しかしながら現実には想定される起源の数が多いため、解析はかならずしも容易ではない。

ニュージーランドの7つの集水域を流れる河川において SO_4^{2-} の $\delta^{34}S$ と $\delta^{18}O$ の分布を調査した Robinson ら[59] によると、人為的影響の少ない河川では①降水に由来する SO_4^{2-} と②硫化物鉱物の風化に由来する SO_4^{2-} との二成分による端成分モデル（混合モデル）で同位体比の変動が説明されるという。このうち降水起源の SO_4^{2-} は大部分が海塩由来で、$\delta^{34}S$ が +16‰ 前後、

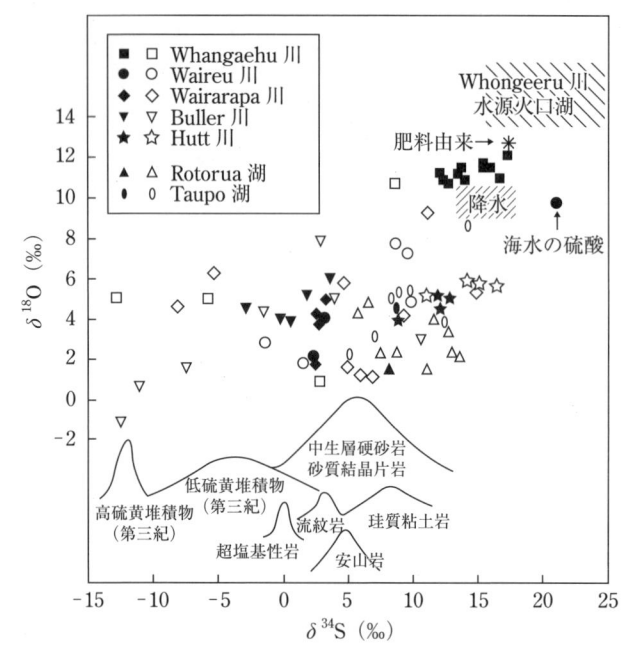

図5-2-4 ニュージーランドの河川と湖沼における硫酸イオンの$\delta^{34}S$と$\delta^{18}O$の関係[59]。降水中に含まれる硫酸イオン，海水中の硫酸イオン，集水域の農地で施肥されている肥料に含まれる硫酸イオンの$\delta^{34}S$と$\delta^{18}O$，および集水域に見られる地質ごとの$\delta^{34}S$の分布（下部）も図中に示されている。

$\delta^{18}O$が+10‰前後の安定した値になるが，風化由来のSO_4^{2-}の$\delta^{34}S$, $\delta^{18}O$は，いずれも海塩のSO_4^{2-}よりは低いものの母岩の種類によって大きく異なる（図5-2-4）。また，農地開発の進んだ地域が集水域に含まれると肥料由来の$\delta^{34}S$, $\delta^{18}O$共に高いSO_4^{2-}が混入して，端成分モデルから外れてくるという。

一方，ワイオミング州のウェストグレイシャー湖に注ぐ2河川の$\delta^{34}S_{SO4}$を調査したFinleyら[60]は，SO_4^{2-}濃度と$\delta^{34}S_{SO4}$が共に河川流量に逆相関を有することを示し，$\delta^{34}S_{SO4}$が大気降下物起源のSO_4^{2-}（+5.6‰）と集水域の硫化物鉱物（黄鉄鉱）の風化に由来するSO_4^{2-}（-4.5‰）との混合モデルによって説明できるとしている。

ドイツの北ババリア地方の一集水域における降雨，林内雨，地下水，河川

水の $\delta^{34}S_{SO4}$ を調査した Alewell ら[61] によると，降雨と林内雨の $\delta^{34}S_{SO4}$ は時空間的に変化が少ないのに対して，地下水や河川水の $\delta^{34}S_{SO4}$ は，標高の高い地域では前者よりも若干低くなった。これは有機態硫黄の分解無機化に由来する SO_4^{2-} が寄与しているためではないかと推測している。また低地から流れる地下水や河川水の場合は $\delta^{34}S_{SO4}$ が明瞭に高くなっており，湿地帯の無酸素環境において進行する異化的硫酸還元による影響が示唆されている。

同様に Mörth ら[62] はスウェーデン南部の森林の地下水とそこから流出する河川水を季節ごとに比較し，後者の $\delta^{34}S_{SO4}$ が集水域に含まれる泥炭地における異化的硫酸還元の影響を受けて変動していると解釈している。硫酸還元に伴う $\varepsilon(SO_4^{2-}-H_2S)$ を 10～40‰と仮定することにより，硫酸還元によって除去された SO_4^{2-} は全体の 3～8％と推定されている。

海洋堆積物における異化的硫酸還元によって作られた黄鉄鉱などの硫化物鉱物がのちに地表面に現れると，大気中の酸素によって微生物酸化を受けて硫酸が生成し，これは堆積岩に含まれる炭酸塩鉱物などの化学風化を引き起こす。硫酸による風化を受けた炭酸塩鉱物に由来する河川水中の溶存無機炭素（DIC）の炭素安定同位体比（$\delta^{13}C$）は，他の起源の DIC に比べて高くなる（p. 112～113）。Spence ら[63] はカナダの 5 河川において $\delta^{13}C_{DIC}$ と $\delta^{34}S_{SO4}$ の分布を調査し，硫化物鉱物の溶解が活発なロッキー山脈の集水域から西海岸に流れる河川では両者の間に負の相関が見られるのに対して，すでに風化が進んで硫化物の新たな溶解がほとんどなくなっている東部のオタワ川やセントローレンス川水系では $\delta^{34}S_{SO4}$ がほとんど変化せず，$\delta^{13}C_{DIC}$ との相関は見られないことを報告している（図 5-2-5）。海洋性硫化物鉱物はすでに述べたようにもともと $\delta^{34}S$ が著しく低く，またその酸化に伴う同位体分別は小さいことから，硫化物鉱物に由来する硫酸が供給されるほど河川水の $\delta^{34}S_{SO4}$ は低下するが，同時に硫酸による炭酸塩鉱物の化学風化が促進されるために $\delta^{13}C_{DIC}$ が高くなり，両者が負の相関を示すと解釈されている。

4 章 1 節で紹介された $\delta^{13}C_{DIC}$ の解釈の場合と同様に，$\delta^{34}S_{SO4}$ の解釈においてもその起源に依存して決まる部分（一次因子）と流下過程の生物地球化学的プロセスによる影響（二次因子）とを区別することが大切である。$\delta^{34}S_{SO4}$ の変動を正しく解釈するためには，周辺情報を利用して一次因子と二次因子

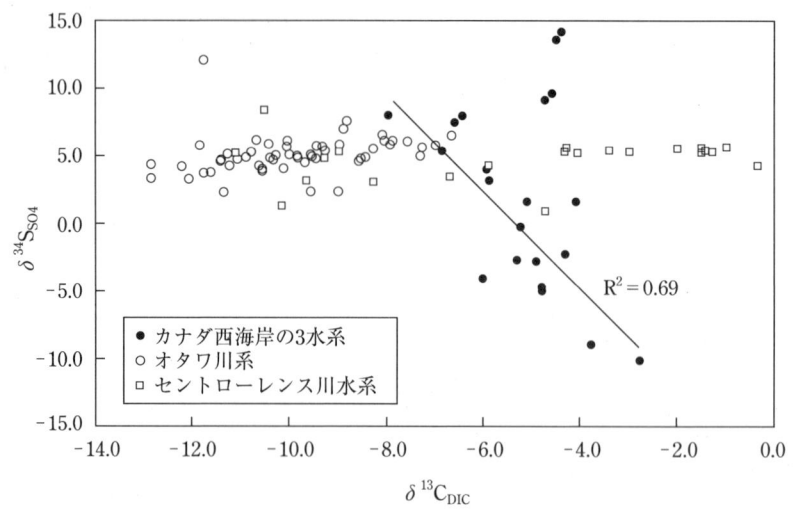

図 5-2-5 カナダの河川における河川中の硫酸イオンの $\delta^{34}S$ と溶存無機炭素（DIC）の $\delta^{13}C$ の関係[63]。集水域で硫化物鉱物の酸化的溶解が起こり，かつその際に生成する硫酸によって石灰岩が風化されている場合，その水系における $\delta^{34}S_{SO4}$ と $\delta^{13}C_{DIC}$ は負の相関を示すようになる。

のいずれが支配的な影響を及ぼしているのかについて正しい仮定を置くことが前提条件となる。

4-2. 酸素安定同位体比（$\delta^{18}O_{SO4}$）

SO_4^{2-} の酸素原子と水に含まれる酸素原子とが置き換わることは，本書で対象としているような地表面の集水域環境ではほとんどないことから，SO_4^{2-} の生成プロセスで決定された $\delta^{18}O$ がそのまま保持されていると考えてよい。それに対して亜硫酸イオン（SO_3^{2-}）は速やかに水の酸素原子との酸素同位体交換を起こす。SO_2 や DMS 等の大気中のガス成分が SO_4^{2-} に酸化される過程ではいったん SO_3^{2-} を経由するため，大気中の水との間で酸素の交換が起こり，最終的に生成する SO_4^{2-} の $\delta^{18}O$ は降水の $\delta^{18}O_{H2O}$ と相関を示すようになる[64]。

SO_4^{2-} が集水域の植生によって同化的硫酸還元を受けて取り込まれる場合は，当然ながらその酸素原子はいったんすべて失われる。その後，生物体内

の有機物に含まれる硫黄が分解無機化を経て H_2S となり，さらに無機化学的に，もしくは微生物により，酸化されて SO_4^{2-} が再生する場合，その酸素原子は環境水 (H_2O) の酸素原子（$-20 \sim 0$‰で，地域によって変動する：p. 41～42）または大気中の O_2（$\delta^{18}O = +23.5$‰：p. 154 の式参照）に由来する。大部分は水に由来すると考えられているが，その正確な比率は反応条件によって異なるようである。O_2 に由来する場合の酸素同位体分別 $\varepsilon(O_2-SO_4^{2-})$ は $+4 \sim +11$‰，水に由来する場合の酸素同位体分別 $\varepsilon(H_2O-SO_4^{2-})$ は $-3 \sim +6$‰と報告されている。したがって再生された SO_4^{2-} の $\delta^{18}O$ を正確に予測することは困難であるが，ある集水域において降水中もしくは林内雨に含まれる SO_4^{2-} と土壌滲出水や地下水の SO_4^{2-} とで $\delta^{18}O$ が有意に異なる場合には，それは後者の SO_4^{2-} に土壌内で有機物から再生された SO_4^{2-} が含まれていることを示していると解釈されることがある。

Mörth ら[65] はスウェーデン南西部にある湖の集水域の一部で，地面の数 m 上をシートで覆って降雨や林内雨を遮断した上で，シートの下に海水由来の SO_4^{2-} を少量含む水を散布して，流出水の SO_4^{2-} の $\delta^{34}S$ と $\delta^{18}O$ を継続的にモニターした。再生された SO_4^{2-} の酸素原子はすべて水に由来するという仮定の下で端成分モデルによる起源解析をおこなったところ，流出水中の SO_4^{2-} の 17 ～ 26％が再生されたものであると判定された。ドイツの森林地帯における 2 つの集水域で $\delta^{18}O_{SO4}$ を調査した Mayer ら[66] も同じ程度の $\delta^{18}O$ の変化を報告しているが（図 5-2-6），この例では端成分 $\delta^{18}O$ が確定できないため，定量的な寄与率の評価はなされていない。

SO_4^{2-} が植物によって同化的に取り込まれるプロセスは同位体分別をほとんど伴わない不可逆反応とされており，取込が進んでも環境水中に残される SO_4^{2-} の $\delta^{18}O$ はあまり変化しないと考えられている。それに対してバクテリアによる異化的硫酸還元の場合は，取込系が可逆であることから，硫酸還元反応系の初期段階における水との酸素同位体交換の影響が，残留する SO_4^{2-} の $\delta^{18}O$ に反映される。この同位体交換に伴う同位体分別のため，硫酸還元の進展に伴って環境水中に残留する SO_4^{2-} の $\delta^{18}O$ は環境水の $\delta^{18}O_{H2O}$ より 25～30‰高い値に近づいていく[67]。また硫酸還元細菌による S^0 の不均化反応によって SO_4^{2-} が生成する場合は，その酸素原子は環境水に由来するが，環

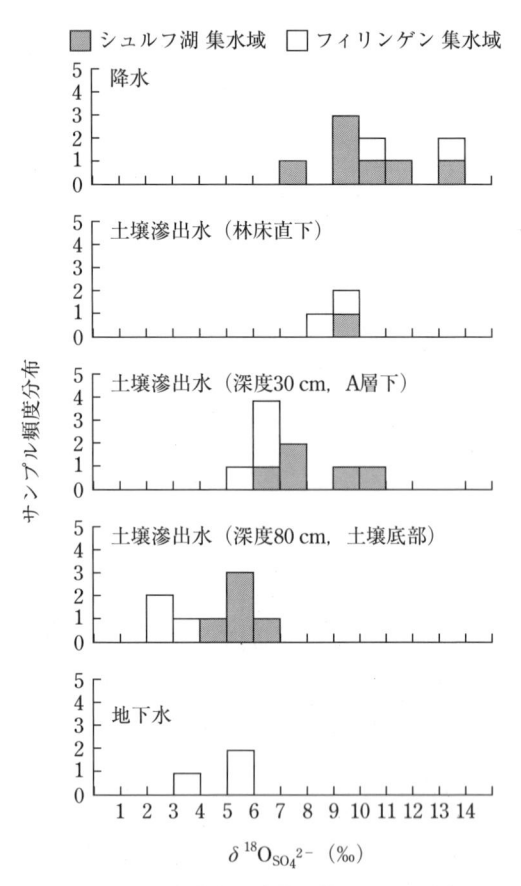

図 5-2-6 ドイツ南部の森林地帯における降水,土壌滲出水,地下水に含まれる硫酸イオンの $\delta^{18}O$ の頻度分布[66]。土壌深部の硫酸イオンほど $\delta^{18}O$ が低いことは,降水以外にも硫酸イオンの供給源があることを示している。

境水の $\delta^{18}O_{H2O}$ に比べて生成する SO_4^{2-} の $\delta^{18}O$ は約 17‰ 高くなる[68]。これは中間生成物の SO_3^{2-} の段階で水と酸素同位体交換を起こす際の同位体分別を反映していると考えられている。このため,集水域に異化的硫酸還元を起こすような嫌気的環境が含まれる場合は, $\delta^{18}O_{SO4}$ の解釈には注意を要する。

5. メタンの炭素・水素安定同位体比を利用したメタン生成経路の判別

　CO_2 以外の電子受容体が利用できないもっとも還元的な環境では，有機炭素の還元力は最終的にメタン（CH_4）になる。メタン生成菌が CH_4 を作り出すために利用することのできる基質はごく単純な分子種のみであり，それらは発酵細菌，酢酸生成菌，水素生成菌などの協力によって複雑な有機物から作り出されている。こうした，メタン生成菌をいわば最終電子受容体とする分解系を，動物間の食物連鎖にちなんで「嫌気的食物連鎖」とよぶこともある（図 5-2-1）。

　メタン生成菌の基質のうち酢酸，ギ酸（HCOOH）と水素（H_2）は，硫酸還元バクテリアも利用でき，十分な SO_4^{2-} が存在すれば硫酸還元細菌によって優先的に消費されてしまうことから競合基質とよばれる。一方，硫酸還元細菌はほとんど利用できず，メタン生成菌だけが利用できる基質もあり，非競合基質とよばれている。非競合基質としてはメタノール（CH_3OH），メチルアミン類（CH_3NH_2, $(CH_3)_2NH$, $(CH_3)_3N$），メタンチオール（CH_3SH），硫化ジメチル（$((CH_3)_2S$）などが知られている。非競合基質は，海洋環境では海洋生物に浸透圧調整物質として含まれるベタインやジメチルスルフォニオプロピオン酸の分解産物としてメチルアミンやメタンチオール等が供給されることが知られているが，淡水環境ではむしろ微生物によるアミノ酸の分解やペクチン，リグニン等に含まれるメトキシル基の脱離に伴うメタンチオールやメタノールの副次的な生成が主要な供給経路であるといわれている。ちなみにメトキシル基の脱離は好気的環境においても，また微生物の作用にかならずしも依存せずに進行し，これが好気的環境におけるメタンの非微生物学的な生成を引き起こす可能性が最近になって明らかにされ，論議をよんでいる[69]。

　どの生態系でも，微生物によって生成されているメタンのほとんどは競合基質（とくに酢酸と H_2）からのものである。このうち酢酸からは，そのメチル基から CH_4 を，カルボキシル基から CO_2 を生成する酢酸開裂型（acetoclastic）とよばれるメタン生成がおこなわれ，H_2 からは環境中の CO_2 を電子受容体

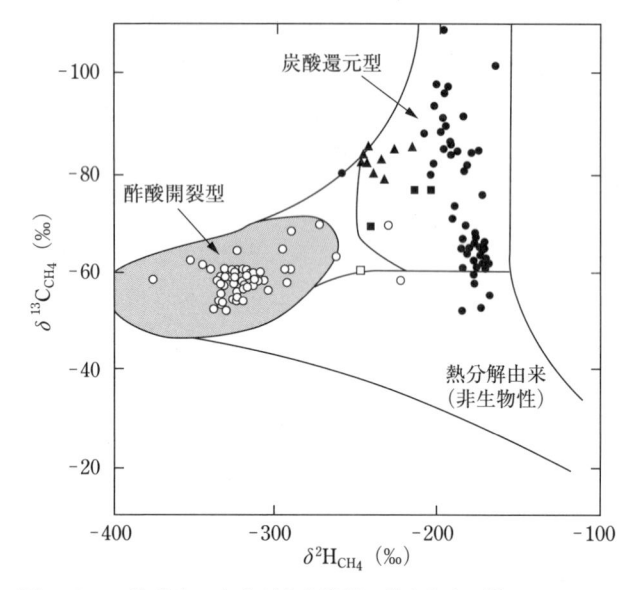

図5-2-7 地球上のさまざまな場所で得られた天然のメタンの $\delta^{13}C$ と δ^2H の分布[70]。○：湖沼堆積物，□：湿地土壌，■：塩性湿地堆積物，▲：浅海域堆積物，●：深海堆積物。炭酸還元型メタン生成に由来するメタンと，酢酸開裂型メタン生成に由来するメタンとで分布領域が分離している。

とする炭酸還元型（または水素酸化型）とよばれる経路により CH_4 が生成される。

酢酸開裂型：$CH_3COO^- + H_2O \rightarrow CH_4 + HCO_3^-$

炭酸還元型：$CO_2 + 4H_2 \rightarrow CH_4 + 2H_2O$

両者は別個の代謝経路であり，生成する CH_4 の炭素安定同位体比（$\delta^{13}C$）と水素安定同位体比（δ^2H）によって識別することができるとされている（図5-2-7）[70,71]。嫌気的食物連鎖に供給された有機物の $\delta^{13}C$ が多くの陸上植物に共通する $-25 \sim -30$‰ であった場合，酢酸開裂型の経路を通して生成される CH_4 の $\delta^{13}C$ がおおむね $-70 \sim -50$‰ の範囲であるのに対して，炭酸還元型による CH_4 の $\delta^{13}C$ は $-100 \sim -60$‰ の範囲になる。δ^2H_{CH4} で比較すると，酢酸開裂型の CH_4 がおよそ $-400 \sim -280$‰ であるのに対して，炭酸還

元型では $-250 \sim -150‰$ の範囲になる。

　CH_4 の生成経路に依存して $\delta^{13}C_{CH4}$ が異なる主要な理由は以下の通りである。単離されたメタン生成菌を用いてメタン生成に伴う炭素同位体分別係数が求められている[71]。それによると酢酸開裂型のメタン生成において基質となる酢酸のメチル炭素に対する生成するメタンの同位体分別 ε(methyl-C-CH_4) は $7 \sim 27‰$ であるのに対して，炭酸還元型メタン生成における ε(CO_2-CH_4) は $21 \sim 71‰$ とやや大きく，さらにメタノールからのメタン生成の ε(CH_3OH-CH_4) は $74 \sim 94‰$ と非常に大きい。しかし実際のメタン生成が進行している場においてはメタノールや酢酸の濃度は非常に低いため，これらから生成した CH_4 の $\delta^{13}C$ には同位体分別の影響はあまり反映されず，基質の $\delta^{13}C$ の影響が支配的になっていると予想される。それに対して嫌気的堆積物における CO_2 の濃度は十分に高いために，炭酸還元型メタン生成に由来する CH_4 には同位体分別の効果が強く現れ，$\delta^{13}C_{CH4}$ が非常に低くなる。

　メタン生成系では，有機物は最終的にほぼ等量の CH_4 と CO_2 に分解されるので，CH_4 の $\delta^{13}C$ がもとの有機物より低くなった分だけ，CO_2 の $\delta^{13}C$ が高くなっていることになる。しかし実際の生態系では，メタン生成系に入る以前に硫酸還元や脱窒によって生成した CO_2（または HCO_3^-）も混在しているために，メタン生成が起こっても CO_2 の $\delta^{13}C$ はあまり大きくは変動しないことがある。

5-1. 有機物の分解特性との関係

　水田土壌を含む嫌気的な淡水堆積物で進行しているメタン生成は，平均的には 70% 程度が酢酸開裂型であるとされ，実際，生成している CH_4 の $\delta^{13}C$ や δ^2H はおおむね酢酸開裂型の範囲に入る値となる[70]。一方，海洋堆積物で生成している CH_4 の $\delta^{13}C$ と δ^2H はほぼ炭酸還元型の CH_4 に対応する領域に入り，海洋では炭酸還元型の方が卓越していることを示唆している。この違いの理由は以下のように考えられている[72]。淡水堆積物においてはメタン生成層が浅い層にあり，比較的新鮮で易分解性成分に富む有機物が供給されるため，酢酸をはじめとする発酵産物の濃度が高く維持され，メタン生成にお

いても酢酸開裂型が卓越する。これに対して，海洋堆積物ではSO_4^{2-}濃度が非常に高いために厚さ数mに及ぶ硫酸還元層が広がり，メタン生成はその下の層で進行する。易分解性有機物は硫酸還元層内でほぼ消費され，メタン生成層では難分解性の有機基質のみが残存しているため，酢酸などの発酵産物が慢性的に枯渇した状態になり，炭酸還元型のメタン生成が卓越する。

　タイ南部の嫌気的な湿地林土壌におけるメタン生成を調査したMiyajimaら[73]は，生分解性の異なるさまざまな樹葉を土壌に添加して培養することで，有機物の分解性とメタン生成経路との関係を実験的に検証した。分解された基質の樹葉と生成したCH_4と間の$\delta^{13}C$の分別ε(plant－CH_4)を比較したところ，易分解性有機物の含有率の増大とともにε(plant－CH_4)が38‰から16‰まで縮まることを示し，易分解性有機物の多い基質を分解している場合の方がメタン生成における酢酸開裂型の寄与率が高まると推察された。この現象を，嫌気的食物連鎖における代謝物阻害の特性にもとづいて次のように説明している。易分解性有機物が枯渇している場合は，嫌気的食物連鎖が難分解性高分子有機物の加水分解の段階で律速を受け，酢酸開裂系も炭酸還元型も，それぞれの基質の供給量に律速されたメタン生成をおこなう。これに対して，易分解性有機物に富む基質が分解されている場合，土壌内に中間産物として酢酸やH_2が蓄積され，それらの濃度が高まっていると予想されるが，水素生成をおこなうバクテリアは環境のH_2濃度が少しでも高まると代謝物阻害のために代謝活性を失う。このためH_2を経由したCH_4への還元力のフラックス(種間水素転移)は頭打ちとなるが，酢酸生成系は代謝物阻害の影響が小さいことから，濃度の増大に応じてフラックスも上がり，結果的に酢酸を経由した還元力のフラックスの重要性が相対的に増大すると考えられる。

　さらにHornibrookら[74]は北アメリカとイギリスの湿地帯土壌におけるCH_4と溶存無機炭素(DIC)の$\delta^{13}C$の鉛直分布を比較したときに，深度とともに両者の$\delta^{13}C$の差が次第に開いていくタイプの堆積物と，両者の差はほぼ一定のまま両者共に次第に上昇するタイプの堆積物とにわかれることを示している(図5-2-8)。前者のタイプは，分解基質が深度とともに次第に難分解化するためにメタン生成経路が酢酸開裂型から炭酸還元型に推移するこ

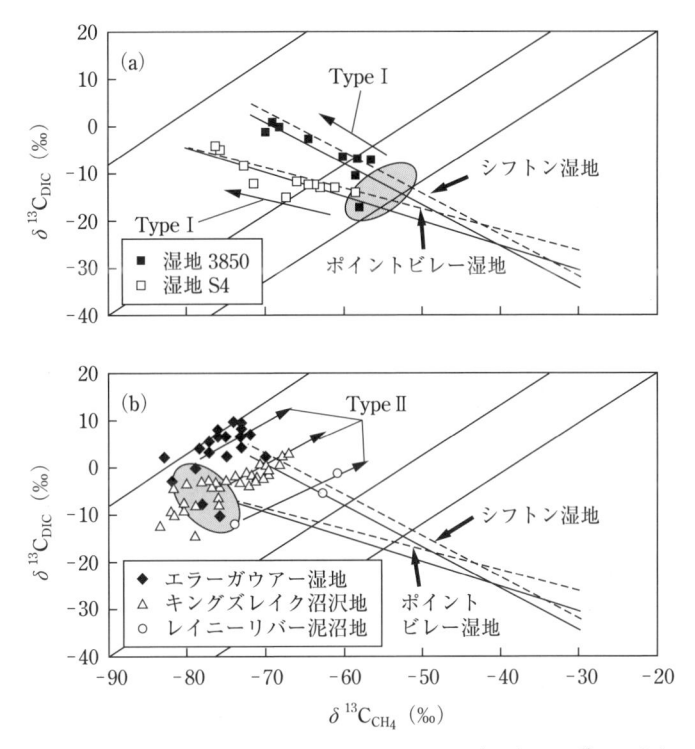

図 5-2-8　嫌気的な泥炭湿地堆積物中のメタン（CH_4）の$\delta^{13}C$と溶存無機炭素（DIC）の$\delta^{13}C$の鉛直分布に見られる2つのタイプ[74]。Type I は深度と共に次第に両者の差が開いていく場合, Type II は両者の差を保ったまま深度と共に$\delta^{13}C$が上昇する場合。メタン生成がもっとも活発な浅部土壌における値の範囲をグレーの領域で示してある。

とを反映する分布であると解釈されている。それに対して後者のタイプは, 新鮮な有機物は好気的分解や異化的硫酸還元でほとんど消費されて, 難分解性の基質だけがメタン生成層に供給されるような堆積物の場合に対応し, 全体的に炭酸還元型が卓越していると解釈されている。後者のタイプの鉛直分布は海洋堆積物においても見られる。

　このように, 嫌気的堆積物中で生成するCH_4の$\delta^{13}C$は, 嫌気的食物連鎖の全体的な活性のバランスを反映する指標として利用できる。しかし基質の難分解化が進行するにつれて炭酸還元型の経路が有利になる生理生化学的メ

カニズムは十分に解明されていない[75]。

5-2. 硫酸還元とメタン生成の相互作用

淡水環境においては，堆積物の硫酸還元活性が上層水からの SO_4^{2-} の拡散速度よって制限されていることが多く，したがって上層水の SO_4^{2-} 濃度が変化すると，堆積物に供給された有機物の還元力のうち最終的に異化的硫酸還元を通して H_2S になるフラックスと，メタン生成を通して CH_4 になるフラックスとの相対比もまた変化する結果になる。これは水域生態系全体にとっても無視できない影響を及ぼす。

すでに説明したように，H_2S は堆積物中の鉄やマンガンの酸化物と反応することができ，鉄を FeS または FeS_2 として堆積物中に固定する一方，マンガンを Mn^{2+} として水中に遊離させる。湖底堆積物中には多量のリンがリン酸鉄として固定されているが，硫酸還元に伴うアルカリ度の上昇と FeS としての鉄の除去のため，それまで鉄と結合していたリン酸が遊離して湖水中に回帰し，富栄養化を促進する結果になるとされている。

CH_4 の場合はこのような反応を起こさない。SO_4^{2-} 濃度の高い海洋環境では，生成した CH_4 のほとんどは硫酸還元バクテリアによって堆積物中で酸化され，CH_4 がもっていた還元力は最終的に H_2S に渡されることになる（嫌気的メタン酸化：図5-2-1）が，SO_4^{2-} 濃度の低い多くの淡水環境では硫酸還元と共役したメタン酸化は重要でなく，発生した CH_4 のほとんどは好気的領域まで拡散した後に，O_2 を電子受容体とする好気的メタン酸化細菌によって CO_2 と有機物に変えられる。

好気的メタン酸化細菌によって生産される有機物は，ある種の底生動物にとって重要な炭素源となることが知られている（5章3節）。H_2S の場合もそれを好気的に酸化する独立栄養細菌である化学合成硫黄細菌が底生動物の栄養源を提供している例が海洋では知られているが，H_2S 自体の生物毒性も強く，蓄積が進むと底生動物の斃死を招く。

硫酸還元がメタン生成に与えている影響は，生成するメタンの $\delta^{13}C$ に反映されることがある。4種類の湿地林土壌におけるメタン生成に SO_4^{2-} の添加が与える影響を調査した Miyajima ら[76]は，SO_4^{2-} を添加しない土壌に比べ

て，添加した土壌の方が，生成する CH_4 の $\delta^{13}C$ が高くなることを見出した。しかし SO_4^{2-} を過剰に添加すると CH_4 はほとんど生成されなくなった。これらの土壌では硫酸還元に伴う嫌気的メタン酸化は起こらないことから，この現象はメタン生成の経路の相対的なフラックスの違いにもとづいて解釈された。すでに述べたように，有機物に比べて SO_4^{2-} の供給が少ない条件下で異化的硫酸還元が進行すると不完全酸化型の硫酸還元が卓越し，最終産物として酢酸が生成される。この酢酸がメタン生成に利用されたため酢酸開裂型のメタン生成のフラックスが相対的に増大する一方，H_2 は硫酸還元にも利用されるために炭酸還元型のメタン生成が抑制され，$\delta^{13}C_{CH4}$ が高まったものと考えられる。一方，SO_4^{2-} が十分にあれば酢酸も硫酸還元バクテリアによって HCO_3^- に酸化されてしまう。このように CH_4 の $\delta^{13}C$ の変動は不完全酸化型硫酸還元の寄与を推定するために利用できる可能性がある。

しかしながら海洋堆積物のように異化的硫酸還元と共役した嫌気的メタン酸化が起こる場合，メタン酸化に伴う同位体分別の結果としても CH_4 の $\delta^{13}C$ が高くなる[77]。このため，SO_4^{2-} が存在する場合に生成する CH_4 の $\delta^{13}C$ が高くなっても，酢酸開裂型のメタン生成が卓越したためにはじめから $\delta^{13}C$ の高い CH_4 が生成したのか，はじめに生成した CH_4 の $\delta^{13}C$ は低かったものの嫌気的メタン酸化を受けたために二次的に $\delta^{13}C_{CH4}$ が上昇したのかを区別することがむずかしい。一方，嫌気的メタン酸化には水素同位体分別も伴うため[77]，残留する CH_4 の δ^2H も高くなるが，酢酸開裂型の経路によって生成した CH_4 は δ^2H が低いことが知られている[70]。δ^2H_{CH4} をもとに両者を識別できる可能性がある。

実際の流域環境中で採集される CH_4 の安定同位体比は，とくに次の5章3節で解説される好気的メタン酸化に伴う同位体分別のシグナルを内包していることが予想される。Dan ら[78] は過去に生産された CH_4 の一部が堆積物粒子に吸着した状態で安定して存在しうることを報告しており，こうした吸着現象が同位体比に対して影響を与える可能性がある。CH_4 の同位体比を指標として利用する際には，こうしたさまざまな要因の寄与を総合的に考慮して慎重に解釈する必要がある。

3 流域環境におけるメタン酸化とメタン食物連鎖の評価

1. メタンの生成と消費

　メタン（CH_4）は，二酸化炭素の還元や，酢酸のような低分子炭素化合物の発酵によって生成される温室効果気体である。メタンを生成する微生物（古細菌）が絶対嫌気性（分子状酸素の存在下では生存できない微生物）であるため，メタンが生成されるのは還元的な環境に限られる。湖底や河床の堆積物の内部などのような嫌気環境で生成したメタンガスが，拡散や気泡の浮上によって好気的な場に輸送されると，細菌群集による好気的メタン酸化が活発に起こる。メタン酸化に関与する細菌群集はメタン資化細菌（methanotroph）とよばれる。これは，炭素を1つだけもった化合物（C1化合物：メタンやメタノールなど）を利用するための特殊な代謝系を有するC1資化細菌（methylotroph）という機能群に属する。メタン資化細菌の特徴は，エネルギー源も炭素源も共にメタンに依存するという点にある。すなわち，メタンを酸化することでエネルギーを獲得するとともに，メタン由来の炭素を用いて菌体（バイオマス）を生産する（したがって，メタン資化細菌のことを，メタン酸化細菌（methane-oxidizing bacteria）とよぶ場合もある）。メタン資化細菌が生産した有機物が，原生生物や無脊椎動物などに消費されることにより，メタンを基盤とした食物連鎖，すなわち，メタン食物連鎖が成立する。最近の研究の結果，湖沼や河川において，メタン食物連鎖が，生態系の重要な構成要素である可能性が指摘されはじめている[79,80]。本節ではメタン酸化やメタン食物連鎖の基本概念を解説するとともに，炭素安定同位体比を用いた研究例を紹介する。

2. メタン酸化とは

　メタン酸化には，分子状酸素（O_2）を酸化剤として用いる「好気的メタン酸化」と硫酸イオンなどを酸化剤として用いる「嫌気的メタン酸化」がある。本節では，好気的メタン酸化に着目する（嫌気的メタン酸化についてはStrous

ら[81]を参照していただきたい)。好気的メタン酸化はメタンの全球収支に大きな影響を与えており,とくに土壌でのメタン酸化は,メタンの重要な消失プロセスの1つであると考えられている[82]。

メタンの炭素安定同位体比($\delta^{13}C$)は,①基質である二酸化炭素または低分子炭素化合物(酢酸など)の$\delta^{13}C$の変動,②二酸化炭素から生成するのか,低分子炭素化合物から生成するか,といった生成プロセスの違い,に応じて変動する。一般的には,メタンは,非常に低い$\delta^{13}C$値をとることが知られている。たとえば,植物体や土壌有機物の$\delta^{13}C$が約-27‰のところ,メタンは-40〜-70‰程度の著しく低い値をとるのが普通である。

好気的メタン酸化の際には同位体分別が生じるため,酸化しきれずに残ったメタンの同位体比は高くなっている。たとえば,三角フラスコの中にメタン酸化細菌とメタンを入れ培養すると,メタンの濃度減少とともにその$\delta^{13}C$の上昇が認められる。実際に土壌ガスを鉛直方向に採取すると,深くなるにつれメタンの濃度が減少して行き,同時に$\delta^{13}C$が上昇していく傾向が認められる[83]。また,土壌にチャンバーをかぶせてメタン濃度の変化を追跡すると,メタンは土壌に「吸収」され,濃度の減少とともに$\delta^{13}C$の上昇が認められる[84〜86]。ただし,このとき認められる「見かけの」メタン酸化における同位体分別には,土壌中のガス拡散過程によるものと酸化過程の際のものの両方が含まれているため,その解釈には注意が必要である。このような野外観測と,純粋培養で求められたメタン酸化における同位体分別の大きさはさまざまであり,報告されている値は3〜39‰もの大きな幅がある[87]。この大きな観測値の幅は後述するメタン資化細菌のタイプ,メタン酸化速度(細菌密度×細胞あたりの活性),あるいは,メタンの供給速度などに依存していると考えられている。

メタン資化細菌の菌体やその構成成分(脂質)の$\delta^{13}C$は,さまざまな代謝反応に伴う同位体分別効果のために複雑に変動するが,メタンが特徴的に有する低い同位体比は確実にそこに反映されると考えてよい[87〜89]。次項で述べるように,このことを利用すると,植物を基盤とした通常の食物連鎖と,メタン→メタン資化細菌→上位栄養段階の生物,という食物連鎖(メタン食物連鎖)を,分離して評価することができるのである。

3. メタン食物連鎖の評価

　本節において，メタン食物連鎖とは，メタン資化細菌が生産した有機物に依存する食物連鎖と定義し，ここには，無脊椎動物に共生したメタン資化細菌によるメタン利用も含むこととする。メタン食物連鎖の存在は，1980年代中頃に，深海の熱水噴出孔に生息する生物群集で発見された[90,91]。熱水噴出孔周辺に生息するある種の二枚貝の外とう膜にメタン資化細菌が共生し，熱水に含まれるメタンを取り込む。このようにして生産された有機物を二枚貝が利用していることが明らかにされたのである[91]。近年になって，身近な湖沼や河川に生息する水生無脊椎動物が，メタン由来の炭素を炭素源として利用していることが明らかになってきた。このような生物種としては，ユスリカの幼虫や甲虫の一種が報告されている[92,93]。このことから，メタン食物連鎖が，従来考えられていた以上に広範な水域に存在する可能性が示唆されている[79,80]。なお，これらの淡水産無脊椎動物が，深海の二枚貝のようにメタン資化細菌と共生関係にあるのか，それとも，環境中のメタン資化細菌を摂餌しているのかについては，まだ完全には明らかになっていない。

　好気的メタン資化細菌は，分子状酸素とメタンの両方が存在する酸化還元境界層に生息していると考えられる[94,95]。流域においては，湖底の堆積物や，河床において落葉落枝起源の有機物が厚く堆積したよどみなどが，このような環境条件を提供しており，したがって，メタン食物連鎖が潜在的に重要な役割を果たしている生息場所といえる。

　メタン資化細菌の存在量やメタン食物連鎖の評価をおこなう方法は以下のようにまとめられる。

① 分子系統学的な方法：好気的メタン酸化に際しては，まずメタン（CH_4）がメタノール（CH_3OH）に変換され，つづいて，それがホルムアルデヒド（CH_2O）に酸化される。ホルムアルデヒドが菌体に同化される経路に大きくタイプ1とタイプ2という2つの代謝経路があり，どちらの経路で同化されるかはメタン資化細菌の系統分類学的な帰属によって異なる（図5-3-1）。蛍光現場交雑法（FISH法）を使うと，タイプ1とタイプ2

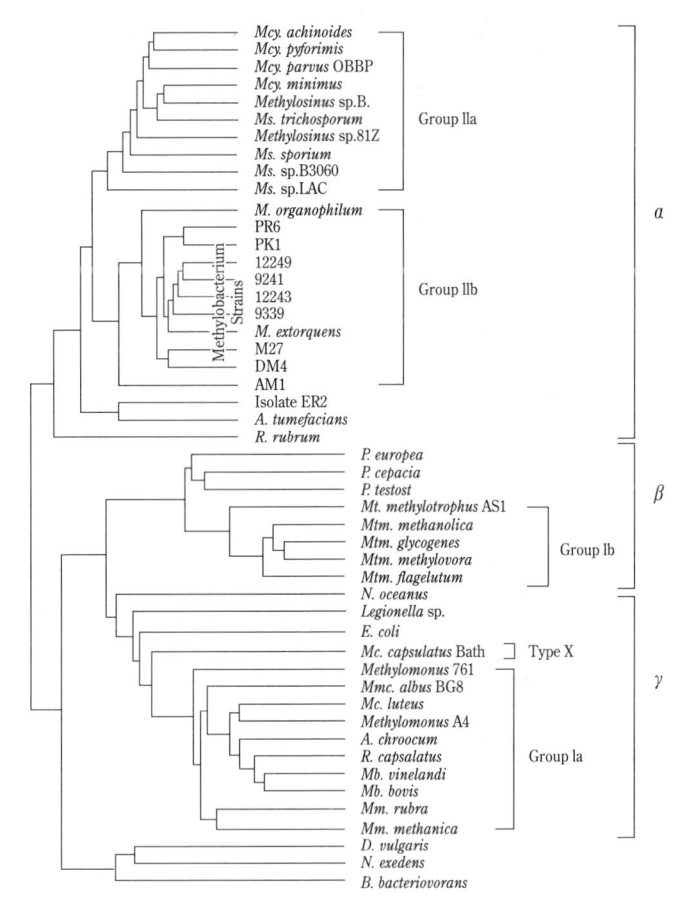

図 5-3-1 Proteobacteria の α, β, γ グループに属する C1 資化細菌の系統樹[94]。コントロールとして C1 資化細菌以外の細菌も含まれている。グループ Ia はタイプ 1 の代謝方法でメタンを酸化し同化する細菌群。グループ IIa はタイプ 2 の代謝方法でメタンを酸化し同化する細菌群。タイプ 1 のメタン資化細菌が γ-proteobacteria に属するのに対し, タイプ 2 のメタン資化細菌は α-proteobacteria に属する。

のそれぞれのメタン資化細菌の細胞を識別して定量することができる。このような方法を用いてメタン資化細菌の細胞密度や生物量を測定することが試みられている[96,97]。

② PLFA（リン脂質脂肪酸）による検出方法：タイプ1とタイプ2のメタン資化細菌はそれぞれに特徴的なリン脂質脂肪酸をもっている（バイオマーカー，6章3節参照）。タイプ1は *Methylobacter* と *Methylococcus* を除いて 16：1ω8 という PLFA をもっており，タイプ2では 18：1ω8 という PLFA がバイオマーカーとして用いられる[98,99]。なお 16：1ω8 というのは直鎖脂肪酸の構造を示す記号で，炭素鎖が 16 の炭素原子から成り，1箇所の不飽和結合を有し，メチル基側から見ていくと8番目と9番目の炭素原子の間に（最初の）不飽和結合が現れることを示す。こうしたメタン資化細菌に特徴的な PLFA の濃度から推定されたメタン資化細菌の生物量は先の FISH 法での推定値とよく一致するとの報告もある[100]。PLFA は環境中で残存しやすく，餌として食べられた際にも分解されずにそのまま捕食者の脂肪酸の一部として同化されることがある[101]。メタン資化細菌を消化吸収している原生動物やユスリカなどでこうした PLFA が検出されており，メタン食物連鎖の評価指標として用いられている[100,102]。

③ 炭素安定同位体比（$\delta^{13}C$）による検出方法：上述のように，自然界で生成されるメタンは通常 -80 から -50‰と，植物由来の一般的な有機物と比べて 20‰以上も低い $\delta^{13}C$ 値を示す[103,104]。その理由は，メタンが生成される際に，大きな同位体分別が伴うためである（p. 233～235）。メタンガスのように低い $\delta^{13}C$ 値をもつ有機物プールは流域環境中ではまれである。したがって，ある生物を構成する有機炭素の $\delta^{13}C$ が -40‰を大きく下回る場合，その生物の炭素がメタン由来である可能性が高いと判定することができる[93,105,106]。また，以下に述べるように，生物体の $\delta^{13}C$ がどの程度低下するかによって，メタン起源有機物にどの程度依存しているかを定量的に解析することも可能である[93,107]。

4. 炭素安定同位体比によるメタン食物連鎖の評価例

　海洋の熱水噴出孔周辺の二枚貝の一種が外とう膜に細菌を共生させていることは電子顕微鏡写真から明らかであったが，その共生細菌がメタン資化細菌であると示唆されたのは二枚貝の $\delta^{13}C$ が非常に低かったからである[107]。通常，海洋の植物プランクトン由来の有機物の $\delta^{13}C$ は -20‰ 程度であるのに対して，二枚貝の $\delta^{13}C$ は -40‰ 以下であった。このことから，二枚貝は，植物プランクトン由来の有機物ではなくて，低い $\delta^{13}C$ 値をもったメタン由来の炭素に依存していると判定された[105,106]。ある生物の $\delta^{13}C$ を測るだけで，その生物がメタン食物連鎖上の生物であるか否かを判別できるという点は，炭素安定同位体比法の大きなメリットである（図5-3-2）。また，細菌群集を非選択的に摂食するような捕食者の場合には，メタン食物連鎖への依存度を定量的に評価することも可能である。つまり，メタン資化細菌の $\delta^{13}C$ とそれ以外の有機物の $\delta^{13}C$ を端成分とした混合モデルを用いることで，依存度の推定ができるのである[107,108]。

　ただし，端成分の確定については十分な注意が必要である。深海のように起源となる有機物の種類が限られ，その $\delta^{13}C$ の構成も単純な場合には，端成分を確定しやすい[107]。ところが河川や湖沼などの流域環境では，起源となる有機物が多様であり，その $\delta^{13}C$ も幅広い変動を示すため[109,110]，メタン資化細菌以外の有機物の $\delta^{13}C$ を固定値として扱うことがむずかしい。実際にある1つの河川においても，藻類の $\delta^{13}C$ が -18‰ から -30‰ まで10‰以上ばらつくことも珍しくない[109]。さらに，メタン資化細菌の $\delta^{13}C$ も実測することが困難なため，先述したメタン資化細菌に特異的な PLFA の $\delta^{13}C$ から推定したり[111,112]，培養実験から求められたメタン酸化の際の同位体分別の大きさと実測されたメタンの同位体比からメタン資化細菌の同位体比を類推することが多い[113]。しかしながら，こうして推定されたメタン資化細菌の $\delta^{13}C$ は大きな幅をもつことが多い。

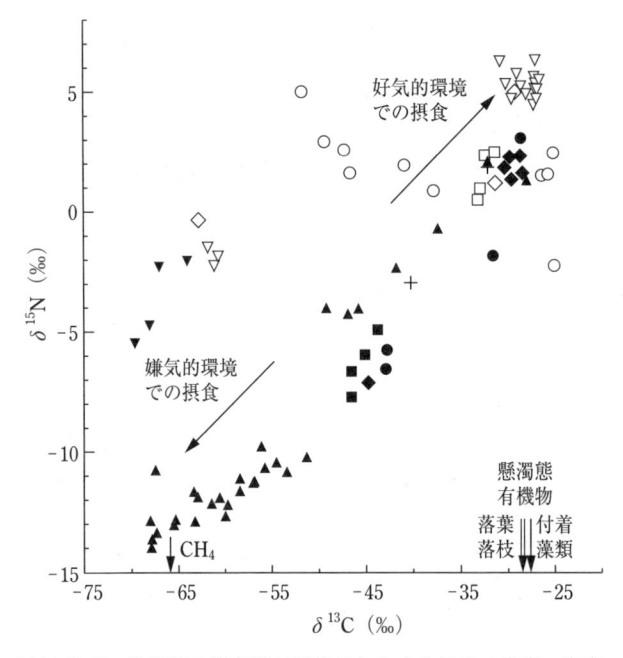

図 5-3-2 北海道の幌内川で採集された水生昆虫の炭素,窒素安定同位体比[93]。マメシジミ以外はすべて図中の1点が1個体の同位体データに相当する。バックウォーターに生息する甲虫のマルハナノミ属の一種やマメゲンゴロウ属の一種および伏流水中に生息するミドリカワゲラ科やハラジロオナシカワゲラ科において,$\delta^{13}C$ の非常に低い個体が見られ,こうしたグループにメタン食物連鎖に属する個体の多いことがわかる。
■:マメゲンゴロウ属の一種,●:ユスリカ科,▽:ミドリカワゲラ科,□:ヨコエビ科,▼:マルハナノミ属の一種(成虫),▲:マルハナノミ属の一種(幼虫),○:ハラジロオナシカワゲラ科,+:マメシジミ科,◇:センブリ属の一種,◆:ガガンボ科の一種。

5. メタン食物連鎖の指標性について

　従来,メタン食物連鎖は,メタンからはじまる特殊な食物連鎖であり,その存在は深海の熱水噴出孔などに限られていると考えられてきた。しかし,上に紹介したように,身近な淡水環境において一般的に見られる食物連鎖であるという報告が最近になって相次いでいる。このことは,淡水域において

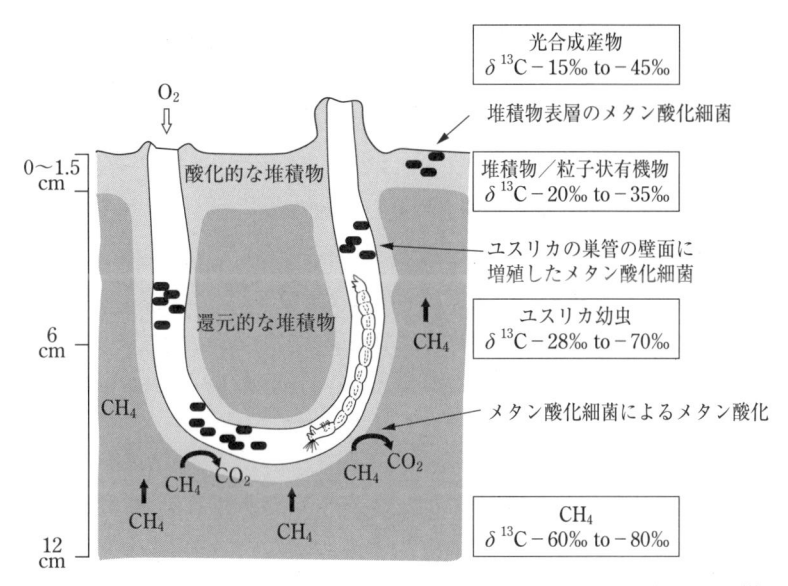

図 5-3-3 ユスリカの一種（*Chironomus plumosus*）の巣管の縦断面の模式図[114]。ユスリカの幼虫は巣管内部へ水を引き込むことで，還元的な堆積物に酸化還元境界層を作り出し，維持している。その巣管の壁面ではメタン酸化細菌が増殖しやすい環境が保たれ，メタン酸化が活発に行われていると考えられる。各種有機物およびメタンの典型的な $\delta^{13}C$ の値の幅が四角囲みで示されている。

メタン生成が活発であることを考慮すれば，むしろ当然のことかもしれない。メタンは二酸化炭素に次ぐ重要度の温室効果気体であり，その多くが湿地や湖沼等の流域環境から放出されている。しかし，その制御因子や消滅機構についてはまだ十分明らかになっていない。嫌気的環境で生成されるメタンは大気へと拡散する過程で地表や水底の酸化還元境界層を通過してくるが，その間にメタン資化細菌による酸化や，生物体への取込みがおこなわれる（図5-3-3[112,114]）。つまり，メタン資化細菌は，メタンがそのまま大気へ拡散するのを抑制し，1モルあたりの温室効果で考えればメタンよりもはるかに影響の少ない二酸化炭素への変換を促す働きをしているのである。また，メタンに含まれる炭素を利用し，それを食物連鎖に供給するという点で，生態系炭素循環における重要なスカベンジャーとして働いている。実際，メタン食物連鎖を経由する炭素フラックスが，湖沼の食物連鎖において無視できない

割合(動物プランクトンの炭素消費の5～15%)を占めているという報告もある[79,80]。逆に,捕食者から餌にむけての影響(トップダウン支配)という観点からいえば,メタン食物連鎖は,メタン資化細菌の細胞密度を制御することで,生態系におけるメタン酸化フラックスをコントロールする働きをしているという見方もできる。安定同位体を用いた流域診断という観点からいうと,もしある環境において,メタン食物連鎖の存在が$\delta^{13}C$の測定結果によって確認されれば,その環境においては,酸化還元境界層が安定的に存在しており,メタン資化細菌がある程度高密度で生息していると評価することができるかもしれない。つまり,メタン酸化という「生態系サービス」(p.309)を査定するうえでの指標として利用できる可能性がある。

III
流域生態系

You are what you eat（あなたは，あなたが食べたものである）。私たち人間も含めて，動物の体を構成する炭素や窒素の安定同位体比は，その食べ物の安定同位体比を色濃く反映している。食生活は人間の健康の基本である。同じように，生態系においても，生物の間の食う―食われる関係（食物連鎖関係）を詳細に調べれば，その健全度を測ることができるのではないか。第III部では，食物網構造や生息環境を測る先端的な技術としての各種安定同位体比の利用を様々な角度から議論する。

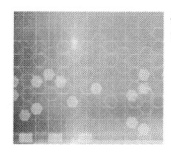

第6章

生態系の健全性の評価

1 一次生産者の安定同位体比の特徴とその変動要因

　一般に，光化学反応によって光エネルギーを化学エネルギーに変換し，CO_2 や栄養塩などの無機物から有機物を合成する能力をもつ生物を，一次生産者とよぶ。湖沼，河川，沿岸海域などの水圏生態系において，一次生産者は，生態系の食物連鎖の基礎となる主要な構成要素である。また，河川の沿岸に分布するヨシなどの抽水植物や浅海域に広がる海草藻類は，物理的攪乱を減少させて小動物の生息場所を提供するという役割も果たす（図6-1-1）。

　一次生産者の炭素，窒素安定同位体比（$\delta^{13}C$, $\delta^{15}N$）は，さまざまな要因（種類，生息場所，季節，植物体の部位等）によって大きく変動する[1〜3]。$\delta^{13}C$ 値や $\delta^{15}N$ 値を用いた食物連鎖（6章2, 4節）や物質循環の解析（3章1, 4節, 4章4, 5節）においては，一次生産者の安定同位体比の変動の特徴と機構を十分に考慮する必要がある。

　植物体の炭素安定同位体比の決定機構については，陸生植物を中心に1950年代から研究がはじまった。1980年代に入ると Farquhar ら[4,5]によってモデルが作成され，陸上植物の炭素安定同位体比の決定機構の大枠が形作られた。海洋や湖の植物プランクトンの炭素安定同位体比については，陸生植物についで研究が進展しているが，陸生植物の炭素安定同位体比の決定機構に比べてより多くの環境因子が関与している[6,7]。河川の付着藻類の炭素

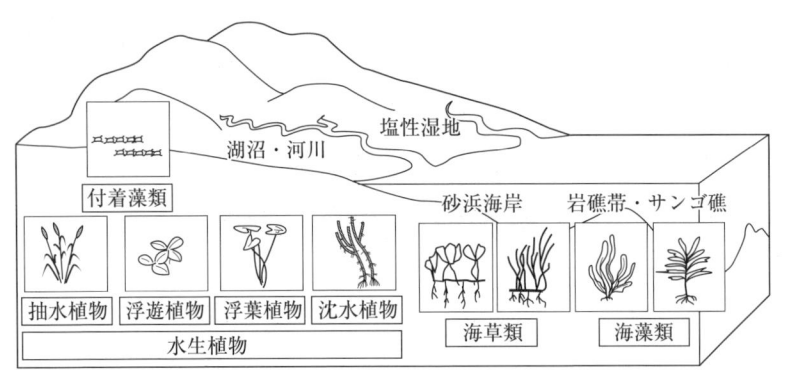

図 6-1-1 水圏生態系に分布する様々な大型水生植物（挿絵は IAN Symbol Libraries より）。

安定同位体比の研究は 1990 年代に入って本格化し，ようやく安定同位体比の支配過程の大筋が明らかになってきた段階である[8]。したがって，モデルは概念的なものにとどまっており，安定同位体比の変動幅や支配要因などを一般化できるほどの野外および実験でのデータ蓄積がなされているとはいいがたい。本節では，水生植物（植物プランクトン，付着藻類，沈水植物，海草，海藻）の安定同位体比の変動の特徴とその変動を引き起こすメカニズムについて議論する。以下の 1 項では，炭素安定同位体比の変動に着目し，それを陸生植物と対比しながら概説する。つづいて，2 項においては，水生植物の個々の生活型グループごとに，その安定同位体比の変動と影響因子に関する具体的な研究例を紹介する。最後に 3 項では，水生植物の炭素安定同位体比を用いた流域診断の可能性について議論する。

1. 水生植物の炭素安定同位体比の決定機構

1-1. 水生植物の炭素安定同位体比の特徴 —— 陸生植物と比較して ——

水中に生息する水生植物（沈水植物，植物プランクトン，付着藻類）の炭素安定同位体比は，光合成基質である溶存無機炭素（DIC：H_2CO_3, CO_2 (aq), HCO_3^-, CO_3^{2-}）の安定同位体比とその供給速度を支配する環境因子の影響を強く受ける。陸上植物の光合成基質は大気中に存在する CO_2 に限られて

おり，その $\delta^{13}C$ 値は通常ほぼ一定の値（$-7 \sim -8‰$）を示すのに対し，水生生物の光合成基質である DIC の $\delta^{13}C$ 値は，地質，大気との交換，呼吸活性，光合成活性などさまざまな要因の影響を受けて大きく変動する（変動幅 $-30 \sim +10‰$）。植物プランクトン，付着藻類，水草などの $\delta^{13}C$ 値が，陸生植物のそれと比較して大きな変動幅（$-45‰ \sim -5‰$）をもつ理由の一端は，この DIC の $\delta^{13}C$ 値の変動に求めることができる[9,10]。水中の DIC の起源は，①大気中の CO_2，②有機物の分解（呼吸）により生じる CO_2，③炭酸塩鉱物などの溶解にともない生成する DIC，のいずれかである（4章1節1）。それぞれの DIC 発生源から，水生植物の細胞内の葉緑体（炭素固定部位）にまで CO_2 が輸送される間には，さまざまな拡散抵抗を生じさせる理化学過程が存在し，それらが水生植物の $\delta^{13}C$ 値の変動をもたらす要因となる。最後に，細胞内の酵素反応（炭酸固定）にともなう同位体分別が，水生植物の $\delta^{13}C$ 値に影響を及ぼす。ここでは，水生植物の炭素安定同位体比の変動の特徴とその機構を定性的に俯瞰する。それぞれの機構の詳細や，同位体比の変動を記述する数学的なモデルについては，植物の安定同位体比に関する総説[5,6]を参照していただきたい。

1-2. 水生植物の炭素安定同位体比の決定機構

水生植物の炭素安定同位体比の決定機構を図 6-1-2 に整理する。さまざまなプロセスが関与するが，ここでは，炭酸固定（酵素反応），膜輸送，境界層内の基質濃度，光合成基質の $\delta^{13}C$，溶存態有機物の細胞外への溶出，というように，おおむね，微視的なプロセスからより巨視的なプロセスへという順番で議論をすすめる。

決定機構①炭素固定反応（酵素系）の違い

炭素固定反応は，植物の $\delta^{13}C$ 値の支配要因の中でもっとも重要であり，大きな $\delta^{13}C$ 値の変動を生み出す原因となる。陸生植物の場合は，炭素固定経路が異なる C_3 植物と C_4 植物の間で，$\delta^{13}C$ 値が大きく異なることがよく知られているが，水生植物の場合は，種や分類群によって $\delta^{13}C$ 値が系統的に異なるという報告は比較的少ない。

Rubisco（リブロース 1,5-ビスリン酸カルボキシラーゼ／オキシゲナーゼ）は

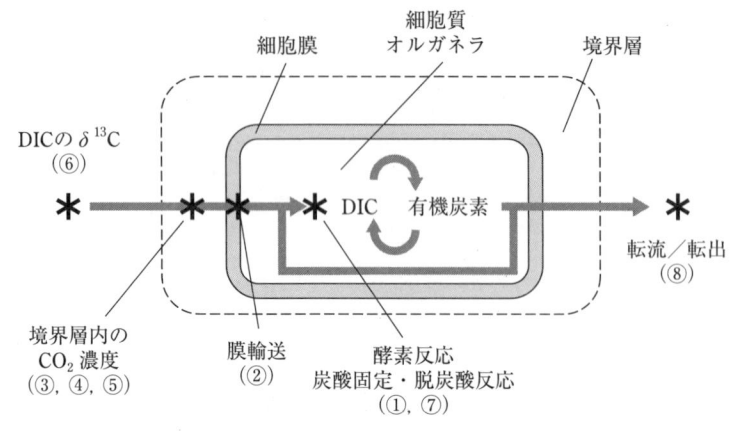

図 6-1-2 水生植物の炭素安定同位体比の変動機構。括弧内の数字は本文中の決定機構の番号に対応。

図中ラベル：細胞膜／細胞質オルガネラ／境界層／DICの$\delta^{13}C$（⑥）／境界層内のCO_2濃度（③, ④, ⑤）／膜輸送（②）／酵素反応 炭酸固定・脱炭酸反応（①, ⑦）／DIC／有機炭素／転流／転出（⑧）

地球上でもっとも多く存在する酵素といわれており，CO_2を基質とした炭素固定反応を触媒する。Rubisco が関与する反応における CO_2 と O_2 との反応割合（後者は光呼吸）は一次生産者の種類と細胞内の CO_2 濃度によって変化する。炭素固定反応に伴う炭素同位体分別は 20〜29‰の幅であるといわれるが，まだ知見は限られている。シアノバクテリアなど光合成細菌の場合はより小さい値を取ることが多いといわれる[11]。

β-カルボキシラーゼとよばれる酵素群は，ホスホエノールピルビン酸やピルビン酸からオキサロ酢酸を生成する際に炭素固定反応を触媒する。β-カルボキシラーゼには HCO_3^- を基質とするホスホエノールピルビン酸カルボキシラーゼ（PEPC）と CO_2 を基質とするホスホエノールピルビン酸カルボキシキナーゼ（PEPCK）が知られている。PEPCK の反応に伴う炭素同位体分別は 20〜40‰であり，Rubisco と同等ないしはやや大きい。これに対し，PEPC の反応に伴う炭素同位体分別は 2.0‰であり，他の2酵素に比べて著しく小さい[11]。

同位体分別の違いからもわかるように，PEPC による炭素固定反応によって生成された有機炭素は，他の酵素系の生成物に比べて，$\delta^{13}C$ 値が高いという特徴が見られる。同位体分別の違いに加え，PEPC の基質となる HCO_3^- の $\delta^{13}C$ 値が，他の酵素の基質である CO_2 のそれに比べて 7〜11‰も

高い（同位体交換平衡時，$\varepsilon(HCO_3^- - CO_2(g)) = 10.78 - 0.141 \cdot t$，ただし，$t$ は 5 ～25℃の範囲での摂氏温度，詳しくは p. 112 参照）という要因も無視できない。この相乗効果により，PEPC による炭素固定産物の割合が増えれば増えるほど，水生植物の $\delta^{13}C$ 値は高くなるという傾向が見られる。一般には，PEPC による炭素固定が他の 2 酵素による炭素固定を上回ることは例外的である。微細藻類では，純生産量に対する PEPC による炭酸固定の寄与率は 25％以下であったという報告がある[11]。しかし，PEPC による炭素固定率がわずかに変化しただけで，植物体の同位体比は大きく変化しうることから，後に議論するように，PEPC の酵素活性を高める環境因子は，水生植物の $\delta^{13}C$ 値の支配要因として重要である。

決定機構② DIC の能動輸送チャネルの有無

ある種の水生植物は，光合成基質の供給律速に陥りやすい環境において，能動輸送（エネルギー（ATP）消費を伴う膜輸送）による炭素基質の取込をおこなう。能動輸送によって，細胞内の DIC 濃度を高いレベルに維持することは，高い光合成活性の維持につながる。また，細胞内の DIC 濃度の低下は，光呼吸を促進し，エネルギーの損失につながるが，こうした反応を抑えるためにも能動輸送が有効に機能していると考えられている[12]。

能動輸送チャネルの駆動は植物の炭素同位体比を上昇させる（図 6-1-3）。その理由としては，① HCO_3^- の選択的透過（上述のように HCO_3^- は CO_2 に比べて $\delta^{13}C$ 値が高い）や② DIC の細胞外へのフラックスの抑制，といったプロセスが考えられる。HCO_3^- に対する選択的透過性については海産の微細藻類を用いた研究がおこなわれている[13]。②のプロセスについては，p. 23～24 に例示されている「複合的な反応系」での A ⇄ B → C という反応を参照しながら説明を加えよう。ただし，細胞膜を介した溶存無機炭素の取込を A → B，細胞内から細胞外へ戻っていく溶存無機炭素を A ← B，炭素固定反応によって細胞内の溶存無機炭素が有機物へと固定される反応を B → C とする。ここで，1 つの極端なケースとして，「いったん能動輸送で取り込まれた細胞内 DIC は細胞外へ戻ることなくすみやかに固定される」という場合を考える。その場合は，同位体分別は能動輸送の際（A → B）の同位体分別によってほぼ決まることから，HCO_3^- や CO_2 との反応性が高く，取込能の高いチャ

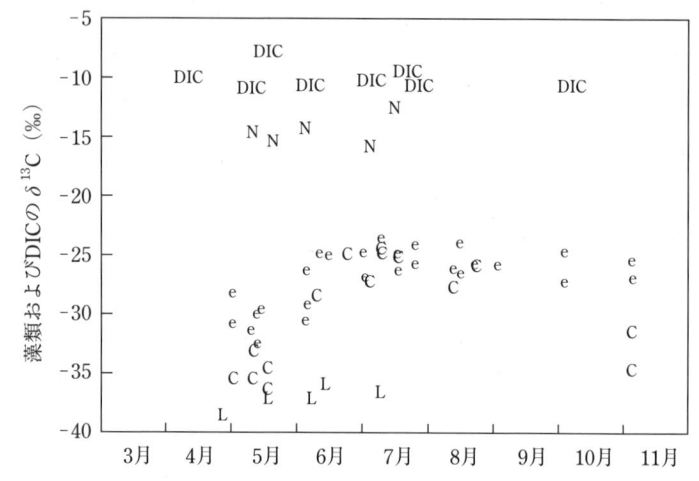

図 6-1-3 アメリカのカリフォルニア州の河川における溶存無機炭素（DIC）と藻類の $\delta^{13}C$ 値の関係[8]。DIC の能動輸送の影響が強い（形状など他の影響がないとはいえないが）と考えられる藻類（N で表記；*Nostoc pruniforme*）が他の藻類（L, C, e）に比べて $\delta^{13}C$ 値が高くなっている。

ネルであればあるほど同位体分別は小さく，植物体の炭素同位体比も高くなる。別の極端なケースとして，「A→B と A←B の反応速度がともに B→C にくらべて十分に速い」という場合を考える。その場合は，植物体の炭素同位体比は，能動輸送の影響を受けず，炭素固定の際（B→C）の同位体分別によって一義的に決定される。実際には，これらの 2 つの極端なケースの中間的な状況にあると思われる。細胞内から細胞外へ戻っていく DIC の割合は藻類では 0.5 程度との報告がある[11]。以上のことから，DIC の能動輸送チャネルが植物の炭素同位体比に与える影響は定性的につぎのように整理できる。

① チャネルが駆動している際に $\delta^{13}C$ 値は高くなる。
② チャネルが HCO_3^- を選択的に透過する場合には，非選択チャネルの場合にくらべて $\delta^{13}C$ 値は最大で 10‰ 程度高くなる。
③ チャネル駆動時に $\delta^{13}C$ 値が高くなる程度は，細胞内に濃縮した DIC が細胞外へ戻る割合が少ないほど大きい。

④ チャネル駆動時に $\delta^{13}C$ 値が高くなる程度は，チャネルの DIC との反応性が高いほど大きい。

ただし，④に関しては，チャネル透過の際の同位体分別がまだ正確に見積もられておらず，あくまで推測の域を出ない。また，こうした DIC の能動輸送チャネルは，$HCO_3^- \leftrightarrow CO_2$ の交換反応を飛躍的に高めるカルボニックアンヒドラーゼ（carbonic anhydrase）の強い影響をうけるため，細胞間隙にカルボニックアンヒドラーゼの高い活性のある場合には，上記の議論の限りではない[11]。

決定機構③流速

拡散抵抗の大きい水という媒体の中に生息する水生植物は，拡散抵抗を小さくすることで，DIC や栄養塩など基質の供給速度を増大し，結果として，光合成速度や成長速度を高めることができる。拡散抵抗を生み出すのは植物体表面を覆っている動かない水の層，すなわち境界層（boundary layer もしくは unstirred layer）であり，この層が厚くなればなるほど拡散抵抗は大きくなる。この層の厚さは流速の 0.5 乗に反比例することが知られている[14]。速い流速のもとで生息する植物では，境界層が薄いため，DIC は活発に細胞へと供給され，基質の供給による炭素固定の律速がおこりにくくなる。逆に，流速のほとんどない止水では拡散抵抗は大きくなり，先述したような DIC の能動輸送チャネルをもたない種では，炭素基質の供給が炭素固定反応の律速過程となり，その結果，炭素同位体比が高くなると考えられる。付着藻類や水草等では流速と炭素同位体比の間に負の相関があることが報告されているが，これは，以上のようなメカニズムで説明されている[9,15]（図6-1-4）。しかし，底泥など呼吸由来の CO_2 が発生するような場所の表面に生息する植物の場合には，呼吸由来の炭素同位体比の低い DIC が発生するため，流速の低下にともない，植物体の炭素同位体比が低下することもある[16]。

決定機構④植物個体のサイズと形状

陸生植物は葉の表面に気孔をもち，CO_2 の葉肉細胞までの拡散を容易にしているが，気孔をもたない沈水植物やプランクトンでは体表面からの DIC の拡散に依存しているため，その形状によって，光合成速度や炭素同位体比が影響をうける。シアノバクテリアから各種藻類，水草までそのサイズと形

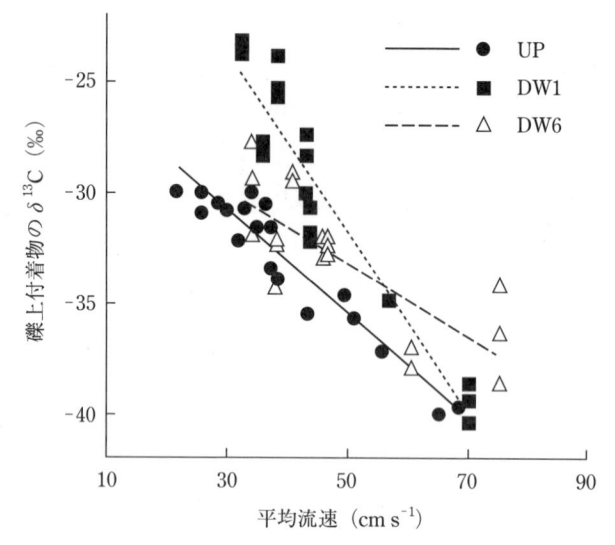

図6-1-4 オーストリアの河川では，付着藻類の$\delta^{13}C$値と増水時からサンプリング時までの平均流速との間に有意な負の相関関係がみられた[15]。UPは下水処理場上流の3地点分のデータ，DW1とDW6はそれぞれ処理場下流100 mと600 mの地点。

状は実に変化に富んでおり，こうしたサイズや形状の違いは植物体の体積あたりの表面積の割合を変化させる。体積あたりの表面積の割合は先述した境界層を拡散してくる基質供給速度をコントロールしていると考えられる。たとえば，形状が同じでサイズがn倍になれば，体積あたりの表面積が1/n倍になる。また，同じ体積でも糸状やシート状の植物体は球状のものに比べて体積あたりの表面積が大きい。理論的にはこうした体積あたりの表面積の割合が大きい植物体では，基質の供給律速となりにくく，その結果，同位体分別が上昇し，植物体の炭素同位体比は低下すると考えられている[17]。また，1つ1つの植物体のサイズではなく，各植物個体が付着藻類マットのような植物群落の中に埋没しているか，糸状藻類や水草のようにそこから突出して水流の中を漂っているか，といった群落の形状も境界層の厚さを変化させ，したがって，炭素同位体比に影響を及ぼす要因となる[16, 18]。

決定機構⑤成長速度

水生植物の炭素安定同位体比が，成長速度に依存して変化するということ

が知られている。水生植物の成長速度は，光の強度や栄養塩の濃度の影響を強く受けるが，一般的に，成長速度が高くなると植物体の $\delta^{13}C$ 値は上昇するという傾向がある[8]。その理由は以下のように説明されている。成長速度の上昇，すなわち炭素固定速度の上昇に伴い，炭素固定部位周辺での DIC の枯渇が起こりやすくなる。その結果，同位体分別が小さくなり，植物体の $\delta^{13}C$ 値が上昇する。炭素固定部位周辺での DIC の枯渇は，決定機構③で述べた境界層が厚いとき，あるいは，DIC 濃度が低い時により起こりやすくなると考えられる。栄養塩の濃度と植物体の $\delta^{13}C$ 値の関係については以下のような知見もある。高濃度のアンモニウムを間欠的に添加したことにより，植物体の $\delta^{13}C$ 値は大きく上昇した。これは，アンモニウムを同化するため TCA 回路の構成因子が欠乏し，それを補うために決定機構①で紹介した PEPC による炭素固定反応が活性化されたためであると推察された[11]。アンモニウムの添加により，PEPC による炭素固定反応が，純光合成量の 80% 以上を説明したという例も報告されている[11]。

決定機構⑥ DIC の炭素安定同位体比

4 章 1 節で議論されたように，光合成基質となる DIC の炭素同位体比は，地質，大気との交換，同所的に存在する他の動植物の呼吸活性，光合成活性などさまざまな要因により変化する。こうした違いを反映して，河川ごと，湖沼ごとに DIC の炭素同位体比は大きく異なることから，水系ごとの植物体の炭素同位体比の違いを生み出す主要因の 1 つになっていると考えられる（図 6-1-5）[19]。たとえば，大きな湖沼ほど，水の滞留時間が長くなり，大気との交換が促進される結果，DIC の $\delta^{13}C$ 値は高くなると報告されている[20]。

一方で，水生植物はその種類に応じて数日から数年という生息期間をもつ。下に述べるように，この生息期間中に，外的要因によって引き起こされる植物体内の活性の変化が，植物体の $\delta^{13}C$ 値の変動につながる可能性がある。

決定機構⑦ 呼吸に伴う炭素安定同位体比変動

異化的な代謝（脱カルボキシル反応など）に伴い，大きな同位体分別が起こることが知られている[21]。反応で生じた $\delta^{13}C$ 値の低い CO_2 が細胞外に放出された場合，細胞内に残された有機炭素の $\delta^{13}C$ 値は高くなる（したがって，

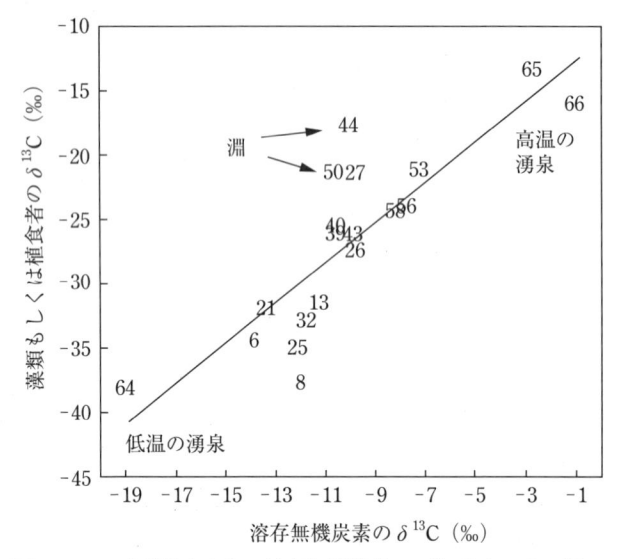

図6-1-5 文献値をもとに溶存無機炭素の $\delta^{13}C$ 値と,その場に生息する藻類もしくは植食者の $\delta^{13}C$ 値をプロットしたところ,両者の間に強い正の相関関係がみられた[19]。図中の番号は引用元の Finlay[19] の中で引用されている論文の ID 番号と対応している。

植物体の全体として $\delta^{13}C$ 値は上昇する)はずである。しかし,異化的な代謝反応に入った有機物はほぼ完全に反応することが多く,植物体全体としては,呼吸による同位体分別の効果は一般に小さいと考えられている。一方で,生合成の過程の同位体分別によって植物体の平均値とは大きく異なる同位体比をもった有機化合物が植物体内に蓄積され,その有機化合物が選択的に異化を受けるような状況を考えると,異化に伴う同位体分別の有無にかかわらず,植物体の同位体比は呼吸に伴って変動することが予想される。水生植物の呼吸に伴う同位体分別が水生植物の $\delta^{13}C$ 値に与える影響については今後の研究の蓄積が望まれる。

決定機構⑧溶存有機物の溶出

炭水化物は植物体の主要な構成物質であるが,炭水化物の含有量やその構成は植物体によって大きく異なっている。さらに,単糖であるグルコースを起点として,脱炭酸反応や,アセチル CoA からの複数の炭素固定反応を

通して合成される脂肪酸の$\delta^{13}C$値は，グルコースに比べて最大で16‰も低くなることが報告されている[22]。一方で，水生植物は光合成産物の一部を溶存態有機物として細胞外に排出する[23,24]。藻類を用いた研究によれば，強光，弱光，栄養塩枯渇といったストレス状態下では，細胞外排出量が光合成量に対して占める割合が高くなる。この際，特定の炭素同位体比をもつ有機物の溶出によって，水生植物体の$\delta^{13}C$値が変化することが考えられるが，これに関する知見はまだ乏しい。

2. 各種水生植物に見られる安定同位体比の決定機構

ここでは，前項で解説したさまざまなメカニズムが，異なる生活型をもったさまざまな水生植物の安定同位体比にどのような影響を与えているのかを見る。また，水生生物の$\delta^{13}C$値から，どのような生育環境を読み取ることができるのかについても，具体的な研究例を紹介しながら議論する。

2-1. 淡水における付着藻類および水草の炭素安定同位体比の決定機構

付着藻類とは，河床や浅い湖底に存在する礫や沈水木の表面，あるいは大型植物の体表などに発達する藻類群集のことである。表面付着物は，付着藻類，細菌，原生生物，非生物有機物（泥，生物の遺骸）などからなる複合体であり，厚みのあるマット状の構造を形成することがある。ここでは，それを付着藻類マットとよぶことにする。付着藻類の光合成炭素基質であるDICは，周辺の水塊から拡散してくるものに加え，付着藻類マット内部での呼吸によって生成するものがある。このことが，光合成炭素基質の$\delta^{13}C$値の推定をむずかしくしている。前項で見たように，付着藻類の炭素安定同位体比の変動に関する研究はまだ比較的歴史が浅く，決定機構①～②に関連して解説したような，酵素系の違いや能動輸送チャネルの有無についての知見は乏しい。ここでは，決定機構③～⑥に関連して，付着藻類の$\delta^{13}C$値の変動にかかわる要因として，流速，付着藻類マットの形状，成長速度，DIC濃度および$\delta^{13}C$値を考える。

流速は境界層の厚さを支配し，付着藻類の$\delta^{13}C$値を大きく変化させる。

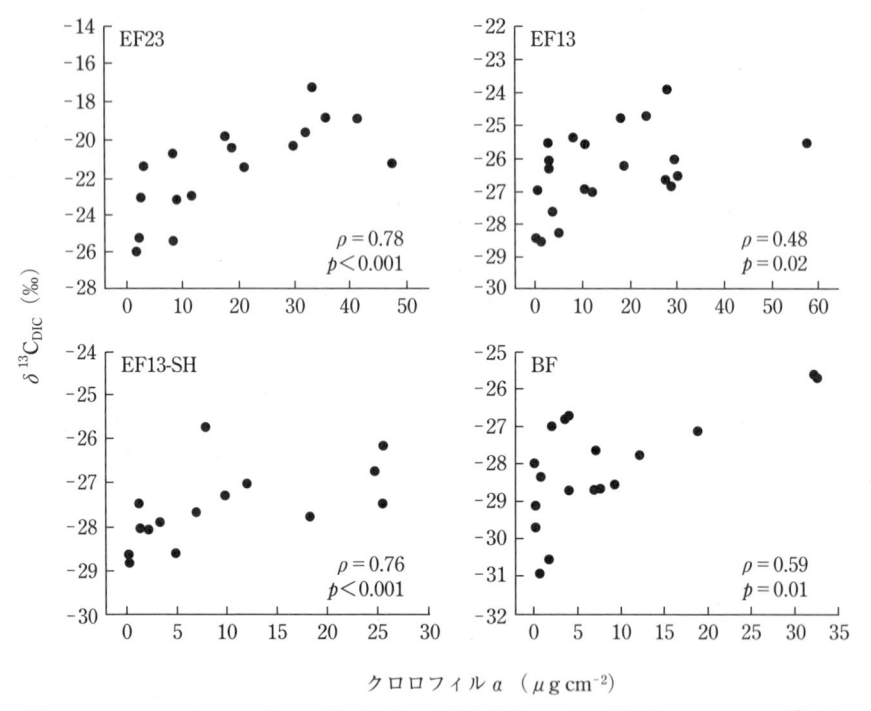

図 6-1-6 アメリカのテネシー州の河川では付着藻類マットが厚くなるにつれて $\delta^{13}C$ 値が上昇した[18]。この研究では藻類マットの厚さを単位面積当たりのクロロフィル a の量で評価した。

流速の遅い淵では瀬に比べて付着藻類の $\delta^{13}C$ 値が高くなる[25]。これを反映して，付着藻類をエネルギー基盤としている水生動物の $\delta^{13}C$ 値が生息場の流速と負の相関を示すという報告がある[26]。流速をコントロールした水路での実験結果からは，付着藻類の $\delta^{13}C$ 値が流速と負の相関を示すことが示されている[27]。以上の知見は，流速が付着藻類の $\delta^{13}C$ 値を強く支配する要因の1つであることを示唆する。

付着藻類マットの形状や厚さも $\delta^{13}C$ 値に影響する。厚い付着藻類マットでは，上層と下層でDICの $\delta^{13}C$ 値が異なる。上層では，まず，$\delta^{13}C$ 値の低いDICが固定される。拡散によってDICがマットの上層から下層に輸送される間に，$\delta^{13}C$ 値はしだいに高くなり，したがって，付着藻類の $\delta^{13}C$ 値は，上層から下層にむけて高くなる。以上の理由から，付着藻類マットが厚くな

るほど付着藻類全体の$\delta^{13}C$値は高くなる[18]（図6-1-6）。しかし，付着藻類マットの厚さは決定機構⑤の成長速度と無関係とは考えにくい。マットの厚さと$\delta^{13}C$値の間の関係には，成長速度の変動がかかわっている可能性も否定できない。付着藻類マットの厚さが同じであっても，表面の高さが揃って平滑である場合と，糸状藻類等が突出することで凸凹になっている場合では，マット表面の境界層の厚さが異なる。このことが，付着藻類の$\delta^{13}C$値に影響を与える可能性も指摘されている[28]。光強度の増大とともに，付着藻類の$\delta^{13}C$値が増加したとの報告もあるが，これは，成長速度に関連しているのであろう[29]。

　DICの濃度や$\delta^{13}C$値が，付着藻類の$\delta^{13}C$値に影響を与えるという研究例を紹介する。カリフォルニアの河川では河川サイズの増大とともにDICの濃度が低下し$\delta^{13}C$値が上昇した。これを反映して，付着藻類の$\delta^{13}C$値の上昇が見られた（決定機構⑤～⑥）[8]。また，文献調査の結果，一般に，河川サイズが増大するのに従い，付着藻類やそれを餌とする水生生物の$\delta^{13}C$値が上昇する傾向があることが見出された[19]。河川サイズが大きくなると，河川水と大気の間のCO_2の交換が促進し，その結果，DICの$\delta^{13}C$値が上昇するためと考察されている（p.123～125参照）。琵琶湖に流入する32河川で4季節において採取した付着藻類の$\delta^{13}C$値は－34～－12‰の範囲で大きく変動した（高津ほか，未発表）。この変動の背後には，上に述べたような複数のメカニズムが存在するものと考えられる。

　水草に関しては，イギリスとフィンランドの河川・湖沼における研究例がある[9]。沈水性，浮葉性を含む多様な水草の炭素安定同位体比の測定結果から，水草の$\delta^{13}C$値はDICの$\delta^{13}C$値に大きく規定されること，流速と強い負の相関を示すこと，沈水葉と抽水葉では$\delta^{13}C$値が異なること，などが見出されている。琵琶湖に流入する32河川で2季節において採取した水草の$\delta^{13}C$値は，－44～－20‰の範囲で変動し，採取場所周辺での流速と強い負の相関を示した（高津ほか，未発表）。

2-2. 抽水植物の炭素安定同位体比の決定機構 ── 陸生植物の決定機構を参考にして ──

　光合成器官である葉が水上にある抽水植物の場合，炭素安定同位体比の決定機構の③，④，⑥は該当しない。おもに，決定機構の①と⑤が重要であると思われる。このメカニズムは，陸生植物の炭素安定同位体比の決定機構と共通する。また，陸生植物の場合のように，水ストレスや塩ストレスの影響も考慮する必要があるだろう。

　陸生植物は炭素固定反応（酵素系）の違いから，Rubisco（1,5-ビスリン酸カルボキシラーゼ）によって炭素固定をおこなう C_3 植物とよばれるグループと，ホスホエノールピルビン酸カルボキシラーゼによって炭素固定する C_4 植物やCAM植物とよばれるグループに分けられる。前者は先述したように20〜29‰の同位体分別を伴うのに対し，後者においては同位体分別は小さい。この違いを反映し，C_4 植物やCAM植物の $\delta^{13}C$ 値（-13〜-7‰）は，C_3 植物の $\delta^{13}C$ 値（-35〜-25‰）に比べて10〜20‰程度高い値を示す。

　陸生植物についても，水生植物の場合と同様に，成長速度と植物体の炭素安定同位体比の間に正の相関がみられるという報告がある[30]。しかし，木部組織の発達した木本については，植物体全体としては，そのような関係は見られない。個葉レベルにおいては，水ストレスと葉の $\delta^{13}C$ 値との間に顕著な正の相関が見られる[31]。水ストレスや塩ストレスのもとでは，植物は，蒸散を抑制するために気孔を閉じる。気孔を閉じることにより，大気からの CO_2 の拡散抵抗が増大し，CO_2 の供給律速となる。その結果，同位体分別が低下し，$\delta^{13}C$ 値が上昇する。個葉レベルの場合ほど強い関係ではないが，水ストレスと植物体の炭素同位体比の間に正の相関が見られたという報告もある[30,31]。木本の場合，年輪の炭素同位体比を解析することで，水ストレスにかかわる環境条件（降水量や平均気温など）の過去復元をおこなうことが試みられている[32]。

　水ストレスや塩ストレスが抽水植物の $\delta^{13}C$ 値に与える影響に関する知見は乏しい。透水性の高い砂質もしくは礫質の広い河原といった生育環境を考えると，水が干上がった際に，抽水植物が水ストレスに見舞われることは十分に考えられる。また，河口域や汽水湖など塩分の高い場所では，塩ストレ

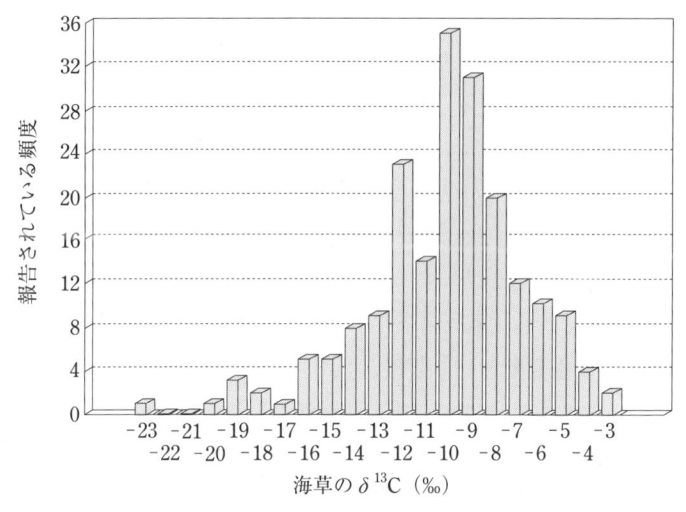

図 6-1-7　海草の $\delta^{13}C$（‰）の頻度分布。1953 年から 1995 年に出版された 31 報の研究に掲載されている海草 48 種，195 例をまとめたもの[35]。

スに曝される可能性もある。ストレスと抽水植物の $\delta^{13}C$ 値の関係については，今後の研究の進展がまたれる。

2-3. 海草の炭素同位体比の特徴とその決定機構

　海草（アマモ）場（seagrass meadow）は単位面積あたりの一次生産量がもっとも大きい生態系の1つである。海草は，世界で約 60 種が記載されており，熱帯から亜寒帯の沿岸域に広く分布している[33,34]。陸生植物が海域に分布を広げて進化した海草は，発達した根と地下茎をもっている。この地下茎を網状に張りめぐらせることによって，ほかの海洋性大型一次生産者（海藻など）が定着しにくい，不安定な砂泥底に分布している。

　31 報の先行研究をまとめた Hemminga ら[35] によると，海草の $\delta^{13}C$ 値は －10‰ 付近を最頻値とした単峰型に分布する（図 6-1-7）。この値は植物プランクトンも含めた海洋性の一次生産者の $\delta^{13}C$ 値と比べて明らかに高いため，食物網解析において，動物が炭素源として海草を利用していることを示す有効な指標となりうる[36〜38]。海草には C_3 植物であるとされる種と，C_4 植

物であるとされる種の両方がある[39~43]。中には，同じ種に対して，C_3であるとする研究と，C_4であるとする研究もあり，定説はいまだ存在しないといえる。CAM植物のように2つの酵素系が時間的に並存する可能性も含めて，海草はC_3–C_4中間形であると考えられることもある[42,44]。上記のような海草の$\delta^{13}C$値の分布は，さまざまなタイプの炭素濃縮機構が備わっていることが要因の1つとされ，一部の種では，能動輸送やカルボニックアンヒドラーゼの利用も報告されている[42,44]。ここで，寄与の大きいその他の決定機構についても見ていくことにしよう。

海草の$\delta^{13}C$値を変動させる要因としては，基質であるDICの$\delta^{13}C$値の変動があげられる（決定機構⑥）。海草が分布する沿岸域の砂泥底は，河川から供給される土砂によって形成されることも多い。河川の流入の影響を受ける地点では，DICの$\delta^{13}C$は，河川（−10‰前後）ならびに海洋（+1‰前後）の端成分の混合で決定される（p.128以下）。とくに，熱帯や亜熱帯の沿岸域では，一般的に低い$\delta^{13}C$値（−30～−24‰）をもつマングローブなどのC_3植物の分解産物が，DICの$\delta^{13}C$値に影響を与えている。ケニアのGazi Bayに分布する海草 *Thalassodendron ciliatum* の$\delta^{13}C$を測定したHemmingaら[45]の研究によると，マングローブ林に隣接する地点における*T. ciliatum*の葉の$\delta^{13}C$値は−19.6‰であるが，距離の増加にともなって次第に上昇し，およそ3km離れた地点では−10.7‰になった。海草は，溶存CO_2（−9‰前後）だけでなく，HCO_3^-（+0.5‰前後）も基質として利用する場合がある。海草の$\delta^{13}C$値として，しばしば−9‰より大きい値が測定されることがあるが，これは海草がHCO_3^-を利用した証拠だと考えられている[46~48]。

これまでに，流速に応じて境界層の厚さが変わり，$\delta^{13}C$値が変化することが指摘されている（決定機構③）。しかしながら，岩盤に根を密生させることにより，比較的流れの速い磯にも分布できる海草 *Phyllospadix* 属の仲間を用いたCooperらの研究[49]では，その葉の$\delta^{13}C$値には波あたりの強い地点と，弱い地点とで有意な差は認められなかった。Ravenら[50]は，この理由として能動的に無機炭素を取り込む種では，拡散によるCO_2の取込に依存している種とは異なり，流速の影響で$\delta^{13}C$値は変化しにくいと指摘している。これを踏まえてGoerickeら[11]は，*Phyllospadix* 属の仲間はおそらく，能動的に

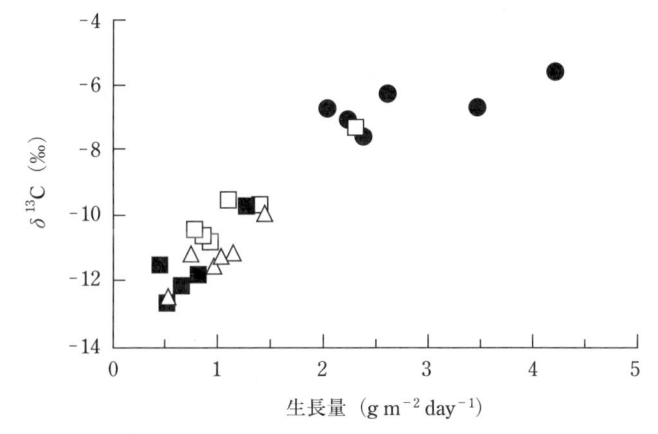

図6-1-8 海草の葉の生長量（g m^{-2} day^{-1}）とδ^{13}C値（‰）との関係。オーストラリアの北東部モートン湾で採取した4種の海草（● *Syringodium isoetifolium*, □ *Zostera capricorni*, ■ *Cymodocea serrulata*, △ *Halodule uninervis*）を，光量を調整した実験槽で30日間培養し，後半およそ2週間の生長量と培養終了後のδ^{13}C値（‰）を測定した[51]。

無機炭素を取り込む種であろうと考えている。

　光量や水温などの影響をうけて変化する成長量も，海草のδ^{13}C値を変化させる主要な要因であると考えられる（決定機構⑤）。オーストラリアの北東部モートン湾で採集した海草を，光量を調整した実験水槽で30日間培養し，葉の生長量とそのδ^{13}C値とを比較したGriceら[51]の研究によると，4種の海草（*Syringodium isoetifolium*, *Zostera capricorni*, *Cymodocea serrulata*, *Halodule uninervis*）の葉の成長量（g m^{-2} day^{-1}）とδ^{13}C値（‰）とは，正の相関（$r^2 = 0.86$, $n = 24$）を示した（図6-1-8）。この関係は，野外においても認められており，時間的には，成長の良い夏季にδ^{13}C値が高く，成長の悪い冬季に低くなっている[48, 52~54]。フランス南東部コルシカ島の湾に分布する海草 *Posidonia oceanica* のδ^{13}C（‰）の水深に応じた変化を調べたLepointら[55]の研究によると，δ^{13}C値は，成長量を反映して空間的にも変化した。光条件がよいため海草の成長量が高い浅所ではδ^{13}C値が高く，暗い深所で低くなる傾向が，葉や根など各部位で明らかにされている（図6-1-9）。北海道の厚岸湖・厚岸湾で *Zostera marina* の成長量や形態的特長とともに，そのδ^{13}C

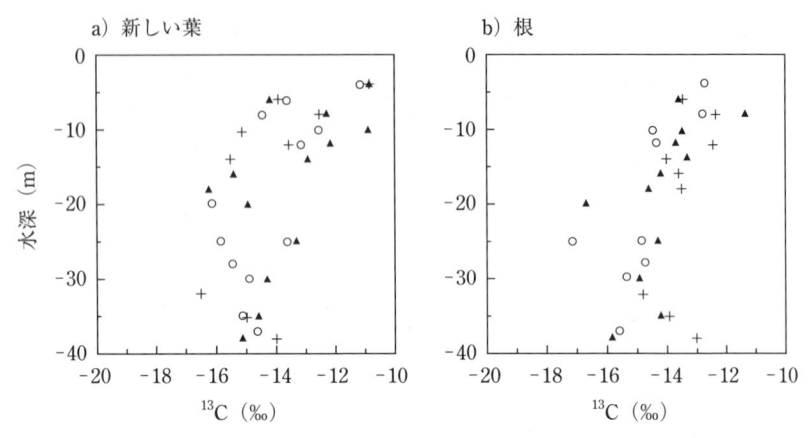

図 6-1-9 フランス南東部コルシカ島のルベラタ湾に分布する海草 *Posidonia oceanica* の a) もっとも新しい葉（葉長 5 cm 以下）と b) 根の $\delta^{13}C$ 値（‰）の水深に応じた変化[55]。それぞれ ＋ 1997 年 10 月, ○ 1998 年 2 月, ▲ 1998 年 6 月に採集した試料。

値の時空間変動を調べた田中ら（未発表）は，光合成器官である葉面積に対する 1 日あたりの成長量（葉面積伸長量）が季節的に 1％低下すると，$\delta^{13}C$ 値が $1.7±0.2$‰低下することを定量的に明らかにしている。

また海草は，葉・地下茎・根などの器官，またそれぞれの器官の中でも形成されてからの経過時間・日数に応じて，$\delta^{13}C$ 値が変化することが示されている[53,56]。カナダ南東部ノバスコシア州のセントマーガレット湾に分布する海草 *Zostera marina* の $\delta^{13}C$ 値（‰）を測定した Stephenson ら[57] の研究によれば，*Z. marina* の内側の葉と外側の葉の先端の $\delta^{13}C$ 値の季節変化パターンは大きく異なった（図 6-1-10）。それぞれの葉の生長した時期と $\delta^{13}C$ 値に整合性が認められることから，この研究では，海草の成長量の履歴が保存されている可能性が指摘されている。不確定要素として，DIC の $\delta^{13}C$ 値や転流などの影響があげられるが，適切に評価することができれば，成長の履歴を復元することができるだろう。海草は，株のクローンを作りながら地下茎の先端が生長する一方で，地下茎の基部は順次腐敗していく。しかしながら，海草の器官の中では地下茎がもっとも長時間にわたり保存され，長いものでは 30 年に及ぶこともある。地下茎の $\delta^{13}C$ 値を測定することによっ

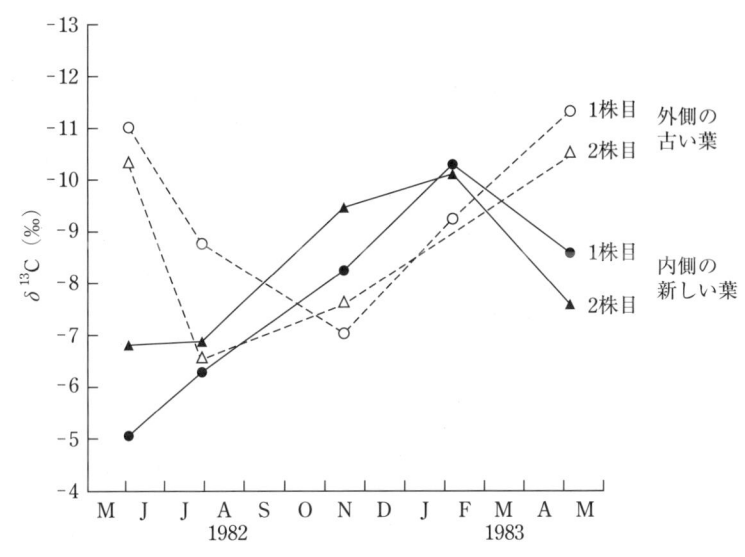

図 6-1-10　カナダ南東部ノバスコシア州のセントマーガレット湾に分布する海草 *Zostera marina* の $\delta^{13}C$ 値（‰）の季節変化[57]。*Z. marina* 2 株に目印をつけておき，毎月もっとも新い側の葉と最も古い外側の葉の先端をサンプリングしたもの。*Zostera marina* の 1 株は，通常 3〜5 枚の葉から構成されており，成長に伴い内側から外側に移動する。

て，より長期間の履歴を復元できる可能性がある。海草の成長を復元する方法としては，葉が 1 枚形成されるごとにできる地下茎の節の間隔を用いる方法（Reconstruction method）が Duarte ら[58]によって確立されている。これを，$\delta^{13}C$ 値による成長量の復元と併用すれば，それぞれをクロスチェックできるだけでなく，その差から，DIC の $\delta^{13}C$ の変動をはじめとする環境要因の復元にも利用できるかもしれない。

2-4. 海藻の炭素・窒素同位体比の変動とその決定機構

現場や培養実験で得られた海藻の藻体に見られる $\delta^{13}C$ 値の変動もまた，前項において述べられたそれぞれのメカニズムに沿って起こっていると考えられる。しかしながら，大きな変動幅をもつ陸水の DIC の $\delta^{13}C$ 値と異なり，大きなリザーバーである海水中の DIC の $\delta^{13}C$ 値は，淡水と海水の混合域を除いては大きな変動がないため，第一に DIC の取込に関係する海藻種に特

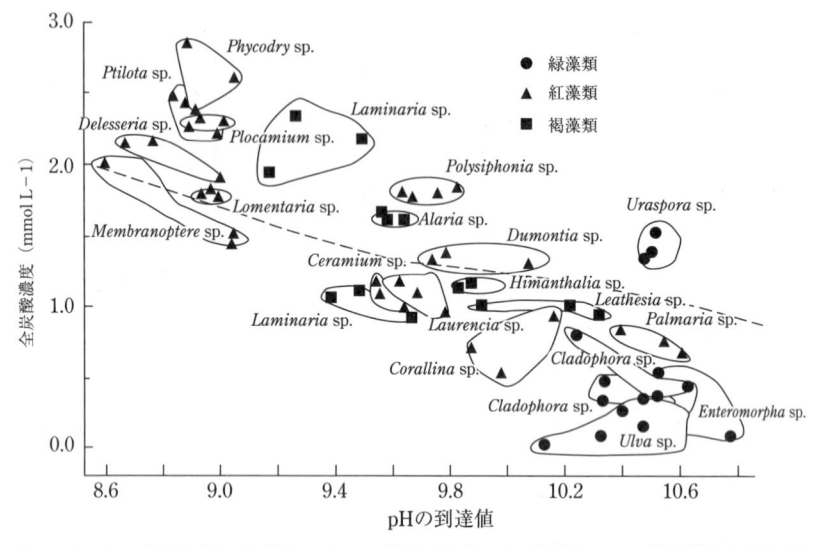

図6-1-11　各種海藻の培養時において観察されたDIC濃度とpHの関係[59]。点線が拡散平衡に基づくDIC濃度とpHの理論値である。

有な炭素固定反応によって大まかな海藻の$\delta^{13}C$値が決まり（−30‰以下，−10‰以上，およびその中間），その他の機構が5‰内の変動幅での株間の差異を生み出すと考えられている[47]。本項では，海藻の$\delta^{13}C$値に反映されるこれらの現象に加え，同様のメカニズムに支配されると考えられる$\delta^{15}N$値の変動の具体例をいくつか紹介する。

(1) 海藻の炭素安定同位体比の変動

海藻の$\delta^{13}C$値は，−5‰〜−35‰程度の幅をもっているが，この変動の一部は，海藻の種類によって説明される。Maberly[59]は，緑藻，紅藻，褐藻に属する複数種の海藻を培養し，海水中のpHとDICの変動を調べた（図6-1-11）。その結果，Rubiscoへの炭素供給をCO_2の拡散のみに頼っている一部の紅藻の場合は，pHが9.0を超えることがなく，光合成に必要なCO_2補償点濃度も高く保たれていた。一方，培養の進行に伴って海水中のpHが10以上になる緑藻類の場合，pHとDICの関係が理論値から外れた。このことから，この藻類では，CO_2やHCO_3^-を能動的に取り込み，ピレノイドなどの貯蔵器官などに蓄えるというDIC濃縮機構が働いていることが示された。

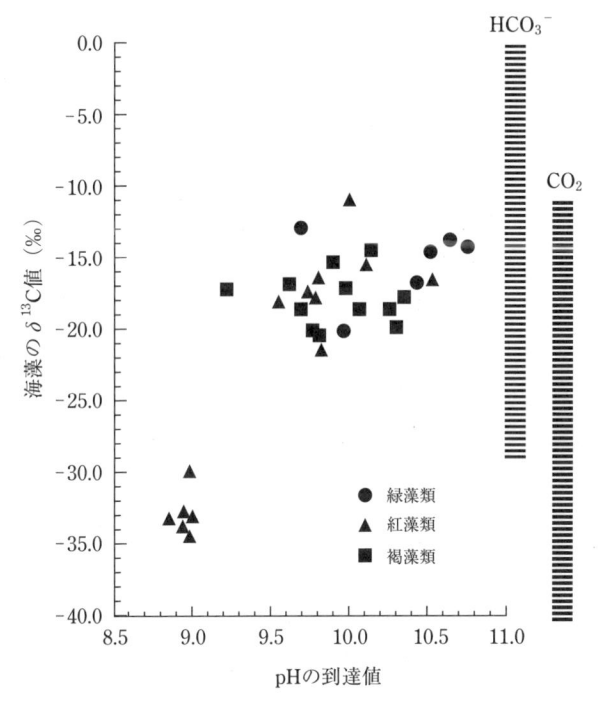

図6-1-12 HCO_3^- を能動的に取り込み,溶出を最小限に抑えられる機構を持つ藻類の場合,pHは高まり,藻体の$\delta^{13}C$値も高くなる。一方で,CO_2 を拡散で取り込み,濃縮機構がなく,外部への溶出が大きい場合,CO_2 補償点濃度は高く(低いpH),藻体の$\delta^{13}C$値も非常に低く保たれる。右側のバーは,それぞれを基質として利用した場合の藻体の$\delta^{13}C$値の取り得る値の幅(同位体分別の大きさによる)を示す(文献60の Fig. 1 を改変して作図)。

さらに Maberly ら[60] は,基質となる無機炭素の化学形態の違い,取込形態の違い,取込後の外部へのフラックスの違いに対応して,各海藻種の$\delta^{13}C$値が,特徴的な値をもつことを示した(図6-1-12)。

潮間帯に生息している海藻は,低潮位時に干出して大気中に露出するため,海水中とは大きく異なる環境に曝されることになる。Gao ら[61] は,潮間帯に生息する *Enteromorpha linza*(緑藻)と *Ishige okamurae*(褐藻),*Gloiopeltis furcata*(紅藻)の3種について,干出条件下でCO_2 の取込実験をおこない,

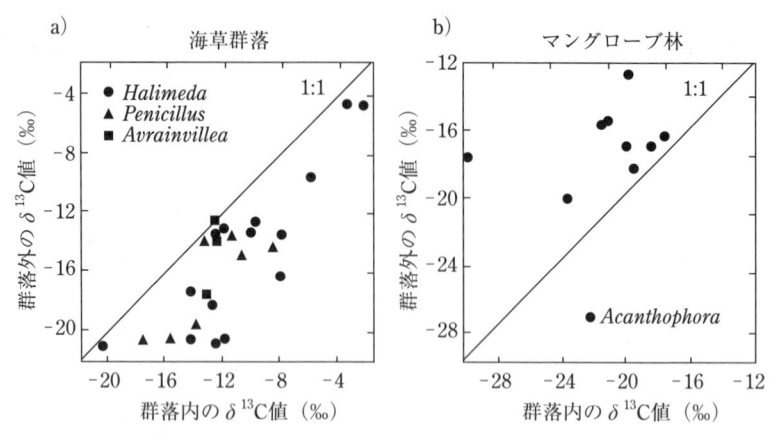

図6-1-13 a) 海水流動が抑えられた海草帯内と外の海藻の $\delta^{13}C$ 値,および,b) 海水流動が抑えられたマングローブ林内と外の海藻の $\delta^{13}C$ 値(文献62のFigs. 1, 2を改変して作図)

どの海藻も干出初期では,細胞外の付着水の減少に伴い CO_2 が透過しやすくなり,大気中での最大光合成量は水面下よりも大きくなることを報告している。大気中の CO_2 の $\delta^{13}C$ 値は海水中の CO_2 よりは若干高い。しかし,大気中では,水中よりも CO_2 の拡散速度がはるかに高いため,炭素同化に伴う同位体分別が大きくなり,結果として,藻体の $\delta^{13}C$ 値は大きく低下する。したがって,海藻の $\delta^{13}C$ 値変動の理解には生育場の干出状況についても把握しておく必要がある。

　Franceら[62]は,海草の密集した群落内に生息している複数種の石灰藻類の $\delta^{13}C$ 値が,海草帯の外側の砂地に生息している同種の藻類に比べて,最大で9‰も高くなったのは(図6-1-13a),群落内の停滞した流れにより作られる炭素固定基質の供給律速が原因であると結論づけた(決定機構③)。一方,流れの停滞したマングローブ林内の *Acanthophora spicifera*(トゲノリ)の $\delta^{13}C$ 値は,林外の値よりも有意に低くなっていた(図6-1-13b)。これは,低い $\delta^{13}C$ 値をもつマングローブ由来の有機物の分解により生じた低い $\delta^{13}C$ 値をもつ CO_2 を,林内の海藻が基質として利用したためであると考察している(決定機構⑥)。ただし,この研究においては,海草の $\delta^{13}C$ 値が $-15 \sim -8$‰と比較的に高い値であったことを考えると,海草群落内の石灰藻類の

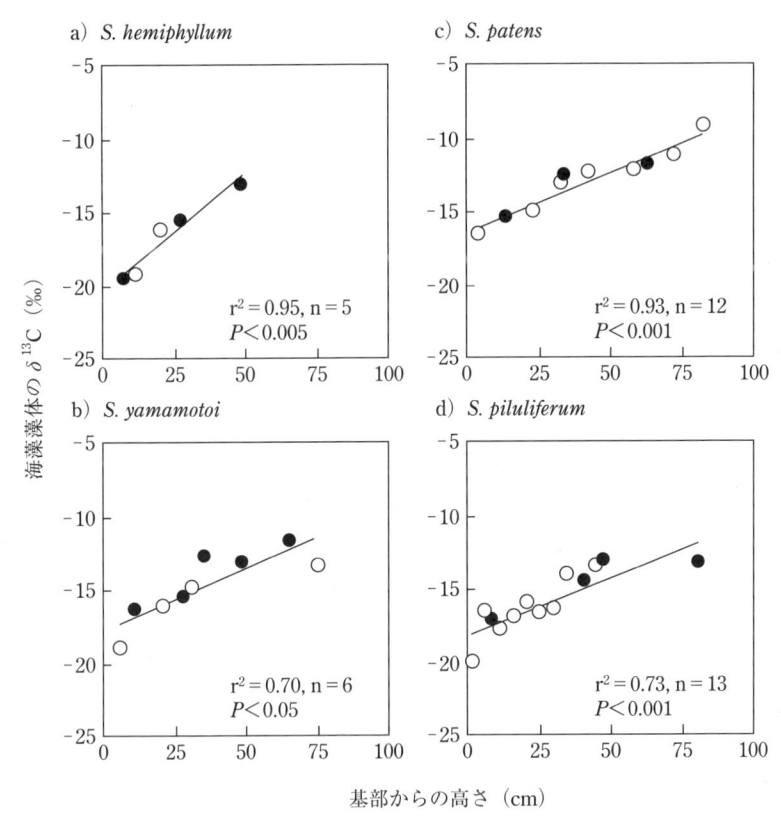

図6-1-14 ホンダワラ属の各種藻類（*Sargassum* spp.）の基部からの距離に応じた部位別のδ^{13}C値の変動[63]

場合も，海草由来の有機物の分解に伴って生じるCO_2が，海藻のδ^{13}C値に影響を与えていたという可能性は否定できない。現場の海藻の同位体比の変動の解釈にあたっては，考えられる複数の要因を同時に解析し，それぞれの独立変数が互いに有意な相関関係をもっていないかどうか確認することが重要である。

　成長量（成長速度）がδ^{13}C値の変動に与える影響については（決定機構⑤），海藻においても多くの報告がある。Ishihiら[63]は，ホンダワラ属（*Sargassum*）の複数種の海藻に対して，分化した器官である葉・茎・気胞のδ^{13}C値を頂端からの距離別に測定したところ，すべての器官において上部ほど高い値で

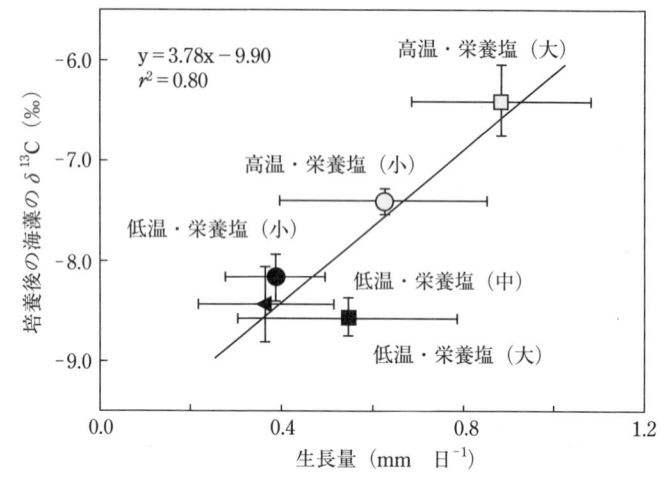

図 6-1-15 水温と光量，及び添加栄養塩量を制御することで生長量を変化させたウスバウミウチワ（*Padina australis*）のδ^{13}C 値[64]。培養前の値（−8.3‰）から，12 日間で，生長量に応じた変化を見せている。

あったと報告している（図 6-1-14）。これは，クロロフィルが多く光合成がさかんな上部ほど，炭素基質の律速が起きやすくなり，その結果，同位体分別が低下したためであると推察された。Umezawa ら[64]は，褐藻類のウスバウミウチワ（*Padina australis*）を，光量・水温・栄養塩をコントロールした環境で培養した。その結果，2 週間後の海藻のδ^{13}C 値と成長量の間に有意な正の相関が得られたと報告している（図 6-1-15）。海藻が生育していた高いpH の条件（8.5〜10.0）では HCO_3^- が主な基質となるが（図 4-2-2），この実験で観察された藻体中のδ^{13}C 値の変動の大きさは，大気中の CO_2 が HCO_3^- と平衡に達する時の同位体分別の大きさの水温による変化量では説明できず，成長量によって規定されているものと考えることができた。沖縄県石垣島のサンゴ礁に分布しているウミウチワ類（口絵 4）のδ^{13}C 値の平均値を見ても，実験で求められた結果と矛盾しない変動が現れた。すなわち，冬場（2月）には −9.2±0.7‰ という低い値であったのが，夏場（8月）には，−7.2±0.7‰ という高い値になった。

ただし，実験条件や現場の自然条件下で見られるこのような藻体のδ^{13}C 値と成長量の関係の解釈においては，いくつかの注意が必要である。1 つ

は，生態系内に同所的に存在する他の一次生産者の光合成活性が高い場合，海水中に溶存している CO_2 量が低下し，また基質の $\delta^{13}C$ 値も高くなるという点である．つまり，対象としている海藻自身の成長量が低い（内的要因）場合でも，基質のもつ高い $\delta^{13}C$ 値（外的要因）に影響され，藻体の $\delta^{13}C$ 値が上昇することが考えられるのである（決定機構⑥）．とくに，夏場のように，一般にアオサなどの海藻の活性が低下する一方で，海草や一部の褐藻，植物プランクトン等の同所的な一次生産者の光合成活性が高まる時期には，海藻の $\delta^{13}C$ 値の変動要因を解析するうえで，外的要因と内的要因を分離することが重要である．2つ目の注意点として，決定機構⑧で触れた，有機炭素成分の溶出が，藻体の $\delta^{13}C$ 値を高くするという可能性を指摘しておきたい．以上をまとめると，海藻においては，成長量は $\delta^{13}C$ 値を規定する一次的な要因であるが，外的要因や有機炭素の排出の影響によって，生長量と $\delta^{13}C$ 値の関係が複雑に変化しうる．したがって，$\delta^{13}C$ 値の解釈には細心の注意が必要である．

海水と淡水が混合する河口域においては，平均的な海水と淡水の混合割合の違いによって，基質の濃度や $\delta^{13}C$ 値が変動する．このことが，植物プランクトンや海草の $\delta^{13}C$ 値の変動にかかわっているということが知られているが (p. 176 および前項参照)，これは海藻においても十分あてはまるように思われる．しかし，塩分，流速，光量等の物理的要素の変動が大きいこのような環境では，海藻の成長速度などの生理条件の変動も大きい．ある特定の海藻種の $\delta^{13}C$ 値が，河口域において，基質の $\delta^{13}C$ 値を反映した明瞭な空間分布を示すかどうかは不明である．

(2) 海藻の窒素安定同位体比の変動

海藻は窒素源として，アンモニウムイオン (NH_4^+) や硝酸イオン (NO_3^-) といった無機態の窒素，尿素やアミノ酸などに代表される有機態の窒素を利用する他，一部の藻類は，窒素分子 (N_2) を利用することができる．Waserら[65] は代表的な珪藻である *Thalassiosira* sp. を，各種窒素源が共存する条件下で培養した．その結果，*Thalassiosira* sp. が，基質としての窒素種に対して選好性を示すことや，取込時の同位体分別の大きさが，窒素種によって大きく異なることを示した．大型藻類についても，一般的に，基質の取込につ

いての選好性が見られる[66]。それぞれの基質がもつ $\delta^{15}N$ 値や，同化にかかわる酵素反応も異なっているため，同所的に生育している海藻でも，藻体の $\delta^{15}N$ 値が異なることはおおいにありうる（決定機構①）。しかし，筆者らの知る限り，大型海藻類の窒素基質の取込時の同位体分別の大きさを，基質の種類ごとに調べた研究例はない。

　溶存態無機窒素（DIN）の細胞内への取込過程，および，各種アミノ酸やペプチドへと同化する過程の両方において，同位体分別がおこる。具体的には，境界層での拡散，能動的な膜輸送，酵素反応を伴うアンモニアへの還元，アミノ酸転移や高分子合成反応の各過程などである。微細藻類で報告されているように，一般に，同化過程においては，取込過程にくらべて大きな同位体分別が伴う。したがって，同化が律速段階となる場合には，同位体分別の効果が大きくなる。たとえば，流速が速い環境，細胞内の DIN プールが大きい細胞，光律速で生長量が低い場合などでは，DIN 供給量が同化量を上回り，同化反応が律速段階となる可能性が高い。このような場合には，大きな同位体分別が現れると予測できる。一方，生合成過程での酵素反応の種類や反応経路の違いから，最終産物であるタンパク質や，二次的産物である，クロロフィル，脂質，アミノ糖などの窒素化合物は，それぞれ異なる $\delta^{15}N$ 値をもつことになる[67,68]。このように，異なる同位体比をもった窒素化合物プールが海藻体内に存在する場合，特定の溶存態窒素成分（DIN と DON）の溶出や，特定の窒素成分の転流は，藻体全体の $\delta^{15}N$ 値の変化や，$\delta^{15}N$ 値の部位間での違いを引き起こすものと考えられる。Tyler ら[69,70] は，現場や実験環境において海藻直上の水柱の化学成分の変化を調べ，海藻において，顕著な DON の溶出が起きていることを示した。彼らのデータによれば，DON の放出速度は，アオサで，$2 \sim 8$ mmol-N $(g\text{-dw})^{-1}day^{-1}$，オゴノリにおいては，実に，$50\text{-}150$ mmol-N $(g\text{-dw})^{-1}day^{-1}$ にも達した。アオサとオゴノリにおける溶出速度の違いは，おもに，窒素貯蔵物質の形態の違いに起因すると推察された。すなわち，アオサでは，おもに DIN の形態で窒素を貯蔵するのに対し，オゴノリでは，遊離態のアミノ酸やタンパク質，色素などの形でも窒素を蓄えている。このように窒素の貯蔵形態によって溶出量は異なるものの，DON の溶出が量的に重要なプロセスであることがわかる。DON の溶出は，

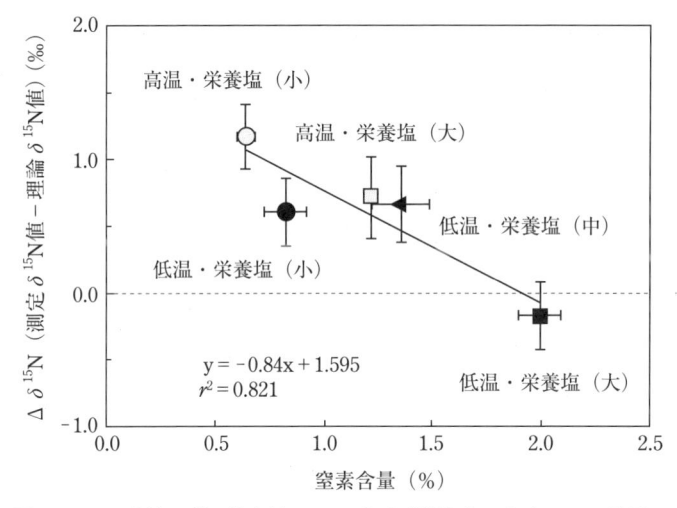

図6-1-16 同じ δ^{15}N 値を持つ DIN を窒素源として与え，N の需要・供給バランスの異なる条件で培養したウスバウミウチワ（*Padina australis*）の δ^{15}N 値を測定した。δ^{15}N 値の測定値と理想値との差は，DIN の同化時の同位体分別と成分の溶出を示唆している[64]。

海藻の成長速度や生育環境（ストレス）の影響を受けることが知られている。ここで仮に，Waser ら[71] が珪藻の培養結果から示唆しているように，藻類の成長に伴って放出される DON の δ^{15}N 値が，藻体の δ^{15}N 値よりも低いとすると，活発な DON の溶出によって，藻体全体の δ^{15}N 値は，取り込んだ起源窒素の δ^{15}N 値よりも高くなると予想される。

Umezawa ら[64] は，ウスバウミウチワを既知の δ^{15}N 値をもつ NO_3^- を添加しさまざまな環境で培養した。その結果，12 日間の培養後の海藻藻体の δ^{15}N 値が，添加した NO_3^- と藻体に含まれる窒素量を用いた物質収支から予想される値（理想値）とは一致しないことを見出した。すなわち，窒素飽和の条件下で，体内の N 含量が増加している場合は，δ^{15}N 値は理想値よりも低くシフトした。一方，窒素の要求量が供給量に等しい場合，もしくは，供給量が律速している場合は，δ^{15}N 値は理想値よりも高くシフトしている傾向を得た（図6-1-16）。これは，とくに強光や低栄養塩などのストレスを受けている条件下では，DON の放出によって藻体の δ^{15}N 値が高くシフトする一方で，窒素飽和時には，同位体分別を伴った DIN の取込と，それに付

随するDINの溶出による藻体のδ^{15}N値の低下が，DONの溶出に伴う効果を上回った結果，図6-1-16にみられるような，藻体のN含量とδ^{15}N値の変動量の大きさの相関関係が見られたものと推察された。

しかし，このように環境を大きくコントロールした実験系での短期間の結果が自然条件下に反映されることは少ないように見える。実際には窒素の供給量が大きくなると，海藻は体内の光合成色素量を速やかに増加させ，供給した窒素を効率よく利用できるように対応するしくみを備えている[72,73]。一方で，Mizutaら[74]は，コンブの体内において藻体内で若い組織からはDINの移動が，古い組織からは合成されたDONの移動がさかんにおこなわれていることを，トレーサー実験によって示している。このような藻体内での窒素の転流は，体内のδ^{15}N値分布を偏らせることになるが，藻体内の部位ごとの異なる窒素要求量に対して，藻体内に取り込まれた窒素を効率よく利用することで，外部に流出する溶存態窒素を減少させることにつながっている可能性がある。強光や栄養塩律速といったパルス的なストレス環境下で藻体内のδ^{15}N値分布に変動が生じることはあっても，前項の①から⑤であげられている基質の相対的な供給条件の違いが藻体全体のδ^{15}N値に与える影響は，上述したような海藻の生理的特性によって緩和され，⑥の基質の同位体比によって支配されているメカニズムに比べて十分に小さくなるのかもしれない。以上の考察は，海藻のδ^{15}N値を用いて窒素源を推定するというアプローチの有効性を検討するうえで重要なポイントであると思われる（3章4節参照）。

3. 流域診断に資する水生植物の炭素安定同位体比

ここでは，水生植物のδ^{13}C値を用いて，生息環境（流速）や，生態系の状態（光合成活性）を診断する方法について考察を加える（窒素安定同位体比に関しては3章4節を参照）。当然のことであるが，水生植物のδ^{13}C値を環境診断に適用する場合，測定されたδ^{13}C値が，流域のどのような環境条件をどの程度反映しているのかが明らかでなければならない。表6-1-1には，流域の環境因子が，どのような決定機構にもとづいて，水生植物のδ^{13}C値の

第6章　生態系の健全性の評価

表 6-1-1　水生生物の $\delta^{13}C$ 値の決定機構と環境因子または生態系環境の特性との関係

		環境因子または生態系の特性							
		種構成	群集の空間構造※1	干出性※2	光量	生息場所の微地形※3	光合成と呼吸の均衡※4	水体の大きさ※5	栄養塩※6	流水か止水か※7
決定機構	①酵素反応系								○	○
	②能動輸送チャネル	○	△				△		○	○
	③流速		○			○				○
	④個体サイズ・形状	○	○		○	○		○		
	⑤成長速度	△	△		○		△		△	
	⑥無機炭酸の $\delta^{13}C$		△	○		○		○	○	○

○：対応関係あり，△：対応関係がある場合とない場合あり，空欄：対応関係なし．
※1　付着藻類マットの厚さ，海草藻類の株密度や垂直方向のひろがり．
※2　海草藻類が干出時に受ける環境変化．
※3　河川における瀬と淵，蛇行部の内側と外側．
※4　光合成量と呼吸量のバランスによる無機炭素基質の変化．
※5　大気─水体間での CO_2 の交換平衡に影響．
※6　富栄養環境と貧栄養環境の違い．
※7　河川と湖沼の違い，潮汐差の異なる沿岸域間での違い，沿岸と沖帯の違い，河川の上流と下流の違い．

変動を支配しているのかをまとめた．前項までの議論で明らかなとおり，水生植物の $\delta^{13}C$ 値は，複数の要因によって階層的に支配されており，種によって，また時空間的に，複雑な変動をする．したがって，複数の支配要因のなかから，$\delta^{13}C$ 値の主要な規定要因を推定する必要がある（図6-1-17）．しかし，対象とする流域のスケールやプロセスを限定すれば，水生植物の $\delta^{13}C$ 値の変動は，比較的少数の環境因子によって説明できる場合が多い．流域の生態系環境の診断という観点からは，決定機構①〜⑥のうち，とくに，③流速と⑤成長速度という情報が重要であろう．

流速は土砂・有機物や栄養塩の滞留時間を規定し[75]，水生生物群集に大きな影響を与える環境因子である．流速の時間変動が大きい場合や，空間的な流速分布が著しく不均一な場合，ある場（流程，沿岸など）における平均的な流速を，物理観測によって正確に求めることはかならずしも容易ではない．このような場合，付着藻類や沈水植物の $\delta^{13}C$ 値を，流速に関する情報を与

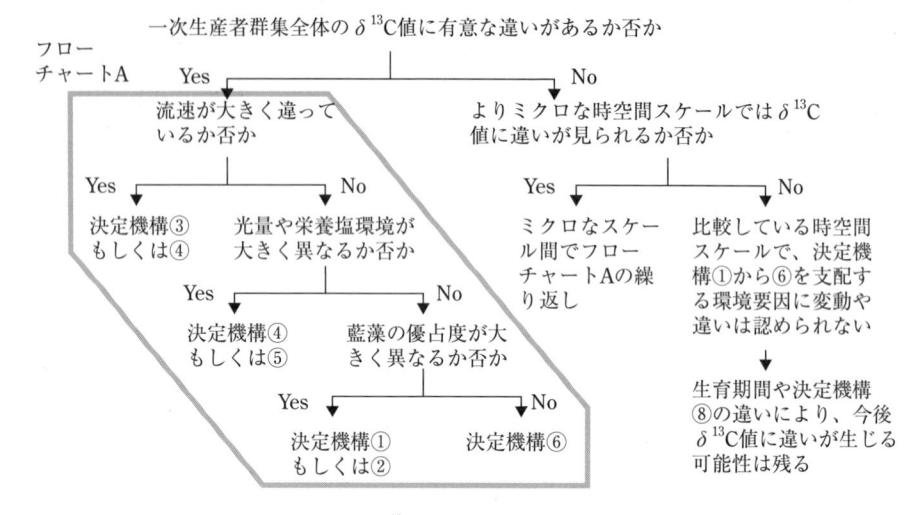

```
                        一次生産者群集全体のδ¹³C値に有意な違いがあるか否か
フロー
チャートA       Yes                              No
            流速が大きく違って              よりミクロな時空間スケールではδ¹³C
            いるか否か                      値に違いが見られるか否か

       Yes              No              Yes             No
    決定機構③      光量や栄養塩環境が    ミクロなスケー   比較している時空間
    もしくは④      大きく異なるか否か    ル間でフロー    スケールで, 決定機
                                        チャートAの繰   構①から⑥を支配す
              Yes          No           り返し         る環境要因に変動や
           決定機構④    藍藻の優占度が大                違いは認められない
           もしくは⑤    きく異なるか否か
                                                      生育期間や決定機構
                    Yes         No                    ⑧の違いにより, 今後
                 決定機構①    決定機構⑥                δ¹³C値に違いが生じる
                 もしくは②                             可能性は残る
```

図6-1-17 水生の一次生産者のδ¹³C値の決定機構の絞込みのフローチャート。流速や富栄養化の程度など目視などである程度判断しやすいものから検索項目を並べたが,フローチャートAで示した絞り込みの順序は,実際は得られているデータセットに依存する。たとえば,溶存無機炭素のδ¹³C値の違いが明らかな場合には,チャートの下流から上流へと遡ってもよい。また,このフローチャートで決定機構が絞り込めたとしても,他の決定機構が影響していないとはいえず,まず絞り込まれた決定機構の違いから説明できるδ¹³C値の差と実際のδ¹³C値の違いとを比較する必要がある。実際には複数の要因によってδ¹³C値の変動が支配されている場合が多いため,想定される変動要因間での単相関がないことを確認した上で,重回帰分析を用いて統計的に対象とする変動要因の寄与を推定することもできる。

える指標として利用できる可能性がある。前項までに紹介したように,これらの水生植物のδ¹³C値は,流速と強い負の相関をもつことが知られている(図6-1-4)。したがって,δ¹³C値に影響を及ぼす他の因子の効果が一定であるという十分な根拠があれば,水生植物のδ¹³C値を,流速環境の指標として用いることが可能である。ここで注意すべきなのは,δ¹³C値は,ある時点における瞬間的な流速ではなくて,ある期間の平均的な流速(積分化された情報)を反映するという点である。一般に,系の状態の変化に対して,ある生物の細胞や組織の炭素安定同位体比が変化するのに要する時間(特性応答時間)は,その細胞や組織を構成する炭素の平均的な回転時間によって近似できる。したがって,水生植物のδ¹³C値は,ある生物の成長の時間ス

ケールに見合った流速環境を反映していることになる。このことは，流域生態系環境の健全性を診断するツールとして，生物の安定同位体比を用いることの大きなメリットの1つである。

前項までに紹介したとおり，環境条件を制御した実験室レベルの研究結果からは，次の関係が一般的な経験則として見出されている。光環境や栄養状態が好適になり，光合成活性（増殖速度）が上昇すると，水生植物の$\delta^{13}C$値は上昇する。逆に，生息環境が悪化すれば，光合成活性（増殖速度）が低下し，水生植物の$\delta^{13}C$値は低下する。したがって，他の要因（流速やDICの$\delta^{13}C$値）の影響が相対的に小さいとみなせれば，$\delta^{13}C$値を，水生植物の光合成活性や増殖速度の指標として利用することができる。しかし，現場環境においては，複数の要因が複雑にからみあって$\delta^{13}C$値に影響を与えるため，$\delta^{13}C$値の全変動のうち，光合成活性の変動に起因する$\delta^{13}C$値の変動のみを抽出することが必要になる。現時点では，まだこのような抽出をおこなうための方法論は十分に確立していないが，ここでは，予備的な試みとして，概念的なモデルを提案する。図6-1-18には，仮想的な例として，異なる環境で採取された一次生産者（試料A，B）が異なる$\delta^{13}C$値を示したケースを想定する。試料AとBの間の$\delta^{13}C$値の差から，流速やDICの$\delta^{13}C$値の違いに起因する部分を差し引くことにより，水生植物の成長量（活性）の違いに起因する$\delta^{13}C$値の変動を抽出するという考えである。このようなモデルを一般的に確立するためには，今後，現場における生物群集組成や生態系環境の調査結果と，同位体比の情報を総合的に収集し，それを解析する必要がある。

以上，水生植物の$\delta^{13}C$値を用いた生態系環境や光合成活性の評価の可能性について考察を加えたが，このような$\delta^{13}C$値の変動性とそのしくみを理解することは，$\delta^{13}C$値を指標とした有機物の起源推定のうえでも重要な意義を有する。本書では，$\delta^{13}C$値を用いた汚濁有機物の起源の推定（4章4，5節），あるいは，食物網の基盤となる有機炭素（餌資源）の起源の推定（6章2，4，6節）に関連して，異なる$\delta^{13}C$値をもった2つ（あるいはそれ以上）の有機物プールの存在を前提とした，端成分混合モデルに関する議論がさまざまな形でおこなわれている。この，「異なる$\delta^{13}C$値をもった有機物プール」が自然界に存在する主な要因は，植物が生産する有機物の$\delta^{13}C$値が種や環境条

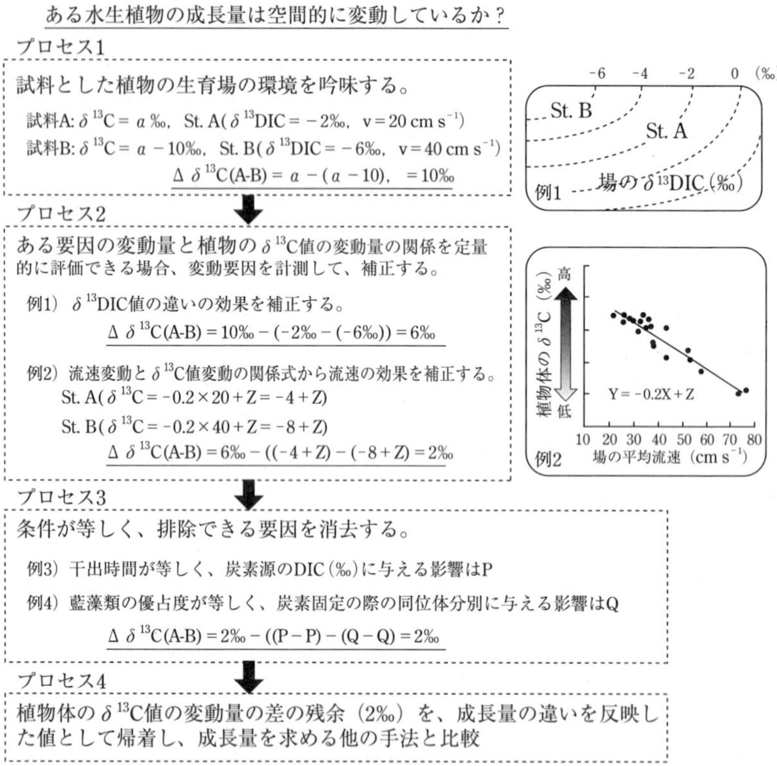

ある水生植物の成長量は空間的に変動しているか？

プロセス1

試料とした植物の生育場の環境を吟味する。

試料A: $\delta^{13}C = a$ ‰, St. A($\delta^{13}DIC = -2$‰, $v = 20$ cm s^{-1})
試料B: $\delta^{13}C = a - 10$‰, St. B($\delta^{13}DIC = -6$‰, $v = 40$ cm s^{-1})
$\Delta\delta^{13}C(A-B) = a - (a-10), = 10$‰

プロセス2

ある要因の変動量と植物の$\delta^{13}C$値の変動量の関係を定量的に評価できる場合、変動要因を計測して、補正する。

例1) $\delta^{13}DIC$値の違いの効果を補正する。
$\Delta\delta^{13}C(A-B) = 10$‰ $- (-2$‰ $- (-6$‰$)) = 6$‰

例2) 流速変動と$\delta^{13}C$値変動の関係式から流速の効果を補正する。
St. A($\delta^{13}C = -0.2 \times 20 + Z = -4 + Z$)
St. B($\delta^{13}C = -0.2 \times 40 + Z = -8 + Z$)
$\Delta\delta^{13}C(A-B) = 6$‰ $- ((-4+Z) - (-8+Z)) = 2$‰

プロセス3

条件が等しく、排除できる要因を消去する。

例3) 干出時間が等しく、炭素源のDIC(‰)に与える影響はP
例4) 藍藻類の優占度が等しく、炭素固定の際の同位体分別に与える影響はQ
$\Delta\delta^{13}C(A-B) = 2$‰ $- ((P-P) - (Q-Q)) = 2$‰

プロセス4

植物体の$\delta^{13}C$値の変動量の差の残余（2‰）を、成長量の違いを反映した値として帰着し、成長量を求める他の手法と比較

図6-1-18 一次生産者の$\delta^{13}C$値の変動を支配する特定の要因を定量評価する手順の概念図。場の平均流速と植物体の$\delta^{13}C$値の関係式は，文献15を参考にした。生長量（光合成活性）に起因する植物体の$\delta^{13}C$値の変動「$\Delta\delta^{13}C(A-B)$」は，全変動量から成長量以外の要因による変動を差し引いた残余として推定することができる。

件によって異なるということに他ならない（その他の原因としては分解過程における同位体分別や特定の有機物プールの選択的無機化がある）。このことからわかるように，有機炭素の起源をあらわす指標としての$\delta^{13}C$値は，すべての生態系，すべての季節において，固定した数値であると考えるべきものではなく，対象とするシステムの状態や特性に応じて変化するものと理解すべきである。そのことを考慮するために，4章4節においては，「変動端成分モデル」という概念が提案されているのである（p. 179以下）。

陸生植物の$\delta^{13}C$値が，水ストレス指標として広く利用されているのとは

対照的に，水生植物の $\delta^{13}C$ 値を環境指標として用いる試みはこれまでほとんどなされてこなかった。その最大の理由は，水生植物の $\delta^{13}C$ 値の変動が，さまざまな要因によって複雑に支配されている，という点にある。しかし，近年の研究の結果，DIC の $\delta^{13}C$ 値や，さまざまな水生生物の $\delta^{13}C$ 値を総合的にモニタリングすることで，流域環境の評価に資する有益な情報が得られるという可能性が見えはじめている。このようなアプローチを確立するためには，今後，素過程に関する理解をより深化させるともに，$\delta^{13}C$ 値の変動に関するモデルの精緻化を進める必要がある。

2 安定同位体比による生態系構造解析

1. 動物の体の安定同位体比が意味するもの

　本節では，主として動物の安定同位体比に着目して生態系の構造を解析する手法の原理についての知見をまとめる。この手法を用いた食物網構造や生態系の評価の具体例に関しては6章4節を参照していただきたい。

　植物の炭素・窒素安定同位体比は，おおまかには，基質（溶存無機炭素や溶存無機窒素）の安定同位体比と，取込や固定に伴う同位体分別によって決まる（6章1節）。それに対して，動物の体を構成する炭素や窒素の安定同位体比は，餌（有機物）の安定同位体比の影響を強く受ける。ただし，動物の同位体比が餌の同位体比をどのように反映するかは元素によって異なる。この同位体比の変化を濃縮係数（英語では trophic enrichment または enrichment factor）といい，元素Xについての濃縮係数をΔまたは$\Delta\delta X$と書く（Δはラージデルタ）。濃縮係数は動物とその餌についての元素Xの同位体比の差を表し，$\Delta\delta X = \delta X（動物）- \delta X（餌）$と定義される。濃縮係数は，安定同位体比の分析レベル ── すなわち，動物の体全体，特定の組織や器官（たとえば，筋肉や，肝臓），あるいは特定の化学成分（バイオマーカー，6章3節）のいずれのレベルにおいて分析がなされているか ── によって異なるので注意する必要がある。また，個々の分子種の安定同位体比の変化を，個々の化学反応と関連づけて議論する場合には，着目する個別的な化学反応における同位体分別係数（ε：p.20〜21）をもとにして現象の解釈をおこなえばよいが，濃縮係数（Δ）の場合は，動物の代謝過程（たとえばアミノ酸の代謝や脂肪の生合成など）の全体において，同位体分別を引き起こす諸反応の総和が，濃縮係数として総合的に表現されるという点に留意しなくてはならない。

　まず，炭素と窒素の安定同位体比（$\delta^{13}C$，$\delta^{15}N$）を用いた食物連鎖の解析にかかわるもっとも基本的な概念について解説する。濃縮係数の変動については後述するが，ここでは，炭素の濃縮係数が0.8‰（$\Delta\delta^{13}C = 0.8‰$[76]），窒素の濃縮係数が3.4‰（$\Delta\delta^{15}N = 3.4‰$[77]）というように，一定であると仮定

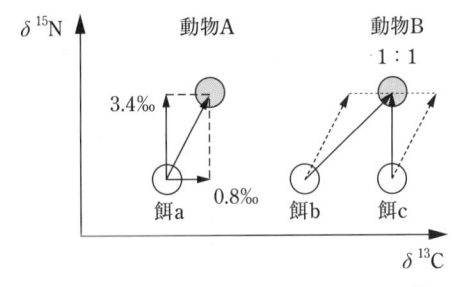

図 6-2-1　食物連鎖の解析に用いられる $\delta^{13}C$-$\delta^{15}N$ プロット。餌 a のみを食物とする動物 A は，餌 a に比べて $\delta^{13}C$ が 0.8‰，$\delta^{15}N$ が 3.4‰，それぞれ高くなる。異なる $\delta^{13}C$ 値をもった餌 b と餌 c を 1:1 の量比で食べている動物 B の場合は，その $\delta^{13}C$ 値は，各餌の $\delta^{13}C$ に 0.8‰を足した値の平均値になる（ただし，餌 b と餌 c の同化効率が同じであると仮定）。詳しくは本文を参照。

する。図 6-2-1 において，動物 A は餌 a のみを食べている。この場合，動物 A は，餌 a に比べて，$\delta^{13}C$ については 0.8‰，$\delta^{15}N$ について 3.4‰高い値を示す。一方，動物 B は，$\delta^{15}N$ は等しいが，$\delta^{13}C$ が異なる二種類の餌，餌 b と餌 c，を 1:1 の量比で食べている。動物 B の $\delta^{13}C$ は，それぞれの餌の $\delta^{13}C$ 値に 0.8‰を足したものの平均値になる。実際には，これらがつながって食物連鎖を構成するため，図 6-2-2 の左側のように，植物 a が植食者 A に食べられ，さらに植食者 A が捕食者 α に食べられるときには，食物連鎖はちょうど右あがりの直線に乗ることになる。しかし現実の食物網では，そのように単純であることは少なく，ほとんどの場合，複雑な網の目のような構造になる。図 6-2-2 に示す捕食者 β につながる経路のように，複雑にからんだ食物網構造の場合は，安定同位体比から見た食物網構造解析の手順はより複雑になる（後述）。

さて，実際に生物群集の $\delta^{13}C$ と $\delta^{15}N$ を測定したとして，食物網構造の解析はどのようにおこなうのであろうか。ここでは，$\delta^{13}C$ と $\delta^{15}N$ を用いた仮想的な食物網構造の変化について，その解析方法の概要を解説する（図 6-2-3）。(A) で示す仮想上の食物網が，さまざまな要因によって変化をした

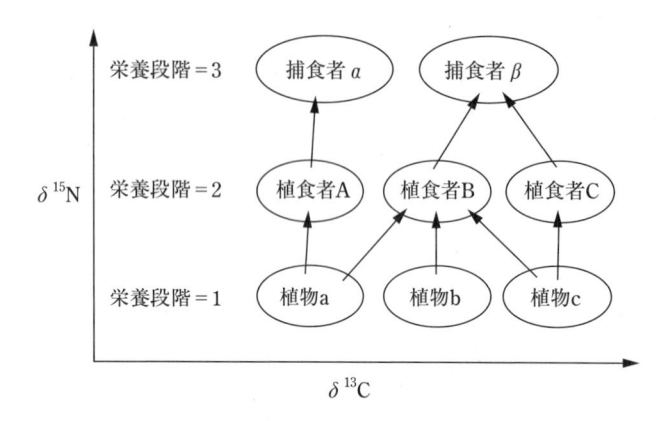

図6-2-2 より複雑な $\delta^{13}C$-$\delta^{15}N$ プロット。この食物網の中には，植物aが植食者Aに食べられ，植食者Aが捕食者αに食べられるという単純な経路と，捕食者βにつながる複雑な経路が示されている。

場合についての思考実験をしよう。(B)のように富栄養化により生産者の $\delta^{15}N$ の上昇が起こった場合には（この現象については p. 71 以下参照），生産者を含む食物網の全構成員の $\delta^{15}N$ が同じ値だけ上昇する。次に，(C)のように生産者（植物プランクトンや付着藻類）のバイオマスの変化が起こった場合，バイオマスが増大した生産者を基盤とする食物連鎖の経路が太くなり，結果として高次捕食者の $\delta^{13}C$ が変化する。最後に，(D)の場合は，二次消費者の一種が絶滅もしくは個体数が激減している。この場合は，これを捕食していた三次捕食者の雑食性が拡大し，栄養段階が下降する可能性がある。食物網のつながりが変化する場合にも高次消費者には同様の影響がでる可能性がある（6章4節を参照）。ただし現実には，各々の現象が独立に起こるのではなく連動して起こる場合が多いので総合的に考えなければならない。

このように，動物の安定同位体比を用いることで，生態系の食物網構造の変化を研究することができるのであるが，実際にそれを用いるときの注意点を述べる。体の大きな個体は，通常その体の一部分のみを分析する。一番よく用いられるのは，筋肉である（口絵15）。筋肉はタンパク質でできており，食物網の研究には使いやすい情報となる。しかし，昆虫や魚の仔魚のように，

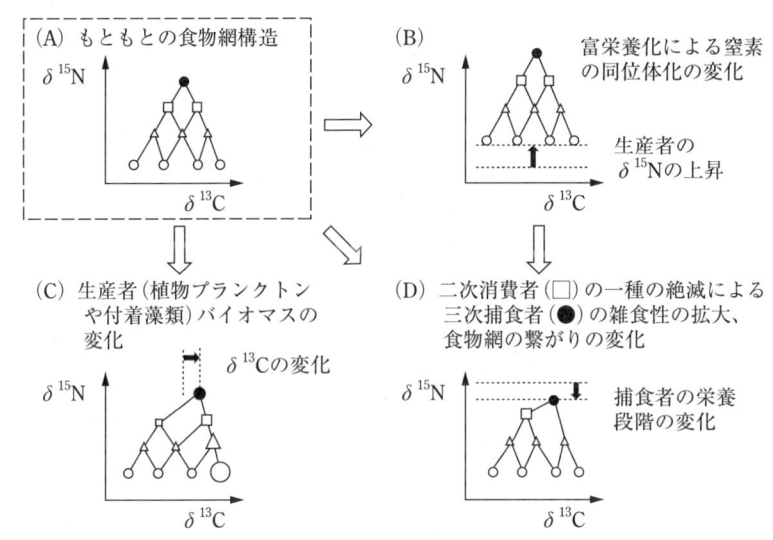

図6-2-3 食物網構造の変化や一次生産者の安定同位体比の変化が捕食者の$\delta^{13}C$と$\delta^{15}N$に与える影響。仮想上の食物網（A）が，（B），（C），（D）のような変化を起こした時の，上位捕食者（●であらわす）の安定同位体比の変化に注目せよ。（B）人為的富栄養化により生産者の$\delta^{15}N$の上昇が起こった場合（3章2節を参照）。（C）ある種の一次生産者のバイオマスが増大し，餌資源としての寄与率が高まった場合（バイオマスは，シンボルの大きさで表現されている）。（D）もともと2種いた二次消費者（□）のうち，1種が絶滅したことにより，上位捕食者（●）の雑食性の拡大や，食物網の繋がりの変化が起きた場合。以上の変化は，連動して起こることが多い。

体の小さなサンプルの場合は，体を丸ごと用いることもある。その場合は，24時間から48時間程度絶食させ，胃内容物が完全になくなってからサンプル処理するとよい。また，生物体のサンプルは通常60℃程度の乾燥機で乾燥する。熱をかけたくないサンプルは，冷凍庫で凍らせた後，真空凍結乾燥を用いて乾燥するのがよい。植物体や土壌のようなサンプルは，ほこりの入らない環境で風乾するだけでもよいが，正確に炭素・窒素量を求めようとするときには乾燥機を用いるのがよい。

一般に生物の組織は絶えず入れ替わっている。今日の食事は今日すぐに筋肉になるわけではなく，ある期間かけてゆっくり入れ替わる。一方では，鳥の羽のようにある特定の時期に生え変わる組織もある。このように，組織の

回転時間 (turnover) に着目することも必要になる。Suzuki ら[78]によれば, スズキの稚魚では筋肉やヒレでは $\delta^{13}C$ と $\delta^{15}N$ の回転時間が 19.3 から 25.7 日であったが, 肝臓では $\delta^{13}C$ の回転時間が 5.3 日, $\delta^{15}N$ が 14.4 日という結果が得られた。Hobson ら[79]によれば, 鳥の臓器の $\delta^{13}C$ の回転時間は, 肝臓で 2.6 日, 血液で 11.4 日, 筋肉で 12.4 日, 骨のコラーゲンで 173 日であった。これらの回転時間を考慮してサンプリングの方針を決める必要がある。鳥では羽根など, ほ乳類などでは体毛や爪などの組織をサンプルとして用いることで個体を殺すことなく連続観測ができるが, その情報の解釈においては, それぞれの組織の回転時間や, 組織の部位による回転時間の違いを考慮しなくてはならない。たとえば Bearhop ら[80]は, カワウの羽の異なる部位の $\delta^{13}C$ を測定することにより沿岸部から淡水域への採餌場所の変化を示した。組織間あるいは同一組織の異なる部位の同位体情報を利用する場合は, 組織や組織の部分による濃縮係数の違いを考慮する必要もある。

2. 炭素安定同位体比に関する詳細

上述のように, 動物の体の $\delta^{13}C$ は, 餌の $\delta^{13}C$ に規定される。したがって, $\delta^{13}C$ は「食物源の指標」ということができる。一次消費者（陸上動物では植食者を指し, 水系では藻類食者や植物プランクトン食者を指す）は, 植物の光合成産物を直接利用して体の炭素骨格を作る。この一次消費者からはじまり, 動物を食べる二次消費者, さらに高次の消費者とつながる各栄養段階の生物に関して, $\delta^{13}C$ の濃縮係数はとしては, おおむね 0〜1‰を中心とする値が報告されている（図 6-2-4）[81, 82]。さらに, 水生生物における $\delta^{13}C$ の濃縮係数に関して, 分類群, ハビタット, 見積もり様式, 餌別に比較した図を示す（図 6-2-5）[83]。一部には有意に異なる比較もあるが, 全体としては 0〜1‰程度におさまるとしていいだろう。

具体的に $\delta^{13}C$ をどのように用いるかという例を示す。陸域生態系において, 樹木や一般の草本は C_3 植物とよばれ, その典型的な $\delta^{13}C$ は−27‰〜−25‰程度の値をもつ。一方, 熱帯草原などに多いイネ科草本は C_4 植物とよばれ, 典型的には−13‰〜−11‰程度の値をもつ。両者の $\delta^{13}C$ は大きく

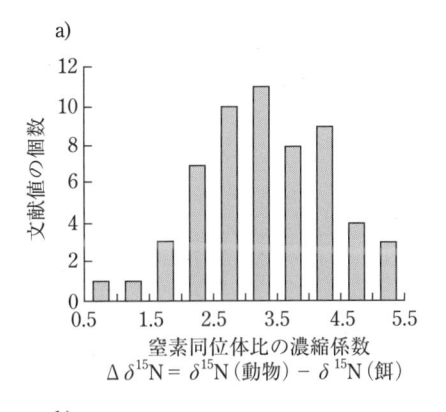

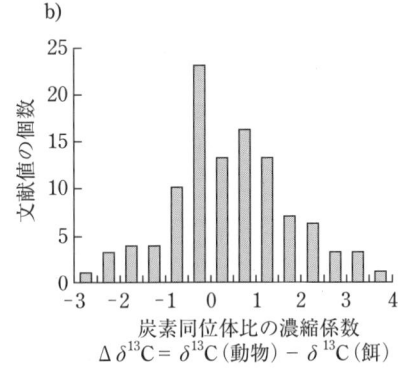

図 6-2-4 a) 窒素，b) 炭素の濃縮係数に関する文献値のまとめ[81]。
$\Delta \delta^{15}N = 3.4 \pm 0.98$ (SD) ‰ (n=56),
$\Delta \delta^{13}C = 0.4 \pm 1.3$ (SD) ‰ (n=107)。

異なるため，動物が C_3 植物と C_4 植物のどちらを利用しているのかを調べる時の有効な指標になる[84]。水域生態系では，付着藻類と植物プランクトンの $\delta^{13}C$ が異なることが利用される場合がある。たとえば，バイカル湖においては，底生藻類（$\delta^{13}C = -19$‰ ～ -5‰）を基盤とする沿岸帯食物網と，植物プランクトン（$\delta^{13}C = -28$‰）を基盤とする沖帯食物網を区別できたという報告がある[85]。しかし，6 章 1 節で詳述されたように，水域生態系の一次生産者の $\delta^{13}C$ は大きく変動するので注意が必要である。陸上植物を考えた場合，C_3 植物と C_4 植物は酵素系が異なるため[86]，両者ともそのなかでは

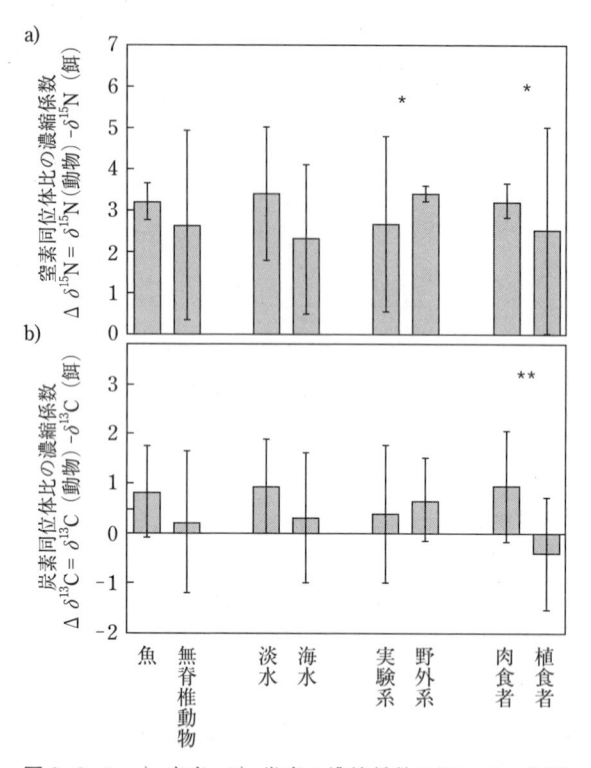

図6-2-5 a) 窒素，b) 炭素の濃縮係数に関して，分類群，生息場所，研究方法，餌別に比較した図[83]。図中には平均値と標準偏差が比較して示されている。$\Delta\delta^{15}$N については Mann-Whitney の U テスト，$\Delta\delta^{13}$C については ANOVA で比較した（*$p<0.05$，**$p<0.01$）。

バラツキがあるとはいえ，全体としてオーバーラップすることはない。ところが，水域生態系では付着藻類や植物プランクトンなどの一次生産者の δ^{13}C が時間・空間的に大きく変動する。このような場合は，ある時間断面で，もしくはある限られた地点でサンプリングした一次生産者の δ^{13}C が，かならずしもその時点やその場における動物の餌資源の候補として正しくない場合がある。たとえば，植物プランクトンは夏場に炭酸律速となり δ^{13}C が高くなることや (p. 139〜140, 191)，付着藻類であっても炭酸律速が起こらず δ^{13}C が低いことがある (p. 261〜263)。このような場合に，安定同位体比の

季節変化に着目して解析することで，有用な情報が得られることがある[87]。

食物連鎖の解析にかかわる，炭素安定同位体分析に際しては，脱脂と炭酸除去という2つの点について注意をする必要がある。サンプルの種類によっては，クロロホルムとメタノールの混合液などの有機溶媒を用いてサンプルの脂肪分を除去する（脱脂）ことが必要になる。一般に脂肪の$\delta^{13}C$は筋肉に比べて低い[76]。そのため，体の部分や季節によって脂肪濃度が変化すると，それが，$\delta^{13}C$の変動につながる。脂質の$\delta^{13}C$が低い理由は，グルコースの代謝産物であるピルビン酸がアセチルCo-A経由で脂質合成に使われる時の同位体分別によると考えられている[88]。魚類やほ乳類などのように脂質を多く含む生物に関しては，脂質を除去してから$\delta^{13}C$値を測定することが多い。食物連鎖の研究において，脂質を除去後に$\delta^{13}C$を測定するべきか，脂質を除去しない$\delta^{13}C$を測定するべきかは，対象生物や研究の目的によって判断する必要がある。炭酸除去については，土壌有機炭素などを除いて陸上生物を扱うときはほとんど気にする必要はないが，水生生物を扱うときには考慮する必要がある。水中の溶存無機炭素（DIC）は，有機炭素とは大きく異なる$\delta^{13}C$をもつ（4章1, 2節）。したがって，炭酸塩として生物体の一部分となっていたり，サンプル中に混入している場合には注意を要する。とくに，海産生物試料の場合は，試料によっては多量の炭酸塩が含まれる場合があるため，塩酸等で酸性化し炭酸塩を除去する作業をする必要がある。陸水においても石灰岩を母岩とする地帯などでは影響が無視できないため，炭酸塩を除去する必要がある。またアルコールやホルマリンなどで固定されたサンプルについても注意が必要だが，これについては3章3節を参照されたい。

3. 窒素安定同位体比に関する詳細

窒素安定同位体比の濃縮係数（$\Delta\delta^{15}N$）は，とくに注釈を付けない場合は3.4‰が用いられることが多い。歴史的には，濃縮係数は，Minagawaら[77]やDeNiroら[89]などにより，動物とその餌の$\delta^{15}N$値を比較することによってはじめて得られた。生態学では「食う-食われる関係」，つまり食物連鎖を調べることはもっとも基本的な課題の1つである。濃縮係数が明らかにされた

当時,化学分析により食物連鎖を測定できるというアイディアは画期的なことであった。濃縮係数($\Delta\delta^{15}N$)がわかると,栄養段階(trophic level, TL)は次式で求められる。

$$栄養段階 (TL) = 1 + (\delta^{15}N_{sample} - \delta^{15}N_{base})/\Delta\delta^{15}N$$

ただし,$\delta^{15}N_{sample}$は動物の$\delta^{15}N$値,$\delta^{15}N_{base}$は,その生態系の一次生産者(植物)の$\delta^{15}N$値である。この関係に一般性があることがわかってくるにつれて,「食う−食われる関係」をすべてつなげた,食物網構造全体の解析に,同様な手法が適用されるようになった。Postら[90]は,この式を用いて食物連鎖の長さを多数の湖で比較し,湖の食物連鎖の長さが湖の大きさに依存することを示した(詳細はp.324〜327を参照)。

近年,さまざまな動物の分類群の間で濃縮係数を比較したり,濃縮係数の変動についての実験的な解析をする研究が増えてきた。これらの研究の結果,濃縮係数の平均値(±誤差)としては,3.4±0.98‰(±SD;図6-2-4;文献81.)あるいは,2.2±0.18‰(±SE;文献82)といった値が報告されている。図6-2-5に,水生生物における窒素の濃縮係数に関して,分類群,ハビタット,研究様式,餌別に比較した図を示す[83]。一部には有意に異なる比較もあるが,全体としては3‰前後におさまるとしていいだろう。一方で,Adamsら[91]は実験的に餌のC:N比を変えた実験をおこない,餌のC:N比が低いと$\Delta\delta^{15}N$がゼロに近くになるのに対し,C:N比が高いと$\Delta\delta^{15}N$が6‰近くになると報告した。Vanderkliftら[92]の文献調査においても,この相関は弱いながらも認められた。$\delta^{15}N$の濃縮係数が,$\delta^{13}C$の濃縮係数に比べて大きい理由はおもにアミノ酸代謝にある。とくに脱アミノ反応において大きな同位体効果が見られる。これは,排出する窒素化合物が軽い同位体比をもつことに関係している[77]。また窒素代謝の最終産物の種類にも関連している。アンモニアを最終代謝産物とする生物では,尿素や尿酸を最終代謝産物にする生物より$\Delta\delta^{15}N$が低いという報告がある[92]。ただし,なぜ生物によって濃縮係数が変わるのかについては,まだ完全には解明されていない。C_3植物とC_4植物を食べる動物の場合,乾燥地において優占するC_4植物を食べる場合には水を有効利用するという生理的問題に起因して濃縮係数が高くなり,見掛

け上，C_3 植物食に比べ C_4 植物食の方が濃縮係数が高くなることが示されている[93]。

アミノ酸代謝にかかわる生理活性が濃縮係数に影響することがわかってきたため，近年バイオマーカー（6章3節）として各種アミノ酸を用いる研究もおこなわれている[94]。このように，濃縮係数の変動にかかわる代謝過程や生化学的な機構が明らかな場合，生物体を構成する特定の化学成分を分離して $\delta^{15}N$ を測ることにより食物連鎖に関する有用な情報が得られることがある。たとえば，無脊椎動物の外骨格であるキチン質は，$\delta^{15}N$ が特異的に低いことがわかっているが[76]，このことを利用すると，捕食者の餌資源としてのキチン質の役割の評価ができる可能性がある。

食物連鎖の長さの推定などの生態系構造解析をおこなう場合，植物の窒素安定同位体をベース（$\delta^{15}N_{base}$）にする必要がある。しかし，炭素安定同位体比のところで解説したように，TL=1 の同位体比の決定については注意を要する。水域生態系では一次生産者の安定同位体比の時間・空間的変動が激しい場合がある（6章1節）。このため，高次捕食者と生産者の比較，すなわち食物連鎖の長さの推定をおこなうためには，一次生産者そのものの $\delta^{15}N$ 値のかわりに，その情報を時間的・空間的に平均化して反映している，一次消費者の $\delta^{15}N$ 値を用いるほうがよいという主張もある。たとえば Post[81] は，湖沼生態系においては巻き貝を沿岸帯の生産者の指標として用い，二枚貝を沖帯の生産者の指標とすることがよいとしている（p.312～314 も参照）。

4. イオウ，ストロンチウムなどその他の元素について

炭素・窒素安定同位体分析は，食物網解析の標準的ツールになりつつあるが，場合によっては，炭素・窒素以外の元素の安定同位体比を用いることにより，有用な情報が得られる場合もある。たとえば，イオウ安定同位体比（$\delta^{34}S$）は汽水域でよく用いられる同位体情報である。研究例はまだ少ないが，$\delta^{34}S$ の濃縮係数は 0‰ 前後であることがわかっている。したがって，$\delta^{13}C$ の場合と同じく，餌の起源をあらわす指標になる（$\Delta\delta^{34}S = 0.4 \pm 0.52$ (SE) ‰[82]）。海水の硫酸イオンの $\delta^{34}S$ は 21‰ 前後の値を取るのに対し，淡

水域の硫酸イオンのδ^{34}Sは低い値を示すため[84]，これらの混合割合によって汽水域の硫酸イオンのδ^{34}Sは決定される。また，底質の酸化還元状態によってもδ^{34}Sは変化するため，イオウ化合物の起源と底質の状態を表す指標になる (p. 223～226)[95]。これらの事実から，δ^{34}Sを用いることで炭素・窒素を用いた食物網構造解析に新たな軸を加えることができる[96]。淡水域での適用例もある。琵琶湖では，生物標本のδ^{34}Sをもとに，集水域の変化について考察がなされている[97]。

　ストロンチウムの安定同位体比も生態系構造解析に用いることができる。ストロンチウム安定同位体比は，もともと岩石の年齢を表し，地圏の情報としてとらえられてきた。しかし，ストロンチウムは，カルシウムと似た挙動を示す同じアルカリ土類金属である。Åberg[98]によれば，濃縮係数は0，すなわち生物に取り込まれても値は変わらない。もともと岩石中のストロンチウム安定同位体比は母岩が決まってしまうと一意的に決定されてしまうため，集水域のストロンチウム同位体比は，時間的に変動しないはずである。したがって，生物移動などの研究上で「場所の指標」として扱うことができる。しかし近年のNakanoら[97]の研究では，琵琶湖に生息するイサザに含まれるストロンチウム同位体比は変化したことがわかった。これは琵琶湖集水域から流入するストロンチウムの同位体組成が変化したことを示し，集水域の人為影響の変化を示唆する。

5. 複雑な生態系構造解析について

　これまでに説明した，各種安定同位体比分析をもとに，どのような手段で食物網を再構築することができるのであろうか？　食物網構造を推定するには，図6-2-2で考察したように，動物1種につき餌候補がいくつあるかで推定方法が異なる。まず，3種類の餌を混ぜて食べることを考えてみる。動物が，餌1，餌2，餌3をf_1, f_2, f_3の割合で食べていると仮定し，それぞれ2種類（炭素・窒素）の安定同位体比が測定できたとする。そのとき，マスバランス式は，炭素・窒素安定同位体比も考慮すると，

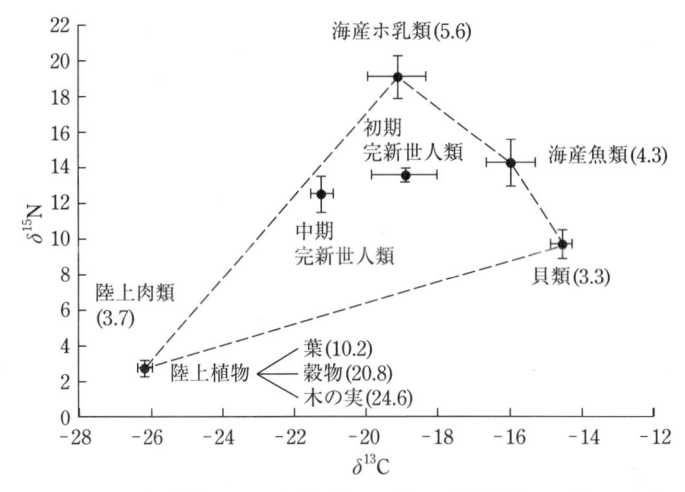

図6-2-6 初期完新世と，中期完新世の人類の食性解析。人骨及び餌源の安定同位体を示す（カッコ内は餌源の C:N 比）[101]。

$$f_1 + f_2 + f_3 = 1$$
$$f_1 \delta^{13}C_1' + f_2 \delta^{13}C_2' + f_3 \delta^{13}C_3' = \delta^{13}C_{動物}$$
$$f_1 \delta^{15}N_1' + f_2 \delta^{15}N_2' + f_3 \delta^{15}N_3' = \delta^{15}N_{動物}$$

となる。ここで動物の炭素・窒素安定同位体比を$\delta^{13}C_{動物}$, $\delta^{15}N_{動物}$とし，餌1，餌2，餌3の炭素・窒素安定同位体比にそれぞれ濃縮係数を足した値が，$\delta^{13}C_1'$, $\delta^{13}C_2'$, $\delta^{13}C_3'$, $\delta^{15}N_1'$, $\delta^{15}N_2'$, $\delta^{15}N_3'$とする。式が3つで未知数が3つなのでこの式は解析的に解ける。しかし，4つ以上になると原理的に解けなくなる。これを解決するために，Minagawa[99]はモンテカルロ法を用い，ランダムな組み合わせで餌を食べたとして実現される同位体比を，目的とする動物の同位体比と比較し，もっともらしい組み合わせの確率分布を求めた。一方，Phillipsら[100]は，コンピュータシミュレーションですべての可能性を求めて，確率分布を求めるべきだとしている。Newsomeら[101]は，遺跡から発掘された人骨と餌源の同位体比を比較した。図6-2-6に示された餌の同位体比を与えて確率計算をおこない，さらにこれらをまとめて陸上動物食，陸上植物食，海産物食に分けて比較にしたところ，図6-2-7のよう

296 III 流域生態系

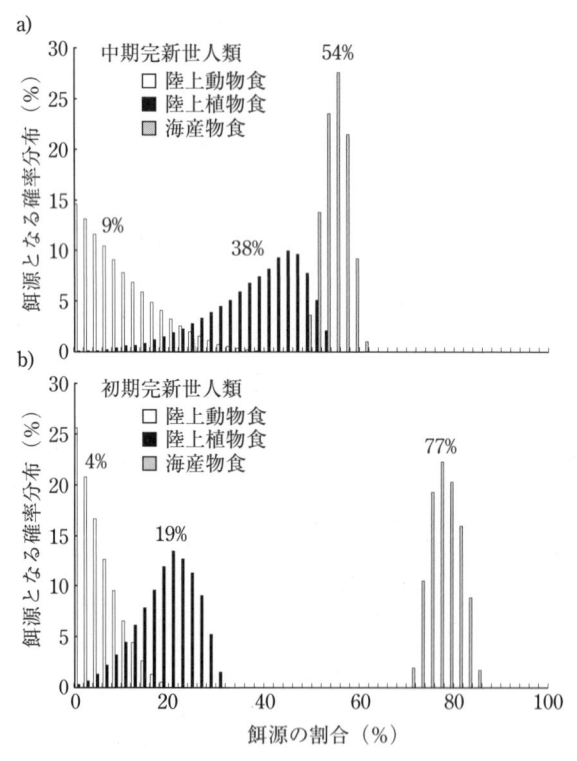

図6-2-7 a)中期完新世と，b)初期完新世の人類の食性解析。陸上動物食，陸上植物食，海産物食の割合（横軸）と，その確率分布（縦軸）。図中のパーセンテージはもっとも確からしい食性の割合[101]。

な確率分布が得られた。図6-2-6をみると，「初期完新世人類」から「中期完新世人類」へ移るにつれ視覚的に海産物食から陸上食へかわっていることは想定されるが，具体的に確率分布を計算することでどのくらいの確からしさがあるかがわかる。また，これらの計算の中には，Phillipsら[102]が提唱した炭素・窒素の含有率を入れた式も入っている。炭素・窒素含量の異なる餌を混ぜて食べると，それを混ぜ合わせて食べる動物の同位体比は，図6-2-1や図6-2-2で示した単純な平均値とは異なる。すなわち，これを考慮した時点で混合モデルは，単なるたし算（線形）ではなく，非線形の混合ラインになる[102]。また，このような多数のデータの組み合わせでは，個々の同位体

比の測定値のバラつきも考慮に入れる必要があることも検討されている[103]。炭素・窒素安定同位体比を用いた食物網構造解析の利点は，図6-2-2で示したように視覚的に理解できることにある。Phillipsらのモデルは，まだ評価が十分には固まっていないが，炭素・窒素安定同位体比が簡便に分析できるようになった現在，多数のデータをもとに複雑な食物網構造を議論する場合は，いずれにせよ統計解析手法の適用が必要になってくるであろう。

　最後に，安定同位体分析法と従来手法（たとえば胃内容物の分析や，目視観察データなどのうち実現可能な手法）の比較の重要性を指摘する。たとえば，胃内容物分析から推定される餌候補と，安定同位体比から推定される餌候補が食い違った場合には，注意深く検討をおこなう必要がある。胃内容分析の場合は，対象動物を捕獲した時点での胃内容物に左右される，または消化されやすいものは胃内容物として残りにくい，といった誤差要因がある。一方，安定同位体法の場合は，異なる安定同位体比と回転時間をもった餌が時間的・空間的に不均一な分布をしている場合には，餌候補の推定自体が容易ではないという問題がある。総合的な生態学的調査の中で，安定同位体解析手法のもつ長所・短所を正しく認識し利用していくことが望まれる。

3 バイオマーカーを利用した微生物生態系構造解析

　われわれをとりまく環境には，肉眼観察だけでは同定できない生物が非常に大きなバイオマスを占めている。これらいわゆる「微生物」は，地球上のいかなる場所においても生物地球化学サイクルを動かす大きな原動力であり，流域診断のみならず一般的な環境を論じるうえで決して見過ごすことはできない。また環境中には，その時点で生存している生物の他に，過去にその場所に生息していた生物の遺骸や破片，さらには異なる場所から運ばれてきた（異地性の）有機物が多く含まれており，それらが分解されたりリサイクルされるプロセスも，環境中で起こる生物地球化学サイクルの重要な一部分である。では，環境中にどのような起源の有機物が存在し，それらがどのような環境プロセスを受けているのだろうか？　また，それらの環境プロセスを駆動するために，どのような微生物が重要な役割を果たしているのだろうか？　こういった問いに答えるための1つの手法が，ここで解説するバイオマーカーの安定同位体比を用いた環境解析法である。

　バイオマーカー（biomarker）とは，ある特定の生物群によって特徴的に合成される化合物のことを指す用語である。タンパク質を構成するアミノ酸や遺伝子を構成するプリン塩基といった，生物が生命として機能するために必須な化合物は，生物種に関係なくまったく同一あるいは非常に似た化合物によって構成されている。それに対して，生命の基本構造に直接はかかわりのない化合物群，すなわち「二次代謝物」と一般に総称される化合物中に生物群に特異的な化合物が多くみられる。すなわちバイオマーカーは，この二次代謝物に多く見出されるのだ。種特異性という点からいえば，特定のDNAやRNAの塩基配列は究極のバイオマーカーといえよう。しかし，これらの化合物は環境中において絶対濃度が小さいうえ，多種多様な生物の混合体である天然試料中から，同位体比を測定するために単一の塩基配列をもつDNAやRNAだけを単離し精製することは容易ではない。またDNA塩基や酵素のような活性の高い化合物は多くの官能基をもち，そのため生物の死後の変質や分解も特殊なケースを除いて非常に速やかに起こる。したがって，

化合物が特定の生物群に特異的に分布するだけでなく，化学的・微生物学的に比較的安定であることや，あるいは分解を受けてもその特徴的な構造が残りやすいということが，バイオマーカーとして重要な条件となる。

　これまでの多くの研究によって，各種の環境解析に利用可能な多様なバイオマーカーが報告されてきた。その中から図6-3-1には，生態学的な研究や環境科学的な研究に応用できる一般的なバイオマーカーの一部の化学構造を示した。ここでは，われわれの身の回りの水環境の中にどのような有用なバイオマーカーが含まれており，それらの炭素や窒素などの安定同位体比がどのような環境解析に役立つのかについて解説しよう。安定同位体比というプロセスを知るためのツールが，バイオマーカーという指標ツールと組み合わさることにより，その長所が増幅されるという点に着目していただきたい。込み入った内容をよりわかりやすくするために，最近筆者らがおこなった2つの研究例を紹介しながら説明していくことにする。

　最初に紹介するのは，京都府南部を流れる木津川河床中にある一時止水域で採取された堆積物中の有機物に関する研究である。この木津川の中洲の異なった3つのサイト（E7，E12，タマリ）で止水域の堆積物を採取し，その中に含まれるバイオマーカーおよびその炭素安定同位体比を分析した。図6-3-2には，そのうちの1つの試料で，高水面時のみ本流とつながる一時的止水環境「タマリ」の堆積物中から抽出される有機化合物のうち，炭化水素画分およびエステル・エーテル画分を，ガスクロマトグラフィーで分析した結果を示した。個々のピークはそれぞれ異なる有機化合物に対応し，そのピークの高さはその濃度にほぼ比例していると考えてよい。小さなものまで含めれば，これらの2つの画分だけで数十もの有機化合物がこれらの画分中に含まれていることは容易に見て取れよう。それぞれの有機化合物の構造は，ガスクロマトグラフィー／質量分析計（GC/MS）によって，電子衝撃による開裂パターンを読むことによって決定されたものである。われわれが現在もっている知見を用いると，その中の多くの化合物について同定でき，それらの起源を知ることができる。

　炭化水素画分中にみられる炭素数27，29，31の直鎖アルカンは，この画分中において濃度が比較的高い化合物群である（図6-3-2）。強い奇数優位

C_{29} 直鎖アルカン（陸上高等植物）

バクテリオホパンテトロール（真正細菌）

ジプロプテン（真正細菌）

アーケオル（古細菌）

コレステロール（真核生物）

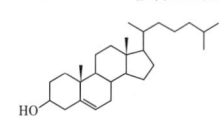

オケノン（紅色硫黄細菌）

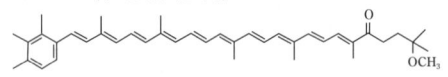

ラダレン（アナモックス）

イソレニエラテン（緑色硫黄細菌）

クロロフィル a

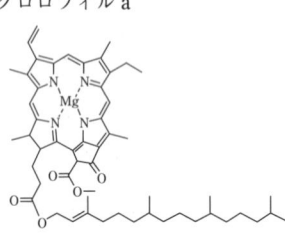

バクテリオクロロフィル a

バクテリオクロロフィル e

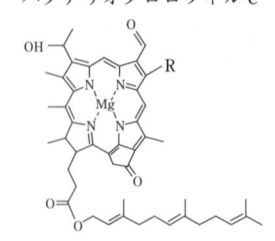

フィコビリン（シアノバクテリア）

図6-3-1　バイオマーカーの例。括弧内はその主要な起源生物である。

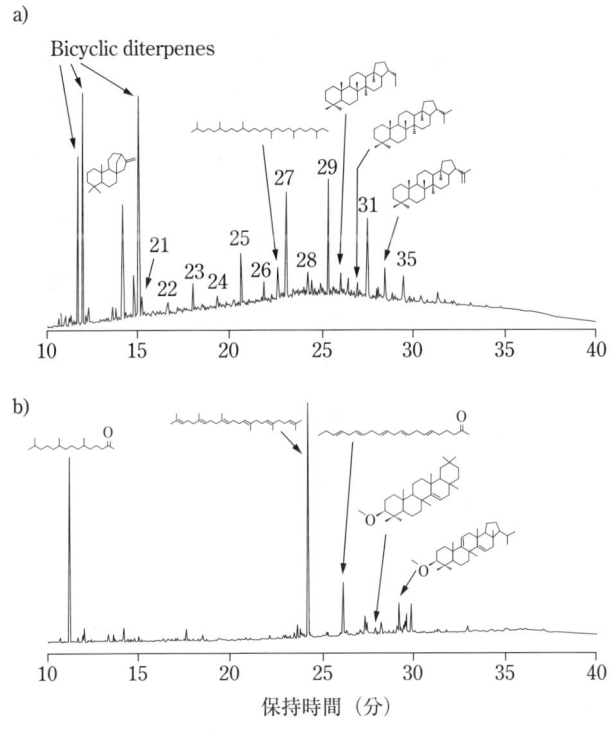

図 6-3-2 木津川の河床堆積物に含まれるバイオマーカーを分析したガスクロマトグラム。a) 炭化水素画分。数字は直鎖アルカンの炭素数を示す。b) エステル・エーテル画分。一部の化合物については，その構造を示した。

性をもったこれらの長鎖（C_{25}-C_{33}）アルカンは，陸上の樹木，草本など高等植物によって，ワックスエステルとして合成されるものである。これらの化合物群は，植物が葉や表皮を被い蒸発散を防いだり，害虫やバクテリアから生体を保護するワックスの成分として合成されている。これまでの研究によると，ほとんどの環境試料中からこのような長鎖の直鎖アルカン，アルコール，脂肪酸などが見出されている。そしてアルカンの場合奇数炭素数のものが偶数炭素数のものに比べて圧倒的に多く，アルコールと脂肪酸に関しては偶数炭素数のものが奇数炭素数のものよりも圧倒的に多いという特徴的な分布をもっている。

```
                                                      ■ E7
                                                      ● E12
                                                      ○ タマリ
高等植物のワックス
    C27 アルカン
    C29 アルカン
    C31 アルカン
    C33 アルカン
イネ科植物のワックス
  Gormanic-17-en-3b-ol ME
  Arbor-9(11)-en-3b-ol ME
針葉樹の樹脂
    デヒドロアビエチン酸
珪藻
    高度分岐イソプレノイド
原核生物一般
    ジプロプテン
```

$\delta^{13}C$ (‰)

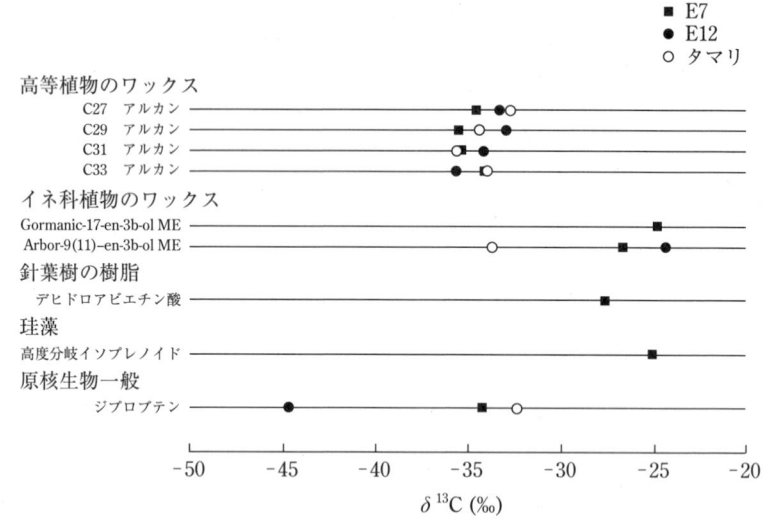

図 6-3-3 木津川の河床堆積物に含まれる各種バイオマーカーの炭素同位体比 ($\delta^{13}C$)

さらに炭化水素画分中には，真正細菌のバイオマーカーであるホパノイドが多数見られる。ホパノイドは4つの六員環と1つの五員環が融合した特徴的な骨格をもつ化合物群である（図6-3-2）。多くのホパノイドは，生体中ではバクテリオホパンテトロール（図6-3-1）とよばれる側鎖に水酸基を複数個もった化合物やジプロプテン（図6-3-1）として合成されたものである。これらのホパノイドは脂肪酸などと同じく，真正細菌中において細胞膜の成分として機能している。ホパノイドのもつ水酸基は，細菌の死後，環境中で容易に還元あるいは酸化されるため，環境試料中では炭化水素やアルコール，モノカルボン酸などといった誘導体として蓄積し，多く見出される。ステロイドと同じくその生合成における前駆体はスクワレンである。しかし，ステロールと異なる点は，ホパノイドの水酸基の酸素原子は水分子の酸素に由来しており，その合成には遊離酸素は必要としない。したがって還元環境下においても合成されうる化合物群である。

これらの個々の有機分子の炭素安定同位体比（$\delta^{13}C$）は，さらに有用な情報を提供してくれる。図6-3-3には，この河床堆積物中に含まれる化合物

の炭素安定同位体比をまとめた。これらはガスクロマトグラフを同位体質量分析計に直結した分析機器を用いて，オンラインで測定されたものである[104]。炭素数27〜33の奇数炭素数をもつ直鎖アルカンの炭素安定同位体比はいずれも−35‰前後の値をもち，それらが予想通り高等植物によりワックスとして合成されたものであることを裏づけるだけでなく，C_3植物からの寄与が相対的に非常に大きいことを強く示唆している。ところが，イネ科植物のみが合成するフェルネン・メチルエーテルの炭素安定同位体比は，−34‰から−24‰まで約10‰におよぶ幅をもっている。これはE7およびE12サイトでは，イネ科の中でもススキなどC_4植物起源の有機物が相対的に多く含まれているものと考えられる。またジプロプテンは，E7サイトで−45‰という非常に低い値をもち，メタンを好気的に酸化しているバクテリアが，この一時止水域に生息していることを示唆している。しかしこれらのサンプルからは，アーケオルやジエーテルなど嫌気的にメタン酸化をおこなう古細菌のバイオマーカーは見出されないことから，嫌気環境でメタンの酸化はおこなわれていないことが示された。このようにバイオマーカーの分布とその安定同位体比は，河川の一時止水環境における有機物の分布や起源，さらに物質循環を駆動するプロセスについて多様な情報を提供してくれる。

　2つ目に紹介する例は，鹿児島県上甑島の北岸，「長目の浜」に並んでいる多数の湖（池）のうちの1つ，貝池でおこなわれた色素化合物に関する研究である[105, 106]。この貝池は面積0.15 km^2，最大水深約12 mという小規模な「湖」であるが，地下を経由して海水が流入し，著しく塩分成層している典型的な部分循環湖である。その結果，水深4〜5 m付近を境にそれ以深は一年中溶存酸素が欠乏し，硫化水素が存在する環境となっている。この酸化還元境界付近には，各種のバクテリアが濃集し湖水が紫色に変色している層（バクテリア・プレート）がみられることが長年知られていた[107]。この貝池，とくにこのバクテリア・プレートにおいてどのような光合成生物が生息し，どのような生物地球化学サイクルを駆動しているのかについて知るために，その中に含まれる色素化合物とその炭素および窒素安定同位体組成を分析した。

　図6-3-4には，貝池の水界中において深さ方向に採取した一連の懸濁

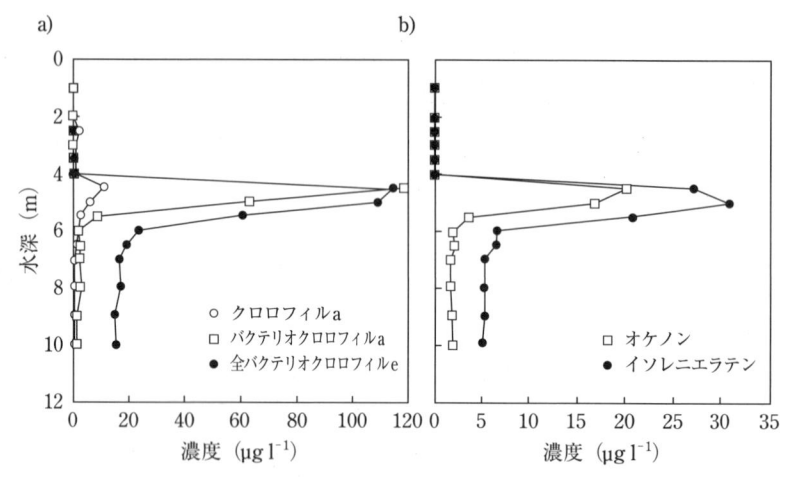

図 6-3-4 鹿児島県上甑島の貝池の水界中における光合成色素化合物の濃度分布。a) クロロフィル色素, b) カロチノイド色素。

粒子サンプルに含まれる色素化合物の分布を示した。懸濁粒子中にはクロロフィル色素として3種のバクテリオクロロフィル e (e_1, e_2, および e_3), バクテリオクロロフィル a, クロロフィル a が多量に見出されたほか, カロチノイド色素としてイソレニエラテン, オケノン, ゼアキサンチンなどが検出された。これらの色素はそれぞれ, 緑色硫黄細菌 (*Pelodyction luteolum*, *Chlorobium phaeovibrioides*), 紅色硫黄細菌 (*Halochromatium* sp.), シアノバクテリア (*Synechococcus* sp.) によって合成されていることが遺伝子解析から明らかになった[108]。これらの色素は, もちろん光合成のためのアンテナ色素として機能しているものである。予想通り, 水界中におけるそれらの濃度はバクテリア・プレートで桁違いに大きくなり, 酸化還元境界の直下の水深 4.5m 付近でバクテリオクロロフィル a, e ともに 100μg L^{-1} を越える濃度を示した (図6-3-4)。その分布を詳しく見ると, バクテリオクロロフィル e はバクテリオクロロフィル a に比べて, その濃度のピークは少々深い位置にあるようだ。さらに, バクテリオクロロフィル a は深層水中にはほとんど存在しないのに対して, バクテリオクロロフィル e は深層水中においてある程度の濃度 (20μg L^{-1}) を保っている。カロチノイド色素であるオケノンとイソレニエラテン (図6-3-1参照) は, それぞれ同じ起源 (紅色硫黄細菌および緑色

硫黄細菌）に由来するバクテリオクロロフィル a とバクテリオクロロフィル e に似た深度プロファイルを示したが，その濃度は約4分の1であった．このことから，緑色硫黄細菌，紅色硫黄細菌，シアノバクテリアといった光合成生物が，厚さ 0.5 m 程度のバクテリア・プレートにおいて密集して生息し，深層水中には緑色硫黄細菌のみが生息していることが明らかにされた．

　これら光合成色素を，高速液体クロマトグラフによる分取法を用いて単離・精製し，その炭素および窒素安定同位体比を測定した結果を図 6-3-5 に示した．水深約 4.5 m に存在するバクテリア・プレートにおいて，緑色硫黄細菌が合成するバクテリオクロロフィル e はいずれも $-22‰$ 程度で，他の色素，とくに紅色硫黄細菌が合成するバクテリオクロロフィル a やオケノンに比べて $10‰$ 近くも重い（^{13}C に富む）値をもっている．これは緑色硫黄細菌が，光合成に際して二酸化炭素を固定する際に，カルビン回路ではなく逆 TCA 回路とよばれる特殊なプロセスを用いていることに起因している．すなわち，二酸化炭素固定にかかわる酵素が異なり（それにともなう同位体分別が異なり），それによって炭素安定同位体比に違いが生じているわけだ．緑色硫黄細菌は深層水中（水深 8 m）そして表層堆積物中にかけて，その炭素安定同位体比は有意に軽く（^{13}C に乏しく）なっていく．これは緑色硫黄細菌が，深層水中や堆積物表面でもともと軽い同位体比をもつ溶存二酸化炭素を用いて光合成し，バクテリオクロロフィル e やイソレニエラテンを合成していることを示している．それに対して，炭素安定同位体比が深度方向にあまり変化しない紅色硫黄細菌起源の色素は，深層水中や堆積物表面に存在するバクテリオクロロフィル a のほとんどが元来バクテリア・プレートで合成されたもので，それらが沈降していく途中にあるバクテリオクロロフィル a を捉まえているにすぎないことを示唆している．

　さらにこれらクロロフィル色素の窒素安定同位体比（$\delta^{15}N$）は，それらを合成する光合成生物の窒素同化プロセスに関する情報も提供してくれる．図 6-3-5 に示した通り，バクテリア・プレートにおいて 3 種類のバクテリオクロロフィル e の窒素安定同位体比は $-7 \sim -8‰$ という値をもっている．詳細は他に譲るが[109]，クロロフィルはそれを含む細胞に対して，窒素安定同位体比が約 $4.8‰$ 軽い（^{15}N が少ない）ことが知られている．このルールを適

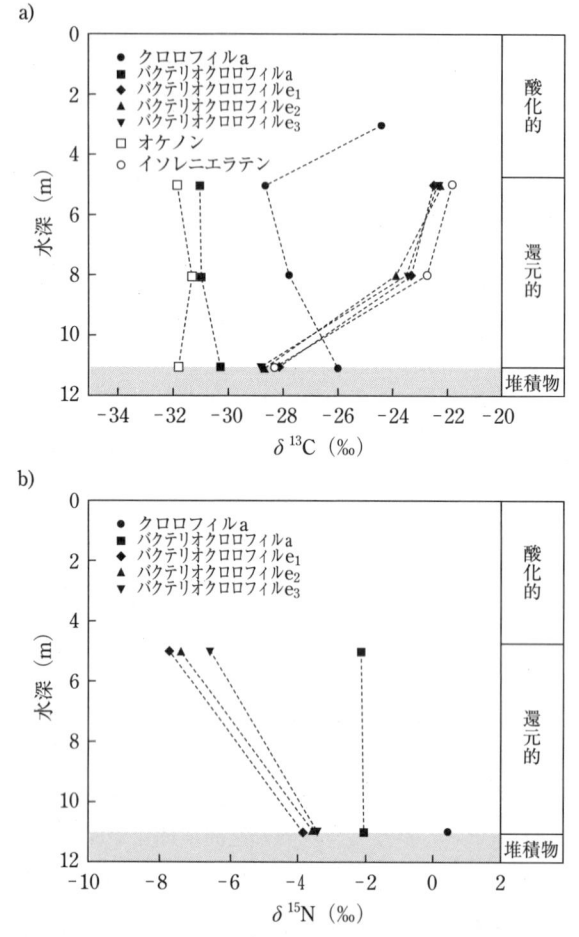

図6-3-5 鹿児島県上甑島の貝池の水界中における光合成色素化合物のa)炭素同位体比(δ^{13}C)、b)窒素同位体比(δ^{15}N)。

用すると，これらのバクテリオクロロフィル e を合成している緑色硫黄細菌の平均的な窒素安定同位体比は約 −3‰であると推定できる。この値は，バクテリア・プレートに生息する緑色硫黄細菌が窒素固定をおこなっていることを示唆している。それに対して，バクテリオクロロフィル a は，バクテリア・プレート，堆積物ともに約 −2‰と，バクテリオクロロフィル e に比較して有意に高い値をもつ。ことから，硝酸イオンを窒素源としていることが

示唆された．不思議なことに還元的な環境にはアンモニアが多量に溶存しているにもかかわらず，そこに生息する緑色硫黄細菌はエネルギー的に圧倒的に不利な窒素固定をおこなっているようだ．なぜこのようなことが起きているのかは現時点では謎であるが，海洋中でもこのようなことが起きていることが知られており（J. Montoya, 私信），今後の微生物生態の研究における興味深いテーマである．

　ここでは2つの研究例について解説しながら，バイオマーカーとその安定同位体比の利用法を解説した．この手法はここで解説した以外にも，多様な環境場の解析に活躍する可能性を秘めた方法論である．たとえば，嫌気環境でメタンの酸化をおこなう古細菌は，系統分類学的に真正細菌とは異なる生物である．この古細菌は，エーテル脂質と総称されるイソプレノイド炭化水素がグリセロールにエーテル結合した特徴的な脂質を合成するため，容易にその存在を確認することができる（図6-3-1）．しかもメタンを酸化している場合，それらは非常に軽い炭素安定同位体比をもつので，炭素安定同位体比を測定すればその機能は一目瞭然である．また嫌気的な環境においてアンモニア酸化をおこなう「アナモックス」とよばれる微生物が1990年代に見出された．このアナモックスは，ラダレンとよばれる特殊な化合物を合成することが知られており（図6-3-1[110]），今後そのラダレンの同位体比の測定から，アナモックスの生態や還元環境におけるアンモニア酸化の速度などについて新たな知見が得られるかもしれない．さらに，アミノ酸の窒素安定同位体比を用いた栄養段階の推定法も，近い将来に環境解析の新たなツールとして用いられていくだろう（この方法の詳細については文献111を参照）．

　環境試料中に含まれるこのようなバイオマーカーを分析することによって，そこにどのような（微）生物が生息しているか，あるいはかつて生息していたかについて知ることができる．さらにそれらの同位体比を測定することによって，それらが環境中でどのような生物地球化学的機能をもっていたのかについての知見を重ね合わせ，環境の全体像へと迫ることができる．ただ，環境は無数の有機化合物の集合体といえるので，目的を絞ってターゲットとなるバイオマーカーをあらかじめスクリーニングしておくことが重要である．そうしておけば，近年発展している抽出や分離，さらにはガスクロマ

トグラフィー測定の自動化により，多量の試料を比較的短時間で分析することも可能である。まだ分析化学的な側面が強いものの，今後各種の環境診断などの目的に応じたカスタマイズがなされれば，さまざまな環境解析に広く用いられる可能性を秘めた手法である。

　ここで解説した炭素や窒素安定同位体比の他に，近年ガスクロマトグラフ／熱分解／同位体質量分析計とよばれる機器が市販されるようになり，化合物レベルの水素同位体比が測定できるようになった。その研究はまだはじまったばかりであるが，その有用性も現在どんどん広がりつつある。これら天然レベルの同位体測定と合わせて，安定同位体のラベル化法による環境診断も今後試されていくだろう。

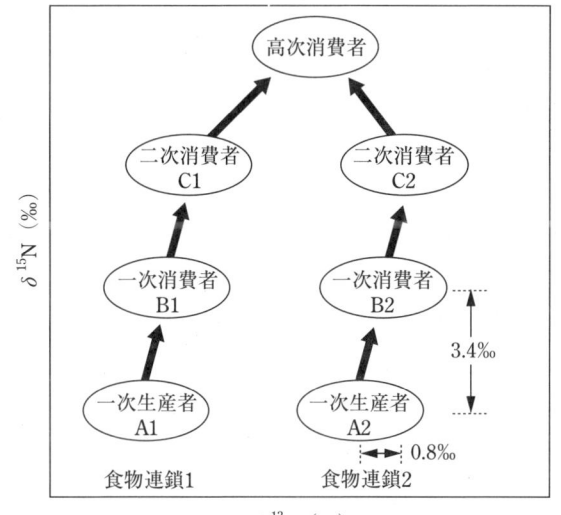

図 6-4-2 図 6-4-1 の食物網を炭素・窒素安定同位体比の平面座標上にプロット。同化による安定同位体比の濃縮係数を,炭素 0.8‰,窒素 3.4‰ と仮定した。

質循環を駆動している。

3. 安定同位体を用いた食物網解析

　生物体の安定同位体分析から食物網構造を解析する手法の原理は,生物の物質代謝に伴う 2 つの同位体効果を利用したものである。1 つは,一次生産者が有機物を生産する際に見られる個体,種,機能群間での光合成機能の差異,あるいは,光合成に影響する物理・化学的な環境条件によって,一次生産物の炭素安定同位体比に変異が生じる効果である (6 章 1 節)。もう 1 つは,動物が食物を摂取し,一部を自身の体として同化し,残りを不要な老廃物として体外に排出する際に生じる窒素安定同位体比の分別効果である (6 章 2 節)。

　水界生態系における主要な一次生産者は,植物プランクトンや底生藻類などの微細藻類である。水界の一次生産者として,この他に水生高等植物や大

型藻類（海藻類）も高い現存量を示す。しかし，これらの生産者は難分解性の多糖類を多く含み，一般的には，消費者にとって質の悪い餌である。ただし，一部の専食者はこれを活発に消費する。外来性の有機物として水域生態系に流入する陸上植物由来の懸濁物も，消費者に直接利用されることは少ない。しかし，陸上植物や水生大型植物の枯死体が細菌類や菌類などによって適度に分解され，菌体を含む分解途上産物がデトリタス食者による摂食を通して，食物網にくみこまれる経路もある。

　これらさまざまな一次生産者に由来する有機物が食物網の出発点となる。動物が有機物を同化する際に生じる炭素・窒素安定同位体比の変化は，食物網内部のあらゆるノードにおいて共通のパターンを示す。一般に，炭素安定同位体比の変化は小さく，栄養関係を通してわずかしか上昇しない。一方，窒素安定同位体比は栄養段階が1つ上がるごとに3.4‰程度上昇する。図6-4-1bで示した食物網を炭素・窒素安定同位体比を軸とした平面座標上に投影すると，図6-4-2のような二次元的な構造として表現することができる（詳細は6章2節を参照）。

4. 沿岸生態系における基礎生産構造の推定

　基礎生産構造とは，一般には，一次生産者の個体や光合成器官（陸上植物ならば葉）の空間的な分布状態のことを指す。沖帯生態系では，水柱における植物プランクトンの現存量の鉛直分布をクロロフィル濃度などによって表したものを指す。沿岸生態系では，底生藻類の一次生産も重要であるため[112,113]，水柱と水底に分けてクロロフィル濃度を測ることで，一次生産者の空間分布を知ることができる。しかし，この測定にはさまざまな問題がある。沿岸域の水底の大部分を占める砂底や泥底には，底生藻類と植物プランクトン由来の沈降物がある割合で混合しながら存在する。これらをクロロフィル濃度によって分別するのは困難である。その存在比が知りたければ，顕微鏡下で藻類細胞を1つ1つ分類して，現存量比に換算するという根気と熟練を要する作業が必要になる。さらに，藻類の中には浮遊生活と底生生活を交互におこなうものもいるため，顕微鏡観察だけでは生活型の分別が困難

な場合もある。そこで，藻類の炭素安定同位体比（6章1節）を利用して，沿岸生態系における基礎生産構造に関連する情報を得ることを試みる。

　沿岸帯に生息する動物と沖帯に生息する動物の炭素安定同位体比は明瞭に異なる場合がある[114,115]。この差異は，両者の生産基盤となる植物プランクトンと底生藻類の炭素安定同位体比の違いを反映したものである（6章1節）。つまり，沿岸動物の炭素安定同位体比が沖帯の動物より高いのは，前者がおもに底生藻類起源の炭素安定同位体比が高い餌を食べ，後者がおもに炭素安定同位体比の低い植物プランクトン起源の餌を食べるためである。ある動物の安定同位体比が，植物プランクトンと底生藻類の炭素安定同位体比の中間の値をとる場合は，混合モデルを用いてそれぞれの餌の寄与率を推定できる（p. 288〜290）。

　専食性の強い（餌のタイプが既知である）一次消費者の安定同位体比から，植物プランクトン，あるいは，底生藻類の安定同位体比を推定することも可能である。たとえば，礫上に付着した底生藻類を食みとる習性のあるベントスの安定同位体比を測定すれば，その値から同化に伴う濃縮係数を差し引いたものが底生藻類の安定同位体比であると推定できる。一次生産者の安定同位体比を直接測るほうが手っ取り早いように思うかもしれないが，藻類の安定同位体比を正確に推定するには，すでに述べたような植物プランクトンと底生藻類の混在の問題以外にも，いくつかの困難がある。微細藻類は，それが浮遊性であっても底生であっても，二酸化炭素の取込速度に影響するさまざまな環境要因の不均一な分布によって，その炭素安定同位体比が空間的に大きく変動する。また，微細藻類は代謝回転速度が速いため，その時間変動も著しい。時として，10‰以上の季節変動を示すこともある[116]。このように時空間変動が大きい藻類の安定同位体比の平均値の推定精度を高めるには，多地点での時系列データを取らねばならない。その点，一次消費者は代謝回転速度が相対的に遅いため，一次生産者の安定同位体比の時間変動をより長い期間積分した効果をもつ[117]。この積分効果は代謝回転速度が遅い動物ほど長くなるので，一次生産者の安定同位体比のばらつきはより小さくなる。たとえば，植物プランクトンの安定同位体比が知りたいのであれば，動物プランクトンを測ればよいが，少ないサンプル数から高い推定精度を得るには，

二枚貝のような代謝速度が遅い懸濁物濾過食者を測る方が望ましい。ただし，沿岸帯の懸濁物濾過食者から植物プランクトンの安定同位体比を推定する際に注意しなければならない点がある。それは，水柱の懸濁物の中には波浪などの物理的撹拌によって舞い上がった底生藻類が少なからず混入することである[118]。純粋な植物プランクトンの値を得たければ，入射量が少なく底生藻類が確実に増殖できない深所から採集したベントスを用いるのがよいだろう[119]。

　一次消費者の安定同位体比から基礎生産構造*を推定するにあたって，ベントスを用いるのが望ましい理由は，その代謝回転速度が遅いということ以外に，2つの生態的特徴が関係する。1つは，ベントスの多くが移動能力に乏しく定着性が高いため，その場の環境情報をよく反映するという特徴である。また，ベントスの摂餌機能はたいてい非常に特殊化しており，雑食の影響をあまり考慮しなくてすむことも利点である。たとえば，Doiら[120]は河口域に生息するベントスの炭素安定同位体比を測定することによって，餌源となる一次生産物の利用割合の流程に沿った変化を調査した。底生藻類食に特化したベントスの炭素安定同位体比が場所間で変化しない一方，堆積物を非選択的に食べるベントスの炭素安定同位体比は空間変異を示した。この結果は，底生藻類自体の炭素安定同位体比が場所間で異ならないのに対し，水中を懸濁・堆積する複数の基礎生産者の混合物は空間的に変化しうることを示唆する。

---

*（編者注）基礎生産者の「生産構造」とは，植物プランクトンならば生物量の鉛直分布を，また，陸上植物の場合ならば，光合成器官（葉など）と非光合成器官（茎，根など）の乾重の鉛直分布などを，一般的に意味する。本節で議論されているような，一次消費者の炭素安定同位体比を利用した推定方法を用いた場合には，一次消費者によって同化された全炭素量に対する，着目する餌料（植物プランクトン，底生藻類）の寄与率が得られることになる。つまり，物理的（たとえば，植物のサイズが大きすぎる又は小さすぎるために摂餌できない）あるいは生理的（たとえば消化吸収ができない）理由によって，一次消費者が利用することのできない基礎生産者（あるいはその一部分）の生物量については，この方法では考慮されないことになる。従って，本法によって推定される「生産構造」は，ある生態系における基礎生産者の空間分布を意味する「生産構造」とは必ずしも等しくないことに注意する必要がある。

5. 人為攪乱による基礎生産構造の変化

　それでは，実際に，沿岸生態系のベントスの安定同位体比を測定することによって，そこに接続する河川生態系からの人為攪乱の影響をどのように評価できるか考えてみよう。河川から沿岸生態系に負荷される物質の内，食物網に直接影響しうるのは無機栄養塩類と懸濁態有機物の2種類である（溶存態有機物は，細菌による取込を介して物質循環の大きな役割を担うが，これについては本節では議論しない）。

　まず，無機栄養塩類として沿岸に負荷される場合を考えてみる。話を単純化するために，人為影響の少ない貧栄養な湖沼を想定する（図6-4-3a）。沿岸域に流入した栄養塩類は，即座に植物プランクトンに取り込まれて表層での一次生産活動を促進する。この施肥効果は，底質から溶出する栄養塩類の供給を受ける底生藻類より，栄養塩類が潜在的に枯渇しやすい表層の植物プランクトンにとって劇的に作用する。栄養塩類の負荷が適度な場合，植物プランクトンの増殖はそのまま藻類食者の餌の増加に直結する。この効果は，植物プランクトンを基点とした食物連鎖上に位置する一次消費者の現存量の増加として検知可能である（図6-4-3b）。これを生産基盤の底上げ（ボトムアップ）効果とよぶ。一次生産物の増加した分だけ，一次消費者の摂食量が増せば，食べられずに残存している一次生産者の現存量は見かけ上，変化しない。

　しかし，過剰な栄養塩類が流入すると，状況は一変する。まず，栄養塩類の供給が藻類の個体群成長の律速要因でなくなると，潜在的に高い増殖速度をもつ植物プランクトンは，一次消費者による摂食を上回る速度で増殖を開始する。生産と消費のバランスが崩れると，余剰生産が生じ，植物プランクトンの現存量が増すことになる（図6-4-3c）。植物プランクトンが増えることで水中の懸濁物濃度が上昇すると，水底への入射量が減衰するため，底生藻類の生産量や底生藻類食者の現存量が減少する[121~123]。また，水底に堆積した有機物を食べるデトリタス食者の炭素安定同位体比は，沈降・堆積物に占める植物プランクトンの割合が相対的に増すことによって，植物プランクトンよりの値にシフトする（図6-4-3a~c）。たとえば，タホ湖の深底層に生

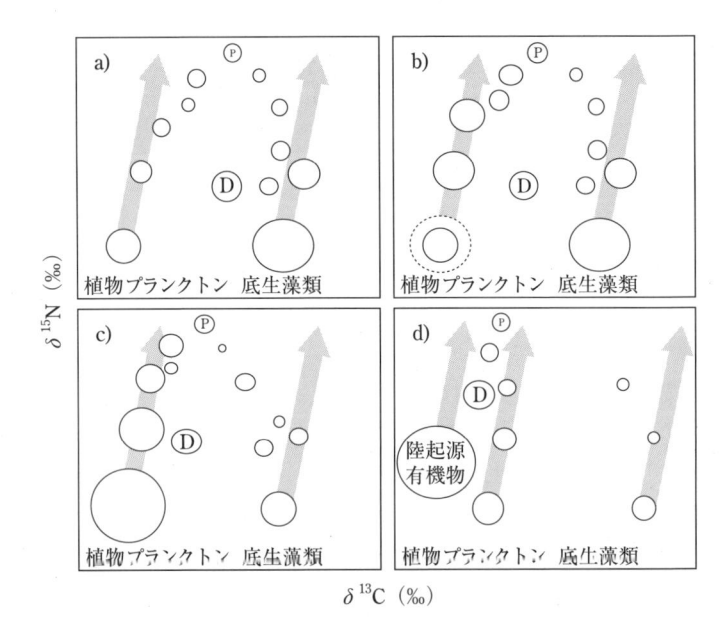

図 6-4-3 沿岸食物網の安定同位体比マップの概念図。プロットの大きさは各摂餌機能群の現存量の多さを相対的に表現する。矢印はそれぞれ植物プランクトンを基点とした食物連鎖と底生藻類を基点とした食物連鎖を表し，P は高次消費者，D はデトリタス食者を示す。系の栄養状態の変化によって各機能群の安定同位体比と現存量がどのように変化するか注目せよ。a) 貧栄養な環境における食物網。b) 適度に栄養化した環境における食物網。c) 富栄養化した環境における食物網。d) 陸起源有機物の流入量が増大した環境における食物網。

息するベントスの炭素安定同位体比は 1963 年から 2001 年の約 40 年の間に $-16.6‰$ から $-20.8‰$ まで低下した[119]。これは，本湖の富栄養化に伴って植物プランクトンの生産性が増加したことに起因し，この期間中のベントスの表層生産依存率は 27% から 62% にまで上昇した。このように，河川からの栄養塩類の負荷によって，流入先の沿岸生態系の栄養状態が貧栄養から富栄養に移行した時の基礎生産構造の変化を各摂餌機能群の現存量と炭素安定同位体比の変化から読み取ることが可能である。

次に，懸濁態有機物が外部負荷される場合を考えてみよう。沿岸に懸濁態有機物が運ばれる場合の挙動は，湖沼と海洋で大きく異なる。河川水中の微

細粒子が海水と接すると，その性状が電気的に中性となり，お互いに凝集しあう現象（フロック形成）を引き起こす。凝集した粒子は速やかに沈降するため，河川由来の懸濁態有機物が沿岸海域に広範囲に拡散することはない。したがって，ここでは，湖沼生態系に限定して話を進める。河川から供給される懸濁態有機物の主たるものは，陸上植物，河川内部で生産された藻類，生活排水に含まれる人為起源の懸濁物，あるいは，それらを餌として増殖する細菌や原生動物である。一般に，河川上流域の基礎生産を担うのは陸上植物起源の外来性有機物であるが，人為影響の少ない河川では，その懸濁粒子が流程に沿って形成される多様な摂餌機能群によって加工・消費される。そのため，日本における自然度の高い河川では，陸上起源の粒状有機物が汚濁化した河川水として沿岸域に流入することは滅多にない。河川水の有機汚濁化が顕著となるのは，都市河川や農業河川などに見られるような過剰な物質負荷によって，生産と消費のバランスが崩れる場合である。動物による懸濁態有機物の細粒化・無機化が滞ると細菌類による分解が卓越し，水中の溶存酸素濃度が低下する。溶存酸素濃度の低下は，貧酸素耐性に乏しい摂餌機能群の現存量を低下させ，さらに細菌類が卓越するという悪循環を引き起こす。この一連のプロセスによって，汚濁化した河川水が沿岸域に流入すると，底生藻類ばかりでなく植物プランクトンにまで被陰効果がおよびうる。沿岸生態系の内部生産性が著しく減じられることによって，藻類専食性ベントスの現存量が減少したり，デトリタス食者の炭素安定同位体比が陸上起源有機物の値にシフトしたりといった影響が生ずると予想される（図6-4-3d）。

6. 沿岸生態系における高次消費者の役割

　魚類は，沿岸生態系の食物網の上位に位置する機能群である。魚類の現存量とそこに流れるエネルギー量は沿岸生態系全体から見れば非常に小さい。しかし，高次消費者は，生態系の物質循環や食物網の構造に対して大きな影響を与えうる。ここでは，沿岸生態系の健全性という観点から，高次消費者である魚類の重要性を考える。

　はじめに述べたように，本節では生態系の健全性を科学的に測定可能な生

態系サービスとして評価することを目的としているが，そのサービス量は瞬間的な最大値ではなく時間積分的な最大値であることが望ましい．つまり，生態系サービスが高いレベルで安定的に維持される状態が最良ということだ．たとえば，水界生態系を例に取ると，水が綺麗で魚介類資源が豊富であることは人間の生活にとってもっとも重要な要素であり，科学的にも定量可能な生態系サービスといえる．このようなサービスを「水質環境軸」と「高次生産軸」にカテゴリー化して，双方の積分値の和を最大化するような条件を求めてやればよいわけだが，一見すると，澄んだ水と魚類の豊富さは相反する要素のように感じるかもしれない．「水澄めば，魚棲まず」という諺にあるように，貧栄養で透明度の高い水域は生産性が低いため，一般に魚類生産も貧弱だからである．しかし，その逆の「魚棲むが，水も澄む」という系も存在しうることに注目してみよう．このような系は，トロフィック・カスケードを通して実現可能である．

　トロフィック・カスケードとは，食物連鎖における直接的な栄養関係にないもの同士の相互作用のことを指す[124]．魚類は下位の栄養段階からボトムアップ効果を受けるだけでなく，その存在によって下位の栄養段階に影響を及ぼしうる．先の項で論じたように，河川からの物質負荷は沿岸水の汚濁化を引き起こしうるが，同じ負荷量でも汚濁化する系としない系が存在する．一体，その違いは何なのだろう？　これには，食物網の高次構造とその安定性が深く関与する．

　魚が年によって獲れたり獲れなかったり，あるいは，水が年によって澄んだり濁ったりするのは，食物網が構造的に安定でないことを示唆する．時には，ある年を境に魚がぱったり獲れなくなったり，水が濁った状態から澄んだ状態に戻らなくなったりということもあるだろう．このように生態系が復元性を失い，不可逆的な変化をきたす現象をレジームシフトとよぶ．これもまた，食物網が不安定なために生じたものである．魚がたくさん獲れ，水が澄んだ状態が望ましいことはいうまでもないが，その望ましい状態を安定的に保つことも生態系管理の現場では求められる．そのような食物網の安定性に対して高次消費者となる魚類がどのような役割を担うのか理解することは重要である．次項では，高次消費者が食物網構造を決定する支配要因となり

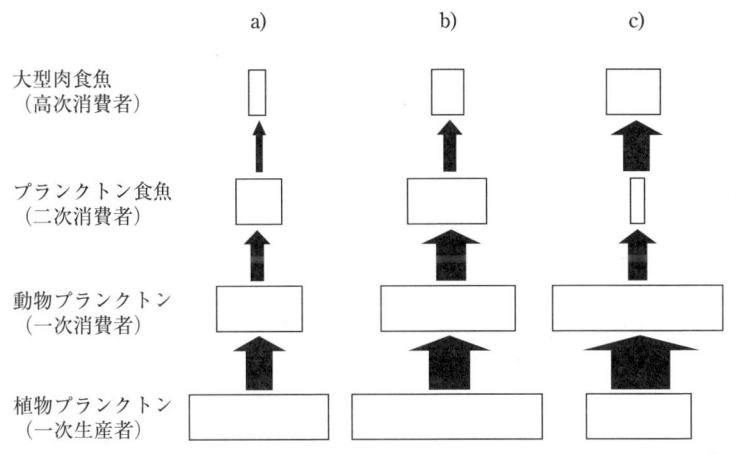

図 6-4-4 4栄養段階からなる食物網におけるトロフィック・カスケードと各栄養段階の現存量の変化。a) 通常の状態。b) ボトムアップ効果が作用している状態。c) トップダウン効果が作用している状態。

うるいくつかの事例を紹介する。

7. 高次消費者によるトップダウン効果

　トロフィック・カスケードが上位の栄養段階から下位の栄養段階に及ぶ場合，とくに，この反応をトップダウン効果とよぶ。逆のプロセスは，先に論じたボトムアップ効果である。どちらのカスケード反応も同時に生じうるので，それぞれのカスケード反応の強さを別々に定量化することはできない。しかし，食物網構造の時系列変化を通じて，相対的にどちらのカスケードが優勢であるのかを比較することは可能である。

　いま，4つの栄養段階からなるシンプルな食物網を考えてみる。一次生産者は植物プランクトン，それを食べる一次消費者として動物プランクトン，さらにそれを食べる二次消費者のプランクトン食魚がいて，大型の肉食魚がこの食物網の最上位を占める（図 6-4-4a）。図 6-4-4b は，ボトムアップ効果によって植物プランクトンの現存量の増加が徐々に上位の栄養段階に伝達されていく様子を描いたものである。これは，貧栄養な生態系に栄養塩類が

供給された場合に見られるパターンである。逆に，大型肉食魚によるトップダウン効果が強く作用すると，この食物網の構造がどのように変化するか見てみよう（図6-4-4c）。まず，プランクトン食魚に対する大型肉食魚の強い捕食圧がかかることによって，その現存量は低く抑えられる。一方，プランクトン食魚の摂食圧が弱まることによって，動物プランクトンの現存量は増加する。増加した動物プランクトンがさかんに植物プランクトンを摂食することによって，一次生産者の現存量は低下する。ボトムアップ効果が相対的に強く作用する系では，食物網がピラミッド型をしていたのに対し，トップダウン効果が強まると，一次消費者と三次消費者が卓越するくびれ型に変化する。これは，前項で述べたように，漁業対象となる大型魚が豊富に存在し，藻類現存量が少ない，つまり，水が澄んだ状態を再現したものである。この系において藻類現存量を抑え透明度を保つには，肉食魚の存在が不可欠である。実際に，汚濁化した湖沼の透明度を改善する管理施策として，欧米では魚類を人為的に除去したり放流したりする生物操作（biomanipulation）がさかんにおこなわれている。プランクトン食魚の除去によって透明度の改善が見込める一方，肉食魚の放流によって改善効果が強化されることも報告されている[125,126]。トップダウン効果が強く作用する状態が長期的に安定であるか否かは系の特性に大きく依存するが，これについては次項で詳しく述べたい。

仮に，この系が潜在的に安定化する特性を有していたとしても，人為的な外圧が加われば，この構造は容易に崩壊しうる。たとえば，大型肉食魚の乱獲が著しい北西大西洋のある海域では，高次捕食者の減少によってプランクトン食魚が増え，餌となる動物プランクトンが減少した結果，植物プランクトン現存量が卓越するという食物網構造の劇的な変化がこの数十年の間に生じたことを報告している[127]。

8. 食物網の安定化装置としての高次消費者

魚類によるトップダウン効果は湖沼のような空間スケールの小さな生態系で強く作用することが知られている[128]。しかし，その効果はしばしば一過性

を示し，食物網構造が長期間，安定的に維持される例はまれであるという指摘がある[125, 129]。その一方で，トップダウン効果が恒常的に作用している湖沼が存在するという報告もある[126]。本項では，食物網構造を安定化させる系の特徴と安定化装置としての高次消費者の役割に関する理論研究を紹介する。

まず，食物網が安定化する条件として，生態系内に複数のエネルギー流路が存在することが重要であるというのは多くの理論研究者の見解の一致するところである。この複数の流路とは，異なる一次生産者を基点とした食物連鎖を意味する。次に，この複数のエネルギー流路を架橋する継ぎ手の存在が必要となる。この継ぎ手の存在によって食物網動態が安定化するロジックの基本は，以下のようである。まず，生産者―消費者―捕食者の三者から成る系を仮定する。いま，栄養状態の向上によって生産者が増えると，消費者も増加する。消費者の増加が捕食者個体群を増幅させると，捕食者による過剰消費が起こって消費者が激減する。つづいて，生産者が増え，再び同じサイクルを繰り返す。時には，捕食者による食いつくしが起こって捕食者と消費者の共倒れという事態が生じるかもしれない。この例のように，シンプルな捕食者・被食者動態は多くの場合，振幅やカオス的な挙動を示し，安定化しない。しかし，もし捕食者が異なる食物連鎖に由来する2種類の消費者を餌対象として可塑的に変更できるなら，一方の食物連鎖上の消費者が減少しても，他方の連鎖上の消費者に切り替えることで捕食者個体群を安定的に維持することが可能である。捕食者によって食物連鎖の切り替えが起こるメカニズムとして，たとえば，捕食者による餌の選択性を仮定したもの[130]，餌の選択性とは無関係にエネルギー流路の速度や効率の違いに依拠したもの[131]，あるいは，空間的に規定された複数の流路を捕食者の行動圏がカバーできるか否か[132]，などさまざまなものが提案されている。また，植物プランクトンと底生藻類が拮抗関係にあることを想定した沿岸生態系の現実に即したモデルでは，高次消費者によるトップダウン効果が安定的に維持される条件として，適度な栄養状態をあげ，極度に貧栄養や富栄養な環境では食物網が不安定になることを予測している[133]。このように複数の食物連鎖に属する生物を摂食する様式を多重鎖雑食（multi-chain omnivory）とよぶ（図6-4-1bの高次消費者）。

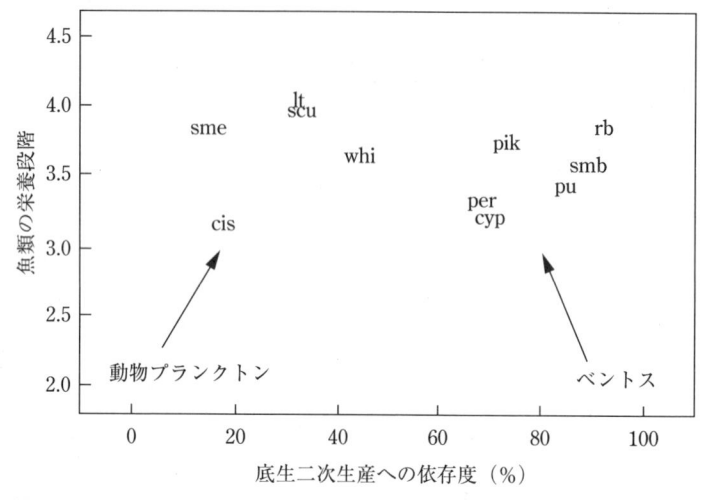

図6-4-5 中央オンタリオの17湖沼における魚類の安定同位体比を測定し，その栄養段階と底生二次生産への依存率を計算してプロットした．2本の矢印は動物プランクトンとベントスを基点とした食物連鎖を表す．各魚種は略号で表記．文献134を改変．

一般に，魚類は摂餌行動の可塑性が高く，移動能力も高い．プランクトン食魚やベントス食魚といった形式的な摂餌機能群に分類される魚でも，プランクトンやベントスを専食していることはまれで，その安定同位体比を測定すると多かれ少なかれ異なる食物連鎖に属する餌生物を利用していることがわかる[134]．このような雑食による複数のエネルギー流路の融合は，栄養段階が上位になるほど次第に収束していき，食物網の最高位で1点に収斂する．炭素・窒素同位体マップ上にプロットされた生物群集がピラミッド型を示すのはこのためである．高次消費者の炭素安定同位体比が陸起源有機物の負荷[135]や富栄養化による表層生産物の卓越[119,136]によってシフトするのは，基礎生産構造およびそのエネルギー流路の変動を反映したものにほかならない．これは，また，高次消費者の炭素安定同位体比の変動から，食物網全体の構造的な変化を読み取ることが可能であることを意味する．

高次消費者による多重鎖雑食が食物網を安定化する原動力となっていることを検証するには，今後，実証研究による観察データを積み重ねる必要がある．この仮説が正しいなら，逆に，複数の食物連鎖をつなぐ高次消費者

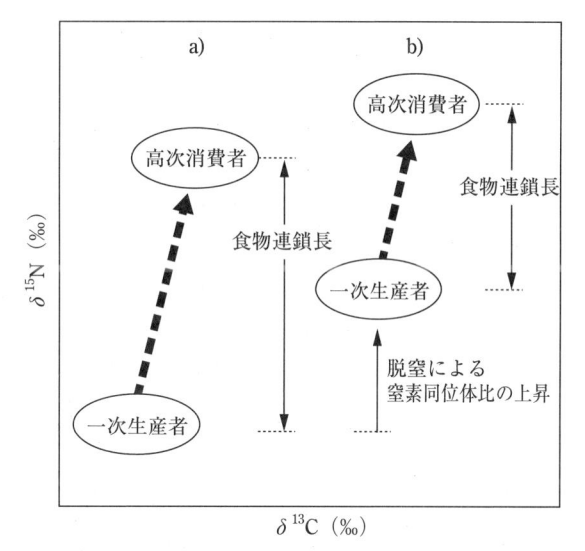

図6-4-6 一次生産者および高次消費者の炭素・窒素同位体比と食物連鎖長の関係。a）通常の食物網と，b）富栄養化した環境における食物網。b）では，脱窒によって，窒素同位体比のベースラインが上昇する。a）に比べてb）の食物網では，一次生産者・高次消費者ともに窒素同位体比が高くなるが，食物連鎖長は逆に短くなる。

が存在しない系では，食物網が不安定な挙動を示すかもしれない。Vander Zandenら[134]は北米の中央オンタリオに位置する17の湖沼でさまざまな魚類の炭素安定同位体比を測定した（図6-4-5）。これらの湖では，魚類の同位体比分布が表層食物連鎖と底層食物連鎖に分断しており，2つの食物連鎖をつなぐ大型肉食魚の欠落が指摘されている。このような生態系の安定性を調査することはたいへん興味深いだろう。

9. 食物連鎖長の決定要因

　高次消費者の窒素安定同位体比（$\delta^{15}N$）を測定すると，食物網の頂点の栄養段階の高さを推定することができる。この高さは，栄養関係で結ばれた鎖の長さに相当することから食物連鎖長（food-chain length）とよばれる（図6-4-6）。この推定には以下の式を用いる。

　　食物連鎖長＝（高次消費者の$\delta^{15}N$－一次生産者の$\delta^{15}N$）/3.4＋1

一次生産者の安定同位体比は潜在的に変動しやすいので，上述のように，代謝回転速度の遅い一次消費者の$\delta^{15}N$から一次生産者の$\delta^{15}N$を推定することもおこなわれる[117,137]。

　食物連鎖長は時間や場所によって変化する。このような変動はなぜ生じるのだろうか？　この疑問に答える前に，まず，食物連鎖長はどこまで長くなるか考えてみよう。基本となる前提は，各栄養段階の生産量がその餌となる下位の栄養段階の生産量を上回らないということである。したがって，生産構造は必然的に上位の栄養段階ほど生産量が小さくなるピラミッド型を呈する。また，消費者が餌に出会えなかったり，出会っても選択的に食べなかったり，あるいは，食べても同化されなかったりした量を差し引くと，上位の栄養段階に運搬される生産物の転換効率（餌生物の生産量に対する消費者の生産量の割合）はぐっと低くなる。この転換効率は，水界生態系では1-25%の範囲にあると見積もられている。仮に，すべての栄養段階で転換効率が10%だとすると，三次消費者の生産量は一次生産量のわずか0.1%まで減少することになる。したがって，食物連鎖長が無限に長くなることは原理的にありえない[138]。このようなエネルギー的な制約を踏まえた上で，さまざまな湖沼の食物連鎖長を比較し，その変動をもっともよく説明する要因を探索した研究がある。たとえば，Vander Zandenら[139]は湖沼サイズ（表面積）に生産性をかけ合わせた変数（系内で利用可能な総エネルギー量の指標）が食物連鎖長のばらつきをよく説明できると結論した。それに対して，Postら[90]は限られた地理的範囲に絞って生態的に類似した湖沼群のみを選択し，湖沼サイズ（容積）と生産性の間に見られる相関を排除した上で統計解析をおこなっ

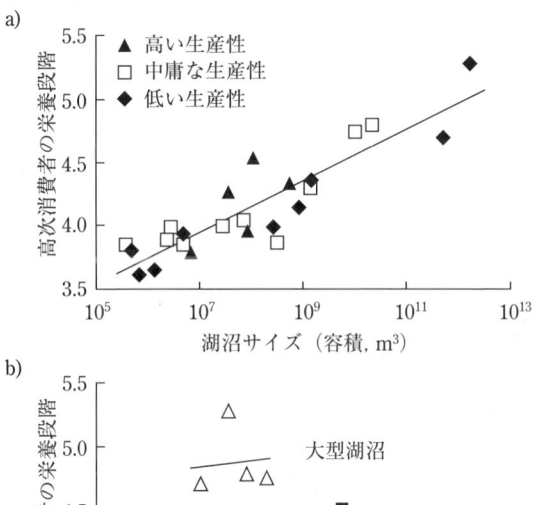

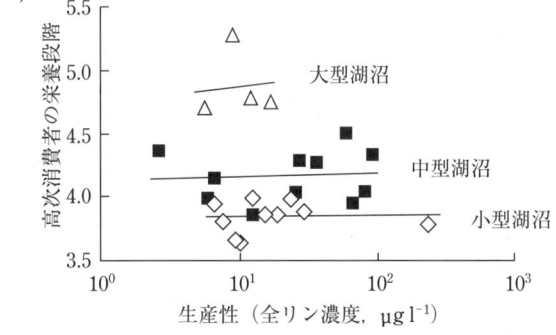

図6-4-7 北米の25の温帯湖に生息する高次消費者の安定同位体比から栄養段階を推定して，a) 湖沼サイズとの関係，およびb) 生産性との関係を線形回帰法により解析した。文献90より許可を得て改変・掲載。

た。その結果，食物連鎖長は湖沼サイズのみと高い相関を示すことを明らかにした（図6-4-7）。

　湖沼サイズが大きくなると栄養段階が高くなる生態学的な理由はよくわかっていないが，2つの可能性があげられる。1つは，生態系のサイズが大きくなることによって生息環境の空間的不均一性が増し，種数が増えることである。これは一般に種数─面積関係として知られる現象である。種数が増えて中間の栄養段階に位置する生物の機能的な分化が生じると，栄養段階の数が増えて食物連鎖長が長くなりうる。もう1つは，生態系サイズが小さくなることによって高次消費者の雑食が促進される効果である。後者の可能性は，高次消費者の移動能力と各食物連鎖の土台となる生息地サイズの相対的

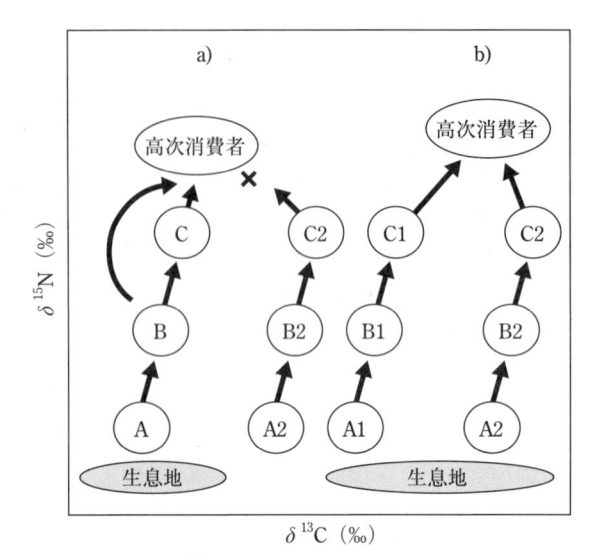

図 6-4-8 生息地サイズと雑食に伴う高次消費者の栄養段階の変化。a) 生息地サイズが小さいため1つの食物連鎖しか存在せず，高次消費者は食物連鎖内で栄養段階の異なる2つの餌生物を雑食。b) 大きな生息地に2つの食物連鎖が存在し，高次消費者はそれぞれの食物連鎖に属する同位の栄養段階の餌生物を雑食。

な空間スケールを考慮した理論モデルによって明快に説明される[132]。すなわち，高次消費者の行動圏に対して生息地サイズが小さくなるほど，より強いトップダウン効果が作用し，食物網動態が不安定になる。先に述べたように，強いトップダウン効果の下では，餌生物の現存量が低く抑えられる代わりに，餌生物の餌，つまり栄養段階が2段階低い生物の現存量が増加する。このような系で高次消費者は豊富に存在する2段階下位の生物を摂食することで，本来の餌の不足分を補填しようとするだろう。このように通常の餌に加えて，栄養段階が2つ以上低い餌生物を食べる雑食（single chain omnivory）は，異なる食物連鎖に属する同位の栄養段階の餌生物を食べる雑食（multi-chain omnivory）とは異なる帰結を生む（図6-4-8）。後者の雑食（図6-4-8b）では栄養段階が変化しないのに対し，前者の雑食（図6-4-8a）は栄養段階を減少させる効果をもつ。つまり，生態系サイズが小さくなるほど，高次消費者による食物連鎖内での雑食傾向が増し，その栄養段階が低下すると予測され

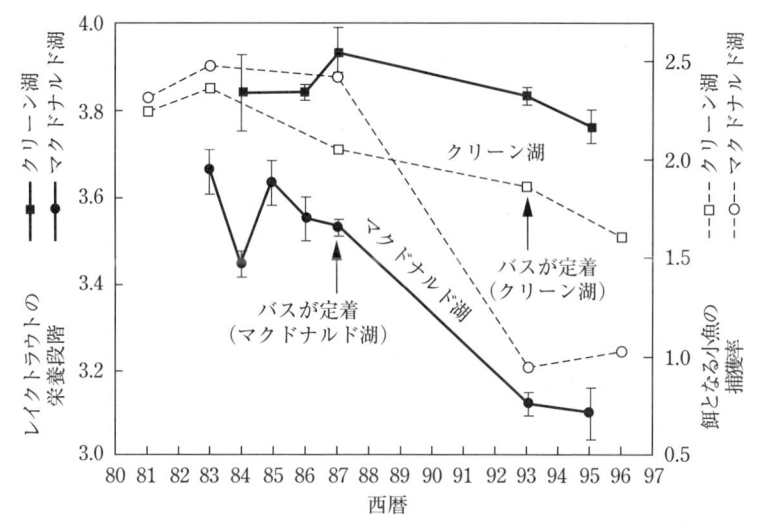

図6-4-9 2つの湖に生息する在来魚レイクトラウトの安定同位体分析に基づく栄養段階（左軸）と餌密度（右軸）の経年変化[142]。図中の矢印は移入魚バスが定着した時期を示す。バスが定着すると餌となる小魚が減少し，レイクトラウトの食性が魚食から動物プランクトン食性にシフトすることによって栄養段階が低下する。文献142より許可を得て翻訳・掲載。

る。

10. 食物連鎖長と人為攪乱

　食物連鎖長は生態系サイズのような物理特性だけに依存するのではなく，同一の生態系内でも時間的に変動する。上述のように，餌量の変動に応じた雑食もこの類のものである。たとえば，一般に動物プランクトン食者と考えられているサケ科のコレゴヌスは，季節的に底生動物食にシフトすることによって炭素・窒素安定同位体比が大きく変動することが知られている[140]。富栄養化の著しい諏訪湖における研究例でも，動物プランクトン食者といわれているワカサギの栄養段階が食性変化によって季節的に大きく変動することが報告されている[141]。これらの結果は，魚類がさまざまな栄養段階の餌をその豊富さに応じて利用し，食性と栄養段階が可塑的に変化しうることを示唆

する．後者の例で，ワカサギの食性の季節変化には年ごとに一貫性が見られなかった．これは，先に述べたように，富栄養化が増すと食物網動態の安定性が低下するという理論的予測と一致する[133]．

沿岸生態系における従来の環境問題は，おもに，陸域からの物質負荷に伴う富栄養化と魚介類の乱獲であった．しかし，近年は外来生物の人為的移入や生息地の破壊が大きく取りざたされるようになった．たとえば，大型の肉食性外来魚が放流された北米の湖では，小型魚の個体数が激減し，本来，魚食性であった在来魚の食性が魚食から動物プランクトン食にシフトしたことを報告する．在来肉食魚類の栄養段階の変化を窒素安定同位体比で調べたところ，外来魚の移入以後，その栄養段階の低下が検出された[142,143]．図6-4-9に示されるように，外来魚の移入が在来魚の栄養段階に与える影響は即応的に顕れる．このような外来生物の人為的移入は，多くの水界生態系で重要な攪乱要因として認識されつつある．生息地の減少や分断化もまた，先の理論研究から示唆されるように，食物連鎖長を減少させたり，カオス的な挙動に導いたりする要因となりうることが懸念される．

11. 高次消費者から見た生態系の健全性

以上より，高次消費者に着目して生態系の健全性を診断する際のポイントをまとめてみよう．まず，何よりも高次消費者が存在すること自体が健全な生態系の必須条件となることはいうまでもない．さらに，生物資源として高次消費者の現存量が安定的に維持されるだけでなく，その栄養段階が安定していることも重要である．これは，高次生産と水質（透明度）を両立するには，高次消費者によるトップダウン効果が安定的に作用する必要があるからだ．理論的には，そのような状態が実現される系では，高次消費者の栄養段階が3次，5次，7次消費者といった奇数次で維持されると予測できる．しかし，実際の沿岸生態系で5次消費者や7次消費者の現存量を安定的に維持することはエネルギー的にほぼ不可能である．現実的には，3次消費者が安定的に存在する生態系を管理することが望ましいだろう．また，高次消費者によるトップダウン効果を安定的に維持するには適度な栄養状態を保つのも

有効であることを忘れてはならない。

　生態系管理の現場において沿岸生態系の構造的な変化を把握する簡便な方法の1つは，高次消費者の炭素・窒素安定同位体比をモニタリングすることである。高次消費者の炭素・窒素安定同位体比には，食物網を介した物質動態に関する情報が積分的に集約されている。もし，なんらかの人為攪乱によって，基礎生産構造の歪みや食物連鎖長の低下が検出されるようであれば，迅速にその攪乱要因を特定し，元の状態に復元するための順応管理を実施してやればよいだろう。

　このようなアプローチが従来の環境行政によっておこなわれてきた生態系管理の手法と大きく異なる点は何であろうか？　従来の沿岸生態系管理は，リンや窒素など水質環境に影響する物質の濃度をモニタリングすることに重きを置き，それらを低減することに努力を費やしてきた。栄養塩類の排出規制や高性能な浄化装置の導入によって，沿岸生態系の水質汚染レベルは全国的に改善されつつある。しかし，その一方で，沿岸生態系には，漁業資源の枯渇であるとか生物多様性の減少といった問題も山積している。生態系の健全性を水質のみで評価するという物質還元主義的なやり方に限界が見えてきたことは，沿岸を生業の場とする水産関係者や現場研究に従事する生態学者の多くが実感するところである。そのような背景の下，近年は，生息種のリストを作成したり，希少種や絶滅の危惧される種の保護など生物多様性の保全に重きを置いた生態系管理も積極的におこなわれるようになってきた。しかし，生物多様性が高く保たれることによって，生態系サービスがどのように向上するのか，また，そのようなサービスをどのような尺度で評価するのかなど，解決すべき課題は多い。

　高次消費者の安定同位体比は，物質循環の視点とその生物的プロセスを支配する生物群集の要素をとりいれた科学的に測定可能な尺度といえる。従来的な生態系管理手法の欠点を補完する新しい健全性指標として有望である。残念ながら，高次消費者の炭素・窒素安定同位体比のパターンが生態系サービスの総量とどのような関係にあるのか実証的に示した研究はいまだない。本手法を生態系管理へ実用化するには，実証データの蓄積を待たねばならない。今後，流域研究において安定同位体測定が普及していくことによって，

健全性指標群の抽出作業が進展することを期待したい。

12. おわりに

　食物網は多様な生物によって形成される複雑な栄養ネットワークである。その複雑さ故，食物網の実証研究には膨大な時間と労力が費やされてきた。骨の折れる実証研究は，常に理論研究の後塵を拝してきた。安定同位体技術の導入は，そのような食物網研究に革命をもたらした。安定同位体分析が1つ1つ手作業でおこなわれていた創成期，研究の主流は炭素・窒素安定同位体比マップ上にスナップショット的な食物網構造を描くことであった。しかし，現在，食物網研究は構造の静的な記述から動的システムの理解へと進展しつつある。近年脚光を浴びている食物網の複雑性と安定性に関する議論は，時間を伴う概念である。技術的発展によってごくわずかな試料を高速・大量に処理できるようになった今，食物網をスナップショット写真ではなく，あたかもデジタルムービーのような動的実体としてとらえることも可能となりつつある。理論研究の検証をおこなうに足るデータセットが揃うのはもはや時間の問題であろう。生態系の動態に関する知見を集積することによって，食物網理論から導出される仮説を検証し，流域生態系診断の理論的根拠と生態学的基礎を築くことが今後の課題となるだろう。

5 生態系間を移動する動物による物質輸送

1. はじめに

　水や物質は，重力にしたがって上流から下流へと流れる。この力はたいへん大きく，流域の物質循環や陸上で生活する人間の活動が流域に与える影響を考えるときには，まずは陸上から水域へ，上流から下流への影響について考えることが必要である。しかし，水域から陸域へと移動する逆の流れも自然界には存在し，それによって陸域の物質循環や生態系構造に大きな影響を与えることがある。その媒体の1つが，水域と陸域を移動しながら生活する動物である。本節では，流域における動物を介した物質輸送とその影響を，安定同位体比分析を用いて評価する方法について解説する。

2. 動物による水域から陸域への物質輸送の意義

　動物による物質輸送の中でもっとも注目されているのは，水域から陸域への物質輸送である。この働きは，2つの点で重要と考えられる。1つは，生物地球化学的な物質循環経路として，もう1つは，流域環境や生物多様性の保全を検討する際の一要素として，である。

　大まかにいえば，多くの物質は，重力にともなって水といっしょに高い所から低い所へと流れる。たとえば，炭素，水素，酸素，窒素，リン，硫黄など，地球上に大量に存在し，生物の体の重要な構成要素でもあるさまざまな元素は，さまざまな形で陸域や水域に存在し，それぞれの場所の生態系や物質循環にくみこまれている。しかしいったん水と共に流出した物質は，最終的には海や湖沼へとたどりつくことになる。水域に存在する物質の一部は，気体になることで水中から空気中へと移動することが可能で，それが再び降雨と共に陸上へと降り注ぐことで，陸域へと回帰することができる。たとえば炭素や窒素では，二酸化炭素や分子状窒素といった形の気体になることで，水域，大気，陸域との行き来が可能である（図6-5-1a）。ところが，常温では

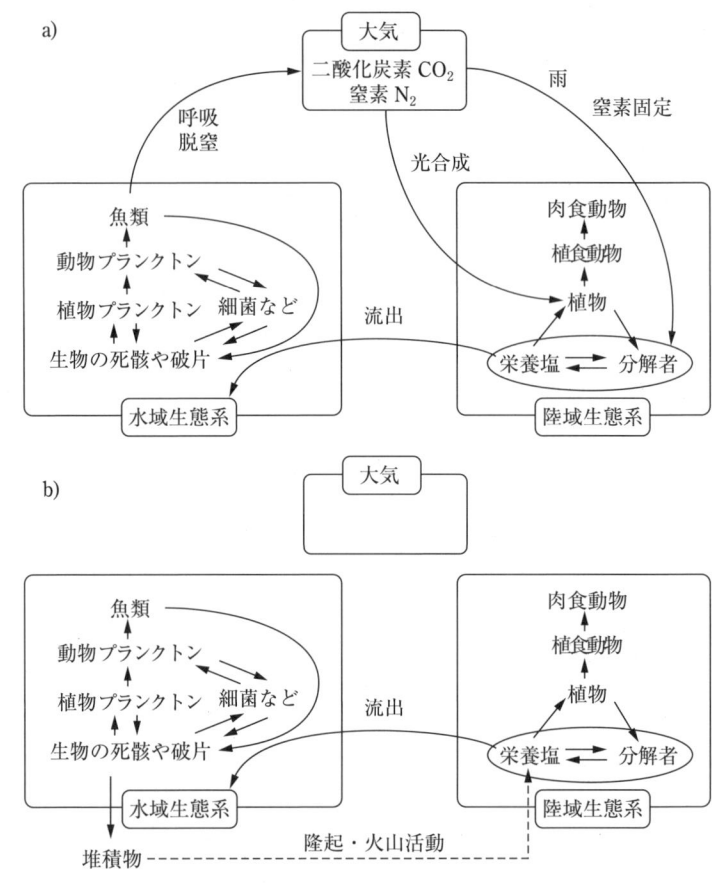

図 6-5-1　地球上の物質循環　a) 炭素および窒素の循環, b) リンの循環（文献 144 を改変）

　気体とならない物質の場合は，いったん陸から海へと移動してしまうと，再び陸上へと戻ることはむずかしい。水中で沈降し堆積したものが，火山活動や隆起などによって戻る以外，再び陸上へと戻る方法がない。つまり，地質学的な長い時間を経なければ，水中から陸上へと戻ることができないのである。たとえばリンは，その代表的な物質である（図6-5-1b）。リンは，DNAやRNAなどの遺伝物質やATP（アデノシン三リン酸）といったエネルギー物質の構成要素として，生物の生存に必要不可欠な元素であり，窒素とならん

で生物の現存量や生産力を制限する律速条件となる物質でもある。したがって，水域から陸域への窒素やリンの移動経路の存在は，陸上の生物群集や生態系の維持，あるいは物質収支を考えるうえで重要と考えられる[144]。

当然，流域環境の保全を考えるうえでも，水域から陸域への物質輸送は重要である。人口の集中化や人間活動の拡大による環境負荷は，陸域から水域への物質負荷と富栄養化という形で現れることが多い。環境負荷を軽減する政策としては，流入量の削減の他に，水域からの積極的な養分除去が考えられる。たとえば，浚渫による底泥採取，ヨシやホテイアオイを用いた養分吸収と除去などが，養分除去作用を期待しておこなわれることもある。また，水域の生物を採取し陸揚げして利用する水産業や，かつての肥料としての水草の刈り取りと利用などは，人間の生活や経済活動によって生じる水域から陸域への物質輸送経路の一部ととらえることができる。そうした活動の影響や効果を検討する際には，水域から陸域への物質輸送経路に関する考え方が重要になる。

生態系間を移動する動物の個体数や行動，分布が変化することにより，その動物が担っていた物質輸送機能が変化することもある。たとえば，サケやマスなどの回遊性魚類の個体数減少や河川工作物による河川遡上の制限により，河川上流の水域や陸域のリンが減少したという指摘もある[145]。また，アリューシャン列島では，捕食者の侵入により海鳥類が減少し，陸上植物の生産量や群集構造，養分量が変化したとの研究結果もある[146]。つまり，生態系間を移動する動物の保全が，流域の物質循環や生態系の保全にも重要であることがわかる。したがって，生物多様性の保全や種の保存を考えるときにも，生物が担う物質輸送機能を把握しておくことは重要と考えられる。

3. 生態系間を移動する動物とその物質輸送の特性

それでは，生態系間を移動する動物には，どのような特徴があるのだろうか。これまでの研究から，さまざまな分類群の生物が，水域から陸域への物質輸送の役割を担っていることが明らかになっている（表6-5-1）[147]。輸送を担う動物種としては，アザラシやアシカなどの海獣類，サケやマスなどの回

表 6-5-1 生物を介した養分輸送の例（文献 147 の表 1 を改変）

物質供給側の環境	物質受取側の環境	媒介生物・輸送物質	生態系の変化
海洋	島・沿岸[※1]	海鳥[※2]・アザラシ 糞・排泄物	土壌中の窒素・リンの増加 植物体内の窒素・リンの増加 高等植物・藻類の成長促進
島	湖沼・海洋[※1]	海鳥[※2]・サギ類・カモ類など 排泄物	栄養塩の増加 植物プランクトンや水生植物の種組成変化，現存量増加
湿地・湖沼・陸上	湿地・湖沼[※1]	ペリカン類・サギ類など 排泄物	窒素含量増加 葉・繁殖器官・枝・茎の増加 植食動物や植食昆虫の増加
湿地・湖沼[※1] 越冬地	湿地・湖沼 繁殖地？	渡り性ガンカモ類 食物の栄養分	窒素・リンの除去
農耕地	湿地・湖沼[※1]	ガン類 排泄物	水中の窒素・リンの増加 植物プランクトンの増加
海洋	河川・陸上[※1]	回遊性魚類 魚類の体	植物の栄養分利用， 植食動物への海洋由来物質の移行 クマ，オオカミ，テンなど肉食動物への食物の増加
海洋	陸上[※1]	海洋性魚類 魚類の体	コヨーテ，カワウソなどの分布域の変化，個体数増加
海洋		ウミガメ 卵	捕食者による捕食 分解者による分解 栄養分の植物による利用
森林	河川[※1]	陸上昆虫 昆虫の体	底生生物群集の変化 水生無脊椎動物の増加，付着藻類の減少
河川	森林[※1]	水生昆虫 昆虫の体	鳥類相の変化， 陸上昆虫への捕食圧の増加
湖沼[※1]	湖沼	カモ 二枚貝由来の栄養分	湖沼の栄養塩除去
湖沼[※1]	陸上	人間 シジミ由来の栄養分	湖沼の栄養塩除去

[※1] 物質輸送により変化の生じた生態系．
[※2] 海鳥とは，ペンギン類，ウ類，アホウドリ類，カモメ類など主に海洋で生活する鳥類を指す．

遊性魚類，海鳥や渡り鳥，水生昆虫などがある．その中でもとくに注目され，多くの研究がおこなわれているのは，サケマス類と海鳥類，そして水生昆虫である．サケマス類の場合は，河川で孵化した稚魚が海に下ってそこで成長し，最後は元の河川に戻って産卵し，一生を終える．つまり，海の栄養分で成長し，河川に戻ってくる魚類の体そのものが，海域から河川へと移動して，そこでの循環過程にくみこまれる．海鳥類の場合は，海洋生物を食物として一生のほとんどを海で過ごす．しかし，ヒナを育てるときだけは，海洋島や沿岸部などの陸域をかならず利用する．海鳥類の繁殖地には，親鳥が吐き戻した魚介類，親鳥と雛の排泄物，成長途中で死んだ雛の死体などが存在するが，これらはすべて，海域由来の物質である．つまり海鳥類は，海洋で採食することにより海域から物質をとりだし，排泄物などの形で陸上への物質を供給しているのである．ほとんどの海鳥類は集団で繁殖をおこなうため，繁殖地には集中的にさまざまな物質が供給される．とくに彼らの排泄物は，グアノとよばれる窒素やリンに富んだ堆積物となり，陸上に蓄積される．一方水生昆虫の場合は，水中で幼虫が成長し，羽化した成虫が水域から出て陸上に移動する．水生昆虫は，多くの陸上動物の餌となることで，陸上の食物網や物質循環にくみこまれる．サケマス類や海鳥類と比較すると，水生昆虫の1個体のサイズは小さく，移動能力も低い．そのため，魚類や鳥類と比較して陸上への影響力は小さいようにみえる．しかし，時期や場所によっては多くの水生昆虫がつぎつぎに羽化するため，総生物量はかなりの大きさになる．したがって，陸上に与える影響も無視できない場合がある．

　回遊性魚類，海鳥類，水生昆虫が媒介する物質輸送には，それぞれの特徴がある．魚類の場合，水系をたどって海洋から内陸部へと移動するため，魚類が遡上できる水系の有無が，物質輸送に大きな影響を与える．したがって，回遊性魚類が与える影響は，おもに，海洋の栄養物が上流河川の生物や生態系に与える影響と，河川の周辺に広がる陸域の捕食者や植生に与える影響の2つに分けられる[148]．河川生態系への影響は，サケマス類の死骸が水中で微生物によって分解されたり，水生昆虫などの食物となることにより生じる[149]．一方，陸域生態系への影響は，捕食者（クマなど）によるサケマス類の捕食と，捕食者を介した陸上植物への養分添加によって生じる．したがって，

回遊性魚類による陸域への影響は，水系の構造や水系からの距離と密接に関係する。それに対して鳥類では，鳥自身が直接陸上にあがることが可能であり，かならずしも水系とは関係なく栄養分を供給することができる。また，海鳥類の場合は，排泄物という形での養分供給があり，排泄物中の有機物を分解する微生物への影響や，無機化された栄養塩が植物に与える影響などが存在する。さらに鳥類では，陸上での繁殖活動のため，営巣地での巣穴掘りや巣材収集，踏みつけなど，養分供給以外の物理的影響が複合的にかかわっていることがある。たとえばオオミズナギドリ (*Calonectris leucomelas*) は，踏みつけによって繁殖地の植生を大きく変えることが知られている[150]。水生昆虫も，基本的には海鳥類と同様で，水系とは関係なく移動が可能である。しかし，魚類や鳥類と比べて水生昆虫の移動能力は限られており，影響を与える範囲は限定的である。水生昆虫は陸上動物の餌として利用されることが多く，それによって，動物の分布や行動の変化，食物網構造の変化などが生じると考えられる。たとえば，多くの水生昆虫は陸生昆虫の少ない冬期に羽化することから，それにともなって陸鳥類の食性が陸生昆虫から水生昆虫へとシフトする[151]。このように，動物による水域から陸域への物質輸送は，動物自体の行動や生態，あるいは，輸送された物質の状態に依存して，陸域の生態系や物質循環にさまざまな影響をおよぼす。

4. 物質輸送研究における安定同位体比分析の有効性

生態系間を移動することで複数の系をつなげる働きをもつ生物は，モバイル・リンク (mobile link, mobile link species) とよばれ，生態系機能における重要性が指摘されている[152,153]。これらの生物は，みずからの移動またはそれにともなう物質の輸送によって，システムを変化させる機能をもつ。たとえば，花粉媒介，種子散布，養分輸送，食物網を介した効果，環境改変などの作用がある。このうち，花粉媒介と種子散布は，遺伝情報の伝播や植物と動物の共進化などの視点から注目され，遺伝解析などの手法により研究がおこなわれている。一方，生物の移動に伴う栄養物質の輸送は，ある系から別の系への資源の伝播と考えられ，それは，受け入れ側の生態系の食物網に対し

てボトムアップ的な効果を引き起こしうる．このような観点から，輸送の経路や程度，そして輸送された物質が生態系に与える影響についてのさまざまな研究がおこなわれている．このような研究においては，物質の起源や反応過程を明らかにできる安定同位体比分析が，たいへん有効な方法となる．

　安定同位体比は，自然のトレーサーとして，生態学では，食性解析，栄養段階や食物網構造の解明，渡りや移動経路の解明，生物を介した物質循環の研究などに用いられてきた[154,155]．とくに，陸域と水域など，まったく異なる環境から由来する物質の輸送・混合や，それが生物に及ぼす影響を調べる時に，安定同位体比は大きな威力を発揮する．たとえば炭素（有機物）や硫黄（硫酸イオン）は，陸域と水域，淡水域と海域で安定同位体比が異なり，それぞれの環境で生息する生物の安定同位体比も，それに応じて異なってくる．つまり，安定同位体比に「場所」の情報が刻み込まれているのである．一方，水域から陸域への物質輸送を担うサケマス類や海鳥類は，高次捕食者であるため，彼らの体や排泄物の窒素安定同位体比は相対的に高いという特徴をもつ（6章2節）．この高い窒素安定同位体比を利用することで，魚類や海鳥類由来の窒素と，陸域由来の窒素とを区別することができる．さらに，後述するように，アンモニア揮散，硝化，脱窒などに伴って，大きな同位体分別が生じることを用いれば，動物によって陸域へと運ばれた窒素の分解過程や移動経路，陸域の窒素動態への影響などについての情報を得ることも可能である．つまり，窒素安定同位体比からは，窒素の由来と同時に，供給された窒素の「代謝過程」が明らかになる．

　すでに述べたように，水域の高次捕食者由来の物質には窒素やリンが多く含まれており，回遊性魚類や海鳥類によって，陸域には多量の窒素やリンが供給される．供給された窒素が，陸域の食物網や物質循環を介してどのような変遷をたどるのかを明らかにすることは，水域から陸域への物質輸送の機能を明らかにするうえで重要と考えられる．また，本来，水域から陸域への輸送経路の形成がもっとも重要となるリンについて検討するときにも，窒素の挙動を明らかにしておくことは重要である．輸送後のリンの挙動を直接追うことはむずかしい．しかし，リン濃度やN/P比を窒素の変化と関連づけて検討することで，相対的なリンの変化を把握することが可能である[156]．

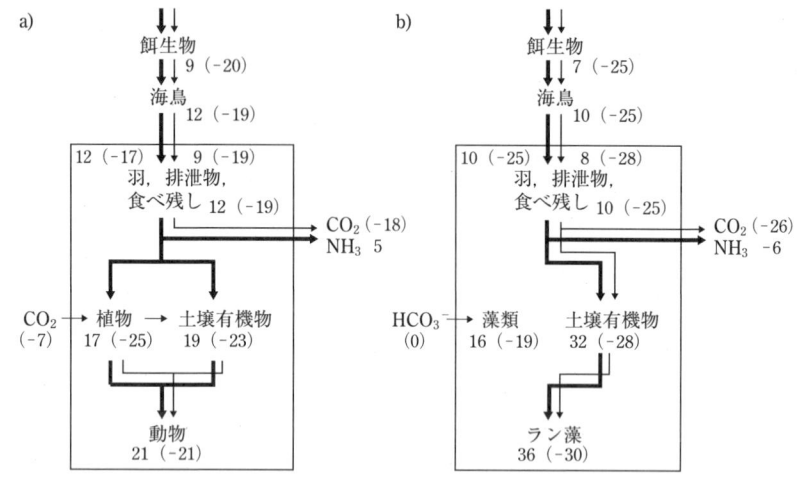

図 6-5-2　窒素と炭素の主な移動経路　a) 蕪島のウミネコ営巣地　b) ケープバードのペンギン営巣地　(文献 157 の図 1, 2 を改変)。太線は窒素, 細線は炭素の経路, 四角は営巣地の範囲を示す。括弧のない数字は $\delta^{15}N$, 括弧内の数字は $\delta^{13}C$ (‰)。

5. 安定同位体比分析を用いた鳥類による物質輸送研究例

物質輸送研究における安定同位体比法の適用例を紹介する。回遊性魚類を対象とした物質輸送研究は数多く存在し, 安定同位体比分析を用いた研究を含めて, いくつかの総説が出されている[145,148]。ここでは, 鳥類による物質輸送研究に着目し, ①海洋由来物質の移動経路と陸上生物への寄与, ②鳥類によって供給された窒素の分解過程と影響範囲, ③養分供給による食物網や群集の構造の変化, ④鳥類由来の栄養分の蓄積による長期的影響, に関する研究を整理する。

5-1. 海洋由来物質の移動経路と陸上生物への寄与

海鳥が運んだ養分の移動経路を, 安定同位体比を用いて調べた初期の代表的な研究に, Mizutani ら[157]がある。この研究では, 青森県蕪島のウミネコ(*Larus crassirostris*)の営巣地と南極ロス島ケープバードのアデリーペンギン(*Pygoscelis adeliae*)の営巣地において, 海鳥類によって運ばれた海洋由来の窒素および炭素の挙動が明らかにされている(図 6-5-2)。両島において, 魚

類，鳥類の羽と排泄物，土壌，植物，藻類，営巣地近くの池のラン藻について，窒素と炭素の安定同位体比（$\delta^{15}N$，$\delta^{13}C$）を比較したところ，蕪島では8.8～12.8‰の$\delta^{15}N$値をもつウミネコの排泄物や羽が，ケープバードでは7.4～8.3‰の$\delta^{15}N$値をもつアデリーペンギンの排泄物が供給されていることがわかった。通常，降雨によって陸域に供給される窒素の$\delta^{15}N$はゼロに近い。したがって，ウミネコやペンギンによって供給される窒素の$\delta^{15}N$は，それよりかなり高いことになる。ウミネコ営巣地の土壌有機物の$\delta^{15}N$値は平均19‰，アデリーペンギンが営巣するケープバードの土壌有機物では32‰と，やはり，高い値が得られた（後述するように，海鳥営巣地の土壌有機物の$\delta^{15}N$値は，アンモニア揮散の影響を受けて，海鳥類の排泄物の$\delta^{15}N$値よりも高くなる）。以上から，蕪島やケープバードの土壌は，ウミネコやアデリーペンギンの排泄物による窒素供給の影響を強く受けているものと考えられた。

営巣地付近に生息する生物は，鳥類によって排出された窒素や炭素を利用しているだろうか。蕪島では，土壌，植物，動物の窒素同位体比は同様に高く，ウミネコ由来の窒素に依存していると考えられた。一方炭素同位体比は，鳥類による供給過程では値が大きく変化しないと考えられるにもかかわらず，土壌，植物，動物ともに，ウミネコの排泄物や羽の値より低かった。蕪島には高等植物が存在し，光合成によって空気中の二酸化炭素を吸収するが，その時の同位体比分別は大きい。したがって土壌，植物，動物の低い炭素同位体比は，植物による光合成を介した二酸化炭素由来の炭素であると推察された。一方，ペンギン営巣地近くの池に生息するラン藻では，$\delta^{13}C$値が-30‰，$\delta^{15}N$が36‰という値が得られた。これは，営巣地の土壌有機物の$\delta^{13}C$（-28‰）と$\delta^{15}N$に近い値であった。これらの値は，炭素，窒素ともに，ペンギン由来の物質への依存度が高いことを示している。それに対して，土壌表面の藻類の$\delta^{15}N$は平均16‰，$\delta^{13}C$は平均-19‰と，土壌有機物とは異なる値をとっていた。藻類の同位体比はばらつきが大きく，窒素については氷河起源の土壌とペンギン由来の物質を，炭素については土壌や水中の炭酸水素イオンを利用していると考えられた。ペンギン営巣地には高等植物が少なく極地帯の寒冷な気候であり，多くの生物では窒素のみならず炭素も鳥類由来の物質への依存度が高かった。鳥類の排泄物由来の物質は，基本的

には土壌で分解され陸上生物に利用されるが，気候や場所，生物群によって，利用のされ方が異なるようである．窒素は鳥類の排泄物由来の物質の寄与率が高いようだが，炭素については，気候や植生の有無によって，鳥類由来の物質の寄与率が大きく異なる．

5-2. 鳥類によって供給された窒素の分解過程と影響範囲

　海鳥によって輸送された窒素の動態とその影響については，すでに述べたMizutaniら[157]の研究を含めて，多くの研究がおこなわれている．海鳥類の排泄物として多量に供給された有機態窒素，すなわち尿酸は，土壌中ですみやかに分解してアンモニア（NH_3）に変化し，大気中に揮散する[158, 159]．アンモニアの揮散に伴う同位体分別は大きい．^{15}Nの枯渇したアンモニアが大気中に放出され，逆に^{15}Nに富んだ窒素が土壌中に残される．Mizutaniら[157]は，ウミネコやペンギンの営巣地の土壌の$\delta^{15}N$が，海鳥類の排泄物の$\delta^{15}N$よりはるかに高い値をとることを示しているが，これはアンモニア揮散の影響である．揮散したアンモニアは，営巣地周辺の窒素循環に影響を与える．亜南極地帯のマッカリー島では，ロイヤルペンギン（*Eudyptes schlegeli*）などのペンギン類が営巣している．この島において，ペンギン営巣地から島の内陸部へと，標高ごとに植物や土壌を採取し，窒素含量や窒素安定同位体比を測定することで，ペンギン排泄物による養分供給の影響が調べられた[159]．ペンギンの排泄物の$\delta^{15}N$値は平均14.6‰だったが，ペンギン営巣地で採集された植物の葉の$\delta^{15}N$値は，10〜20‰と，排泄物と同等あるいはそれより高い値を示した（図6-5-3）．一方，営巣地から約1km離れた場所（地点F，G）で採集された植物の$\delta^{15}N$値は－9.7‰と著しく低かった．ところが，営巣地からの風が届かない，尾根を越えた場所（地点H）で採集された植物では，このように低い$\delta^{15}N$値は得られなかった．以上の結果は，ペンギン営巣地で揮散したアンモニア（$\delta^{15}N$値が低い）が，そこから約1km離れた地点にまで輸送され，植物に利用されていることを示唆する．鳥類営巣地に集積した窒素が，アンモニア揮散という過程を経ることで，営巣地から離れた場所にも影響を与えることが，窒素安定同位体比の空間分布を調べることによって実証されたのである．鳥類によって供給された窒素はおもに排泄物由来の有

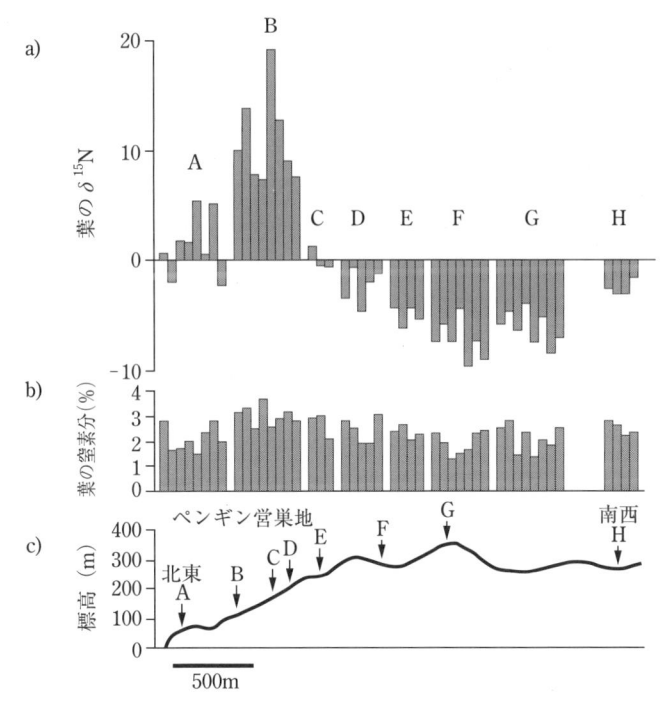

図6-5-3 マッカリー島における，a) 植物生葉の窒素同位体比と b) 窒素含量。c) は島の断面図を表す[159]。

機態窒素であるが，これは，土壌中で分解・無機化し，アンモニア揮散，硝化，溶脱，脱窒などの過程を経て変化していく（5章1節）。したがって，サケマス類の遡上による窒素輸送の場合と比べると，鳥類が関与する輸送の場合はプロセスがより複雑であるといえよう。この窒素循環過程の中で，窒素安定同位体比が大きく変動することをうまく利用すると，窒素の輸送経路や生態系への影響に関する有益な情報が得られる。

5-3. 養分供給による動物の食性や食物網構造の変化

水域から陸域への物質輸送が食物網に与える影響を明らかにするために，海洋島や沿岸部の生物相や食物網の変化を調べる研究がおこなわれてきた。孤立した海洋島では，生物の生育にとって必要な栄養分は乏しく，波の飛沫

や打ち上げ物，海鳥や海獣類による海からの養分供給の有無が，島の生物相に大きく影響を与える．そこで，栄養分が極端に乏しい極地帯や乾燥地域の島々において，海鳥類による養分供給が島の生物量や食物網構造に与える影響が調べられてきた．その代表的なものは，メキシコ西部，カリフォルニア湾の島々でおこなわれた一連の研究である．この場所は乾燥地帯であり，雨が少ないため陸域の生産量は低い．それに対し海の生産量は相対的に高く，陸上生物の生存や種組成，現存量などが，海からの養分供給の有無に左右される．カリフォルニア湾には多くの島々が存在し，島ごとに海鳥の営巣の有無や密度が異なるため，複数の島を比較することにより，海鳥による海域からの物質輸送が，島の生物量や食物網に与える影響を明らかにすることができる[160]．

　Stapp ら[161] は，海鳥のいる島といない島で，さまざまな生物を採集し，窒素と炭素の安定同位体比を測定した．その結果，海鳥のいる島では，植物から昆虫類，齧歯類にいたるまで，$\delta^{15}N$ 値が高いことがわかった．海鳥営巣地の土壌有機物の $\delta^{15}N$ 値は，鳥類の排泄物の分解によって，28.26±5.44‰と非常に高くなり，このことが，植物をはじめとする各生物種の $\delta^{15}N$ を高くする要因と考えられた．Stapp ら[161] の研究はまた，気象条件の変化によって動物の食性が変化することを明らかにした．カリフォルニア湾では，エル・ニーニョの影響を受けた年には降雨量が多くなり，陸上植物の生産性が高まる．それにともなって，各島の昆虫類や齧歯類の食性が変化することが示されたのである．海鳥のいない島のゴミムシダマシ科の甲虫類では，エル・ニーニョの年には，そうでない年に比較して $\delta^{15}N$ 値が有意に低下した．このことから，海からの打ち上げ物から陸上起源の食物へと食性が変化したものと推察された．一方，海鳥のいる島では，甲虫類の $\delta^{15}N$ 値は，エル・ニーニョの年でも，それ以外の年でも差がなかった．しかし，$\delta^{13}C$ については，エル・ニーニョの年には有意に低くなったことから，食性が $\delta^{13}C$ 値の高い C_4 植物ないしは CAM 植物から，$\delta^{13}C$ 値の低い C_3 植物へと変化したものと推察された．雑食性の齧歯類では，甲虫類とは異なる反応が見られた．海鳥のいる島の齧歯類では，エル・ニーニョの年には，$\delta^{13}C$ が低くなり，$\delta^{15}N$ は高くなった．この結果から，齧歯類は，エル・ニーニョの年に

は，海鳥の排泄物の影響を受けた高い $\delta^{15}N$ 値をもつ陸上植物に依存していたが，そうでない年には，潮間帯の生物を利用していたものと推察された。動物の $\delta^{15}N$ 値は，栄養段階の指標として広く用いられる（6章2節）。しかし，この研究の場合には，海鳥のいる島では，海鳥由来の窒素供給のために陸上植物の $\delta^{15}N$ が高くなっているということが確認されているため，齧歯類の $\delta^{15}N$ 値の変化は，栄養段階の変化ではなく，食性の変化を示していると解釈されたのである。以上をまとめると，Stapp[161] らの研究では，安定同位体比分析を用いることで，海鳥類による海域から陸域への栄養源の輸送が，海洋島に生息する陸上動物の食性に影響を与えることが示された。また，気象条件の変化に伴う陸上植物の生産性の変化が陸上食物網に与える影響が，海鳥類による養分輸送の有無によって大きく異なりうるという興味深い結果も得られた。なお，安定同位体比の情報を正しく解釈するためには，さまざまな生物の安定同位体比の変動とその意味を十分に吟味することが必要であることを，この研究は示しているといえるだろう。

5-4. 鳥類由来の栄養分の蓄積による長期的影響

鳥類が陸域へと運んだ物質は，アンモニア揮散によって広域的に拡散するだけでなく，土壌に蓄積して，長期にわたって物質循環系に影響を及ぼしうる。実際，土壌有機物の $\delta^{15}N$ 値から，過去に海鳥が営巣した場所を特定する試みがなされているが[162,163]，このようなアプローチが可能なのは，営巣地の土壌有機物に，長期にわたって鳥類由来の窒素に特徴的な「高い $\delta^{15}N$ 値」がシグナルとして保存されるからである（正確には，後述するように，営巣地の土壌有機物の $\delta^{15}N$ 値は，数年単位では時間とともに上昇する傾向がある）。ここでは，筆者らがカワウ営巣林（口絵11）でおこなった研究を紹介する。この研究では，カワウ由来の窒素の分解過程を詳しく調べ，鳥類による養分輸送の長期的影響を明らかにすることを試みた。これまでみてきたように，海鳥類による水域から陸域への物質輸送研究は，おもに海鳥類の集団営巣地となる海洋島や沿岸域でおこなわれてきた。しかし，鳥類による養分輸送は，かならずしも沿岸部や海洋島に限るわけではない。たとえば淡水域の鳥類は，海鳥類と比較して多様な陸域環境を利用して生活する。したがって，淡水域

における養分輸送を考える時には，より多様な地域への輸送も考慮に入れる必要がある．その代表的な例が，カワウ (*Phalacrocorax carbo*) による物質輸送である．

カワウはペリカン目ウ科の魚食性鳥類であり，他のウ類と違って内陸部の河川や湖沼にも生息し，水辺の森林に営巣するのが特徴である．つまりカワウは，森林に養分を供給する．森林の樹木は寿命が長く，吸収した養分を長期間にわたって体内に蓄積することが可能であり，樹木と土壌との間で安定した養分循環がおこなわれる．このような系に対するカワウの養分供給の影響を探るうえでは，長期的な養分循環への影響に着目することが有効であると考えられる．同時にカワウ営巣地では，巣材としての枝葉の折り取りや多量の排泄物による栄養過多により，樹木が衰弱する現象がみられる[164]．樹木が衰弱し森林が衰退すると，カワウも営巣できなくなり，徐々に営巣場所を移動する．したがって，カワウが生息する森林は，①カワウが営巣したことのない区域，②現在営巣している区域，③過去に営巣していたが現在は放棄されている区域，の3つに区分できる．このような背景をふまえ，筆者らは，滋賀県琵琶湖周辺のカワウ営巣地において，土壌および植物生葉の窒素に注目し，窒素安定同位体比を分析することで，カワウの営巣が森林の養分動態におよぼす影響を調べた[165]．

その結果，植物や土壌有機物の $\delta^{15}N$ 値は，カワウ営巣地で高い値をとることが明らかになった．また，カワウが営巣を放棄した後も，少なくとも数年の間は，$\delta^{15}N$ 値は高い値を保っていた．この営巣地の優占種であるヒノキ (*Chamaecyparis obtusa*) の葉の $\delta^{15}N$ 値は，営巣3年以上の②区域で平均9.9‰，営巣放棄後2年以上の③区域では平均15.5‰であった．つまり，営巣放棄後に $\delta^{15}N$ 値が上昇することが明らかになった．カワウ営巣地で $\delta^{15}N$ 値が高かったのは，海鳥類の営巣地の場合と同様，カワウ排泄物の高い同位体比 (13.2±1.3‰) と，アンモニア揮散の影響が考えられる．しかし，尿酸の分解とアンモニア揮散は，排泄後速やかにおこなわれると考えられ，少なくともこれだけの作用では，営巣放棄後数年経ってから $\delta^{15}N$ 値が高くなるという結果を説明できない．一般に，土壌の有機態窒素は分解が進むにつれて $\delta^{15}N$ 値が高くなる．これまでの研究から，土壌が深くなるほど分解が進ん

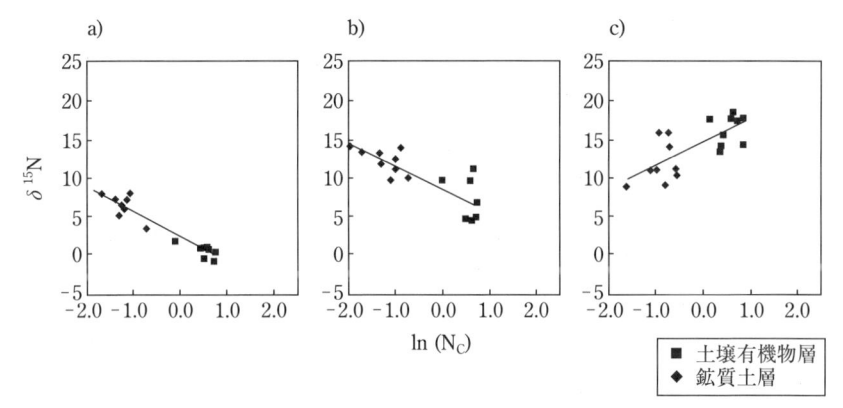

図6-5-4 琵琶湖のカワウ営巣地（伊崎）における土壌の窒素含量（Nc, %）と窒素安定同位体比（δ^{15}N, ‰）の関係。 a) 対照区，b) 営巣区，c) 営巣放棄区[165]。シンボルの違いは，土壌有機物層と鉱質土層の違いを表す。

表6-5-2 琵琶湖のカワウ営巣林における土壌の窒素含量と窒素同位体比の相関係数（文献165のTable 5を改変）

	関係式 δ^{15}N = k + ε ln[N%]			F-test
	ε	k	R^2	
伊崎コロニー				
対照区	−3.00	2.22	0.83	$p<0.05$
営巣区	−2.91	8.20	0.63	$p<0.05$
営巣放棄区	2.91[※1]	14.31	0.54	$p<0.05$

※1 対照区と有意に異なる。勾配が正なのでレイリーの蒸留モデルにはあてはまらない。

で窒素安定同位体比が高くなること，窒素含量と窒素安定同位体比には負の相関が見られることがわかっている[166,167]。カワウが営巣する森林においても，対照区と営巣中の区域では，土壌のδ^{15}N値と窒素含量に負の相関（図6-5-4a, b）がみられた。この関係をレイリー・モデル（p.21）に当てはめて有機態窒素の分解に伴う見かけ上の同位体分別を評価すると $\varepsilon_{分解産物-基質}$ = −2.91～−3.00‰となり（表6-5-2），これまでの知見と矛盾しなかった。しかし，営巣放棄後の区域では，逆に正の相関が見られた（図6-5-4c）。営巣放棄後の鉱質土層の窒素含量やδ^{15}N値が営巣中の値と変わらなかったことから，正の相関関係が得られた理由としては，有機物層のδ^{15}N値が高かっ

たためと推察された。つまり，営巣放棄後の土壌では，通常の森林土壌とは異なる窒素分解過程が生じている可能性が示唆された。すなわち営巣放棄後の土壌では $\delta^{15}N$ の低い，おそらく営巣前から存在する鉱質土層由来の窒素と，営巣期間中に蓄積された $\delta^{15}N$ の高い有機物層の窒素とが混在しており，後者の分解速度が前者よりも相対的に速いために図6-5-4cに見られるような正の相関が現れたと推定される。このような場合は同位体比の変化をレイリー・モデルに当てはめて解釈することはできない。

　同じ営巣地におけるリターバッグ実験から，ヒノキのリター（落葉落枝）の分解速度は営巣地では低下すること，リターは窒素やリン，カルシウムなどの養分を不動化すること，営巣地のリターは， $\delta^{15}N$ 値が急激に増加し，カワウの排泄物と同様の値をとること，などが明らかとなった[168]。また，別の研究からは，カワウの営巣中は土壌へのリター供給量が増加することや，営巣放棄後もリターの窒素含量が高いまま保持されることがわかった[169]。これらのことから，カワウの営巣林では下記のような現象が生じていると考えられる。カワウの排泄物由来の $\delta^{15}N$ 値の高い有機態窒素は，土壌表層で速やかに分解される。それと同時に，分解された窒素はヒノキなどの樹木に利用されるため，植物の $\delta^{15}N$ 値も高くなる。一方，土壌に供給されたリターは，いったん分解された窒素を微生物による不動化によって再び取り込むため，土壌有機物層の $\delta^{15}N$ 値が高くなる。カワウの営巣により，土壌菌類の種組成や活性も変化し，リター分解速度は低下するため，多量に供給された窒素含量の高いリターが，土壌有機物層に集積する。これが営巣放棄後も長期間にわたって徐々に分解され，分解産物である $\delta^{15}N$ の高い無機態窒素が植物によって利用されつづけることになる。このようなプロセスから，土壌有機物層の $\delta^{15}N$ 値および植物の $\delta^{15}N$ 値は，営巣放棄後も高くなるものと考えられる。

　動物によって運ばれた物質は，短期間に限られた地域に集中的に供給されるため，供給時の変化は大きいと考えられる。しかしその影響が，長期にわたってどのように変化し，陸域の物質循環や生態系が変遷していくのかについては，まだわずかな知見しかない。今後は，こうした時間スケールを考慮した影響の変遷についても，さらに検討していく必要があるだろう。このよ

うな研究においては，安定同位体比の手法がおおいに活用できるものと考えられる。

6. おわりに

　動物による水域から陸域への物質輸送は，さまざまな形で陸域の生物や食物網構造に影響を与える。流域全体の物質循環や生態系の構造，機能を明らかにするためには，生態系間を移動する動物とその物質輸送の特徴を十分に把握する必要があると考えられる。とくに鳥類の場合は，魚類などと違って水系が分断されていても物質を輸送することができる。したがって，地形的要素にとらわれずに移動が可能である生物が存在する場合には，水系のみに注目するのではなく，その生物の特性や行動範囲も考慮に入れた上で，あつかう流域の範囲を設定することが必要と考えられる。

　物質輸送の影響を調べるには，輸送がある場合とない場合，物質供給を受ける陸域の特性の違いなどについて，比較検討することが必要である。実際の現場においては，物質輸送の条件を実験的に操作して研究をおこなうことはむずかしい。そこで，多くの研究では自然に生じた状況を「実験」にみたて，比較研究を進めることが多い。本節で紹介した研究の中では，エル・ニーニョの年とそうでない年を比較したStappら[161]の研究や，外来種の侵入によって物質輸送者である海鳥類が減少し，その結果陸域の植生や生産量が変化したことを示したCrollら[146]の研究などが，そうした「自然の実験」の例といえる。今後，このような手法をとりいれた研究が，ますます増えると思われる。

　いくつかの研究を紹介してきたが，動物による物質輸送の機能を流域全体の中で位置づけるには，まだまだ基礎的情報が不足している。今後いっそう，研究の発展が期待される分野といえよう。

6 貯水ダムの下流域生態系への影響と伝播距離推定

1. はじめに

　世界各地の流域環境は様々な人為によって劣化の一途をたどっている。これらを改善していくためには，流域生態系における人為的影響の現状を把握するとともに，健全な流域環境の目標像や改善の方向性をさだめ，モニタリングしながら順応的に改善策を実施することになる。このような手順は，河川における自然再生事業をはじめとする生態系管理の一般的な手法として実践の段階を迎えている[170]。ただし，流域環境の健全度を評価する手法については，かならずしも確立できているとはいえない。流域環境の現状は，COD，BOD，水温，濁度，透視度などの各種水質項目や，生物群集の種組成，現存量，生産量などの特性によって評価されるのが一般的である。その際に，評価の目的が飲み水利用のように限定的な目的であれば，特定の水質項目や大腸菌数などを測定することでも達成できるが，たとえば下水処理水の健全性評価となると評価の対象は一義的には決めにくい。また，堰や貯水ダムなどの人工構造物の影響を軽減するためには，流況や土砂の量，質，動態といった物理的要因や，地形や植生様式などの景観的要素も考慮する必要がある。

　それでは，生物群集や物質循環も含めた生態系全体の健全性を総合的に評価するにはどうすればよいだろうか。本節ではまず水域環境の健全性を評価する目的で開発されてきた様々な指標について解説する。ついで，河川生態系における人為的影響の代表事例として貯水ダムの下流域生態系への影響を取り上げ，各種指標による評価事例を示す。さらに，安定同位体比を用いた健全性評価の可能性について検討するとともに，河川生態系の健全度を高めるための流域環境管理の方法についても論じることにする。

2. 流域環境の健全性評価指標

　これまで水域生態系の環境評価のために数多くの指標が開発されてき

た[200, 201]。それらを環境の評価対象によって分類すると表6-6-1のようにまとめることができる。日本では，津田[172, 202]以来，河川の水質判定にいわゆる「生物指標」が用いられてきた。水質分析には，専門知識が必要，高価，手間がかかる，ある時間断面の情報しか得られないなどの短所があったが，水生昆虫などの底生動物を見れば，過去数か月程度の期間における水質の履歴効果を評価することができる。重金属汚染や有機汚濁が河川環境の主要な劣化原因であった時代には，河川環境指標として水質指標がもっとも有効でありえた。とくに有機汚濁の生物学的水質判定のために開発されたBeck-津田法は，川の健康診断の手法として大きな役割を果たした[203]。その後，各種法規制によって主要な水質負荷源が点源から面源へ変化したが，有機汚濁による河川環境の劣化は，現在も重要課題であり生物学的水質判定もおこなわれ続けている。たとえば，国立環境研究所では，生物指標となる水生動物を30種群に限定し，それらの出現種数で水質階級を判定する方法で，毎年「全国水生生物調査」を実施している（http://w-mizu.nies.go.jp/suisei/suisei.html）。

ただし，河川の健全性を損なう人為的インパクトには水質以外にも検討すべき項目が存在する。たとえば，ダムや堰による連続性の分断，護岸などの河川改修による生息場の消失，取水による流量の減少，洪水や増水のピークカットによる攪乱の減少などがあげられる。これらの水質以外の要因に関しても，特定種の個体群への影響や群集の種多様性への影響などが調査研究されているものの，各要因について生物指標を検討するところまで追究されてこなかった。

しかし，これらの要因が水質よりも強く影響する場合には，生物学的水質判定結果を見直さなくてはならない。とくに，水質規制の関連法が整備されて以降は，水質が改善された河川も多くなり，水質以外の河川環境の健全性を評価するための指標が求められるようになった。その結果，特定種の個体群を対象に各種環境要因に対する選好性をベースに環境評価をおこなうPHABSIM（Physical Habitat Simulation Model）やHEP（Habitat Evaluation Procedure）などの手法が用いられるようになった[192, 204, 205, 206]。HEPは，米国のNEPA（National Environmental Policy Act）に基づく自然環境アセスメン

表 6-6-1　水域環境の健全性評価手法

環境評価指標名	略号	英名	式	引用文献
【水質評価指標】				
汚濁指数	IP	Bellan's Pollution Index	$IP=\Sigma N_t/N_T+N_{it}$	171
生物指標(Beck-津田 a 法)	BI	Biotic Index	$BI=2S_{it}+S_t$	172
ザプロビ指数法 (Pantle-Buck 法)	PI	Pantle-Buck Pollution Index	$PI=\Sigma(sh)/\Sigma h$	173
Zelinka-Marvan 法	ΣSap	Saprobic Index	$\Sigma sap=\Sigma(zi*ni*gi)/\Sigma(ni*gi)$	174
生物指標(Hilsenhoff 法)	HBI	Hilsenhoff Biotic Index	$HBI=\Sigma T_i n_i/N$	175
科による生物指標(Hilsenhoff 法)	FBI	Family-level Biotic Index	$FBI=\Sigma Tf_i nf_i/N$	176
造網型指数(造網係数)	NSI	Net-spinner's index	$NSI=n_{NS}/N$	177
【多様性評価指標】				
単純度指数	D	Simpson Index	$D=\Sigma[n_i(n_i-1)/N(N-1)]$	178
多様度指数	H′	Shannon-Wiener Index	$H'=\Sigma(n_i/N)\log2(n_i/N)$	179
均衡度指数	J′	Pielou Evenness Index	$J'=H'/H'max=H'/\log S$	180
EPT 指数	EPT	Ephemeroptera Plecoptera Trichoptera richness	$EPT=s_E+s_P+s_T$	181
EPT 割合	EPT%	Ephemeroptera Plecoptera Trichoptera abundance	$EPT\%=(n_E+n_P+n_T)/N$	181
【生産代謝指標】				
P/R 比	P/R	P/R ratio	P/R	182
P/B 比	P/B	P/B ratio	P/B	183
生産起源指標	%AUT	Autochtonous Index	$\%AUT=(\delta^{13}C_s-\delta^{13}C_{al}-f)*100/(\delta^{13}C_{au}-\delta^{13}C_{al})$	184
独立栄養指標	AI	Autotrophic Index	AI=B/Chl. a	185
【生産多様性複合評価指標】				
	W	ABC method (abundance-biomass comaprison)	$W=\Sigma(B_i-n_i)/50(S-1)$	186, 187, 188
	BSS	Biomass Size Spectra	$y=a+0.5c(x-b)2$	187, 188
【生息場評価指標（総合評価指標）】				
生息場物理特性モデル	PHABSIM	Physical Habitat Simulation	CSI=SI(D)SI(V)SI(C), WUA=Σai(CSIi)	189
生息場適性指数	HSI	Habitat Suitability Index	HSI	190
生息場調査法	RHS	River habitat Survey	RHS	191, 192
生息場改変度	HMS	Habitat Modification Scores	HMS	191, 192
生息場質評価	HQA	Habitat quality Assessment	HQA	193
河川無脊椎動物予測分類手法	RIVPACS	River Invertebrate Prediction and Classification System	RIVPACS	194, 195
化学生物統合環境評価法	GQA	Chemical and Biological General Quality Assessment	GQA	196
生物学的健全指数	IBI	Index of Biotic Integrity	Total IBI score of all metrics	193, 197

【水質評価指標】N_t：汚濁耐性種の個体数，N_{it}：非汚濁耐性種の個体数，S_{it}：非汚濁耐性種の種数，S_t：汚濁耐性種の種数，nNS：造網型の個体数，N：全個体数，S：全種数，s：汚濁階級指数，h：汚濁階級指数既知種の個体数，zi：i種のザプロビ値，ni：i種の個体数，gi：i種の重み付け値，T_i：i種の耐性度（0-10），T_{fi}：i科の耐性度（0-10），nfi：i科の個体数

【多様性評価指標】ni：i種の個体数，N：全個体数，S：全種数，sE：カゲロウ目の種数，sP：カワゲラ目の種数，sT：トビケラ目の種数

【生産代謝指標】P：総生産速度，R：呼吸速度，B：現存量，f：1栄養段階につき0.8％の定数，Chl.a：クロロフィルa量

【生産多様性複合評価指標】B_i：i種の現存量

【生息場評価指標（総合評価指標）】SI：正規化した適性指数，D：水深，V：流速，C：底質，CSI：(各種要因の)合成適性指数，WUA：重み付き利用可能面積，ai：セルiの面積，CSIi：セルiの合成適性指数

トで最もよく利用されている手法であり，事業計画とその代替事業について「ノー・ネット・ロス」を前提とした合意形成のために活用されている。PHABSIM と HEP の，事業による対象種の生息場（ハビタット）の変化を，HSI (Habitat Suitability Index) に基づいて定量的に示すことによって，複数の事業計画の影響を比較検討し，代償措置の妥当性を検討するというものである。

また，群集全体の特性から評価する手法には，英国で開発された RIVPACS (River Invertebrate Prediction And Classification System)[196] や米国で開発された IBI (Index of Biotic Integrity)[195] があり，それぞれ欧州各国や米国で実用化されている。このうち，RIVPACS は，多変量解析によって底生動物群集による河川の分類と環境条件が変化した場合の群集変化を予測するものであり，英国の河川 614 地点における底生動物群集の種組成予測や人為影響評価がおこなわれている[198]。日本では，国土交通省が 109 の 1 級水系河川について 5 年ごとに河川水辺の国勢調査を実施し，底生動物群集のデータが蓄積されている[207]が，それらの情報を環境影響評価に有効利用するための方法はまだ確立されていない[208]。これらを利用して RIVPACS の日本版を実現するためには，底生動物群集の分類基準を統一する課題，環境条件の対応データを揃える課題，群集の変異幅をカバーするために支川や中小河川のデータを加える課題などが残されている。

3. 貯水ダムの下流域生態系への影響

一般にダムとよばれているものには，農業用，発電用，水道用，洪水調整用などの目的で造られる貯水ダムと，土石流などの災害を防ぐ目的で造られる治山ダムや砂防ダムがある。日本には堤体の高さが 15m 以上の貯水ダムが既設のものだけで 2,676 基存在し，そのうち明治，大正時代以前に造られた貯水ダムが 400 基以上もある（2006 年 4 月現在，㈶日本ダム協会 (2007)：ダム年鑑 2007．㈶日本ダム協会，東京による）。その中には，村山上貯水池のように貯水容量 330 万 t を越える大規模なものもあったが，いずれも支川や谷戸を堰止めた大きめのため池であり，河川生態系への影響は少なかったと考

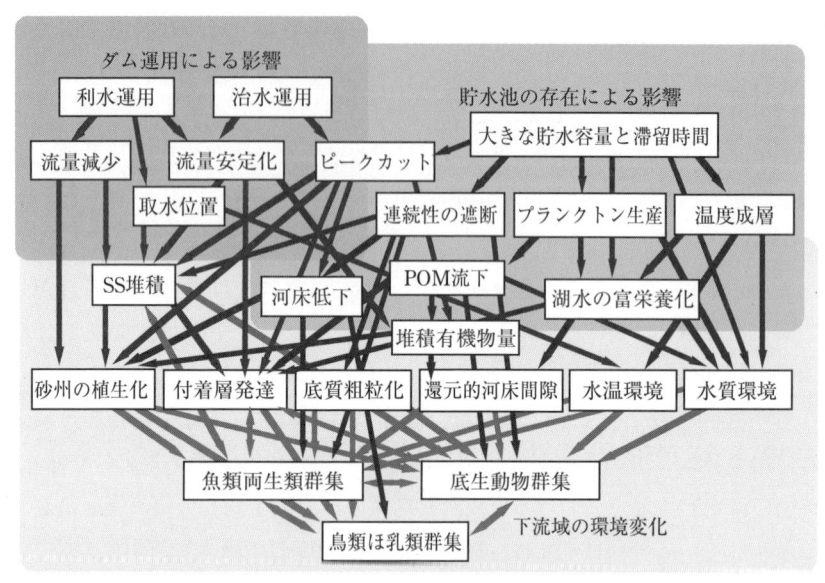

図6-6-1 貯水ダムが下流域生態系に及ぼす影響連鎖図

えられる。昭和に入るとまずは発電目的で河川の本流を堰止める貯水ダムが造られるようになり，戦後は治水・利水目的を加えて規模が拡大していった。その結果，各地の河川で堤体による上下流の分断や貯水池の形成による河川生態系の変容が生じるに至っている。ここでは，貯水ダムが下流域生態系へ与える影響とその評価手法について概要をまとめた。

貯水ダムの下流環境への影響はきわめて多岐の項目にわたっている。具体的には，土砂供給の遮断，水質の富栄養化，濁水の長期化，回遊性動物の疎通性阻害，下流河川の攪乱頻度や規模の低減，河川水温様式の変化などが生じる結果，下流域の河川環境や生物相に大きな影響を及ぼすことが知られている[209〜212]。これらの因果関係は，貯水池の存在に起因する影響とダムの放流量操作に起因する影響とに分けることによって図6-6-1のようにまとめることができる。前者は，河川に大きな止水環境が形成されることによる影響であり，土砂の堆積や水や溶存物質の滞留時間増加に起因して，温度成層，プランクトン増殖，富栄養化などを生じる。また，連続性の遮断には，ダムの堤体そのものが回遊性動物の移動を阻害することも含まれる。貯水ダムに

図 6-6-2　野洲川ダム（中央）の上流景観（左）と下流景観（右）の違い（建設後 53 年が経過した 2004 年時点）。上流には粒径の小さい砂利や砂が多いが下流には大きな石だけが残り，底質内に固化して動きにくくなるアーマー化が起きる。また石の表面には大量の有機物が付着する結果，水位が低下して乾燥すると白くなる（右写真の水際の石に注目）[213]。

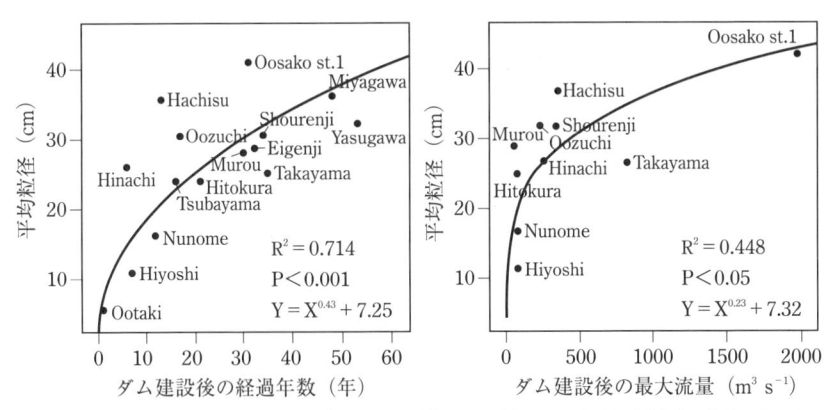

図 6-6-3　ダムの履歴と粗粒化（アーマー化）の関係。ダム年齢（左図）ならびにダム建設後に起きた最大流量（右図）と河床表面の底質平均粒径（5 m × 5 m の面格子法による）の関係。（文献 213 を改変）

よる土砂供給の遮断によって下流域では河床を構成する石が粗粒化し動きにくくなる現象は，アーマー化（アーマーコート，アーマリング）とよばれている（図 6-6-2；口絵 12）。一般に，アーマー化の程度は，ダムの年齢とともに進行することが知られており，建設後 50 年経つと河床表面の石礫粒径は

図 6-6-4 野洲川ダム下流の底質表面の様子。厚い付着層が発達し石の地肌が見えなくなっている。

平均 30 〜 40 cm にまで達する（図 6-6-3）[213]。ただし，この関係については，1950-60 年代に建設したダムサイトが峡谷部に限定されていたため，当初から河床の礫径が大きかった可能性もあるので，アーマー化の生起過程を明らかにするためには時系列的なモニタリングが必要である。

　いっぽう，貯水池は放流の取水口が表層とは限らずダムによって様々な水深から取水される点や，発電・利水・治水などの目的によって放流量がコントロールされる点で天然の湖沼と異なっている。すなわち，発電目的の運用ではダム下流域の流量減少を，農業用水や上水などの利水目的では流量の安定化を，そして治水目的の運用では，増水時のピークカットによる撹乱の減少を招く。このような流況の変化は，下流域の底質環境にアーマー化とは別の形で大きな変化を引き起こす。すなわち，貯水池由来のプランクトンやシルトなどが糸状藻類の隙間に堆積して厚い付着層 (Epilithon) が発達する現象が見られる（図 6-6-4；口絵 13）。貯水ダム下流域では，上記のような底質・水質・水温環境の変化を通じて底生動物や魚類などの生物群集も変化する（図 6-6-1）。多くの貯水ダム直下流域では，底生動物群集の種多様性が低下し，造網型シマトビケラ属など特定種群の個体数密度や現存量が増加する現象が知られている（図 6-6-5）[213, 215〜217]。これは，貯水池由来のプランクトンを餌資源とするろ過食者などの摂食機能群が有利となるためと考えら

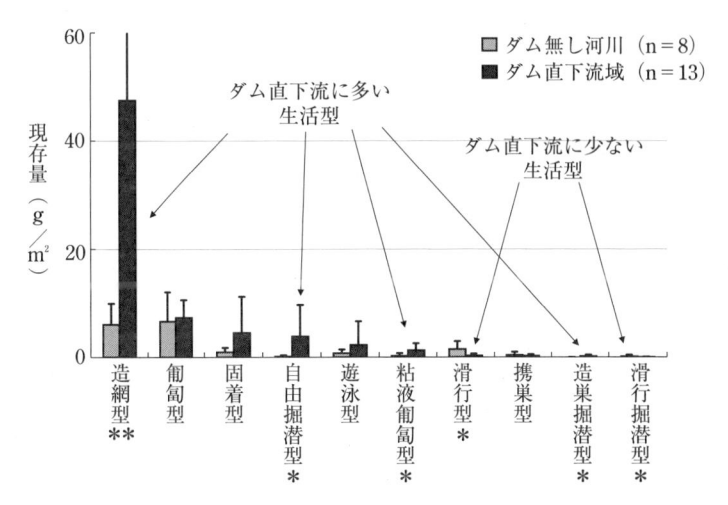

図6-6-5 ダム下流における底生動物群集の生活型組成変化。ダム直下流域（堤体から400m以内）と対照河川（ダム無し河川）の底生動物現存量の比較による（**P < 0.01, *P < 0.05, U-test）。データは文献213, 生活型の分類は文献214による。

れる[218]。実際，近畿圏の調査では，貯水ダム直下流域では対照河川に比べてろ過食者と採集食者が多くなる（図6-6-6）。ただし，浮遊砂が多い砂漠の河川などでは貯水池に浮遊砂が沈降することによって，下流域の河床が安定し水生植物も繁茂する結果，逆に底生動物群集の種多様性や現存量が増加する例[219]も知られている[211]。いっぽう，日本の多くの貯水ダム下流域では，ヒラタカゲロウ科（滑行型）やトビイロカゲロウ科（滑行掘潜型）のように石表面を滑行する種群が減少する（図6-6-5；口絵14）。これは，底質表面に付着層が発達することによって，移動行動や採餌行動が妨げられるためと考えられる[213]。付着層の発達は，平水時に安定して一定の流量を放流する操作を行なう利水ダムで顕著であり，水生昆虫が棲めないほど石の表面が付着層に覆われてしまうこともある。

貯水ダム下流域では，アーマー化や富栄養化のように貯水池の存在に起因する現象と付着層の発達のように放流操作に起因する現象とが複雑に絡み合っていると考えられる（図6-6-1）。また，同じ貯水ダムであっても，治水，利水，発電，多目的ダムなどの種類や貯水容量などによって，増水時や平水

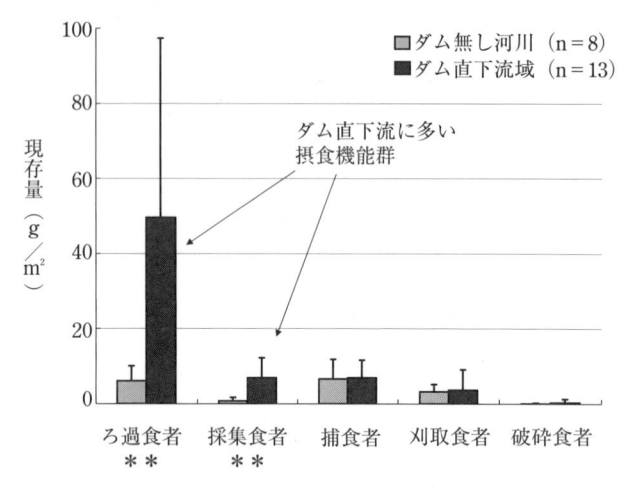

図6-6-6 ダム下流における底生動物群集の摂食機能群変化。ダム直下流域（堤体から400m以内）と対照河川（ダム無し河川）の底生動物現存量の比較による（**$P < 0.01$, U-test）。データは文献213, 摂食機能群の分類は文献214による。

時の放流操作が異なり，下流域生態系への影響も異なることを考慮する必要がある。貯水ダム下流域における環境影響を軽減するには，これらの影響過程を考察し，たとえばダムの放流操作の改善で期待できる項目について見極める必要がある。

4. 貯水ダムの立地条件による影響の違い

河川生態系では，河床地形や流水環境が源流域から河口域までにいたる各流程（セグメント）に蛇行，瀬－淵，生息場などが階層的な構造を示し，これに応じて生物相や物質循環の特性が決まっている[220]。そこで，上流から輸送される物質とエネルギーが下流の生態系の構造や機能を規定する関係を記述するために，河川連続体モデル（River Continuum Concept; RCC）が提案された[221]。ただし現実の河川生態系は，渓畔林や河畔林の伐採，貯水ダム，河道の直線化，護岸，人為的な有機物や栄養塩類の負荷などによって自然の連続性が変容していることが多い。このような物質，生物，エネルギー輸送の遮

断や急増が，河川生態系の連続性に及ぼす影響を予測するために不連続体連結モデル（Serial Discontinuity Concept: SDC）が提案されている[222]。

このモデルに従えば，貯水ダムが水系内のどの流程に位置するかによって下流域生態系への影響が大きく異なると考えられる[211]。たとえば，貯水ダムは本来源流域で流下量の多い落葉などの粗粒状有機物（CPOM: coarse particulate organic matter）を捕捉して，プランクトンを生産することによって本来下流域に多い微粒状有機物（FPOM: fine particulate organic matter）を流下させるので，生態系内の CPOM/FPOM 比への影響は上流のダムの方が大きくなる。一方，上流の支川に造られたダムの影響は，ダムのない他の支川により薄まるが，本川に造られたダムは支川の効果を期待できない。また，支川による薄め効果は，支川の規模や合流位置によっても変化すると考えられる。さらに，貯水ダムが土砂移動を遮断する影響は，土砂移動が最も盛んで砂利や礫の豊富な流程ほど大きいことが予想される。このように，貯水ダムの生態系影響を評価する際には，水系内の位置条件を考慮することが重要である。これらを踏まえた，貯水ダム下流域における河川環境の変化は，図 6-6-7 のように模式的に表すことができる。

また，ダム上流域の人口や土地利用様式は，貯水池への栄養塩負荷量を介して富栄養化の程度に影響する。これらは，図 6-6-1 における富栄養化の影響過程を評価する上でとくに重要な要因となる。また，湖沼の富栄養化の程度には，貯水池のサイズと河川流量がかかわっている。たとえば，同じリン負荷量であっても湖水の回転率（年流入量／貯水容量）が小さいほどまた湖沼の水深が浅いほど富栄養化が起こりやすい関係が知られている[223]．

5. 貯水ダム下流域における環境指標の課題

上記のような貯水ダムの生態系影響に関しては，実は現象そのものの蓄積が少なく因果関係がいまだ解明されていないものも多い。また，下流域生態系への影響は，時空間範囲・過程・対象のいずれもが広範かつ多岐に及ぶため，客観的な評価方法が確立していないのが実状である。陸域と河川の相互作用，河川生態系の内部過程，河川と沿岸生態系の関係などについては，基

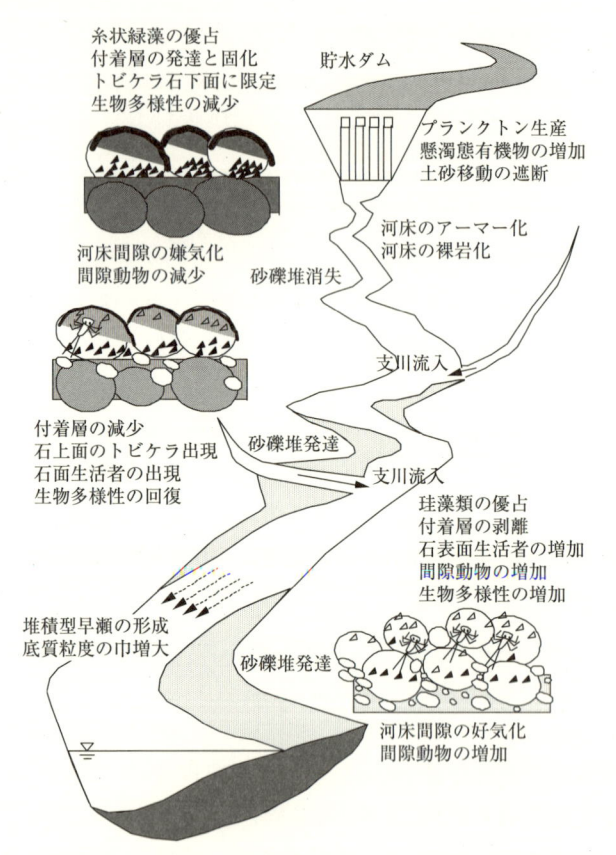

図6-6-7 貯水ダム下流域における河川環境の流程変化

礎的な研究が後発であった背景もあり，現象の因果関係が未解明であることが多い。にもかかわらず，前世紀には環境影響を評価した上で事業を進めるという枠組みだけが先行した感も否めない。たとえば，ダムサイトに生息する猛禽類は，広い陸域を含めた生態系の指標としては位置づけられるが，河川生態系の健全性の指標としてはかならずしも適切とはいえまい。これが生態系の健全さを表す指標種として極端に重視されたことは，生態系理解の未熟さの表れであろう。

近年は，河川生態系の健全性指標として，指標種のみならず群集組成や安定同位体比の特性などさまざまな可能性が提案されつつある。これらの生態

系の健全性指標に求められる要件として，生態系の現状のどのような特性の指標であるかを明らかにしておくことが重要であろう．環境条件との対応関係を明確にすることによって，環境指標の測定結果に応じて対策の方針が立つことになる．たとえば，貯水ダムの下流生態系への影響を表6-6-1にあげられた水質評価指標，多様性評価指標，生産代謝指標，複合評価指標，生息場評価指標などで評価することができれば，ダムの運用方法による影響の差，ダムの立地条件による影響の違い，そして貯水ダム下流域における影響の伝播範囲などについても定量的に評価できると期待される．

6. 貯水ダム下流域の安定同位体比構造

　河川生態系内の生物や物質の安定同位体比を貯水ダム下流域とその上流や貯水ダムのない支川とで比較した研究例から，安定同位体比を環境指標として利用できる可能性が考えられる．とくに，貯水ダム下流域生態系で炭素安定同位体比が低下する現象は注目に値する．米国のアイダホ州のスネーク川にあるアイランドパーク貯水池の直下流域の例では，流下粒状有機物の炭素安定同位体比が−30〜−28‰を示したのに対して，支川が合流した後の7〜8km下流地点では，−18〜−23‰に上昇する現象が記載されている（図6-6-8）[224]．この図から，炭素安定同位体比の低下が100 μm以上の有機物粒子で明瞭であることや，冬から春には顕著だが夏には軽微になることがうかがえる．日本のダム下流でも炭素安定同位体比の低下現象が一般的に見られることが近畿圏河川の調査によって判明している．このような現象は，直下流域の流下粒状有機物に貯水池で生産されたプランクトンが多く含まれていることに起因すると考えられる．すなわち湖沼などの止水域の植物プランクトンに由来する炭素安定同位体比が河川や湖岸の付着藻類に由来する炭素安定同位体比よりも低い値を示すこと（図6-6-9）[114]が原因になっていると解釈できる．このような現象は，河川の本流と三日月湖のような河跡湖との間でも知られており[225]，ダム湖では，これがより顕著に生じているらしい．冬期〜春期に差が大きくなる理由については今後の研究が必要であるものの，ダム下流河川における各種有機物の炭素安定同位体比を計測すれば，河

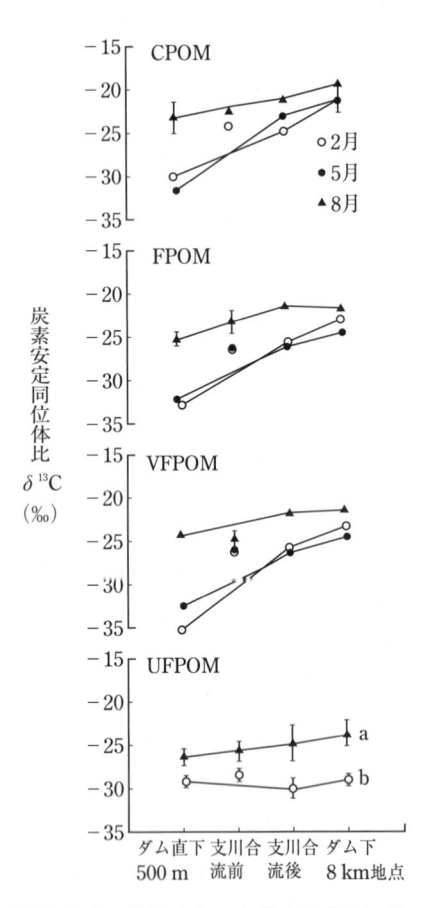

図6-6-8 米国スネーク川のアイランドパーク貯水池下流域における流下粒状有機物の炭素安定同位体比の流程変化例。図中の支川合流前は支川地点のデータのため線で結ばれていない。CPOM > 1 mm, FPOM > 250 μm, VFPOM > 100 μm, UFPOM > 50 μm。文献224を改変。

川生態系の栄養起源に与える貯水池の影響を評価することができると期待される。

また，炭素安定同位体比の低下現象については，前項で触れた不連続体

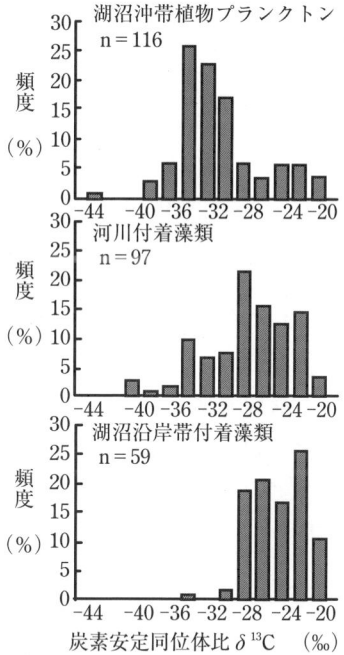

図6-6-9 世界の淡水域における植物プランクトンと付着藻類の炭素安定同位体比の頻度分布。上図：湖沼沖帯における植物プランクトンの測定結果，中図：河川の付着藻類の測定結果，下図：湖沼沿岸帯における付着藻類の測定結果。文献114を改変。

連結モデル（SDC）との関係が考察される必要がある。河川生態系が河川連続体モデル（RCC）の予測通りであれば，河川の流程ごとに総光合成速度（P）と群集呼吸速度（R）との比（P/R比）を比較すると，生態系内に従属栄養段階の卓越する上流と下流では1よりも小さくなり，独立栄養段階の卓越する中流域では，1よりも大きくなると期待される。この予測については，河川水の溶存酸素濃度の経時的変化を連続測定することによって検証することができる。たとえば，河川上流域に貯水ダムができると，貯水池にCPOMが蓄積するため，下流へ供給される有機物は，プランクトンやFPOMの割合

が増加する．その結果，ダム直下では下流域の摂食機能群や P/R 比が検出される可能性がある．上記の炭素安定同位体比の低下現象は，河川不連続体概念の1つの現れとも解釈できるだろう．

7. 伝播距離推定における安定同位体比の意義

河川生態系における物質循環の特徴は，現地性有機物の出発点が底質に付着する生活型の付着藻類と，陸起源の異地性有機物に大きく依存する点にある．河川連続体モデル（RCC）では，上流域では陸上起源の有機物を起点とした腐食連鎖が，中流域では付着藻類を起点とした生食連鎖が，そして下流域では流下有機物を起点とした腐食連鎖が卓越すると予測されている．この過程で上流から河道に流入した有機物は，河川生態系内で無機栄養塩類にまで分解されるが，これは中流域の付着藻類や水生植物によって一次生産に利用される．したがって，物質はいわば河川水の流下を通じていわば螺旋を描くように変化すると考えられ，栄養螺旋（nutrient spiraling）とよばれている[226,227]．

Newbold ら[228] は，河川生態系において一回の栄養螺旋に要する流下距離を螺旋長（spiraling length）と呼んだ．螺旋長は，生元素が無機態の栄養塩として流下する距離と生産者に吸収されてから消費者や分解者の生物体内を経て再び分解されるまでの間に移動した距離の総和である．螺旋長は河川生態系の特性を示す重要な測度と考えられるが，これを実測することは容易ではない．たとえば，放射性同位体でラベルしたリン原子を河川内で追跡することによってリンの栄養螺旋長を求めることは可能であるが[229]，放射線の環境影響を考えると決して推奨できない．かわりに，もし河川生態系に流入する地点を特定できるようななんらかのトレーサーになる物質があれば，流程に沿ってこれの濃度を測定すれば，流下の過程でどのくらいの距離で河床に捕捉されるかを推定できる．

これまでにさまざまな物体や物質がこの目的のトレーサーとして利用されてきた．FPOM の流下距離については，アメリカの山地渓流において流量が $0.304\ m^3\ s^{-1}$，水位が 0.23 m，勾配が 0.051 の河川で 637 m，流量 0.225

$m^3 s^{-1}$, 水位 0.31 m, 勾配 0.018 の河川で 616 m, との報告[227]があり, 河川流量や水位, 勾配などの条件によって流下距離はさまざまである。また, 天竜川における諏訪湖から流出する藍藻 *Microcystis* の流下距離について報告[230]がある。*Microcystis* は細胞長 2.5〜10 μm 程度, 群体長 50〜数 100 μm で FPOM に含まれる粒径である。これによれば, *Microcystis* は流量が 10〜50 $m^3 s^{-1}$ のとき 16.5 km 流下する間に 87%, 32 km 流下する間に 92%減少し, 流量が 50〜120 $m^3 s^{-1}$ のとき 32 km 下流で 37%減少しており, 河川流量が増加すると *Microcystis* の流下距離が長くなるという。

これらの粒子の物理的な流下距離は, 確かに栄養螺旋長の一部を示すものではあるが, 螺旋長全体の指標には不足である。この点, 前項で解説したダム下流域における炭素安定同位体比の低下現象は, 有機物の同化や異化の過程までを含めたトレーサーとして有効であると考えられる。生態系内のさまざまな有機物について炭素安定同位体比を測定し栄養段階全体の構造を比較するならば, 貯水池由来の有機物が下流生態系で消費されつくすまでの距離を把握することができるであろう。

8. 洪水律動説における安定同位体比の意義

河川連続体モデルは, 河川生態系の定常的な状態を想定した考え方であるが, 不定期的に起こる河川の洪水攪乱の影響が長期に及ぶ場合, 攪乱後の河川生態系は非定常の状態にあると考えられる。とくに流程に沿った物質や生物の移動や河道と氾濫原間の物質交換はこうした洪水時に集中して起きる。洪水律動説 (flood pulse concept) は, 河川生態系の生物群集の構造や物質循環の様式を洪水時の現象と関連付けて説明しようとするものである[231]。

この考え方は, 氾濫原で見られる事象によく当てはまり, 氾濫原上の溜まりや湿地生態系の構造と機能の研究に適用されることが多い。たとえば, 河畔植生の水散布型の植物や氾濫原上の土壌動物群集では洪水時の攪乱に対する適応を獲得した種が恩恵を受けている[232,233]。このような例は, 河道内で生産された有機物や陸域から流入して蓄積された物質が洪水時に氾濫原上に移動する現象に依存していると考えられる。

一方，洪水時に氾濫源が冠水することは普段河道内に生息する動植物にとっても意義がある。例えば，各種底生動物にとって氾濫原は洪水時の避難場所として利用されている[234]。また東アジアの水田に依存する生物群集の多くは，本来氾濫原に形成されるさまざまなタイプの一時的水域に依存していたと考えられ，各種の生活史の特性について洪水律動説による解釈が可能である。

このような現象の意義を評価するうえで，安定同位体比を指標とすることはきわめて有効と考えられる。すなわち，河道内の動物の安定同位体比の変動を氾濫原や洪水と関連付けて分析すれば，栄養起源の特定を通じて洪水の意義を評価することができる。さらにその応用として，貯水ダムによって河川敷への氾濫機会が減少した河川と，ダムの無い河川敷への氾濫機会が多い河川で，河道内生産物と氾濫原生産物の貢献度を比較するといった研究が推進できると期待される。

9. 河川生態系の健全化ベクトルと公共事業

生態系は複雑であるがゆえに，その現状を評価する際には，多数の現象とそれにかかわる多くの要因を念頭に置かなくてはならない。そして，河川生態系の健全性指標の構築上最も厄介な点は，各河川や流域に個性があり，全国一律に評価が困難であることだろう。このため，健全性の目標を絶対値の数値で示すことは現実的ではないかもしれない。そこで，目標の設定方法としてベクトル的な考え方を提案したい。

河川生態系おける人為的インパクトを，河床の侵食堆積傾向と酸化還元雰囲気の軸で整理すると図6-6-10のように示すことができる。たとえば，河道の直線化は，河床の底質動態を侵食卓越傾向に変化させるとともに還元的雰囲気の生息場所を減少ないし消滅させる。また，貯水ダムや堰は河床勾配や流速を減少させ土砂堆積や底質内の還元化を促す。一方，有機物負荷を伴う各種排水による水質汚濁は底質や河川水の雰囲気を還元的に変化させる。生態系を健全化させるためには，これらの人為とは逆方向に変化させる必要がある。これを健全化ベクトルとよぶことにする。ここで図中の座標は相対

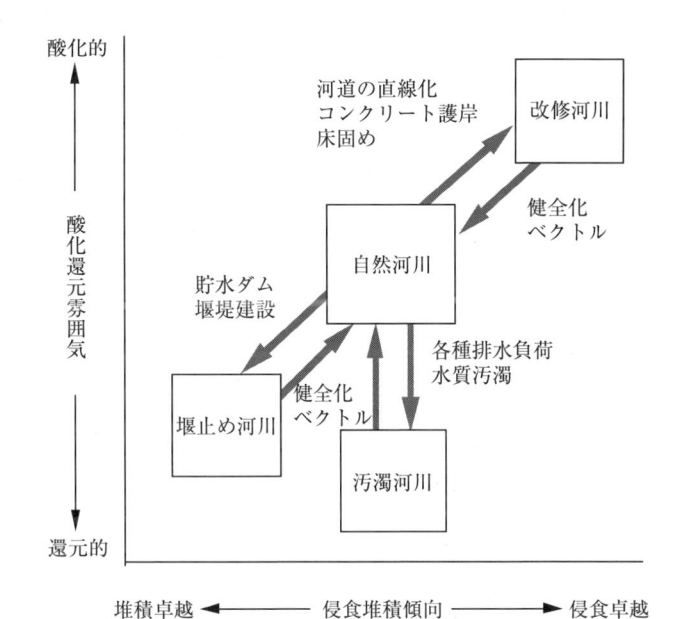

図 6-6-10 河川生態系における人為インパクトと健全化ベクトルの関係。文献 235 を改変。

値であり，自然河川の侵食堆積傾向や酸化還元雰囲気はさまざまな位置になりうることに注意する必要がある。すなわち健全な生態系の目標像は，各河川の個性に応じて侵食的で酸化的な環境にも堆積的で還元的な環境にもなりうる。したがって，実際の河川管理の現場では，対象河川ごとに目標像（ターゲットイメージ）を図中のいずれかの位置に設定することが有効である。具体的な対策は，目標像を実現するために必要なベクトルを促進するようなものから選択すればよい。ただし，健全化ベクトルを河川環境管理の方策として定着させるためには，単年度で完成するような施設指向型の公共事業を脱却して，土砂投入のような形としてすぐに見えないような対策についても数年をかけて実施できるように転換する必要がある。

（6 章 6 節の執筆に際しては，日本学術振興会科学研究費補助金の基盤研究（A）課題番号 15206058，基盤研究（B）課題番号 19360224 ならびに水源地生態研究会議の流況変動研究会による研究成果の一部を使用した。）

IV
安定同位体の可能性

科学にとって実験技術とは，建造物（体系）を建築するための足場や重機のようなものである。7章では，いわばこれまで誰も建てたことのない建造物を造るために，新しい「足場」と「重機」を開発する試みのいくつかを紹介する。流域環境と住民との調和的共生関係の構築を目指す中で，安定同位体指標による流域環境評価というアプローチは，どのような役割を果たしうるだろうか。最終章では，本書の内容全体を俯瞰しつつ，安定同位体指標の可能性を考えたい。

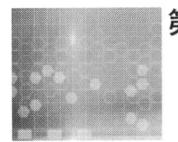

第7章

安定同位体比測定のフロンティア

1 水の第三のマーカー $\Delta^{17}O$ の可能性

　よく知られているように，地球上の水はその大部分が海洋に存在する．海洋の表層から蒸発した水分子は，大気・陸・地下水などを経て，再び海洋へと戻るという循環を延々と繰り返している．その水分子にはいくつかの種類がある．なぜなら，水を構成する酸素と水素には重さの異なる同位体が存在するからである．水素には質量数が 1 と 2 (^1H と ^2H) の，酸素には質量数が 16, 17 と 18 (^{16}O, ^{17}O と ^{18}O) の安定同位体が存在する．水を化学式で記述すると H_2O だから，質量数でみると，水には 18 から 22 まで全部で 5 種類の組み合わせが存在することになる．これらの安定同位体の組成比は，水循環を明らかにする目的で，これまで広く用いられてきた．その中でももっとも頻繁に研究されてきたのは，水素の 2 つの安定同位体の比 (δ^2H) と，3 つの酸素安定同位体のうち ^{18}O と ^{16}O の比 ($\delta^{18}O$) の 2 種類である．
　4 章 3 節でも触れられたとおり，酸素の 3 つの安定同位体，^{16}O, ^{17}O, ^{18}O のうち，自然界に存在する酸素のほとんどは ^{16}O である．残り 2 つの安定同位体比の存在度は ^{18}O が約 0.21％，^{17}O が約 0.04％と極端に少ない．これまで，地球科学分野において ^{16}O と ^{18}O の同位体比に関してはすでに多くの研究例があり，単に「酸素同位体比」というと $^{18}O/^{16}O$ の比 ($\delta^{18}O$) を指すという暗黙の共通認識がある．では，なぜ ^{17}O はこれまであまり注目されてこ

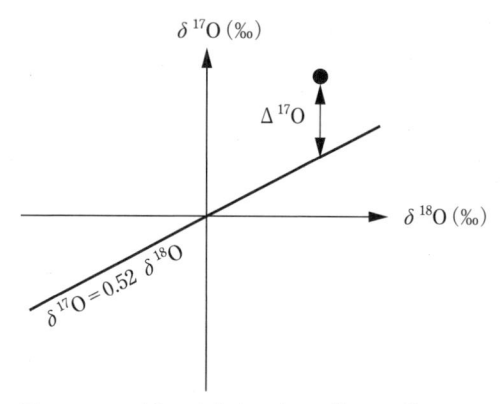

図 7-1-1 天然に分布する水の $\delta^{18}O$ と $\delta^{17}O$ の関係と，^{17}O アノマリー（$\Delta^{17}O$）[2]

なかったのだろうか。天然の水循環においては，$^{17}O/^{16}O$ 比の同位体分別が $^{18}O/^{16}O$ 比のおよそ 1/2 であることが知られている[1]。すなわち，$\delta^{17}O$ 値と $\delta^{18}O$ 値をグラフ上にプロットすると，傾きが 0.5 に近い直線上にほぼ乗ってくる（図 7-1-1）。これは，水にかかわるプロセスにおける同位体分別が質量に依存している場合に見られ（^{17}O と ^{16}O の質量差は 1 であり，^{18}O と ^{16}O の質量差の 1/2 である），おおざっぱにいえば，地球上で起きる水循環にかかわるほとんどのプロセスでは，この質量に依存した同位体分別が成り立っている。したがって，仮にこの関係がすべてのプロセスで成り立っているのであれば，$\delta^{18}O$ を測定するだけ十分であり，わざわざ $\delta^{17}O$ の値を測定する必要はない。事実，隕石を除く地球上に存在する物質の $\delta^{17}O$ は，図 7-1-1 の関係があると多くの場合説明されてきた。ただし，1980 年代以前は測定技術上の制約から，それ以上詳しく調べることはむずかしかったともいえる。このように ^{17}O は地球科学分野で話題にのぼることはあまりなかった。

しかし 1980 年代になり，Thiemens ら[3] によって，大気中のオゾン生成反応において ^{17}O の同位体分別が質量に依存しないことがはじめて報告された。すなわち，反応における $^{18}O/^{16}O$ 比と $^{17}O/^{16}O$ 比の変化が 1：0.5 の関係からずれを生じた。$^{17}O/^{16}O$ 比の変化が，質量依存的な同位体分別から期待される値よりも大きくなったのである。このずれのことを ^{17}O アノマリーと

よび，$\Delta^{17}O$ という，次式によって定義される数値で表現される（図7-1-1）。

$$\Delta^{17}O = \{\ln((\delta^{17}O/1000)+1) - 0.52 \cdot \ln((\delta^{18}O/1000)+1)\} \times 1000 \quad (‰)$$

この式を簡略化して，以下の式で表される場合も多い。

$$\Delta^{17}O = \delta^{17}O - 0.52 \cdot \delta^{18}O$$

$\Delta^{17}O$ は，大気中のオゾン（O_3），硫酸（H_2SO_4），二酸化炭素（CO_2），硝酸（HNO_3）[4]，雨水中の過酸化水素（H_2O_2）[5]，海洋中の溶存酸素（O_2）[6] など酸素を含むさまざまな化合物で，有意な値（多くの場合は正の値）として見出されている。一方，水の ^{17}O アノマリーに関する研究は，上にあげた酸素を含む化合物よりも大きく遅れている。これは，水に直接かかわる反応に非質量依存型の同位体分別が見出されておらず，$\delta^{17}O$ から得られる情報は $\delta^{18}O$ から得られるものとほとんど変わらないという認識が定着していたからかもしれない。

21世紀に入って，私たちが生活している地表から高さ10km上空の成層圏において水の $\Delta^{17}O$ を水蒸気の動きを追跡するために用いようとする試みがなされはじめている。Franzら[7] は，南半球の下部成層圏の水蒸気について測定し，その $\Delta^{17}O$ が+2‰に満たない小さなものであることを報告した。さらに詳細な傾向を見るためには，測定精度の向上が必須であることを強く示唆している。

一方，Angertら[8] は，水の $\Delta^{17}O$ について理論的に検証した。その結果，海洋表面（湖沼や河川など陸水表面も同様）から，大気中に水が蒸発する際の動的同位体効果による ^{17}O の挙動が，大気―水表面間の同位体平衡による ^{17}O の挙動とわずかに異なることを示した。すなわち，動的同位体効果においては $^{18}O/^{16}O$ 比と $^{17}O/^{16}O$ 比の変化が1：0.526 の割合であるのに対し，同位体平衡反応では $^{18}O/^{16}O$ 比と $^{17}O/^{16}O$ 比の変化が1：0.511 の割合になる（図7-1-2）。また彼らの理論実験では，蒸発の際に起こる ^{17}O の動的同位体効果は，δ^2H や $\delta^{18}O$ とは異なり温度依存性が小さいことが示されている。上式において，右辺の $\delta^{18}O$ にかかる0.52 という係数は，0.526 と 0.511 が「混合」したものだったのである。この結果は，$\Delta^{17}O$ が「比較する2つの水がど

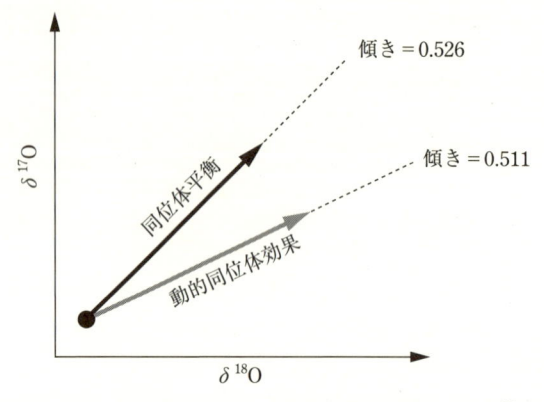

図7-1-2 同位体平衡および動的同位体効果に伴う $\delta^{18}O$ と $\delta^{17}O$ の関係。同じ水から出発しても異なるプロセスを経ると、$\delta^{18}O$ と $\delta^{17}O$ の関係が異なる。

の程度同位体平衡にあるのか」という点について教えてくれ、水の新しい同位体トレーサーとなりうることを示唆している。

彼らの結果を、Landais ら[9]は実験的に証明している。彼らは、植物の茎と葉の $\delta^{17}O$ と $\delta^{18}O$ を測定し、葉からの蒸散過程における同位体分別を詳細に調べた。その結果、傾き $(\ln((\delta^{17}O/1000)+1)/\ln((\delta^{18}O/1000)+1) \approx \delta^{17}O/\delta^{18}O)$ が 0.5111 から 0.5204 の間で変化することを確認した。この傾きは、液体の水と水蒸気の間の同位体平衡時にみられる 0.526 よりも有意に小さく、さらに Angert ら[8]が示唆したように、蒸散過程における $\ln((\delta^{17}O/1000)+1)/\ln((\delta^{18}O/1000)+1)$ 比が、大気の相対湿度に応じて変化していることを示した。

水の詳細な $\delta^{17}O$ を測定する試みは、1990 年代後半から国内外でさまざまな手法でおこなわれるようになった。Bakar ら[10]は、フッ化コバルト（CoF_3）と水を高温で反応させ、酸素を分離精製する方法を用いている。彼らの手法では、わずか 0.02 ml の水しか必要としないが、以前に測定した水の影響（メモリー効果）が現れやすいため、繰り返し測定する必要がある。また、精度も $\delta^{17}O$、$\delta^{18}O$ についてそれぞれ、0.33‰、0.54‰ と十分ではなかった。国内では Jabeen ら[11]によって $\delta^{17}O$ の測定がおこなわれている。彼らはフッ素雰囲気中で水を酸化して酸素を分離精製しており、分析精度も比較的良好で

ある。しかし，これらのフッ素もしくはフッ素化合物を用いる手法は熟練を要すると同時に，水素を測定する必要がある場合，別に分取した試料を処理しなければならない。Franzら[12]はわずか120 mg (0.12 ml) の水で水素と酸素の安定同位体比（$\delta^{17}O$，$\delta^{18}O$，δ^2H）を，前処理の不要なオンライン測定する手法を報告している。しかし，測定精度は$\delta^{17}O$，$\delta^{18}O$，δ^2Hそれぞれについて，0.7，1.3，7‰と大きめである。Barkanら[13]は，前述したBakerら[10]の方法を改良し，2 μlの水を用いて$\delta^{17}O$，$\delta^{18}O$についてそれぞれ，0.01‰，0.03‰という高い精度での測定に成功している。

このように，水の安定同位体比の分析技術，とくに^{17}Oアノマリーの測定を見据えた分析精度に関する近年の向上はめざましい。現在，既製の平衡装置を用いさえすれば，研究をはじめたばかりの大学生でも比較的容易に$\delta^{18}O$を測定できる。しかし，水の^{17}Oアノマリーに関する研究が今後飛躍的に発展するには，測定だけではなく前処理の簡便化が必要であろうと思われる。これまで用いられてきほとんどの方法では，フッ素を含む気体を用いている。あるいは，分析の途中の段階でフッ素が発生する。高い化学の知識と安全な設備がなければ危険を伴い，$\delta^{18}O$測定のような簡便さと気安さは期待できない。

以下には現在，筆者らの研究グループが開発にとりくんでいる，微量の水試料であっても高精度での安定同位体比測定を可能にするための装置について簡単に紹介する。地球の表層や内部に存在する極微量の水に注目すると，先に紹介した方法は，①測定に必要な試料量が比較的多い，②分析精度が不十分，③酸素同位体組成は測定できるが水素同位体組成は測定できないなどの問題がある。そこで筆者らは，固体高分子膜上における電気分解法を用いて微量の水の酸素安定同位体比（$\delta^{17}O$，$\delta^{18}O$）を測定する方法を現在開発している（図7-1-3）。ここで用いられている固体高分子膜は，次世代新エネルギーとして注目されている燃料電池用に開発されたGORETEX社製の固体高分子膜である。この高分子膜の利点の1つは，非常に薄い（現在筆者らが用いているものは厚さ30 μm）にもかかわらず，強度が大きいことである。固体高分子膜を用いた燃料電池の反応は，膜の両側に存在する酸素と水素から水が生成するときの電気エネルギーをとりだすものである。われわれのシ

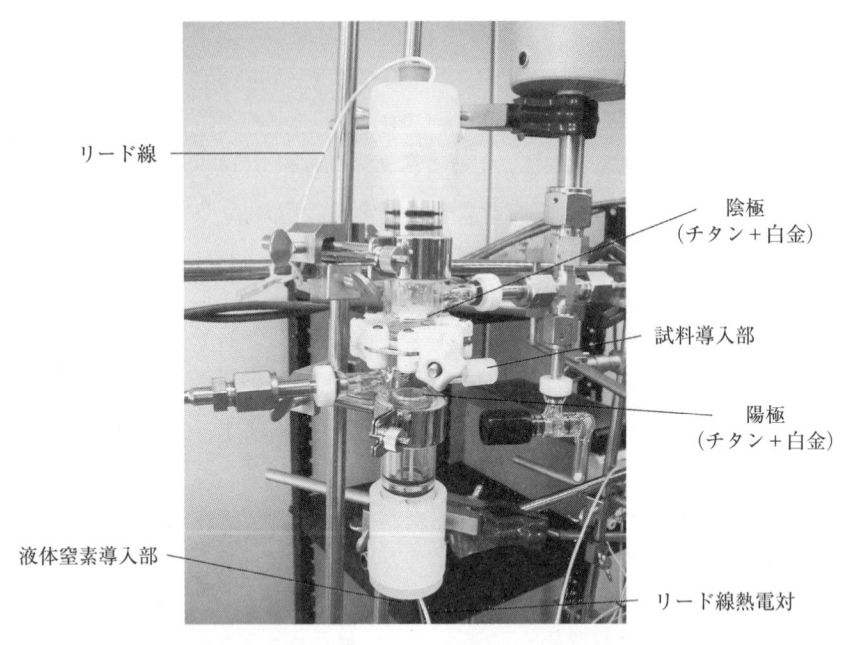

リード線 ―
陰極（チタン＋白金）
試料導入部
陽極（チタン＋白金）
液体窒素導入部
リード線熱電対

図 7-1-3　海洋研究開発機構で開発中（2007 年時点）の固体高分子膜を用いた水の電気分解装置。

ステムでは，その反対に水で湿らせた固体高分子膜に電気エネルギーを与えると膜上の水は電気分解され，その両側に水素と酸素が発生する。1 μl という微量の水であっても電気分解反応は進行する。1 μl というと，直径がほんの 1〜2 mm の小さな水滴でしかないが，$\delta^{18}O$，$\delta^{17}O$ を安定同位体比質量分析計で十分な精度で測定するのにはこれで十分である。この前処理方法が確立されれば，酸素安定同位体比（$\delta^{17}O$，$\delta^{18}O$）のみならず，水素安定同位体比（δ^2H）も 1 μl という微量の水で値を知ることができるようになるだろう。

ここでは大気・海洋・陸域における水循環の研究に応用することを述べてきた。しかしこの ^{17}O アノマリーを用いる研究法は，多くの他分野にも応用の可能性を秘めている。たとえば，地球内部に含まれる水が良い例であろう。最近の研究結果によると地球の内部には海洋の 5 倍の体積に相当する水が存在する可能性が示唆されている[14]。われわれが普段意識していない地球

の内部の水を含めた物質循環において，$\Delta^{17}O$ はいったいどのような挙動を示すのだろうか？　新しい分析技術の開発や分析精度の向上がそのまま新しい発見につながることは，自然科学において珍しいことではない。第三の酸素安定同位体 ^{17}O 分析技術のさらなる進歩に期待したい。

2 分析の自動化・高速化 —— 硝酸イオン分析を例に ——

1. はじめに

　流域生態系の適正な管理のためには，水文過程や物質循環系の機能，生態系構造などを客観的に評価する必要がある。しかし，生態系の時空間的不均質性，影響過程の複雑さゆえに，実際に現状を正しく把握するためには膨大な数の試料収集とその分析・解析が必要となり，ハード・ソフトウェアの整備，人的資源の確保が律速となることが多い。そのため，多数の環境試料を簡便かつ高速・高精度に測定する技術の開発が重要な課題となる。また，しばしば十分量の試料の採取にはたいへんな労力と物理的制約（容器の保管スペースなど）が生じるため，必要試料量の微量化も必須となる。試料の微量化には，分析に必要な試薬量の節約，廃液量の減少などといったメリットも期待される。

　ここでは，このような環境試料の分析システムの簡便化，自動・高速化，微量化の技術開発の1つとして，硝酸イオン（NO_3^-）の窒素・酸素安定同位体比測定の自動分析システムを例にとって紹介する。

2. 硝酸イオンの窒素・酸素安定同位体比測定の歴史

　天然水中のNO_3^-の窒素安定同位体比を測定するにあたって，一般的には，NO_3^-をアンモニアに還元，抽出し，これを窒素ガスに変換して質量分析計で窒素同位体比を測定するという方法がとられてきた。1960年代から1990年代半ばにかけて用いられてきたアンモニア蒸留法[15]では，適当な量（たとえば10 ml）まで試料水を濃縮した後（ただし塩化カリウムを用いた土壌抽出液などのように濃縮できないものもある），酸化マグネシウム等でアルカリ性にして試料水中のアンモニウムをあらかじめ除去する。その後デバルダ合金を加えてNO_3^-をアンモニウムに還元，蒸留し，希硫酸でアンモニアガスを捕集して硫酸アンモニウムとして濃縮する（図7-2-1）。このアンモニウム

第7章 安定同位体比測定のフロンティア 377

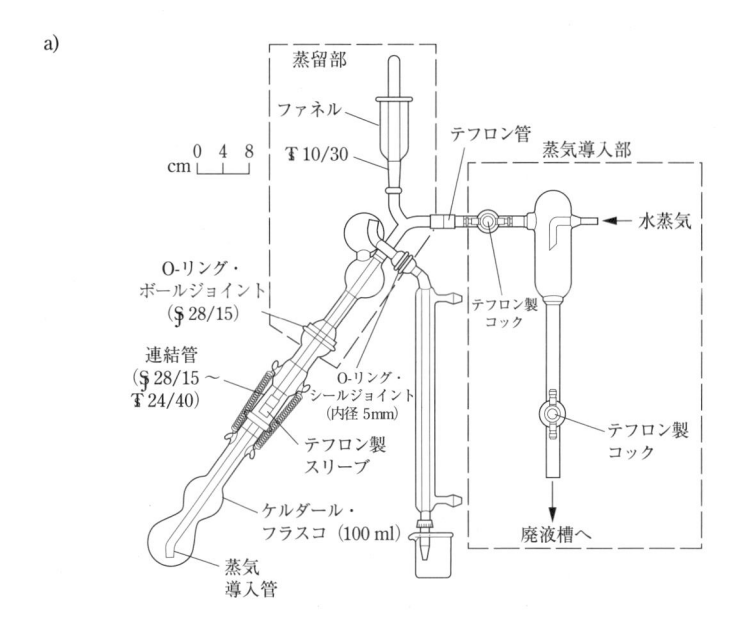

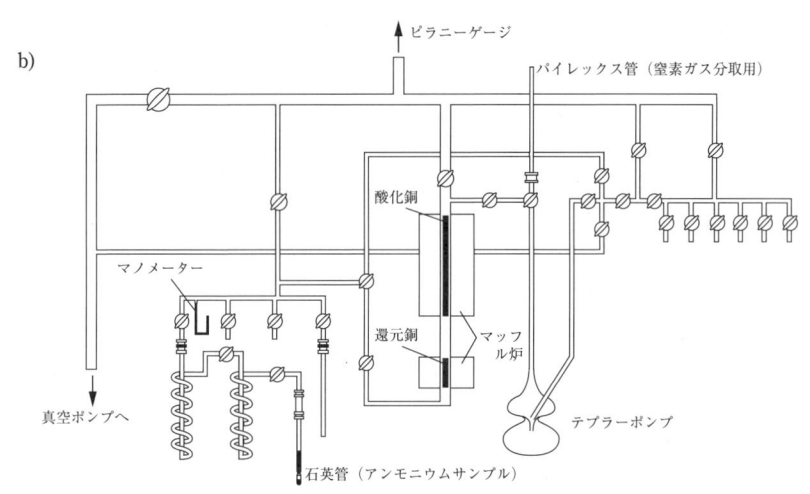

図7-2-1 アンモニア蒸留法の分析装置。a) 水蒸気蒸留装置[16], b) ガスの精製ライン[17]。

塩は，①次亜臭素酸塩による酸化，②デュマ法（燃焼酸化法）や，③元素分析計による燃焼酸化によって窒素ガスに酸化される。①の方法では，アンモニウム塩を次亜臭素酸塩（次亜臭素酸ナトリウムや次亜臭素酸カリウム等）を用い，真空ライン中で酸化，精製して窒素ガスを分取し（図7-2-1），これを安定同位体比質量分析計（IRMS）で測定する。②の方法では，乾固させたアンモニウム塩を，還元銅，酸化銅，酸化カルシウムとともに石英管に詰めて，真空引きしたのちこれを酸素バーナーで焼き切って封じ，マッフル炉を用いて650℃で燃焼させる。酸化カルシウムにより二酸化炭素と水を除去し，精製された窒素ガスをIRMSで測定する[18]。③の方法はEA-IRMSシステム（元素分析計と質量分析計の導入装置を直結したもの）を用いた連続フロー燃焼法で，乾固させたアンモニウム塩，あるいはテトラフェニルホウ酸塩として沈殿させたもの[19]の一部をスズ製のカップに量りとる。これを元素分析計のオートサンプラーにセットすれば，オンラインで燃焼，精製された窒素ガスがIRMSに導入される。

　しかしながら，この方法はアンモニア蒸留や真空ラインを用いた窒素ガス精製に時間と労力を要すること，NO_3^-の回収率や精製時の同位体分別，溶存有機窒素の分解によるコンタミネーションやデバルダ合金に由来するブランクの高さなどの問題が指摘されている。そのため，Sigmanら[20]はトレーサーレベルで用いられていた拡散法を改良して，密閉容器の中でNO_3^-をアンモニウムに還元，遊離したアンモニアを，酸をしみこませたガラス繊維ろ紙に吸着させ，これをEA-IRMSで測定する方法を提案した。まず試料水に酸化マグネシウムを加え，アルカリ下，65℃で5日間静置して，易分解性の溶存有機窒素を分解し，ついで煮沸，蒸発，減圧法などにより試料水を濃縮し，アンモニアを除去する。なお，濃縮しすぎるとNO_3^-の還元効率が下がるため，濃縮率は5～8倍程度にする。この濃縮サンプルにデバルダ合金と"フィルターパック"（ガラス繊維ろ紙に硫酸をしみ込ませ，これを2枚の孔径10μmのテフロンメンブランフィルターではさんで圧着し封じたもの）を加え，直ちにきつく蓋をした後，軽く混ぜてからオーブン内（65℃）で4日間静置して，NO_3^-のアンモニアへの還元反応を進める。オーブンからとり出したらこれを振とう培養器にセットし，室温，60 rpmで振とうする（振とう

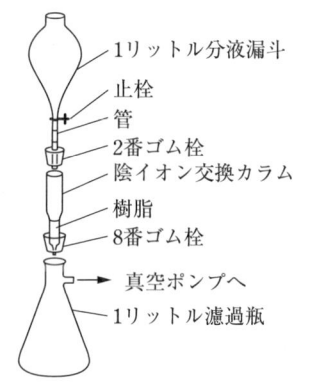

図7-2-2 イオン交換樹脂法におけるサンプル濃縮システム[21]。

期間は，試料水量による）。振とうが終わったらフィルターパックをとり出し，希塩酸（10%）と蒸留水で軽くすすぎ，デシケーター内で乾燥させる。乾燥したフィルターパックからガラス繊維ろ紙をとり出し，スズ箔で包んでEA-IRMSで窒素安定同位体比を測定する。この方法は，アンモニア蒸留法に比べると測定精度がよく，また試料の前処理効率が改善されているが，依然として溶存有機窒素の分解によるコンタミネーションや試薬ブランク，低濃度試料の取扱い（反応条件や同位体比の補正）について問題が残っている。

イオン交換樹脂法[21]は，これらの問題点を改善するべく開発された方法であり，TC/EA-IRMS（連続フロー型パイロリシス（熱分解）質量分析システム）を用いることなどによって，NO_3^-の酸素同位体比の測定も可能となる（アンモニア蒸留／拡散法では窒素同位体比のみしか測定できない）。この方法では，試料水を流速500〜1000 ml hour^{-1}程度で陰イオン交換樹脂に通すことによって，試料水中のNO_3^-を吸着，濃縮する（図7-2-2）。この吸着カラムに3 M塩酸を3 mlずつ，計15 ml加えて，樹脂からNO_3^-を脱着する。硝酸（HNO_3）は揮発性であるため，この溶離液を凍結乾燥する前に酸化銀を用いて中和する。中和反応により生じた塩化銀をろ過して除去したのち，硝酸銀溶液を凍結乾燥する。この試料をEA-IRMSで測定する（なお，このシステムで通常使われるスズカップは硝酸銀と反応するため使用には向かない。またア

ルミニウムカップも石英燃焼管と反応する傾向がある)。このイオン交換樹脂法は，前者に比べてサンプル前処理時間が短縮される。また，陰イオン交換樹脂による処理を試料水の採取地近くで実施することで，多量の試料水を運搬しなくても済むなどの利点がある。しかし，イオン強度の強い海水や土壌抽出液ではNO_3^-がイオン交換樹脂に吸着できず，測定できないという問題がある。また，酸素同位体比を測定する場合は，溶存有機炭素からの酸素のコンタミネーションの問題が生じる[22]。ちなみに，酸化銀が高価なためランニングコストが高くなる，という多試料分析には悩ましい問題も含んでいる。

これらの方法に対し，近年開発された脱窒菌を用いたNO_3^-の窒素・酸素安定同位体比測定法[23,24]は，多くの長所を備えている(分析方法については後述)。まずはじめに，必要試料量が，先にあげた方法の100分の1以下であることがあげられる。これは，きわめて限られた量のサンプルしかとれない環境にあってはとくに重要で，たとえば雪氷コアや，土壌間隙水，あるいは植物体内の水といった，従来ではとても測定できなかった試料の測定が可能となってきている。次に，この方法はイオン強度による影響を受けないため，イオン交換樹脂法では測定のできなかった海水試料でも測定可能である。従来法では妨害要因となっていた溶存有機物のコンタミネーションについても，分析に供する脱窒菌はもっぱら硝酸還元をおこなっているため，その影響を回避することができる。また，サンプル前処理時間は従来法に比べて大幅に短縮し，窒素・酸素安定同位体比を同時に測定できるといったメリットもある。ただし，脱窒菌の維持管理や，(とくに降水試料における)^{15}N測定にあたっての^{17}Oの影響といった課題は残されている。

これまでにあげた分析法の特徴についてまとめたものを，表7-2-1に示しておく。

なお，ここで紹介した分析方法は，基本的にNO_3^-と亜硝酸イオン(NO_2^-)を分けて測定することができないため，NO_3^-とNO_2^-に含まれる^{15}Nあるいは^{18}O含量の総計を測定することとなる。たとえば，アンモニア蒸留法やアンモニア拡散法では，$NO_3^- \rightarrow NO_2^- \rightarrow$アンモニアと還元するため，$NO_3^-$といっしょに$NO_2^-$もアンモニアに還元されてしまうし，イオン交換樹脂法では，NO_3^-，NO_2^-共に陰イオンであり，いっしょに陰イオン交換樹脂に吸着

第 7 章　安定同位体比測定のフロンティア

表 7-2-1　硝酸イオンの窒素安定同位体比分析法の比較表。イオン交換樹脂法と脱窒菌法では酸素の安定同位体比の測定も可能である。

	測定原理	必要試料量	所要時間	問題点	引用文献
アンモニア蒸留法	アンモニアと亜硝酸を除去した後、デバルダ合金を加えて硝酸をアンモニアに還元、蒸留し、硫酸アンモニウムとして濃縮。このアンモニウム塩を、①真空ライン中で改良亜臭素酸法にて酸化、精製して窒素ガスを生成し IRMS 法により窒素ガスを精製、②デュマ法により回収したアンモニウム塩を元素分析計による燃焼酸化で窒素ガスに酸化して IRMS にて測定、③乾固あるいは沈殿法により回収したアンモニウム塩を元素分析計による燃焼酸化で窒素ガスに酸化して IRMS にて測定。	1000 μg-N	$NO_3^- \to NH_4^+$：1 サンプル約 3 時間 $NH_4^+ + KOBr \to N_2$：1 日 5 サンプル IRMS 測定：1 日 20 サンプル EA-IRMS 測定：1 ラン 7 分	・アンモニア蒸留に時間がかかる ・アンモニア蒸留の回収率の問題（同位体分別の問題） ・デバルダ合金由来のブランク ・KOBr の反応で生成する N_2O の除去 ・DON 分解によるコンタミ	文献 15, 19
アンモニア拡散法	アンモニアや易分解性の溶存有機窒素を除去した後、デバルダ合金とフィルターパック（酸をしみ込ませたガラス繊維ろ紙をテフロンメンブランフィルターで封じたもの）を加え、加熱培養によりアンモニアに還元し、フィルターパック内のろ紙に吸着させ、EA-IRMS にて測定。	50 μg-N	$NO_3^- \to NH_4^+$：2 週間 EA-IRMS 測定：1 ラン 7 分（ただし 1 日約 40 サンプル）	・同位体分別の量依存性 ・回収率の量依存性 ・濃縮できないサンプルは標準物質を含む同液量で培養する必要がある ・同位体比の補正を厳密に行う必要がある（例えば 4L 溶液では回収率は 40% 程度であり、その同位体分別は約 10.5‰） ・デバルダ合金由来のブランク ・DON 分解によるコンタミ	文献 20
イオン交換樹脂法	イオン交換樹脂に試料を吸着。硝酸を塩酸で脱着し濃縮。濃縮した溶液を酸化銀にて中和し、硝酸銀溶液として回収。これを凍結乾燥後、EA-IRMS にて測定。TC/EA-IRMS にて酸素同位体比測定も可。	50 μg-N	樹脂への吸着：流量 1 L/h 以下 樹脂からの抽出・中和：1 日約 30 サンプル 凍結乾燥：約 1 週間 EA-IRMS 測定：1 ラン 7 分	・イオン強度の強い海水や土壌抽出液は硝酸を樹脂に吸着させず測定不可 ・DOC が入り込むことによる酸素コンタミ（酸素同位体比測定の場合）	文献 21, 22
脱窒菌法	脱窒菌を用いて硝酸を一酸化二窒素に還元し、パージ・アンド・トラップ方式で濃縮し、GC-IRMS にて測定。窒素および酸素同位体比の同時測定も可。	0.3 μg-N	測定用バイアルの準備：4～5 時間（～70 サンプル同時処理可） $NO_3^- \to NO_2^- \to N_2O$：約 12 時間 PreCon-GC-IRMS 測定：1 ラン 20 分	・脱窒菌の維持 ・GC-IRMS への N_2O 導入システムの構築	文献 23, 24

されてしまうため，これらを分別しての測定ができない．脱窒菌法も，NO_3^- の還元に用いる脱窒菌株が，NO_3^- と NO_2^- を共に一酸化二窒素（N_2O）に還元してしまうため，やはり両者を分けて測定することができない．そのため，NO_3^- に比して NO_2^- の比率が高い水試料を測定する場合には，結果の解釈に注意が必要となる．とくに，脱窒菌法を用いた硝酸の酸素同位体比測定にあたっては，生成した N_2O の $\delta^{18}O$ が硝酸，亜硝酸基質のどちらに依存しているかということが重要になるため，これらを分けて測定できることが望ましい．

McIlvin ら[25] は，アジ化ナトリウムを用いて NO_2^- のみを N_2O に還元することで，NO_3^- の妨害を受けることなく NO_2^- の窒素・酸素安定同位体比を測定し，一方で，NO_3^- をカドミウムスポンジで NO_2^- に還元した後，上記方法を適用することで $NO_3^- + NO_2^-$ の窒素・酸素安定同位体比を測定し，その差分から NO_3^- の窒素・酸素安定同位体比を算出する方法を発表した．しかしながら，測定結果の差分で NO_3^- の同位体比を求める時には，誤差の伝播という問題が残る．

NO_3^- 濃度に影響を与えることなく NO_2^- を除去する方法は，いくつか報告されている．たとえば，スルファミン酸を用いて NO_2^- を分解する方法[26] がある．しかし，この試薬は強力な抗生作用をもっているため，脱窒菌法には適用できない．ヨウ化ナトリウム溶液を用いて NO_2^- を還元する方法[27] も，高濃度のヨウ素が細菌にとって毒性をもつため，やはり脱窒菌法の適用には問題が残る．また分析は低 pH 下でおこなうため，NO_3^- の酸素原子が水のそれと交換してしまうという問題も生じる．ヒドロキシルアミンを使用して NO_2^- を N_2O に還元する方法では，ヒドロキシルアミンが溶液中に残留すると，NO_3^- から還元された NO_2^- をめぐって脱窒菌と競合するという問題が生じたり，ヒドロキシルアミン自身から N_2O が生成されるといった問題が生じたりするため，非毒性試薬ではあるがその使用には問題が残る．

ごく最近，Granger ら[28] により，アスコルビン酸を用いて NO_2^- を除去して測定する方法が発表された．この方法は，NO_3^- の濃度や，その窒素・酸素の同位体組成を変化させることはなく，操作も簡便かつ安価である．また非毒性試薬を使用するので，脱窒菌法の適用も可能となり，微量試料での自

動分析に適した方法といえる。

3. 硝酸イオンの窒素・酸素安定同位体比測定の自動化・高速化

　従来，NO_3^- の窒素安定同位体比を測定するためには，前項で紹介したように，多量の試料と時間を要した。しかしながら近年，N_2O 還元酵素をもたない脱窒菌株を用いることによって，NO_3^- を N_2O まで還元し，N_2O として窒素・酸素安定同位体比を測定する方法が開発された[23,24]ことにより，分析の前処理時間の短縮と微量試料での測定が実現できるようになった。本項では，この脱窒菌法を用いた NO_3^- の窒素・酸素安定同位体比オンライン自動測定システム（パージ・アンド・トラップ方式）について紹介する。

①脱窒菌の準備

　分析には *Pseudomonas aureofaciens* という N_2O 還元酵素をもたない脱窒菌株を用いる（他にも N_2O 還元酵素をもたない脱窒菌株があるが，窒素，酸素の両方を測定するにはこの菌株が適している[24]）。分析には，ソイビーン・カゼイン・ダイジェスト液体培地に 10 mM 硝酸カリウム，7.5 mM 塩化アンモニウム，36 mM リン酸二水素カリウムを添加したものを，125 ml 容のガラスクリンプバイアルに 100 ml 分注，ブチルゴム栓とアルミキャップで密封してから滅菌した培地を用いて，25℃で約1週間振とう培養した菌を用いる。約1週間の培養で，培養瓶の気相中の酸素はすべて消費され，培地内の NO_3^- も N_2O に還元された状態となる。

②分析試料の準備

　約1週間脱窒菌を培養した液体培地を遠心分離器で5倍に濃縮する（文献23，24では10倍濃縮となっている）。遠心沈澱後，上澄み液を捨て，遠心沈澱管の底の方でペレット状になっている菌をピペットを用いて再懸濁させてから，20 ml 容のクリンプバイアルに 2 ml ずつ分注する。ついで消泡剤を1滴ずつ添加し，テフロンコーティングされたシリコンゴムセプタムとアルミキャップで密封する。このバイアルをヘリウム（He）ガスあるいは窒素（N_2）

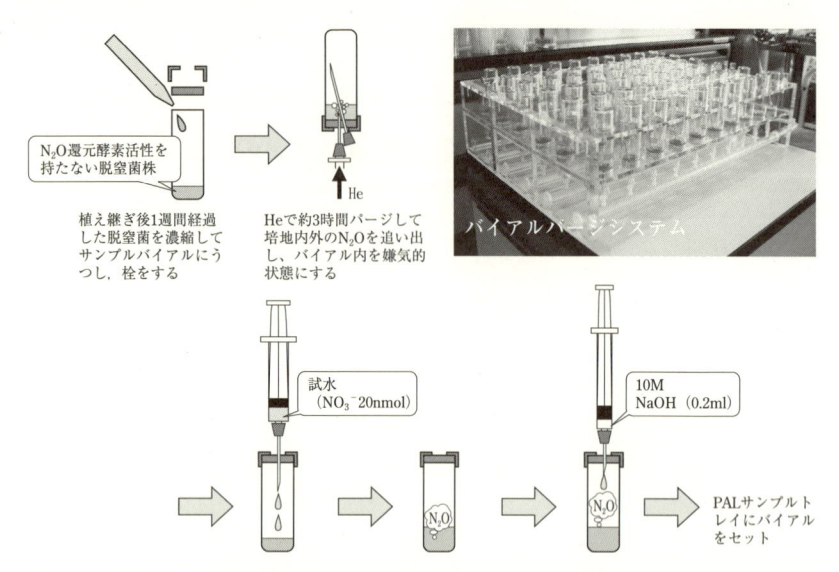

図7-2-3 分析試料の準備手順。右上の写真は，筆者らが用いているバイアルパージシステムで，一度に60バイアルを処理できる。

ガスで約3時間パージして，バイアル内のN_2Oや酸素を追い出す（パージシステム例：図7-2-3；口絵17）。1分析につき1バイアルを使用する。

準備したバイアルに，シリンジと針（25〜26-gauge）を用いてNO_3^-量として20〜30 nmolに相当する水試料を添加する（最大約10 ml）。このバイアルを，生成するN_2Oがバイアルから抜けないように上下転倒させて25℃で一晩培養し，試料内のNO_3^-をすべてN_2Oに還元させる。安定同位体比を分析するためには，反応の進行に伴う同位体分別の影響をなくす必要があるため，バイアル内のNO_3^-は完全にN_2Oに還元されている必要がある。なお，Casciottiら[24]によると，通常，試料添加後約30分でNO_3^-は完全にN_2Oに還元され，生成したN_2Oの窒素・酸素安定同位体比は一定値に達する。また，この値は少なくとも16時間は安定保持される。

一晩培養したサンプルバイアルに，0.2 mlの10 M水酸化ナトリウム溶液をシリンジと針（26-gauge）を用いて添加し脱窒菌を溶菌，反応を止め，またpHを高くすることにより，N_2Oの質量分析の妨害要因となる二酸化炭素

図7-2-4　PreCon-GasBench II-IRMS システム全景

(CO_2) を培地に溶解させる．最後に，針穴から N_2O が抜けるのを防ぐために，ゴム栓表面をシリコンゴムで封じる．

③測定システム

バイアル内で脱窒菌により NO_3^- を還元して生成された N_2O の窒素・酸素安定同位体比のオンライン自動測定システムとして，筆者らはサーモエレクトロン社製の Finnigan PreCon, Finnigan GasBench II, Finnigan DELTA^{plus} XP を使用している（図7-2-4）．

サンプルバイアルは CTC アナリティカル社製ガスクロマトグラフ用多機能オートサンプラー (GC PAL) のサンプルホルダーにセットし，自作のバイアルホルダーカバーをセットする（このシステムでは，シリンジシステム部が通常とは異なる仕様となっているため，カバーが必要となる）．サンプリング用の針 (O.D. 1/16") は二重構造で，先端部からキャリアガス (He) を導入し，中間部に空けた横穴（これはバイアルに針を挿入した時に，バイアルの上端近くに位置するように設計されている）からキャリアガスとサンプルガス (N_2O) を追い出すようになっている（バイアル挿入時以外はバックフラッシュ用となる）ものを特注している．

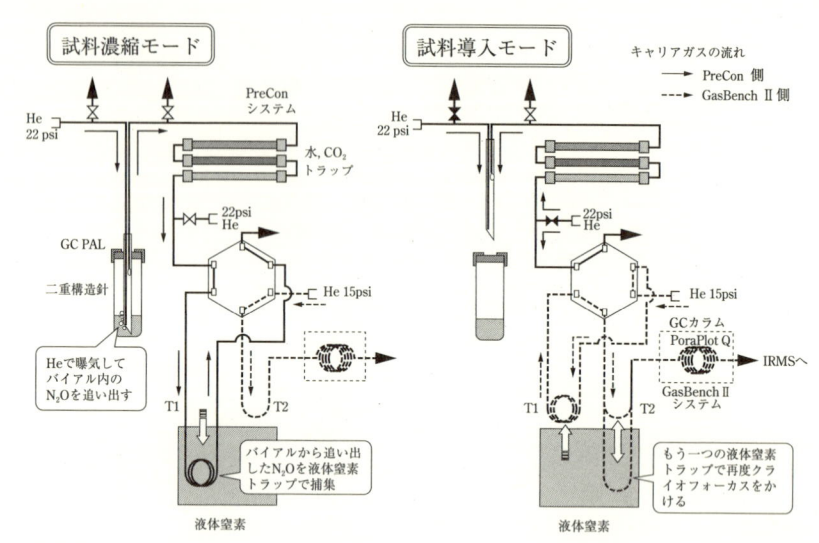

図7-2-5 PreCon-GasBench II-IRMSシステムによるN_2O自動分析システムの模式図

このシステムにおける試料濃縮モード (loop position) および試料導入モード (vent position) 時のガス流路を図7-2-5に示す。試料濃縮時にはオートサンプラーに装着した針はバイアルに挿入され，バイアル内のN_2Oは，Heキャリアとともに追い出される。バイアルから追い出されたサンプルガスは，過塩素酸マグネシウムおよびアスカライト (雲母を担体として水酸化ナトリウムをコーティングしたもの) カラム (ケミカルトラップ) を通ることにより，水とCO_2が除去される。次に液体窒素に浸したステンレスループトラップ (T1) を通すと，N_2Oは (ケミカルトラップで除去しきれなかった水やCO_2とともに) ステンレスループ内で凝結し，一方HeやN_2ガスのように$-196℃$では凝結しないものは，大気中へ排出される。この時，GasBenchからの流速の遅いHeキャリアが，もう一方のトラップ (ステンレス管で保護されたキャピラリー管：T2) を通ってIRMSへ導入されている。十分な時間N_2Oを凝結させたら (筆者らのシステムでは400秒)，試料導入モードへと切り替わる。

試料導入モードでは，GasBenchからのHeキャリアがT1，T2を通ってガスクロマトグラフ，質量分析計へと導入されていく。T2を液体窒素に浸してから60秒後，T2が液体窒素温度に達したら，T1を液体窒素から引き

上げる。常温下で気化した T1 内の N_2O は，T2 で再度凝結させる。この操作（クライオフォーカス）により，トラップサンプルガス量自体は減少するが，ピーク形状がシャープになることにより測定精度が向上する。T1 から T2 へ N_2O を移し終わったら (320秒)，T2 を液体窒素から引き上げる。クライオフォーカスをかけられたサンプルガスは T2 から放出され，ガスクロマトグラフ (30℃) に導入される。GC カラム (Poraplot-Q) で N_2O とケミカルトラップで除去しきれなかった CO_2 とを分離したのち，サンプルガスは IRMS に導入され，N_2O の窒素・酸素安定同位体比が測定される。なお，この試料導入モード時は，ケミカルトラップと針のサンプル押し出し口は He でバックフラッシュされている。

　サンプルバイアルをオートサンプラーにセットすれば，適宜，液体窒素を継ぎ足したり，ニードルの先端が目詰まりを起こしていないかを確認，シリコンゴムが流路を塞いでいる場合には除去したりする必要はあるものの，それ以外の作業はすべて自動でおこなわれる。筆者らのシステムでは，1 サンプルを約 20 分で分析できるので，1 日で約 60 サンプルの分析が可能となる。

3 アイソトポマー・分子内同位体分布

1. 一酸化二窒素のアイソトポマー比

　アイソトポマー（isotopomer）とは聞き慣れない用語だが，本書の各章で扱われている同位体（アイソトープ）に関連していることばであり，isotopic isomer，すなわち，同位体組成の異なる異性体のことを指す。東京工業大学の吉田尚弘研究室では，一酸化二窒素のアイソトポマー比計測技術を開発した[29]。一酸化二窒素はN-N-Oという直線分子であるため（図7-3-1），中心の窒素原子（α位と名づけている）と端の窒素原子（β位）のそれぞれについて，窒素同位体比を測定することで，より詳細な一酸化二窒素の発生・消滅メカニズムを解析できる[30]。このアイソトポマー比の変動は，通常の窒素同位体比（$\delta^{15}N$），酸素同位体比（$\delta^{18}O$）と組み合わせることで，とくに高層大気中での一酸化二窒素のダイナミクスを解析するのにたいへん有力なツールと

●**分子内同位体分布について**

　一般に，安定同位体比研究においては，対象とする生物体や化合物の中に含まれる対象元素について，その全体の平均値（バルク）が測定されてきた。たとえば酢酸という化合物の「バルク炭素安定同位体比」は，メチル基の炭素とカルボキシル基の炭素がそれぞれ持つ同位体比を平均したものである。近年になって，1化合物内の異なる場所にある元素がもつ安定同位体比（酢酸の例でいえば，メチル基の炭素とカルボキシル基の炭素のそれぞれの安定同位体比）を測定することで，より詳細な安定同位体比の情報を得ようという試みが活発化している（Position-Specific Isotope Analysis: PSIA[34]）。1化合物内での原子が，結合箇所に応じて異なる同位体比を取っていることを，分子内同位体分布と呼び，たとえば酢酸試薬を測定した例では，メチル基の炭素原子の安定同位体比が，カルボキシル基のそれを下回ることが明らかにされている[35]。N_2OはN-N-Oという直線分子であるが，この場合には，窒素原子の2つの位置を区別して安定同位体比を測定すれば，分子内同位体分布を議論することができる。

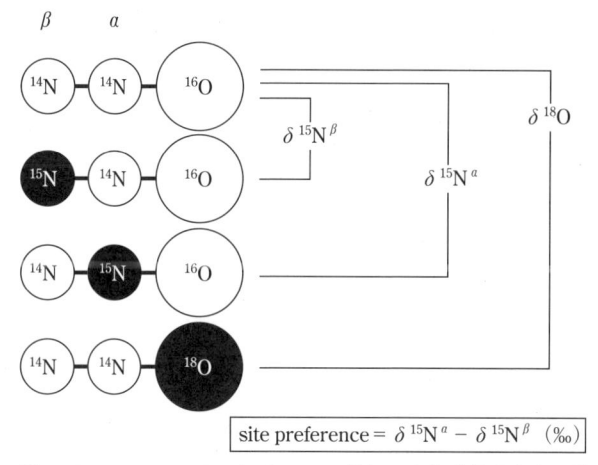

図7-3-1 N_2O アイソトポマー。現在の改良磁場型安定同位体比質量分析計で測定可能なアイソトポマーは，図のように4つがある。N_2O が直線分子であることから，中央（a 位）の窒素原子と，末端（β 位）の窒素原子は区別可能であり，この2つの窒素について，$\delta^{15}N$ 値の差（site preference）を求め，解析に利用している。

site preference = $\delta^{15}N^a - \delta^{15}N^\beta$ (‰)

なっている[31〜33]。本節では，この一酸化二窒素のアイソトポマー比が5章1節でとりあげた脱窒や硝化に関する研究にどのように利用可能かについて議論する。

2. 硝化と脱窒過程における一酸化二窒素の発生

　硝化は好気的な環境で硝化細菌によってアンモニウム（NH_4^+）がヒドロキシルアミン（NH_2OH），亜硝酸イオン（NO_2^-），そして硝酸イオン（NO_3^-）へと酸化されるプロセスである（p.200）。硝化細菌は独立栄養細菌である。一方，脱窒は嫌気的環境で，脱窒菌が NO_3^- を酸素の代わりに呼吸する反応であり，NO_3^- から，NO_2^-，一酸化窒素（NO），一酸化二窒素（N_2O），そして最終的には窒素ガス（N_2）に変換される。脱窒菌は従属栄養細菌である。

　ところで，一酸化二窒素は，硝化の場合は副生成物として排出されるが，脱窒では中間生成物として生産される。脱窒では，窒素ガスになるまでにか

ならず一酸化二窒素が生成されると考えられているが，硝化の場合はそうではない。硝化において，どのような環境条件・生理条件の場合に一酸化二窒素が多く発生するのかについては，一酸化二窒素が温室効果ガスであるという重要性にもかかわらず，いまだよく理解されていない。さらに細かく見ると，硝化細菌は，中間生成物であるヒドロキシルアミンを酸化する際に一酸化二窒素を生成する場合と，より酸素が少ない環境において，亜硝酸イオンを還元して一酸化二窒素を生成する場合があると考えられている[36]。後者は，脱窒菌がおこなう脱窒反応と同じであることから，硝化菌脱窒とよばれている。一酸化二窒素のうち，どれだけがヒドロキシルアミン由来で，どれだけが硝化菌脱窒であるかについては，現在トレーサー実験がおこなわれはじめたという状態で[37]，まだほとんどわかっていない。

　硝化の際には大きな同位体分別が生じ，アンモニウムと比較すると非常に低い窒素同位体比をもつ一酸化二窒素が生成されると考えられている[38]。しかし，この窒素同位体分別は基質濃度やその他の環境要因に大きく左右されるであろう（5章1節）。さらにアンモニウムの同位体比も大きな変動をもつと考えられるため，定量的な議論はむずかしい。

　脱窒の場合も同様であり，一酸化二窒素がとりうる窒素同位体比は，脱窒の際の同位体分別がさまざまな値をとるだけに，なかなか予測がむずかしい。さらに，脱窒の場合は，酸素の乏しい環境においては，一酸化二窒素がさらに窒素ガスへと還元される。その一酸化二窒素が還元される際にも同位体分別が生じるため，還元が進めば同位体比は高くなって行く。生成と消費を同時に考えなければならないため，一酸化二窒素の窒素同位体比を解析するのは容易ではなかった。

　もちろん，一酸化二窒素の酸素の同位体比を測定することも可能であり，窒素と酸素同位体比という2つのパラメータを用いることで，一酸化二窒素の全球収支をより正確なものにしようと研究がおこなわれてきた[39]。しかし，一酸化二窒素の酸素同位体比がどのように決定されているかについては，測定例がまだ少なく，硝化，脱窒の進行中に水の酸素原子が窒素化合物中の酸素と交換するために，現在のところまだ定式化出来ていない。

　以上をまとめると，同位体比を有効に使うための条件は，同位体分別の変

動と，基質の同位体比の変動を知ることである．たとえば硝化であればアンモニウム濃度とその同位体比，脱窒であれば硝酸イオン濃度とその同位体比である．今までの議論にそって考えると，アンモニウムや硝酸イオンが高濃度で存在する場合は，同位体分別が大きく観測されるはずである．また，一酸化二窒素の窒素同位体比が−30‰だった場合，その解釈は，もともとの硝酸イオンの窒素同位体比が0‰であったか，30‰だったかで大きく異なる．

ここで，一酸化二窒素のアイソトポマーを考え，中心の窒素原子と端の窒素原子の同位体比の差（site preference[30]，以下，略してSP値とよぶ）を1つのパラメータとして考えてみる．SP値（‰）は以下のように定義される．

$$SP = 中心（\alpha 位）の窒素原子の \delta^{15}N - 末端（\beta 位）の窒素原子の \delta^{15}N$$

一酸化二窒素の2つの窒素原子はそれぞれ同一の基質からもたらされたものであり，基質の同位体比は同一であると考えられる．そのため，SP値は，基質の同位体比には依存しないと考えられる．また，現在報告されている培養実験の結果[40〜43]を見る限り，SP値は，基質の濃度にも依存しないようである．一方，さまざまな菌を培養した結果，ヒドロキシルアミン酸化で生成する一酸化二窒素は，33‰程度の大きなSP値をとるのに対し，亜硝酸還元で生成する一酸化二窒素は0‰程度の小さなSP値をとると報告されている．まだ報告例が乏しく，かつSutkaら[42]とToyodaら[43]では，報告されているSP値に多少の違いがあるが，極言すれば，ヒドロキシルアミンの窒素同位体比が0‰であれ，−30‰であれ，それが酸化されてできた一酸化二窒素は（その酸化がメタン酸化菌によるものでも，アンモニア酸化菌によるものでも），約33‰のSP値をとる．同様に，亜硝酸イオンの窒素同位体比が0‰であれ，30‰であれ，亜硝酸イオンの還元で生じる一酸化二窒素は（その還元がアンモニア酸化菌によるものでも脱窒菌によるものでも），約0‰のSP値をとるということになる．現在，世界中でさまざまな微生物を使った培養実験が開始されている．その結果が集まってくれば，なぜSP値に大きな違いが生じるのか，またSP値がどれだけ安定であるか，についてより詳細な議論が可能となるだろう．上記の議論で抜けている，一酸化二窒素の窒素ガスへの還元の際に，このSP値がどのように変動するかについても，まだ十分に

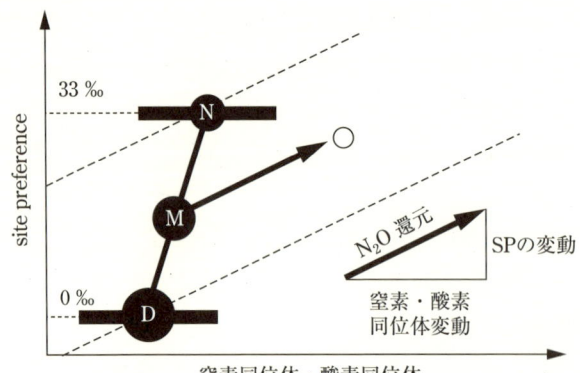

図7-3-2 N_2O アイソトポマーを用いた N_2O の生成，消費プロセスの解析．硝化（ヒドロキシルアミン酸化）によって生成する N_2O は33％という site preference をとる一方で，脱窒（亜硝酸還元）によって生成する N_2O は0％の site preference をとることが知られている[42]．さらに，N_2O が還元を受ける際には，$\delta^{15}N$，$\delta^{18}O$，site preference が，ある一定の割合で上昇していくことから，このような site preference と $\delta^{15}N$ や $\delta^{18}O$ のダイアグラムを描くことで，硝化と脱窒，そして還元の割合を推定することが可能となる[44]．

明らかにされていない．

これまでに明らかにされた SP 値の特徴が，さまざまな生態系にも適用可能なものであるとすれば，図7-3-2のようなダイアグラムを考えることができる[44]．脱窒で生じる一酸化二窒素は低い SP 値をもち，窒素（酸素）同位体比は，基質の同位体比と，脱窒の際の同位体分別の影響を受けた値をとる．そのため，横軸には幅をもってしまうが，少なくともこの幅は，硝酸イオンの同位体比を測定し，硝酸イオンと一酸化二窒素の同位体比差分を扱うことで小さくできる．同様に硝化（ここではヒドロキシルアミン酸化を硝化と考える）の場合も，高い SP 値と幅をもったある値の窒素（酸素）同位体比をとる．

これらが還元される時には，$\delta^{15}N$，$\delta^{18}N$，SP 値がともに上昇する[45,46]が，この場合は，同位体分別係数がいろいろな環境で変化する可能性があるために，どれだけの同位体比の上昇が認められるのかはわからない．しかし，5

章1節 (p. 214 ～ 216) で見たように，複数同位体比の変動を比でとり，図中でベクトルとして考えることにより，還元されているのか，それとも混合しているのかを判定することができる。たとえば，酸素同位体比の変動と SP 値の変動比は 2.3：1 であり[47]，この傾きをもって一酸化二窒素の酸素同位体と SP 値が変動していれば，還元が生じている環境であることがわかる。さらに，硝化由来，脱窒由来の一酸化二窒素がもつ端成分との比較で，もともと硝化由来だった一酸化二窒素がどれだけ脱窒由来の一酸化二窒素と混合し，還元された結果，われわれが観測できる一酸化二窒素が形成されたか，その履歴を詳細に議論できると考えられ得る。このダイアグラムを用いて，現在，海洋や森林地下水，湖沼での一酸化二窒素の生成機構について詳細な検討を進めているところである。

第8章

流域環境評価と安定同位体指標

1. 流域管理と環境指標

　流域管理における重要な課題の1つは，流域への負荷の状況や，環境や生態系の状態を，できる限り客観的かつ正確に把握することである。もちろん，ある限られた時間と予算の枠の中でこれが実施できなくてはならない。国や自治体の環境政策の立案や施策の実施においては，環境負荷（pressure）の規模と態様や，水・物質循環を含む生態系環境の状態（state）などを指標化（数値化）し，目標の設定や施策の効果の評価に活用することが望ましいとされている*。最近では，行政に加え，市民，NGO，事業者など多様な主体が「協働的」に参画する流域環境管理の枠組み（環境ガバナンス）を構築・実現することが案件となっているが，この場面においても，主体間でのコミュニケーションと合意形成を支援するツールとしての有効な環境指標の開発が期待されているのである。
　指標とは，辞書的には，ある対象を特徴づける単一の数値（あるいは少数

＊わが国の環境基本計画においては，目標の達成状況や目標と施策との関係等を具体的に示す総合的な指標あるいは指標群が定められることが望ましい，とされており，総合的環境指標についての検討がなされている。なお，OECD（経済開発協力機構）では，pressureの指標，stateの指標とともに，社会による対応（response）の指標をあわせ，いわゆるPSR構造をもった指標セット（コアセット指標）を公表している。本書が扱うのは主にP指標とS指標に関連した内容である。

の数値の組み合わせ）のことであるが，流域環境評価という文脈でいえば，複雑な流域システムにおいて，管理上注目すべきプロセスや状態（負荷状況，水・物質循環や生態系の状態や機能など）を，非専門家も含めたガバナンスの主体（行政，NGO，市民，事業者）が理解することが可能な，できるだけ単純な数値でわかりやすく代表化したものであるといえよう。対象を，その本来の属性において指標化した場合は第一種指標とよばれ，一方，指標に重み付けをして総合的に尺度化した場合は，第二種指標とよばれる[1]。一般的には，第一種指標は，より客観的であり，第二種指標は，価値観が付加されているという点で，より主観的である。

　しかし，第一種，第二種を問わず，すべての環境指標は，複雑な事態を単純化することに起因する「誤差」あるいは「不確実さ」を本質的に伴っているという点に留意すべきである。環境や生態系のように複合的・階層的な対象の評価の場面では，確度や精度が十分で無い知見や断片的な情報にもとづく指標化や総合化を余儀なくされる場合が多い。その理由としては，①注目する対象やプロセスの計測が技術的に困難（あるいは不可能）である，②計測は技術的に可能であるが，その実施のためには莫大な費用や長い時間がかかる，あるいは，③対象の理解が不十分なために，そもそも，なにを計測すべき（指標化すべき）であるのかが判然としない，といったことがあげられる**。前二者の問題を克服するためには，環境情報の収集・計測にかかわる革新的な技術開発が求められ，第三の問題を解決するためには，対象となっている環境と生態系の原理とメカニズムを究明するための戦略的な基礎研究を展開

** これらの問題について，窒素負荷を例にして考えてみよう。まず，集水域や流域ごとの，窒素の発生・排出負荷量に関しては，原単位法や物質収支法を用いた評価が行われる。精度の高い評価を実施するためには，河川流量や河川水中の汚濁物質濃度の変動を時間的にも空間的にも高密度にモニタリングする必要がある。しかし，このような観測は経費がかかるため，十分な観測データが整っているのは，一部の河川に限定される（問題2）。一方，地下水，大気，あるいは農地などからの窒素負荷量の推定については，技術的な困難が多く，今日でも，負荷量の評価の精度向上が大きな課題となっている（問題1）。負荷された窒素の一部は，生態系の浄化作用により除去されると考えられている。しかし，その寄与を流域ごとに正確に査定し，指標化する段階にはいたっていない。有効な「浄化指標」を作るためには，窒素除去プロセスである脱窒反応が起こる場の分布や，窒素循環の素過程の制御機構についての，基礎的な理解を深めることが必要である（問題3）。

する以外に道は無い。いずれにしても，環境指標のもつ不確実さ（限界）と，その原因を自覚することは，指標を作る側にとっても利用する側にとっても，本質的に重要な事柄である。

2. 各種の安定同位体比を体系的に利用して環境指標を構築する試みの必然性

　本書では，流域環境管理の新しいツールとしての，安定同位体比を用いた環境指標の構築の可能性や限界をさまざまな視点から議論した。流域における水循環，物質循環，生態系にかかわる多様な事象を扱いながらも，それらに共通する鍵概念として「安定同位体」を据えて本書を編んだ理由をもう一度振り返ると，①質量分析技術の進歩により，安定同位体アプローチを，流域環境評価に実践的かつ体系的に適用できる可能性が大きく開かれてきた点，②安定同位体比のデータを解析・統合化する際には，対象を問わず，共通のモデルが利用できる点，などがあげられる。このことは，すでに，各章における議論の中からも明らかなことではあるが，以下に補足的な説明を加えるとともに，主要なポイントを整理しておきたい。

2-1. 技術革新と分析基盤の拡充

　近年，質量分析技術の進歩と分析基盤の拡充が，安定同位体比を用いた環境診断手法の開発に拍車をかけている。個別学問領域（とりわけ地球化学）における安定同位体研究の歴史は浅くはないが，オンライン分析法の導入をはじめとするさまざまな技術革新による安定同位体比分析の自動化，微量化，高速化，低廉化は，個別学問で培われた豊富なアイディアを，流域環境診断の実践に総合的に適用する可能性を急速に拡大させた。機が熟してきたのである。たとえば，7章2節において紹介したように，硝酸イオンの酸素・窒素安定同位体比のオンライン分析技術の確立は，微量サンプルの高速自動分析を実現化し，その結果として，従来（少なくとも2002年以前）とは比較にならない規模とスピードで，流域における安定同位体比の観測をおこなうことを可能にした (p. 64 ～ 65)。ここで着目すべきなのは，安定同位体比の測

定という「技術的な一貫性」があるために，質量分析装置とそれに熟練した技術者を配備すれば，多様な対象（水，物質，生物）の情報を，適切な品質管理のもとに，体系的に得ることができるという点である．これは，流域環境評価と流域管理の戦略的な展開を考えるうえで重要なポイントである．すなわち，従来型の流域監視スキーム（流量監視，水質監視，生物多様性評価など）に，安定同位体比の測定やデータの解析・統合化をおこなう部門を附設することで，流域環境情報の質が飛躍的に向上することが期待されるのである．

筆者らは，現在推進中のCRESTプロジェクトの中で，4研究機関が連携することで，環境安定同位体計測ネットワークのプロトタイプを構築した．このプロジェクト研究では，3つのモデル地域，すなわち，琵琶湖とその集水域（口絵10），モンゴル国ウランバートルの河川（口絵18），マレーシア国コタキナバル周辺の河川（口絵19）を選定し，そこで採取された，水・栄養物質・生物試料を用い，参加機関の連携のもとに安定同位体比の分析を実施している（図8-1）．プロジェクト研究を通して，従来型の流域監視スキームと，安定同位体部門の結合は，十分に現実的かつ効果的であることが明らかになりつつある．なお，本研究では，ルーチン的な計測グループと，技術開発・支援グループを設け，それらが密接な連携のもとに研究を進めることで，効率的に成果を得ることが可能になった．この点は，安定同位体比の計測を，流域環境管理の現場に導入する体制を考える際の参考になるであろう．

2-2. 原理的な一貫性

以上のような技術・インフラ面に加え，安定同位体比の変動の解析と総合化の仕方には，原理的な一貫性があることを指摘しておきたい．安定同位体比の変動や分布の解釈は，一般には難解のように思われるかもしれないが，実は，いくつかの基本的な概念を知れば，水循環，物質循環，生態系のいずれに関しても，共通のモデルを適用しながら理解を深めることができるのである．本書では，そのような基本概念について1章において解説したが，ここでは，その中から2つのキーワードだけをエッセンスとしてとりだす．それは同位体分別（isotope fractionation）と混合（mixing）という概念である（図8-2）[2]．まず，同位体分別について見ると，たとえば，水が水蒸気に変化する

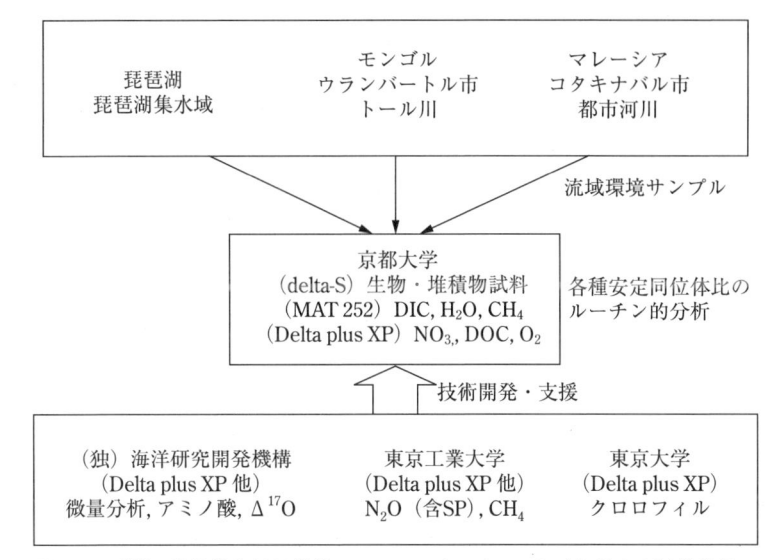

```
┌─────────────────────────────────────────────────────┐
│    琵琶湖          モンゴル         マレーシア      │
│  琵琶湖集水域   ウランバートル市   コタキナバル市   │
│                    トール川          都市河川       │
└─────────────────────────────────────────────────────┘
         ↓             ↓                ↓
                                      流域環境サンプル
   ┌──────────────────────────────┐
   │        京都大学              │
   │ (delta-S) 生物・堆積物試料   │  各種安定同位体比の
   │ (MAT 252) DIC, H₂O, CH₄      │  ルーチン的分析
   │ (Delta plus XP) NO₃, DOC, O₂ │
   └──────────────────────────────┘
            ↑ 技術開発・支援
┌─────────────────────────────────────────────────────┐
│ (独) 海洋研究開発機構  東京工業大学       東京大学  │
│  (Delta plus XP 他)  (Delta plus XP 他) (Delta plus XP)│
│ 微量分析, アミノ酸, Δ¹⁷O  N₂O (含SP), CH₄  クロロフィル│
└─────────────────────────────────────────────────────┘
```

図 8-1 (独) 科学技術振興機構の CREST プロジェクト (各種安定同位体比に基づく流域生態系の健全性/持続可能性指標の構築) における流域環境安定同位体比の計測戦略。琵琶湖とその集水域, マレーシア (ボルネオ島), モンゴル (ウランバートル) をモデル地域として流域観測を行い, そこで得られた様々な試料について, 各種の安定同位体比を計測するという研究体制を構築した。ルーチン分析には京都大学生態学研究センターに設置された3台の質量分析装置をあて, 技術的支援や新規分析方法の開発の面で, 3研究機関 (海洋研究開発機構, 東京工業大学, 東京大学) のラボが連携した。図中の括弧内に示したのは, 質量分析装置の型式であり, そのあとに, おもな分析項目を示した。流域環境管理の現場に各種安定同位体比の分析体制を構築する際には, 「ルーチン分析」と「技術支援・開発」の2部門を連携させることが効果的である。

際の同位体比の変化 (水循環), 硝酸イオンが還元されて窒素ガス (N_2) に転換 (脱窒) する際の同位体比の変化 (窒素循環), 動物が餌生物を代謝・同化する際の同位体比の変化 (生態系), というような, 外見上は大きく異なるプロセスの背後に, 「同位体分別」という統一的な解釈の可能な原理が横たわっている。多くのプロセスの解析において, レイリーの蒸留モデル (1章2-4) のような一般的なモデルの適用が可能なのは, このような理由からである。

一方, 同位体分別の効果によって, 環境中には, 異なる同位体比をもつ物質プールが形成されるということがしばしば起こる。たとえば, 山地の融

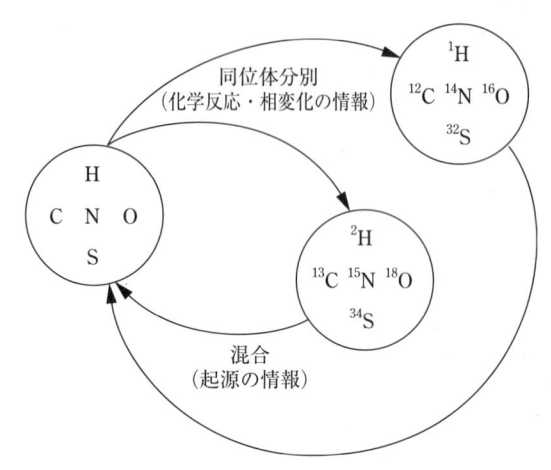

図 8-2 安定同位体の動態や環境中での分布を理解するときには,「同位体分別」と「混合」がキーワードになる。化学反応や相変化にともなう同位体分別は,反応や変化の種類や程度に関する情報を与えてくれる。一方,環境中に,異なる安定同位体比をもった物質や水が存在するとき,安定同位体比は,物質や水の由来（起源）を示す指標になる。1章（p.25）も参照（文献2を一部改変）。

雪水は同位体比が低い（水循環），下水処理場に由来する硝酸イオンは窒素安定同位体比が高い（窒素循環），C_3植物が生産する有機物は，C_4植物の生産する有機物よりも炭素安定同位体比が低い（生態系），といった例があげられる。このような場合，安定同位体比は，物質の発生源（汚濁物質の場合ならばその負荷源）を示す指標として利用することができる。異なる安定同位体比をもった2つのプールが混合した場合には，それぞれのプールを端成分（end member）とした混合モデル（mixing model）を用いることで，混合物に対する各プールの寄与率を推定することが可能になる（4章2, 5節）。水の起源の推定，汚濁物質の起源の推定，動物が利用する餌の起源（食性）の推定，というように，注目するプロセスは見かけ上異なるが，混合モデルによる解析という点では，いずれも同じ原理を用いて情報を抽出しているのである。

一般に,「同位体分別」に関する情報は，反応の種類やその進行状況を示す指標として有効である（たとえば脱窒がどの程度おきているか，呼吸と光合成

の比がどの程度かなど)。一方,「混合」に関する情報は,すでに例示したように,水の起源,汚濁物質の発生・負荷源,生態系の基盤となる炭素源,など「起源」を示す判別指標として活用することができる。要約すると,$\delta^{15}N$,$\delta^{18}O$,$\delta^{13}C$ といった安定同位体比を表す数値には,「同位体分別」と「混合」という2つの過程にかかわる情報が含まれており,これを体系的に解析・総合化することで,流域環境(水循環,物質循環,生態系)の状況や機能にかかわる有用な指標を開発することができるのである。

3. 安定同位体指標の限界と課題

すべての環境指標がそうであるように,安定同位体指標にもその限界があり,また,固有の困難を抱えている。原理的な限界としてまず指摘しなくてはならないのは,リン(P)の負荷や循環の問題である。水域の富栄養化の原因元素としてのリンの重要性はよく認識されており,その負荷状況や影響評価は流域環境管理における重要な課題の1つである。しかし,Pの安定同位体はたった1つ(^{31}P)しか存在しないため,「安定同位体比」を計測することが原理的に不可能である。ただし,生態系や生物体においては,大部分のリンが PO_4^{3-}(リン酸塩ないしはリン酸イオン)という化学形態(ないしはそれがエステル結合した形態)で存在するために,近年,PO_4^{3-} の酸素安定同位体比($\delta^{18}O$)をマーカーとして利用することで,リンの動態を評価しようという試みもなされはじめている[3]。リン(P)がだめなら,その相棒(O)を調べようというわけである。リン酸イオンの酸素については,生物代謝の中で速やかに水の酸素と交換してしまうという難点があるものの,今後,このような試みの展開はおおいに注目される。

分析にかかるコストや時間に関しては,上述のように,質量分析技術の長足の進歩に支えられ,近年,大幅な改善がすすんでいる。水の水素・酸素や,生物試料の炭素・窒素,あるいは硝酸イオンの窒素・酸素に関しては,すでに,多試料・自動分析のルーチン手法が確立したといえるであろう。しかし,それ以外の多様なサンプルや化合物の安定同位体比の測定に関しては,質量分析技術もさることながら,質量分析のための前処理技術の改良(高速化,

微量化,低廉化)が課題となっている。これらの技術開発の現状の一端は,「第7章　安定同位体比測定のフロンティア」において紹介したが,今後も,さらなる展開が必要な分野である。

最後に,「安定同位体分別」の分別係数や,「混合モデル」を利用する際に必要な端成分の安定同位体比の決定の問題について触れたい。これに関しては,近年,流域環境評価に関連する多くのプロセスに関して,かなりの知見が蓄積されてきている。しかし,本書の各章において議論されたように,安定同位体比の複雑な変動を支配する要因が,まだ十分に理解されていないというケースも多い。多様な流域環境における安定同位体比の分布を支配する基本的なメカニズムについての理解を深化させることが,より効果的な安定同位体指標の構築に向けての必須の課題であろう。

4. 本書が提案した主な安定同位体指標のまとめ

以上に述べた,環境指標あるいは安定同位体指標の一般的な性質をふまえ,ここでは,本書の各章において議論がなされた,主な流域環境評価指標の概要をまとめる。なお,指標の一覧と,それぞれの指標についての解説がなされている章・節の対応関係は,表8-1にまとめて示した。

4-1. 水循環の評価

流域診断におけるもっとも基本的な課題の1つは,水がどこからきて,どこへ行くのかということを見極めることである。水路を思い浮かべれば,これはごく単純なことのように思われるが,複雑な地形の中を流れる伏流水,地底のくぼ地に滞留する地下水,あるいはどこからともなくあふれだす湧水などを想像してみれば,水の起源の推定というのが容易ならざることであると理解できるだろう。このような水の起源や地下水中での滞留時間の推定において,水の安定同位体比はきわめて有用な情報を与えてくれる。実際,水文学の分野では,水の安定同位体比は不可欠のツールであるといっても過言ではない。

水と水蒸気の相変化に伴う同位体分別により,水を構成する水素と酸素の

表 8-1 流域環境診断のための各種安定同位体指標

項目	指標	評価内容	章※
水循環	H_2O の δ^2H, $\delta^{18}O$, $\Delta^{17}O$	水の起源・流出経路	2, 7-1
	H_2O の δ^2H, $\delta^{18}O$	水の滞留時間	2
窒素負荷	各態有機物の $\delta^{15}N$	窒素負荷源の査定（特に排水系窒素負荷の評価）	3-2
	NO_3^- の $\delta^{15}N$	窒素負荷源の査定（特に排水系窒素負荷の評価）	3-2
	NO_3^- の $\delta^{18}O$	窒素負荷源の査定（特に大気系窒素負荷の評価）	3-1
有機物負荷	懸濁態有機物の $\delta^{13}C$	一次，二次汚濁の寄与	4-4
	溶存態有機物の $\delta^{13}C$	一次，二次汚濁の寄与	4-5
	微生物の $\delta^{13}C$	一次，二次汚濁の寄与	4-5, 6-3
	DIC の $\delta^{13}C$	一次，二次汚濁の寄与	4-2
	DIC の $\delta^{13}C$	呼吸，光合成，曝気のバランス	4-1, 4-2
	溶存酸素の $\delta^{18}O$	呼吸，光合成，曝気のバランス	4-3
酸化還元プロセス	NO_3^-, N_2O の $\delta^{15}N$, $\delta^{18}O$	脱窒の進行度の評価	3-1, 5-1
	NO_3^-, N_2O の $\delta^{15}N$, $\delta^{18}O$	硝化―脱窒系の共役度の評価	3-1, 5-1
	N_2O の $\delta^{15}N$, $\delta^{18}O$, SP	一酸化二窒素の発生機構の評価	5-1, 7-3
	CH_4 の $\delta^{13}C$, δ^2H	メタンの発生・消費機構の評価	5-2, 5-3
生態系	一次生産者の $\delta^{13}C$	生息環境（流速など）の評価	6-1
	一次生産者の $\delta^{13}C$	生産者の成長速度（光合成活性）の評価	6-1
	一次生産者の $\delta^{15}N$	窒素源の評価	3-4
	消費者の $\delta^{13}C$	生態系の炭素（エネルギー）基盤の評価	6-2, 6-4, 6-5, 6-6
	消費者の $\delta^{15}N$	食物連鎖構造の評価	6-2, 6-4
	消費者の $\delta^{13}C$, $\delta^{15}N$	生息場所間の移動・物質輸送の評価	6-5, 6-6
近過去環境	標本や堆積物の $\delta^{15}N$	汚濁状況，食物網構造，窒素循環の過去環境評価	3-3

※本書において扱われている章-節を示す．

安定同位体比は変化する。水が蒸発するときには軽い安定同位体を含む水分子が選択的に気化するため，重い安定同位体を含む水分子が液相中に濃縮されることになる。一方，水蒸気が凝結するときには，重い安定同位体を含む水分子から凝結するため，軽い同位体を含む水分子が気相にとどまる。大気中の水蒸気塊から連続的に雨滴が形成される場合，雨滴と水蒸気の水の安

定同位体比の変化は,レイリー・モデル (p. 21～22, 37～39) で記述できる。自然水は,雨滴が形成された時の気象・水文条件を安定同位体比のシグナルとして保有しているのである。

一般に大気中で水の凝結が起きる際には,気相と液相が平衡状態にある。この場合,水素と酸素の同位体分別係数の比が一定であるため,δ^2H (従属変数) と δ^{18}O (独立変数) の関係は天水線とよばれる勾配が 8 の一次関数で表される。これに対し,蒸発に際しては,水蒸気拡散による動的同位体分別が起こり,水素と酸素の同位体分別係数の比が,拡散強度 (これは,水蒸気の生成される場の条件によって変化する) に依存して異なった値をとる。したがって,天水線の Y 切片 (D-excess) は,水蒸気が生成された場が大域的にどこであったかという情報を有する。

以上のように,水の安定同位体比は,雨滴形成時の比較的ローカルな気象・水文条件や,水蒸気の生成時の大域的な場の条件を反映した情報をもっており,これを指標として利用することで,流域環境中の水の起源や流出経路を評価することが可能になる。

2 章では,具体的な利用例として,①河川水における降水と地下水の寄与率の評価,②渓流水の起源推定,③樹木の利用している水の起源推定,④地下水の滞留時間の推定,などが紹介された。

4-2. 窒素負荷の評価

下水や畜産排水に由来する無機窒素化合物 (とくに硝酸イオン) は,δ^{15}N が高いという特徴をもつ。これは,処理プロセスにおけるアンモニアの揮発や脱窒により,軽い窒素 (^{14}N) が選択的に大気中に消失し,重い安定同位体 (^{15}N) をより多く含む窒素が水系に負荷されるためである。水系に流出した無機窒素化合物は,水辺の植物や河床の藻類などにとりこまれる。このため,排水由来の窒素化合物の「高い δ^{15}N」というシグナルは有機物中に「記録」されることになる。以上の理由から,河川や湖沼における硝酸イオンや各態有機物の δ^{15}N を用いることで,排水系窒素負荷の状況を指標化することが可能になる (3 章 2, 4 節)。

一方,大気降下物 (降雨,乾性降下物) に含まれる硝酸イオンは,酸素安定

同位体比（$\delta^{18}O$）が著しく高いという特徴をもっている。これは，対流圏において，高い$\delta^{18}O$値をもったオゾンとNO_xの間で同位体交換が起こるためであると考えられている。したがって，降水，林内雨，土壌水，河川水などの硝酸イオンの$\delta^{18}O$を調べることで，大気系窒素負荷の状況とその変化過程を査定することが可能である（3章1節）。近年，脱窒菌を用いた硝酸イオンの窒素・酸素安定同位体比の測定の高速化と微量化が進んだ（7章2節）。そのため，多試料をルーチン的に分析することで，流域規模における排水系窒素負荷と大気系窒素負荷の相対的な寄与を評価ができる可能性が大きく開けてきたことは注目される。

4-3. 有機物負荷の評価

水域への過剰な有機物負荷は，貧酸素あるいは無酸素水塊の出現を引き起こし，生態系に対する大きな打撃となる。このため，従来から，BODやCOD（4章5節）といった有機物指標を用いた診断や物質収支の計算がなされてきた。今日，下水道普及率の増加などにともない，排水系の有機物負荷（一次汚濁）は低減化してきたものの，排水に含まれる窒素やリンが，水域の一次生産を増大させ，結果として有機物の負荷につながるといういわゆる二次汚濁（富栄養化）の問題は依然として深刻である。従来法では，一次汚濁と二次汚濁の判別は困難を極めたが，4章4，5節において紹介されているように，炭素の安定同位体比（$\delta^{13}C$）を用いることで，その相対寄与を判定することが可能である。陸あるいは人為起源の有機炭素の$\delta^{13}C$がほぼ-27‰であるのに対し，湖沼や沿岸の植物プランクトン起源の有機炭素の$\delta^{13}C$はそれよりも高い値をとる傾向にある（ただし，この値は環境や季節によって大きく変動するので注意が必要である，6章1節参照）。このことを利用し，2端成分混合モデルを用いると，それぞれの寄与が推定できる。この原理を懸濁態あるいは溶存態有機物に適用した場合には，水域にストックとして存在する有機物の起源推定ができる（従来指標ではCODの起源に相当）。一方，分解産物である溶存無機炭素，あるいは，分解者である細菌の菌体炭素の安定同位体比を用いる場合は，生物利用態有機炭素の起源推定ができる（従来指標ではBODの起源に相当）（4章2，4，5節）。

有機物負荷は溶存酸素の低下を引き起こすが，溶存酸素の酸素安定同位体比（$\delta^{18}O$）を用いると，その変動過程についての情報を得ることができる。呼吸にともなう酸素分子の同位体分別により，呼吸が進むと溶存酸素の$\delta^{18}O$は上昇する。一方，光合成による酸素分子の生産に際しては，水の酸素安定同位体比がシグナルとして付加される。最後に，曝気により供給される酸素分子の$\delta^{18}O$は，大気中の酸素分子の$\delta^{18}O$と溶解平衡によって決まる。したがって，ある水体において，溶存酸素の$\delta^{18}O$と，それに関連する環境要因をモニタリングすれば，呼吸，光合成，曝気の寄与を評価することができるのである。このような手法を河川，湖沼，海洋などに適用した例が4章3節において紹介されている。

4-4. 酸化還元プロセスと温室効果気体発生負荷の評価

水域の浄化機能を考えたときに，地域的には反応性窒素や有機炭素の除去を達成することが目標となる。しかし，そのプロセスにおいて，温室効果気体であるメタンや一酸化二窒素が大量に発生すると，地球環境問題の深刻化につながりかねない。したがって，これらのガスの生成プロセスや発生量を適切に評価するための有効な指標を作ることは，流域環境診断における重要な課題の1つになりはじめている。「5章 酸化還元プロセス」においては，安定同位体を用いた酸化還元プロセスの診断方法のさまざまな例が紹介されている。上述のように，硝酸イオンの窒素・酸素安定同位体比が微量かつ高速で測定できることになったことで，脱窒にともなう$\delta^{15}N$と$\delta^{18}O$の変化の様子がきめ細かく評価できるようになってきた。一酸化二窒素の場合は，$\delta^{15}N$と$\delta^{18}O$のほかに，サイトプレファレンス（SP）という同位体パラメータを利用することができる（7章3節）。SPとは，一酸化二窒素の2つの窒素原子の$\delta^{15}N$の差を表す。SPが硝化と脱窒で異なることを利用すると，一酸化二窒素の発生が硝化反応によるのか，脱窒反応によるのかを判定することができる。メタンに関しては，酢酸イオンの開裂反応に伴う生成プロセスと，二酸化炭素による水素の酸化に伴う生成プロセスが知られているが，それぞれの反応過程での同位体分別係数が異なることを利用すると，$\delta^{13}C$と$\delta^{2}H$から，発生反応の特定が可能である（5章2節）。以上のような酸化還元プロ

セスの評価は，流域物質循環の適正管理において，今後ますます重要なテーマとなっていくであろう。なお，5章3節には，淡水環境における「メタン食物連鎖」の同位体的な特徴を利用することで，生態系におけるメタン酸化機能の評価指標を開発するというユニークなアイディアが紹介されている。

4-5. 生態系の評価

生物群集は生物種同士がさまざまな相互作用で結びついた関係の総体である。食物の授受を通してのつながり，すなわち，食物連鎖は，生態系の物質循環やエネルギーの流れを決定する第一義的な要因である。A種をB種が食うという食物連鎖を基本要素として，これが，ローカルな群集の中で網状の構造を作り出した状態を食物網とよぶ。今，河川の1つの流程を観察したときに，そこに出現する生物種数は少なくても数十種，微生物を含めれば数百種にもなるであろう。これらのおびただしい数の要素の間の物質フローを求め，完全な食物網図式を決定するというのは，流域の診断方法としては現実的ではない。そこで，生物群集を，栄養段階や機能群としてまとめ，主要な要素間の量的な関係や骨格的なフローを推定するといったことがおこなわれる。

一方，あるローカルな生態系Aが，その周辺に存在する生態系B（C, D, E…）と生物や物質の交換を通して相互に（あるいは一方向的に）関係しているといった状況がみられる。この生態系の複合体のことを景観（または生態系ネットワーク）とよび，そのうち，生物種の移動（交換）という側面に着目するとメタ群集（metacommunity）という概念が導かれる。近年の保全生態学においては，このような隣接生態系間の物質的・生物的なつながりを適正に保つことの重要性が指摘されている。流域環境診断においては，ダム・堰堤による上下流の分断や，堤防による陸域―水域の結合度の変化が，生態系と生物群集に与える影響を評価することが求められる。

「6章 生態系の健全性の評価」においては，食物網の構造や，生態系間のつながりを診断するうえで，安定同位体手法が有力なツールとなることが，豊富な実例とともに紹介されている。たとえば，食物連鎖を介した窒素の伝達に際しては，1つの栄養段階につき3.4‰づつ$\delta^{15}N$が上昇することが知ら

れている。この原理を用いると，ある生態系の構成員の栄養段階を推定することが可能になる。最近の研究の結果では，河川における魚類や水生昆虫の栄養段階が，人為栄養負荷の強化とともに変化することが示唆されている。この結果は，窒素安定同位体比が食物網構造の「変形」を示す有用な指標となりうることを示唆している（6章2, 4節）。一方，生態系同士のつながりの評価という観点からは，ダムで生産された有機物が，下流域の生態系に与える影響評価，あるいは，人為的な有機物負荷が河川生態系のエネルギー基盤に与える影響評価といった場面で，有機物の$\delta^{13}C$が有用な指標となる（6章1, 6節）。また，生態系と生態系の間（たとえば海洋と陸水の間，あるいは，水域と陸域の間）を移動する鳥類や回遊性の魚類が，物質の輸送を通して，生態系の維持や物質循環に大きな影響を与えていることが明らかになってきている。このような，景観レベルでの生態学的な現象を適切に評価するうえでも，安定同位体比は有効に活用できそうである（6章5節）。

4-6. 環境情報の記録

生物あるいはその他の有機物プールの安定同位体比は，ある期間の環境情報を積分的に記録し，長期にわたって保存するという性質をもっている（3章3, 4節，6章1節）。これは，環境診断における，安定同位体法の大きなメリットの1つである。つまり，この性質をうまく使うと，生物や各種の有機物プールを「環境記録装置」として利用して，過去の環境や生態系の状況を復元するための情報を得ることが可能になる。たとえば，植物や動物の標本（ホルマリン標本やさく葉標本）は，その標本が作られた時点での「過去の環境情報」を保存していると考えられる。同様に，樹木の年輪や湖底の堆積物などからも，過去の環境状況を復元するための情報を抽出することができる。近年，流域環境の管理に関する主体間での討議の中で，「昭和30年代の水質や生態系に戻す」，といった目標設定が提案されることがあるが，その時代の水質や生態系の状態を，客観的（定量的）なデータで示すことはかならずしも容易ではない。このような場合，安定同位体指標を用いた近過去復元という手法がその有用性を発揮すると期待される。3章3節には，琵琶湖の魚類標本や堆積物試料を用いた，近過去の環境と生態系の変遷過程の復元の事例が紹

介されている。その他の，環境記録装置としての生物の利用例としては，陸域から沿岸海域へ負荷された人為起源窒素の影響範囲を，海藻の窒素安定同位体比から評価した研究がある（3章4節）。CRESTプロジェクトにおいては，河畔の抽水植物を含むさまざまな生物を，河川水中の硝酸イオンの窒素安定同位体比の「モニタリング装置」として利用する方法を検討中である。このような手法の開発によって，低コストで簡便な水質環境診断方法の提案につながることが期待される。

5. 安定同位体指標の総合化にむけて

　本章の冒頭でも触れたように，流域環境指標を作る目的は，環境に対する負荷（pressure）や，環境の状態（state）に関する情報を，環境ガバナンスにかかわる主体間でのコミュニケーションや意思決定，あるいは，施策の効果の評価に役立つように，「わかりやすく」数値化して表すことにある。個々のプロセスや状態のそれぞれについての指標を作り，それらを「指標群」として用いれば，詳細な情報を共有して評価や判断に用いることができるというメリットがある反面，指標の種類が多い分だけ「わかりやすさ」が犠牲になるというデメリットがある。そこで，「指標群」の中から代表的な指標を選択し，あるいは複数の指標をまとめることで，総合的な指標を構築することが要請される。総合化に際しては，指標の宿命としての「不確実さ」に加え，指標の選択や重み付けという「価値判断」あるいは「操作」が加わる。したがって，総合指標の策定にあたっては，策定プロセスの透明性を十分に確保する必要がある。主体に求められるのは，数値化（単純化）がもたらす見かけ上の「わかりやすさ」に惑わされず，指標の不確実さと限界をもよく認識し，個々の指標に内在的な論理を批判的に吟味する態度である。また，それぞれの流域に特有の自然的・文化的な背景によって，流域管理の目標像は異なりうるため，指標の選択や総合化にあたっては，地域特性が十分に配慮されるべきである。

　本書の目的は，新たな環境診断ツールとしての安定同位体指標の可能性の追求であり，「新しい指標群の提案」が一応のゴールであったが，最後に，

安定同位体指標の総合化の方向性を予備的に探ってみたいと思う（上述のように，総合指標の構築にあたっては，幅広い見地からの議論が必要であり，紙幅の関係からも，本書のカバーしうる範囲を超えている。詳細な論攷は稿を改めたい）。

　流域環境の水質に関しては，従来型の環境負荷指標として，窒素，リンおよび BOD 物質（または COD 物質）の負荷量が広く用いられる。環境状態指標としては，全窒素 (TN)，全リン (TP)，BOD（または COD），溶存酸素，pH，濁度などを用いるのが一般的である[4]。これらの指標値を求めるために，全国の一級河川や主な湖沼，沿岸では，定期的な水質モニタリングが実施されており，得られたデータは，水質環境基準値との比較により判定に供される他，負荷量の推定，汚濁源の特定，流域での物質収支の算出の根拠となっている。これらの情報が水質環境管理において有用であることは言をまたない。しかし，その一方で，中小河川の水質監視，面源負荷の状況把握，水質監視がはじまる以前（おおむね 1980 年代以前）の水質評価，温室効果気体（二酸化炭素，メタン，一酸化二窒素）の発生負荷量の評価，自然の浄化機能の評価，あるいは，低コストで簡便な水質監視法の必要性，といった，新しい課題や要請への対応という面で，限界がみえはじめているのも事実である。従来型の監視スキームに，先端的な環境評価技術を積極的に導入することで，流域の環境状況をよりきめ細かく，かつ効率良く把握することが必要である。このような先端的な環境監視・評価技術として，本書では安定同位体指標の利用を提案したのである（その他の技術としては，地理情報システムや衛星画像による環境情報の解析や可視化があるだろう）。表 8-1 に示すように，安定同位体指標は，BOD，COD，TN，TP を中心とした従来の水質指標に対して，「よりきめ細かな評価（汚濁物質の起源や発生プロセスの評価）」「より簡便な把握（時間積分された情報の取得）」「過去環境の復元（標本，堆積物，年輪などの安定同位体情報の抽出）」といった新たな可能性を付加するものである。

　生態系に関しては，わが国の環境基本計画では，生物多様性の保全のためのとりくみとして，「指標種を絶滅させないこと」を指針とした目標設定がなされており，生物種の出現（種数，指標種の有無，多様性指数）や，生息場所の状況などを主な指標とした管理が推奨されている（種アプローチ）[5]。一方，

欧米を中心に，生態系サービス (ecosystem service) の保全を主目標に据えた生態系管理の方法 (生態系アプローチ) が提唱されている (たとえば国連のミレニアム・エコシステム・アセスメントのレポート[6]などを参照)。生態系サービスとは，生態系がもっているさまざまな機能のうち，有用財 (食料，繊維，医薬品原材料など) の産生能や，人間にとって有用な機能 (水や大気の浄化，気候調節，土地の肥沃化) の全体を指す。生態系アプローチの背景には，環境経済学の考え方がある。すなわち，生態系のもつ価値 (生態系サービス) を自然資本 (natural capital) としてとらえ，これを貨幣価値に換算する[7]。それにより，外部不経済の内部化 (internalization)，すなわち，環境コストの市場化，をはかり，市場のメカニズムを使って環境問題を解決しようというのである[8]。

以上のような生態系管理の2つの流れの中で，安定同位体指標はどのような役割を果たすだろうか。まず，種アプローチに即していえば，ある流域に出現する生物種の炭素・窒素安定同位体比を計測することで，生物種間の食う食われる関係に関する情報を得ることができる。本書では，この原理を用い，食物連鎖の上位に位置する指標生物の安定同位体比から，ある流域環境における「食物連鎖長」を測ることで，生態系の健全性を定量的に評価するという新しい方法論が議論された (6章4節)。一方，生態系アプローチのように，生態系の「機能」の評価が必要とされる場合にも，安定同位体指標は多くの有用な情報を提供してくれる。水質環境管理に関する考察の中でも触れた，水質浄化機能や温室効果気体の吸収機能は，とりもなおさず，生態系機能 (生態系サービス) の一種であるが，それらの機能の評価に際して，各種安定同位体比が有用な指標となることについては，すでに言及したとおりである。

以上を要約すると，水質環境や生態系の評価という流域環境管理上の課題の中で，安定同位体指標と従来型指標 (TN，TP，BOD，COD，生物指標) の関係は，将来的に前者が後者を置き換えるといった性質のものではない。従来型の評価に，安定同位体指標による評価を重ね合わせることによって，流域環境のより効率的で厚みのある評価が可能になるのである。今後，表8-1に列記した個々の安定同位体指標の特性を従来型指標と比較しつつ，これらを整理・統合化する作業を進めなくてはならない。一方，流域環境管理の

現場に安定同位体指標を導入することを視野にいれて，分析体制やデータ処理・解析システムの設計についての検討を深めていく必要もある。最後に，安定同位体指標の原理やそれが意味する内容を，環境ガバナンスにかかわる主体に，わかりやすく伝えていくことも重要な課題である。

引用文献

序論

1. 和田英太郎 (1993)：安定同位体は何を語るか．遺伝，47 (5)：10-14.
2. 和田英太郎 (1997)：安定同位体と生態システム．季刊「The TRC NEWS」，61：1-12.
3. 和田英太郎 (2002)：地球生態学，環境学入門3．岩波書店，東京．
4. 和田英太郎・小川奈々子・宮坂仁 (2002) バイカル湖 —— 安定同位対比から見た自然の実験室．会誌「地球環境」，7 (1)：77-85.
5. 和田英太郎・西川絢子・高津文人 (2001)：安定同位体比の利用 (1) 環境科学 —— 特に水系について．Radioisotopes，50周年記念号，50：1583-1655.
6. 高津文人・西澤尚子・ナリン-ブンタノン・和田英太郎 (1999)：安定同位体自然存在比から環境ストレスを読む．生物資源科学，2 (2)：1-10.

第1章

1. Coplen, T. B., Böhlke, J. K., De Bièvre, P., Ding, T., Holden, N. E., Hopple, J. A., Krouse, H. R., Lamberty, A., Peiser, H. S., Révész, K., Rieder, S. E., Rosman, K. J. R., Roth, E., Taylor, P. D. P., Vocke, Jr., R. D. and Xiao, Y. K.(2002): Isotope-abundance variations of selected elements. Pure & Applied Chemistry, 74: 1987-2017.

第2章

1. NASA (2007): http://science.hq.nasa.gov/oceans/system/water.html
2. 農林水産省林野庁 (2007)：平成18年度　森林・林業白書．農林水産省，東京．
3. Likens, G. E. and Bormann, F. H. (1995): Biogeochemistry of a Forested Ecosystem Second Edition. Springer-Verlag, New York.
4. Clark, I. D. and Fritz, P. (1997): Environmental Isotopes in Hydrogeology: 328. Lewis, Boca Raton, FL.
5. Craig, H. (1961): Isotopic Variations in Meteoric Waters. Science, 133: 1702-1703.
6. Rozanski, K., Araguás-Araguás, L. and Gonfiantini, R. (1992): Relation between long-term trends of Oxygen-18 isotope composition of precipitation and climate. Science, 258: 981-985.
7. Ingraham, N. L. (1998): Isotopic variations in precipitation. In: Isotope Tracers in

Catchment Hydrology, Kendall, C. and McDonnell, J. J. (eds.): 87-118. Elsevier, New York.
8. 日下部実 (1989)：安定同位体地球化学の基礎，分配．地球化学，松尾禎士 (監修)：158-174, 203-213. 講談社サイエンティフィク，東京．
9. Dansgaard, W. (1964): Stable Isotopes in Precipitation. Tellus, 16: 436-468.
10. Yoshimura, K., Oki, T., Ohte, N. and Kanae, S. (2003): A quantitative analysis of short-term ^{18}O variability with a Rayleigh-type isotope circulation model. Journal of Geophysical Research-Atmospheres, 108(D20): Art. No. 4647, doi: 10.1029/2003JD003477.
11. Fritz, P., Cherry, J. A., Weyer, K. U. and Sklash, M. (1976): Storm runoff analysis using environmental isotopes and major ions. In: Interpretation of Environmental Isotope and Hydrochemical Data in Groundwater Hydrology: 111-130. IAEA, Vienna
12. Buttle, J. M. (1994): Isotope Hydrograph separations and rapid delivery of pre-event water from drainage basins. Progress in Physical Geography, 18: 16-41.
13. Dawson, T. E. and Ehleringer, J. R. (1991): Streamside trees that do not use stream water. Nature, 350: 335-337.
14. Ohte, N., Koba, K., Yoshikawa, K., Sugimoto, A., Matsuo, N., Kabeya, N. and Wang, L. H. (2003): Water utilization of natural and planted trees in the semiarid desert of Inner Mongolia, China. Ecological Applications, 13: 337-351.
15. Sugimoto, A., Yanagisawa, N., Naito, D., Fujita, N. and Maximov, T. C. (2002): Importance of permafrost as a source of water for plants in east Siberian taiga. Ecological Research, 17: 493-503.
16. Stewart, M. K. and McDonnell, J. J. (1991): Modeling base-flow soil-water residence times from deuterium concentrations. Water Resources Research, 27: 2681-2693.
17. Vitvar, T. and Balderer, W. (1997): Estimation of mean water residence times and runoff generation by ^{18}O measurements in a pre-Alpine catchment (Rietholzbach, eastern Switzerland). Applied Geochemistry, 12: 787-796.
18. Asano, Y., Uchida, T. and Ohte, N. (2002): Residence times and flow paths of water in steep unchannelled catchments, Tanakami, Japan. Journal of Hydrology, 261: 173-192.
19. Kabeya, N., Katsuyama, M., Kawasaki, M., Ohte, N. and Sugimoto, A. (2007): Estimation of mean residence times of subsurface waters using seasonal variation in deuterium excess in a small headwater catchment in Japan. Hydrological Processes, 21: 308-322.
20. 早稲田周・中井信之 (1983)：中部日本・東北日本における天然水の同位体組成．地球化学，17：83-91.
21. 川原谷浩・松田英裕・松葉谷治 (2000)：酸素・水素安定同位体比を利用した秋田県谷地地すべり地の地下水の混合と起源について．地すべり，36：48-55.
22. 中山友栄・谷口真人・嶋田純 (2000)：琵琶湖流域における降水と地下水の安定同位体比特性．陸水学雑誌，61：119-128.
23. Taniguchi, M., Nakayama, T., Tase, N. and Shimada, J. (2000): Stable isotope studies of

precipitation and river water in the Lake Biwa basin, Japan. Hydrological Processes, 14: 539-556.
24. Ohte, N., Tokuchi, N. and Suzuki, M. (1995): Biogeochemical influences on the determination of water chemistry in a temperate forest basin - factors determining the pH value. Water Resources Research, 31: 2823-2834.
25. Katsuyama, M., Ohte, N. and Kabeya, N. (2005): Effects of bedrock permeability on hillslope and riparian groundwater dynamics in a weathered granite catchment. Water Resources Research, 41(1): Art. No. W01010, doi:10.1029/2004WR003275.
26. Kawasaki, M., Ohte, N. and Katsuyama, M. (2005): Biogeochemical and hydrological controls on carbon export from a forested catchment in central Japan. Ecological Research, 20: 347-358.

第3章

1. Schlesinger, W. H. (1991): Biogeochemistry: An Analysis of Global Change. Academic Press, San Diego.
2. Vitousek, P. M. and Howarth, R. W. (1991): Nitrogen limitation on land and in the sea: How can it occur? Biogeochemistry, 13: 87-115.
3. Matson, P., Lohse, K. A. and Hall, S. J. (2002): The globalization of nitrogen deposition: consequences for terrestrial ecosystems. Ambio, 31: 113-119.
4. Galloway, J. N. and Cowling, E. B. (2002): Reactive nitrogen and the World: 200 Years of Change. Ambio, 31: 64-71.
5. Nadelhoffer, K. J. and Fry, B. (1994): Nitrogen isotope studies in forest ecosystems. In: Stable Isotopes in Ecology and Enivironmental Science, Lajtha, K. and Michener, R. M. (eds.): 22-44. Blackwell Scientific Publisher, Oxford.
6. Kendall, C. (1998): Tracing nitrogen sources and cycling in catchments. In: Isotope Tracers in Catchment Hydrology, Kendall, C. and McDonnell, J. J. (eds.): 519. Elsevier Science, Amsterdam.
7. Reuss, J. O. and Johnson, D. W. (1986): Acid deposition and the acidification of soils and waters. Springer, New York.
8. Koba, K., Hirobe, M., Koyama, L., Kohzu, A., Tokuchi, N., Nadelhoffer, K. J., Wada, E. and Takeda, H. (2003): Natural ^{15}N abundance of plants and soil N in a temperate coniferous forest. Ecosystems, 6: 457-469.
9. Amberger, A. and Schmidt, H. L. (1987): Natürliche Isotopengehalte von Nitrat als Indikatoren für dessen Herkunft. Geochimica et Cosmochimica Acta, 51: 2699-2705.
10. Voerkelius, S. and Schmidt, H. -L. (1990): Natural oxygen and nitrogen isotope abundance of compounds involved in denitrification. Mitteilungen der Deutschen Bodenkundlichen Gesellschaft, 60: 364-366.
11. Aravena, R., Evans, M. L. and Cherry, J. A. (1993): Stable isotopes of oxygen and

nitrogen in source identification of nitrate from septic systems. Ground Water, 31: 180-186.
12. Williard, K. W. J., DeWalle, D. R., Edwards, P. J. and Sharpe, W. E. (2001): ^{18}O isotopic separation of stream nitrate sources in mid-Appalachian forested watersheds. Journal of Hydrology, 252, 174-188.
13. Campbell, D. H., Kendall, C., Chang, C. C. Y., Silva, S. R. and Tonnessen, K. A. (2002): Pathways for nitrate release from an alpine watershed: Determination using δ^{15}N and δ^{18}O. Water Resources Research, 38(5): 1052, doi:10.1029/2001WR000294.
14. Burns, D. A., and Kendall, C. (2002): Analysis of δ^{15}N and δ^{18}O to differentiate NO_3^- sources in runoff at two watersheds in the Catskill Mountains of New York. Water Resources Research, 38(5): 1051, doi:10.1029/2001WR000292.
15. Silva, S. R., Kendall, C., Wilkison, D. H., Ziegler, A. C., Chang, C. C. Y. and Avanzino, R. J. (2000): A new method for collection of nitrate from fresh water and the analysis of nitrogen and oxygen isotope ratios. Journal of Hydrology, 228: 22-36.
16. Sigman, D. M., Casciotti, K. L., Andreani, M., Barford, C., Galanter, M. and Böhlke, J. K. (2001): A bacterial method for the nitrogen isotopic analysis of nitrate in seawater and freshwater. Analytical Chemistry, 73: 4145-4153.
17. Casciotti, K. L., Sigman, D. M., Hastings, M. G., Bohlke, J. K. and Hilkert, A. (2002): Measurement of the oxygen isotopic composition of nitrate in seawater and freshwater using the denitrifier method. Analytical Chemistry, 74: 4905-4912.
18. Ohte, N., Sebestyen, S. D., Shanley, J. B., Doctor, D. H., Kendall, C., Wankel, S. D. and Boyer, E. W. (2004): Tracing sources of nitrate in snowmelt runoff using a high-resolution isotopic technique. Geophysical Research Letters, 31: L21506, doi:10.1029/2004GL020908.
19. 國松孝男 (1989)：汚濁負荷の発生・排出機構 (1章1節). 河川汚濁のモデル解析, 國松孝男・村岡浩爾 (編集)：2-11, 技報堂出版, 東京.
20. 和田安彦 (1989)：河川, 下水道の汚濁負荷流出モデル (3章2節). 河川汚濁のモデル解析, 國松孝男・村岡浩爾 (編集)：156-161, 技報堂出版, 東京.
21. 金再奎 (2003)：「流域社会の持続可能性指標の提案とそれにもとづく水環境管理の方向性に関する研究 —— 琵琶湖流域を対象として」. 学位論文, 京都大学.
22. 宗宮功 (1990)：自然の浄化機構. 技報堂出版, 東京.
23. 山田佳裕・中西正巳 (1999)：7章：地域開発・都市化と水・物質循環の変化. 岩波講座 地球環境学 (4) 水・物質循環系の変化, 和田英太郎・安成哲三 (編集)：263-300, 岩波書店, 東京.
24. Kalff, J. (2001): Limnology. Prentice-Hall, New Jersey.
25. Allan, J. D. (1995): Transport and transformation of nutrients. In: Stream Ecology: Structure and function of running waters, 293-303. Kluwer Academic Publishers, Boston, USA.
26. 浮田正夫・関根雅彦・中西弘 (1989)：汚濁負荷流達率を利用したポルートグラフシミュレーション (3章3節). 河川汚濁のモデル解析. 國松孝男. 村岡浩爾 (編集)：

163-166, 技報堂出版, 東京.
27. 増田貴則 (2000):「GIS を活用した流域環境情報の統合化とその現象解析・計画論への適用に関する研究 —— 琵琶湖流域を対象として」. 学位論文, 京都大学.
28. Kohl, D. H., Shearer, G. B. and Commoner, B. (1971): Fertilizer nitrogen: contribution to nitrate in surface water in a corn belt watershed. Science, 174: 1331-1334.
29. Heaton, T. H. E. (1986): Isotopic studies of nitrogen pollution in the hydrosphere and atmosphere: A review. Chemical Geology, 59: 87-102.
30. Fog, G. E., Rolston, D. E. Decker, D. L., Louie D. T. and Grismer, M. E. (1998): Spatial variation in nitrogen isotope values beneath nitrate contamination sources. Ground Water, 36: 418-426.
31. Macko, S. A. and Ostrom, N. E. (1994): Pollution studies using stable isotopes. In: Stable Isotopes in Ecology and Environmental studies, Lajtha, K. and Michener, R. H. (eds.): 45-62. Blackwell Scientific Publications, Oxford.
32. McClelland, J. W., Valiela, I. and Michener, R. H. (1997): Nitrogen-stable isotope signatures in estuarine food webs: A record of increasing urbanization in coastal watersheds. Limnology and Oceanography, 42: 930-937.
33. Cabana, G. and Rasmussen, J. (1996): Comparison of aquatic food chains using nitrogen isotopes. Proceedings of the National Academy of Sciences of the United States of America, 93: 10844-10847.
34. Tucker, J., Sheats, N., Giblin, A. E., Hopkinson, C. S. and Montoya, J. P. (1999): Using stable isotopes to trace sewage-derived material through Boston Harbor and Massachusetts Bay. Marine Environmental Research, 48: 353-375.
35. Jones, A. B., O'Donohue, M. J., Udy, J., Dennison, W. C. (2001): Assessing ecological impacts of shrimp and sewage effluent: biological indicators with standard water quality analyses. Estuarine, Coastal and Shelf Science, 52: 91-109.
36. Lake, J. L., McKinney, R. A., Osterman, F. A., Pruell, R. J., Kiddon, J., Ryba, S. A. and Libby, A. D. (2001): Stable nitrogen isotopes as indicators of anthropogenic activities in small freshwater systems. Canadian Journal of Fisheries and Aquatic Sciences, 58: 870-878.
37. Umezawa, Y., Miyajima, T., Yamamuro, M., Kayanne, H. and Koike, I. (2002): Fine-scale mapping of land-derived nitrogen in coral reefs by $\delta^{15}N$ in macroalgae. Limnology and Oceanography, 47: 1405-1416.
38. Jones, R. I., King, L., Dent, M. M., Maberly, S. C. and Gibson, C. E. (2004): Nitrogen stable isotope ratios in surface sediments, epilithon and macrophytes from upland lakes with differing nutrient status. Freshwater Biology, 49: 382-391.
39. McClelland, J. W. and Valiela, I. (1998): Changes in food web structure under the influence of increased anthropogenic nitrogen inputs to estuaries. Marine Ecology Progress Series, 168: 259-271.
40. Cole, M. L., Kroeger, K. D., McClelland, J. W. and Valiela, I. (2005): Macrophytes as indicators of land-derived wastewater: application of a $\delta^{15}N$ method in aquatic systems.

Water Resources Research, 41: W01014, doi:10.1029/2004WR003269.
41. O'Reilly, C. M. and Hecky, R. E. (2002): Interpreting stable isotopes in food webs: recognizing the role of time averaging at different trophic levels. Limnology and Oceanography, 47: 306-309.
42. McKinney, R. A., Lake, J. L., Allen, M. and Ryba, S. (1999): Spatial variability in mussels used to assess base level nitrogen isotope ratio in freshwater ecosystems. Hydrobiologia, 412: 17-24.
43. Post, D. M., Pace, M. L. and Hairston, N. G. (2000): Ecosystem size determines food-chain length in lakes. Nature, 405: 1047-1049.
44. McKinney, R. A., Lake, J. L., Charpentier, M. A. and Ryba, S. (2002): Using mussel isotope ratios to assess anthropogenic nitrogen inputs to freshwater ecosystems. Environmental Monitoring and Assessment, 74: 167-192.
45. 竹門康弘 (2005): 底生動物の生活型と摂食機能群による河川生態系評価. 日本生態学会誌, 55: 189-197.
46. Lehmann, M. F., Bernasconi, S. M., Barbieri, A., Simona, M. and McKenzie, J. A. (2004): Interannual variation of the isotopic composition of sedimenting organic carbon and nitrogen in Lake Lugano: a long-term sediment trap study. Limnology and Oceanography, 49: 839-849.
47. Vander Zanden, M. J. and Rasmussen, J. B. (1999): Primary consumer $\delta^{13}C$ and $\delta^{15}N$ and the trophic position of aquatic consumers. Ecology, 80: 1395-1404.
48. Mayer, B., Boyer, E., Goodale, C., Jaworski, N. A., Breemen, N. V., Howarth, R. W., Seitzinger, S., Billen, G., Lajtha, K., Naedelhoffer, K., Dam D. V., Hetling, L. J., Nosal, M. and Paustian, K. (2002): Sources of nitrate in rivers draining sixteen watersheds in the northeastern U.S.: Isotopic constraints. Biogeochemisty, 57/58: 171-197.
49. Valiela, I., Geist, M., McClelland, J. and Tomasky, G. (2000): Nitrogen loading from watersheds to estuaries: Verification of the Waquoit Bay nitrogen loading model. Biogeochemistry, 49: 277-293.
50. Carmichael, R. H., Annett, B. and Valiela, I. (2004): Nitrogen loading to Pleasant Bay, Cape Cod: application of models and stable isotopes to detect incipient nutrient enrichment of estuaries. Marine Pollution Bulletin, 48: 137-143.
51. Fry, B., Gace, A. and McClelland, J. W. (2003): Chemical indicators of anthropogenic nitrogen loading in four Pacific estuaries. Pacific Science, 57: 77-101.
52. Townsend-Small, A., McClain, M. E. and Brandes, J. A. (2005): Contribution of carbon and nitrogen from the Andes Mountains to the Amazon River: evidence from an elevational gradient of soils, plants, and river material. Limnology and Oceanography, 50: 672-685.
53. Ogawa, N. O., Koitabashi, T., Oda, H., Nakamura, T., Ohkouchi, N. and Wada, E. (2001): Fluctuations of nitrogen isotope ratio of gobiid fish specimens and sediments in Lake Biwa during the 20th century. Limnology and Oceanography, 46: 1228-1236.
54. Nakanishi, M. and Sekino, T. (1996): Recent drastic changes in Lake Biwa bio-

communities, with special attention to exploitation of the littoral zone. GeoJournal, 40: 63-67.
55. Altabet, M., and Francois, R. (1994): Sedimentary nitrogen isotopic ratio as a recorder for surface ocean nitrate utilization. Global Biogeochemical Cycles, 8: 103-116.
56. Nishikawa, J. (2002): ^{15}N Natural abundance as an indicator of anthropogenic impacts on aquatic ecosystems. Master Thesis, Graduate School of Science, Kyoto University.
57. 中西昇・名越誠 (1984):琵琶湖産イサザの食性の年変動. 陸水学雑誌, 45:279-288.
58. Yamada, Y., Ueda, T., Koitabashi, T. and Wada, E. (1998): Horizontal and vertical isotopic model of Lake Biwa ecosystem. Japanese Journal of Limnology, 59: 409-427.
59. 根来健一郎 (1981):琵琶湖の富栄養化に伴うプランクトン・カレンダーの乱れ. 水温の研究, 25:15-19.
60. 一瀬諭・若林徹哉・松岡泰倫・山中直・藤原直樹・野村潔 (1996):びわ湖北湖におけるプランクトン相の変遷(1978-1995). 滋賀県立衛生環境センター所報, 31:84-100.
61. Miyajima, T. (1994): Mud-water fluxes of inorganic nitrogen and manganese in the pelagic region of Lake Biwa: Seasonal dynamics and impact on the hypolimnetic metabolism. Archiv für Hydrobiologie, 130: 303-324.
62. Wassenaar, L. I. (1995): Evaluation of the origin and fate of nitrate in the Abbotsford Aquifer using the isotopes of ^{15}N and ^{18}O in NO_3^-. Applied Geochemistry, 10: 391-405.
63. Yamada, Y., Ueda, T. and Wada, E. (1996): Distribution of carbon and nitrogen isotope ratios in the Yodo River watershed. Japanese Journal of Limnology, 57: 467-477.
64. Kemp, W. M., Sampou, P., Caffrey, J., Mayer, M., Henriksen, K. and Boynton, W. R. (1990): Ammonium recycling versus denitrification in Chesapeake Bay sediments. Limnology and Oceanography, 35: 1545-1563.
65. Voss, M., Dippner, J. D. and Montoya, J. P. (2001): Nitrogen isotope patterns in the oxygen-deficient waters of the Eastern Tropical North Pacific Ocean. Deep Sea Research I, 48: 1905-1921.
66. 中賢治 (1973):びわ湖深層の全循環期前の溶存酸素量の永年変化について. 陸水学雑誌, 34:140-143.
67. Yoshioka, Y. (1991): Some problems of water quality in Lake Biwa. In: Environment and Engineering Geology, 61-82. the 20th anniversary memories of Kansai Branch of Japan Society of Engineering Geology, Osaka.
68. Ogawa, N. O. (1999): Fluctuations of lacustrine environments during the last several decades revealed from stable isotope ratios of fish specimens. PhD Thesis, Kyoto University, 103.
69. McClelland, J. W. and Montoya, J. P. (2002): Trophic relationships and the nitrogen isotopic composition of amino acids in plankton. Ecology, 83: 2173-2180.
70. Chikaraishi, Y., Kashiyama, Y., Ogawa, N. O., Kitazato, H. and Ohkouchi, N. (2007): Metabolic control of nitrogen isotope composition of amino acids in macroalgae and

gastropods: implications for aquatic food web studies. Marine Ecology Progress Series, 342: 85-90.
71. 力石嘉人・柏山祐一郎・小川奈々子・大河内直彦（2007）：生態学指標としての安定同位体 —— アミノ酸の窒素同位体分析による新展開. Radioisotopes, 56: 463-477.
72. CIA World Factbook (https://www.cia.gov/cia/publications/factbook/index.html)
73. NOAA Coastal Trends Report Series（http://www.oceanservice.noaa.gov/programs/mb/supp_cstl_population.html）
74. Short, F. T. and Burdick, D. M. (1996): Quantifying seagrass habitat loss in relation to housing development and nitrogen loading in Waquoit Bay, Massachusetts. Estuaries, 19: 730-739.
75. Burkholder, J. M., Mason, K. M. and Glasgow, J. H. B. (1992): Water-column nitrate enrichment promotes decline of eelgrass *Zostera marina*: evidence from seasonal mesocosm experiments. Marine Ecology Progress Series, 81: 163-178.
76. 川口修・山本民治・松田治・橋本俊也（2005）：有明海におけるノリと浮遊珪藻の栄養塩競合におよぼす環境諸因子の影響評価. 海の研究, 14：411-427.
77. Harashima, A., Kimoto, T., Wakabayashi, T. and Toshiyasu, T. (2006): Verification of the silica deficiency hypothesis based on biogeochemical trends in the aquatic continuum of Lake Biwa-Yodo River-Seto Inland Sea, Japan. Ambio, 35: 36-42.
78. McCook, L. J., Jompa, J. and Diaz-Pulido, G. (2001): Competition between corals and algae on coral reefs: a review of evidence and mechanisms. Coral Reefs, 19: 400-417.
79. 横浜康継（1986）：海藻の分布と環境要因. 藻類の生態. 秋山優ほか（編集）：251-308, 内田老鶴圃, 東京.
80. Fong, P., Boyer, K. E., Desmond, J. S. and Zedler, J. B. (1996): Salinity stress, nitrogen competition, and facilitation: what controls seasonal succession of two opportunistic green macroalgae? Journal of Experimental Marine Biology and Ecology, 206: 203-221.
81. Fong, P., Kamer, K., Boyer, K. E. and Boyle, K. A. (2001): Nutrient content of macroalgae with differing morphologies may indicate sources of nutrients for tropical marine systems. Marine Ecology Progress Series, 220: 137-152.
82. Larned, S. T. (1998): Nitrogen-versus phosphorus limited growth and sources of nutrients for coral reef macroalgae. Marine Biology, 132: 409-421.
83. Pedersen, M. F. and Borum, J. (1997): Nutrient control of estuarine macroalgae: growth strategy and the balance between nitrogen requirements and uptake. Marine Ecology Progress Series, 161: 155-163.
84. Naldi, M. and Wheeler, P. A. (2002): ^{15}N measurements of ammonium and nitrate uptake by *Ulva fenestrata* (Chlorophyta) and *Gracilaria pacifica* (Rhodophyta): comparison of net nutrient disappearance, release of ammonium and nitrate, and ^{15}N accumulation in algal tissue. Journal of Phycology, 38: 135-144.
85. Maier, C. M. and Pregnall, A. M. (1990): Increased macrophyte nitrate reductase activity as a consequence of groundwater input of nitrate through sandy beaches.

Marine Biology, 107: 263-271.
86. Young, E., Lavery, P. S., van Elven, B., Dring, M. J. and Berges, J. A. (2005): Nitrate reductase activity in macroalgae and its vertical distribution in macroalgal epiphytes of seagrasses. Marine Ecology Progress Series, 288: 103-114.
87. Atkinson, M. J. (1988): Are coral reefs nutrients-limited? Proceedings of 6th International Coral Reef Symposium, 1: 57-66.
88. France, R., Holmquist, J., Chandler, M. and Cattaneo, A. (1998): $\delta^{15}N$ evidence for nitrogen fixation associated with macroalgae from a seagrass-mangrove-coral reef system. Marine Ecology Progress Series, 167: 297-299.
89. Pedersen, M. and Borum, J. (1996): Nutrient control of algal growth in estuarine waters. Nutrient limitation and the importance of nitrogen requirements and nitrogen storage among phytoplankton and species of macroalgae. Marine Ecology Progress Series, 142: 261-272.
90. Campbell, S. (2001): Ammonium requirements of fast-growing ephemeral macroalgae in a nutrient-enriched marine embayment (Port Phillip Bay, Australia). Marine Ecology Progress Series, 209: 99-107.
91. Chapman, A. R. O. and Craigie, J. S. (1977): Seasonal growth in *Laminaria longicruis*: Relations with dissolved inorganic nutrients and internal reserves of nitrogen. Marine Biology, 40: 197-205.
92. Fong, P., Donohoe, R. M. and Zedler, J. B. (1994): Nutrient concentration in tissue of the macroalgae *Enteromorpha* as a function of nutrient history: an experimental evaluation using field microcosms. Marine Ecology Progress Series, 106: 273-281.
93. Horrocks, J., Stewart, G. R. and Dennison, W. C. (1995): Tissue nutrient content of *Gracilaria* spp. (Rhodophyta) and water quality along an estuarine gradient. Marine and Freshwater Research, 46: 975-983.
94. Fujita, R. M. (1985): The role of nitrogen status in regulating transient ammonium uptake and nitrogen storage by macroalgae. Journal of Experimental Marine Biology and Ecology, 92: 283-301.
95. Gormly, J. R. and Spalding, R. F. (1979): Sources and concentrations of nitrate-nitrogen in ground-water of the Central Platte Region, Nebraska. Ground Water, 17: 291-301.
96. Kreitler, C. W. (1979) Nitrogen-isotope ratio studies of soils and groundwater nitrate from alluvial fan aquifers in Texas. Journal of Hydrology, 42: 147-170.
97. Lindau, C., Delaune, R. D., Patrick Jr., W. H. and Lambremont, E. N. (1989): Assessment of stable nitrogen isotopes in fingerprinting surface-water inorganic nitrogen-sources. Water, Air, and Soil Pollution, 48: 489-496.
98. Minagawa, M., and Wada, E. (1984): Stepwise enrichment of ^{15}N along food-chains - further evidence and the relation between $\delta^{15}N$ and animal age. Geochimica et Cosmochimica Acta, 48: 1135-1140.
99. Yamamuro, M., Minagawa, M. and Kayanne, H. (1992): Preliminary observation on food webs in Shiraho coral reef as determined from carbon and nitrogen stable

isotopes. Proceedings of 7th International Coral Reef Symposium, 1: 352-355.
100. McClelland, J. W., Valiela, I. and Michener, R. H. (1997): Nitrogen-stable isotope signatures in estuarine food webs: A record of increasing urbanization in coastal watersheds. Limnology and Oceanography, 42: 930-937.
101. Waquoit Bay National Estuarine Research Reserve (http://www.waquoitbayreserve.org/index.htm)
102. Savage, C. and Elmgren, R. (2004) Macroalgal (*Fucus vesiculosus*) $\delta^{15}N$ values trace decrease in sewage influence. Ecological Applications, 14: 517-526.
103. Leichter, J. J., Stewart, H. L. and Miller, S. L. (2003): Episodic nutrient transport to Florida coral reefs. Limnology and Oceanography, 48: 1394-1407.
104. Umezawa, Y. (2004): Nutrient dynamics in tropical and subtropical coastal ecosystems assessed by $\delta^{15}N$ in macroalgae. PhD dissertation, the University of Tokyo, 218.
105. Sammarco, P. W., Risk, M. J., Schwarcz, H. P. and Heikoop, J. M. (1999): Cross-continental shelf trends in coral $\delta^{15}N$ on the GBR: further consideration of the reef nutrient paradox. Marine Ecology Progress Series, 180: 131-138.
106. Gartner, A., Lavery, P. and Smit, A. J. (2002): Use of $\delta^{15}N$ signatures of different functional forms of macroalgae and filter-feeders to reveal temporal and spatial patterns in sewage dispersal. Marine Ecology Progress Series, 235: 63-73.
107. Lin, H. J., Wu, C. Y., Kao, S. J., Kao, W. Y. and Meng, P. J. (2007): Mapping anthropogenic nitrogen through point sources in coral reefs using $\delta^{15}N$ in macroalgae. Marine Ecology Progress Series, 335: 95-109.
108. Lapointe, B. E., Barile, P. J. and Matzie, W. R. (2004): Anthropogenic nutrient enrichment of seagrass and coral reef communities in the Lower Florida Keys: discrimination of local versus regional nitrogen sources. Journal of Experimental Marine Biology and Ecology, 308: 23-58.
109. Cohen, R. and Fong, P. (2004): Nitrogen uptake and assimilation in *Enteromorpha intestinalis* (L.) Link (Chlorophyta): using ^{15}N to determine preference during simultaneous pulses of nitrate and ammonium. Journal of Experimental Marine Biology and Ecology, 309: 67-77.
110. Umezawa, Y., Miyajima, T., Tanaka, Y., Koike, I. and Hayashibara, T. (2007): Variation in internal $\delta^{15}N$ and $\delta^{13}C$ distribution in the brown macroalga *Padina australis* growing in subtropical oligotrophic waters. Journal of Phycology, 43: 437-448.
111. Costanzo, S. D., O'Donohue, M. J., Dennison, W. C., Loneragan, N. R. and Thomas, M. (2001): A new approach for detecting and mapping sewage impacts. Marine Pollution Bulletin, 42: 149-156.
112. Costanzo, S. D., Udy, J., Longstaff, B. and Jones, A. (2005): Using nitrogen stable isotope ratios ($\delta^{15}N$) of macroalgae to determine the effectiveness of sewage upgrades: changes in the extent of sewage plumes over four years in Moreton Bay, Australia. Marine Pollution Bulletin, 51: 212-217.

第4章

1. Stumm, W. and Morgan, J. J. (1996): Aquatic Chemistry: Chemical Equilibria and Rates in Natural Waters. Third Edition, Wiley Interscience, New York.
2. Zhang, J., Quay, P. D. and Wilbur, D. O. (1995): Carbon isotope fractionation during gas-water exchange and dissolution of CO_2. Geochimica et Cosmochimica Acta, 59: 107 – 114.
3. Mills, G. A. and Urey, H. C. (1940): The kinetics of isotope exchange between carbon dioxide, bicarbonate ion, carbonate ion and water. Journal of the American Chemical Society, 62: 1019–1026.
4. Berner, E. K. and Berner, R. A. (1996): Chapter 4. Chemical weathering and water chemistry. In: Global Environment: Water, Air, and Geochemical Cycles: 141 – 171. Prentice Hall, New Jersey.
5. Herczeg, A. L. and Fairbanks, R. G. (1987): Anomalous carbon isotope fractionation between atmospheric CO_2 and dissolved inorganic carbon induced by intense photosynthesis. Geochimica et Cosmochimica Acta, 51: 895–899.
6. Romanek, C. S., Grossman, E. L. and Morse, J. W. (1992): Carbon isotope fractionation in synthetic aragonite and calcite: Effects of temperature and precipitation rate. Geochimica et Cosmochimica Acta, 56: 419–430.
7. Atekwana, E. A. and Krishnamurthy, R. V. (2004): Extraction of dissolved inorganic carbon (DIC) in natural waters for isotopic analyses. In: Handbook of Stable Isotope Analytical Techniques, Volume 1., de Groot, P. A. (ed.): 203–228. Elsevier, Amsterdam.
8. Miyajima, T., Yamada, Y., Hanba, Y. T., Yoshii, K., Koitabashi, T. and Wada, E. (1995): Determining the stable isotope ratio of total dissolved inroganic carbon in lake water by GC/C/IRMS. Limnology and Oceanography, 40: 994–1000.
9. Telmer, K. and Veizer, J. (1999): Carbon flux, pCO_2 and substrate weathering in a large northern river basin, Canada: carbon isotope perspectives. Chemical Geology, 159: 61–86.
10. Aucour, A. -M., Sheppard, S. M. F., Guyomar, O. and Wattelet, J. (1999): Use of ^{13}C to trace origin and cycling of inorganic carbon in the Rhône river system. Chemical Geology, 159: 87–105.
11. Amiotte-Suchet, P., Aubert, D., Probst, J. L., Gauthier-Lafaye, F., Probst, P., Andreux, F. and Viville, D. (1999): $\delta^{13}C$ pattern of dissolved inorganic carbon in a small granitic catchment: the Strengbach case study (Vasges mountains, France). Chemical Geology, 159: 129–145.
12. Ohte, N., Tokuchi, N. and Suzuki, M. (1995): Biogeochemical influences on the determination of water chemistry in a temperate forest basin: Factors determining the pH value. Water Resources Research, 31: 2823–2834.
13. Das, A., Krishnaswami, S. and Bhattacharya, S. K. (2005): Carbon isotope ratio of dissolved inorganic carbon (DIC) in rivers draining the Deccan Traps, India: Sources

of DIC and their magnitudes. Earth and Planetary Science Letters, 236: 419-429.
14. Finlay, J. C. (2003): Controls of streamwater dissolved inorganic carbon dynamics in a forested watershed. Biogeochemistry, 62: 231-252.
15. Atekwana, E. A. and Krishnamurthy, R. V. (1998): Seasonal variations of dissolved inorganic carbon and $\delta^{13}C$ of surface waters: application of a modified gas evolution technique. Journal of Hydrology, 205: 265-278.
16. Kendall, C., Mast, M. A. and Rice, K. C. (1995): Tracing watershed weathering reactions with $\delta^{13}C$. In: Water-Rock Interaction, Kharaka, Y. K. and Chudaev, O. V. (eds.): 569-573. A.A. Balkema, Rotterdam.
17. Pawellek, F. and Veizer, J. (1994): Carbon cycle in the upper Danube and its tributaries: $\delta^{13}C_{DIC}$ constraints. Israel Journal of Earth Science, 43: 187-194.
18. Mook, W. G. and Tan, F. C. (1991): Stable carbon isotopes in rivers and estuaries. In: Biogeochemistry of Major World Rivers, Degens, E. T., Kempe, S. and Richey, J. E. (eds.): 245-264. Chichester, New York.
19. Hellings, L., Dehairs, F., Van Damme, S. and Baeyens, W. (2001): Dissolved inorganic carbon in a highly polluted estuary (the Scheldt). Limnology and Oceanography, 46: 1406-1414.
20. Spiker, E. C. (1980): The behavior of ^{14}C and ^{13}C in estuarine water: effects of in situ CO_2 production and atmospheric exchange. Radiocarbon, 22: 647-654.
21. Bouillon, S., Frankignoulle, M., Dehairs, F., Velimirov, B., Eiler, A., Abril, G., Etcheber, H. and Borges, A. V. (2003): Inorganic and organic carbon biogeochemistry in the Gautami Godavari estuary (Andhra Pradesh, India) during pre-monsoon: The local impact of extensive mangrove forest. Global Biogeochemical Cycles, 17: 1114, doi:10.1029/2002GB002026.
22. Drever, J. I. (1997): The Geochemistry of Natural Waters: Surface and Groundwater Environments. 3rd ed. Prentice hall, New Jersey.
23. Clark, I. and Fritz, P. (1997): Environmental Isotopes in Hydrogeology. Lewis publishers, Florida.
24. Bade, D. L., Carpenter, S. R., Cole, J. J., Hanson, P. C. and Hesslein, R. H. (2004): Controls of $\delta^{13}C$-DIC in lakes: Geochemistry, lake metabolism, and morphometry. Limnology and Oceanography, 49: 1160-1172.
25. Cole, J. J., Caraco, N. F., Kling, G. W. and Kratz, T. K. (1994): Carbon-dioxide supersaturation in the surface waters of lakes. Science, 265: 1568-1570.
26. Striegl, R. G., Kortelainen, P., Chanton, J. P., Wickland, K. P., Bugna, G. C. and Rantakari, M. (2001): Carbon dioxide partial pressure and ^{13}C content of north temperate and boreal lakes at spring ice melt. Limnology and Oceanography, 46: 941-945.
27. Quay, P. D., Emerson, S. R., Quay, B. M. and Devol, A. H. (1986): The carbon cycle for Lake Washington — A stable isotope study. Limnology and Oceanography, 31: 596-611.

28. Herczeg, A. L. (1987): A stable carbon isotope study of dissolved inorganic carbon cycling in a softwater lake. Biogeochemistry, 4: 231-263.
29. Stiller, M. and Nissenbaum, A. (1999): A stable carbon isotope study of dissolved inorganic carbon in hardwater Lake Kinneret (Sea of Galilee). South African Journal of Science, 95: 166-170.
30. Hollander, D. J. and McKenzie, J. A. (1991): CO_2 control on carbon-isotope fractionation during aqueous photosynthesis - a paleo-pCO_2 barometer. Geology, 19: 929-932.
31. Wang, X. F. and Veizer, J. (2000): Respiration-photosynthesis balance of terrestrial aquatic ecosystems, Ottawa area, Canada. Geochimica et Cosmochimica Acta, 64: 3775-3786.
32. Haines, E. B. (1977): Origins of detritus in Georgia salt-marsh estuaries. Oikos, 29: 254-260.
33. Fenton, G. E. and Ritz, D. A. (1988): Changes in carbon and hydrogen stable isotope ratios of macroalgae and seagrass during decomposition. Estuarine, Coastal and Shelf Sciences, 26: 429-436.
34. Gearing, J. N., Gearing, P. J., Rudnick, D. T., Requejo, A. G. and Hutchins, M. J. (1984): Isotopic variability of organic carbon in a phytoplankton-based, temperate estuary. Geochimica et Cosmochimica Acta, 48: 1089-1098.
35. Lehmann, M. F., Bernasconi, S. M., Barbieri, A. and McKenzie, J. A. (2002): Preservation of organic matter and alteration of its carbon and nitrogen isotope composition during simulated and in situ early sedimentary diagenesis. Geochimica et Cosmochimica Acta, 66: 3573-3584.
36. Weiler, R. R. and Nriagu, J. O. (1978): Isotopic composition of dissolved inorganic carbon in Great Lakes. Journal of the Fisheries Research Board of Canada, 35: 422-436.
37. Miyajima, T., Yamada, Y., Wada, E., Nakajima, T., Koitabashi, T., Hanba, Y. T. and Yoshii, K. (1997): Distribution of greenhouse gases, nitrite, and $\delta^{13}C$ of dissolved inorganic carbon in Lake Biwa: Implications for hypolimnetic metabolism. Biogeochemistry, 36: 205-221.
38. Nissenbaum, A., Presley, B. J. and Kaplan, I. R. (1972): Early diagenesis in a reducing fjord, Saanich Inlet, British Columbia: I. chemical and isotopic changes in major components of interstitial water. Geochimica et Cosmochimica Acta, 36: 1007-1027.
39. Gu, B. H., Schelske, C. L. and Hodell, D. A. (2004): Extreme ^{13}C enrichments in a shallow hypereutrophic lake: Implications for carbon cycling. Limnology and Oceanography, 49: 1152-1159.
40. Rudd, J. and Hamilton, R. (1978): Methane cycling in a eutrophic shield lake and its effects on whole lake metabolism. Limnology and Oceanography, 23: 337-348.
41. 日本陸水学会編 (2006): 陸水の事典. 講談社, 東京.
42. Myrbo, A. and Shapley, M. D. (2006): Seasonal water-column dynamics of dissolved inorganic carbon stable isotopic compositions ($\delta^{13}C_{DIC}$) in small hardwater lakes in

Minnesota and Montana. Geochimica et Cosmochimica Acta, 70: 2699-2714.
43. Hessen, D. O. (1992): Dissolved organic carbon in a humic lake: Effects on bacterial production and respiration. Hydrobiologia, 229: 115-123.
44. Tranvik, L. J. (1992): Allochthonous dissolved organic matter as an energy source for pelagic bacteria and the concept of the microbial loop. Hydrobiologia, 229: 107-114.
45. Del Giorgio, P. A., Cole, J. J. and Cimbleris, A. (1997): Respiration rates in bacteria exceed phytoplankton production in unproductive aquatic systems. Nature, 385: 148-151.
46. Del Giorgio, P. A. and Peters, R. H. (1994): Patterns in planktonic P-R ratios in lakes - Influence of lake trophy and dissolved organic carbon. Limnology and Oceanography, 39: 772-787.
47. McManus, J., Heinen, E. A. and Baehr, M. M. (2003): Hypolimnetic oxidation rates in Lake Superior: Role of dissolved organic material on the lake's carbon budget. Limnology and Oceanography, 48: 1624-1632.
48. Kim, C., Nishimura, Y. and Nagata, T. (2006): Role of dissolved organic matter in hypolimnetic mineralization of carbon and nitrogen in a large, monomictic lake. Limnology and Oceanography, 51: 70-78.
49. 酒井均・松久幸敬 (1996)．安定同位体地球化学．東京大学出版会，東京．
50. Coplen, T. B., Böhlke, J. K., Bièvre, P. De, Ding, T., Holden, N. E., Olden, J. A., Hopple, H. R., Krouse, A., Lamberty, H. S., Peiser, K., Révész, S., Riédér, E., Rosman, K. J. R., Roth, E., Taylor, P. D. P., Vocke Jr., R. D. and Xiao, Y. K. (2002): Isotope-abundance variations of selected elements. Pure & Applied Chemistry, 74: 1987-2017.
51. Kroopnick, P. and Craig, H. (1972): Atmospheric oxygen: Isotopic composition and solubility fractionation. Science, 175: 54-55.
52. Johnston, J. C. and Thiemens, M. H. (1997): The isotopic composition of tropospheric ozone in three environments. Journal of Geophysical Research, 102: 25395-25404.
53. Abe, O. (2004): Isotope geochemistry of dissolved oxygen in aquatic ecosystems. Doctoral Thesis, Tokyo Institute of Technology.
54. Roberts, B. J., Russ, M. E. and Ostrom, N. E. (2000): Rapid and precise determination of the $\delta^{18}O$ of dissolved and gaseous dioxygen via gas chromatography-isotope ratio mass spectrometry. Environmental Science and Technology, 34: 2337-2341.
55. Sarma, V. V. S. S., Abe, O. and Saino, T. (2003): Chromatographic separation of nitrogen, argon, and oxygen in dissolved air for determination of triple oxygen isotopes by dual-inlet mass spectrometry. Analytical Chemistry, 75: 4913-4917.
56. Wassenaar, L. I. and Koehler, G. (1999): An on-line technique for the determination of the $\delta^{18}O$ and $\delta^{17}O$ of gaseous and dissolved oxygen. Analytical chemistry, 71: 4965-4968.
57. Barth, J. A. C., Tait, A. and Bolshaw, M. (2004): Automated analyses of $^{18}O/^{16}O$ ratios in dissolved oxygen from 12-mL water samples. Limnology and Oceanography Methods, 2: 35-41.

58. Luz, B. and Barkan, E. (2000): Assessment of oceanic productivity with the triple-isotope composition of dissolved oxygen. Science, 288: 2028–2031.
59. Guy, R. D., Fogel, M. L. and Beny, J. A. (1993): Photosynthetic fractionation of the stable isotopes of oxygen and carbon. Plant Physiology, 101: 37–47.
60. Bender, M. L. and Grande, K. D. (1987): Production, respiration, and the isotope geochemistry of O_2 in the upper water column. Global Biogeochemical Cycles, 1: 49–59.
61. Benson, B. B. and Krause, D. (1984): The concentration and isotopic fractionation of oxygen dissolved in freshwater and seawater in equibrium with the atmosphere. Limnology and Oceanography, 29: 620–630.
62. Quay, P. D., Emerson, S., Wilbur, D. O. and Stump, C. (1993): The $\delta^{18}O$ of dissolved O_2 in the surface waters of the subarctic Pacific: A tracer of biological productivity. Journal of Geophysical Research, 98: 8447–8458.
63. Quay, P. D., Wilbur, D. O., Richey, J. E., Devol, A. H., Benner, R. and Forsberg, B. R. (1995): The $^{18}O:^{16}O$ of disolved oxygen in rivers and lakes in the Amazon basin: determining the ratio of respiration to photosynthesis rates in freshwaters. Limnology and Oceanography, 40: 718–729.
64. Russ, M. E., Ostrom, N. E., Gandhi, H., Ostrom, P. H. and Urban, N. R. (2004): Temporal and spatial variation in R: P ratios in Lake Superior, an oligotrophic freshwater environment. Journal of Geophysical Research, 109: C10S12, doi: 10.1029/2003JC001890.
65. Emerson, D., Quay, P. D., Stump, C., Wilbur, D. O. and Schdlich, R. (1995): Chemical tracers of productivity and respiration in the subtropical Pacific Ocean. Journal of Geophysical Research, 100: 15873–15887.
66. Luz, B., Barkan, E., Sagi, Y. and Yacobi, Y. (2002): Evaluation of community respiratory mechanisms with oxygen isotopes: A case study in Lake Kinneret. Limnology and Oceanography, 47: 33–42.
67. Knox, M., Quay, P. D. and Wilbur, D. (1992): Kinetic isotope fractionation during air-water gas transfer of O_2, N_2, CH_4, and H_2. Journal of Geophysical Research, 97: 20335–20343.
68. Parker, S. R., Poulson, S. R., Gammons, C. H. and Degrandpre, M. D. (2005): Biogeochemical controls on diel cycling of stable isotopes of dissolved O_2 and dissolved inorganic carbon in the Big Hole River, Montana. Environmental Science and Technology, 39: 7134–7140.
69. Luz, B. and Barkan, E. (2005): The isotopic ratios $^{17}O/^{16}O$ and $^{18}O/^{16}O$ in molecular oxygen and their significance in biogeochemistry. Geochimica et Cosmochimica Acta, 69: 1099–1110.
70. Sarma, V. V. S. S., Abe, O., Hashimoto, S. Hinuma, A. and Saino, T. (2005): Seasonal variations in triple oxygen isotopes and gross oxygen production in the Sagami Bay, Central Japan. Limnology and Oceanography, 50: 544–552.

71. Sarma, V. V. S. S., Abe, O., Hinuma, A. and Saino, T. (2006): Short-term variation of triple oxygen isotopes and gross oxygen production in the Sagami Bay, central Japan. Limnology and Oceanography, 51: 1432−1442.
72. Hendricks, M. B., Bender, M. L. and Barnett, B. A. (2004): Net and gross O_2 production in the Southern Ocean from measurements of biological O_2 saturation and its triple isotope composition. Deep-Sea Research I, 51: 1541−1561.
73. Costanza, R., d' Arge, R., de Groot, R., Farber, S., Grasso, M., Hannon, B., Limburg, K., Naeem, S., O' Neill, R. V., Paruelo, J., Raskin, R. G., Sutten, P. and van den Belt, M. (1997): The value of the world' s ecosystem services and natural capital. Nature, 387: 253−260.
74. ラムサール条約公式ホームページ (www.ramsar.org) による.
75. Wolanski, E. (2007): Estuarine Ecohydrology. Elsevier. Amsterdam.
76. Cai, D. L., Tan, F. C. and Edmond, J. M. (1988): Sources and transport of particulate organic carbon in the Amazon River and estuary. Estuarine, Coastal and Shelf Science, 26: 1−14.
77. Lucotte, M. (1989): Organic carbon isotope ratios and implications for the maximum turbidity zone of the St Lawrence upper estuary. Estuarine, Coastal and Shelf Science, 29: 293−304.
78. 小川浩史・青木延浩・近磯晴・小倉紀雄 (1994):夏季の東京湾における懸濁態および堆積有機物の炭素安定同位体比. 地球化学, 28:21−36.
79. Coffin, R. B., Cifuentes, L. A. and Elderidge, P. M. (1994): The use of stable carbon isotopes to study microbial processes in estuaries. In: Stable Isotopes in Ecology and Environmental Science, Lajtha, K. and Michener, R. H. (eds.): 222−240. Blackwell Scientific Publications, Oxford.
80. Fontugne, M. R. and Duplessy, J. -C. (1981): Organic carbon isotopic fractionation by marine plankton in the temperature range -1 to 31°C. Oceanologica Acta, 4: 85−90.
81. Usui, T., Nagao, S., Yamamoto, M., Suzuki, K., Kudo, I., Montani, S., Noda, A. and Minagawa, M. (2006): Distribution and sources of organic matter in surficial sediments on the shelf and slope off Tokachi, western North Pacific, inferred from C and N stable isotopes and C/N ratios. Marine Chemistry, 98: 241−259.
82. Cifuentes, L. A., Sharp, J. H. and Fogel, M. L. (1988): Stable carbon and nitrogen isotope biogeochemistry in the Delaware estuary. Limnology and Oceanography, 33: 1102−1115.
83. Sato, T., Miyajima, T., Ogawa, H., Umezawa, Y. and Koike, I. (2006): Temporal variability of stable carbon and nitrogen isotopic composition of size-fractionated particulate organic matter in the hypertrophic Sumida River Estuary of Tokyo Bay, Japan. Estuarine, Coastal and Shelf Science, 68: 245−258.
84. Ogawa, N. and Ogura, N. (1997): Dynamics of particulate organic matter in the Tamagawa Estuary and inner Tokyo Bay. Estuarine, Coastal and Shelf Science, 44: 263−273.

85. Middelburg, J. J. and Nieuwenhuize, J. (1998): Carbon and nitrogen stable isotopes in suspended matter and sediments from the Schelde Estuary. Marine Chemistry, 60: 217-225.
86. Fry, B. (2002): Conservative mixing of stable isotopes across estuarine salinity gradients: A conceptual framework for monitoring watershed influences on downstream fisheries production. Estuaries, 25: 264-271.
87. Otero, E., Culp, R., Noakes, J. E. and Hodson, R. E. (2000): Allocation of particulate organic carbon from different sources in two contrasting estuaries of southeastern U. S. A. Limnology and Oceanography, 45: 1753-1763.
88. Wada, E., Minagawa, M., Mizutani, H., Tsuji, T., Imaizumi, R., Karasawa, K. (1987) Biogeochemical studies on the transport of organic matter along the Otsuchi River watershed, Japan. Estuarine, Coastal and Shelf Science, 25: 321-336.
89. Velinsky, D. J. and Fogel, M. L. (1999): Cycling of dissolved and particulate nitrogen and carbon in the Framvaren Fjord, Norway: stable isotopic variations. Marine Chemistry, 67: 161-180.
90. Nakajima, Y., Shimizu, H., Ogawa, N. O., Sakamoto, T., Okada, H., Koba, K., Kitazato, H. and Ohkouchi, N. (2004): Vertical distributions of stable isotopic compositions and bacteriochlorophyll homologues in suspended particulate matter in saline meromictic Lake Abashiri. Limnology, 5: 185-189.
91. Thornton, S. F. and McManus, J. (1994): Application of organic carbon and nitrogen stable isotope and C/N ratios as source indicators of organic matter provenance in estuarine systems: Evidence from the Tay Estuary, Scotland. Estuarine, Coastal and Shelf Science, 38: 219-233.
92. Kendall, C., Silva, S. R. and Kelly, V. J. (2001): Carbon and nitrogen isotopic compositions of particulate organic matter in four large river systems across the United States. Hydrological Processes, 15: 1301-1346.
93. Hemminga, M. A., Klap, V. A., van Soelen, J. and Boon, J. J. (1993): Effect of salt marsh inundation on estuarine particulate organic matter characteristics. Marine Ecology Progress Series, 99: 153-161.
94. Onstad, G. D., Canfield, D. E., Quay, P. D. and Hedges, J. I. (2000): Sources of particulate organic matter in rivers from the continental USA: Lignin phenol and stable carbon isotope compositions. Geochimica et Cosmochimica Acta, 64: 3539-3546.
95. Raymond, P. A. and Bauer, J. E. (2001): Use of ^{14}C and ^{13}C natural abundances for evaluating riverine, estuarine, and coastal DOC and POC sources and cycling: a review and synthesis. Organic Geochemistry, 32: 469-485.
96. Hamilton, S. K., Sippel, S. J. and Bunn, S. E. (2005): Separation of algae from detritus for stable isotope or ecological stoichiometry studies using density fraction in colloidal silica. Limnology and Oceanography Methods, 3: 149-157.
97. Sangély, L., Chaussidon, M., Michels, R. and Huault, V. (2005): Microanalysis of carbon isotope composition in organic matter by secondary ion mass spectrometry. Chemical

Geology, 223: 179-195.
98. Sigleo, A. C. and Macko, S. A. (2002): Carbon and nitrogen isotopes in suspended particles and colloids, Chesapeake and San Francisco Estuaries, U. S. A. Estuarine, Coastal and Shelf Science, 54: 701-711.
99. Ohkouchi, N., Nakajima, Y., Okada, H., Ogawa, N. O., Suga, H., Oguri, K., Kitazato, H. (2005): Biogeochemical processes in the saline meromictic Lake Kaiike, Japan: implications from molecular isotopic evidences of photosynthetic pigments. Environmental Microbiology, 7: 1009-1016.
100. Canuel, E. A., Freeman, K. H. and Wakeham, S. G. (1997): Isotopic compositions of lipid biomarker compounds in estuarine plants and surface sediments. Limnology and Oceanography, 42: 1570-1583.
101. 西條八束・三田村緒佐武 (1995)：新編 湖沼調査法．講談社，東京．
102. 小川浩史 (1996)：高温触媒酸化法による海水中の溶存有機炭素の測定．月刊海洋 総特集：海洋物質循環と地球環境―半田暢彦教授退官記念号―号外，11：63-68.
103. Wetzel, R. G. (2001): Limnology: Lake and River Ecosystems. 3rd ed. Academic Press, San Diego.
104. 槙洸 (2007)：「琵琶湖の炭素循環における自生性及び他生性有機物の役割」．修士論文，京都大学．
105. Fry, B. (2006): Stable Isotope Ecology. Springer, New York.
106. Fry, B. and Sherr, E. B. (1984): Delta-C-13 measurements as indicators of carbon flow in marine and freshwater ecosystems. Contributions in Marine Science, 27: 13-47.
107. 小川浩史 (1999)：海洋微生物による溶存態有機物の利用―生物地球化学的な視点からみた最近の研究動向―．日本プランクトン学会報，46 (1)：34-42.
108. Nagata, T. (1986): Carbon and nitrogen-content of natural planktonic bacteria. Applied and Environmental Microbiology, 52: 28-32.
109. Coffin, R. B., Fry, B., Peterson, B. J. and Wright, R. T. (1989): Carbon isotopic compositions of estuarine bacteria. Limnology and Oceanography, 34: 1305-1310.
110. Kritzberg, E. S., Cole, J. J., Pace, M. L., Graneli, W. and Bade, D. L. (2004): Autochthonous versus allochthonous carbon sources of bacteria: Results from whole-lake ^{13}C addition experiments. Limnology and Oceanography, 49: 588-596.
111. Coffin, R. B., Velinsky, D. J., Devereux, R., Price, W. A. and Cifuentes, L. A. (1990): Stable carbon isotope analysis of nucleic-acids to trace sources of dissolved substrates used by estuarine bacteria. Applied and Environmental Microbiology, 56: 2012-2020.
112. Kelley, C. A., Coffin, R. B. and Cifuentes, L. A. (1998): Stable isotope evidence for alternative bacterial carbon sources in the Gulf of Mexico. Limnology and Oceanography, 43: 1962-1969.
113. McCallister, S. L., Bauer, J. E., Cherrier, J. E. and Ducklow, H. W. (2004): Assessing sources and ages of organic matter supporting river and estuarine bacterial production: A multiple-isotope (Δ^{14}C, δ^{13}C, and δ^{15}N) approach. Limnology and Oceanography, 49: 1687-1702.

114. Coffin, R. B. and Cifuentes, L. A. (1993): Approach for measuring stable carbon and nitrogen isotopes in bacteria. In: Handbook of Methods in Aquatic Microbial Ecology, Kemp, P. F., Sherr, B. F., Sherr, E. B. and Cole, J. J. (eds.): 663-675. Lewis Publishers, Florida.
115. Boschker, H. T. S., Kromkamp, J. C. and Middelburg, J. J. (2005): Biomarker and carbon isotopic constraints on bacterial and algal community structure and functioning in a turbid, tidal estuary. Limnology and Oceanography, 50: 70-80.
116. Abraham, W. R., Hesse, C. and Pelz, O. (1998): Ratios of carbon isotopes in microbial lipids as an indicator of substrate usage. Applied and Environmental Microbiology, 64: 4202-4209.
117. Blair, N., Leu, A., Munoz, E., Olsen, J., Kwong, E. and Desmarais, D. (1985): Carbon isotopic fractionation in heterotrophic microbial metabolism. Applied and Environmental Microbiology, 50: 996-1001.
118. Hullar, M. A. J., Fry, B., Peterson, B. J. and Wright, R. T. (1996): Microbial utilization of estuarine dissolved organic carbon: A stable isotope tracer approach tested by mass balance. Applied and Environmental Microbiology, 62: 2489-2493.

第5章

1. Aber, J., McDowell, W., Nadelhoffer, K., Magill, A., Berntson, G., Kamakea, M., McNulty, S., Currie, W., Rustad, L. and Fernandez, I. (1998): Nitrogen saturation in temperate forest ecosystems — Hypotheses revisited. BioScience, 48: 921-934.
2. Turner, R. E. and Rabalais, N. N. (1994): Coastal eutrophication near the Mississippi river delta. Nature, 368: 619-621.
3. Parkin, T. B.(1987): Soil microsites as a source of denitrification variability. Soil Science Society of America Journal, 51: 1194-1199.
4. Wagener, S. M., Oswood, M. W. and Schimel, J. P. (1998): River and soil continua: Parallels in carbon and nutrient processing. BioScience, 48: 104-108.
5. Fisher, S., Sponseller, R. and Heffernan, J. (2004): Horizons in stream biogeochemistry: flowpaths to progress. Ecology, 85: 2369-2379.
6. Bernot, M. J. and Dodds, W. K. (2005): Nitrogen retention, removal, and saturation in lotic ecosystems. Ecosystems, 8: 442-453.
7. Dodds, W. K. (2003): The misuse of inorganic N and soluble reactive P to indicate nutrient status of surface waters. Journal of the North American Benthological Society, 22: 171-181.
8. 和田英太郎・西川絢子・高津文人 (2001)：安定同位体の利用 (1) 環境科学—特に水系について．Radioisotopes, 50：158S-165S.
9. 南川雅男・吉岡崇仁 (2006)：生物地球化学 (地球化学講座・5). 培風館，東京．
10. 酒井均・松久幸敬 (1996)：安定同位体地球化学．東京大学出版会，東京．

11. Kendall, C. and McDonnell, J. J. (1998): Isotope Tracers in Catchment Hydrology. Elsevier Science B.V., Amsterdam.
12. Delwiche, C. C., Steyn, P. L. (1970): Nitrogen isotope fractionation in soils and microbial reactions. Environmental Science and Technology, 4: 929–935.
13. Mariotti, A., Germon, J. C., Hubert, P., Kaiser, P., Letolle, R., Tardieux, A. and Tardieux, P. (1981): Experimental determination of nitrogen kinetic isotope fractionation: Some principles; illustration for the denitrification and nitrification processes. Plant and Soil, 62: 413–430.
14. Casciotti, K. L., Sigman, D. M. and Ward, B. B. (2003): Linking diversity and stable isotope fractionation in ammonia-oxidizing bacteria. Geomicrobiology Journal, 20: 335–353.
15. Granger, J., Sigman, D. M., Prokopenko, M. G., Lehmann, M. F. and Tortell, P. D. (2006): A method for nitrite removal in nitrate N and O isotope analyses. Limnology and Oceanography: Methods, 4: 205–212.
16. Mariotti, A., Landreau, A. and Simon, B. (1988): ^{15}N isotope biogeochemistry and natural denitrification process in groundwater: Application to the Chalk aquifer of northern France. Geochimica et Cosmochimica Acta, 52: 1869–1878.
17. Koba, K., Tokuchi, N., Wada, E., Nakajima, T. and Iwatsubo, G. (1997): Intermittent denitrification: The application of a ^{15}N natural abundance method to a forested ecosystem. Geochimica et Cosmochimica Acta, 61: 5043–5055.
18. Lehmann, M. F., Reichert, P., Bernasconi, S. M., Barbieri, A. and McKenzie, J. A. (2003): Modelling nitrogen and oxygen isotope fractionation during denitrification in a lacustrine redox-transition zone. Geochimica et Cosmochimica Acta, 67: 2529–2542.
19. Waser, N. A. D., Harrison, P. J., Nielsen, B., Calvert, S. E. and Turpin, D. H. (1998): Nitrogen isotope fractionation during the uptake and assimilation of nitrate, nitrite, ammonium, and urea by a marine diatom. Limnology and Oceanography, 43: 215–224.
20. Granger, J., Sigman, D. M., Needoba, J. A. and Harrison, P. J. (2004): Coupled nitrogen and oxygen isotope fractionation of nitrate during assimilation by cultures of marine phytoplankton. Limnology and Oceanography, 49: 1763–1773.
21. Sigman, D. M., Altabet, M. A., McCorkle, D. C., Francois, R. and Fischer, G. (1999): The δ^{15}N of nitrate in the Southern Ocean: Consumption of nitrate in surface waters. Global Biogeochemical Cycles, 13: 1149–1166.
22. Cavigelli, M. A. and Robertson, G. P. (2000): The functional significance of denitrifier community composition in a terrestrial ecosystem. Ecology, 81: 229–241.
23. Cavigelli, M. A. and Robertson, G. P. (2001): Role of denitrifier diversity in rates of nitrous oxide consumption in a terrestrial ecosystem. Soil Biology and Biochemistry, 33: 297–310.
24. Yoshinari, T. and Knowles, R. (1976): Acetylene inhibition of nitrous oxide reduction by denitrifying bacteria. Biochemical and Biophysical Research Communications, 69: 705–710.

25. Groffman, P. M., Altabet, M. A., Böhlke, J. K., Butterbach-Bahl, K., David, M. B., Firestone, M. K., Giblin, A. E., Kana, T. M., Nielsen, L. P. and Voytek, M. A. (2006): Methods for measuring denitrification: Diverse approaches to a difficult problem. Ecological Applications, 16: 2091–2122.
26. Evans, R. D. (2001): Physiological mechanisms influencing plant nitrogen isotope composition. Trends in Plant Scinece, 6: 121–126.
27. Kohzu, A., Tateishi, T., Yamada, A., Koba, K. and Wada, E. (2000): Nitrogen isotope fractionation during nitrogen transport from ectomycorrhizal fungi, *Suillus granulatus*, to the host plant, *Pinus densiflora*. Soil Science and Plant Nutrition, 46: 733–739.
28. Emmerton, K. S., Callaghan, T. V., Jones, H. E., Leake, J. R., Michelsen, A. and Read, D. J. (2001): Assimilation and isotopic fractionation of nitrogen by mycorrhizal and nonmycorrhizal subarctic plants. New Phytologist, 151: 513–524.
29. Fry, B. (2006): Stable Isotope Ecology. Springer, New York.
30. Ostrom, N. E., Hedin, L. O., von Fischer, C. and Robertson, G. P. (2002): Nitrogen transformations and NO_3^- removal at a soil-stream interface: A stable isotope approach. Ecological Applications, 12: 1027–1043.
31. Brandes, J. A. and Devol, A. H. (1997): Isotopic fractionation of oxygen and nitrogen in coastal marine sediments. Geochimica et Cosmochimica Acta, 61: 1793–1801.
32. Blackmer, A. M. and Bremner, J. M. (1977): Nitrogen isotope discrimination in denitrification of nitrate in soils. Soil Biology and Biochemistry, 9: 73–77.
33. Clément, J. C., Holmes, R. M., Peterson, B. J. and Pinay, G. (2003): Isotopic investigation of denitrification in a riparian ecosystem in western France. Journal of Applied Ecology, 40: 1035–1048.
34. Altabet, M. A., Higginson, M. J. and Murray, D. W. (2002): The effect of millennial-scale changes in Arabian Sea denitrification on atmospheric CO_2. Nature, 415: 159–162.
35. Böttcher, J., Strebel, O., Voerkelius, S. and Schmidt, H. L. (1990): Using isotope fractionation of nitrate-nitrogen and nitrate-oxygen for evaluation of microbial denitrification in a sandy aquifer. Journal of Hydrology, 114: 413–424.
36. Houlton, B. Z., Sigman, D. M. and Hedin, L. O. (2006): Isotopic evidence for large gaseous nitrogen losses from tropical rainforests. Proceedings of the National Academy of Sciences of the United States of America, 103: 8745–8750.
37. Sigman, D. M., Granger, J., DiFiore, P., Lehmann, M. F., Ho, R., Cane, R. and van Geen, A. (2005): Coupled nitrogen and oxygen isotope measurements of nitrate along the eastern North Pacific margin. Global Biogeochemical Cycles: 19, GB4022, doi:10.1029/2005GB002458.
38. Panno, S. V., Hackley, K. C., Kellyb, W. R. and Hwang, H. H. (2006): Isotopic evidence of nitrate sources and denitrification in the Mississippi River, Illinois. Journal of Environmental Quality, 35: 495–504.
39. McMahon, P. B. and Bölhke, J. K. (2006): Regional patterns in the isotopic composition of natural and anthropogenic nitrate in groundwater, High Plains, U.S.A. Environmental

Science and Technology, 40: 2965-2970.
40. Mayer, B., Boyer, E. W., Goodale, C., Jaworski, N. A., van Breemen, N., Howarth, R. W., Seitzinger, S., Billen, G., Lajtha, K., Nadelhoffer, K., Van Dam, D., Hetling, L. J., Nosal, M. and Paustian, K. (2002): Sources of nitrate in rivers draining sixteen watersheds in the northeastern U. S.: Isotopic constraints. Biogeochemistry, 57-58: 171-197.
41. Megonigal, J. P., Hines, M. E. and Visscher, P. T. (2005): Anaerobic metabolism: Linkages to trace gases and aerobic processes. In: Biogeochemistry (Treatise on Geochemistry 8), Schlesinger, W. H. (ed.): 317-424. Elsevier, Amsterdam.
42. Brunner, B. and Bernasconi, S. M. (2005): A revised isotope fractionation model for dissimilatory sulfate reduction in sulfate reducing bacteria. Geochimica et Cosmochimica Acta, 69: 4759-4771.
43. Fry, B., Gest, H. and Hayes, J. M. (1986): Sulfur isotope effects associated with protonation of HS$^-$ and volatilization of H_2S. Chemical Geology, 58: 253-258.
44. Canfield, D. E. (2001): Biogeochemistry of sulfur isotopes. In: Stable Isotope Geochemistry (Reviews in Mineralogy & Geochemistry 43), Valley, J. W. and Cole, D. R. (eds.): 607-636. The Mineralogical Society of America, Washington, D. C.
45. Detmers, J., Brüchert, V., Habicht, K. and Kuever, J. (2001): Diversity of sulfur isotope fractionations by sulfate-reducing prokaryotes. Applied and Environmental Microbiology, 67: 888-894.
46. Fry, B., Ruf, W., Gest, H. and Hayes, J. M. (1988): Sulfur isotope effects associated with oxidation of sulfide by O_2 in aqueous solution. Chemical Geology, 73: 205-210.
47. Thamdrup, B., Finster, K., Hansen, J. W. and Bak, F. (1993): Bacterial disproportionation of elemental sulfur coupled to chemical reduction of iron and manganese. Applied and Environmental Microbiology, 59: 101-108.
48. Pyzik, A. J. and Sommer, S. E. (1981): Sedimentary iron monosulfides: kinetics and mechanism of formation. Geochimica et Cosmochimica Acta, 45: 687-698.
49. Jørgensen, B. B. (1990): The sulfur cycle of freshwater sediments: Role of thiosulfate. Limnology and Oceanography, 35: 1329-1342.
50. Jørgensen, B. B. and Bak, F. (1991): Pathways and microbiology of thiosulfate transformation and sulfate reduction in a marine sediment (Kattegat, Denmark). Applied and Environmental Microbiology, 57: 847-856.
51. Toran, L. and Harris, R. F. (1989): Interpretation of sulfur and oxygen isotopes in biological and abiological sulfide oxidation. Geochimica et Cosmochimica Acta, 53: 2341-2348.
52. Asmussen, G. and Strauch, G. (1998): Sulfate reduction in a lake and the groundwater of a former lignite mining area studied by stable sulfur and carbon isotopes. Water, Air, and Soil Pollution, 108: 271-281.
53. Nriagu, J. O. (1991): Lakes. In: Stable Isotopes: Natural and Anthropogenic Sulphur in the Environment (SCOPE 43), Krouse, H. R., Grinenko, V. A. (eds.): 189-217. John Wiley and Sons Ltd, Chichester.

54. Nriagu, J. O. and Soon, Y. K. (1985): Distribution and isotopic composition of sulfur in lake sediments of northern Ontario. Geochimica et Cosmochimica Acta, 49: 823–834.
55. Urban, N. R., Ernst, K. and Bernasconi, S. (1999): Addition of sulfur to organic matter during early diagenesis of lake sediments. Geochimica et Cosmochimica Acta, 63: 837–853.
56. Rudd, J. W. M., Kelly, C. A. and Furutani, A. (1986): The role of sulfate reduction in long term accumulation of organic and inorganic sulfur in lake sediments. Limnology and Oceanography, 31: 1281–1291.
57. Sinninghe-Damsté, J. S., Kok, M. D., Köster, J. and Schouten, S. (1998): Sulfurized carbohydrates: an important sedimentary sink for organic carbon? Earth and Planetary Science Letters, 164: 7–13.
58. Nriagu, J. O. (1974): Fractionation of sulfur isotopes by sediment adsorption of sulfate. Earth and Planetary Science Letters, 22: 366–370.
59. Robinson, B. W. and Bottrell, S. H. (1997): Discrimination of sulfur sources in pristine and polluted New Zealand river catchments using stable isotopes. Applied Geochemistry, 12: 305–319.
60. Finley, J. B., Drever, J. I. and Turk, J. T. (1995): Sulfur isotope dynamics in a high-elevation catchment, West Glacier Lake, Wyoming. Water, Air, and Soil Pollution, 79: 227–241.
61. Alewell, C. and Gehre, M. (1999): Patterns of stable isotopes in a forested catchment as indicators for biological S turnover. Biogeochemistry, 47: 319–333.
62. Mörth, C.-M., Torssander, P., Kusakabe, M. and Hultberg, H. (1999): Sulfur isotope values in a forested catchment over four years: Evidence for oxidation and reduction processes. Biogeochemistry, 44: 51–71.
63. Spence, J. and Telmer, K. (2005): The role of sulfur in chemical weathering and atmospheric CO_2 fluxes: Evidence from major ions, $\delta^{13}C_{DIC}$ and $\delta^{34}S_{SO_4}$ in rivers of the Canadian Cordillera. Geochimica et Cosmochimica Acta, 69: 5441–5458.
64. Mayer, B., Fritz, P., Prietzel, J. and Krouse, H. R. (1995): The use of stable sulfur and oxygen isotope ratios for interpreting the mobility of sulfate in aerobic forest soils. Applied Geochemistry, 10: 161–173.
65. Mörth, C.-M. and Torssander, P. (1995): Sulfur and oxygen isotope ratios in sulfate during an acidification reversal study at Lake Gårdsjön, western Sweden. Water, Air, and Soil Pollution, 79: 261–278.
66. Mayer, B., Feger, K. H., Giesemann, A. and Jäger, H.-J. (1995): Interpretation of sulfur cycling in two catchments in the Black Forest (Germany) using stable sulfur and oxygen isotope data. Biogeochemistry, 30: 31–58.
67. Fritz, P., Basharmal, G. M., Drimmie, R. J., Ibsen, J. and Qureshi, R. M. (1989): Oxygen isotope exchange between sulphate and water during bacterial reduction of sulphate. Chemical Geology, 79: 99–105.
68. Böttcher, M. E., Thamdrup, B. and Vennemann, T. W. (2001): Oxygen and sulfur

isotope fractionation during anaerobic bacterial disproportionation of elemental sulfur. Geochimica et Cosmochimica Acta, 65: 1601–1609.
69. Keppler, F., Hamilton, J. T. G., Braß, M. and Röckmann, T. (2006): Methane emissions from terrestrial plants under aerobic conditions. Nature, 439: 187–191.
70. Whiticar, M. J., Faber, E. and Schoell, M. (1986): Biogenic methane formation in marine and freshwater environments: CO_2 reduction vs. acetate fermentation—Isotope evidence. Geochimica et Cosmochimica Acta, 50: 693–709.
71. Conrad, R. (2005): Quantification of methanogenic pathways using stable carbon isotopic signatures: a review and a proposal. Organic Geochemistry, 36: 739–752.
72. Schoell, M. (1988): Multiple origins of methane in the Earth. Chemical Geology, 71: 1–10.
73. Miyajima, T., Wada, E., Hanba, Y. T. and Vijarnsorn, P. (1997): Anaerobic mineralization of indigenous organic matters and methanogenesis in tropical wetland soils. Geochimica et Cosmochimica Acta, 61: 3739–3751.
74. Hornibrook, E. R. C., Longstaffe, F. J. and Fyfe, W. S. (2000): Evolution of stable carbon isotope compositions for methane and carbon dioxide in freshwater wetlands and other anaerobic environments. Geochimica et Cosmochimica Acta, 64: 1013–1027.
75. Conrad, R. (1999) Contribution of hydrogen to methane production and control of hydrogen concentrations in methanogenic soils and sediments. FEMS Microbiology Ecology, 28: 193–202.
76. Miyajima, T. and Wada, E. (1998): Sulfate-induced isotopic variation in biogenic methane from a tropical swamp without anaerobic methane oxidation. Hydrobiologia, 382: 113–118.
77. Martens, C. S., Albert, D. B. and Alperin, M. J. (1999): Stable isotope tracing of anaerobic methane oxidation in the gassy sediments of Eckernförde Bay, German Baltic Sea. American Journal of Science, 299: 589–610.
78. Dan, J., Kumai, T., Sugimoto, A. and Murase, J. (2004): Biotic and abiotic methane releases from Lake Biwa sediment slurry. Limnology, 5: 149–154.
79. Jones, R. J., Grey, J., Sleep, D. and Arvola, L. (1999): Stable isotope analysis of zooplankton carbon nutrition in humic lakes. Oikos, 86: 97–104.
80. Bastviken, D., Ejlertsson, J., Sundh, I. and Tranvik, L. (2003): Methane as a source of carbon and energy for lake pelagic food webs. Ecology, 84: 969–981.
81. Strous, M. and Jetten, M. S. M. (2004): Anaerobic oxidation of methane and ammonium. Annual Reviews of Microbiology, 58: 99–117.
82. IPCC (1996): Climate Change 1995: The Science of Climate Change. Cambridge University Press, Cambridge.
83. Reeburgh, W. S., Hirsch, A. I., Sansone, F. J., Popp, B. N. and Rust, T. M. (1997): Carbon kinetic isotope effect accompanying microbial oxidation of methane in boreal forest soils. Geochimica et Cosmochimica Acta, 61: 4761–4767.
84. King, S. L., Quay, P. D. and Lansdown, J. M. (1989): The $^{13}C/^{12}C$ kinetic isotope

effect for soil oxidatin of methane at ambient atmospheric concentrations. Journal of Geophysical Research, 94: 18273-18277.
85. Tyler, S. C., Crill, P. M. and Brailsford, G. W. (1994): $^{13}C/^{12}C$ fractionation of methane during oxidation in a temperate forested soil. Geochimica et Cosmochimica Acta, 58: 1625-1633.
86. Snover, A. K. and Quay, P. D. (2000): Hydrogen and carbon kinetic isotope effects during soil uptake of atmospheric methane. Global Biogeochemical Cycles, 14: 25-39.
87. Templeton, A. S., Chu, K.-H., Alvarez-Cohen, L. and Conrad, M. E. (2006): Variable carbon isotope fractionation expressed by aerobic CH_4 - oxidizing bacteria. Geochimica et Cosmochimica Acta, 70: 1739-1752.
88. Summons, R. E., Jahnke, L. L. and Roksandic, Z. (1994): Carbon isotopic fractionation in lipids from methanotrophic bacteria: Relevance for interpretation of the geochemical record of biomarkers. Geochimica et Cosmochimica Acta, 58: 2853-2863.
89. Jahnke, L. L., Summons, R. E., Hope, J. M. and Des Marais, D. J. (1999): Carbon isotopic fractionation in lipids from methanotrophic bacteria II: The effects of physiology and environmental parameters on the biosynthesis and isotopic signatures of biomarkers. Geochimica et Cosmochimica Acta, 63: 79-93.
90. Paull, C. K., Jull, A. J. T., Toolin, L. J. and Linick, T. (1985): Stable isotope evidence for chemosynthesis in an abyssal seep community. Nature, 317: 709-711.
91. Childress, J. J., Fisher, C. R., Brooks, J. M., Kennicutt II, M. C., Bidigare, R. and Anderson, A. E. (1986): A methanotrophic marine molluscan (Bivalvia, Mytilidae) symbiosis: mussels fueled by gas. Science, 233: 1306-1308.
92. Grey, J., Kelly, A. and Jones, R. I. (2004): High intraspecific variability in carbon and nitrogen stable isotope ratios of lake chironomid larvae. Limnology and Oceanography, 49: 239-244.
93. Kohzu, A., Kato, C., Iwata, T., Kishi, D., Murakami, M., Nakano, S. and Wada, E. (2004): Stream food web fueled by methane-derived carbon. Aquatic Microbial Ecology, 36: 189-194.
94. Hanson, R. S. and Hanson, T. E. (1996): Methanotrophic bacteria. Microbiological Reviews, 60: 439-471.
95. Segers, R. (1998): Methane production and methane consumption: a review of processes underlying wetland methane fluxes. Biogeochemistry, 41: 23-51.
96. Dedysh, S. N., Derakshani, M. and Liesack, W. (2001): Detection and enumeration of methanotrophs in acidic *Sphagnum* peat by 16S rRNA fluorescence in situ hybridization, including the use of newly developed oligonucleotide probes for *Methylocella palustris*. Applied and Environmental Microbiology, 67: 4850-4857.
97. Lennon J. T., Faiia A. M., Feng X. and Cottingham K. L. (2006): Relative importance of CO_2 recycling and CH_4 pathways in lake food webs along a dissolved organic carbon gradient. Limnology and Oceanography, 51: 1602-1613.
98. Bowman, J. P., Skerratt, J. H., Nichols, P. D. and Sly, L. I. (1991): Phospholipid fatty acid

and lipopolysaccharide fatty acid signature lipids in methane-utilizing bacteria. FEMS Microbiology Ecology, 85: 15-22.
99. Jahnke, L. L., Summons, R. E., Dowling, L. M. amd Zahiralis, K. D. (1995): Identification of methanotrophic lipid biomarkers in cold-seep mussel gills: chemical and isotopic analysis. Applied and Environmental Microbiology, 61: 576-582.
100. Costello, A. M., Auman, A. J., Macalady, J. L., Scow, K. M. and Lidstrom, M. E. (2002): Estimation of methanotroph abundance in a freshwater lake sediment. Environmental Microbiology, 4: 443-450.
101. Dalsgaard, J., St. John, M., Kattner, G., Muller-Navarra, D. and Hagen, W. (2003): Fatty acid trophic markers in the pelagic marine environment. Advances in Marine Biology, 46: 225-340.
102. Kiyashko, S. I., Imbs, A. B., Narita, T., Svetashev, V. I. and Wada, E. (2004): Fatty acid composition of aquatic insect larvae *Stictochironomus pictulus* (Diptera: Chironomidae): evidence of feeding upon methanotrophic bacteria. Comparative Biochemistry and Physiology, Part B, 139: 705-711.
103. Sugimoto, A. (1996): GC/GC/C/IRMS system for carbon isotope measurement of low level methane concentration. Geochemical Journal, 30: 195-200.
104. Hornibrook, E. R. C., Longstaffem, F. J. and Fyfem, W. S. (1999): Factors influencing stable isotope ratios in CH_4 and CO_2 within subenvironments of freshwater wetlands: implications for δ-signatures of emissions. Isotopes in Environmental and Health Studies, 36: 151-176.
105. Page, H. M., Fisher, C. R. and Childress, J. J. (1990): Role of filter-feeding in the nutritional biology of a deep-sea mussel with methanotrophic symbionts. Marine Biology, 104: 251-257.
106. Conway, N. M., Howes, B. L., Capuzzo, J. M., Turner, R. D. and Cavanaugh, C. M. (1992): Characterization and site description of *Solemya borealis* (Bivalvia; Solemyidae), another bivalve-bacteria symbiosis. Marine Biology, 112: 601-613.
107. Conway, N. M., Capuzzo, J. M. and Fry, B. (1989): The role of endosymbiotic bacteria in the nutrition of *Solemya velum*: evidence from a stable isotope analysis of endosymbionts and host. Limnology and Oceanography, 34: 249-255.
108. Conway, N. M., Kennicutt II, M. C. and Van Dover, C. L. (1994): Stable isotopes in the study of marine chemosynthetic-based ecosystems. In: Stable isotopes in ecology and environmental science, Lajtha K. and Michener R. H. (eds.): 158-186. Blackwell, London.
109. Finlay, J. C., Khandwala, S. and Power, M. E. (2002): Spatial scales of carbon flow in a river food web. Ecology, 83: 1845-1859.
110. Clark, I. and Fritz, P. (1997): Environmental Isotopes in Hydrogeology. Lewis Pub., Florida.
111. Pond, D. W., Bell, M. V., Dixon, D. R., Fallick, A. E., Segonzac, M. and Sargent, J. R. (1998): Stable carbon isotope composition of fatty acids in hydrothermal vent mussels

containing methanotrophic and thiotrophic bacterial endosymbionts. Applied and Environmental Microbiology, 64: 370-375.
112. Werne, J. P., Baas, M. and Sinninghe Damsté, J. S. (2002): Molecular isotopic tracing of carbon flow and trophic relationships in a methane-supported benthic microbial community. Limnology and Oceanography, 47: 1694-1701.
113. Coleman, D. D., Risatti, J. B. and Schoell, M. (1981): Fractionation of carbon and hydrogen isotopes by methane-oxidizing bacteria. Geochimica et Cosmochimica Acta, 45: 1033-1037.
114. Deines, P., Grey, J., Richnow, H-H. and Eller, G. (2007): Linking larval chironomids to methane: seasonal variation of the microbial methane cycle and chironomid $\delta^{13}C$. Aquatic Microbial Ecology, 46: 273-282.

第6章

1. Cloern, J. E., Canuel, E. A. and Harris, D. (2002): Stable carbon and nitrogen isotope composition of aquatic and terrestrial plants of the San Francisco Bay estuarine system. Limnology and Oceanography, 47: 713-729.
2. Gartner, A., Lavery, P. and Smit, A. J. (2002): Use of $\delta^{15}N$ signatures of different functional forms of macroalgae and filter-feeders to reveal temporal and spatial patterns in sewage dispersal. Marine Ecology Progress Series, 235: 63-73.
3. Umezawa, Y., Miyajima, T., Yamamuro, M., Kayanne, H. and Koike, I. (2002): Fine-scale mapping of land-derived nitrogen in coral reefs by $\delta^{15}N$ in macroalgae. Limnology and Oceanography, 47: 1405-1416.
4. Farquhar, G. D., O'Leary, M. H. and Berry, J. A. (1982): On the relationship between carbon isotope discrimination and the intercellular carbon dioxide concentration in leaves. Australian Journal of Plant Physiology, 9: 121-137.
5. Farquhar, G. D., Ehleringer, J. R. and Hubick, K. T. (1989): Carbon isotope discrimination and photosynthesis. Annual review of Plant Physiology and Plant Molecular Biology, 40: 503-537.
6. Rau, G. H. U., Riebesell, U. and Wolf-Gladrow, D. (1996): A model of photosynthetic ^{13}C fractionation by marine phytoplankton based on diffusive molecular CO_2 uptake. Marine Ecology Progress Series, 133: 275-285.
7. Gervais, F. and Riebesell, U. (2001): Effect of phosphorus limitation on elemental composition and stable carbon isotope fractionation in a marine diatom growing under different CO_2 concentrations. Limnology and Oceanography, 46: 497-504.
8. Finlay, J. C. (2004): Patterns and controls of lotic algal stable carbon isotope ratios. Limnology and Oceanography, 49: 850-861.
9. Osmond, C. B., Valaane, N., Haslam, S. M., Uotila, P. and Roksandic, Z. (1981): Comparison of $\delta^{13}C$ values of leaves of aquatic macrophytes from different habitats in

Britain and Finland; some implications for photosynthetic processes in aquatic plants. Oecologia, 50: 117-124.
10. 南川雅男・吉岡崇仁 (2006)：生物地球化学 (地球化学講座 5). 培風館, 東京.
11. Goericke, R., Montoya, J. P. and Fry, B. (1994): Physiology of isotopic fractionation in algae and cyanobacteria. In: Stable Isotopes in Ecology and Environmental Sciences, Lajtha, K. and Michener, R. H. (eds.): 187-221. Blackwell, London.
12. Beardall, J., Griffiths, H. and Raven, J. A. (1982): Carbon isotope discrimination and the CO_2 accumulating mechanism in *Chlorella emersonii*. Journal of Experimental Biology, 33: 729-737.
13. Patel, B. N. and Merrett, M. J. (1986): Inorganic-carbon uptake by the marine diatom *Phaeodactylum tricornutum*. Planta, 169: 222-227.
14. Silvester, N. R. and Sleigh, M. A. (1985): The forces on microorganisms at surfaces in flowing water. Freshwater Biology, 15: 433-448.
15. Singer, G. A., Panzenbock, M., Weigelhofer, B., Marchesani, C., Waringer, J., Wanek, W. and Battin, T. J. (2005): Flow history explains temporal and spatial variation of carbon fractionation in stream periphyton. Limnology and Oceanography, 50: 706-712.
16. France, R. and Cattaneo, A. (1998): $\delta^{13}C$ variability of benthic algae: effects of water colour via modulation by stream current. Freshwater Biology, 39: 617-622.
17. Popp, B. N., Laws, E. A., Bidigare, R. R., Dore, J. E., Hanson, K. L. and Wakeham, S. G. (1998): Effect of phytoplankton cell geometry on carbon isotopic fractionation. Geochimica et Cosmochimica Acta, 62: 69-77.
18. Hill, W. R. and Middleton, R. G. (2006): Changes in carbon stable isotope ratios during periphyton development. Limnology and Oceanography, 51: 2360-2369.
19. Finlay, J. C. (2001): Stable-carbon-isotope ratios of river biota: Implications for energy flow in lotic food webs. Ecology, 82: 1052-1064.
20. Bade, D. L., Carpenter, S. R., Cole, J. J., Hanson, P. C. and Hesslein, R. H. (2004): Controls of $\delta^{13}C$-DIC in lakes: Geochemistry, lake metabolism, and morphometry. Limnology and Oceanography, 49: 1160-1172.
21. O'Leary, M. H. (1988): Transition state structures in enzyme-catalyzed decarboxylations. Accounts of Chemical Research, 21: 450-455.
22. van Dongen, B. E., Schouten, S. and Sinninghe Damsté, J. S. (2002): Carbon isotope variability in monosaccharides and lipids of aquatic algae and terrestrial plants. Marine Ecology Progress Series, 232: 83-92.
23. Khailov, K. M. and Burlakava, Z. P. (1969): Release of dissolved organic matter from seaweeds and distribution of their total organic production to inshore communities. Limnology and Oceanography, 14: 521-527.
24. Vieira, A. A. H., Lombardi, A. T. and Sartori, A. L. (1998): Release of dissolved organic matter in a tropical strain of *Synura petersenii* (Chrysophyceae) grown under high irradiances. Phycologia, 37: 357-362.
25. Finlay, J. C., Khandwala, S. and Power, M. E. (2002): Spatial scales of carbon flow in a

river food web. Ecology, 83: 1845-1859.
26. Finlay, J. C., Power, M. E. and Cabana, G. (1999): Effects of water velocity on algal carbon isotope ratios: Implications for river food web studies. Limnology and Oceanography, 44: 1198-1203.
27. Trudeau, V. and Rasmussen, J. B. (2003): The effect of water velocity on stable carbon and nitrogen isotope signatures of periphyton. Limnology and Oceanography, 48: 2194-2199.
28. Larned, S. T., Nikora, V. I. and Biggs, B. J. F. (2004): Mass-transfer-limited nitrogen and phosphorus uptake by stream periphyton: A conceptual model and experimental evidence. Limnology and Oceanography, 49: 1992-2000.
29. MacLeod, N. A. and Barton, D. R. (1998): Effects of light intensity, water velocity, and species composition on carbon and nitrogen stable isotope ratios in periphyton. Canadian Journal of Fisheries and Aquatic Sciences, 55: 1919-1925.
30. Hanba, Y. T., Matsui, K. and Wada, E. (1996): Solar radiation affects modern tree-ring δ^{13}C: observations at a cool-temperate forest in Japan. Isotopes in Environmental and Health Studies, 32: 55-62.
31. 半場祐子（2003）：光合成機能の評価3：炭素安定同位体．光と水と植物のかたち—植物生理生態学入門—，種生物学会（編集）：259-270．総合出版，東京．
32. Barbour, M. M., Walcroft, A. S. and Farquhar, G. D. (2002): Seasonal variation in δ^{13}C and δ^{18}O of cellulose from growth rings of *Pinus radiate*. Plant, Cell and Environment, 25: 1483-1499.
33. Hemminga, M. A. and Duarte, C. M. (2000): Taxonomy and distribution. In: Seagrass Ecology, Hemminga, M. A. and Duarte, C. M. (eds.): 1-26. Cambridge University Press, Cambridge.
34. den Hartog, C. and Kuo, J. (2006): Taxonomy and biogeography of seagrasses. In: Seagrasses: biology, ecology and conservation, Larkum, A. W. D., Orth, R. J. and Duarte, C. M. (eds.): 1-23. Springer, Dordrecht.
35. Hemminga, M. A. and Mateo, M. A. (1996): Stable carbon isotopes in seagrasses: variability in ratios and use in ecological studies. Marine Ecology Progress Series, 140: 285-298.
36. Vizzini, S., Sara, G., Michener, R. H. and Mazzola, A. (2002): The trophic role of the macrophyte *Cymodocea nodosa* (Ucria) Asch. in a Mediterranean saltworks: Evidence from carbon and nitrogen stable isotope ratios. Bulletin of Marine Science, 71: 1369-1378.
37. Benstead, J. P., March, J. G., Fry, B., Ewel, K. C. and Pringle, C. M. (2006): Testing isosource: Stable isotope analysis of a tropical fishery with diverse organic matter sources. Ecology, 87: 326-333.
38. Behringer, D. C. and Butler, M. J. (2006): Stable isotope analysis of production and trophic relationships in a tropical marine hard-bottom community. Oecologia, 148: 334-341.

39. Benedict, C. R. and Scott, J. R. (1976): Photosynthetic carbon metabolism of a marine grass. Plant Physiology, 57: 876-880.
40. Andrews, T. J. and Abel, K. M. (1979): Photosynthetic carbon metabolism in seagrass: ^{14}C labeling evidence for the C_3 pathway. Plant Physiology, 63: 650-656.
41. Beer, S. and Waisel, Y. (1979): Some photosynthetic carbon fixation properties of seagrasses. Aquatic Botany, 7: 129-138.
42. Beer, S., Shomer-Ilan, A. and Waisel, Y. (1980): Carbon metabolism in seagrass. II. Patterns of photosynthetic CO_2 incorporation. Journal of Experimental Botany, 31: 1019-1026.
43. Benedict, C. R., Wong, W. W. and Wong, J. H. (1980): Fractionation of the stable isotopes of inorganic carbon by seagrass. Plant Physiology, 65: 512-517.
44. Touchette, B. W. and Burkholder, J. M. (2000): Overview of the physiological ecology of carbon metabolism in seagrasses. Journal of Experimental Marine Biology and Ecology, 250: 169-205.
45. Hemminga, M. A., Slim, F. J., Kazungu, J., Ganssen, G. M., Nieuwenhuize, J. and Kruyt, N. M. (1994): Carbon outwelling from a mangrove forest with adjacent seagrass beds and coral reefs (Gazi Bay, Kenya). Marine Ecology Progress Series, 106: 291-301.
46. Beer, S., Bjork, M., Hellblom, F. and Axelsson, L. (2002): Inorganic carbon utilization in marine angiosperms (seagrasses). Functional Plant Biology, 29: 349-354.
47. Raven, J. A., Johnston, A. M., Kübler, J. E., Korb, R., McInroy, S. G., Handley, L. L., Scrimgeour, C. M., Walker, D. I., Beardall, J., Vanderklift, M., Fredriksen, S. and Dunton, K. H. (2002): Mechanistic interpretation of carbon isotope discrimination by marine macroalgae and seagrasses. Functional Plant Biology, 29: 355-378.
48. Papadimitriou, S., Kennedy, H., Kennedy, D. P. and Borum, J. (2005): Seasonal and spatial variation in the organic carbon and nitrogen concentration and their stable isotopic composition in *Zostera marina* (Denmark). Limnology and Oceanography, 50: 1084-1095.
49. Cooper, L. W. and McRoy, C. P. (1988): Stable carbon isotope ratio variations in marine macrophytes along intertidal gradients. Oecologia, 77: 238-241.
50. Raven, J. A., McFarlane, J. J. and Griffiths, H. (1987): The application of carbon isotope discrimination techniques. In: Plant Life in Aquatic and Amphibious Habitats, Crawford, R. M. (ed.): 129-149. Blackwell Sicentific Publications, Oxford.
51. Grice, A. M., Loneragan, N. R. and Dennison, W. C. (1996): Light intensity and the interactions between physiology, morphology and stable isotope ratios in five species of seagrass. Journal of Experimental Marine Biology and Ecology, 195: 91-110
52. Anderson, W. T. and Fourqurean, J. W. (2003): Intra- and interannual variability in seagrass carbon and nitrogen stable isotopes from south Florida, a preliminary study. Organic Geochemistry, 34: 185-194.
53. Vizzini, S., Sara, G., Mateo, M. A. and Mazzola, A. (2003): $\delta^{13}C$ and $\delta^{15}N$ variability in *Posidonia oceanica* associated with seasonality and plant fraction. Aquatic Botany, 76:

195-202.
54. Fourqurean, J. W., Escorcia, S. P., Anderson, W. T. and Zieman, J. C. (2005): Spatial and seasonal variability in elemental content, $\delta^{13}C$ and $\delta^{15}N$ of *Thalassia testudinum* from South Florida and its implications for ecosystem studies. Estuaries, 28: 447-461.
55. Lepoint, G., Dauby, P., Fontaine, M., Bouquegneau, J. M. and Gobert, S. (2003): Carbon and nitrogen isotopic ratios of the seagrass *Posidonia oceanica*: depth related variations. Botanica Marina, 46: 555-561.
56. Yamamuro, M., Umezawa, Y. and Koike, I. (2004): Internal variations in nutrient concentrations and the C and N stable isotope ratios in leaves of the seagrass *Enhalus acoroides*. Aquatic Botany, 79: 95-102.
57. Stephenson, R. L., Tan, F. C. and Mann, K. H. (1984): Stable carbon isotope variability in marine macrophytes and its implications for food web studies. Marine Biology, 81: 223-230.
58. Duarte, C. M., Marbá, N., Agawin, N., Cebrían, J., Enríquez, S., Fortes, M. D., Gallegos, M. E., Merino, M., Olesen, B., Sandjensen, K., Uri, J. and Vermaat, J. (1994): Reconstruction of seagrass dynamics: age determinations and associated tools for the seagrass ecologist. Marine Ecology Progress Series, 107: 195-209.
59. Maberly, S. C. (1990): Exogenous sources of inorganic carbon for photosynthesis by marine macroalgae. Journal of Phycology, 26: 439-449.
60. Maberly, S. C., Raven, J. A. and Johnston, A. M. (1992): Discrimination between ^{12}C and ^{13}C by marine plants. Oecologia, 91: 481-492.
61. Gao, K., Ji, Y. and Aruga, Y. (1999): Relationship of CO_2 concentrations to photosynthesis of intertidal macroalgae during emersion. Hydrobiologia, 399: 355-359.
62. France, R. L. and Holmquist, J. G. (1997): $\delta^{13}C$ variability of macroalgae: effects of water motion via baffling by seagrasses and mangroves. Marine Ecology Progress Series, 149: 305-308.
63. Ishihi, Y., Yamada, Y., Ajisaka, T. and Yokoyama, H. (2001): Distribution of stable carbon isotope ratio in *Sargassum* plants. Fisheries Science, 67: 367-369.
64. Umezawa, Y., Miyajima, T., Tanaka, Y., Koike, I. and Hayashihara, T. (2007): Variation in internal $\delta^{15}N$ and $\delta^{13}C$ distribution in the brown macroalga *Padina australis* growing in subtropical oligotrophic waters. Journal of Phycology, 43: 437-448.
65. Waser, N. A., Harrison, P. J., Nielsen, B., Calvert, S. E. and Turpin, D. H. (1998): Nitrogen isotopic fractionation during the uptake and assimilation of nitrate, nitrite, ammonium, and urea by a marine diatom. Limnology and Oceanography, 43: 215-224.
66. Naldi, M. and Wheeler, P. A. (2002): ^{15}N measurements of ammonium and nitrate uptake by *Ulva fenestrata* (Chlorophyta) and *Gracilaria pacifica* (Rhodophyta): comparison of net nutrient disappearance, release of ammonium and nitrate, and ^{15}N accumulation in algal tissue. Journal of Phycology, 38: 135-144.
67. Werner, R. A. and Schmidt, H. L. (2002): The in vivo nitrogen isotope discrimination

among organic plant compounds. Phytochemistry, 61: 465-484.
68. Macko, S. A., Fogel Estep, M. L., Engel, M. H. and Hare, P. E. (1986): Kinetic fractionation of stable nitrogen isotopes during amino-acid transamination. Geochimica et Cosmochimica Acta, 50: 2143-2146.
69. Tyler, A. C., McGlathery, K. J. and Anderson, I. C. (2001): Macroalgae mediation of dissolved organic nitrogen fluxes in a temperate coastal lagoon. Estuarine, Coastal and Shelf Science, 53: 155-168.
70. Tyler, A. and McGlatherya, K. J. (2006): Uptake and release of nitrogen by the macroalgae *Gracilaria vermiculophylla* (Rhodophyta). Journal of Phycology, 42: 515-525.
71. Waser, N. A., Yin, K., Yu, Z., Tada, K., Harrison, P. J., Turpin, D. H. and Calvert, S. E. (1998): Nitrogen isotopic fractionation during nitrate, ammonium and urea uptake by marine diatoms and coccolithophores under various conditions of N availability. Marine Ecology Progress Series, 169: 29-41.
72. Smith, J. E., Runcie, J. W. and Smith, C. M. (2005): Characterization of a large-scale ephemeral bloom of the green alga *Cladophora sericea* on the coral reefs of West Maui, Hawai'i. Marine Ecology Progress Series, 302: 77-91.
73. Costanzo, S. D., O'Donohue, M. J. and Dennison, W. C. (2000): *Gracilaria edulis* (Rhodophyta) as a biological indicator of pulsed nutrients in oligotrophic waters. Journal of Phycology, 36: 680-685.
74. Mizuta, H., Maita, Y., Yanada, M. and Hashimoto, S. (1996): Functional transport of nitrogen compounds in the sporophyte of *Laminaria japonica*. Fisheries Science, 62: 161-167.
75. Allan, J. D. (1995): Transport and transformation of nutrients. In: Stream Ecology: Structure and Function of Running Waters, 293-303. Kluwer Academic Publisher, Boston, USA.
76. DeNiro, M. J. and Epstein, S. (1978): Influence of diet on distribution of carbon isotopes in animals. ?Geochimica et Cosmochimica Acta, 42: 495-506.
77. Minagawa, M. and Wada, E. (1984): Stepwise enrichment of N-15 along food-chains: Further evidence and the relation between $\delta^{15}N$ and animal age. ?Geochimica et Cosmochimica Acta, 48: 1135-1140.
78. Suzuki, K. W., Kasai, A., Nakayama, K. and Tanaka, M. (2005): Differential isotopic enrichment and half-life among tissues in Japanese temperate bass (*Lateolabrax japonicus*) juveniles: implications for analyzing migration. Canadian Journal of Fisheries and Aquatic Sciences, 62: 671-678.
79. Hobson, K. A., and Clark, R. G. (1992): Assessing avian diets using stable isotopes I: turnover of $\delta^{13}C$ in tissues. Condor, 94: 181-188
80. Bearhop, S., Thompson, D. R., Waldron, S., Russell, I. C., Alexander, G. and Furness, R. W. (1999): Stable isotopes indicate the extent of freshwater feeding by cormorants *Phalacrocorax carbo* shot at inland fisheries in England. Journal of Applied Ecology, 36:

75–84.
81. Post, D. M. (2002): Using stable isotopes to estimate trophic position: models, methods, and assumptions. Ecology, 83: 703–718.
82. McCutchan, J. H., Lewis, W. M., Kendall, C. and McGrath, C. C. (2003): Variation in trophic shift for stable isotope ratios of carbon, nitrogen, and sulfur. Oikos, 102: 378–390.
83. Vander Zanden, M. J. and Rasmussen, J. B. (2001): Variation in $\delta^{15}N$ and $\delta^{13}C$ trophic fractionation: Implications for aquatic food web studies. Limnology and Oceanography, 46: 2061–2066.
84. Peterson, B. J., and Fry, B. (1987): Stable isotopes in ecosystem studies. Annual Review of Ecology and Systematics, 18: 293–320.
85. Yoshii, K. (1999): Stable isotope analyses of benthic organisms in Lake Baikal. Hydrobiologia, 411: 145–159.
86. Sage, R. F. (2004): The evolution of C_4 photosynthesis. New Phytologist, 161: 341–370.
87. Grey, J. and Jones, R. I. (2001): Seasonal changes in the importance of the source of organic matter to the diet of zooplankton in Loch Ness, as indicated by stable isotope analysis. Limnology and Oceanography, 46: 505–513.
88. DeNiro, M. J. and Epstein, S. (1977): Mechanism of carbon isotope fractionation associated with lipid-synthesis. Science, 197: 261–263.
89. DeNiro, M. J. and Epstein, S. (1981): Influence of diet on the distribution of nitrogen isotopes in animals. ?Geochimica et Cosmochimica Acta, 45: 341–351.
90. Post, D. M., Pace, M. L. and Hairston, N. G. Jr. (2000): Ecosystem size determines food-chain lengh in lakes. Nature, 405: 1047–1049.
91. Adams, T. S. and Sterner, R. W. (2000): The effect of dietary nitrogen content on trophic level ^{15}N enrichment. Limnology and Oceanography, 45: 601–607.
92. Vanderklift, M. A. and Ponsard, S. (2003): Sources of variation in consumer-diet $\delta^{15}N$ enrichment: a meta-analysis. Oecologia, 136: 169–182.
93. Cormie, A. B. and Schwarcz, H. P. (1996): Effects of climate on deer bone $\delta^{15}N$ and $\delta^{13}C$: Lack of precipitation effects on $\delta^{15}N$ for animals consuming low amounts of C_4 plants. Geochimica et Cosmochimica Acta, 60: 4161–4166.
94. McClelland, J. W. and Montoya, J. P. (2002): Trophic relationships and the nitrogen isotopic composition of amino acids in plankton. Ecology, 83: 2173–2180.
95. Bates, A. L., Orem, W. H., Harvey, J. W. and Spiker, E. C. (2002): Tracing sources of sulfur in the Florida Evergrades. Journal of Environmental Quality, 31: 287–299.
96. Connolly, R. M., Guest, M. A., Melville, A. J., Joanne M. and Oakes, J. M. (2004): Sulfur stable isotopes separate producers in marine food-web analysis. Oecologia, 138: 161–167.
97. Nakano, T., Tayasu, I., Wada, E., Igeta, A., Hyodo, F. and Miura, Y. (2005): Sulfur and strontium isotope geochemistry of tributary rivers of Lake Biwa: implications for human impact on the decadal change of lake water quality. Science of the Total

Environment, 345: 1–12.
98. Åberg, G. (1995): The use of natural strontium isotopes as tracers in environmental studies. Water, Air, and Soil Pollution, 79: 309–322.
99. Minagawa, M. (1992): Reconstruction of human diet from δ^{13}C and δ^{15}N in contemporary Japanese hair: a stochastic method for estimating multi-contribution by double isotopic tracers. Applied Geochemistry, 7: 145–158
100. Phillips D. L. and Gregg J. W. (2001): Uncertainty in source partitioning using stable isotopes. Oecologia, 127: 171–179.
101. Newsome, S. D., Phillips, D. L., Culleton, B. J., Guilderson, T. P. and Koch, P. L. (2004): Dietary reconstruction of an early to middle Holocene human population from the central California coast: insights from advanced stable isotope mixing models. Journal of Archaeological Science, 31: 1101–1115.
102. Phillips D. L. and Koch, P. L. (2002): Incorporating concentration dependence in stable isotope mixing models. Oecologia, 130: 114–125.
103. Phillips D. L. and Gregg J. W. (2003): Source partitioning using stable isotopes: coping with too many sources. Oecologia, 136: 261–269.
104. 力石嘉人・奈良岡浩 (2004): 超微量有機分子の安定水素 炭素安定同位体比測定とその応用. ぶんせき, 8: 456–462.
105. Nakajima, Y., Okada, H., Oguri, K., Suga, H., Kitazato, H., Koizumi, Y., Fukui, M. and Ohkouchi, N. (2003): Distribution of chloropigments in suspended particulate matter and benthic microbial mat of a meromictic lake, Lake Kaiike, Japan. Environmental Microbiology, 5: 1103–1110.
106. Ohkouchi, N., Nakajima, Y., Okada, H., Ogawa, N. O., Suga, H., Oguri, K. and Kitazato, H. (2005): Biogeochemical processes in the meronictic Lake Kaiike: Implications from carbon and nitrogen isotopic compositions of photosynthetic pigments. Environmental Microbiology, 7: 1009–1016.
107. Matsuyama, M. and Shirouzu, E. (1978): Importance of photosynthetic sulfur bacteria, *Chromatium* sp. as an organic matter producer in Lake Kaiike. Japanese Journal of Limnology, 39: 103–111.
108. Koizumi, Y., Kojima, H., Oguri, K., Kitazato, H. and Fukui, M. (2004): Vertical and temporal shifts in microbial communities in the water column and sediments of saline meromictic Lake Kaiike (Japan) as determined by a 16S rDNA-based analysis and related to physicochemical gradients. Environmental Microbiology, 6: 622–637.
109. Ohkouchi, N., Kashiyama, Y., Kuroda, J., Ogawa, N. O. and Kitazato, H. (2006): The importance of diazotrophic cyanobacteria as primary producers during Cretaceous Oceanic Anoxic Event 2. Biogeosciences, 3: 467–478.
110. Sinninghe Damsté, J. S., Strous, M., Rijpstra, W. I. C., Hopmans, E. C., Geenevasen, J. A. J., van Duin, A. C. T., van Niftrik, L. A. and Jetten, M. S. M. (2002): Linearly concatenated cyclobutane lipids form a dense bacterial membrane. Nature, 419: 708–712.

111. 力石嘉人．・柏山祐一郎・小川奈々子・大河内直彦 (2007)：生態学指標としての安定同位体：アミノ酸の窒素安定同位体比分析による新展開．Radioisotopes, 56: 463-477.
112. Hecky, R. E. and Hesslein, R. H. (1995): Contributions of benthic algae to lake food webs as revealed by stable isotope analysis. Journal of the North American Benthological Society, 14: 631-653.
113. Takai, N., Mishima, Y., Yorozu, A. and Hoshika, A. (2002): Carbon sources for demersal fish in the western Seto Inland Sea, Japan, examined by $\delta^{13}C$ and $\delta^{15}N$ analyses. Limnology and Oceanography, 47: 730-741.
114. France, R. L. (1995): Carbon-13 enrichment in benthic compared to planktonic algae: foodweb implications. Marine Ecology Progress Series, 124: 307-312.
115. France, R. L. (1995): Differentiation between littoral and pelagic food webs in lakes using stable carbon isotopes. Limnology and Oceanography, 40: 1310-1313.
116. Yamada, Y., Ueda, T., Koitabashi, T. and Wada, E. (1998): Horizontal and vertical isotopic model of Lake Biwa ecosystem. Japanese Journal of Limnology, 59: 409-427.
117. Cabana, G. and Rasmussen, J. B. (1996): Comparison of aquatic food chains using nitrogen isotopes. Proceedings of the National Academy of Sciences of the United States of America, 93: 10844-10847.
118. Takai, N., Yorozu, A., Tanimoto, T., Hoshika, A. and Yoshihara, K. (2004): Transport pathways of microphytobenthos-originating organic carbon in the food web of an exposed hard bottom shore in the Seto Inland Sea, Japan. Marine Ecology Progress Series, 284: 97-108.
119. Chandra, S., Vander Zanden, M. J., Heyvaert, A. C., Richards, B. C., Allen, B. C. and Goldman, C. R. (2005): The effects of cultural eutrophication on the coupling between pelagic primary producers and benthic consumers. Limnology and Oceanography, 50: 1368-1376.
120. Doi, H., Matsumasa, M., Toya, T., Satoh, N., Mizota, C., Maki, Y. and Kikuchi, E. (2005): Spatial shifts in food sources for macrozoobenthos in an estuarine ecosystem: Carbon and nitrogen stable isotope analyses. Estuarine, Coastal and Shelf Science, 64: 316-322.
121. Blumenshine, S. C., Vadeboncoeur, Y. and Lodge, D. M. (1997): Benthic-pelagic links: responses of benthos to water-column nutrient enrichment. Journal of the North American Benthological Society, 16: 466-479.
122. Vadeboncoeur, Y., Lodge, D. M. and Carpenter, S. R. (2001): Whole-lake fertilization effects on distribution of primary production between benthic and pelagic habitats. Ecology, 82: 1065-1077.
123. Vadeboncoeur, Y., Jeppesen, E., Vander Zanden, M. J., Schierup, H.-H., Christoffersen, K. and Lodge, D. M. (2003): From Greenland to green lakes: Cultural eutrophication and the loss of benthic pathways in lakes. Limnology and Oceanography, 48: 1408-1418.

124. Paine, R. T. (1980): Food webs: linkage, interaction strength and community infrastructure. Journal of Animal Ecology, 49: 667–685.
125. Hansson, L.-A., Annadotter, H., Bergman, E., Hamrin, S. F., Jeppesen, E., Kairesalo, T., Luokkanen, E., Nilsson, P.-Å., Søndergaard, M. and Strand, J. (1998): Biomanipulation as an application of food-chain theory: constraints, synthesis, and recommendations for temperate lakes. Ecosystems, 1: 558–574.
126. Carpenter, S. R., Cole, J. J., Hodgson, J. R., Kitchell, J. F., Pace, M. L., Bade, D., Cottingham, K. L., Essington, T. E., Houser, J. N. and Schindler, D. E. (2001): Trophic cascades, nutrients, and lake productivity: whole-lake experiments. Ecological Monographs, 71: 163–186.
127. Frank, K. T., Petrie, B., Choi, J. S. and Leggett, W. C. (2005): Trophic cascades in a formerly cod-dominated ecosystem. Science, 308: 1621–1623.
128. Shurin, J. B., Borer, E. T., Seabloom, E. W., Anderson, K., Blanchette, C. A., Broitman, B., Cooper, S. D. and Halpern, B. S. (2002): A cross-ecosystem comparison of the strength of trophic cascades. Ecology Letters, 5: 785–791.
129. Jeppesen, E., Søndergaard, M., Jensen, J. P., Mortensen, E., Hansen, A.-M. and Jørgensen, T. (1998): Cascading trophic interactions from fish to bacteria and nutrients after reduced sewage loading: an 18-year study of a shallow hypertrophic lake. Ecosystems, 1: 250–267.
130. Post, D. M., Conners, M. E. and Goldberg, D. S. (2000): Prey preference by a top predator and the stability of linked food chains. Ecology, 81: 8–14.
131. Rooney, N., McCann, K., Gellner, G. and Moore, J. C. (2006): Structural asymmetry and the stability of diverse food webs. Nature, 442: 265–269.
132. McCann, K. S., Rasmussen, J. B. and Umbanhowar, J. (2005): The dynamics of spatially coupled food webs. Ecology Letters, 8: 513–523.
133. Vadeboncoeur, Y., McCann, K. S., Vander Zanden, M. J. and Rasmussen, J. B. (2005): Effects of multi-chain omnivory on the strength of trophic control in lakes. Ecosystems, 8: 682–693.
134. Vander Zanden, M. J. and Vadeboncoeur, Y. (2002): Fishes as integrators of benthic and pelagic food webs in lakes. Ecology, 83: 2152–2161.
135. Rau, G. H., Sweeney, R. E., Kaplan, I. R., Mearns, A. J. and Young, D. R. (1981): Differences in animal ^{13}C, ^{15}N and D abundance between a polluted and an unpolluted coastal site: likely indicators of sewage uptake by a marine food web. Estuarine, Coastal and Shelf Science, 13: 701–707.
136. Vadeboncoeur, Y., Vander Zanden, M. J. and Lodge, D. M. (2002): Putting the lake back together: reintegrating benthic pathways into lake food web models. BioScience, 52: 44–54.
137. Vander Zanden, M. J., Vadeboncoeur, Y., Diebel, M. W. and Jeppesen, E. (2005): Primary consumer stable nitrogen isotopes as indicators of nutrient source. Environmental Science and Technology, 39: 7509–7515.

138. Slobodkin, L. B. (1960): Ecological energy relationships at the population level. The American Naturalist, 94: 213-236.
139. Vander Zanden, M. J., Shuter, B. J., Lester, N. and Rasmussen, J. B. (1999): Patterns of food chain length in lakes: A stable isotope study. The American Naturalist, 154: 406-416.
140. Perga, M.-E. and Gerdeaux, D. (2005): 'Are fish what they eat' all year round? Oecologia, 144: 598-606.
141. Yoshioka, T., Wada, E. and Hayashi, H. (1994): A stable isotope study on seasonal food web dynamics in a eutrophic lake. Ecology, 75: 835-846.
142. Vander Zanden, M. J., Casselman, J. M. and Rasmussen, J. B. (1999): Stable isotope evidence for the food web consequences of species invasions in lakes. Nature, 401: 464-467.
143. Vander Zanden, M. J., Chandra, S., Allen, B. C., Reuter, J. E. and Goldman, C. R. (2003): Historical food web structure and restoration of native aquatic communities in the Lake Tahoe (California-Nevada) basin. Ecosystems, 6: 274-288.
144. 亀田佳代子 (2007): 陸上生態系と水域生態系をつなぐもの—海鳥類の物質輸送と人間とのかかわり—. 保全鳥類学, 山岸哲 (監修): 167-189. 京都大学学術出版会, 京都.
145. 帰山雅秀 (2005): 水辺生態系の物質輸送に果たす遡河回遊魚の役割. 日本生態学会誌, 55: 51-60.
146. Croll, D. A., Marron, J. L., Estes, J. A., Danner, E. M. and Byrd, G. V. (2005): Introduced predators transform subarctic islands from grassland to tundra. Science 307: 1959-1961.
147. 亀田佳代子 (2001): 動物を介した生態系間の物質輸送. 化学と生物, 39: 245-251.
148. 伊藤富子・中島美由紀・長坂晶子・長坂有 (2006): サケマスのホッチャレが川とその周囲の生態系で果たしている役割. 魚類環境生態学入門: 渓流から深海まで, 魚と棲みかのインターアクション, 猿渡敏郎 (編集): 244-260. 東海大学出版会, 秦野.
149. Ito, T. (2003): Indirect effect of salmon carcasses on growth of a freshwater amphipod, *Jesogammarus jesoensis* (Gammaridea): An experimental study. Ecological Research, 18: 81-89.
150. Maesako, Y (1999): Impacts of streaked shearwater (*Calonectris leucomelas*) on tree seedling regeneration in a warm-temperate evergreen forest on Kanmurijima Island, Japan. Plant Ecology, 145: 183-190.
151. Nakano, S. and Murakami, M. (2001): Reciprocal subsidies: Dynamic interdependence between terrestrial and aquatic food webs. Proceedings of the National Academy of Science of the United States of America, 98: 166-170.
152. Lundberg, J. and Moberg, F. (2003): Mobile link organisms and ecosystem functioning: implications for ecosystem resilience and management. Ecosystems, 6:

87-98.
153. Sekercioglu, C. H. (2006): Increasing awareness of avian ecological function. Trends in Ecology and Evolution, 21: 464-471.
154. Lajtha, K and Michener, R. H. (1994): Stable Isotopes in Ecology and Environmental Science, Blackwell Scientific Publications, London.
155. 松原健司 (2002): 鳥類の食性解析と安定同位体測定法. これからの鳥類学, 山岸哲・樋口広芳 (共編): 264-286. 裳華房, 東京.
156. Hobara, S., Koba, K., Osono, T., Tokuchi, N., Ishida, A. and Kameda, K. (2005): Nitrogen and phosphorus enrichment and balance in forests colonized by cormorants: implications of the influence of soil adsorption. Plant and Soil, 268: 89-101.
157. Mizutani, H. and Wada, E. (1988): Nitrogen and carbon isotope ratios in seabird rookeries and their ecological implications. Ecology, 69: 340-349.
158. Lindeboom, H. J. (1984): The nitrogen pathway in a penguin rookery. Ecology, 65: 269-277.
159. Erskine, P. D., Bergstrom, D. M., Schmidt, S., Stewart, G. R., Tweedie, C. E. and Shaw, J. D. (1998): Subantarctic Macquarie Island – a model ecosystem for studying animal-derived nitrogen sources using ^{15}N natural abundance. Oecologia, 117: 187-193.
160. Polis, G. A. and Hurd, S. D. (1996): Linking marine and terrestrial food webs: allochthonous input from the ocean supports high secondary productivity on small islands and coastal land communities. The American Naturalist, 147: 396-423.
161. Stapp, P., Polis, G. A. and Sánchez-Piñero, F. (1999): Stable isotopes reveal strong marine and El Niño effects on island food webs. Nature, 401: 467-469.
162. Mizutani, H., Kabaya, Y., Moors, P. J., Speir, T. W. and Lyon, G. L. (1991): Nitrogen isotope ratios identify deserted seabird colonies. Auk, 108: 960-964.
163. Hawke, D. J., Holdaway, R. N., Causer, J. E. and Ogden, S. (1999): Soil indicators of pre-European seabird breeding in New Zealand at sites identified by predator deposits. Australian Journal of Soil Research, 37: 103-113.
164. Ishida, A. (1996): Effects of the common cormorant, *Phalacrocorax carbo*, on evergreen forests in two nest sites at Lake Biwa, Japan. Ecological Research, 11: 193-200.
165. Kameda, K., Koba, K., Hobara, S., Osono, T. and Terai, M. (2006): Pattern of natural ^{15}N abundance in lakeside forest ecosystem affected by cormorant-derived nitrogen. Hydrobiologia, 567: 69-86.
166. Nadelhoffer, K. J. and Fry, B. (1994): Nitrogen isotope studies in forest ecosystems. In: Stable Isotopes in Ecology and Environmental Science, Lajtha, K. and Michener, R. H. (eds.): 22-44. Blackwell Scientific Publications, London.
167. Evans, R. D. and Ehleringer, J. R. (1993): A break in the nitrogen cycle in aridlands? Evidence from δ^{15}N of soils. Oecologia, 94: 314-317.
168. Osono, T., Hobara, S., Koba, K., Kameda, K. and Takeda, H. (2006): Immobilization of

avian excreta-derived nutrients and reduced lignin decomposition in needle and twig litter in a temperate coniferous forest. Soil Biology and Biochemistry, 38: 517-525.
169. Hobara, S., Osono, T., Koba, K., Tokuchi, N., Fujiwara, S. and Kameda, K. (2001): Forest floor quality and N transformations in a temperate forest affected by avian-derived N deposition. Water, Air, and Soil Pollution, 130: 679-684.
170. 松田裕之・矢原徹一・竹門康弘・他 (2005)：自然再生事業指針．保全生態学研究, 10：63-75.
171. Bellan, G. (1967): Pollution et peuplements bentiques sur substrat meuble dans la région de Marseille. 1. Le secteur de Cortiu. Revue Internatianle Océanographie Medicale, 6: 53-87.
172. 津田松苗 (1964)：汚水生物学．北隆館，東京．
173. Pantle, R. and Buck, H. (1955): Die biologische Uberwachung der Gewasser und die Darstellung der Ergebnisse. Gas- und Wasserfach, 96: 604.
174. Zelinka, M. and Marvan, P. (1961): Zur Präzisierung der biologischen Klassifikation der Reiheit fliessender Gewässer. Archiv für Hydrobiologie, 57: 389-407.
175. Hilsenhoff, W. L. (1987): An improved biotic index of organic stream pollution. Great Lakes Entomologist, 20: 31-39.
176. Hilsenhoff, W. L. (1988): Rapid field assessment of organic pollution with a family level biotic index. Journal of the North American Benthological Society, 7: 65-68.
177. 津田松苗 (1957)：カワの生物遷移についてのある考察．関西自然科学研究会誌, 10：37-40.
178. Simpson, E. H. (1949) Measurement of diversity. Nature, 163: 688.
179. Shannon, C. E. and Wiener, W. (1963): The Mathematical Theory of Communication. University of Illinois Press, Chicago, Illinois.
180. Pielou, E. C. (1969) An Introduction to Mathematical Ecology. Wiley-lnterscience, New York.
181. Wallace, J. B., Grubaugh, J. W. and Whiles, M. R. (1996) Biotic indices and stream ecosystem processes: results from an experimental study. Ecological Applications, 6: 140-151.
182. Odum, E. P. (1957) The ecosystem approach in the teaching of ecology, illustrated with sample class data. Ecology, 38: 531-535.
183. Banse, K. and Mosher, S. (1980) Adult body mass and annual production/biomass relationships of field populations. Ecological Monographs, 50: 355-379.
184. Junger, M. and Planas, D. (1994) Quantitative use of stable carbon isotope analysis to determine the trophic base of invertebrate communities in a boreal forest lotic system. Canadian Journal of Fisheries and Aquatic Sciences, 51: 52-61.
185. APHA (1985): Standard Methods for the Examination of Water and Waste-water. American Public Health Association, Washington, D.C.
186. Warwick, R. M. (1986): A new method for detecting pollution effects on marine macrobenthic communities. Marine Biology 92: 557-562.

187. Beukema, J. J. (1988): An evaluation of the ABC method (abundance/biomass comaprison) as applied to macrozoobenthic communities living on tidal flats in Dutch Wadden Sea. Marine Biology, 99: 425–433.
188. Clarke, K. R. (1990): Comparisons of dominance curves. Journal of Experimental Marine Biology and Ecology, 138: 143–157.
189. Pagola-Carte, S. (2004): ABC method and biomass size spectra: What about macrozoobenthic biomass on hard substrata? Hydrobiologica, 527: 163–176.
190. Kimmel, D.G., Roman, M.R. and Zhang, X. (2006): Spatial and temporal variability in factors affecting mesozooplankton dynamics in Chesapeake Bay: Evidence from biomass size spectra. Limnology and Oceanography, 51: 131–141.
191. Bovee, K. D., Lamb, B. L., Bartholow, J. M., Stalnaker, C. B., Taylor, J. and Henriksen, J. (1998): Stream habitat analysis using the instream flow incremental methodology. U.S. Geological Survey, Biological Resources Discipline Information and Technology Report USGS/BRD–1998–0004, Fort Collins.
192. U.S. Fish and Wildlife Service (1981): Standards for the Development of Habitat Suitability Index Models for Use in the Habitat Evaluation Procedures, USDI Fish and Wildife Service. Division of Ecological Services. ESM 103.
193. Raven, P. J., Fox, P. J. A., Everard, M., Holmes, N. T. H. and Dawson, F. H. (1997): River Habitat Survey: a new system for classifying rivers according to their habitat quality. In: Freshwater Quality: Defining the indefinable? Boon, P. J. and Howell, D. L. (eds.): 215–234. The Stationery Office, Edinburgh.
194. Fox, P. J. A., Naura, M. and Scarlett, P. (1998): An account of the derivation and testing of a standard field method, River Habitat Survey. Aquatic Conservation: Marine and Freshwater Ecosystems, 8: 455–475.
195. Karr, J. R. (1981): Assessment of biotic integrity using fish communities. Fisheries, 6: 21–27.
196. Wright, J. F., Sutcliffe, D. W. and Furse, M. T. (2000): Assessing the Biological Quality of Fresh Waters: RIVPACS and Other Techniques. Freshwater Biological Association, Ambleside, Cumbria, England.
197. Clarke, R. T., Wright, J. F., Furse, M. T. (2003): RIVPACS models for predicting the expected macroinvertebrate fauna and assessing the ecological quality of rivers. Ecological Modeling, 160: 219–233.
198. http://www.environment-agency.gov.uk
199. Karr, J. R. (1991): Biological integrity: A long-neglected aspect of water resource management. Ecological Applications, 1: 66–84.
200. Bonada, N., Prat, N., Resh, V. H. and Statzner, B. (2006): Developments in aquatic insects biomonitoring: A comparative analysis of recent approaches. Annual Review of Entomology, 51: 495–523.
201. Resh, V. H. (2007): Which group is best? Attributes of different biological assemblages used in freshwater biomonitoring programs. Environmental Monitoring and

Assessment, doi: 10.1007/s10661-007-9749-4.
202. 津田松苗（1962）：水生昆虫学．北隆館，東京．
203. 森下郁子（1977）：川の健康診断．NHKブックス．日本放送出版会，東京．
204. Stalnaker, C., Lamb, B. L., Henriksen, J., Bovee, K. and Bartholow, J. (1995): The Instream Flow Incrementel Methodology (IFIM), a Primer for IFIM. US Department of Interior, National Biological Service, Washington, D.C.
205. 中村俊六（2000）：魚類生息場評価．河川生態環境評価法，玉井信行・奥田重俊・中村俊六（共編）：168-183．東京大学出版会，東京．
206. 田中章（1998）：生態系評価システムとしてのHEP．「環境アセスメントここが変わる」：81-96．環境技術研究協会，大阪．
207. 建設省河川局河川環境課（監修）（1997）：河川水辺の国勢調査マニュアル平成9年度版・河川版（生物調査編）．リバーフロント整備センター，東京．
208. 尾澤卓思（2006）：河川管理における河川水辺の国勢調査の活用．Riverfront, 56: 7-20.
209. 香川尚徳（1999）：河川連続体で不連続の原因となるダム貯水による水質変化．応用生態工学，2：141-151．
210. 森誠一（1999）：ダム構造物と魚類の生活．応用生態工学，2：165-177．
211. 谷田一三・竹門康弘（1999）：ダムが河川の底生動物へ与える影響．応用生態工学，2：153-164．
212. 辻本哲郎（1999）：ダムが河川の物理的環境に与える影響―河川工学及び水理学的視点から―．応用生態工学，2：103-112．
213. 波多野圭亮・竹門康弘・池淵周一（2005）：貯水ダム下流の環境変化と底生動物群集の様式．京都大学防災研究年報，48B：919-933．
214. 竹門康弘（2005）：底生動物の生活型と摂食機能群による河川生態系評価．日本生態学会誌，55：189-197．
215. 御勢久右衛門（1966）：旭川の水生昆虫群集の研究―とくにダム湖との関連において．日本生態学会誌，16：176-182．
216. Oswood, M. W. (1979): Abundance patterns of filter-feeding caddisflies (Trichoptera: Hydropsychidae) and seston in a Montana (U.S.A.) lake outlet. Hydrobiologia, 63: 177-183.
217. 古屋八重子（1998）：吉野川における造網性トビケラの流程分布と密度の年次変化，とくにオオシマトビケラ（昆虫，毛翅目）の生息域拡大と密度増加について．陸水学雑誌，59：429-441．
218. Mackay, R. and Waters, T. F. (1986): Effects of small impoundments on hydropsychid caddisfly production in Valley Creek, Minnesota. Ecology, 67: 1680-1686.
219. Al-Lami, A. A., Jaweir, H. J. and Nashaat, M. R. (1988): Benthic invertebrates community of the River Euphrates upstream and downstream sectors of Al-Qadisia Dam, Iraq. Regulated Rivers: Research and Management, 14: 383-390.
220. Frissell, C. A., Liss, W. J., Warren, C. E. and Hurley, M. D. (1986): A hierarchical framework for stream habitat classification: viewing streams in watershed context.

Environmental Management, 10: 199-214.
221. Vannote, R. L., Minshall, G. W., Cummins, K. W., Sedell, J. R. and Cushing, C. E. (1980): The river continuum concept. Canadian Journal of Fisheries and Aquatic Sciences, 37: 130-137.
222. Stanford, J. A. and Ward, J. V. (2001): Revisiting the serial discontinuity concept. Regulated Rivers: Research and Management, 17: 303-310.
223. Vollenweider, R. A. (1976): Advances in defining critical loading levels for phosphorus in lake eutrophication. Memorie dell'Istituto Italiano di Idrobiologia Dott. Marco de Marchi, 33: 53-83.
224. Angradi, T. R. (1993): Stable carbon and nitrogen isotope analysis of seston in a regulated Rocky mountain river, USA. Regulated Rivers: Research and Management, 8: 251-270.
225. 高津文人・河口洋一・布川雅典・中村太士 (2005)：炭素,窒素安定同位体自然存在比による河川環境の評価. 応用生態工学,7：201-213.
226. Newbold, J. D., O'Neill, R. V., Elwood, J. W. and Van Winkle, W. ?(1982): Nutrient spiralling in streams: implications for nutrient limitation and invertebrate activity. The American Naturalist, 120: 678-652.
227. Georgian, T., Newbold, J. D., Thomas, S. A., Monaghan, M. T., Minshall, G. W. and Cushing, C. E. (2003): Comparison of corn pollen and natural fine particulate matter transport in streams: can pollen be as a seston surrogate? Journal of the North American Benthological Society, 22: 2-16.
228. Newbold, J. D., Elwood, J. W., O'Neill, R. V. and Van Winkle, W. (1981): Measuring nutrient spiralling in streams. Canadian Journal of Fisheries and Aquatic Sciences, 38: 860-863.
229. Newbold. J. D., Elwood, J. W., O'Neill, R. V. and Sheldon, A. L. ?(1983): Phosphorus dynamics in a woodland stream ecosystem: A study of nutrient spiralling. Ecology, 64: 1249-1265.
230. 片山幸美・中山恵介・金昊燮・米塚佐世子・朴虎東 (2003)：移流拡散モデルを用いた天竜川の藍藻 *Microcystis* の動態解析. 陸水学雑誌,64：121-131.
231. Junk, W. J., Bayley, P. B. and Sparks, R. E. (1989): The flood pulse concept in river-floodplain systems. In: Proceedings of the International Large River Symposium, 14?21 September 1986, Ontario, Canada, Canadian Special Publication of Fisheries and Aquatic Sciences 106, Dodge, D. P. (ed.): 110-127. Department of Fisheries and Oceans, Ottawa.
232. Bodeltje, G., Bakker, J. P., Brinke, A. T., Van Groenendael, J. M. and Soesberhen, M. (2004): Dispersal phenology of hydrochorous plants in relation to discharge, seed release time and buoyancy of seeds: the flood pulse concept supported. Journal of Ecology, 92: 786-796.
233. Russell, D. J., Schick, H. and Nahrig, D. (2002): Reactions of soil collembolan communities to inundation in floodplain ecosystems of the upper Rhine valley. In:

Wetlands in Central Europe, Broll, G., Merbach, W. and Pfeiffer, E-M. (eds.): 35-70. Springer, Berlin.
234. Tronstad, L. M., Tronstad, B. P. and Benke, A. C. (2005): Invertebrate seedbanks: rehydration of soil from an unregulated river floodplain in the south-eastern U.S. Freshwater Biology, 50: 646-655.
235. 竹門康弘・谷田一三・玉置昭夫・向井宏・川端善一郎 (1995): 棲み場所の生態学. シリーズ共生の生態学 7. 平凡社, 東京

第7章

1. Meijer, H. and Li, W. (1998): The use of electrolysis for accurate $\delta^{17}O$ and $\delta^{18}O$ isotope measurements in water. Isotopes in Environmental and Health Studies, 34: 349-369.
2. Thiemens, M. H., Savarino, J., Farquhar, J. and Bao, H. (2001): Mass-independent isotopic compositions in terrestrial and extraterrestrial solids and their applications. Accounts of Chemical Research, 34: 645-652.
3. Thiemens, M. H. and Heidenreich, J. E. III. (1983): The mass independent fractionation of oxygen: A novel effect and its possible cosmochemical implications. Science, 219: 1073-1075.
4. Michalski, G., Scott, Z., Kabiling, M. and Thiemens, M. H. (2003): First measurements and modeling of $\Delta^{17}O$ in atmospheric nitrate. Geophysical Research Letters, 30: 1870, doi:10.1029/2003GL017015.
5. Savarino, J. and Thiemens, M. H. (1999): Analytical procedure to determine both $\delta^{18}O$ and $\delta^{17}O$ of H_2O_2 in natural water and first measurements. Atmospheric Environment, 33: 3683-3690.
6. Sarma, V. V. S. S., Abe, O. and Saino, T. (2003): Chromatographic separation of nitrogen, argon, and oxygen in dissolved air for determination of triple oxygen isotopes by dual-inlet mass spectrometry. Analytical Chemistry, 75: 4913-4917.
7. Franz, P. and Röckmann, T. (2005): High-precision isotope measurements of $H_2^{16}O$, $H_2^{17}O$, $H_2^{18}O$, and the $\Delta^{17}O$-anomaly of water vapor in the southern lowermost stratosphere. Atmospheric Chemistry and Physics Discussions, 5: 5373-5403.
8. Angert, A., Cappa, C. D. and DePaolo, D. J. (2004): Kinetic ^{17}O effects in the hydrologic cycle: Indirect evidence and implications. Geochimica et Cosmochimica Acta, 68: 3487-3495.
9. Landais, A., Barkan, E., Yakir, D. and Luz, B. (2006): The triple isotopic composition of oxygen in leaf water. Geochimica et Cosmochimica Acta, 70: 4105-4115.
10. Baker, L., Franchi, I. A., Maynard, J., Wright, I. P. and Pillinger, C. T. (2002): A technique for the determination of $^{18}O/^{16}O$ and $^{17}O/^{16}O$ isotopic ratios in water from small liquid and solid samples. Analytical Chemistry, 74: 1665-1673.
11. Jabeen, I. and Kusakabe, M. (1997): Determination of $\delta^{17}O$ values of reference water

samples VSMOW and SLAP. Chemical Geology, 143: 115–119.
12. Franz, P. and Röckmann, T. (2004): A new continuous flow isotope ratio mass spectrometry system for the analysis of $\delta^2 H$, $\delta^{17}O$ and $\delta^{18}O$ of small (120mg) water samples in atmospheric applications. Rapid Communications in Mass Spectrometry, 18: 1429–1435.
13. Barkan, E. and Luz, B. (2005): High precision measurements of $^{17}O/^{16}O$ and $^{18}O/^{16}O$ in water. Rapid Communications in Mass Spectrometry, 19: 3737–3742.
14. Murakami, M., Hirose, K., Kawamura, K., Sata, N. and Ohishi, Y. (2004): Post-Perovskite phase transition in $MgSiO_3$. Science, 304: 855–858.
15. Cline, J. D. and Kaplan, I. R. (1975): Isotopic fractionation of dissolved nitrate during denitrification in the Eastern Tropical North Pacific Ocean. Marine Chemistry, 3: 271–299.
16. Mulvaney, R. L. (1993): Mass spectrometry. In: Nitrogen isotope techniques, Knowles, R. and Blackburn, T. H. (eds.): 11–57. Academic press, San Diego.
17. Yoshii, K. (1995): Stable isotope analyses of ecosystems in Lake Baikal with emphasis on pelagic food webs. Master thesis, Kyoto University.
18. Minagawa, M., Winter, D. A. and Kaplan, I. R. (1984). Comparison of Kjeldahl and combustion methods for measurement of nitrogen isotope ratios in organic matter. Analytical Chemistry, 56: 1859–1861.
19. Sakata, M. (2001): A simple and rapid method for $\delta^{15}N$ determination of ammonium and nitrate in water samples. Geochemical Journal, 35: 271–275.
20. Sigman, D. M., Altabet, M. A., Michener, R., McCorkle, D. C., Fry, B. and Holmes, R. M. (1997): Natural abundance-level measurement of the nitrogen isotopic composition of oceanic nitrate: an adaptation of the ammonia diffusion method. Marine Chemistry, 57: 227–242.
21. Silva, S. R., Kendall, C., Wilkison, D. H., Ziegler, A. C., Chang, C. C. Y. and Avanzino, R. J. (2000): A new method for collection of nitrate from fresh water and the analysis of nitrogen and oxygen isotope ratios. Journal of Hydrology, 228: 22–36.
22. Chang, C. C. Y., Langston, J., Riggs, M., Campbell, D. H., Silva, S. R. and Kendall, C. (1999): A method for nitrate collection for $\delta^{15}N$ and $\delta^{18}O$ analysis from waters with low nitrate concentrations. Canadian Journal of Fisheries and Aquatic Sciences, 56: 1856–1864.
23. Sigman, D. M., Casciotti, K. L., Andreani, M., Barford, C., Galanter, M. and Böhlke, J. K. (2001): A bacterial method for the nitrogen isotopic analysis of nitrate in seawater and freshwater. Analytical Chemistry, 73: 4145–4153.
24. Casciotti, K. L., Sigman, D. M., Galanter Hastings, M., Böhlke, J. K. and Hilkert, A. (2002): Measurement of the oxygen isotopic composition of nitrate in seawater and freshwater using the denitrifier method. Analytical Chemistry, 74: 4905–4912.
25. McIlvin, M. R. and Altabet, M. A. (2005): Chemical conversion of nitrate to nitrite to nitrous oxide for nitrogen and oxygen isotopic analysis in freshwater and seawater.

Analytical Chemistry, 77: 5589-5595.
26. Wu, J., Calvert, S. E. and Wong, C. S. (1997): Nitrogen isotope variations in the subarctic northeast Pacific: relationships to nitrate utilization and trophic structure. Deep-Sea Research Part I: Oceanographic Research Papers, 44: 287-314.
27. Garside, C. (1982): A chemiluminescent technique for the determination of nanomolar concentrations of nitrate and nitrite in seawater. Marine Chemistry, 11: 159-167.
28. Granger, J., Sigman, D. M., Prokopenko, M. G., Lehmann, M. F. and Tortell, P. D. (2006): A method for nitrite removal in nitrate N and O isotope analyses. Limnology and Oceanography-Methods, 4: 205-212.
29. Toyoda, S. and Yoshida, N. (1999): Determination of nitrogen isotopomers of nitrous oxide on a modified isotope ratio mass spectrometer. Analytical Chemistry, 71: 4711-4718.
30. Yoshida, N. and Toyoda, S. (2000): Constraining the atmospheric N_2O budget from intramolecular site preference in N_2O isotopomers. Nature, 405: 330-334.
31. Toyoda, S., Yoshida, N., Urabe, T., Aoki, S., Nakazawa, T., Sugawara, S. and Honda, H. (2001): Fractionation of N_2O isotopomers in the stratosphere. Journal of Geophysical Research, 106: 7515-7522.
32. Toyoda, S., Yoshida, N., Urabe, T., Nakayama, Y., Suzuki, T., Tsuji, K., Shibuya, K., Aoki, S., Nakazawa, T., Ishidoya, S., Ishijima, K., Sugawara, S., Machida, T., Hashida, G., Morimoto, S. and Honda, H. (2004): Temporal and latitudinal distributions of stratospheric N_2O isotopomers. Journal of Geophysical Research, 109: D08308, doi: 10.1029/2003JD004316.
33. Röckman, T. and Levin, I. (2005): High-precision determination of the changing isotopic composition of atmospheric N_2O from 1990 to 2002. Journal of Geophysical Research, 110: D21304, doi:10.1029/2005JD006066.
34. Corso, T. N., and Brenna, J. T. (1997): High precision position-specific isotope analysis. Proceeding of the Natural Academy of Sciences of the U. S. A., 94: 1049-1053.
35. Yamada, K., Tanaka, M., Nakagawa, F. and Yoshida, N. (2002): On-line measurement of intramolecular carbon isotope distribution of acetic acid by continuous-flow isotope ratio mass spectrometry. Rapid Communications in Mass Spectrometry, 16: 1059-1064.
36. Wrage, N., Velthof, G. L., van Beusichem, M. L. and Oenema, O. (2001): Role of nitrifier denitrification in the production of nitrous oxide. Soil Biology and Biochemistry, 33: 1723-1732.
37. Wrage, N., van Groenigen, J. W., Oenema, O. and Baggs, E. M. (2005): A novel dual-isotope labelling method for distinguishing between soil sources of N_2O. Rapid Communications in Mass Spectrometry, 19: 3298-3306.
38. Yoshida, N. (1988): ^{15}N-depleted N_2O as a product of nitrification. Nature, 335: 528-529.
39. Kim, K-R. and Craig, H. (1990): The two-isotope characterization of N_2O in the Pacific

Ocean and constraints on its origin in deep water. Nature, 347: 58-61.
40. Sutka, R. L., Ostrom, N. E., Ostrom, P. H., Gandhi, H. and Breznak, J. A. (2003): Nitrogen isotopomer site preference of N_2O produced by *Nitrosomonas europaea* and *Methylococcus capsulatus* Bath. Rapid Communications in Mass Spectrometry, 17: 738-745.
41. Sutka, R. L., Ostrom. N. E., Ostrom, P. H., Gandhi, H. and Breznak, J. A. (2004): Erratum Nitrogen isotopomer site preference of N_2O produced by *Nitrosomonas europaea* and *Methylococcus capsulatus* Bath. Rapid Communications in Mass Spectrometry, 18: 1411-1412.
42. Sutka, R. L., Ostrom, N. E., Ostrom, P. H., Breznak, J. A., Gandhi, H., Pitt, A. J. and Li, F. (2006): Distinguishing nitrous oxide production from nitrification and denitrification on the basis of isotopomer abundances. Applied and Environmental Microbiology, 72: 638-644.
43. Toyoda, S., Mutobe, H., Yamagishi, H., Yoshida, N. and Tanji, Y. (2005): Fractionation of N_2O isotopomers during production by denitrifier. Soil Biology and Biochemistry, 37: 1535-1545.
44. Yamagishi, H., Westley, M. B., Popp, B. N., Toyoda, S., Yoshida, N., Watanabe, S., Koba, K. and Yamanaka, Y. (2007) Role of nitrification and denitrification on the nitrous oxide cycle in the eastern tropical North Pacific and Gulf of California. Journal of Geophysical Research, 112: G02015, doi: 10.1029/2006JG000227.
45. Toyoda, S., Yoshida, N., Miwa, T., Matsui, Y., Yamagishi, H., Tsunogai, U., Nojiri, Y. and Tsurushima, N. (2002): Production mechanism and global budget of N_2O inferred from its isotopomers in the western North Pacific. Geophysical Research Letters, 29(3): 1037, doi: 10.1029/2001GL014311.
46. Yamagishi, H., Yoshida, N., Toyoda, S., Popp, B. N., Westley, M. B. and Watanabe, S. (2005): Contributions of denitrification and mixing on the distribution of nitrous oxide in the North Pacific. Geophysical Research Letters, 32: L04603, dio: 10.1029/2004GL021458.
47. 水野香 (2006):「アイソトポマーを用いた脱窒菌による N_2O 還元の解析」. 修士論文, 東京工業大学.

第8章

1. 内藤正明 (1988):環境指標の歴史と今後の展望. 環境科学会誌, 1-2:135-139.
2. Fry, B. (2006): Stable Isotope Ecology. Springer, New York.
3. McLaughlin, K., Kendall, C., Silva, S., Stuart-Williams, H. and Paytan, A. (2004): A precise method for the analysis of $\delta^{18}O$ of dissolved inorganic phosphorus in seawater. Limnology and Oceanography Method, 2: 202-212.
4. 大垣眞一郎・吉川秀夫 (監修) (2002):流域マネジメント:新しい戦略のために. 技

法堂出版，東京．
5. 鷲谷いづみ (1999)：生物保全の生態学．共立出版，東京．
6. www.millenniumassessment.org
7. Costanza, R., d'Arge, R., de Groot, R., Farber, S., Grasso, M., Hannon, B., Limburg, K., Naeem, S., O'Neill, R. V., Paruelo, J., Raskin, R. G., Sutton, P. and van den Belt, M. (1997): The value of world's ecosystem services and natural capital. Nature, 387: 253-260.
8. 諸富徹 (2003)：環境．岩波書店，東京．

索　引

[あ行]

アーケオル（archaeol）　**300**, 303
アーマー化（armoring）　**353**–355, 358
アイソトポマー（isotopomer）　**388**–389, 391–392
IBI（Index of Biotic Integrity）　350–351
青潮（blue tide）　83, 163, **221**
赤潮（red tide）　83, **164**
亜硝酸イオン（nitrite, NO_2^-）　25, **29**–30, 200, 380, 389–391
亜硝酸酸化細菌（nitrite-oxidizing bacteria）　200
アセチレンブロック法（acetylene-block method）　209
アデリーペンギン（*Pygoscelis adeliae*）　338–339
アナモックス（anammox）　300, **307**
アマゾン川（Amazon River）　157–158, 169, 172, 174
雨水（rain water）　35–36, 38, 40, 44–45, 54–55, 71, 371（→「降水」も見よ）
アミノ酸（amino acid）　7, **30**, 92, 98, 192, 198, 218, 233, 275–276, 284, 292–293, 298, 307, 399
　——代謝（- metabolism）　292–293
　——転移（- transfer）　276
亜硫酸イオン（sulfite, SO_3^{2-}）　**221**, 230
アルカリ度（alkalinity）　**112**, 117, 122–123, 132, 139, 146–147, 238
アルカン（alkane）　299
アルコール（alcohol）　218–219, 291, 301–302
安定同位体（stable isotope）　2–5, 8, 11, **13**–15, 27–28, 37, 153, 209, 248, 295, 308, 311, 369, 397, 400–401, 403–404, 406
　——自然存在比（natural abundance of -）　205
　　細菌の——（- of bacteria）　193–194
安定同位体比質量分析計（isotope-ratio mass spectrometer: IRMS）　374, 378, **385**, 389
アンモニア（ammonia, NH_3）　4, **30**, 59, 62, 71, 74, 76, 81, 98–100, 164, 200, 215, 218, 276, 292, 307, 337, 339–341, 343–344, 376–381, 391, 404
　——拡散法（- diffusion method）　380–381
　——酸化（- oxidation）　**200**, 307, 391
　——蒸留法（- distillation method）　376–**377**, 379–381
　——の揮散（volatilization of -）　71, 81, 215, 337, 339–341, 343–344
アンモニウム（ammonium, NH_4^+）　**29**–30, 59, 71, 87, 98, 199–200, 259, 275, 376–378, 381, 383, 389–391
硫黄安定同位体比（sulfur isotope ratio）　**15**, 227
　黄鉄鉱の——　219, 227, 229
　化石燃料起源の——　227
　有機態硫黄の——　225–226, 229
　硫化水素の——　219, 221
　硫酸イオンの——　27, 224, **226**, 228, 230, 293–294
硫黄同位体分別（効果）（sulfur isotope fractionation（effect））　23, 219, 221–223
　硫黄酸化に伴う——　219–223, 229
　異化的硫酸還元に伴う——　**219**–223, 226, 232
　硫酸イオンの吸着に伴う——　226
　同化的硫酸還元に伴う——　227
　不均化反応に伴う——　222, 231
イオン交換樹脂法（ion-exchange resin method）　64, **379**–381
イオンソース（ion source）　17–19
異化（dissimilation）　192, 259–260, 363
異化的硫酸還元（dissimilatory sulfate reduction）　117, 218–**219**
維管束（vascular bundle）　46–47, 71
イサザ（*Gymnogobius isaza*）　84–88, 91–92, 294
意思決定（decision making）　409
イソレニエラテン（isorenieratene）　**300**, 304–306
一次因子　**119**–120, 122–123, 126–127, 131–132, 229
一次汚濁（primary pollution）　**164**, 187–189, 405
一次生産者（primary producer）　29, 31, 71–

73, 85-87, 92, 101, 103-104, 106-109, 186, 197, **251**, 254, 265, 275, 280-282, 287, 289-290, 292-293, 309-313, 315, 319-321, 323-324, 403
1次谷（first-order valley） 33
一時的水域（ephemeral water body） 364
1次流域（first-order catchment） 33
異地性（allochthonous） **148**, 151, 164-165, 168-171, 173, 175-177, 180-182, 184, 186, 188-191, 195-197, 298, 362
──有機物（- organic matter） **148**, 168, 177, 188-191, 195-196, 362
一回循環湖（monomictic lake） 133
一酸化窒素（nitric oxide, NO） 29-**30**, 60, 208, 389
一酸化二窒素（nitrous oxide, N_2O） 19, **30**, 89, 150, 202, 208, 381-382, 388-393, 403, 406, 410
胃内容物の分析（stomach content analysis） 297
易分解性（labile） 30-31, **102**, 195, 235, 378, 381
──有機物（- organic matter） 149, 236
VSMOW（Vienna Standard Mean Ocean Water） **16**, 37, 39-40, 153-155
ウミネコ（*Larus crassirostris*） 338-340
ウロコ（鱗；scale） 7, 92
エアロゾル（aerosol） 59-61
営巣地（rookery） 336, 338-346
HEP（Habitat Evaluation Procedure） 349, 351
栄養塩（nutrient） **29-31**, 73, 75, 85, 94-95, 97-100, 104, 106, 108-109, 132, 164, 168, 175, 183-184, 188, 192, 251, 257, 259, 261, 274, 277-280, 315-316, 319, 329, 332, 334, 336, 356-357, 362
──環境（- condition） 85, 97, 100, 280
──フラックス（- flux） 97
栄養関係（trophic relationship） 218, **310**, 312, 318, 324
栄養起源（nutrient source） 360, 364
栄養素循環（nutrient cycling） 188
栄養段階（trophic level） 7, 86, 241, **286**-288, 292, 307, 312, 318-319, 322, 324-328, 337, 343, 350, 361, 363, 407-408
栄養螺旋（nutrient spiralling） 362-363
Exponential Model（EM） 49
餌選択性（food preference） 72
エスチュアリ（estuary） 167-168

──循環（estuarine circulation） 168
NGO（nongovernmental organization） 395-396
エネルギー流路（pathway of energy flow） 321-322
エリー湖（Lake Erie） 141
エル・ニーニョ（El Niño） 342, 347
沿岸海域汚染（coastal pollution） 94
沿岸生態系（coastal ecosystem） 95, 309, **312-313**, 315-317, 321, 328-329, 357
沿岸帯（湖沼の）（littoral zone） **133**, 289, 293, 361
──食物網（littoral food web） 289
塩ストレス（salt stress） 264
塩性沼沢地（salt marsh） 163
エンドメンバー（endmenber）（→端成分）
塩分（salinity） 96, 111, 128-130, **166-167**, 169-171, 173-175, 178-180, 275
黄鉄鉱（pyrite） **219**, 222-223, 225, 227-229
大型藻類（macroalgae） 71, 73, **94-96**, 98, 101, 104, 106, 141, 275
^{17}O 3, 15, 17, 19, 37, 153, **369-371**, 380
^{17}O アノマリー（^{17}O anomaly） 154, **370-371**, 373-374
オープンスプリット（open split） 18
オオミズナギドリ（*Calonectris leucomelas*） 336
沖帯（湖沼の）（pelagic zone） 84, **133**, 279, 293, 312, 361
──食物網（pelagic food web） 85, 289
──生態系（pelagic ecosystem） 312
オケノン（okenone） **300**, 304-306
汚染物質（pollutant） 71, 94
オゾン（ozone, O_3） **63**, 208, 371, 405
──生成反応 370
汚濁発生負荷（pollutant load） 70
汚濁・富栄養化モデル（pollution-eutrophication model） 70
汚濁有機物（→有機汚濁）
オタワ川（Ottawa River） 120, 158-159, 229-230
重み付け関数（weighting function） 48-50
温室効果気体（ガス）（radiatively active gas） 8, 208-209, 240, 247, 390, 406, 410-411

[か行]

貝池（Kaiike Pond） 303-304, 306
海水域（河口域の）（euhaline section） 166-167

索 引

海草（seagrass）　94-95, 98, 101-102, 141, 163, 183, 251-252, **265-269**, 272-273, 275, 279
海藻（seaweed）　94-109, 252, 265, **269-278**, 312, 409
海鳥（seabird）　**333-340**, 342-344, 347
回転時間（turnover time）　72, 280, **288**, 297
外とう膜（mantle）　242, 245
外部負荷（external loading）　316
外部不経済の内部化（internalization of external diseconomies）　411
回分培養系（batch incubation system）　212
回遊性魚類（diadromous fish）　333-338
回遊性動物（diadromous animal）　352
海洋由来物質（ocean-derived substance）　334, 338
外来性有機物（exotic organic matter）　317
　（→「異地性有機物」も見よ）
解離平衡（dissociation equilibrium）　**111**, 135
過栄養湖（hypertrophic lake）　143
化学合成硫黄細菌（chemosynthetic sulfur bacteria）　221, 238
化学的酸素要求量（COD）（chemical oxygen demand）　187, 189, 348, 405, 410-411
化学（的）風化（chemical weathering）　27, 36, **111-115**, 117, 119, 122-123, 132, 229
化学量論（stoichiometry）　202
可給態窒素（available nitrogen）　**29**-31, 199, 201, 210
拡散（diffusion）　2, 39, 41, 90, 154-156, 210, 216-217, 220-221, 224, 238, 240-241, 247, **257-258**, 261-262, 266, 270-272, 276, 317, 343
拡散抵抗（diffusive resistance）　253, 257, 264
核磁気共鳴分析装置（nuclear magnetic resonance spectroscopy）　17
撹乱の減少（decrease of disturbance）　354
確率分布（probability distribution）　295-296
河口域（estuary）　25, 108, 128-131, **163-184**, 186, 193, 264, 275, 314, 356
化合物別安定同位体比分析（compound-specific isotope analysis）　185
過酸化水素（hydrogen peroxide, H_2O_2）　25, 371
ガスクロマトグラフィー（gas chromatography）　194, 299, 307
ガスクロマトグラフィー／質量分析計（gas chromatography-mass spectrometry: GC-MS）　299
ガスクロマトグラフ－燃焼－同位体比質量分析計（gas chromatograph-combustion-isotope ratio mass spectrometer: GC-C-IRMS）　19, 118, 308
ガス交換（gas exchange）　27, 115, 119, 122-123, 126-129, **135**, 137, 140, 142, 147, 156, 161
河川サイズ　263
河川生態系（river ecosystem）　204, 315, 335, 348, 351-352, **356-359**, 361-365, 408
河川卓越型（river-dominated）　167
河川流程（river flow path）　67-68
河川連続体モデル（river continuum concept）　356, 361-363
滑行型（glider）　355
滑行掘潜型（gliding burrower）　355
褐藻（brown algae）　96, 270-271, 274-275
CAM 植物（CAM plant）　**264**, 266, 342
カリフォルニア湾（California Bay）　342
カルボニックアンヒドラーゼ（carbonic anhydrase）　257, 266
カロチノイド（carotenoid）　304
カワウ（*Phalacrocorax carbo*）　288, **343-346**
環境ガバナンス（environmental governance）　**395**, 409, 412
環境基本計画（environment master plan）　395, 410
環境コストの市場化（marketization of environmental cost）　411
環境指標（environmental indicator）　72, 95, 98, 131, 187, 283, 349, 357, 359, **395-397**, 401-402, 409
環境診断（environmental diagnosis）　72, 153, 278, 308, 397, **403**, 406-409
環境政策（environmental policy）　395
環境負荷（environmental pressure）　57, 333, **395**, 410
還元（reduction）　25, 89-90, 187, 200, 202-203, 205, 207-210, 233, 238, 240, 276, 302, 364-365, 376, 378, 380-385, 390-393, 399
還元的環境（reductive environment）　90, **200**, 202-203, 207, 213, 233, 240, 302, 307, 365
緩混合型（moderate mixing）　167
干出（潮間帯植物の）（emergence）　96, **271-272**, 279, 282
乾性降下物（dry fallout）　**60**, 93, 226, 404

464　索　引

完全酸化型（硫酸還元における）（completely oxidizing）　218, 220-221
キーリング・プロット（Keeling plot）　150-151
起源（provenance）　3, 14, **25-26**, 39-41, 43, 50, 62-65, 68, 71-72, 100, 105, 111, 113-114, 126, 149-152, 163, 165, 168-169, 171, 173, 175, 177-178, 180-187, 189-194, 196-198, 226-227, 229, 231, 245, 253, 281-282, 293-294, 298-299, 303-304, 310, 337, 400-405, 410
気孔（stoma）　257, 264
基準物質（reference material）　**15-16**, 159, 227
汽水域（brackish zone）　73, 129, 163, **167**, 175, 179, 190, 293-294
基礎生産構造（primary production structure）　**312-314**, 315-316, 322, 329
木津川（Kizu River）　299, 301-302
キネレト湖（Lake Kinneret）　138, 157
逆TCA回路（reverse tricarbonic-acid cycle）　305
境界層（boundary layer）　98, 191, 253-254, **257-259**, 261, 263, 266, 276
競合基質（competitive substrate）　233
強混合型（strong mixing）　167
凝集（coagulation）　175, **317**
共生（symbiosis）　218, 242, 245, 367
行政（administration）　109, 329, 395-396
極地帯（Polar Regions）　339, 342
魚類（fish; Pisces）　74, 84, 92, 153, 187, 291, 295, **317-318**, 320, 322-323, 327-328, 332-338, 347, 352, 354, 408
菌根菌（mycorrhizal fungus）　210
筋肉（muscle）　85, 92, 284, **286-288**, 291
クロロフィルa（chlorophyll a）　**180-182**, 186, 262, 300, 304, 306, 350
群集（community）　109, 163, 242, 279, 281, 285, 322, 329, 333-334, 338, 348-349, **351**, 354, 358, 361, 363-364, 407
経験則（rule of thumb）　5, 8, 86, 281
蛍光現場交雑（FISH）法（fluorescent in-situ hybridization method）　242, 244
経済開発協力機構（OECD; Organization for Economic Cooperation and Development）　395
珪酸塩鉱物（silicate mineral）　**112-114**, 120-122, 124
ケイ素（silicon）　28

形態的特徴（morphological characteristic）　97-98
経年変化（interannual change）　90, 93, 109, 327
下水（sewage）　72-73, 75, 83, 88, 104, 109, 188, 258, 348, 400, 404-405
下水道整備率（public sewarage enforcement rate）　73
結合態窒素（combined nitrogen）　29-30
嫌気（的）環境（anaerobic environment）　203, **217**, 222, 232, 240, 246-247, 303, 307, 389
嫌気的食物連鎖（anaerobic food web）　**218**, 233-234, 236-237
嫌気的微生物生態系（anaerobic microbial ecosystem）　217-218
嫌気的分解系（anaerobic decomposition system）　143
嫌気的メタン酸化（anaerobic methane oxidation）　114, **218**, 238-240
減衰係数（decay constant）　75
原生動物（protozoa）　244, 317
健全化ベクトル　364-365
健全性評価指標　348
健全な生態系の目標像（target image for sound ecosystem）　365
元素状硫黄（elemental sulfur）　25, **221**
元素分析計（elemental analyzer）　**18**, 19, 99, 166, 378, 381
懸濁態有機炭素（particulate organic carbon: POC）　139-140, **163**, 189-190
懸濁態有機物（粒子状有機物）（particulate organic matter: POM）　86, 98, 128, 141, 149, 152, **163**, 165, 169, 187-188, 246-247, 315-317, 358, 403
懸濁物濾過食者（→濾過食者）
懸濁粒子（suspended solid）　71, 304, 317
原単位法（load-factor method）　**70**, 396
現地性（autochthonous）　148, 164-165, 168-169, 171, 175-182, 184, 188-191, 195, 197, 362
──有機物（- organic matter）　**168**, 175-177, 188-191, 195, 197, 362
コアセット指標（core set of indicators）　395
合意形成（consensus building）　351, 395
降雨（rainfall）　**35-36**, 44-46, 48-49, 53-54, 93, 100, 126, 164, 183, 228-229, 231, 331, 339, 342, 404（→「降水」も見よ）
高塩分域（河口域の）（polysaline section）

索引 465

166-167, 177
好気的メタン酸化（aerobic methane oxidation） 239-242
光合成（photosynthesis） 4, 6, 22-23, 25, 115-116, 124, 126, 129, 133-135, 137-141, 143, 153, 155-162, 175-176, 183, 247, **252-255**, 257, 259, 261, 264, 268, 270, 272, 274-275, 279, 303-305, 310-312, 314, 332, 339, 361, 400, 403, 406
——硫黄細菌（photosynthetic sulfur bacteria） 183, 221
——活性（photosynthetic activity） 197, 253, 255, 259, 275, 278, 281-282, 403
——基質（photosynthetic substrate） **252**, 253, 255, 259
——細菌（photosynthetic bacteria） 254
——有効放射量（photosynthetically active radiation; PAR） 133
黄砂（yellow sand） 114
高次消費者（higher-trophic-level consumer） 286, 309-311, 316, **317-326**, 328-329
紅色硫黄細菌（purple sulfur bacteria） 183, 186, 300, **304-305**
降水（precipitation） **33-52**, 54, 60, 62-66, 68-70, 88, 119, 125, 189, 215, 226-228, 230-232, 264, 380, 404-405
洪水律動説（flood pulse concept） 363-364
紅藻（red algae） 96, 108, 270-271
甲虫（Coleoptera） 242, 246, 342
高等植物（higher plant） 6, 141, 151, 164, 169-171, 176, 180-181, 184, 186, 300-303, 311, 334, 339
高度効果（altitude effect） **42**, 45
呼吸（respiration） 4, 25, 112-113, 115, **116-117**, 119-122, 124, 127, 129-130, 133-135, 137, 146-147, 149-150, 153, 155-162, 200-202, 217, 219, 253-255, 257, 259-261, 279, 332, 350, 361, 389, 400, 403, 406
国際原子力機関（International Atomic Energy Agency; IAEA） 37, 39-40, 42
古細菌（archaea） 240, 300, 303, **307**
湖水の回転率（turnover rate of lake water） 357
固体高分子膜（solid polymer membrane） 373-374
ゴダヴァリ川（Godavari River） 129-130, 172
混合（mixing） 209-211, 213, 215
混合モデル（mixing model） 77, 79-82, 103, 105, 128-131, 166, 168-169, 173-175, **190-191**, 195-196, 227-228, 245, 281, 296, 313, 400, 402, 405（→「端成分モデル」も見よ）

[さ行]

細菌（bacteria） 30, 188, **192-195**, 197-198, 218, 243, 245, 261, 302, 315, 317, 382, 405
——群集（bacterial community） 188-189, 194-195, 240, 245
採集食者（collector-gatherer） 355-356
再生（regeneration） 222, 227, 231
site preference 389, **391**, 392
細粒懸濁態有機物（微粒状有機物）（fine particulate organic matter; FPOM） 165, 357
酢酸（acetic acid） **218**, 220, 233, 235-236, 239-241, 388, 406
酢酸開裂型（メタン生成における）（acetoclastic） 218, **233-236**, 239
酸化還元境界層（redox boundary layer） 9, 183, **217-219**, 222, 224, 242, 247-248
酸化還元状態（redox state） 202, 294
酸化還元プロセス（redox process） 199, 219, 406
酸化還元雰囲気（oxidation/reduction trend） 364-365
酸化数（oxidation number） 28-30
酸化的硫黄サイクル（oxidative sulfur cycle） 221-223, 226
酸化的環境（oxidative environment） 200, 202, 213
酸揮発性硫黄（acid-volatile sulfur） 225
酸性雨（acid rain） 199
酸素（oxygen） 2, 13, 15-16, 19, 25, 28, 37-39, 63-67, 90, 134, **153-156**, 158, 161, 167, 207, 214-218, 229-230, 302, 331, 369, 371-374, 378, 380-384, 389-390, 392, 397, 401-402, 404
酸素安定同位体比（oxygen isotope ratio） **15-16**, 19, 25, 62, 68-69, 153, 226-227, 230, 373-374, 376, 380, 382-385, 387, 401, 405-406
——一酸化二窒素の—— 19, **392-393**
——硝酸イオンの—— 19, 25, 27, **63-69**, 214-216, 376, 392, 397, 401, 404-406
——大気中の酸素の—— **154**, 157, 406
——水の—— 19, 25, **37-46**, 50-52, 157, 159, 373, 402, 406

溶存酸素の—— 19, **153-160**, 161-162, 406
酸素消費（oxygen consumption） 133, 153, 155, 158-159, 167, 199
酸素同位体分別（効果）（oxygen isotope fractionation（effect）） 215, 231
　亜硫酸イオンと水の同位体交換における—— 231
　硫黄の酸化に伴う—— 231
　異化的硫酸還元に伴う—— 231
　光合成における—— 155-7
　呼吸に伴う—— 155-7, 159
　酸素ガスの輸送に伴う—— 157
　蒸散過程における—— 372
　硝酸吸収に伴う—— 208
　脱窒に伴う—— 208, 215
　水の蒸発と凝結に伴う—— 37-42, 370-372
　硫酸の同化に伴う—— 231
酸素動態（oxygen dynamics） 158, 160
シアノバクテリア（cyanobacteria） 31, 87, 98, 207, 254, 257, 300, 304-305
CO_2補償点濃度（CO_2 compensation concentration） 270-271
C_3経路（C_3 pathway） 171
C_3-C_4中間形（C_3-C_4 intermediate） 266
C_4植物（C_4 plant） 6, 183, 253, **264**, 288-289, 292-293, 303, 342, 400
C_1化合物（C_1 compound） 240
C_1資化細菌（methylotroph） 240, 243
ジエーテル（diether） 303
色素化合物（pigment compound） 303-304, 306
事業者（business operator） 395-396
施策（policy measure） 320, 395, 409
四重極型質量分析計（quadrupole mass spectrometer） 17
糸状藻類（filamentous algae） **97**, 258, 263, 354
システム反応関数（system response function） 48-49
次世代の環境科学（next-generation environmental science） 1, 9
自然再生（nature restoration） 348
自然資本（natural capital） 411
湿性降下物（wet fallout） 60
湿地（wetland） 94, 129-131, 163, 170, 183, 189, 229, 234, 236-238, 247, 252, 334, 363
湿地林（swamp forest） 236, 238
実用塩分単位（practical salinity unit: psu） 167

質量依存的同位体分別（mass-dependent isotope fractionation） 153, 370
質量数（mass number） 2, **13**, 15, 17, 155, 36
質量非依存的同位体分別（mass-independent isotope fractionation） 154, 371
自動分析（automated analysis） 376, 386, 397, 401
磁場型質量分析計（sector-field mass spectrometer） 17
指標（indicator, index） 7-8, 11, 14-15, 19, 25-29, 40, 68, 70-72, 81, 95-98, 100-101, 103, 107, 122, 128, 131, 148, 162, 168, 175, 182-184, 187, 189, 226-227, 237, 239, 244, 246, 248, 265, 280-283, 288-289, 293-294, 299, 324, 329-330, 343, 348-350, 357-359, 363-364, 367, **395-397**, 399-412
ジプロプテン（diploptene） **300**, 302-303
脂肪酸（fatty acid） 186, 194, 244, 261, 301-302
　直鎖—— （normal-chain fatty acid） 244
島（island） 334-335, 341-343
市民（citizen） 395-396
社会による対応（response）の指標 395
弱混合型（weak mixing） 167
遮断蒸発（interception evaporation） 35
種アプローチ（species approach） 410-411
集水域（watershed） 27, **33**, 67, 70, 72-79, 81, 83-84, 88-90, 93, 101-102, 115, 120-125, 131, 164, 187-189, 216, 223, 226-232, 294, 396, 398-399
従属栄養（heterotrophy） 127, 147-151, **200-202**, 361, 389
　——細菌（heterotrophic bacteria） 202, 389
重炭酸イオン（bicarbonate）（→炭酸水素イオン）
種間水素転移（interspecies hydrogen transfer） 236
種数-面積関係（species-area relationship） 325
主体（subject） 395-396, 408-409, 412
種多様性（species diversity） 349, 354-355
純一次生産（net primary production） 140
準易分解性（semilabile） **192**, 193, 196-197
純光合成速度（net photosynthetic rate） 160
純従属栄養系（net heterotrophic system） 148
順応管理（adaptive management） 329
硝化（nitrification） 4, 9, 60, 62, 65-66, 101,

索引　467

200-201, 204, 208, 213, 337, 341, 389-393, 403, 406
硝化菌脱窒（nitrifier denitrification） 390
硝化細菌（nitrifying bacteria） 200, 201-202, 389-390
浄化作用（depollution） 396
浄化プロセス（depollution process） 71
蒸散（transpiration） 264, 372
硝酸イオン（nitrate, NO_3^-） 29-30, 60, 68-69, 71, 83, 98, 134, 199-201, 208, 217, 221, 275, 306, 376
　　──の吸収・同化（uptake and assimilation of -） 209-210
硝酸還元酵素（nitrate reductase） 98, 208
硝酸態窒素（nitrate-nitrogen） 29, 77-78, 87-92, 164
蒸発（evaporation） 2, 33, 35, 37-42, 369, 371, 403-404
蒸発岩（evaporite） 227
除去（窒素の）（removal） 70-71, 89-91, 199, 201-202, 208, 334, 376, 378, 381-382, 396
食性（food habit） 7, 85, 295-296, 327-328, 336-337, 341-343, 400
植物遺体（plant debris） 72, 218
植物プランクトン（phytoplankton） 27, 72, 83, 87-88, 90, 94-95, 98, 126, 129, 133-134, 138, 140-141, 148-150, 157, 164, 168-169, 171, 175-178, 180-184, 186-188, 191, 193, 195, 197-198, 210, 214, 225, 227, 245, 251-253, 265, 275, 286-290, 310-317, 319-321, 332, 334, 359, 361, 405
食物網（food web） 3, 7, 85, 163, 187-188, 198, 249, 265, 281, 284-287, 289, 292-294, 297, 309-312, 315-324, 326, 328-330, 335-338, 341-343, 347, 403, 407-408
　　──構造（- structure） 163, 198, 249, 284-287, 292, 294, 297, 311, 318-321, 330, 336-337, 341-342, 347, 403, 408
食物連鎖（food chain） 7, 14, 25, 71, 101, 240-242, 244-249, 251, 284-286, 291-293, 309-311, 315-316, 318, 321-329, 403, 407, 411
　　──の長さ，長（- length） 292-293, 309, 323-329, 411
人為攪乱（anthropogenic disturbance） 315, 327, 329
人為起源窒素負荷（anthropogenic nitrogen loading） 74

人為起源廃水（waste water） 90
人為的移入（artificial introduction） 328
人為排水由来（窒素）（wastewater-derived (nitrogen)） 100-104, 107-108
深海（abyssal zone） 234, 242, 245-246
人口密度（population density） 9, 36, 73-74, 131
人骨（human bone） 295
侵食堆積傾向（erosion/deposition trend） 364-365
深水層（hypolimnion） 133, 141-145, 147, 149-151, 187, 196-197, 223
深水層（部分循環湖の）（monimolimnion） 133, 145
森林生態系（forest ecosystem） 60, 67, 199, 210
森林流域（forested watershed） 35-36, 50-53, 66-68
水温躍層（thermocline） 133, 187
水質指標（water-quality indicator） 29, 349, 410
水生昆虫（aquatic insect） 72, 246, 334-336, 349, 354-355, 408
水生植物（aquatic plant） 27, 73, 141, 252-261, 264, 278-283, 334, 355, 362
水素安定同位体比（hydrogen isotope ratio） 15, 25, 47, 233-234, 374
　　化合物レベルの── 308
　　水の── 25, 37-41, 47, 51-52, 374
　　メタンの── 233-234, 239
水素イオン濃度（hydrogen ion concentration, potential of hydrogen: pH） 111-112, 132, 135-139, 143, 146-147, 270-271, 410
水素同位体分別（hydrogen isotope fractionation） 39, 239
　　嫌気的メタン酸化に伴う── 239
　　水の蒸発と凝結に伴う── 39-40
水田土壌（paddy soil） 235
水分吸収（water absorption） 46
水文学（hydrology） 33, 39, 43-46, 49, 119-120, 131, 211, 402
水文過程（hydrological process） 35-36, 43, 52, 376
数値化（parameterization） 395, 409
スカベンジャー（scavenger） 247
スケルデ川（Schelde River） 128-129, 172, 178-179
state の指標 395
ステロール（sterol） 186, 302

ストレス（stress） 261, 264-265, 277-278, 282
スペリオル湖（Lake Superior） 151
隅田川（Sumida River） 172, 176-177, 181-182
瀬（riffle） 262, 279, 356, 358
ゼアキサンチン（zeaxanthin） 304
生活型（life type） 252, 261, 312, 355, 362
生活排水（domestic waste water） 26, 67, 71, 91, 131, 163, 317
生元素（bioelement） **2**, 3, 5, 15, 27-28, 217-218, 362
生合成（biosynthesis） **4**, 24, 260, 276, 284, 302
生産（production） 4, 23, 27, 29, 90, 103, 124-125, 127, **133-135**, 139-142, 144-151, 153, 157, 160, 164, 168-170, 176-178, 182, 184, 187, 189, 191, 197, 199, 204-205, 227, 238-240, 242, 255, 265, 281, 310, 312, 315, 317, 322, 324, 328, 333, 342, 352, 357-358, 362, 400, 405
生産者の指標（proxy for primary producers） 293
生産性（productivity） 316-318, 324-325, 342-343
生産層（trophogenic layer） 133
生食連鎖（grazing food chain） **310**, 362
成層圏（stratosphere） 153, **371**
成層湖（stratified lake） 149, 223
生息場（所）（habitat） 72, 104, 242, 251, 262, 279, 290, **349-351**, 356, 359, 364, 403, 410
生態系（ecosystem） 2-8, 11, 25, 27-29, 31, 35-36, 55, 59-61, 71-73, 83, 85, 87, 94-95, 100-101, 103-104, 107, 109, 163-164, 166, 185, 187, 189, 199, 201, 203-205, 207-211, 215, 217-218, 220, 222, 233, 235, 238, 240, 247-249, 251-252, 265, 275, 278-279, 281-282, 284, 286, 288-290, 292-294, 298, 309-312, 314, 317-321, 323-328, 330, 331-337, 341, 346-348, 351-352, 356-361, 363-364, 376, 392, 395-401, 403, 405, 407-408, 410-411
——アプローチ（- approach） 411
——管理（ecosystem management） 318, 329, 348, **411**
——サービス（ecosystem service） 248, 309, 318, 329, **411**
——ネットワーク（ecosystem network） 407
——の健全性（ecosystem health） 251, **309**, 317, 328-329, 358, 364, 399, 407, 411
成長速度（growth rate） 98, 116, 257, **258-259**, 261, 263-264, 273, 275, 277, 279, 403
生物化学的酸素要求量（biochemical oxygen demand: BOD） **187**, 189, 348, 405, 410-411
生物学的水質判定（biological water-quality evaluation） 349
生物指標（biological indicator） 95, **349-350**, 411
生物操作（biomanipulation） 320
生物態有機物（biomass） 187, 192
生物地球化学的物質循環系（biogeochemical cycle） 4
摂食行動（feeding behavior） 72
摂餌機能群（functional feeding group） 316-317, 322
絶対嫌気性（strictly anaerobic） 240
施肥（fertilization） 63, 70, 94, 228, 315
セミミクロ・ケルダール法（semimicro-Kjeldarl method）（→アンモニア蒸留法）
選好性（preference） 275-276, 349
全循環（holomixis） **133**, 139-140, 151
選択的代謝阻害剤（selective metabolic inhibitor） 205
選択的透過（selective permeability） 255
全窒素（total nitrogen: TN） **29**, 70, 72, 74, 101-102, 410
セント・ローレンス川（St. Lawrence River） 169-170
全有機炭素（total organic carbon: TOC） 187, 189
総合的環境指標（aggregated environmental index） 395
増殖速度（growth rate） 178, 184, **281**, 315（→「成長速度」も見よ）
総成長効率（成長収量）（growth yield） 202
相平衡（phase equilibrium） 20
続成過程（diagenetic process） **134**, 168
続成作用（diagenesis） 225
速度論的同位体効果（kinetic isotope effect） 6, 71, 116
速度論的同位体分別（kinetic isotope fractionation） **20**, 23-24, 117, 221
炭酸カルシウム生成に伴う—— 117
二酸化炭素の溶解に伴う—— 117
底上げ（ボトムアップ）効果（bottom-up

effect) 95, **315**, 318-320, 337
疎通性阻害（disruption of habitat connectivity） 352
粗粒懸濁態有機物（粗粒状有機物）（coarse particulate organic matter: CPOM) **165**, 357

[た行]
第一種指標 396
大気降下物（atmospheric deposition） **59-62**, 64, 68, 114, 132, 228, 404
大気大循環モデル（Atmospheric General Circulation Model: AGCM） 42
代謝回転速度（metabolic turnover rate） 313-314, 324
代謝物阻害（metabolite inhibition） 236
堆積物（sediment） 9, 26, 72, 85-86, 88-93, 97, 114, 117, 142, 145, 147, 149, 164-165, 168, 171, 173, 180, 203, 212-214, 216, **217-218**, 219-229, 234-240, 242, 247, 299, 301-302, 305-306, 314-315, 332, 335, 399, 403, 408, 410
堆積物間隙水（sediment porewater） 142, 224
第二種指標 396
代理値（proxy） **180**, 182, 186
滞留時間（residence time） 46, 48-49, 52-55, 103, 122, 126, 142, 147-148, 259, 279, 352, 402-404
濁水の長期化（long-term turbid water） 352
多重鎖雑食（multi-chain omnivory） 321-322
脱ガス（degassing） **115-116**, 119, 122, 124
脱カルボキシル反応（decarboxylation） 259
脱脂（fat removal） 291
脱炭酸反応（decarboxylation） 254, 260
脱窒（denitrification） 4, 6, 9, 25, 60, 62, 64-66, 71, 76, 78, 81-82, 88-94, 101, 104, 117, 184, 200-206, **207-216**, 235, 323, 332, 337, 341, 389-393, 396, 399-400, 403-404, 406
脱窒菌（denitrifying bacteria） 64, 200, 202, 209, 212, 215, 380-385, 389-391, 405
——法（bug method） 64, 381-383
脱窒量（denitrified nitrogen amount） 90-92
ダム（dam） 70, 116, 125-126, 163, **348-365**, 407-408
炭酸（carbonic acid, H_2CO_3） 111
炭酸イオン（carbonate, CO_3^{2-}） 111

炭酸塩鉱物（carbonate mineral） 16, **112-114**, 117, 120-121, 124-125, 229, 253
炭酸カルシウム（calcium carbonate） 99, 117, 135, 143
炭酸還元型（メタン生成における）（carbonate-reducing） 117, 218, **234-237**, 239
炭酸固定（carbon dioxide fixation） 135, 148, 171, **253-255**
炭酸除去（decalcification） 291
炭酸水素イオン（重炭酸イオン）（hydrogencarbonate, HCO_3^-） 99, **111**, 339
炭酸律速（carbon dioxide-limiting） 290
淡水域（河口域の）（limnetic section） **166**, 169, 177, 179, 288
端成分（エンドメンバー）（end-member） 103, 123-124, 128, 130-131, **168-171**, 175-179, 181-183, 185-186, 190-191, 195, 197-198, 231, 245, 266, 281, 393, 400, 402, 405
——モデル（end-member model） **168-171**, 175, 177-182, 227-228, 231, 282
炭素安定同位体比（carbon isotope ratio） 14, **15**, 17-18, 25, 27, 99, 111-112, 133-136, 165, 169, 172-173, 180-181, 189, 191-198, 229, 234, 240-241, 244-245, 251-254, 258-259, 261, 263-264, 270, 278, 280, 288, 293, 299, 302-303, 305, 307, 311-317, 322-323, 359-363, 388, 400
海洋植物プランクトンの—— 181
クロロフィルaの—— 181, 306
懸濁態有機物の—— 165-166, 169-182, 316
二酸化炭素の—— 14, 116, 134
バクテリオクロロフィルの—— 305
メタンの—— 134, 233-238, 241, 245, 307
溶存無機炭素の—— 27, 117-132, 135-152, 159, 229-230
溶存態有機炭素の—— 196-197
陸上高等植物の—— 169, 171
炭素固定（carbon fixation） 191, **253-255**, 256-257, 259-260, 264, 270, 272, 282, 305
——経路（- pathway） 253
炭素循環（carbon cycle） 111, 144, **147**, 148, 247
炭素：硫黄比（C: S ratio） 226
炭素同位体分別（効果）（carbon isotope fractionation（effect）） 23, 137, 141-142, 175, 235, 254

470　索引

光合成（炭酸固定）における——　116, 124, 137, 139, 141, 160, 175, 191, **253-255**, 264, 271-272, 305
炭酸カルシウムの沈澱に伴う——　117
嫌気的メタン酸化に伴う——　239
細菌による同化に伴う——　195
脂質合成に伴う——　291
二酸化炭素の溶解に伴う——　116
能動輸送における——　255-257
分解・呼吸における——　137, 141, 259-260, 282
好気的メタン酸化における——　137, 241, 245
メタン生成に伴う——　117, 137, 142, 235, 244
炭素濃縮機構（carbon concentration system）266
地域的な天水線（local meteoric water line）50
チェサピーク湾（Chesapeake Bay）129, 172
チオ硫酸イオン（thiosulfate, $S_2O_3^{2-}$）221
地下水（groundwater）33-34, 36, **44-49**, 52-54, 62-69, 81, 88, 90, 93-94, 98, 100-101, 103, 119-120, 122, 125, 127, 135, 144, 189, 213, 215, 223-224, 228-229, 231-232, 369, 393, 396, 402, 404
地球環境問題（global environmental problem）406
畜産排水（livestock wastewater）71, 404
窒素安定同位体比（nitrogen isotope ratio）5, 15, 19, 62-63, 66, 71-73, 75-77, 80, 85, 92, 95, 99-100, 183, 209, 211, 246, 251, 275, 278, 284, 291, 294-295, 297, 305-308, 311-312, 324, 327-330, 337, 340-341, 344-345, 376, 379, 381, 383, 397, 400, 408-409, 411
　アンモニアの——　63
　一酸化二窒素の——　19, 391-392
　硝酸イオンの——　25, 27, 62-69, 89, 209-210, 213-214, 381, 383, 391-392, 406, 409
　大気窒素の——　16
　堆積物の——　86, 91
　肥料の——　63
窒素汚染（nitrogen pollution）71
窒素ガス（dinitrogen gas, N_2）**29-30**, 89, 199, 202, 376-378, 381, 389-391, 399
窒素含量（nitrogen content）99-100, 277, 296, 334, 340-341, 345-346
窒素基質（nitrogen substrate）276

窒素吸収（nitrogen absorption）199
窒素固定（nitrogen fixation）4, 31, 59-60, 71, 98, 101, 107, **207-208**, 306-307, 332
窒素循環（nitrogen cycle）3, 28, **59-62**, 84, 88-89, 92, 95, 100, 109, 199-205, 207-208, 340-341, 396, 399-400, 403
窒素代謝（nitrogen metabolism）82, 292
窒素同位体分別（効果）（nitrogen isotope fractionation（effect））215, 390
　アンモニアの揮散に伴う——　76, 81, 340
　硝化に伴う——　208, 390
　脱アミノ反応における——　292
　脱窒に伴う——　76, 81, 184, 208, 211-215, 390-392
　窒素固定に伴う——　207-208
　取込（吸収・同化）に伴う——　72, 75, 77, 87, 104, 208, 210, 275-277
　有機態窒素の分解に伴う——　345
窒素排出量（nitrogen export）78-79
窒素負荷（nitrogen loading）59, 61-62, 70-71, 74-78, 80-82, 94, 97, 100-102, 396, 403-405
窒素分子（molecular nitrogen）98, 275（→「窒素ガス」も見よ）
窒素飽和状態（nitrogen saturation）199
窒素律速（nitrogen-limiting）100
地表面蒸発（evaporation from the ground surface）35
中塩分域（河口域の）（mesohaline section）**166**, 177
抽水植物（emergent plant）134, 251-252, **264-265**, 409
抽水葉（emergent leaf）263
中性子（neutron）2, 5, 13, 206
潮間帯（intertidal zone）183, 271, 343
長期的影響（long-term effect）338, 343
潮汐卓越型（tide-dominated）167
貯水ダム（dam reservoir）348, 351-352, 354-359, 361, 364-365
　——下流域生態系（downstream ecosystem of -）348, 351, 359
貯蔵器官（storage organ）270
沈降有機物（settling organic matter）152
沈水植物（submerged plant）134, **252**, 257, 279
沈水葉（submerged leaf）263
DNA 法（DNA method）194
D1 スコア（D1 score）184
低塩分域（河口域の）（oligohaline section）

166-167
泥灰土湖（marl lake） 143
底生藻類（benthic algae） 289, 311-317, 321
（→「付着藻類」も見よ）
底生動物（ベントス）（benthos） 164, 167, 178, 238, **313-317**, 322, 327, 349, 351-352, 354-356, 364
　——群集（benthic community） 164, 351-352, 354-356
底層水（bottom water） 91, 104, 106, 163, 169, 174-175
停滞期（stagnant period） 133, 149, 151
停滞水域（lentic water） 125-126, 131
デトリタス（detritus） 87, 150, **170**, 183-185, 193, 312, 315-317
　——食者（- feeder） 312, 315-317
デュアルインレット（dual-inlet） **18**, 155
deuterium excess parameter（D-excess, d）**40-41**, 50-53, 404
デラウェア川（Delaware River） 176
デルタ（delta） 167
$\delta^{15}N$-$\delta^{18}O$ ダイヤグラム（- diagram） 64
$\Delta^{17}O$（capital-delta O-17） 153-154, 161-162, 369-371, 375, 399
δ 記法（delta-notation） 15-16, 21, 153
転換効率（conversion efficiency） 324
電気伝導度（electric conductivity） 73
電気分解（electrolysis） 373-374
電子供与体（electron donor） **219**, 220, 222
電子受容体（electron acceptor） 202, **217**, 219, 221, 233, 238
天水線（meteoric water line） 39, 41, 50, 404
転流（translocation） 104, 268, 276, 278
同位体（isotope） 2-3, 5, **13-15**, 20, 28, 37, 40, 42
同位体効果（isotope effect） 2, 6, **19-21**, 71, 116, 139, 147, 159-161, 205, 209-210, 222, 292, 311
同位体交換平衡（isotope-exchange equilibrium） 4, 6, **20**, 112, 115-116, 123-124, 137, 255（→「平衡同位体分別」も見よ）
同位体トレーサー（isotope tracer） 205, 372
同位体分別（isotope fractionation） 7, 18, **19-21**, 23-25, 28-30, 37-40, 72, 75-78, 81, 87, 90, 93, 101, 104, 116, 124, 135, 141, 143, 153-155, 191, 195, 198, 204, 207-213, 215-216, 219-224, 226-227, 229, 231-232, 235, 239, 241, 244-245, 253-260, 264, 271-272, 274-277, 282, 284, 291, 305, 337, 340, 345, 370-372, 378, 381, 384, 390-392, 398-402, 406

同位体分別係数（isotope fractionation factor）**20-21**, 22-23, 31, 38-39, 41, 76-78, 155-157, 206-208, 211, 213-215, 284, 392, 404, 406
同化（assimilation） 98, 104
同化的硫酸還元（assimilatory sulfate reduction） 227, 230
東京湾（Tokyo Bay） 169-170, 172, 221
透水性（permeability） 35, 264
動的同位体効果（→速度論的同位体効果）
動的同位体分別（→速度論的同位体分別）
動物プランクトン（zooplankton） 87, 187-188, 248, 310, 313, **319-320**, 322, 327-328, 332
特性応答時間（characteristic response time） 280
独立栄養（autotrophy） **200-202**, 238, 350, 361
　——細菌（autotrophic bacteria） 202, 238, 389
土砂供給（sediment supply） 352-353
土壌（soil） 31, 35-36, 49, 60-62, 66, 199, 201, 203-205, 207, 209, 213, 217, 236, 238-239, 241, 287, 339-340, 343-346
　——空気（soil air） 115, 123
　——水（soil water） 44, 46-48, 52-55, 63-66, 68, 123, 405
　——有機物（soil organic matter） 117, 185, 201, 241, 339, 342-344
土地利用（land use） 35-36, 70-71, **73-81**, 131, 184
トップダウン効果（top-down effect） **319-321**, 326, 328
ドナウ川（Danube River） 125
トレーサー（追跡子）（tracer） **3**, 42-45, 48, 154, 225, 278, 337, 362-363, 372, 378, 390
トロフィック・カスケード（trophic cascade） 318-319

[な行]

内的要因（internal factor） 275
内部循環（internal cycling） 35, 61, 66
内部生産（internal production） 149, 317
内部負荷（internal loading） 164
難分解性（refractory） 30, 148-149, 164, 171, 184, **192-193**, 196-197, 236-237, 312

――有機物（- organic matter） 149
二回循環湖（dimictic lake） **133**, 145
二酸化炭素（carbon dioxide, CO_2） 4, 14, 19, 22, 57, 111, 115–117, 134–135, 154, 191–192
　――分圧（partial pressure of -） 115, 135
二次因子 **119**, 123, 125–128, 131–132, 229
二次汚濁（secondary pollution） **164**, 187–189, 403, 405
二次代謝物（secondary metabolite） 298
二枚貝（bivalve） 72–74, 179–180, 242, 245, 293, 314, 334
尿酸（uric acid） 292, 340, 344
尿素（urea） **30**, 98, 275, 292
熱水噴出孔（hydrothermal vent） 242, 245–246
粘土鉱物（clay mineral） 36, 112
濃縮係数（enrichment factor） 38, 155, **284**, 288–295, 311, 313
　硫黄同位体比の―― 293
　食物連鎖に伴う―― 384
　水蒸気の凝結に伴う―― 38
　ストロンチウム同位体比の―― 294
　炭素同位体比の―― 289–290
　窒素同位体比の―― 289–291
能動輸送（active transport） **255–257**, 261, 266, 279
　――チャネル（- channel） 255–257, 261, 279
ノード（node） 310, 312
ノンポイントソース（non-point source）（→面源負荷）

[は行]

パージ・アンド・トラップ方式（purge-and-trap method） 381, 383
バイオフィルム（biofilm） 203
バイオマーカー（biomarker） 19, 24, 182, 184–186, 194, 244, 284, 293, **298–303**, 307
排泄物（excreta） 94, 99, 334–340, 342–344, 346
培養法（incubation method） 193
白色化（湖岸の）（lake whitening） 143
バクテリア・プレート（bacterial plate） 303–306
バクテリオクロロフィル a（bacteriochlorophyll a） **300**, 304–306
バクテリオクロロフィル e（bacteriochlorophyll e） **300**, 304–306

バクテリオホパンテトロール（bacteriohopanetetrol） **300**, 302
発酵（fermentation） 5, 9, **218**, 240
波浪卓越型（wave-dominated） 167
反応性窒素（reactive nitrogen） **29–30**, 59–60, 406
氾濫原（flood plane） 157–158, **363–364**
P/R 比（R/P 比）（P/R（R/P）ratio） 157–159, 350, 361–362
PSR 構造（pressure-state-response model） 395
ピークカット（peakcut） 349, 352, 354
干潟（tidal flat） 94, 163, 167
光強度（light intensity） 263
光呼吸（photorespiration） 254–255
非競合基質（non-competitive substrate） 233
微細藻類（microalgae） 99, 164, 176, 180–181, 255, 276, 311, 313
微小環境（microenvironment） 203, 213
微生物（microorganism） 5–6, 14, 30, 35, 55, 59–60, 63–66, 72, 75, 94, 112, 121, 143, 163–164, 170, 187, 192, 199–204, 209–210, 217–218, 221–222, 225, 229, 231, 233, 240, 298–299, 307, 310, 335–336, 346, 391, 403, 407
　――群集（microbial community） 72, 187, 202, 217
　――ループ（microbial loop） 310
ヒドロキシルアミン（hydroxylamine, NH_2OH） 30, 382, 389–392
ヒノキ（*Chamaecyparis obtusa*） 344, 346
評価指標（indicator） 244, 348, 350, 359, 402, 407（→「指標」も見よ）
標準大気（Holy Land Air: HLA） **154**, 158–160
標準物質（standard material） 16, 37, 39, 154, 381（→「基準物質」も見よ）
表水層（epilimnion） **133**, 138–145, 147–149, 151–152, 194–197
標本（specimen） 83–86, 91–92, 294, 403, 408, 410
表面流去（runoff） 164
微粒状有機物（→細粒懸濁態有機物）
琵琶湖（Lake Biwa） 9, 33–34, 72–73, 76, 78, 83–93, 131, 133, 139–140, 142, 150–151, 189–190, 193–197, 263, 294, 344–345, 398–399, 408
　――流域（watershed of -） 33–34

索引　473

貧栄養（oligotrophic）　72, 88-89, 182, 189, 279, 315-316, 318-319, 321
貧酸素化（oxygen depletion）　90
貧酸素水塊（hypoxia）　90, 153, 163, **167**
PHABSIM（physical habitat simulation）　349-351
フィヨルド（fjord）　183
フィンガープリント（fingerprint）　3-4, 8
富栄養化（eutrophication）　**70-74**, 83-85, 90, 92, 128, 132, 164, 225, 238, 280, 286-287, 316, 322-323, 327-328, 333, 352, 355, 357, 401, 405
不可逆反応（irreversible reaction）　21, 220, 231
不攪乱層（unstirred layer）（→境界層）
負荷量（loading）　70, 78, 91, 101-103, 108, 318, 357, 396, 410
不完全酸化型（硫酸還元における）（incompletely-oxidizing）　218, **220**, 221, 239
複雑な生態系構造解析（analysis of complex ecosystem structure）　294
伏流水（river-bed water）　246, 402
腐植湖（humic lake）　147-148
腐植物質（humic substance）　192
腐食連鎖（detrital food web）　**310**, 362
淵（pool）　203, 262, 279, 356
付着基質（substratum）　72
付着層（epilithon）　352, **354**, 355, 358（→「礫上付着物」も見よ）
付着藻類（attached algae）　26, 72, 94, 98, 133, 199, 246, 251-253, 257-258, **261-263**, 279, 286-287, 289-290, 334, 359, 361-362
——マット（algal mat）　258, 261-263, 279
物質収支（budget）　70, 277, 333, 396, 405, 410
物質負荷（matter loading）　317-318, 328, 333
物質輸送（養分輸送）（material（nutrient）transfer）　1, **331**, 333-338, 341-344, 347, 403
不動化（immobilization）　200, **201**, 202, 346
部分循環湖（meromictic lake）　**133**, 145, 223, 303
不飽和結合（unsaturated bond）　244
プランクトン（plankton）　133, 147, 149, 164, 179, 184-185, 187, 257, 319-320, 322, 352, 354, 357-359, 361

ブルーム（bloom）　138, **175**, 181-182
pressure の指標　395
不連続体連結モデル（serial discontinuity concept）　357
プローブ（probe）　108-109
プロセス（process）　1, 3, 8, 14-15, 18-20, 22, 25, 27-28, 35, 60, 70, 83, 101, 402-403, 409
フロック形成（flocculation）　192, **317**
分解（decomposition）　19, 29, 78, 124-125, 127, **133-134**, 135, 141, 145, 147-149, 153, 157, 160, 164, 167-168, 180, 192, 199, 203, 227, 233, 253, 272-273, 298-299, 317, 334, 342, 344-345, 378-379, 381
分解層（tropholytic layer）　133
分解速度（decomposition rate）　148, 346
分解無機化（→無機化）
分岐点（branching point）　7
分岐反応（branched reaction）　8, **24-25**
分子内同位体分布（intramolecular isotope distribution）　4, 8, 24, **388**
分子量画分（molecular-weight fraction）　185
平衡同位体効果（equilibrium isotope effect）　205
平衡同位体分別（equilibrium isotope fractionation）　**20**, 22, 118-119, 135, 155, 219（→「同位体交換平衡」も見よ）
　　酸素の気相-液相間の——　155
　　炭酸系化学種の——　135
　　硫化水素の——　219
閉鎖系（closed system）　21-23, 135, 142, 206-207, 212, 224
β-カルボキシラーゼ（β-carboxylase）　254
変水層（metalimnion）　133
変動端成分モデル（dynamic end-member model）　179, 182, 282
ベントス（→底生動物）
放射性炭素同位体（radioactive carbon isotope）　184, 197-198
放射性同位体（radioisotope）　3, 5, **13**, 197, 225, 362
放流操作（discharge regulation）　355-356
飽和溶存酸素濃度（saturated oxygen concentration）　156, 161
Position-Specific Isotope Analysis（PSIA）　388
保存的混合モデル（conservative mixing model）　128-131, 166, 168, **173-175**
保存量（conservative quantity）　77, 79-80,

474　索引

166, 227
ボックス・モデル（box model）140
ホットスポット（hot spot）203, 209
ホパノイド（hopanoid）302
ホルマリン固定（formalin fixation）84
ホルムアルデヒド（formaldehyde, CH_2O）85, 242

【ま行】

前処理（preparation）19, 97, 99, 185, 373-374, 379-380, 383, 401
巻貝（snail）72-73
膜輸送（membrane transport）253-254, **255-257**, 276
マスバランス（mass balance）90, 130, 138, 140, 149, 156, 294
マレーシア国（Malaysia）398
マンガン（manganese）13, 28, 134, 208, 217, 221, 223, 238
マングローブ（mangrove）129-131, 163, 266, 272
見かけ上の同位体効果（分別）（apparent isotope effect（fractionation））6, 23-24, 93
水草（water plant）71-72, 253, 257-258, 261, 263, 333（→「沈水植物」も見よ）
水循環（hydrological cycle）11, **33-36**, 37, 43, 369-370, 374, 397-403
水ストレス（water stress）264, 282
ミレニアム・エコシステム・アセスメント（Millenium Ecosystem Assessment）411
無機化（remineralization）60, 62, 65, 77, 145, 147-148, 150, 192, **200-202**, 204-205, 229, 231, 282, 317, 336, 341
無機態窒素（inorganic nitrogen）60-61, 71, 77, 87-88, 98, 100-101, 200-202, 346（→「溶存態無機窒素」も見よ）
無光層（aphotic layer）133-134
無酸素水塊（anoxia）153, **167**, 199, 405
メタ群集（metacommunity）407
メタノール（methanol, CH_3OH）233, 235, 240, 242, 291
メタン（methane, CH_4）5, 19, 117, 142, 147, 150, 218, **233-238**, 240-247, 303, 307, 403, 406, 410
メタン起源有機物（methane-derived organic matter）244
メタン酸化（methane oxidation）114, 135, 137, 218, 238-239, **240-242**, 245, 247-248, 303
——細菌（methane-oxidizing bacteria）117, 217, **238**, 240-241, 247
メタン資化細菌（methanotroph）**240**, 241-245, 247-248
メタン食物連鎖（methane-driven food chain）**240-242**, 244-248, 407
メタン生成（methanogenesis）117, 135, 137, 142-143, 145, **217-218**, 233-239, 247
メタン生成菌（methanogenic bacteria）218, 233, 235
面源負荷（non-point-source loading）**70**, 80, 410
木部組織（xylem）264
モニタリング（monitoring）109, 283, 329, 348, 354, 396, 406, 409-410
モバイル・リンク（mobile link）336
モンゴル国ウランバートル（Ulan Bator, Mongolia）398
モンテカルロ法（Monte Carlo methos）295

【や行】

有機態硫黄（organic sulfur）225-226, 229
有機（態）炭素（organic carbon）54-55, 132, 139-140, 142, 145, 147, 150-151, 163, 168, 171, 173, 175-176, 187, 189-190, 195-196, 200-203, 212-213, 225-226, 233, 244, 254, 259, 275, 281-282, 291, 380, 405-406
有機炭素：クロロフィル比（C:Chl ratio）176
有機炭素：全窒素（C:N）比（C:N ratio）176, 202, 295
有機（態）窒素（organic nitrogen）30-31, 59-60, 65, 71, 75, 77, 85, 98, 199-200, 214, 340, 344-346, 378-379, 381
有機物（organic matter）5, 9, 18, 23, 25, 35, 71-75, 86, 90, 99, 113, 116, 127, 133-135, 139, 141, 144-145, 148-150, 152-153, 165, 167-168, 171, 173, 175-177, 179, 184-185, 187-191, 193-194, 196-203, 205, 207, 214, 217-220, 222, 225-226, 231, 233-240, 242, 244-245, 251, 255, 260-261, 272-273, 279, 281-282, 284, 298-299, 303, 310-312, 315, 336-337, 353, 356, 361-363, 400, 405, 408
有機物負荷（organic loading）73, 153, 187, 204, 403, 405-406, 408
有光層（euphotic layer）**133**, 134-135, 139, 143

湧出水（spring water）　122, 127
湧昇（流）（upwelling）　104-107, 168
融雪出水（snow-melt runoff）　65
ユスリカ（chironomid）　242, 244, 246-247
溶出（elution）　122, 135, 143, 145, 147, 164, 253, 260-261, 271, 275-278, 315
溶存（態）ケイ酸（dissovled silicate）　112, 122, 124, 132
溶存酸素（dissolved oxygen）　19, 83-84, 91, 142, 151, **153-164**, 187-188, 224-225, 303, 317, 361, 371, 403, 406, 410
──量（- content）　91, 160
溶存二酸化炭素（dissolved carbon dioxide）　111, 191, 305
溶存無機炭素（dissolved inorganic carbon: DIC）　19, 27, **111-117**, 119-122, 124-131, 133-137, 139-140, 159-160, 176, 180, 229-230, 236-237, 252, 255-256, 260, 280, 284, 291, 405
溶存（態）無機窒素（dissolved inorganic nitrogen: DIN）　30, 73, 101, 276, 284
溶存（態）有機炭素（dissolved organic carbon: DOC）　55, 132, 145, 147, **189-190**, 196, 380
溶存（態）有機窒素（dissolved organic nitrogen: DON）　378-379, 381
溶存（態）有機物（dissolved organic matter: DOM）　151-152, 168, 187-188, **192**, 196, 253, 260-261, 310, 315, 380, 403, 405
溶脱（eluviation）　94, 341
葉肉細胞（mesophyll cell）　257
養分供給（nutrient supply）　336, 338, 340-342, 344
養分動態（nutrient dynamics）　344
葉緑体（chloroplast）　253
ヨコエビ（Gammaridea）　85, 87, 246

[ら行]
落葉落枝（→リター）
螺旋長（spiral length）　362-363
ラダレン（ladderane）　**300**, 307
ラムサール条約（Ramsar Convention）　163
RIVPACS（River Invertebrate Prediction and Classification System）　350-351
陸上起源有機物（terrestrial organic matter）　317
陸生植物（terrestrial plant）　251-253, 257, 264-265, 282
リサイクル率（recycling efficiency）　73

リター（落葉落枝）（litter）　55, 60, 62, 65, 242, 246, 346
律速段階（limiting step）　**24**, 276
流域（watershed, catchment）　**33**, 35-37, 43, 45-46, 48-49, 52, 61, 67, 70, 88, 120, 131, 134-135, 148, 242, 278-279, 331, 333, 347, 364, 395-397, 407, 409-411（→「集水域」も見よ）
──環境（- environment）　162, 240, 245, 247, 283, 331, 333, 348, 367, 401-402, 408, 410-411
──環境評価（- environmental evaluation）　367, 395-398, 402
──管理（- management）　395, 398, 409
──診断（- diagnosis）　248, 252, 278, 298, 402
──生態系（- ecosystem）　11, 218, 281, 309, 330, 348, 351-352, 356-357, 359, 376, 399
流域面積（catchment area）　33, 46, 125, 127
硫化ジメチル（dimethyl sulfide）　**227**, 233
硫化水素（hydrogen sulfide, H_2S）　22, 153, **219**, 221, 303
硫化鉄（iron sulfide）　16, **221**
硫化物鉱物（sulfide mineral）　112, 121, 132, 227-230
流下粒状有機物（suspended particulate organic matter: SPOM）　359-360
粒径（懸濁態有機物の）（particle size）　165, 185, 363
粒径分画法（size-fractionation method）　193-195
硫酸イオン（sulfate, SO_4^{2-}）　22, 27, 132, 134, 208, **217**, 219-226, 228, 230, 232, 240, 293-294, 337
硫酸還元（sulfate reduction）　9, 23, 129, **219-227**, 229, 231, 233, 235, 238-239
硫酸還元細菌（sulfate-reducing bacteria）　22, **217-220**, 222-223, 227, 231, 233, 238-239
粒子状有機物（→懸濁態有機物）
流速（flow rate）　72, 116, 175, 257-258, 261-263, 266, 275-276, 278-282, 350, 364, 379, 386, 403
流達率（run-off ratio）　**70**, 79-81
流入量（influent）　44, 48, 89-91, 140, 182, 316, 333, 357
緑色硫黄細菌（green sulfur bacteria）　183, 186, 300, 304-307

緑藻（green algae） 87, 96-97, 104, 270-271, 358
履歴管理（traceability） 8
リン（phosphorus） 13, 27-28, 94-95, 147, 238, 325, 329, 331-335, 337, 346, 357, 362, 401, 405, 410
リン酸イオン（phosphate, PO_4^{3-}） 30, 164, 401
リン酸鉄（iron phosphate） 238
リン脂質脂肪酸（phospholipid fatty acid: PLFA） 194, **244-245**
林内雨（throughfall） 52, 67, 228-229, 231, 405
倫理（ethics） 109
ルガノ湖（Lake Lugano） 149
レイリー過程（Rayleigh process） **37-38**, 42
レイリー・モデル（Rayleigh model） **21-22**, 345-346, 404
礫上付着物（epilithon） 71-72, 76, 78-79, 81, 258（→「付着層」も見よ）
レジームシフト（regime shift） 318
連続性（河川の）（continuity） 349, 352, 356-357
ロイヤルペンギン（*Eudyptes schlegeli*） 340
ローヌ川（Rhône River） 121, 125
濾過食者（filter feeder） 314

[わ行]

ワシントン湖（Lake Washington） 138-139, 142
ワックスエステル（wax ester） 301

執筆者一覧　(50音順　＊は編者)

伊藤　雅史 (Masashi Itoh)　海洋研究開発機構地球内部変動研究センター・研究員 (現所属　日本風力開発株式会社) [7章1節]

梅澤　有 (Yu Umezawa)　総合地球環境学研究所・上級研究員 (現所属　長崎大学水産学部・助教) [3章4節, 6章1節]

大河内　直彦 (Naohiko Ohkouchi)　海洋研究開発機構地球内部変動研究センター・グループリーダー [3章3節, 6章3節, 7章1節]

大手　信人 (Nobuhito Ohte)　東京大学大学院農学生命科学研究科・准教授 [2章, 3章1節, 7章2節]

小川　奈々子 (Nanako Ogawa)　海洋研究開発機構地球内部変動研究センター・研究員 [3章3節]

奥田　昇 (Noboru Okuda)　京都大学生態学研究センター・准教授 [6章4節]

亀田　佳代子 (Kayoko Kameda)　滋賀県立琵琶湖博物館・専門学芸員 [6章5節]

金　喆九 (Chulgoo Kim)　京都大学生態学研究センター／日本学術振興会・外国人特別研究員 (現所属　Center for Aquatic Ecosystem Restoration, Kangwon National University, 韓国) [4章2節]

高津　文人 (Ayato Kohzu)　京都大学生態学研究センター／科学技術振興機構・研究員 [3章2節, 4章1節, 5章3節, 6章1節, 6章3節]

木庭　啓介 (Keisuke Koba)　東京農工大学大学院共生科学技術研究院・特任准教授 (テニュアトラック教員) [5章1節, 5章3節, 7章3節]

竹門　康弘 (Yasuhiro Takemon)　京都大学防災研究所・准教授 [6章6節]

田中　義幸 (Yoshiyuki Tanaka)　東京大学大学院農学生命科学研究科・21世紀COE特任研究員 [6章1節]

陀安　一郎 (Ichiro Tayasu)　京都大学生態学研究センター・准教授 [4章3節, 6章2節]

＊永田　俊 (Toshi Nagata)　京都大学生態学研究センター・教授 [4章2節, 4章5節, 8章]

槙　洸 (Koh Maki)　京都大学生態学研究センター／大学院理学研究科・大学院生 [4章5節]

＊宮島　利宏 (Toshihiro Miyajima)　東京大学海洋研究所・助教 [1章, 4章1節, 4章2節, 4章4節, 5章2節]

由水　千景 (Chikage Yoshimizu)　京都大学生態学研究センター／科学技術振興機構・技術員 [7章2節]

和田　英太郎 (Eitaro Wada)　海洋研究開発機構地球環境フロンティア研究センター・プログラムディレクター [序章]

流域環境評価と安定同位体――水循環から生態系まで
© Toshi Nagata, Toshihiro Miyajima et al 2008

2008年2月25日　初版第一刷発行
2012年5月31日　第三刷発行

編者　　永　田　　　俊
　　　　宮　島　利　宏
発行人　檜　山　爲次郎
発行所　京都大学学術出版会
　　　　京都市左京区吉田近衛町69
　　　　京都大学吉田南構内（〒606-8315）
　　　　電話（075）761-6182
　　　　FAX（075）761-6190
　　　　URL　http://www.kyoto-up.or.jp
　　　　振替　01000-8-64677

ISBN 978-4-87698-739-9　　印刷・製本　㈱クイックス
Printed in Japan　　　　　　定価はカバーに表示してあります

本書のコピー，スキャン，デジタル化等の無断複製は著作権法上での例外を除き禁じられています。本書を代行業者等の第三者に依頼してスキャンやデジタル化することは，たとえ個人や家庭内での利用でも著作権法違反です。